Gerd Czycholl

Theoretische Festkörperphysik

Gerd Czycholl

Theoretische Festkörperphysik

Von den klassischen Modellen
zu modernen Forschungsthemen

Mit 140 Abbildungen

Die Deutsche Bibliothek – CIP-Einheitsaufnahme
Ein Titeldatensatz für diese Publikation ist bei
Der Deutschen Bibliothek erhältlich.

Prof. Dr. Gerd Czycholl
Universität Bremen
Institut für Theoretische Physik
28334 Bremen
czycholl@physik.uni-bremen.de

Der Verlag Vieweg ist ein Unternehmen der Fachverlagsgruppe BertelsmannSpringer.

www.vieweg.de

Konzeption und Layout des Umschlags: Ulrike Weigel, www.CorporateDesignGroup.de
Druck und buchbinderische Verarbeitung: Lengericher Handelsdruckerei, Lengerich
Gedruckt auf säurefreiem Papier
Printed in Germany

ISBN 3-528-06952-X

Vorwort

Dieses Buch ist aus Vorlesungen (Theoretische Festkörperphysik I und II, jeweils 4-stündig) hervorgegangen, die ich seit 1986 zunächst an der Universität Dortmund und der RWTH Aachen und ab 1991 mehrfach an der Universität Bremen gehalten habe. Diese Vorlesungen orientierten sich nicht strikt an einem der existierenden und bekannten Festkörperphysik- bzw. Festkörpertheorie-Bücher. Da die einzelnen Kapitel beim Wiederholen der Vorlesung mehrfach geändert und überarbeitet wurden, ist es heute nicht mehr möglich, genau anzugeben, welchem Buch an welchen Stellen genau gefolgt wurde. Ich habe daher im Literaturverzeichnis nur die Bücher angegeben, in die ich selbst bei den Vorlesungsvorbereitungen hereingesehen habe; das Literaturverzeichnis gibt daher bei weitem keine vollständige Übersicht über die existierenden Festkörperphysik-Lehrbücher. Neben diesen erwähnten Büchern lagen mir beim Vorbereiten der Vorlesungen auch noch Fotokopien der Vorlesungs-Manuskripte meiner Kollegen (bzw. zum Teil früheren Lehrer) Prof.Dr.E.Müller-Hartmann (Universität Köln), Prof.Dr.H.Keiter (Universität Dortmund), Prof.Dr.P.H.Dederichs (RWTH Aachen) und meine eigene Mitschrift der Vorlesung von Prof.Dr.B.Mühlschlegel (Universität Köln, zu Kapitel 11) vor. Da wegen des ständigen Überarbeitens das handschriftliche Manuskript mit der Zeit unübersichtlich wurde, habe ich ab ca. 1995 alles neu aufgeschrieben und dann gleich in LaTeX getippt und als Skript an die Studenten verteilt. Die Abbildungen waren zunächst fotokopiert und eingeklebt; beim wiederholten Halten der Vorlesung wurden dann auch die Abbildungen nach und nach selbst angefertigt im Postscript-Format, einige wenige wurden eingescannt, so daß dann eine vollständig elektronische Version des Vorlesungsskriptes vorlag. Aus diesem Skript ist nun nach nochmaligem Überarbeiten das vorliegende Buch hervorgegangen.

Einen vollständigen Überblick über die Festkörpertheorie kann man unmöglich in einem einzelnen Buch von ca. 300 Seiten geben und auch nicht in einer zweisemestrigen Festkörpertheorie-Vorlesung, die für Studenten im 7. und 8.Semester gedacht ist. Es können daher nur die wichtigsten Grundlagen behandelt werden, und hinsichtlich Anwendungen und aktuellen Forschungsthemen in der theoretischen Festkörperphysik kann jeweils nur eine elementare Einführung gegeben werden. Selbst dabei kann nicht alles angesprochen werden, und die Stoffauswahl ist –zumindest was die über die in den Kapiteln 1-6.1 gebrachten Grundlagen hinausgehenden Themen angeht– etwas subjektiv; andere Dozenten oder Autoren würden hier vermutlich andere Schwerpunkte und Akzente setzen je nachdem, was sie selbst für besonders aktuell, interessant und wichtig halten. An diesen spezielleren und aktuellen Themen kann in einer solchen Einführung ohnehin nur das Interesse geweckt werden, und für Details muß auf speziellere Literatur bzw. auf entsprechende Spezialvorlesungen verwiesen werden. Vorausgesetzt wird in diesem Buch nur das Standard-Wissen in Theoretischer Physik, insbesondere Quantenmechanik und Statistische Physik, wie man es an deutschen Universitäten üblicher Weise in den Kursvorlesungen Theoretische Physik I-IV bis zum 6.Semestern kennenlernt. An Lehrbuch-Inhalten entspricht dies z.B. dem Inhalt von W.Nolting, Grundkurs Theoretische Physik I-VI und den entsprechenden anderen Lehrbuch-Reihen der allgemeinen Theoretischen Physik. Es wird zwar (zumindest von Kapitel 5 an) die Besetzungszahl-Darstellung („2.Quantisierung“) gebraucht, die spezielleren Methoden der Vielteilchen-Theorie werden aber nicht benutzt und eingeführt; deshalb bleiben die Behandlungen von aktuellen Themen und Wechselwirkungseffekten auf dem Niveau von Molekularfeld-Näherungen. Das Buch ist somit insgesamt für Physik-Studenten ab dem 7.Semester gedacht und auch für Studenten bzw. Physiker geeignet, die in der experimentellen Festkörperphysik arbeiten. Für theoretische Festkörperphysiker dagegen ist das Buch allein in der Regel noch nicht ausreichend, insbesondere weil es noch nicht genügend Vielteilchen-Theorie (und auch keine Gruppen-Theorie) bringt. Um eine Diplomarbeit in theoretischer Physik erfolgreich bearbeiten zu können, muß man sich in der Regel (in der Einarbeitungsphase) noch weitergehende Kenntnisse verschaffen (in Vielteilchentheorie z.B. in etwa im Umfang von W.Nolting, Grundkurs Theoretische Physik VII).

Ich möchte nun allen danken, die mir beim Anfertigen und Korrigieren des Manuskripts geholfen haben. Mein früherer Mitarbeiter Dipl.Phys. Rene Jursa hat die erste Skriptversion überarbeitet, Druckfehler korrigiert, Abbildungen eingescannt und die Formeln zu den Kapiteln 10-12 in LaTeX gesetzt. Einige der Abbildungen zu den Kapiteln 4 und 5 hat mir (zum Teil aus seiner Studien- und Diplomarbeit übernommen) mein derzeitiger Mitarbeiter Dipl.Phys. Ilan Schnell zur Verfügung gestellt. Sein Bruder Dipl. Phys. Arvin Schnell hat ein Skript zu meiner Vorlesung „Vielteilchenphysik" in LaTeX getippt, aus dem Teile für die Kapitel 8.5 und 12.1 übernommen wurden. Bei einigen der Abbildungen zu Kapitel 1 hat mir mein Sohn Harald geholfen. Auf zahlreiche Druckfehler in der ersten Skriptversion hat mich insbesondere mein früherer Mitarbeiter Dipl.Phys. Andreas Loeper aufmerksam gemacht, einige weitere Druckfehler wurden von anderen Studenten und zu Kapitel 7 von meinem Kollegen Prof.Dr.Joachim Stolze (Universität Dormund) gefunden.

Ursprünglich hatte der – 1997 aus Gesundheitsgründen eingestellte – Verlag Zimmermann-Neufang vor, das Vorlesungsskript als Buch herauszubringen, und ich danke Prof.Dr.O.Neufang für sein wohlwollendes Interesse und seine freundlichen Erinnerungen und Anfragen; ohne das schlechte Gewissen ihm gegenüber hätte ich mich vielleicht nie zur Fertigstellung und Vervollständigung des Skriptes aufgerafft. Herrn W.Schwarz vom Vieweg-Verlag danke ich für sein Interesse, seine Ermutigung zur Fertigstellung, Hinweise auf Druckfehler und Mängel, Verbesserungsvorschläge und die abschließende Überarbeitung zur vorliegenden Buchform.

Bremen, im März 2000
Gerd Czycholl

Inhaltsverzeichnis

0 Einleitung

Die Festkörperphysik befaßt sich mit den Eigenschaften von Materie im festen Aggregatzustand, insbesondere mit der Struktur, den elektronischen und den thermischen Eigenschaften fester Körper. Ein fester Körper besteht wie alle kondensierte Materie, d.h. Materie, wie wir sie unter normalen Umständen (Drucken und Temperaturen) vorfinden, aus Atomen, die durch chemische Bindungen zusammengehalten werden. Er unterscheidet sich insofern zunächst nur dadurch von einem Molekül, daß die Anzahl der beteiligten Atome so groß ist, daß der Festkörper als ganzes ein makroskopisches Objekt ist. Während in einem Molekül die Zahl der beteiligten Atome zwischen 2 und einigen 1000 beträgt, besteht ein makroskopischer Festkörper aus größenordnungsmäßig 10^{23} Atomen, also einer unvorstellbar großen Zahl von Konstituenten.

Nach dem vorher Gesagten ist klar, welche physikalischen Methoden wir zu einer mikroskopischen Beschreibung der Eigenschaften eines Festkörpers einsetzen müssen; da er aus Atomen besteht und die chemische Bindung zwischen Atomen dadurch verstanden werden kann, daß es energetisch günstigere Elektronenzustände im Überlapp-Potential zweier Atome geben kann als in den isolierten (weit voneinander entfernten) einzelnen Atomen, müssen wir die Quantenmechanik benutzen. Und da wir es mit einem System aus sehr vielen Atomen zu tun haben, ist der Festkörper (neben dem idealen Gas) das Musterbeispiel für ein System, auf das wir die Methoden der Statistischen Physik anwenden können. Eine Theoretische Festkörperphysik ist daher nichts prinzipiell Neues, sondern sie besteht aus der Anwendung von Quantentheorie und Statistischer Physik auf ein spezielles physikalisches Problem oder auf einen speziellen Hamilton-Operator.

Dabei ist man in der Festkörperphysik in der zunächst glücklichen Lage, daß man den Hamilton-Operator genau kennt. Von den vier bekannten elementaren Wechselwirkungen (schwache Wechselwirkung, starke Wechselwirkung, elektromagnetische Wechselwirkung und Gravitation) spielt für die Festkörperphysik (genau wie für die Atom- und Molekülphysik) nur eine einzige eine Rolle, nämlich die elektromagnetische Wechselwirkung, und für diese kennen wir das entscheidende Potential ganz genau, nämlich das Coulomb-Potential. Während man es in der Elementarteilchenphysik mit der (durch massive Bosonen vermittelten) schwachen, der vereinheitlichten elektro-schwachen oder der durch Gluonen vermittelten starken Wechselwirkung zu tun hat und in der Kernphysik durch den Austausch von Pi-Mesonen ein effektives (kurzreichweitiges) Kernpotential vorliegt, dessen genauen Verlauf (und analytischen Ausdruck) man nicht im Detail kennt, können wir in der Festkörperphysik fast alle Wechselwirkungen bis auf die wohlbekannte Coulomb-Wechselwirkung vergessen. Auch können wir fast immer relativistische Effekte vernachlässigen. Nur für spezielle Effekte muß man manchmal noch andere Wechselwirkungen wie z.B. die Spin-Bahn-Wechselwirkung in Betracht ziehen.

Trotzdem ist das grundsätzliche Problem der Festkörperphysik schwierig und nicht in voller Allgemeinheit lösbar. Der Grund dafür ist die Tatsache, daß wir es mit sehr vielen Teilchen zu tun haben, weswegen wir auch noch die Methoden der Statistischen Physik einsetzen müssen. Aber diese Methoden sind nur dann relativ einfach anzuwenden, wenn wir es mit wechselwirkungsfreien Teilchen zu tun haben, wie es bei den Beispielen, die man in der Kurs-Vorlesung über Statistische Physik kennenlernt, (fast) immer der Fall ist. Die Teilchen (Elektronen und Atomkerne), die einen Festkörper bilden, sind aber alles andere als wechselwirkungsfrei, sondern sie wechselwirken eben gerade über die (langreichweitige) Coulomb-Wechselwirkung. Es erscheint zunächst wieder beinahe hoffnungslos zu sein, dieses komplizierte und komplexe Vielteilchen-

Problem von 10^{23} miteinander wechselwirkenden Teilchen auch nur ansatzweise behandeln oder lösen zu können.

Um hier weiter zu kommen, war deshalb die Entwicklung von neuen Methoden und Näherungen im Rahmen der Quantentheorie des (schon eingeschränkten) Festkörperproblems notwendig. Diese Methoden folgen von ihrem Konzept her dem immer in der Theoretischen Physik benutzten Prinzip der Abstraktion und Modellbildung. Man versucht, nur gewisse Teilaspekte des allgemeinen Festkörperproblems in Betracht zu ziehen, von denen man auf Grund physikalischer Überlegungen annimmt, daß sie die wichtigsten Beiträge zu einem bestimmten physikalischen Effekt oder Phänomen schon enthalten; mathematisch bedeutet dies, daß wir im allgemeinen Festkörper-Hamilton-Operator gewisse Näherungen und Vereinfachungen vornehmen, um einen für ein spezielles Teil-Problem geeigneten effektiven Hamilton-Operator herzuleiten, den wir (im Gegensatz zum ursprünglichen) behandeln (wenn möglich sogar exakt lösen) können. Dabei tritt in der Festkörpertheorie an vielen verschiedenen Stellen das Konzept auf, den Hamilton-Operator derart zu vereinfachen und zu approximieren, daß gewisse Elementaranregungen formal als wechselwirkungsfreie Quasiteilchen (mit Fermi- oder Bose-Charakter) dargestellt werden können. Das einfachste Beispiel für dieses Konzept der Quasiteilchenbeschreibung der Elementaranregungen sind die Phononen: Man separiert erst im allgemeinen Hamilton-Operator Gitter- (d.h. Atomkern- oder Ionenrumpf-) Anteile und Elektronen-Anteil, für den Gitter-Anteil macht man die harmonische Näherung, d.h. man entwickelt bis zur 2.Ordnung um die Gleichgewichtspositionen und findet so einen effektiven Hamilton-Operator, der gekoppelte harmonische Oszillatoren beschreibt, und dieser kann durch eine Hauptachsentransformation diagonalisiert werden und durch Einführung der (aus der Grundvorlesung über Quantenmechanik wohlbekannten) Oszillator- Auf- und Absteige-Operatoren formal in die Form eines Hamilton-Operators gebracht werden, der wechselwirkungsfreie (Quasi-)Bosonen beschreibt, die wir als Phononen bezeichnen. Und diesen effektiven Phononen-Hamilton-Operator können wir mit den Methoden der elementaren Quanten-Statistik relativ leicht behandeln und verstehen. Dieses Quasiteilchen-Konzept spielt aber auch an anderen Stellen in der Festkörpertheorie eine Rolle; es existieren zahlreiche Quasiteilchen-Beschreibungen von elementaren Anregungen im Festkörper, z.B. Magnonen zur Beschreibung von Spin-Wellen, Polaronen (Elektronen mit Gitterpolarisation), Exzitonen (gebundene Elektron-Loch-Paare) in der Halbleiterphysik, Polaritonen, Plasmonen, u.v.a.; wenn man das Konzept wechselwirkungsfreier Elektronen benutzt, was man für viele Aspekte mit einigem Recht und gutem Erfolg tun darf, sind die Festkörper-Elektronen streng genommen auch fermionische Quasi-Teilchen, da man die (stets starken und nie wirklich zu vernachlässigenden) Wechselwirkungen in effektive Parameter eines (wechselwirkungsfreien) Einteilchen-Modells gesteckt hat.

Ziel dieser Abhandlung ist neben der Beschreibung der speziellen und wichtigsten festkörperphysikalischen Phänomene daher insbesondere auch, in die spezielle Form der Vereinfachung und Modellbildung und dabei insbesondere in das Quasiteilchen-Konzept einzuführen, um damit die spezielle Arbeitsweise und Sprache des Festkörperphysikers kennenzulernen.

1 Periodische Strukturen

1.1 Kristallstruktur, Bravais-Gitter, Wigner-Seitz-Zelle

1.1.1 Kristallisation von Festkörpern

Es ist eine experimentelle Erfahrungstatsache, daß der thermodynamisch stabilste Zustand von Materie im allgemeinen der kristalline Zustand ist, bei dem die Atome oder die molekulare Baugruppe periodisch angeordnet sind. Es ist physikalisch unmittelbar klar, daß es für ein System aus mehreren oder beim Festkörper sehr vielen Atomen oder Molekülen, die eine Bindung miteinander eingehen und daher miteinander wechselwirken, eine Gleichgewichtskonfiguration geben muß, die dem absoluten Minimum des Wechselwirkungspotential entspricht. Bei hinreichend tiefen Temperaturen wird diese Gleichgewichtskonfiguration angenommen. Wenn ein System aus sehr vielen gleichen Atomen oder sonstigen molekularen Bausteinen besteht und insgesamt makroskopisch groß ist, muß die Umgebung von jedem Baustein aus gesehen gleich aussehen, womit verständlich wird, daß eine periodische, translationsinvariante Anordnung zustandekommt. Außerdem ist klar, daß eine periodische Anordnung im Vergleich zu anderen denkbaren Anordnungen der geordnetere Zustand mit der größeren Symmetrie ist und damit die geringere Entropie aufweist, so daß der kristalline Zustand bei tiefen Temperaturen im thermodynamischen Gleichgewicht angenommen wird.

Es gibt auch nicht-kristalline Festkörper, und diese sind gerade besonders interessant und auch Gegenstand aktueller Forschung. Beispiele dafür sind Gläser, amorphe Halbleiter, Polymere, metallische Gläser, Zufallslegierungen, Aufdampfschichten, u.ä. Bei vielen dieser Systeme gibt es noch eine Nahordnung, d.h. die Zahl und Anordnung der nächsten Nachbarn ist noch ähnlich wie im Kristall, die Fernordnung ist jedoch verlorengegangen. Solche amorphen Systeme gewinnt man vielfach durch rasches Erstarren aus der Schmelze, also aus dem flüssigen Zustand, und man kann davon ausgehen, daß man dadurch die atomare Anordnung in der Flüssigkeit einfriert und dem System durch das rasche Abkühlen keine Gelegenheit mehr gibt, in den thermodynamisch stabileren Zustand zu gelangen. Amorphe Systeme wie Gläser befinden sich daher in der Regel nicht im absoluten Minimum der potentiellen Energie sondern höchstens in einem relativen (lokalen) Minimum, aus dem sie aber bei hinreichend tiefen Temperaturen nicht mehr heraus können, weil eine thermisch nicht erreichbare Potentialbarriere zu überwinden ist. Der amorphe Zustand ist daher ein metastabiler Zustand und nicht der thermodynamisch günstigste Zustand.

In der Einführung in die Festkörpertheorie können wir uns auf die Betrachtung des kristallinen Zustands beschränken, zumal gerade die Translationsinvarianz die theoretische Beschreibung enorm erleichtert. So kann man z.B. gerade wegen der Translationssymmetrie die Normalschwingungen von Kristallen und daher einem System von 10^{23} Teilchen vielfach exakt bestimmen, wie wir in Kapitel 3 noch sehen werden, während das für ein viel kleineres Molekül aus 100 – 1000 Atomen schon schwieriger ist. Da der kristalline Zustand für die Festkörperphysik so wichtig ist, soll in diesem Kapitel ein kurzer Überblick über die möglichen Gitter und Kristallstrukturen gegeben werden und in die für die Kristallbeschreibung üblichen Begriffe und Notationen eingeführt werden.

1.1.2 Kristall-System und Kristall-Gitter

Ein idealer Kristall ist unendlich ausgedehnt, nimmt also den gesamten dreidimensionalen Raum ein, und besteht aus einer streng periodischen Wiederholung des gleichen Bauelementes, d.h. des gleichen Atoms oder der gleichen Atomgruppe. Man unterscheidet zunächst *Kristall-System*, *Kristall-Gitter* und *Kristall-Struktur*. Ein Kristall-Gitter besteht aus Gitterpunkten im Raum, die durch Angabe des Ortsvektors zu diesen Punkten zu beschreiben sind. Diese Gittervektoren sind in Dimension d darstellbar als eine ganzzahlige Linearkombination von d linear unabhängigen Basisvektoren:

$$\vec{R}_{\vec{n}} = \sum_{i=1}^{d} n_i \vec{a}_i,$$

wobei $\vec{n} = (n_1, \ldots n_d)$ ein d-Tupel von ganzen Zahlen bezeichnet. Die Basisvektoren $\vec{a}_i$ spannen die *Einheitszelle* auf, deren periodische Fortsetzung den ganzen Raum ausfüllt. Die Basisvektoren müsen nicht orthogonal aufeinander sein, die Winkel zwischen ihnen seien mit α_i bezeichnet. Das Volumen V_{ez} der Einheitszelle ist daher für $d = 2$ gegeben durch $V_{ez} = |\vec{a}_1 \times \vec{a}_2|$, für $d = 3$ entsprechend durch das Spatprodukt $V_{ez} = |\vec{a}_1(\vec{a}_2 \times \vec{a}_3)|$.

Die *primitive Einheitszelle* ist die kleinste Einheitszelle, deren periodische Wiederholung den Raum ausfüllt. Einheitszellen können nicht beliebig gewählt werden, sondern sie müssen eine bestimmte Symmetrie aufweisen. So kann man z.B. in 2 Dimensionen keine gleichseitigen Fünfecke als Einheitszellen haben, da es nicht gelingt, mit Fünfecken die ganze Ebene auszufüllen. Dagegen kann man dies mit Quadraten, Rechtecken, Parallelogrammen und regelmäßigen Sechsecken. Man kann mathematisch streng beweisen und anschaulich unmittelbar einsehen, daß es für $d = 2$ und $d = 3$ nur Kristall-Gitter mit 2-, 3-, 4- oder 6-zähliger Symmetrie geben kann[1] .

Gemäß der erwähnten Symmetrie unterscheidet man zunächst verschiedene *Kristallsysteme*. Für $d = 2$ gibt es 4 Kristallsysteme, nämlich

1. das quadratische System mit $a_1 = a_2, \alpha_1 = 90^o$, so daß die Einheitszelle aus Quadraten besteht und das Gitter eine 4-zählige Drehsymmetrie, Spiegelung an 2 Achsen und die Inversion als Symmetrieoperationen hat,
2. das rechtwinklige System mit $a_1 \neq a_2, \alpha_1 = 90^o$, so daß die Einheitszelle aus Rechtecken besteht und das Gitter nur noch die Spiegelung an 2 Achsen und die Inversion als Symmetrieoperationen aufweist,

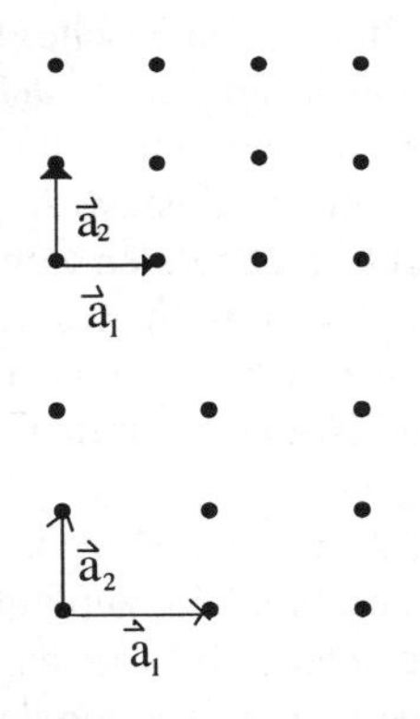

[1] Um so verwunderlicher war vor ca. 15 Jahren die Beobachtung von Röntgenbeugungsaufnahmen, die eine 5-zählige Symmetrie aufwiesen; das war die Geburtsstunde der Quasikristalle

3. das hexagonale System (Dreiecksgitter) mit $a_1 = a_2$, aber $\alpha_1 = 60^o$, so daß die Einheitszellen Rauten sind und das Gitter eine 6-zählige Dreh-Symmetrie, Spiegelungen an 3 Achsen und die Inversion als Symmetrieoperationen hat,
und
4. das schiefwinklige Gitter mit $a_1 \neq a_2, \alpha_1 \neq 90^o$, so daß die Einheitszellen Parallelogramme sind und nur noch die Inversion als Symmetrieoperation existiert.

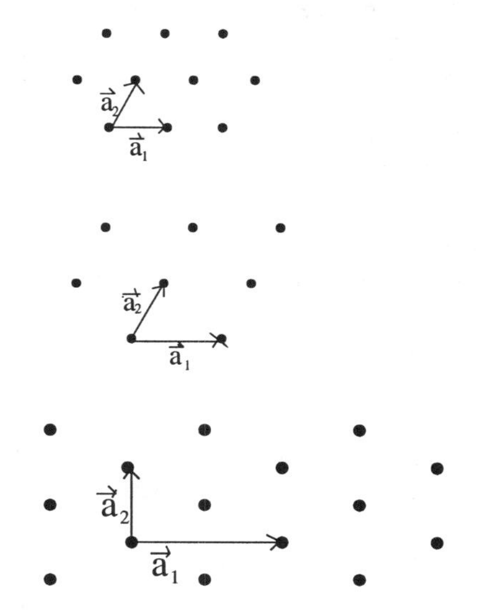

Zu jedem Kristall-*System* gehören eventuell mehrere *(Kristall-)Gitter* oder *Bravais-Gitter*[2]. In 2 Dimensionen gibt es z.B. neben dem einfachen rechtwinkligen Gitter auch noch das *zentriert-rechtwinklige* Gitter, bei dem sich noch zusätzlich im Zentrum jedes Rechtecks ein Gitterpunkt befindet. Dieses Gitter könnte man als spezielles schiefwinkliges Gitter auffassen, da es aber alle Symmetrieeigenschaften des rechteckigen Systems aufweist, wird es als eigener Gitter-Typ, als eigene Bravais-Klasse, innerhalb des rechteckigen Kristallsystems aufgefaßt. Nachdem der Begriff Kristall-System und Kristall-Gitter an dem Beispiel für $d = 2$ veranschaulicht worden ist, wollen wir ohne Beweis angeben, welche Kristallsysteme im 3-dimensionalen euklidischen Raum möglich sind. Für $d = 3$ gibt es 7 Kristallsysteme und 14 Bravais-Gitter, nämlich

1. das **kubische** System mit einem Würfel als (konventioneller) Einheitszelle, d.h. $a_1 = a_2 = a_3 = a, \alpha_1 = \alpha_2 = \alpha_3 = 90^o$, und 3 zugehörigen Bravais-Gittern (einfach-kubisch *sc*, kubisch-flächenzentriert *fcc*, kubisch raumzentriert *bcc*),

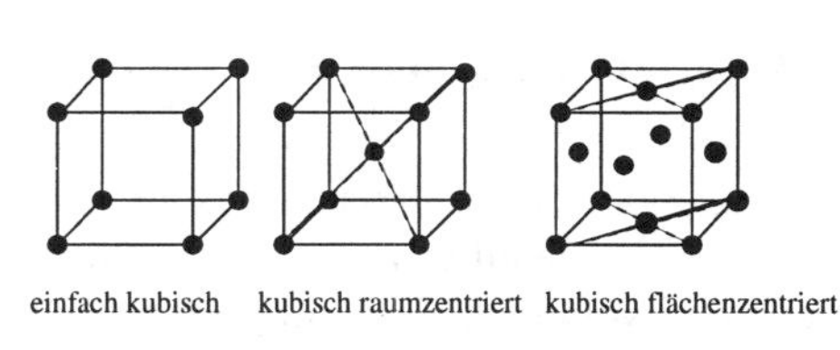
einfach kubisch kubisch raumzentriert kubisch flächenzentriert

2. das **tetragonale** System mit einem Quader mit quadratischer Grundfläche als Einheitszelle, d.h. $a_1 = a_2 \neq a_3, \alpha_1 = \alpha_2 = \alpha_3 = 90^o$, und zwei Bravais-Gittern (einfach tetragonal und tetragonal raumzentriert),

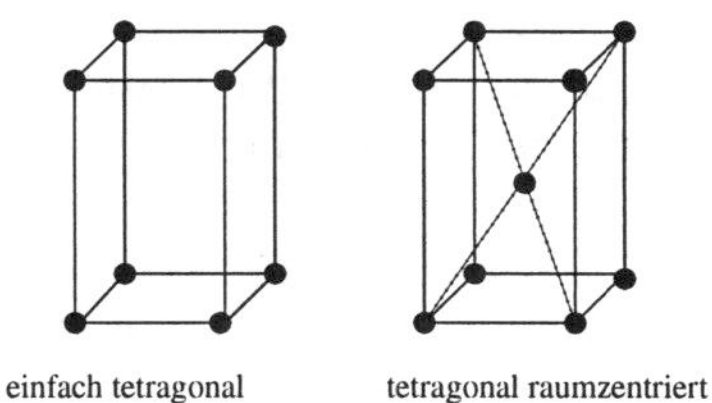
einfach tetragonal tetragonal raumzentriert

3. das **(ortho)rhombische** System mit einem beliebigen Quader als Einheitszelle, d.h. $a_1 \neq a_2 \neq a_3 \neq a_1, \alpha_1 = \alpha_2 = \alpha_3 = 90^o$, und vier Bravais-Gittern (einfach, basiszentriert, raumzentriert und flächenzentriert),

[2] Auguste Bravais, 1811-1863, französischer Naturforscher, Prof.am Polytechnikum in Paris, arbeitete über Kristallphysik und Optik und entdeckte 1850 die 14 Raumgitter für $d = 3$

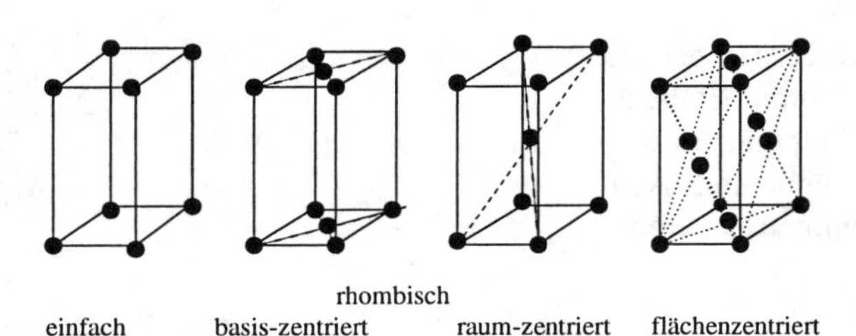

4. das **monokline** System mit einem Parallelepiped mit rechtwinkliger Grundfläche als Einheitszelle, d.h. $a_1 \neq a_2 \neq a_3, \alpha_1 = \alpha_3 = 90^o \neq \alpha_2$, und zwei Bravais-Gittern (einfach oder „primitiv“ und basiszentriert),

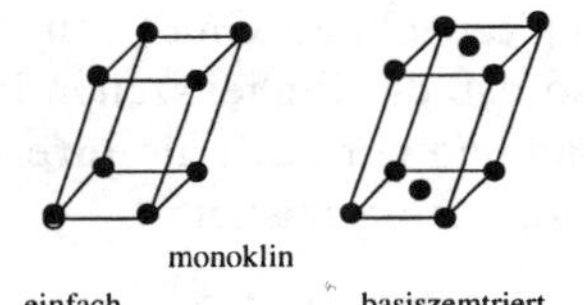

5. das **rhomboedrische** System mit einem Rhomboeder als Einheitszelle (mit gleichseitigen Rauten als Seitenflächen), d.h. $a_1 = a_2 = a_3, \alpha_1 = \alpha_2 = \alpha_3 \neq 90^o$, und nur einem zugehörigen Bravais-Gitter,
6. das **hexagonale** System mit einem Parallelepiped mit 2 gleichseitigen Rauten und 4 Rechtecken als Seitenflächen, d.h. $a_1 = a_2 \neq a_3, \alpha_1 = \alpha_2 = 90^o, \alpha_3 = 120^o$ und nur einem Bravais-Gitter,

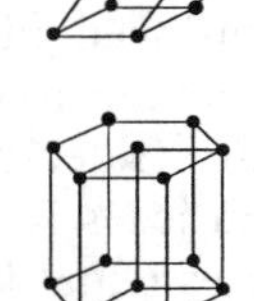

7. das **trikline** System mit einem beliebigen Parallelepiped als Einheitszelle, d.h. $a_1 \neq a_2 \neq a_3, \alpha_1, \alpha_2, \alpha_3 \neq 90^o$ und nur einem Bravais-Gitter

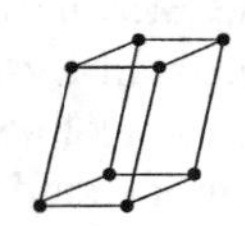

1.1.3 Symmetriegruppe der Kristall-Systeme

Die Einteilung in die Kristallsysteme erfolgt gemäß der vorhandenen Symmetrie des Gitters. Jedes ideale, unendlich ausgedehnte Gitter hat zunächst immer Translationsinvarianz bezüglich allen Gittervektoren. Zusätzlich haben die Gitter noch *Punktsymmetrien*, d.h. es gibt bestimmte diskrete Operationen, die das Gitter unter Festhaltung eines Punktes (des Ursprungs) in sich überführen, z.B. Rotationen um bestimmte Achsen und diskrete Winkel, Spiegelungen an der Ebene, Inversionen (Transformationen $\vec{r} \to -\vec{r}$). Diese Symmetrieoperationen bilden mathematisch eine Gruppe bezüglich ihrer Hintereinanderausführung, nämlich die sogenannte *Punktgruppe*. Jedes der 7 aufgezählten Kristallsysteme hat eine charakteristische Punktgruppe. Die Gesamtheit aller Symmetrieoperationen des Gitters (d.h. Gitter-Translationen plus Punktgruppenoperationen einschließlich Kombinationen von beiden) bilden die sogenannte *Raumgruppe* des Gitters.

Hier soll auf eine detaillierte Beschreibung der Punktgruppe für alle 7 aufgezählten Kristallsysteme verzichtet werden. Als Beispiel beschreiben wir nur kurz die Punktgruppe für das kubische System, das neben dem hexagonalen System ohnehin das wichtigste Kristallsystem ist. Die folgenden Operationen führen einen Würfel und damit auch ein kubisches Gitter in sich über: Drehungen um $90° = \frac{2\pi}{4}$ um 3 vierzählige Achsen (durch die Seitenmitten des Würfels), Drehungen um $120° = \frac{2\pi}{3}$ um 4 dreizählige Drehachsen (Raumdiagonalen) und Drehungen um $180° = \pi$ um 6 zweizählige Achsen (um die Diagonalen durch zwei gegenüberliegende Kantenmitten), und diese insgesamt 24 Operationen bilden gerade die sogenannte *Oktaedergruppe O*, zusätzlich gibt es noch die Inversion (Punktspiegelung am Ursprung), so daß die kubische Symmetriegruppe O_h

(Oktaedergruppe plus Inversion) 48 Elemente enthält. Dies kann man sich unabhängig auch noch einmal folgendermaßen klar machen: Alle relevanten Funktionen $f(x,y,z)$ müssen bei Vorliegen von kubischer Symmetrie invariant bleiben bei beliebiger Vertauschung der Koordinaten (x,y,z): $f(x,y,z) = f(y,z,x) = ... = f(y,x,z)$, was 6 Operationen entspricht, außerdem müssen sie invariant sein gegen Vorzeichenwechsel: $f(x,y,z) = f(-x,y,z) = f(x,-y,z) = ... = f(-x,-y,-z)$, was $2^3 = 8$ Operationen entspricht; insgesamt gibt es also $8 * 6 = 48$ Symmetrie-Operationen, da beide Grundoperationen beliebig miteinander kombinierbar sind.

Die gruppentheoretische Klassifikation des Kristallsystems und der zugehörigen Symmetrie kann in der Praxis von großer Bedeutung sein. Die Punktsymmetrieoperationen haben alle eine natürliche Darstellung als 3*3-Matrizen und jedem Element entspricht ein Operator im Hilbert-Raum. Da der Hamilton-Operator in der Regel für den kristallinen Festkörper ebenfalls die Symmetrie des Gitters hat, vertauscht er mit den entsprechenden Operatoren, diese sind also Erhaltungsgrößen, und aus der Quantenmechanik ist bereits bekannt, daß mit solchen zusätzlichen Erhaltungsgrößen z.B. spezielle Entartungen verknüpft sein können. Bei Wegfall oder Störung der Symmetrie werden solche Entartungen dann aufgehoben, was man vorhersagen und verstehen kann, wenn man die gruppentheoretische Klassifikation der Kristallsymmetrie und der resultierenden Eigenwerte vorgenommen hat.

1.1.4 Bravais-Gitter, primitive Einheitszelle und Wigner-Seitz-Zelle

Wie in der Aufzählung erwähnt, gibt es zu einigen Kristallsystemen, nämlich dem kubischen, orthorhombischen, monoklinen und tetragonalen System, mehrere Bravais-Gitter. Diese kann man sich so entstanden denken, daß in der für das System charakteristischen Einheitszelle noch zusätzliche Gitterpunkte existieren, die zentriert sind entweder räumlich im Mittelpunkt der Zelle (raumzentriert) oder in den Mittelpunkten der 6 Oberflächen der Zelle (flächenzentriert) oder in den Mittelpunkten der beiden Grundflächen (basiszentriert). Die primitive (d.h. kleinstmögliche) Einheitszelle dieser zentrierten Gitter ist dann nicht mehr die für das System und seine Symmetrie charakteristische *konventionelle Einheitszelle*. Dies soll kurz für die drei kubischen Gitter erläutert werden:

- einfach-kubisches (simple-cubic, sc) Gitter: Hier gibt es zu jedem Gitterpunkt 6 nächste Nachbar-Gitterpätze. Die sinnvollste primitive Einheitszelle entspricht der *konventionellen* Einheitszelle (d.h. der für das System charakteristischen Einheitszelle) und ist damit ein Würfel der Kantenlänge a, die drei linear unabhängigen Einheitsvektoren, die diese primitive Elementarzelle aufspannen, sind Verbindungsvektoren zu nächsten Nachbar-Gitterpunkten und sind bezüglich des entsprechenden kartesischen Koordinatensystems durch

$$\vec{a}_1 = a \begin{pmatrix} 1 \\ 0 \\ 0 \end{pmatrix} \quad \vec{a}_2 = a \begin{pmatrix} 0 \\ 1 \\ 0 \end{pmatrix} \quad \vec{a}_3 = a \begin{pmatrix} 0 \\ 0 \\ 1 \end{pmatrix}$$

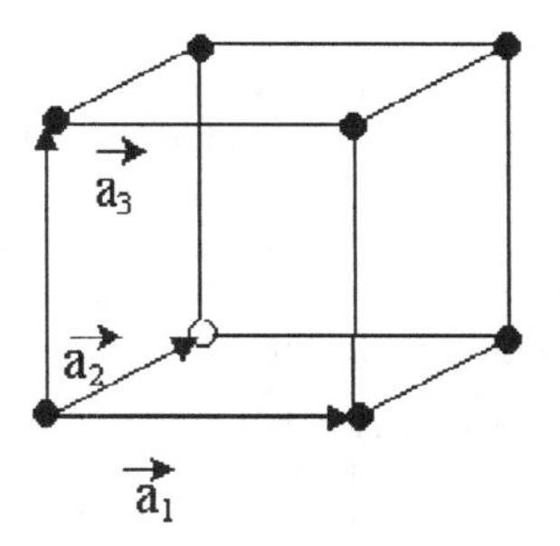

gegeben, das Volumen der primitiven Einheitszelle beträgt

$$V_{pEZ} = \vec{a}_1(\vec{a}_2 \times \vec{a}_3) = \det \begin{pmatrix} a & 0 & 0 \\ 0 & a & 0 \\ 0 & 0 & a \end{pmatrix} = a^3$$

- kubisch-flächenzentriertes (face-centered cubic, fcc) Gitter

  Eine mögliche primitive Einheitszelle wird wieder durch drei linear unabhängige Verbindungsvektoren zu nächsten Nachbar-Gitterplätzen aufgespannt; insgesamt gibt es zu jedem Gitterpunkt 12 nächste Nachbarn. Bezüglich des kartesischen Koordinatensystems sind mögliche $\vec{a}_i$ daher

$$\vec{a}_1 = \frac{a}{2}\begin{pmatrix}1\\1\\0\end{pmatrix} \quad \vec{a}_2 = \frac{a}{2}\begin{pmatrix}1\\0\\1\end{pmatrix} \quad \vec{a}_3 = \frac{a}{2}\begin{pmatrix}0\\1\\1\end{pmatrix}$$

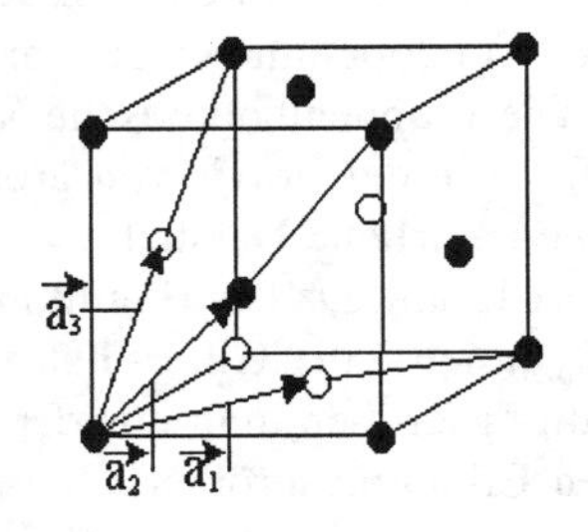

  Das Volumen der primitiven Einheitszelle beträgt daher

$$V_{pEZ} = \vec{a}_1(\vec{a}_2 \times \vec{a}_3) = \frac{a^3}{8}\left|\det\begin{pmatrix}1 & 1 & 0\\1 & 0 & 1\\0 & 1 & 1\end{pmatrix}\right| = \frac{a^3}{4}$$

  Die Tatsache, daß das Volumen der primitiven Einheitszelle nur ein Viertel des Volumens der konventionellen Einheitszelle (d.h. des Würfels der Kantenlänge a) beträgt, bringt zum Ausdruck, daß effektiv 4 Gitterpunkte zu einer konventionellen Einheitszelle gehören. Dies kann man sich auch durch folgende Überlegung klar machen: Die acht Eckpunkte des Würfels gehören jeweils 8 Einheitszellen an, die 6 Flächenmittelpunkte gehören jeweils 2 Einheitszellen an, insgesamt gibt es daher $8 \cdot \frac{1}{8} + 6 \cdot \frac{1}{2} = 4$ Gitterpunkte pro konventioneller Elementarzelle (Würfel der Kantenlänge a).

- kubisch-raumzentriertes (body-centered cubic, bcc) Gitter

  Für dieses Gitter gibt es 8 nächste Nachbarn, nämlich die Eckpunkte des einen Gitterpunkt umgebenden Würfels der Kantenlänge a. Drei linear unabhängige Verbindungsvektoren zu diesen nächsten Nachbarn können wieder als Basisvektoren für die primitive Einheitszelle gewählt werden. Eine mögliche Wahl ist daher:

$$\vec{a}_1 = \frac{a}{2}\begin{pmatrix}-1\\1\\1\end{pmatrix} \quad \vec{a}_2 = \frac{a}{2}\begin{pmatrix}1\\-1\\1\end{pmatrix} \quad \vec{a}_3 = \frac{a}{2}\begin{pmatrix}1\\1\\-1\end{pmatrix}$$

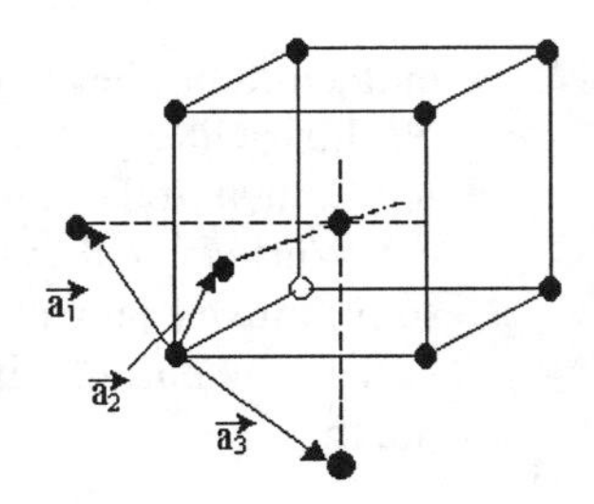

$$V_{pEZ} = \vec{a}_1(\vec{a}_2 \times \vec{a}_3) = \frac{a^3}{8}\left|\det\begin{pmatrix}-1 & 1 & 1\\1 & -1 & 1\\1 & 1 & -1\end{pmatrix}\right| = \frac{a^3}{2}$$

  Dies bringt wieder zum Ausdruck, daß es 2 Gitterpunkte pro konventioneller Einheitszelle gibt, nämlich den zentralen und die Eckpunkte mit dem Gewicht $\frac{1}{8}$.

Eine weitere gebräuchliche Zelle in Kristallgittern ist die sogenannte *Wigner-Seitz*[3]-Zelle. Sie ist um einen Gitterpunkt zentriert und kann definiert werden als Menge aller Punkte, deren Abstand zu diesem Gitterpunkt kleiner ist als zu jedem anderen Gitterpunkt. Die Wigner-Seitz-

[3] benannt nach E.P. Wigner (*1902 in Budapest † 1995 in Princeton, bedeutender theoretischer Physiker, Pionier in Anwendungen von Symmetrieprinzipien und gruppentheoretischen Methoden in der Quantentheorie, Nobelpreis 1963 für seine Beiträge zur theoretischen Kernphysik) und seinem Mitarbeiter F.Seitz (amerikanischer Physiker, * 1911)

Zelle kann geometrisch konstruiert werden gemäß folgender Vorschrift: Zeichne die Verbindungsstrecken von dem betrachteten Gitterpunkt zu anderen Gitterpunkten (nicht nur nächsten Nachbarn) und konstruiere die Ebenen der Mittelsenkrechten zu diesen Strecken. Dann bildet der kleinste Körper, den die verschiedenen Ebenen miteinander einschließen, die Wigner-Seitz-Zelle. Nur für das einfach-kubische Gitter hat die Wigner-Seitz-Zelle wieder die Form eines Würfels, im allgemeinen ergeben sich kompliziertere Figuren. Die Abbildungen zeigen die Wigner-Seitz-Zellen für einige zweidimensionale Gitter und für das fcc- und das bcc-Gitter. Für das flächenzentierte Gitter ergibt sich ein Rhombendodekaeder (mit 12 Flächen in Form von gleichseitigen Rhomben entsprechend den 12 nächsten Nachbarn), für das raumzentrierte Gitter ergibt sich ein „abgeschnittener" Oktaeder (8 Flächen von den Mittelsenkrechten zu den Verbindungslinien zu 8 nächsten Nachbarn, die 6 Spitzen des gleichseitigen Oktaeders werden „abgeschnitten" von den Mittelsenkrechten auf der Verbindungsstrecke zu den 6 übernächsten Nachbarn.

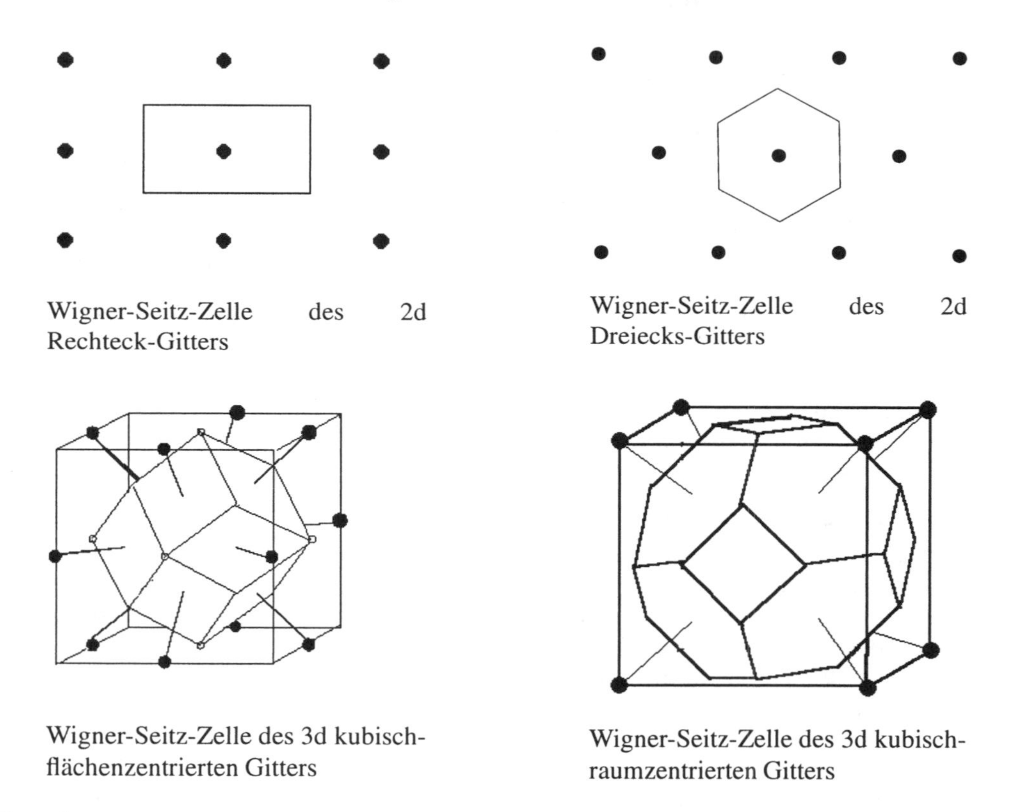

Wigner-Seitz-Zelle des 2d Rechteck-Gitters

Wigner-Seitz-Zelle des 2d Dreiecks-Gitters

Wigner-Seitz-Zelle des 3d kubisch-flächenzentrierten Gitters

Wigner-Seitz-Zelle des 3d kubisch-raumzentrierten Gitters

Trotz ihrer verschiedenen Form ist das Volumen der Wigner-Seitz-Zelle gleich dem der primitiven Einheitszelle.

1.1.5 Kristall-Strukturen

Bisher haben wir nur die möglichen Gittertypen und ihre Symmetrien und Elementarzellen diskutiert. Es ist noch nichts gesagt worden über die Anordnung der Atome in der Elementarzelle. Erst mit dieser zusätzlichen Angabe erhalten wir die eigentliche *Kristall-Struktur*. Neben dem

Gitter-Typ müssen wir hierzu noch die sogenannte *Basis* angeben. Bei einer realen Kristallstruktur liegen i.a. mehrere Atome pro primitiver Elementarzelle vor. Zur Angabe der Basis müssen wir die Position der einzelnen Atome innerhalb der Elementarzelle kennen. Die Atompositionen sind dann zu beschreiben durch

$$\vec{R}_{\vec{n}\mu} = \vec{R}_{\vec{n}} + \vec{R}_{\mu}$$

wobei $\vec{R}_{\vec{n}}$ ein Gittervektor ist und $\vec{R}_{\mu}$ die Position des μ-ten Atoms in der einzelnen Elementarzelle angibt; $\vec{R}_{\mu}$ ist also auf die einzelne Elementarzelle beschränkt. Hier soll auf einen Überblick über alle wichtigen Kristallstrukturen verzichtet werden, stattdessen sollen einige wichtige Beispiele für Kristallstrukturen kurz präsentiert werden.

- **Natriumchlorid-Struktur**

  Diese Kristallstruktur besteht aus einem kubisch-flächenzentrierten Gitter mit einer zweiatomigen Basis (z.B. NaCl) mit einem Atom (z.B. Na) am Punkt (0,0,0) und dem anderen Atom (z.B. Cl) bei $(\frac{1}{2},\frac{1}{2},\frac{1}{2})$ (bezüglich der konventionellen Elementarzelle). Wären die beiden Atome in der Elementarzelle identisch, würde man ein einfach-kubisches Gitter mit Gitterkonstanten $a/2$ erhalten. Speziell für NaCl beträgt die Gitterkonstante $a = 5{,}6$ Å. Dies ist die charakteristische Größenordnung für Gitterkonstanten. In der NaCl-Struktur kristallisieren außerdem noch z.B. AgBr, KCl, PbS u.v.a.

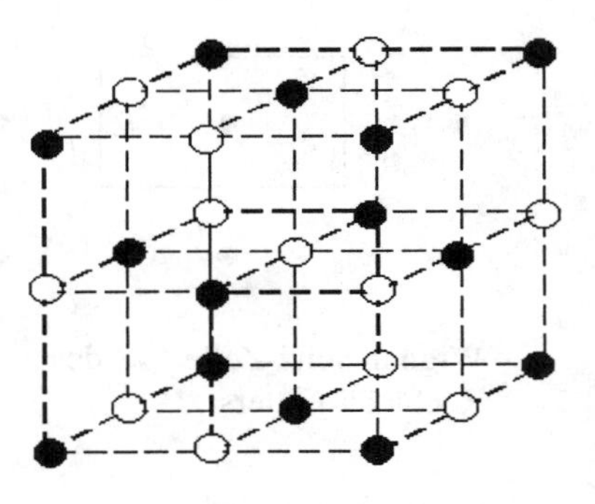

- **Cäsiumchlorid-Struktur**

  Diese Struktur besteht aus einem einfach-kubischen Gitter mit einer zweiatomigen Basis und einem Atom (z.B.Cs) bei (0,0,0) und dem anderen Atom (z.B. Cl) bei $(\frac{1}{2},\frac{1}{2},\frac{1}{2})$. Wären die beiden Atome identisch, würde man gerade ein kubisch-raumzentriertes Gitter erhalten. Speziell für CsCl beträgt die Gitterkonstante $a = 4{,}11$ Å. In der CsCl-Struktur kristallisieren außerdem noch z.B. TlBr, CuZn, AgMg.

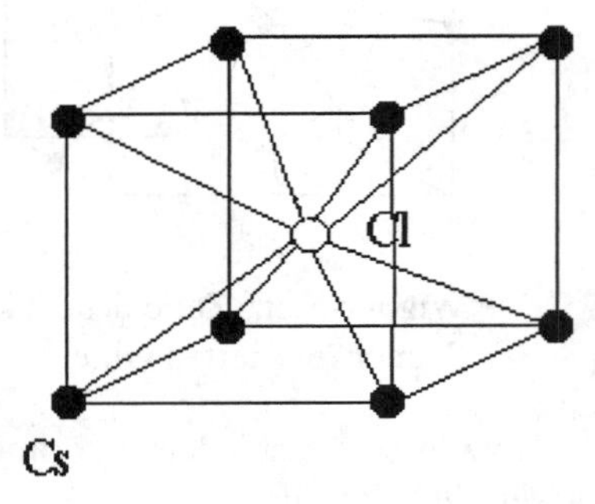

- **Diamant-Struktur**
  Bei der Diamantstruktur liegt ein kubisch-flächenzentriertes Gitter vor und eine zweiatomige Basis aus *identischen* Atomen (z.B. C) bei (0,0,0) und $(\frac{1}{4},\frac{1}{4},\frac{1}{4})$ (bezüglich der konventionellen Elementarzelle). In jedem Einheitswürfel befinden sich daher 8 Atome (4 Gitterpunkte des fcc-Gitters * 2). Jedes Atom hat nur 4 nächste Nachbarn und 12 übernächste Nachbarn. Die vier nächsten Nachbarn eines Atoms haben von ihm den Abstand $\frac{\sqrt{3}}{4}a$ und bilden einen (gleichseitigen) Tetraeder mit Kantenlänge $a/\sqrt{2}$. In der Diamantstruktur kristallisieren neben Kohlenstoff (Diamant) insbesondere Si und Ge.

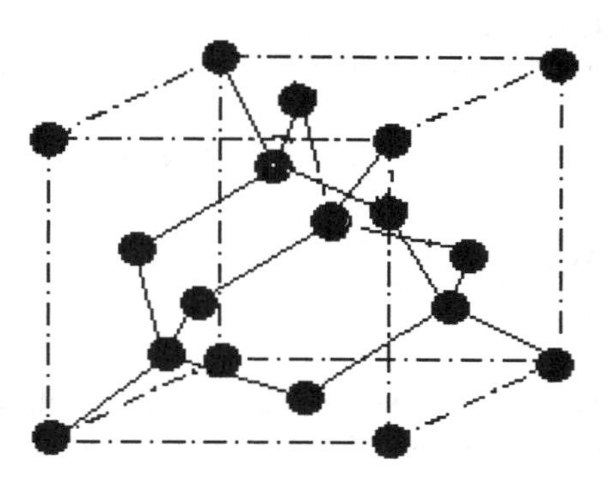

- **Zinkblende-Struktur**
  Die Zinkblende-Struktur besteht ebenfalls aus einem fcc-Gitter mit einer zweiatomigen Basis bei (0,0,0) und $(\frac{1}{4},\frac{1}{4},\frac{1}{4})$, im Unterschied zur Diamantstruktur besteht die Basis aber aus 2 verschiedenen Atomen, z.B. Zn und S. Jedes Zn-Atom ist also tetraedrisch von 4 S-Atomen umgeben und umgekehrt. In der ZnS-Struktur kristallisieren viele der (technologisch wichtigen) III-V- und II-VI-Halbleiter, außer ZnS insbesondere GaAs, InAs, ZnSe, CdS u.v.a.

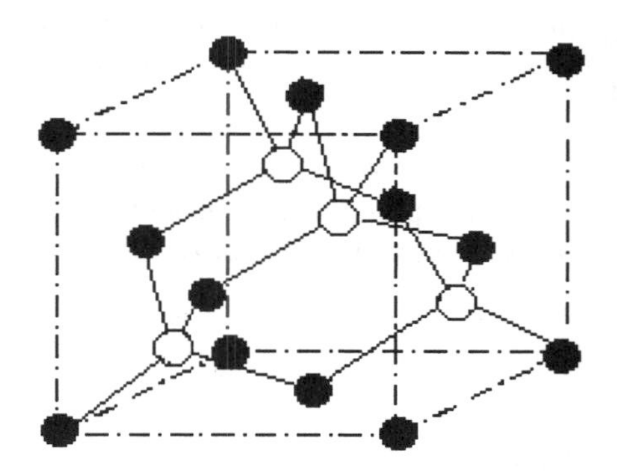

- **Die hexagonal dichteste Kugelpackung**
  Die Kristallstruktur der „hexagonal dichtesten Kugelpackung" („hexagonal closed packed", hcp) besteht aus einem hexagonalen Gitter mit einer Basis aus zwei identischen Atomen bei (0,0,0) und $(\frac{2}{3},\frac{1}{3},\frac{1}{2})$ bezüglich der Einheitszelle des hexagonalen Gitters. Man kann zeigen, daß bei der fcc-Struktur und bei der hcp-Struktur mit einem Verhältnis $\frac{a_3}{a_1} = \sqrt{\frac{8}{3}}$ das kleinstmögliche Volumen eingenommen wird, wenn man die Gitterpunkte mit Kugeln von endlichem Radius $a_1/2$ besetzt. Daher rührt der Name „dichtest gepackt". Die hcp-Struktur haben viele elementare Festkörper, z.B. Mg, Zn, Cd u.a.

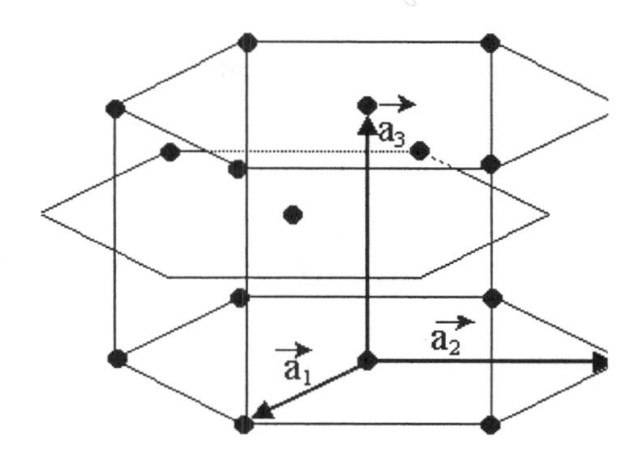

1.2 Das reziproke Gitter, Brillouin-Zone

Jedem Bravais-Gitter kann man ein *reziprokes Gitter* zuordnen, so daß dessen Einheitsvektoren $\vec{b}_j$ orthogonal zu den Einheitsvektoren $\vec{a}_i$ des realen Gitters sind, durch folgende Vorschrift:

$$\vec{b}_1 = \frac{2\pi}{V_{pEZ}}(\vec{a}_2 \times \vec{a}_3), \vec{b}_2 = \frac{2\pi}{V_{pEZ}}(\vec{a}_3 \times \vec{a}_1), \vec{b}_3 = \frac{2\pi}{V_{pEZ}}(\vec{a}_1 \times \vec{a}_2) \tag{1.1}$$

wobei

$$V_{pEZ} = |\vec{a}_1 \cdot (\vec{a}_2 \times \vec{a}_3)| \tag{1.2}$$

das Volumen der primitiven Einheitszelle des realen Gitters ist. Für zweidimensionale Gitter benutze man die obige Definition entsprechend mit $\vec{a}_3 = (0,0,1)$. Jeder Gitterpunkt des reziproken Gitters ist dann gegeben durch

$$\vec{G} = k_1\vec{b}_1 + k_2\vec{b}_2 + k_3\vec{b}_3 \tag{1.3}$$

mit ganzzahligem Tripel (k_1,k_2,k_3). Die Basisvektoren von direktem und reziprokem Gitter erfüllen dann die Orthogonalitätsrelation

$$\vec{a}_i\vec{b}_j = 2\pi\delta_{ij} \tag{1.4}$$

Das Skalarprodukt eines beliebigen Gittervektors $\vec{R}_{\vec{n}}$ mit einem beliebigen reziproken Gittervektor ist dann immer ein ganzzahliges Vielfaches von 2π:

$$\vec{R}_{\vec{n}} \cdot \vec{G} = \sum_{i=1}^{3} n_i\vec{a}_i \sum_{j=1}^{3} k_j\vec{b}_j = 2\pi \sum_{i=1}^{3} n_i k_i \tag{1.5}$$

Umgekehrt ist jeder Vektor $\vec{G}$, der mit allen Gitter-Vektoren $\vec{R}$ als Skalarprodukt ein ganzzahliges Vielfaches von 2π ergibt, ein reziproker Gittervektor; denn sonst hätte er ja eine Darstellung $\vec{G} = \sum_j x_j\vec{b}_j$ mit nicht ganzzahligen (x_1,x_2,x_3), da die $\vec{b}_j$ auf jeden Fall eine Basis bilden; sei speziell x_j nicht ganzzahlig, dann wird für den speziellen direkten Gittervektor $\vec{a}_j$ auch $\vec{G}\vec{a}_j = 2\pi x_j$ das Skalarprodukt auch kein ganzzahliges Vielfaches von 2π, Widerspruch.

Das Volumen der (primitiven) Elementarzelle des reziproken Gitters ist gegeben durch

$$V_{rEZ} = |\vec{b}_1 \cdot (\vec{b}_2 \times \vec{b}_3)| = \left(\frac{2\pi}{V_{pEZ}}\right)^3 (\vec{a}_2 \times \vec{a}_3)\left((\vec{a}_3 \times \vec{a}_1) \times (\vec{a}_1 \times \vec{a}_2)\right) =$$

$$= \left(\frac{2\pi}{V_{pEZ}}\right)^3 (\vec{a}_2 \times \vec{a}_3)\left[\vec{a}_1 \cdot (\vec{a}_3 \cdot (\vec{a}_1 \times \vec{a}_2)) - \vec{a}_3 \cdot ((\vec{a}_1 \times \vec{a}_2) \cdot \vec{a}_1)\right] = \frac{(2\pi)^3}{V_{pEZ}} \tag{1.6}$$

Die Wigner-Seitz-Zelle des reziproken Gitters bezeichnet man auch als *erste Brillouin-Zone*[4]. Das reziproke Gitter des einfach-kubischen Gitters ist wieder ein einfach-kubisches Gitter, das reziproke Gitter des fcc-Gitters ist das bcc-Gitter und umgekehrt. Daher entspricht die erste Brillouin-Zone des fcc-Gitters der Wigner-Seitz-Zelle des bcc-Gitters und umgekehrt. Das reziproke Gitter des reziproken Gitters ist wieder das direkte Gitter. In den folgenden Abbildungen

[4] benannt nach L. Brillouin, * 1889 in Sevres (Frankreich), † 1969 in New York, franz. Physiker, Prof. in Paris, ab 1942 in den USA, Arbeiten zu Näherungsmethoden in der Quantenmechanik (u.a. WKB-Methode), zur Festkörperphysik und Quanten-Statistik

sind die ersten Brillouinzonen der drei kubischen Gitter dargestellt; hier sind auch spezielle Symmetriepunkte eingezeichnet, die konventionell mit speziellen Buchstaben bezeichnet werden: so heißt der Mittelpunkt der 1. Brillouinzone auch „Gamma-Punkt" $\Gamma = (0,0,0)$, den Punkt $\frac{\pi}{a}(1,0,0)$ nennt man beim einfach-kubischen bzw. fcc- Gitter auch X-Punkt und beim bcc-Gitter H, und beim einfach-kubischen System nennt man den Punkt $\frac{\pi}{a}(1,1,0)$ N und $\frac{\pi}{a}(1,1,1)$ R. Die Bezeichnungen der analogen Symmetriepunkte im fcc- und bcc-Gitter kann man den Abbildungen entnehmen. Es ist üblich, die Phononendispersionsrelationen und die elektronischen Energiebänder längs spezieller Symmetrie-Richtungen innerhalb der Brillouinzone zwischen diesen speziellen Punkten darzustellen (vgl. Kapitel 3 und 4).

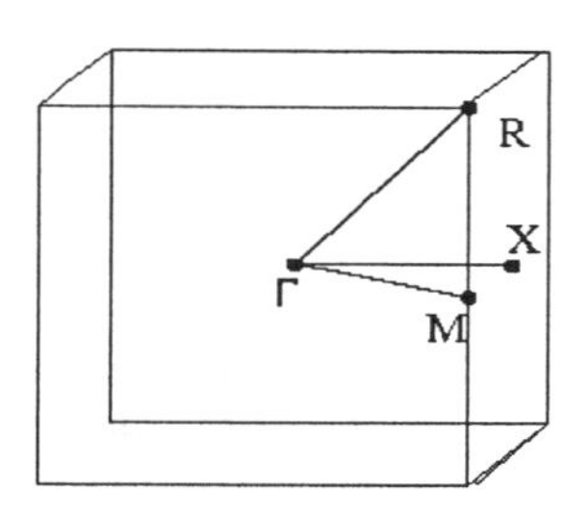

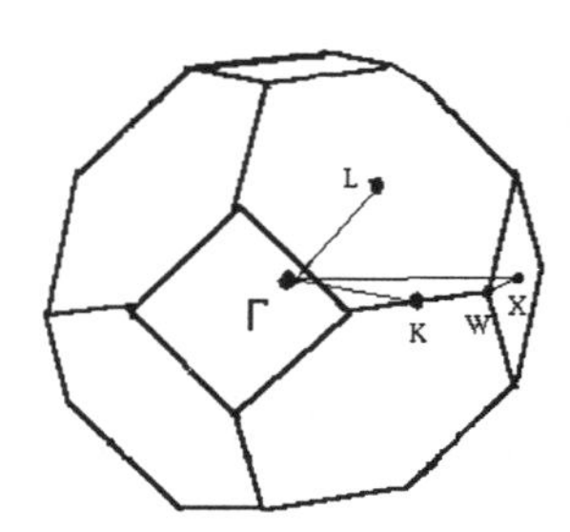

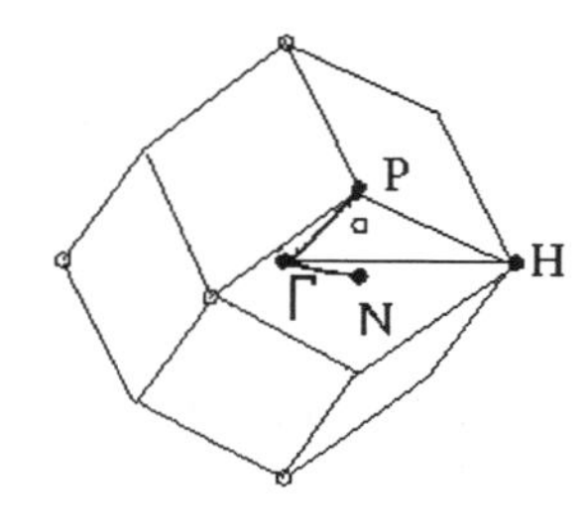

Bild 1.1 Die erste Brillouinzone für das einfach-kubische, das fcc- und das bcc- Gitter; eingezeichnet sind auch die speziellen Symmetriepunkte, zwischen denen man den Verlauf von Phononen-Dispersionen und elektronischen Energiebändern meist darstellt

Durch die reziproken Gittervektoren werden Familien von parallelen Gitterebenen eindeutig beschrieben. Jeder reziproke Gittervektor steht nämlich senkrecht auf einer Familie von Gitterebenen des direkten Bravais-Gitters. Eine Gitterebene eines Bravais-Gitters wird aufgespannt durch drei nicht auf einer Geraden liegende Gitterpunkte, eine Familie von Gitterebenen ist die Gesamtheit der zueinander parallelen Gitterebenen. Zu einer vorgegebenen Familie paralleler Gitterebenen beschreibt nämlich

$$\vec{G} = \frac{2\pi}{d}\vec{n} \tag{1.7}$$

einen reziproken Gittervektor, wenn $\vec{n}$ der Normalen-Einheitsvektor auf der Familie von Gitterebenen und d der Abstand benachbarter ist. Dann gilt nämlich für zwei Gittervektoren $\vec{R}_1, \vec{R}_2$ zu Gitterpunkten aus der gleichen Ebene:

$$\vec{G} \cdot (\vec{R}_1 - \vec{R}_2) = 0$$

da $\vec{n} \perp (\vec{R}_1 - \vec{R}_2)$. Sind aber $\vec{R}_1, \vec{R}_2$ Gittervektoren zu Punkten aus verschiedenen Ebenen der gleichen Familie, die den Abstand ld haben, dann gilt

$$\vec{n} \cdot (\vec{R}_1 - \vec{R}_2) = ld$$

und damit

$$\vec{G} \cdot (\vec{R}_1 - \vec{R}_2) = 2\pi l$$

Da auch der Ursprung in jeder Familie paralleler Gitterebenen enthalten ist, gilt für jeden Gittervektor $\vec{R}$

$$\vec{G} \cdot \vec{R} = 2\pi l \tag{1.8}$$

mit ganzzahligem l, womit gezeigt ist, daß oben definiertes $\vec{G}$ tatsächlich reziproker Gittervektor ist. Dies ist auch bereits der kürzeste reziproke Gittervektor, der diese Eigenschaft erfüllt, denn wenn es einen kürzeren gleicher Richtung $\vec{n}$ gäbe, dann ergäbe sich für $\vec{R}_1, \vec{R}_2$ aus benachbarten Ebenen der Familie $|\vec{G} \cdot (\vec{R}_1 - \vec{R}_2)| < 2\pi$, d.h. es gäbe Gittervektoren, für die das Skalarprodukt mit $\vec{G}$ kein ganzzahliges Vielfaches von 2π wäre, Widerspruch. Umgekehrt gibt es zu jedem reziproken Gittervektor $\vec{G}$ eine Gitterebene und damit auch eine Familie von Gitterebenen, zu denen $\vec{G}$ orthogonal ist, denn sei z.B.

$$\vec{G} = h\vec{b}_1 + k\vec{b}_2 + l\vec{b}_3 \tag{1.9}$$

mit ganzzahligem Tripel (hkl) Dann ist $\vec{G}$ offenbar orthogonal z.B. zu den linear unabhängigen Gittervektoren

$$\vec{R}_1 = k\vec{a}_1 - h\vec{a}_2, \vec{R}_2 = l\vec{a}_1 - h\vec{a}_3$$

Durch $\vec{R}_1, \vec{R}_2$ wird dann eine Gitterebene aufgespannt und durch Verschieben in Endpunkte verschiedener Gitter-Vektoren eine Familie paralleler Gitterebenen bestimmt, auf denen $\vec{G}$ orthogonal ist.

Somit bestimmen die reziproken Gittervektoren also eindeutig eine Familie von zueinander parallelen Ebenen des direkten Gitters. Es ist üblich, Gitterebenen durch Angabe der sogenannten *Millerschen Indizes* (hkl) zu klassifizieren; dies bedeutet gerade, daß $\vec{G} = h\vec{b}_1 + k\vec{b}_2 + l\vec{b}_3$ der kürzeste zu den Gitterebenen orthogonale reziproke Gittervektor ist. Der Abstand benachbarter Gitterebenen ist dann

$$d = \frac{2\pi}{|\vec{G}|} \tag{1.10}$$

1.3 Periodische Funktionen

Viele für einen Festkörper bzw. Kristall physikalisch relevante Größen bzw. Funktionen, z.B. das Potential $V(\vec{r})$, die (Elektronen- oder Ionen-) Dichte $\rho(\vec{r})$, etc., haben die Translationsinvarianz des Gitters, d.h. sie erfüllen

$$f(\vec{r}) = f(\vec{r} + \vec{R}) \tag{1.11}$$

für jeden Gittervektor $\vec{R}$ des Bravais-Gitters. Es genügt daher die Kenntnis der Funktionen innerhalb einer einzigen Elementarzelle (oder der Wigner-Seitz-Zelle), um sie schon auf dem gesamten Raum zu kennen. Solche Funktionen lassen sich bekanntlich als Fourier-Reihe darstellen:

$$f(\vec{r}) = \sum_{\vec{G}} f_{\vec{G}} e^{i\vec{G}\vec{r}} \tag{1.12}$$

mit diskreten Fourier-Koeffizienten

$$f_{\vec{G}} = \frac{1}{V_{EZ}} \int_{EZ} d^3r f(\vec{r}) e^{-i\vec{G}\vec{r}} \tag{1.13}$$

wobei V_{EZ} das Volumen der (primitiven) Einheitszelle bezeichnet. Aus der Bedingung $f(\vec{r}) = f(\vec{r}+\vec{R})$ folgt

$$e^{i\vec{G}\vec{R}} = 1 \rightarrow \vec{R}\vec{G} = 2\pi n \tag{1.14}$$

mit ganzzahligem n für alle Gittervektoren $\vec{R}$, also läuft die Fourier-Reihe gerade über die reziproken Gittervektoren.

Das Funktionensystem $\left\{ \frac{1}{\sqrt{V_{EZ}}} e^{i\vec{G}\vec{r}} \right\}$ bildet eine Basis auf dem Raum der quadratintegrablen Funktionen auf der Einheitszelle des realen Gitters, falls $\vec{G}$ alle Punkte des reziproken Gitters durchläuft; diese Basis ist periodisch bezüglich Gittervektoren $\vec{R}$ des realen Gitters. Es gelten die folgenden Orthonormalitätsrelationen:

$$\frac{1}{V_{EZ}} \int_{EZ} d^3 r e^{i(\vec{G}-\vec{G}')\vec{r}} = \delta_{\vec{G}\vec{G}'} \tag{1.15}$$

$$\sum_{\vec{G}} e^{i\vec{G}\vec{r}} = V_{EZ} \sum_{\vec{R}} \delta(\vec{r} - \vec{R}) \tag{1.16}$$

Zum Beweis stellen wir $\vec{r}, \vec{G}$ bezüglich der Basisvektoren der primitiven Einheitszellen von realem und reziprokem Gitter dar; dann gilt:

$$\vec{r} = \sum_{i=1}^{3} x_i \vec{a}_i, \vec{G} = \sum_{j=1}^{3} h_j \vec{b}_j$$

mit $0 \leq x_i \leq 1$, da $\vec{r} \in EZ$, aber ganzzahligen h_j. Damit folgt:

$$\frac{1}{V_{EZ}} \int_{EZ} d^3 r e^{i\vec{G}\vec{r}} = \prod_{i=1}^{3} \int_0^1 dx_i e^{i2\pi x_i h_i} = \begin{cases} 0 & \text{wenn ein } h_i \neq 0 \\ 1 & \text{wenn alle } h_i = 0 \end{cases}$$

Ferner gilt für eine beliebige (also nicht notwendig gitterperiodische) Funktion $f(\vec{r})$

$$\int d^3 r f(\vec{r}) \sum_{\vec{G}} e^{i\vec{G}\vec{r}} = \sum_{\vec{R}} \sum_{\vec{G}} \int_{EZ} d^3 r' f(\vec{R}+\vec{r}') e^{i\vec{G}(\vec{R}+\vec{r}')} =$$

$$= \sum_{\vec{R}} \sum_{\vec{G}} \int_{EZ} d^3 r' g^{\vec{R}}(\vec{r}') e^{i\vec{G}\vec{r}'} = \sum_{\vec{R}} \sum_{\vec{G}} V_{EZ} g^{\vec{R}}_{-\vec{G}} = V_{EZ} \sum_{\vec{R}} g^{\vec{R}}(\vec{r}=0) = V_{EZ} \sum_{\vec{R}} f(\vec{R})$$

Hierbei bezeichnet $g^{\vec{R}}(\vec{r})$ diejenige gitterperidodische Funktion, die auf der Einheitszelle um $\vec{R}$ gerade mit der beliebigen Funktion $f(\vec{r})$ übereinstimmt. Wegen der Beliebigkeit von $f(\vec{r})$ ist damit (1.16) bewiesen.

Da das direkte Gitter wieder reziprokes Gitter des reziproken Gitters ist, können wir die Relationen (1.15,1.16) entsprechend für das reziproke Gitter formulieren:

$$\frac{V_{EZ}}{(2\pi)^3} \int_{1.BZ} d^3 k e^{i\vec{k}(\vec{R}-\vec{R}')} = \delta_{\vec{R},\vec{R}'} \tag{1.17}$$

$$\frac{V_{EZ}}{(2\pi)^3} \sum_{\vec{R}} e^{i\vec{k}\vec{R}} = \sum_{\vec{G}} \delta(\vec{k} - \vec{G}) \tag{1.18}$$

Anwendungsbeispiel: Kristallstrukturanalyse mittels Röntgenbeugung

Wenn freie Teilchen (z.B. Photonen), die als ebene Welle $e^{i\vec{k}\vec{r}}$ beschrieben werden können, auf einen Kristall einfallen, werden sie an einem gitter-periodischen Potential, das $V(\vec{r}) = V(\vec{r}+\vec{R})$ für alle Gittervektoren $\vec{R}$ erfüllt, gestreut und gehen dabei in einen Zustand $\vec{k}'$ über. Wie aus der Quantenmechanik bekannt ist und auch in späteren Kapiteln noch explizit benutzt wird (vgl. z.B. Kapitel 3.8) ist für Größen wie die Übergangswahrscheinlichkeit (z.B. in Bornscher Näherung) auf jeden Fall das Matrixelement $\langle\vec{k}'|V(\vec{r})|\vec{k}\rangle$ zu bestimmen. Dieses berechnet sich wie folgt:

$$\langle\vec{k}'|V(\vec{r})|\vec{k}\rangle = \frac{1}{V}\int d^3r e^{-i\vec{k}'\vec{r}}V(\vec{r})e^{i\vec{k}\vec{r}} = \frac{1}{V}\int d^3r \sum_{\vec{G}} V_{\vec{G}} e^{i(\vec{k}+\vec{G}-\vec{k}')} = \sum_{\vec{G}} V_{\vec{G}}\delta_{\vec{k}'-\vec{k},\vec{G}} \tag{1.19}$$

Für die Streuung an Kristallen besteht daher die Auswahlregel

$$\vec{k}' = \vec{k} + \vec{G} \tag{1.20}$$

mit $\vec{G}$ einem reziproken Gittervektor. Der Wellenvektor von gestreutem und einfallendem Quant müssen sich also gerade um einen reziproken Gittervektor unterscheiden. Speziell für elastische Streuung mit $k^2 = k'^2$ führt dies zu der Bedingung

$$2\vec{k}\vec{G} + \vec{G}^2 = 0 \tag{1.21}$$

Wir hatten gesehen, daß der Betrag von reziproken Gittervektoren immer als $|\vec{G}| = \frac{2\pi n}{d}$ mit d Abstand paralleler Gitterebenen darstellbar ist, auf denen $\vec{G}$ orthogonal steht. Der Photonenwellenvektor ist außerdem durch $k = \frac{2\pi}{\lambda}$ gegeben, wenn λ die Wellenlänge des benutzten Lichtes ist. Dann folgt:

$$2\frac{4\pi^2 n}{d\lambda}\cos(\prec(\vec{k},\vec{G})) + \frac{4\pi^2 n^2}{d^2} = 0 \tag{1.22}$$

Hieraus ergibt sich die *Braggsche Reflexionsbedingung*[5]:

$$2d\sin\theta = n\lambda \tag{1.23}$$

Hierbei ist θ der Winkel zwischen einfallendem Strahl und Gitterebene, daher gilt $\prec(\vec{k},\vec{G}) = \frac{\pi}{2} + \theta$.

[5] W.H.Bragg (* 1862 in Westward (England), † 1942 in London) und sein Sohn W.L.Bragg (* 1890 in Adelaide (Australien), † 1971 in Ipswich, England) entwickelten zusammen 1912-13 die Drehkristall-Methode zur Röntgen-Strukturanalyse von Kristallen und die Bragg-Gleichung, gemeinsamer Nobelpreis 1915

2 Separation von Gitter- und Elektronen-Dynamik

2.1 Der allgemeine Festkörper-Hamilton-Operator

Wir beginnen mit der expliziten Angabe des in der Einleitung erwähnten allgemeinen Festkörper-Hamilton-Operators. Ein Festkörper besteht aus N_{K} Atomkernen der Massen M_k und Ladungszahlen Z_k (d.h.Ladung Z_ke, wobei e die (positive) Elementarladung bezeichnet, und N_{e} Elektronen der Ladung -e. Wegen Ladungsneutralität gilt dann schon einmal

$$N_{\text{e}} = \sum_{k=1}^{N_{\text{K}}} Z_k \tag{2.1}$$

Falls N_{K} identische Atomkerne mit Masse M und Kernladungszahl Z vorliegen, gilt $N_{\text{e}} = ZN_{\text{K}}$.

Unter der Voraussetzung, daß man von relativistischen Effekten absehen kann, läßt sich der Hamilton-Operator (in „1.Quantisierung") schreiben als:

$$H = T_{\text{K}} + T_{\text{e}} + V_{\text{K-K}} + V_{\text{e-e}} + V_{\text{e-K}} \tag{2.2}$$

wobei

$$T_{\text{e}} = \sum_{i=1}^{N_{\text{e}}} \frac{\vec{p}_i^{\,2}}{2m} \tag{2.3}$$

die kinetische Energie der Elektronen,

$$T_{\text{K}} = \sum_{k=1}^{N_{\text{K}}} \frac{\vec{P}_k^{\,2}}{2M_k} \tag{2.4}$$

die kinetische Energie der Atomkerne,

$$V_{\text{e-e}} = \sum_{i<j} v_{\text{e-e}}(\vec{r}_i - \vec{r}_j) \tag{2.5}$$

die Wechselwirkung der Elektronen untereinander,

$$V_{\text{K-K}} = \sum_{k<l} v_{\text{K-K}}(\vec{R}_k - \vec{R}_l) \tag{2.6}$$

die der Kerne untereinander und

$$V_{\text{e-K}} = \sum_{i,k} v_{\text{e-K}}(\vec{r}_i - \vec{R}_k) \tag{2.7}$$

die (attraktive) Wechselwirkung zwischen den positiven Atom-Kernen und den negativ geladenen Elektronen bezeichnen.

Hierbei sind $\vec{P}_k$ und $\vec{R}_k$ Impuls und Ort des k-ten Kerns und $\vec{p}_i$ und $\vec{r}_i$ Impuls und Ort des i-ten Elektrons. In der obigen allgemeinen Form (2.2 - 2.7) kann der Hamilton-Operator auch die Situation beschreiben, daß die schweren Teilchen nicht die „nackten" Atomkerne sind sondern die Ionen, d.h. Atomkerne plus innere Schalen, die man vielfach als starr mit dem Kern verbunden betrachten kann. Dann würden die Wechselwirkungspotentiale $v_{\text{e-K}}, v_{\text{K-K}}$ nicht die freien Coulomb-Potentiale sondern durch die inneren Elektronenschalen abgeschirmte effektive Potentiale zwischen den Ionen bzw. zwischen positivem Ion und äußeren Elektronen beschreiben. Wenn wir aber die „nackten" Kerne betrachten, sind alle drei Wechselwirkungspotentiale $v_{\text{e-e}}, v_{\text{e-K}}, v_{\text{K-K}}$ durch die elementare Coulomb-Wechselwirkung gegeben, also gilt für die repulsive Wechselwirkung zwischen 2 Elektronen an den Orten $\vec{r},\vec{r}'$:

$$v_{\text{e-e}}(\vec{r}-\vec{r}') = \frac{e^2}{|\vec{r}-\vec{r}'|}, \tag{2.8}$$

für die abstoßende Wechselwirkung zwischen den nackten Atomkernen k,l:

$$v_{\text{K-K}}(\vec{R}_k-\vec{R}_l) = \frac{Z_k Z_l e^2}{|\vec{R}_k-\vec{R}_l|} \tag{2.9}$$

und für die anziehende Wechselwirkung zwischen dem (Z_k-fach) positiv geladenem Kern k und einem negativ geladenem Elektron am Ort $\vec{r}$:

$$v_{\text{e-K}}(\vec{r}-\vec{R}_k) = \frac{-Z_k e^2}{|\vec{r}-\vec{R}_k|} \tag{2.10}$$

Um nun die relative Größenordnung der einzelnen Beiträge (2.2) besser abschätzen zu können, gehen wir zu *atomaren Einheiten* über. Atomradien und damit auch der Abstand der Atome in kondensierter Materie sind von der Größenordnung einiger Å. Die natürliche Längeneinheit ist daher der Bohrsche Radius $a_0 = \hbar^2/me^2 = 0.5$ Å$= 0.5 \cdot 10^{-8}$ cm, und entsprechend messen wir Energien in Einheiten von $E_0 = me^4/\hbar^2 = e^2/a_0 = 0.43 \cdot 10^{-10}$ erg = 2 Ry = 27.2 eV. Wir ersetzen daher Ortsvektoren gemäß $\vec{r} = a_0\vec{\tilde{r}}$ mit dimensionslosem Vektor $\vec{\tilde{r}}$, Ortsableitungen (den Nabla-Operator) durch $\nabla_r = \frac{\partial}{\partial \vec{r}} = \frac{1}{a_0}\partial/\partial\vec{\tilde{r}}$ und kommen damit nach einfacher Umrechnung zum dimensionslosen Hamilton-Operator

$$H/E_0 = -\frac{1}{2}\sum_i \frac{\partial^2}{\partial \vec{\tilde{r}}_i^{\,2}} - \frac{1}{2}\sum_k \frac{m}{M_k}\frac{\partial^2}{\partial \vec{\tilde{R}}_k^{\,2}} + \sum_{i<j}\frac{1}{|\vec{\tilde{r}}_i-\vec{\tilde{r}}_j|} + \sum_{k<l}\frac{Z_k Z_l}{|\vec{\tilde{R}}_k-\vec{\tilde{R}}_l|} - \sum_{i,k}\frac{Z_k}{|\vec{\tilde{r}}_i-\vec{\tilde{R}}_k|} \tag{2.11}$$

Offenbar hängt dieser also nur noch von den Kernladungszahlen Z_k und den Massenverhältnissen m/M_k ab. Insbesondere ist also die relative Größenordnung des Beitrags der kinetischen Energie der Atomkerne (oder auch der Ionen) genau um diesen Faktor m/M_k kleiner als die anderen Beiträge zum Hamilton-Operator. Da m/M_k von der Größenordnung $10^{-4} - 10^{-5}$ ist, bietet sich eine Entwicklung nach diesem Parameter und damit nach der kinetischen Energie der Atomkerne an. In niedrigster Näherung wird man also die Kerne als unbeweglich ansehen können und somit Elektronen im starren Gitter betrachten und den Einfluß der Bewegung der Kerne (oder Ionen) nur störungstheoretisch berücksichtigen. Diese Kleinheit des Parameters m/M_k ist also der entscheidende Grund dafür, daß wir Gitter- und Elektronenbewegung in niedrigster Ordnung als voneinender entkoppelt betrachten können (also Gitterschwingungen, d.h. Phononen, und Elektronen zunächst unabhängig voneinander behandeln können) und Korrekturen dazu (d.h. die Elektron-Phonon-Wechselwirkung) störungstheoretisch in Betracht ziehen können. Diese Entkopplung von Gitter- und Elektronen-Freiheitsgraden , die wir mit obigem einfachen Skalenargument qualitativ schon verstehen können, wird im folgenden Kapitel noch etwas quantitativer besprochen werden.

2.2 Adiabatische Näherung (Born-Oppenheimer-Näherung)

Die Überlegungen des letzten Abschnittes legen es nahe, die kinetische Energie der (schweren) Kerne als Störung aufzufassen und in niedrigster Ordnung zu vernachlässigen. Wir zerlegen den Festkörper-Hamilton-Operator (2.2) daher gemäß:

$$H = H_0 + T_\kappa$$
$$H_0 = T_e + V_{\text{e-}\kappa}(\mathbf{r},\mathbf{R}) + V_{\text{e-e}}(\mathbf{r}) + V_{\kappa\text{-}\kappa}(\mathbf{R}) \tag{2.12}$$

wobei mit $\mathbf{r} = (\vec{r}_1, \dots, \vec{r}_{N_e})$ der $3N_e$-dimensionale Vektor der Elektronenorte und mit $\mathbf{R} = (\vec{R}_1, \dots, \vec{R}_{N_K})$ der $3N_\kappa$-dimensionale Vektor aller Atomkern-Positionen bezeichnet wurde. Wir nehmen nun an, daß wir die zu H_0 gehörige Schrödinger-Gleichung lösen können; diese Schrödinger-Gleichung ist nur noch eine Differentialgleichung bzgl. der Elektronenpositionen $\mathbf{r}$, da die Kern-Impulse nicht auftreten in H_0. Daher gehen die Kern-Orte nur noch als Parameter ein in die zu H_0 gehörige Schrödinger-Gleichung. Mit anderen Worten, H_0 beschreibt das quantenmechanische Problem von N_e (wechselwirkenden) Elektronen im statischen Potential, das erzeugt wird von N_κ Atomkernen an fixierten Positionen $\mathbf{R}$. Diese fixierten Kernpositionen gehen daher auch nur noch als Parameter ein in die elektronischen Wellenfunktionen $\{\phi_\alpha(\mathbf{r};\mathbf{R})\}$ und Eigenwerte $\varepsilon_\alpha(\mathbf{R})$:

$$H_0\phi_\alpha(\mathbf{r};\mathbf{R}) = \varepsilon_\alpha(\mathbf{R})\phi_\alpha(\mathbf{r};\mathbf{R}) \tag{2.13}$$

wobei $\{\alpha\}$ einen vollständigen Satz von elektronischen Quantenzahlen beschreibt. Für jede Konfiguration $\mathbf{R}$ der Kerne bilden die $\{\phi_\alpha(\mathbf{r};\mathbf{R})\}$ ein vollständiges Funktionensystem. Eine allgemeine Wellenfunktion $\psi(\mathbf{r},\mathbf{R})$ des vollen Festkörper-Hamilton-Operators H, d.h. eine Lösung des Eigenwert-Problems

$$H\psi(\mathbf{r},\mathbf{R}) = E\psi(\mathbf{r},\mathbf{R}) \tag{2.14}$$

muß daher für jedes feste $\mathbf{R}$ nach den $\phi_\alpha(\mathbf{r};\mathbf{R})$ entwickelbar sein, also:

$$\psi(\mathbf{r},\mathbf{R}) = \sum_\alpha \chi_\alpha(\mathbf{R})\phi_\alpha(\mathbf{r};\mathbf{R}) \tag{2.15}$$

Dies liefert in (2.14) eingesetzt:

$$(H-E)\psi(\mathbf{r},\mathbf{R}) = \sum_\alpha (H_0 + T_\kappa - E)\chi_\alpha(\mathbf{R})\phi_\alpha(\mathbf{r};\mathbf{R}) = \sum_\alpha (\varepsilon_\alpha(\mathbf{R}) + T_\kappa - E)\chi_\alpha(\mathbf{R})\phi_\alpha(\mathbf{r};\mathbf{R}) = 0 \tag{2.16}$$

Multipliziert man von links mit $\phi_\beta^*(\mathbf{r};\mathbf{R})$ und integriert über alle Elektronenorte $\mathbf{r}$, so folgt

$$(T_\kappa + \varepsilon_\beta(\mathbf{R}))\chi_\beta(\mathbf{R}) + \sum_\alpha A_{\beta,\alpha}(\mathbf{R})\chi_\alpha(\mathbf{R}) = E\chi_\beta(\mathbf{R}) \tag{2.17}$$

mit

$$A_{\beta,\alpha}(\mathbf{R}) = -\sum_l \frac{\hbar^2}{2M_l}\int d\mathbf{r}[\phi_\beta^*(\mathbf{r};\mathbf{R})\frac{\partial^2}{\partial\vec{R}_l^{\,2}}\phi_\alpha(\mathbf{r};\mathbf{R}) + 2\phi_\beta^*(\mathbf{r};\mathbf{R})(\frac{\partial}{\partial\vec{R}_l}\phi_\alpha(\mathbf{r};\mathbf{R}))\frac{\partial}{\partial\vec{R}_l}] \tag{2.18}$$

Hierbei wurde die Produktregel

$$\frac{\partial^2}{\partial\vec{R}_l^{\,2}}(\phi_\alpha(\mathbf{r};\mathbf{R})\chi_\alpha(\mathbf{R})) = \phi_\alpha(\mathbf{r};\mathbf{R})\frac{\partial^2}{\partial\vec{R}_l^{\,2}}\chi_\alpha(\mathbf{R}) + 2\frac{\partial}{\partial\vec{R}_l}\phi_\alpha(\mathbf{r};\mathbf{R})\frac{\partial}{\partial\vec{R}_l}\chi_\alpha(\mathbf{R}) + \chi_\alpha(\mathbf{R})\frac{\partial^2}{\partial\vec{R}_l^{\,2}}\phi_\alpha(\mathbf{r};\mathbf{R}) \tag{2.19}$$

und die Vollständigkeit und Orthonormiertheit der $\{\phi_\alpha(\mathbf{r};\mathbf{R})\}$ benutzt. Vernachlässigt man nun die Beiträge $A_{\beta,\alpha}(\mathbf{R})$, d.h. Übergangsmatrixelemente zwischen verschiedenen elektronischen Quantenzahlen α,β, so kommt man auf

$$(T_\mathrm{K} + \varepsilon_\beta(\mathbf{R}))\chi_\beta(\mathbf{R}) = E\chi_\beta(\mathbf{R}) \tag{2.20}$$

Dies ist offenbar eine Schrödinger-Gleichung nur für die Atomkerne im effektiven Potential $\varepsilon_\beta(\mathbf{R})$; die elektronischen Eigenenergien bestimmen also (über ihre parametrische Abhängigkeit von den Kernpositionen $\mathbf{R}$) das effektive Potential für die Kerne (in das die „nackte" Coulomb-Abstoßung V_{K-K} additiv eingeht). Alle Effekte der chemischen Bindung der Kerne aneinander und der energetischen Bevorzugung der Kristallstruktur-Ausbildung müssen hierin enthalten sein und sich darin äußern, daß $\varepsilon_\beta(\mathbf{R})$ für spezielle Positionen $\mathbf{R}_0$ minimal wird.

Um eine Vorstellung von der Größenordnung der Eigenenergien E in (2.20) der reinen Kernbewegung zu bekommen, können wir uns die $\varepsilon_\alpha(\mathbf{R})$ um diese Gleichgewichtspositionen $\mathbf{R}_0$ bis zur 2.Ordnung in den Auslenkungen entwickelt vorstellen, wie man es bei der (im nächsten Kapitel zu besprechenden) harmonischen Näherung ohnehin tut. Dann hat man es mit (gekoppelten) harmonischen Oszillatoren zu tun, für die die (R-Abhängigkeit der) elektronischen Eigenenergien das harmonische Potential bilden. Die Gitterenergien E sind bekanntlich von der Größenordnung der Eigenfrequenz $E \sim \hbar\omega \sim \sqrt{K/M}$, wobei die effektive Federkonstante durch $K \sim \partial^2\varepsilon/\partial R^2$ gegeben ist. Somit gilt für die Eigenenergien E bzw. die Frequenzen der Kernbewegung die Größenordnungsabschätzung

$$E^2 = \hbar^2\omega^2 \sim \frac{K}{M} \sim \frac{E_{el}}{M\Delta R^2} \sim \frac{E_{el}m^2e^4}{M\hbar^4} = \frac{m}{M}E_{el}^2$$

wobei benutzt wurde, daß Auslenkungen aus den Gleichgewichtspositionen von der Größenordnung Bohrscher Radius sind: $\Delta R \sim a_0 = \hbar^2/me^2$. Also sind für die Bewegung (Schwingung) der Atomkerne typische Energien als um einen Faktor $\sqrt{m/M}$ kleiner als typische elektronische Energien zu erwarten.

Wir müssen nun noch abschätzen, daß die Vernachlässigung der (auf dem Raum der Kern-Wellenfunktionen $\psi_\alpha(\mathbf{R})$ noch als Operator wirkenden) Beiträge $A_{\beta\alpha}(\mathbf{R})$ gerechtfertigt ist. Da in der Schrödinger-Gleichung (2.13) für die Elektronen die Kern-Kern-Wechselwirkung $V_{\mathrm{K\text{-}K}}$ nur als additive Konstante zum Hamilton-Operator auftritt, rührt die $\mathbf{R}$-Abhängigkeit der Wellenfunktionen $\phi_\alpha(\mathbf{r},\mathbf{R})$ im Wesentlichen von der Elektron-Kern-Wechselwirkung $V_{\mathrm{e}-K}$ her. Daher ist nur eine Abhängigkeit von den Relativ-Positionen $|\vec{r}_i - \vec{R}_k|$ zu erwarten, weswegen auch $\frac{\partial}{\partial\vec{R}_l}$ auf $\frac{\partial}{\partial\vec{r}_i}$ umgeschrieben werden kann. Damit wird aus dem ersten Beitrag zu $A_{\beta\alpha}$ in (2.18) im Wesentlichen $\frac{m}{M}\langle\phi_\beta|T_e|\phi_\alpha\rangle$, dieser Beitrag ist also um einen Faktor der Größenordnung m/M kleiner als die kinetische Energie der Elektronen und somit die rein elektronischen Eigenenergien ε_α und damit immer noch um einen Faktor $\sqrt{m/M}$ kleiner als die Eigenenergien der Kernbewegung. Der zweite Beitrag zu $A_{\beta\alpha}(\mathbf{R})$ läßt sich analog folgendermaßen abschätzen:

$$\frac{\hbar^2}{2M}\int d\mathbf{r}\phi_\beta^*(\mathbf{r},\mathbf{R})\frac{\partial}{\partial\mathbf{R}}\phi_\alpha(\mathbf{r},\mathbf{R})\frac{\partial}{\partial\mathbf{R}}\chi_\alpha(\mathbf{R}) \sim \frac{\hbar}{M}\langle\phi_\beta|p_{el}|\phi_\alpha\rangle\frac{\partial}{\partial\mathbf{R}}\chi_\alpha(\mathbf{R})$$

$$\sim \frac{1}{M}\langle p_{el}\rangle\cdot\langle P_{Kern}\rangle \sim \frac{1}{M}\sqrt{mE_{el}}\sqrt{ME_{Kern}} = \sqrt{\frac{m}{M}\left(\frac{m}{M}\right)^{\frac{1}{2}}E_{el}^2} = \left(\frac{m}{M}\right)^{\frac{3}{4}}E_{el} \tag{2.21}$$

Dieser vernachlässigte energetische Beitrag ist also um einen Faktor $(m/M)^{3/4}$ kleiner als die rein elektronischen Energien und damit immer noch um einen Faktor $(m/M)^{1/4}$ kleiner als die berücksichtigten charakteristischen Energien der Bewegung der Kerne im effektiven Potential. Dieser Faktor $(m/M)^{1/4}$ ist von der Größenordnung $10^{-1} - 10^{-2}$.

Die *adiabatische Näherung* (Born-Oppenheimer-Näherung) besteht in der Vernachlässigung der $A_{\beta\alpha}$-Terme in der – im Prinzip exakten– Gleichung (2.17). Damit sind die Elektronen- und die Atomkern-Bewegung vollständig separiert voneinander. Im Prinzip muß man also folgendermaßen vorgehen:

1. Zunächst ist für fest vorgegebene Kernpositionen $\mathbf{R} = (\vec{R}_1, \ldots, \vec{R}_{N_K})$ die Schrödinger-Gleichung (2.13) für das Elektronenproblem zu lösen. Die Energieeigenwerte $\varepsilon_\alpha(\mathbf{R})$ hängen von diesen Kernpositionen ab.

2. Anschließend ist für jede feste elektronische Quantenzahl α die Schrödinger-Gleichung (2.20) zu lösen, wobei die elektronischen Eigenenergien $\varepsilon_\alpha(\mathbf{R})$ das effektive Potential für die Atomkerne bilden.

Die physikalische Motivation für dieses Vorgehen ist die Vorstellung, daß sich das Elektronensystem der Kernbewegung praktisch instantan anpaßt. Auch wenn die Atom-Kerne in Bewegung sind, sieht das elektronische System ein statisches Potential, als wenn die Kerne an den Orten $\vec{R}_i$ fest wären. Dies ist in der Realität nicht der Fall und wäre nur erfüllt, wenn die Kerne fixiert wären, und das wäre nur der Fall, wenn die Kerne eine im Vergleich zu den Elektronen unendlich große Masse hätten, woraus wieder ersichtlich wird, daß das Massenverhältnis m/M der entscheidende Parameter zur Rechtfertigung der Näherung sein muß. Man kann auch mit den verschiedenen Zeitskalen argumentieren, auf denen sich die Elektronenbewegung und die Bewegung der Atomkerne oder Ionen abspielt. Die Entkopplung ist gerechtfertigt, wenn die Bewegung der Kerne so langsam erfolgt, daß das „viel schnellere" Elektronensystem Zeit genug hat, sich den neuen Kernpositionen anzupassen und das Kern-System von der elektronischen Zeitskala aus gesehen sich wie ein zeitunabhängiges, statisches System verhält. Man spricht daher auch von „adiabatischer Näherung", da das Kern-System sich zeitlich so langsam verändert, daß sich für das Elektronensystem immer wieder der Gleichgewichtszustand fester, quasi-statischer Kernpositionen einstellt.

Die Tatsache, daß die einfachsten Korrekturen zu der vollständigen Separation von Elektronen- und Kern-Dynamik gemäß obiger Abschätzung von der Größenordnung $\left(\frac{m}{M}\right)^{1/4} \approx 10^{-1} - 10^{-2}$ sind, zeigt aber auch schon, daß deren Einfluß nicht völlig vernachlässigbar ist und daß die Kopplung von Elektronen- und Gitterdynamik schon eine wichtige Rolle spielt. Das Vorliegen eines kleinen Parameters rechtfertigt aber eine störungstheoretische Behandlung dieses Beitrags, was im späteren Kapitel über die Elektron-Phonon-Kopplung auch explizit durchgeführt wird.

Das Prinzip der adiabatischen Näherung ist schon kurz nach der Entwicklung der Quantenmechanik für Moleküle entwickelt worden (Born und Oppenheimer 1927)[1] [2]. Ziel war die quantenmechanische Erklärung der chemischen Bindung und damit der Molekülbildung. Daß wir diese Methode hier praktisch unverändert auch in der Festkörperphysik verwenden können, hat ihre Ursache darin, daß Festkörper letztlich nichts anderes sind als makroskopisch große Makromoleküle.

Für jede elektronische Quantenzahl α ergibt sich eine eigene funktionale Abhängigkeit der Eigenenergie ε_α von den Kernpositionen. Wenn chemische Bindung eintritt, ist zu erwarten, daß

[1] M.Born, * 1882 in Breslau, † 1970 in Göttingen, Promotion 1906 in Göttingen, ab ca. 1910 Arbeiten zur Gitter-Dynamik in Kristallen, ab 1921 als Professor in Göttingen bahnberechende Arbeiten zur Formulierung und zu den Grundlagen der Quantenmechanik, 1933 emigriert, ab 1936 Professor in Edinburgh, Arbeiten zur Quantenelektrodynamik und wieder zur Kristall-Gitter-Dynamik, 1953 nach Deutschland zurückgekehrt, Nobelpreis 1954

[2] J.R.Oppenheimer, *1904 in New York, † 1967 in Princeton, Grund-Studium an der Harvard-University, Promotion 1927 bei M.Born in Göttingen, in den USA weitere Arbeiten zur Quantentheorie, später Leiter des Manhattan-Projekts, das auf sein Betreiben hin ab 1943 in Los Alamos (New Mexico) durchgeführt wurde, ab 1947 an der Princeton-University

diese Funktionen für spezielle Konfigurationen $\{\vec{R}_i\}$ Minima aufweisen. Für Festkörper müßten sich dann automatisch die Kristallstrukturen als energetisch günstigste Konfigurationen ergeben. In der Praxis ist diese Born-Oppenheimer-Methode aber kaum in voller Allgemeinheit durchführbar. Man beschränkt sich ohnehin meist nur auf den elektronischen Grundzustand $\varepsilon_0(\mathbf{R})$. Zur Berechnung der elektronischen Grundzustandsenergie von Festkörpern sind in den letzten Jahren bis Jahrzehnten effektive und erfolgreiche Methoden entwickelt worden, nämlich die in Kapitel 5.8 zu besprechende Dichtefunktionalmethode in Verbindung mit den in Kapitel 4.5 zu besprechenden Bandstruktur-Berechnungsmethoden. Mit diesen Methoden kann man im Prinzip auch die Kristallstruktur berechnen. Jedoch läßt sich nicht die volle Abhängigkeit der Grundzustandsenergie von $\mathbf{R}$ berechnen und aus dem absoluten Minimum dieser Funktion dann die Kristallstruktur ablesen, man kann aber die bekannten Kristallstrukturen als Konfigurationen vorgeben und dann die resultierenden Grundzustandsenergien miteinander vergleichen, um festzustellen, welche Struktur bei tiefen Temperaturen zumindest energetisch favorisiert ist.

Da man die Abhängigkeit von $\varepsilon_0(\vec{R}_1,\dots,\vec{R}_{N_K})$ von den Kernpositionen i.a. nicht berechnen kann, kennt man auch nicht das effektive Potential, in dem sich die Atomkerne als Folge der durch die Elektronen vermittelten Bindung bewegen. Für dieses effektive Potential macht man daher vielfach halbempirische Modellansätze, und die gängigen Modelle zur Beschreibung des effektiven Kern-Kern-Potentials werden im nächsten Abschnitt besprochen.

2.3 Bindung und effektive Kern-Kern-Wechselwirkung

Da man das effektive Potential $V_{\text{eff}}(\vec{R}_1,\dots,\vec{R}_{N_K})$, in dem die Atomkerne sich bewegen, das die Kerne letztlich zusammenhält, und das – zumindest für die Gleichgewichtskonfiguration, also für tiefe Temperaturen– gemäß dem vorigen Abschnitt letztlich aus der Abhängigkeit der elektronischen Grundzustandsenergie $\varepsilon_0(\vec{R}_1,\dots,\vec{R}_{N_K})$ von den Kernpositionen folgen sollte, im allgemeinen nicht kennt, greift man vielfach auf Modellansätze dafür zurück. Dabei fließen Vorstellungen über die dominierende Art der chemischen Bindung in die Modellansätze ein. In diesem Abschnitt sollen die wichtigsten Bindungsarten und zugehörigen Modellansätze für Kern-Kern-Wechselwirkungspotentiale zusammengestellt werden.

Streng genommen gibt es keine prinzipiell verschiedenen chemischen Bindungstypen, sondern es gibt eine chemische Bindung, die von den Elektronen vermittelt wird dadurch, daß sie im Potential mehrerer Kerne zusammen ihre Energie absenken können. Wenn wir hier von verschiedenen Bindungstypen sprechen, dann sind verschiedene denkbare Grenzfälle der chemischen Bindung gemeint, die sich z.B. darin unterscheiden, ob die Elektronen stärker an einem Ion lokalisiert sind oder ob die elektronische Wellenfunktion über alle Ionenpositionen in etwa gleichmäßig verteilt ist.

Fast alle Ansätze für effektive Potentiale gehen davon aus, daß man das effektive Potential für N miteinander wechselwirkende Teilchen als Summe von Zweikörperpotentialen darstellen kann. Für diese Zweikörperpotentiale ist dann die zusätzliche Annahme gerechtfertigt, daß sie nur vom Abstand der beiden Wechselwirkungspartner abhängen. Somit hat man

$$V(\vec{R}_1,\dots,\vec{R}_N) = \sum_{n<m} v(|\vec{R}_n - \vec{R}_m|) = \frac{1}{2}\sum_{n\neq m} v(|\vec{R}_n - \vec{R}_m|) \tag{2.22}$$

Alle relevanten Zweikörperpotentiale $v(R)$ sind qualitativ von nebenstehender Form. Sie haben also insbesondere einen stark repulsiven Anteil für hinreichend kleinen Abstand, der bewirkt, daß zwei Atome sich nicht beliebig nahe kommen können. Physikalisch beruht dieser repulsive

Anteil einmal auf der Coulomb-Abstoßung der Kerne und zum anderen auf dem Paulischen Ausschließungsprinzip und der Coulomb-Abstoßung der Elektronen. Dieser abstoßende Anteil wird dann wirksam, wenn sich die beiden Atome so nahe kommen, daß die Elektronenhüllen sich zu überlappen beginnen. Dann müssen die Elektronen nämlich wegen des Pauli-Prinzips höher liegende antibindende Orbitale besetzen, was zu einer starken Erhöhung der Energie führt.

Das Paar-Wechselwirkungspotential wird daher positiv (repulsiv), sobald der Abstand der Atome kleiner wird als die Summe der atomaren Radien. In guter Näherung könnte man hier ein „hardcore-“Potential ansetzen, also

$$v(r) = \infty \quad \text{für} \quad r < r_{at1} + r_{at2} \tag{2.23}$$

dann würde man die einzelnen an der Bindung beteiligten Atome oder Ionen als harte Kugeln mit atomaren Radien r_{at1} und r_{at2} betrachten.

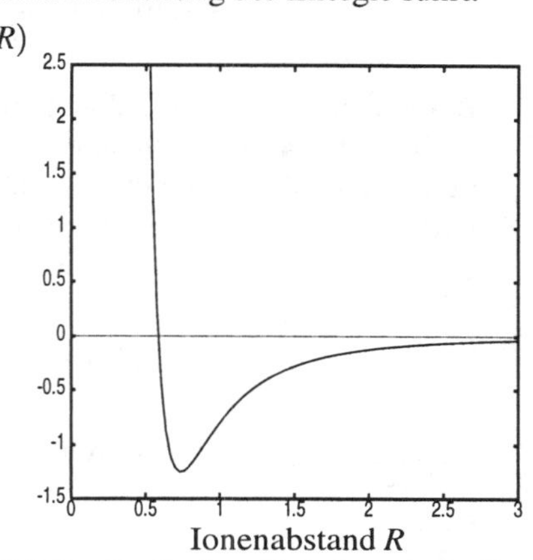

Bild 2.1 Qualitatives Verhalten eines effektiven Zweikörperpotentials zwischen zwei Ionen mit Abstand $R = |\vec{R}_1 - \vec{R}_2|$

Außerdem hat ein einigermaßen realistisches Paar-Potential auch einen attraktiven Anteil (wie in der Skizze) und insbesondere ein absolutes Minimum bei einem bestimmten Abstand r_0, und es verschwindet für große Abstände r. Der energetisch günstigste Abstand r_0 entspricht dann dem Gleichgewichtsabstand, welcher von der Größenordnung $2r_{at}$ ist, und beim Festkörper ist dies auch die Größenordnung der Gitterkonstanten a. Die gängigen Modellansätze für das Paarpotential sind im folgenden aufgelistet.

- *Van-der-Waals-Bindung*

  Auch Edelgase, die wegen ihrer abgeschlossenen Schalen so gut wie keine chemischen Reaktionen eingehen und daher nur sehr geringe Wechselwirkungen mit anderen Atomen haben können, kristallisiseren für hinreichend tiefe Temperaturen (mit Ausnahme von Helium, welches dies nur unter starkem Druck tut, und damit die einzige Substanz ist, die bei normalen Drucken keinen kristallinen Zustand hat). Es muß daher auch für Edelgasatome ein Wechselwirkungspotential geben. Die physikalische Ursache für solch eine Wechselwirkung zwischen Edelgasatomen ist die Tatsache, daß es trotz der abgeschlossenen atomaren Elektronenschalen wegen der inneratomaren Ladungsverteilung momentane atomare elektrische Dipolmomente gibt. Die resultierende Dipol-Dipol-Wechselwirkung führt zu einem attraktiven Potential $\sim -\frac{1}{r^6}$, wie man mit quantenmechanischer Störungsrechnung begründen kann. Dies bezeichnet man auch als *Van-der-Waals-Wechselwirkung*. Hinzu kommt ein repulsiver Anteil für kleine Abstände, den man bei Edelgaskristallen durch ein empirisches $\frac{1}{r^{12}}$-Gesetz simuliert. Für den r^{-12}-Abfall gibt es wohl keine physikalische Begründung, wichtig ist, daß für kleine r der repulsive, für größere r der attraktive Anteil dominieren kann, mit einem r^{-12}-Abfall läßt sich das Minimum und somit der Gleichgewichtsabstand bequem berechnen. Das resultierende Gesamt-Potential ist das

  Lennard-Jones-Potential:

  $$v(r) = 4\varepsilon\left(\left(\frac{\sigma}{r}\right)^{12} - \left(\frac{\sigma}{r}\right)^{6}\right) \tag{2.24}$$

  Für den Gleichgewichtsabstand ergibt sich dann:

$$r_0 = 2^{\frac{1}{6}}\sigma \tag{2.25}$$

Das effektive Potential eines Kristalls mit N Atomen wird dann

$$V_{\text{eff}}(\vec{R}_1, \dots, \vec{R}_N) = 4\varepsilon \sum_{i<j} \left(\left(\frac{\sigma}{R_{ij}} \right)^{12} - \left(\frac{\sigma}{R_{ij}} \right)^{6} \right) \tag{2.26}$$

Bei Temperatur $T = 0$ nehmen die Atome die Positionen eines Bravaisgitters ein; speziell bei Edelgaskristallen ist eine fcc-Struktur die Regel, d.h. die $\vec{R}_{ij}$ in obiger Gleichung durchlaufen dann die Gittervektoren eines fcc-Gitters. Setzt man $R_{ij} = ap_{ij}$, wobei a die Gitterkonstante der konventionellen Einheitszelle ist, dann sind die p_{ij} für den Gittertyp charakteristische Zahlenwerte. Man erhält für die Grundzustandsenergie:

$$E_0(a) = 2N\varepsilon \left(\left(\frac{\sigma}{a} \right)^{12} \cdot C_{12} - \left(\frac{\sigma}{a} \right)^{6} \cdot C_6 \right) \tag{2.27}$$

wobei die C_n für den betreffenden Gittertyp charakteristische Summen

$$C_n = \sum_{j \neq i} p_{ij}^{-n} \tag{2.28}$$

sind. Speziell für fcc-Gitter erhält man $C_{12} = 12{,}13$, $C_6 = 14{,}45$. Die bei $T = 0$ angenommene Gitterkonstante a_0 bestimmt sich aus der Bedingung, daß E_0 minimal wird, und dies ergibt

$$a_0 = \left(2\frac{C_{12}}{C_6} \right)^{\frac{1}{6}} \sigma = 1{,}09\sigma \tag{2.29}$$

Die zu diesem Wert der Gitterkonstanten gehörige Grundzustandsenergie ist

$$E_0(a_0) = -\frac{1}{2}N\varepsilon\frac{C_6^2}{C_{12}} = -8.6N\varepsilon \tag{2.30}$$

Dies ist also die Grundzustandsenergie unter der Annahme, daß die Atome an den Gitterplätzen eines fcc-Gitters mit Gitterkonstanten a_0 in Ruhe sind. Sie entspricht der Kohäsionsenergie („cohesive energy"), d.h. der Bindungsenergie des Kristalls, die hier klassisch berechnet wurde; Quantenkorrekturen kommen hinzu, wenn man die Nullpunktenergie korrekt berücksichtigt.

- *Ionen-Bindung*

  Bei der Ionen-Bindung stellt man sich vor, daß ein oder mehrere Elektronen aus der äußeren Schale des einen Atoms A zum Auffüllen der atomaren Schalen des zweiten Atoms B verwendet werden, so daß positiv geladene A^{n+} Kationen und negativ geladene B^{n-} Anionen entstehen, die aneinander durch elektrostatische Anziehung gebunden sind. Das Wechselwirkungspotential zwischen zwei Ionen 1 und 2 mit Ladungen Q_1 und Q_2 im Abstand r ist dann

$$v(r) = \frac{Q_1 Q_2}{r} + \frac{B}{r^n} \tag{2.31}$$

Für ungleichnamige Ionen (Kation und Anion) wird der erste Summand attraktiv, der zweite Summand beschreibt wieder heuristisch eine Abstoßung für kleine Abstände r. Dabei sind n und B freie Parameter, die man eigentlich quantenmechanisch berechnen müßte, in der Regel aber durch Anpassung an Meßgrößen (Ionenabstand, Kompressibilität) empirisch bestimmt. Ein anderer üblicher Ansatz für den heuristischen, kurzreichweitigen repulsiven Anteil ist $v_{rep}(r) = \lambda e^{-r/\sigma}$. Wenn es unter Ionenbindung zur Kristallisation kommt, kann man die Bindungsenergie analog zum Vorgehen bei der van-der Waals-Wechselwirkung wie folgt abschätzen:

Bei $T = 0$ werden die Gleichgewichtspositionen, also die Ortsvektoren $\vec{R}_{i0}$ eines Gitters angenommen; bezeichnet man wie oben für kubische Gitter die Gitterkonstante bezüglich der konventionellen Elementarzelle wieder mit a und berücksichtigt, daß der repulsive Anteil nur zwischen nächsten Nachbarn wirksam sein kann, dann folgt:

$$E_0 = V_{\text{eff}}(\vec{R}_{10}, \dots, \vec{R}_{N0}) = N(Zv_{\text{rep}}(p_{12}a) - \alpha\frac{Q^2}{a}) \tag{2.32}$$

wobei Z die Zahl der nächsten Nachbarn (Koordinationszahl) und Q die Ionenladung ist. Hierbei ist α wieder (analog wie zuvor C_n) eine für das Gitter charakteristische Konstante, die durch folgende Gittersumme zu bestimmen ist:

$$\alpha = \sum_{j \neq i} \frac{\text{sign}(Q_i \cdot Q_j)}{p_{ij}} \tag{2.33}$$

Die p_{ij} sind wieder für das Gitter charakteristische Zahlenwerte, die man aus $R_{ij} = p_{ij} \cdot a$ erhält. α bezeichnet man auch als *Madelung-Konstante*[3]. Die explizite Rechnung ergibt für die NaCl-Struktur $\alpha_{NaCl} = 1{,}74$, für die CsCl-Struktur $\alpha_{CsCl} = 1{,}76$.

- *Kovalente Bindung*

  Die kovalente Bindung kann nur quantenmechanisch verstanden werden und kommt durch die Ausbildung neuer Molekülorbitale im Überlagerungspotential der die Verbindung eingehenden Atome zustande; diese Molekülorbitale sind bindend oder antibindend, je nachdem ob die zugehörige Eigenenergie gegenüber der der freien Atome abgesenkt oder angehoben ist. Die eigentliche kovalente oder homöopolare Bindung findet man insbesondere zwischen gleichartigen Atomen, z.B. im H_2-Molekül. Sie wird normalerweise von 2 Elektronen gebildet, von denen je eins von den an der Bindung beteiligten Atomen stammt. Die elektronische Aufenthaltswahrscheinlichkeit in einem Molekülorbital ist vielfach im Zwischenbereich zwischen den Atomen besonders hoch; dann müssen die beiden Elektronen antiparallelen Spin haben wegen des Pauliprinzips (Singlett-Zustand). Man hat es dann meist mit einer gerichteten Bindung zu tun. Kovalente Bindung liegt insbesondere bei den Festkörpern mit Diamantstruktur vor. Die Tatsache, daß die nächsten Nachbarn tetraederförmig um einen Gitterplatz angeordnet sind, zeigt schon, daß vier äquivalente Richtungen von jedem Atom aus für die Bindung bevorzugt werden. Bei C, Si, Ge sind gleiche Atome auf benachbarten Plätzen, d.h. Ionenbindung kann keine Rolle spielen, die Bindung muß rein kovalent sein. Die an der Bindung beteiligten Valenzelektronen gehören nicht mehr einem Atom sondern gleichermaßen und mit annähernd gleicher Aufenthaltswahrscheinlichkeit beiden Atomen an.

[3] erstmals berechnet 1918 von E.Madelung, * 1881 in Bonn, † 1972 in Frankfurt, Promotion 1905 in Göttingen, entwickelte schon um 1910 Gitter-Modelle für Kristalle, 1921 – 1949 Professor für Theoretische Physik in Frankfurt und Arbeiten über Atomphysik und Quantentheorie, sein Sohn O.Madelung (* 1922) wurde auch Festkörper-(Halbleiter-)-Theoretiker (Professor in Marburg) und ist Autor des Festkörpertheorie-Lehrbuches [3]

Für einfache wasserstoffartige Atome kann man die Molekülbildung und die Bindungsenergie als Funktion des Abstands quantenmechanisch berechnen, entweder störungstheoretisch oder mittels geeigneter Ansätze für das *Molekül-Orbital*, also die molekulare Wellenfunktion (z.B. als Linearkombination von atomaren Wellenfunktionen). Man erhält dann approximativ explizite, aber relativ komplexe Ausdrücke für die Abstandsabhängigkeit der elektronischen Grundzustandsenergie und damit für das effektive Potential zwischen den Wasserstoffatomen [4]

$$\begin{aligned} V_{\text{eff}}(R) &= \frac{Q(R)+A(R)}{1+S^2(R)} \\ Q(R) &= \frac{e^2}{R} e^{-2R/a} P_1(R/a) \\ A(R) &= \frac{e^2}{a}\left(F_1(R) + e^{-2R/a} P_2(R/a) + F_2(R)\right) \\ S(R) &= P_3(R/a) e^{-R/a} \end{aligned} \tag{2.34}$$

mit bestimmten Polynomen P_i und tabellierten Funktionen F_i, wobei hier jetzt a den Bohrschen Radius bezeichnet. Qualitativ ergibt sich für den bindenden Anteil wieder genau ein Potential der auf Seite 23 skizzierten Art.

Wegen der Komplexität dieser Ausdrücke, und weil er ohnehin nur für das einfachst denkbare, für Festkörper aber gar nicht so interessante H_2-Molekül hergeleitet wurde, betrachtet man gerne vereinfachende, empirische Modellansätze, z.B.

das **Morse-Potential**

$$V_{\text{eff}}(R) = D\left(e^{-2\alpha(R-r_0)} - 2e^{-\alpha(R-r_0)}\right), \tag{2.35}$$

das drei anzupassende Parameter (α, D, r_0) hat, wobei r_0 der Gleichgewichtsabstand und $-D$ die zugehörige Bindungsenergie ist.

Während beim H_2-Molekül und entsprechend in allen Molekülen aus gleichen Atomen und bei Festkörpern insbesondere bei solchen mit Diamantstruktur die reine kovalente Bindung vorliegt, gibt es zahlreiche Systeme, bei denen die chemische Bindung sowohl ionischen als auch kovalenten Charakter hat. Dies gilt insbesondere für Festkörper mit Zinkblende-Struktur, bei der ja noch eine tetraedrische Koordination vorliegt aber zu verschiedenartigen Atomen, z.B. den III-V- und II-VI-Verbindungen wie GaAs, ZnS. Mit abnehmender Valenz der Partner wird der Bindungs-Charakter zunehmend ionischer, d.h. die Elektronen-Aufenthaltswahrscheinlichkeit ist nicht mehr gleichmäßig über die Bindungspartner sondern das Elektron ist stärker am Anion lokalisiert. Der Übergang zwischen ionischer und kovalenter Bindung ist also fließend, es gibt keine prinzipiell verschiedenen chemischen Bindungen.

- *Metallische Bindung* Die Bindung der Metalle kommt ebenfalls dadurch zustande, daß Valenzelektronen nicht nur einem Atom angehören. Im Unterschied zur kovalenten Bindung und zur ionischen Bindung gibt es aber keinen bestimmten Nachbarn, zu dem das Elektron mit gleicher Aufenthaltswahrscheinlichkeit wie zum Ausgangsatom gehört oder an den das Elektron abgegeben wird. Die Aufenthaltswahrscheinlichkeit der Elektronen ist nicht nur über 2 oder wenige Atome bzw. ihren Zwischenraum deutlich von 0 verschieden sondern

[4] F.Schwabl, Quantenmechanik, Springer 1992, S.265

über den ganzen Festkörper in etwa gleichmäßig verteilt. Die die Festkörperbildung bewirkenden Elektronen sind also frei beweglich innerhalb des Kristalls. Die Valenzelektronen der einzelnen Atome werden zu den Leitungselektronen des Metalls. In Übergangsmetallen tragen auch die teilweise gefüllten innenliegenden d-Schalen erheblich zur Bindung bei. Da die atomaren d-Orbitale relativ stark am einzelnen Atom (Gitterplatz) lokalisiert sind, bekommt der Beitrag der d-Orbitale zur Bindung schon wieder einen kovalenten Charakter. Der Übergang zwischen metallischer und kovalenter Bindung ist also ebenfalls fließend.

- *Federmodelle* Wie mehrfach betont ist bei allen denkbaren Bindungen das effektive Wechselwirkungs-Potential zwischen zwei Atomkernen qualitativ immer von der auf Seite 23 dargestellten Form. Es gibt also insbesondere immer einen repulsiven Anteil bei kleinen Abständen und einen attraktiven Anteil und ein Minimum des Potentials, das dem Gleichgewichtsabstand entspricht. Berücksichtigt man, daß zumindest für nicht allzu hohe Temperaturen T nur kleine Auslenkungen aus dieser Gleichgewichtsposition zu erwarten sind, kann man um diese entwickeln bis zur zweiten Ordnung in den Auslenkungen, d.h. man nähert die Potentialkurve in der Nähe von r_0 durch ein Parabelpotential. Dies ist gleichbedeutend dazu, daß man sich die Wechselwirkung zwischen je zwei Atomkernen als durch effektive „Federn" vermittelt vorstellt. Das effektive Wechselwirkungspotential ist dann einfach

$$V_{\text{eff}}(R) = V_0 + K(R - r_0)^2 \tag{2.36}$$

mit $V_0 = V_{\text{eff}}(r_0)$, $K = \frac{\partial^2}{\partial R^2} V_{\text{eff}}(R)|_{R=r_0}$. Solche effektiven Federmodelle werden oft bei konkreten Berechnungen der charakteristischen Eigenschaften (Eigenfrequenzen und Eigenmoden) von Gitterschwingungen (Phononen) für bestimmte Kristallstrukturen benutzt, was im folgenden Kapitel näher besprochen werden soll.

3 Gitterschwingungen (Phononen)

3.1 Harmonische Näherung, dynamische Matrix und Normalkoordinaten

Wir betrachten in diesem Kapitel N Massenpunkte (Atomkerne oder Ionen), die miteinander über ein effektives Potential $V_{\text{eff}}(\vec{R}_1,\dots,\vec{R}_N)$ von der im vorigen Kapitel diskutierten Art wechselwirken. Der Hamilton-Operator bzw. die klassische Hamilton-Funktion hat die Gestalt:

$$H = \sum_{l=1}^{N} \frac{\vec{P}_l^2}{2M_l} + V_{\text{eff}}(\vec{R}_1,\dots,\vec{R}_N) \tag{3.1}$$

Es soll gewisse Gleichgewichtspositionen $\mathbf{R}^{(0)} = (\vec{R}_1^{(0)},\dots,\vec{R}_N^{(0)})$ geben, die dem absoluten Minimum des Potentials entsprechen. Für kleine Auslenkungen aus dem Gleichgewicht kann man das Potential bis zur zweiten Ordnung um die Gleichgewichtsorte entwickeln. Setzt man

$$\vec{R}_l = (R_{l1},\dots,R_{ld}) = \vec{R}_l^{(0)} + \vec{u}_l \tag{3.2}$$

(d Dimension), dann folgt durch Entwickeln:

$$V_{\text{eff}}(\vec{R}_1,\dots,\vec{R}_N) = V(\mathbf{R}^{(0)}) + \sum_{l,\alpha} \left.\frac{\partial V}{\partial R_{l\alpha}}\right|_{\mathbf{R}^{(0)}} \cdot u_{l\alpha} + \frac{1}{2} \sum_{l,m,\alpha,\beta} \left.\frac{\partial^2 V}{\partial R_{l\alpha}\partial R_{m\beta}}\right|_{\mathbf{R}^{(0)}} \cdot u_{l\alpha} u_{m\beta} + \dots \tag{3.3}$$

Die *harmonische Näherung* besteht im Abbruch der Entwicklung nach diesem Term, der quadratisch in den Auslenkungen ist. Der lineare Term verschwindet, da bei den Gleichgewichtspositionen, d.h. am absoluten Minimum des Potentials, die partiellen Ableitungen $\frac{\partial V}{\partial R_{l\alpha}}(\mathbf{R}^{(0)}) = 0$ sein müssen. Die

$$\Phi_{l\alpha,m\beta} = \left.\frac{\partial^2 V}{\partial R_{l\alpha}\partial R_{m\beta}}\right|_{\mathbf{R}^{(0)}} \tag{3.4}$$

bilden eine symmetrische, positiv definite $dN * dN$-Matrix; daß sie positiv definit ist, folgt unmittelbar aus der Voraussetzung, daß bei $\mathbf{R}^{(0)}$ ein Minimum vorliegt (und kein Sattelpunkt oder Maximum). Mit der Definition

$$\tilde{u}_{l\alpha} = \sqrt{M_l}\, u_{l\alpha}, \tilde{p}_{l\alpha} = \frac{1}{\sqrt{M_l}} P_{l\alpha} \tag{3.5}$$

läßt sich der Hamilton-Operator bzw. die Hamilton-Funktion (3.1) in harmonischer Näherung schreiben als:

$$H_{\text{harm}} = \frac{1}{2}\left(\underline{\tilde{\mathbf{p}}}^{\mathbf{t}} \cdot \underline{\tilde{\mathbf{p}}} + \underline{\tilde{\mathbf{u}}}^{\mathbf{t}} \cdot \underline{\underline{D}} \cdot \underline{\tilde{\mathbf{u}}}\right) \tag{3.6}$$

mit den Spalten- bzw. Zeilenvektoren

$$\underline{\tilde{\mathbf{u}}} = \begin{pmatrix} \tilde{u}_{11} \\ \vdots \\ \tilde{u}_{Nd} \end{pmatrix} \quad , \quad \underline{\tilde{\mathbf{u}}}^{\mathbf{t}} = (\tilde{u}_{11},\dots,\tilde{u}_{Nd})$$

und der $dN * dN$-Matrix

$$(\underline{\underline{D}})_{l\alpha,m\beta} = \frac{1}{\sqrt{M_l M_m}} \Phi_{l\alpha,m\beta} \tag{3.7}$$

Die Matrix $\underline{\underline{D}}$ heißt *dynamische Matrix*, sie ist (wie $\underline{\underline{\Phi}}$) eine reelle, symmetrische, positiv definite $dN * dN$-Matrix, die diagonalisiert werden kann. Es existiert also eine orthogonale Transformation (bzw. eine unitäre Transformation, wenn wir komplexe Auslenkungsvektoren $\underline{\tilde{\mathbf{u}}}$ zulassen), die die Matrix diagonalisiert, d.h. es existiert eine orthogonale (unitäre) $dN * dN$-Matrix $\underline{\underline{C}}$ mit

$$\underline{\underline{C}} \cdot \underline{\underline{D}} \cdot \underline{\underline{C}}^{\dagger} = \underline{\underline{\Omega}} = \begin{pmatrix} \omega_1^2 & 0 & \dots & 0 \\ 0 & \omega_2^2 & \dots & \vdots \\ \vdots & 0 & \ddots & 0 \\ 0 & \dots & 0 & \omega_{Nd}^2 \end{pmatrix} \tag{3.8}$$

Diagonalmatrix mit positiven Diagonalelementen (wegen der positiven Definitheit); hierbei gilt wegen der Orthogonalität bzw. Unitarität

$$\underline{\underline{C}}^{\dagger} \cdot \underline{\underline{C}} = \underline{\underline{1}} \tag{3.9}$$

(Einheitsmatrix). Durch die entsprechende orthogonale (unitäre) Koordinatentransformation (Drehung im dN-dimensionalen Raum)

$$\underline{\bar{\mathbf{p}}} = \underline{\underline{C}} \cdot \underline{\tilde{\mathbf{p}}} \quad , \underline{\bar{\mathbf{u}}} = \underline{\underline{C}} \cdot \underline{\tilde{\mathbf{u}}} \tag{3.10}$$

kommt man zu neuen verallgemeinerten, kanonisch konjugierten Impulsen $\bar{\mathbf{p}} = (\bar{p}_1, \dots, \bar{p}_{dN})$ und Koordinaten $\bar{\mathbf{u}} = (\bar{u}_1, \dots, \bar{u}_{dN})$, bezüglich denen die Hamilton-Matrix diagonal ist:

$$\begin{aligned} H_{\text{harm}} &= \frac{1}{2} \left(\underline{\bar{\mathbf{p}}}^{\mathbf{t}} \cdot \underline{\bar{\mathbf{p}}} + \underline{\bar{\mathbf{u}}}^{\mathbf{t}} \cdot \underline{\underline{\Omega}} \cdot \underline{\bar{\mathbf{u}}} \right) = \\ &= \frac{1}{2} \sum_{i=1}^{Nd} (\bar{p}_i^2 + \omega_i^2 \bar{u}_i^2) \end{aligned} \tag{3.11}$$

Dies ist die Hamiltonfunktion bzw. der Hamilton-Operator von dN unabhängigen harmonischen Oszillatoren.

Soweit ist die klassische und die quantenmechanische Behandlung identisch. Klassisch handelt es sich um das aus der Mechanik bekannte Problem der „kleinen Schwingungen„(gekoppelten harmonischen Oszillatoren), das man durch Übergang auf Normalkoordinaten lösen kann, in denen die Oszillatoren entkoppelt sind. Quantenmechanisch erfüllen die Auslenkungen $u_{l\alpha}$ und die Impulse $P_{m\beta}$ die üblichen Vertauschungsrelationen

$$[u_{l\alpha}, P_{m\beta}] = i\hbar \delta_{lm} \delta_{\alpha\beta} \tag{3.12}$$

Dann erfüllen auch noch die transformierten verallgemeinerten (Normal-)Koordinaten $\bar{u}_i$ und Impulse $\bar{p}_j$ die analoge Kommutatorrelation

$$[\bar{u}_i, \bar{p}_j] = i\hbar \delta_{ij} \quad (i,j = 1, \dots, dN) \tag{3.13}$$

Dann kann man in der üblichen, vom eindimensionalen harmonischen Oszillator der Quantentheorie-Grundvorlesung bekannten Form Auf- und Absteigeoperatoren einführen durch

$$b_j = \sqrt{\frac{\omega_j}{2\hbar}}\bar{u}_j + i\sqrt{\frac{1}{2\hbar\omega_j}}\bar{p}_j, \quad b_j^\dagger = \sqrt{\frac{\omega_j}{2\hbar}}\bar{u}_j - i\sqrt{\frac{1}{2\hbar\omega_j}}\bar{p}_j \tag{3.14}$$

die die Vertauschungsrelation

$$[b_j, b_k^\dagger] = \delta_{jk}, [b_j, b_k] = [b_j^\dagger, b_k^\dagger] = 0 \tag{3.15}$$

erfüllen, und der Hamiltonoperator läßt sich schreiben als

$$H_{\text{harm}} = \sum_{j=1}^{Nd} \hbar\omega_j \left(b_j^\dagger b_j + \frac{1}{2} \right) \tag{3.16}$$

So weit ist die Behandlung Standard und hat noch gar nichts mit Festkörperphysik zu tun. Die Behandlung von Molekülschwingungen verläuft im Prinzip genauso. Das Problem ist die Diagonalisierung der dynamischen Matrix; man weiß zwar mathematisch, daß die dynamische Matrix diagonalisierbar ist, daß also Normalkoordinaten existieren, das konkrete Auffinden derselben, d.h. die konkrete Rechnung zur Diagonalisierung und damit Berechnung der Eigenwerte ω_j kann aber noch sehr schwierig sein, insbesondere wenn N groß ist. Schon für etwas größere Moleküle dürfte dies recht unangenehm werden, zumindest wenn man nicht durch Symmetriebetrachtungen das Problem reduzieren kann. Wenn man solche Symmetrien systematisch ausnutzen will, muß man auf Methoden der Gruppentheorie zurückgreifen. Aber selbst bei Ausnutzen aller Symmetrien wird man eventuell nicht um numerische Diagonalisierungen herumkommen.

In der Festkörperphysik scheint das Problem auf den ersten Blick noch schwieriger zu sein als für Moleküle, da wegen $N = 10^{23}$ die dynamische Matrix extrem groß ist. Es zeigt sich aber, daß man für Festkörper die Diagonalisierung zumindest zum Teil explizit analytisch durchführen kann, wenn man nur eine für Festkörper charakteristische Symmetrie ausnutzt, nämlich die Translationsinvarianz bezüglich Gittervektoren. Wir hatten bisher keine Voraussetzungen über die Gleichgewichtspositionen (Ruhelagen) $(\vec{R}_{10}, \ldots, \vec{R}_{N0})$ der Atome gemacht, wir werden im folgenden annehmen, daß sie sich durch Gittervektoren eines Bravais-Gitters plus eventuell noch einzelnen Ortsvektoren innerhalb der Elementarzelle (bei einer Kristallstruktur mit mehratomiger Basis) darstellen lassen.

3.2 Klassische Bewegungsgleichungen

Von diesem Abschnitt an soll das Vorliegen einer Kristallstruktur vorausgesetzt werden. Wir nehmen also an, daß ein Bravais-Gitter vorliegt, beschrieben durch feste Gittervektoren $\vec{R}_{n0}$ und eine Basis aus r Atomen, deren Position durch Vektoren $\vec{R}_\mu$ $(\mu = 1, \ldots, r)$ innerhalb einer Elementarzelle beschrieben sind und deren Massen M_μ i.a. verschieden sind. Bezüglich der Gittervektoren $\vec{R}_{n0} - \vec{R}_{n'0}$ herrscht aber Translationsinvarianz, d.h. die gleiche Atomgruppe wird periodisch wiederholt. Die Vektoren $\vec{R}_{n0} + \vec{R}_\mu$ bezeichnen die Gleichgewichtsposition des μ-ten Atoms in der Elementarzelle n. Die Atome schwingen um ihre Gleichgewichtslagen, dann ist ihre momentane (zeitabhängige) Position durch

$$\vec{R}_{n\mu} = \vec{R}_{n0} + \vec{R}_\mu + \vec{u}_{n\mu} \tag{3.17}$$

gegeben. $\vec{u}_{n\mu}$ bezeichnet also die Auslenkung des μ-ten Atoms in der n-ten Elementarzelle aus seiner Gleichgewichtsposition. Das Potential ist in harmonischer Näherung durch

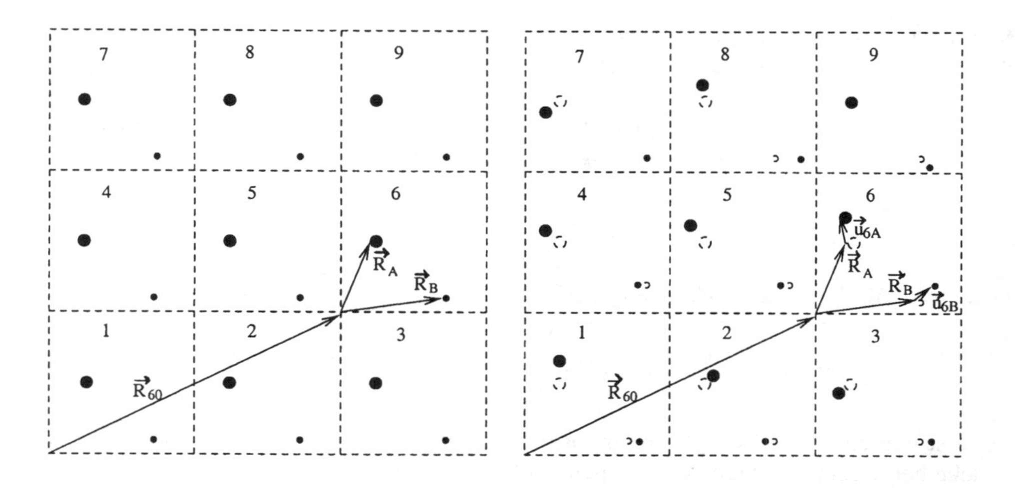

Bild 3.1 Quadratisches Gitter mit zweiatomiger Basis im Gleichgewicht und mit Auslenkungen

$$V = \frac{1}{2} \sum_{n\mu\alpha,n'\mu'\alpha'} \frac{\partial^2 V}{\partial R_{n\mu\alpha} \partial R_{n'\mu'\alpha'}} u_{n\mu\alpha} u_{n'\mu'\alpha'} = \frac{1}{2} \sum_{n\mu\alpha,n'\mu'\alpha'} \Phi_{n\mu\alpha,n'\mu'\alpha'} u_{n\mu\alpha} u_{n'\mu'\alpha'} \tag{3.18}$$

gegeben, wobei wir das den Ruhelagen entsprechende Potential (also die klassische Grundzustandsenergie) zu 0 gewählt haben; die α,α' bezeichnen wie in Kap.3.1 die (d bzw. 3 kartesischen) Koordinaten.

Als klassische Bewegungsgleichung erhält man

$$M_\mu \ddot{u}_{n\mu\alpha} = -\frac{\partial V}{\partial u_{n\mu\alpha}} = -\sum_{n'\mu'\alpha'} \Phi_{n\mu\alpha,n'\mu'\alpha'} u_{n'\mu'\alpha'} \tag{3.19}$$

$\Phi_{n\mu\alpha,n'\mu'\alpha'} u_{n'\mu'\alpha'}$ ist also die Kraft in α-Richtung, die das Atom μ in der n-ten Elementarzelle dadurch erfährt, daß das Atom μ' in der n'-ten Elementarzelle in α'-Richtung um $u_{n'\mu'\alpha'}$ ausgelenkt ist. Die $\Phi_{n\mu\alpha,n'\mu'\alpha'}$ nennt man daher auch Kraftkonstanten. Die elementaren Symmetrieeigenschaften der Matrix $\underline{\underline{\Phi}}$ sind einmal die Symmetrie (bezüglich der Indizes), die schon im vorigen Abschnitt festgestellt wurde:

$$\Phi_{n\mu\alpha,n'\mu'\alpha'} = \Phi_{n'\mu'\alpha',n\mu\alpha} \tag{3.20}$$

Außerdem wird bei gleichmäßiger Auslenkung aller Atome um den gleichen Verschiebungsvektor nur der ganze Kristall verschoben, was aber keine Kraft zwischen den Massenpunkten untereinander hervorrufen darf. Daher muß gelten:

$$\sum_{n'\mu'} \Phi_{n\mu\alpha,n'\mu'\alpha'} = 0 \tag{3.21}$$

Schließlich darf wegen der Translationsinvarianz bei einem streng periodischen Gitter die Kraftkonstanten-Matrix nicht von den Gittervektoren $\vec{R}_{n0},\vec{R}_{n'0}$ einzeln abhängen, sondern sie kann nur vom Relativ-Abstand $\vec{R}_{n0} - \vec{R}_{n'0}$ abhängig sein, also

$$\Phi_{n\mu\alpha,n'\mu'\alpha'} = \Phi_{\mu\alpha,\mu'\alpha'}(\vec{R}_{n0} - \vec{R}_{n'0}) \tag{3.22}$$

Von jedem Gitterplatz aus betrachtet muß das System ja gleich aussehen. Hier wird also gerade die Translationsinvarianz bezüglich Verschiebungen um Gittervektoren des Bravais-Gitters ausgenutzt.

Die Lösung der Bewegungsgleichung (3.19) kann nun in den folgenden Schritten erfolgen. Zunächst machen wir für die Zeitabhängigkeit den Ansatz:

$$u_{n\mu\alpha}(t) = \frac{1}{\sqrt{M_\mu}} v_{n\mu\alpha} e^{-i\omega t} \tag{3.23}$$

Dann folgt für die zeitunabhängigen Koeffizienten $v_{n\mu\alpha}$ die Gleichung

$$\omega^2 v_{n\mu\alpha} = \sum_{n'\mu'\alpha'} D_{\mu\alpha,\mu'\alpha'}(\vec{R}_{n0} - \vec{R}_{n'0}) v_{n'\mu'\alpha'} \quad \text{mit} \quad \underline{\underline{D}} = \frac{1}{\sqrt{M_\mu M_{\mu'}}} \underline{\underline{\Phi}} \tag{3.24}$$

Dies ist nun eine Eigenwertgleichung für die symmetrische Matrix $\underline{\underline{D}}$, die *dynamische Matrix*, welche bei N Elementarzellen (Gitterpunkten) eine $dNr * dNr$-Matrix ist. Es müssen dann auch dNr positive Eigenwerte existieren. Für die Abhängigkeit vom Gitterplatz n kann der Ansatz

$$v_{n\mu\alpha} = w_{\mu\alpha} e^{i\vec{q}\vec{R}_{n0}} \tag{3.25}$$

gemacht werden. Einsetzen in die Eigenwertgleichung führt zu

$$\omega^2 w_{\mu\alpha} = \sum_{\mu'\alpha'} \sum_{n'} D_{\mu\alpha,\mu'\alpha'}(\vec{R}_{n0} - \vec{R}_{n'0}) e^{i\vec{q}(\vec{R}_{n'0} - \vec{R}_{n0})} w_{\mu'\alpha'} \tag{3.26}$$

Statt der Summe über alle Gitter-Elementarzellen n' bzw. Gittervektoren $\vec{R}_{n'0}$ kann man auch über alle Differenzenvektoren summieren, welche auch Gittervektoren sind. Definiert man dann

$$D_{\mu\alpha,\mu'\alpha'}(\vec{q}) = \sum_n D_{\mu\alpha,\mu'\alpha'}(\vec{R}_n) e^{-i\vec{q}\vec{R}_n} \tag{3.27}$$

dann gilt für die fouriertransformierte dynamische Matrix offenbar die Eigenwertgleichung

$$\omega^2 w_{\mu\alpha} = \sum_{\mu'\alpha'} D_{\mu\alpha,\mu'\alpha'}(\vec{q}) w_{\mu'\alpha'} \tag{3.28}$$

Dies ist für jedes $\vec{q}$ nur noch ein $dr * dr$-Eigenwertproblem; bei einer einatomigen Basis ist in 3 Dimensionen also z.B. nur noch eine 3*3-Matrix zu diagonalisieren, was relativ problemlos ist. Für jedes $\vec{q}$ gibt es also im allgemeinen Fall (Dimension d und r Atome pro Elementarzelle) dr Eigenwerte $\omega_j(\vec{q})$ ($j = 1, \ldots, dr$) und entsprechende dr-dimensionale Eigenvektoren ($e^{(j)}_{\mu\alpha}$); jeder dieser dr-dimensionalen Eigenvektoren kann wieder in r gewöhnliche d-dimensionale Vektoren $\vec{e}^{(j)}_\mu$, die als Einheitsvektoren gewählt werden können und deren Richtungen die Auslenkungsrichtungen des μ-ten Atoms bezeichnen, zerlegt werden, und diese Vektoren nennt man auch *Polarisations-Vektoren*.

Insgesamt haben wir damit als spezielle Lösungen unserer ursprünglichen Bewegungsgleichung (3.19) gefunden:

$$\vec{u}^{(j)}_{n\mu} = \frac{1}{\sqrt{M_\mu}} \vec{e}^{(j)}_\mu e^{i(\vec{q}\vec{R}_n - \omega_j(\vec{q})t)} \tag{3.29}$$

Die allgemeinen Lösungen ergeben sich als Linearkombinationen dieser speziellen Lösungen für die Auslenkung des Atoms μ in der n-ten Elementarzelle.

Wir haben also hier die Diagonalisierung der dynamischen $dNr * dNr$-Matrix tatsächlich partiell analytisch ausgeführt und auf die Diagonalisierung einer $dr * dr$-Matrix zurückgeführt. Dabei haben wir die Translationsinvarianz explizit benutzt, indem wir vorausgesetzt haben, daß die dynamische Matrix $\underline{\underline{D}}(\vec{R}_{n0},\vec{R}_{n'0})$ nur vom Differenzenvektor $\vec{R}_{n0} - \vec{R}_{n'0}$ abhängt. Dies erlaubte die Fouriertransformation, d.h. den Übergang zur $\vec{q}$-abhängigen dynamischen Matrix $\underline{\underline{D}}(\vec{q})$, welche nur noch eine $dr * dr$-Matrix ist. Die im vorigen Kapitel angesprochene unitäre Transformation hat hier daher speziell die Gestalt

$$C_{\vec{R},\vec{q}} \sim e^{i\vec{q}\vec{R}} \tag{3.30}$$

wenn $\vec{R}$ Gittervektoren bezeichnet. Da wir durch den Ansatz mit der komplexen Exponentialfunktion für die Zeitabhängigkeit der Auslenkungen komplexe Auslenkungsvektoren benutzen, muß auch eine unitäre Transformation zur Diagonalisierung führen. Wie man es aus der klassischen Mechanik kennt, könnte man auch mit reellen Ansätzen (z.B. $\cos(\omega t)$-Zeitabhängigkeit) arbeiten, der komplexe Ansatz ist aber bequemer zum Rechnen. Dies hängt aber auch noch von den benutzten Randbedingungen ab, und den möglichen und den in der Festkörpertheorie üblichen Randbedingungen, die überall (z.B. bei den elektronischen Eigenzuständen) und nicht nur hier bei den Gitterschwingungen benutzt werden, ist der nächste Abschnitt gewidmet.

3.3 Periodische oder Born-von-Kármán-Randbedingungen

In diesem Abschnitt sollen die sogenannten Born-von-Kármán [1]-Randbedingungen, die in der Festkörpertheorie allgemein üblich sind, besprochen und motiviert werden. Jeder reale Festkörper ist natürlich endlich, es gibt also eine endliche Anzahl N von Elementarzellen und eine Oberfläche, die sehr interessante Effekte haben kann. Wenn man aber die realistische Oberfläche in Betracht ziehen will, dann geht die Translationsinvarianz, die viele konkrete Rechnungen erleichtert, verloren. Translationsinvarianz bezüglich Gittervektoren besteht ja nur bei einem unendlich ausgedehnten, den ganzen Raum ausfüllenden Bravais-Gitter; wenn es Oberflächen gibt, sind einzelne Gitterpunkte oder Elementarzellen der Oberfläche näher als andere und streng genommen besteht keine Translationsinvarianz mehr. Andererseits ist physikalisch klar, daß es weit im Inneren des Kristalls keine große Rolle spielen sollte, wie weit die Oberfläche entfernt ist. Da der Kristall auf der atomaren Längenskala sehr groß ist, sollte sich die Oberfläche für die „meisten" Atome und Gitterzellen gar nicht bemerkbar machen.

Um nun beides zu berücksichtigen, einerseits die Endlichkeit des Systems, die endliche Gesamtzahl N der Atome, und andererseits doch volle Translationsinvarianz und völlige Gleichberechtigunmg aller Gitterzellen mathematisch zu realisieren, benutzt man in der Regel *periodische Randbedingungen* (auch „zyklische Randbedingungen" genannt). Man kann sich dazu vorstellen, den ganzen endlichen Kristall periodisch fortzusetzen und zu wiederholen und damit dann doch den ganzen Raum auszufüllen oder aber man kann sich vorstellen, die erste und letzte Atomlage als miteinander gekoppelt aufzufassen; in einer Dimension würde das einem Schließen der linearen Kette zu einem Ring entsprechen, bei dem man das erste und das N-te Atom miteinander koppelt und damit zu Nachbarn macht. In zwei Dimensionen kann man periodische Randbedingungen ebenfalls noch veranschaulichen, man verbiegt die endliche Fläche dann zu

[1] T. von Kármán, * 1881 in Budapest, † 1963 in Aachen, bedeutender Aerodynamiker, Arbeiten über Strömungslehre, Tragflügelprofile etc., 1909 Professor für Mechanik und Aerodynamik an der RWTH Aachen, untersuchte um 1912 mit M.Born die Schwingungen der Gitter-Atome, 1930 - 1949 am Caltech in Kalifornien

einem Torus. In drei Dimensionen ist eine geometrische Veranschaulichung nicht mehr möglich, wenn man periodische Randbedingungen in alle drei Richtungen (x,y,z) fordert.

Mathematisch bedeutet dies, daß, wenn L_α die Abmessungen des Systems in α-Richtung bezeichnet, alle für das System physikalisch relevanten Funktionen die Randbedingung

$$f(\dots, x_\alpha + L_\alpha, \dots) = f(\dots, x_\alpha, \dots) \tag{3.31}$$

erfüllen müssen. In der Festkörperphysik werden die interessierenden Funktionen (z.B. die Auslenkungen $\vec{u}_{n\mu}$) vom Elementarzellenindex n bzw. dem zugehörigen Gittervektor $\vec{R}_n$ abhängen: $f_n = f(\vec{R}_n)$. Beschreibt man diesen durch das ganzzahlige Zahlentupel $(n_1, \dots, n_d)$ bzgl. einer Basis $\vec{a}_1, \dots, \vec{a}_d$ von primitiven Translationen, und sei $N_\alpha a_\alpha$ die Länge des gesamten Kristalls in α-Richtung, dann gilt bei periodischen Randbedingungen

$$f(\vec{R}_n) = f(\vec{R}_n + N_\alpha \vec{a}_\alpha) \quad (\alpha = 1, \dots, d) \tag{3.32}$$

Die Gesamtzahl der Einheitszellen ist dann

$$N = \prod_{\alpha=1}^{d} N_\alpha$$

Zwischen auf dem Gitter definierten Funktionen $f_n = f(\vec{R}_n)$ und ihren Fouriertransformierten gilt bei periodischen Randbedingungen der Zusammenhang:

$$\begin{aligned} f(\vec{q}) &= \sum_n f(\vec{R}_n) e^{-i\vec{q}\vec{R}_n} \\ f(\vec{R}_n) &= \frac{1}{N} \sum_{\vec{q}} e^{i\vec{q}\vec{R}_n} f(\vec{q}) \end{aligned} \tag{3.33}$$

Dann folgt aus (3.32)

$$N_\alpha \vec{q} \cdot \vec{a}_\alpha = 2\pi q_\alpha N_\alpha = 2\pi l_\alpha, \quad \text{mit } l_\alpha \text{ ganze Zahl} \tag{3.34}$$

$$\text{wobei } \vec{q} = \sum_{\alpha=1}^{d} q_\alpha \vec{b}_\alpha$$

angesetzt wurde und die $\{\vec{b}_\alpha, \alpha = 1, \dots, d\}$ die zu den $\vec{a}_\alpha$ gehörigen primitiven Einheitsvektoren des reziproken Gitters sind. Offenbar nehmen die erlaubten Fourierkoeffizienten nur diskrete Werte an:

$$q_\alpha = \frac{l_\alpha}{N_\alpha} \tag{3.35}$$

Es ist ausreichend, die $\vec{q}$ auf die *erste Brillouinzone* (oder die primitive Elementarzelle des reziproken Gitters) zu beschränken, d.h.

$$l_\alpha \varepsilon \{1, \dots, N_\alpha\} \text{ oder } l_\alpha \varepsilon \{-\frac{N_\alpha}{2}, \dots, \frac{N_\alpha}{2} - 1\} \tag{3.36}$$

weil das Hinzuaddieren eines reziproken Gittervektors $\vec{G}$ zu $\vec{q}$ wegen $\exp(i\vec{G}\vec{R}_n) = 1$ nichts Neues gibt. Es gibt daher genau N verschiedene, diskrete (nicht äquivalente) $\vec{q}$-Werte. Für $\vec{q}, \vec{q}' \varepsilon$ 1.Brillouin-Zone gilt die Rechenregel:

$$\frac{1}{N}\sum_n e^{i(\vec{q}-\vec{q}')\vec{R}_n} = \delta_{\vec{q},\vec{q}'} \tag{3.37}$$

wie man leicht nachrechnet: Es gilt nämlich

$$\vec{R}_n = \sum_{\alpha=1}^{d} n_\alpha \vec{a}_\alpha, \vec{q} = \sum_{\beta=1}^{d} \frac{l_\beta}{N_\beta}\vec{b}_\beta$$

Damit folgt wegen $\vec{a}_\alpha \cdot \vec{b}_\beta = 2\pi\delta_{\alpha\beta}$

$$\frac{1}{N}\sum_n e^{i\vec{R}_n(\vec{q}-\vec{q}')} = \prod_{\alpha=1}^{d}\frac{1}{N_\alpha}\sum_{n_\alpha=1}^{N_\alpha}\exp(i2\pi n_\alpha \frac{l_\alpha - l'_\alpha}{N_\alpha}) = \begin{cases} 0 & \text{falls} \quad l_\alpha \neq l'_\alpha \quad \text{für ein} \quad \alpha\varepsilon\{1,\dots,d\} \\ 1 & \text{falls} \quad l_\alpha = l'_\alpha \quad \text{für alle} \quad \alpha\varepsilon\{1,\dots,d\} \end{cases}$$

da

$$\sum_{n=1}^{N} a^n = \frac{1-a^N}{1-a}\cdot a \quad \text{und} \quad e^{2\pi i l} = 1$$

Für einen realen, endlichen Kristall wären eigentlich starre Randbedingungen realistischer als die hier vorgestellten und diskutierten periodischen Randbedingungen. Im Hinblick auf die Gitterschwingungen sind starre Randbedingungen z.B. die Forderung, daß die Oberflächenatome nicht mehr ausgelenkt werden. Dann bilden sich stehende Wellen im Kristall aus, zu beschreiben z.B. durch eine $\sin(\vec{q}\vec{R})$-artige Ortsabhängigkeit, die bei geeigneten $\vec{q}$ die starren Randbedingungen erfüllen kann. Auch dann existieren N diskrete, aber für große N dicht liegende erlaubte $\vec{q}$-Werte aus der ersten Brillouin-Zone. Randbedingungen bei einem endlichen Kristall bewirken, daß die Wellenvektoren $\vec{q}$ (und damit natürlich auch die Wellenlängen) nur diskrete Werte annehmen können. Es ist aber physikalisch einsichtig, daß es für makroskopische Eigenschaften auf die genauen Randbedingungen nicht ankommen kann. Insbesondere hängt die Dispersionsrelation $\omega(\vec{q})$ nicht von den Randbedingungen ab, was man für das Beispiel der linearen Kette leicht nachrechnen kann. Bei periodischen Randbedingungen betrachtet man laufende Gitter-Wellen statt stehenden Gitterwellen, was mathematisch dadurch zum Ausdruck kommt, daß die komplexe e-Funktion $e^{i\vec{q}\vec{R}}$ statt $\sin(\vec{q}\vec{R})$ die Ortsabhängigkeit beschreibt. Die Quantisierungsbedingung für die $\vec{q}$ hängt allerdings von den Randbedingungen ab. Da die $\vec{q}$-Werte in der ersten Brillouinzone aber sehr dicht liegen, spielt das für die makroskopischen physikalischen Eigenschaften keine Rolle mehr. Man ersetzt ohnehin in der Regel die eigentlich auftretenden diskreten $\vec{q}$-Summen durch Integrale, also:

$$\sum_{\vec{q}\varepsilon 1.BZ} f(\vec{q}) \to \frac{N}{V_{1.BZ}}\int_{1.BZ} d^3q f(\vec{q}) \tag{3.38}$$

Hierbei ist $V_{1.BZ}$ das (k-Raum-) Volumen der 1. Brillouin-Zone, $\frac{N}{V_{1.BZ}}d^3q$ ist daher die Zahl der $\vec{q}$-Werte im „infinitesimalen" $\vec{q}$-Raum-Volumen d^3q um $\vec{q}$. Gemäß Gleichung (1.6) gilt (für Dimension $d = 3$)

$$V_{1.BZ} = \frac{(2\pi)^3}{V_{pEZ}}$$

und da $N \cdot V_{pEZ} = V$, das Gesamt-Volumen des Systems (Kristalls) ist, gilt

$$\sum_{\vec{q}\varepsilon 1.BZ} f(\vec{q}) = \frac{V}{(2\pi)^3}\int_{1.BZ} d^3q f(\vec{q}) \tag{3.39}$$

Von dieser Ersetzung der $\vec{q}$-Summen durch Integrale wird in vielen praktischen Rechnungen in der Festkörperphysik explizit Gebrauch gemacht; Integrale sind nämlich in der Regel einfacher zu berechnen als diskrete Summen. Gerechtfertigt ist die Ersetzung, wenn die $\vec{q}$-Werte in der Brillouin-Zone genügend dicht liegen, also für große N. Mathematisch exakt wird die Beziehung erst im *thermodynamischen Limes* $N \to \infty, V \to \infty, \frac{N}{V} = \text{const.}$. Zumindest dann, wenn der thermodynamische Limes gerechtfertigt ist, ist auch der Unterschied zwischen periodischen und realistischeren Randbedingungen nicht mehr relevant.

3.4 Quantisierte Gitterschwingungen und Phononen-Dispersionsrelationen

Wir betrachten jetzt also eine Kristallstruktur bestehend aus einem Bravais-Gitter aus N primitiven Einheitszellen mit periodischen Randbedingungen und einer Basis aus r Atomen pro Einheitszelle, die Gesamtzahl der Atome ist also $N * r$. Gemäß Kapitel 3.3 gibt es dann genau N nicht-äquivalente $\vec{q}$-Werte in der 1.Brillouin-Zone, und gemäß Kapitel 3.2 ist für jedes $\vec{q}$ die (Fouriertransformierte) dynamische Matrix $\underline{\underline{D}}(\vec{q})$ (eine $dr * dr$-Matrix) zu diagonalisieren und hat dr positive Eigenwerte $\omega_j^2(\vec{q})$. Insgesamt gibt es somit genau dNr Eigenfrequenzen $\omega_j(\vec{q})$, wie es nach den Überlegungen aus Kapitel 3.1 ja auch sein muß. Die unitäre Transformation, die die dynamische Matrix partiell (d.h. in Bezug auf den Gitter-Vektor-Index) diagonalisiert, ist also gerade die diskrete Fourier-Transformation, die Matrixelemente der entsprechenden Matrix $\underline{\underline{C}}$ (gemäß der Notation von Kapitel 3.1) sind somit:

$$C_{\vec{q},\vec{R}} = \frac{1}{\sqrt{N}} e^{i\vec{q}\vec{R}} \tag{3.40}$$

Der Hamilton-Operator in harmonischer Näherung schreibt sich dann gemäß (3.16) als

$$H_{\text{harm}} = \sum_{\vec{q}} \sum_{j=1}^{dr} \hbar\omega_j(\vec{q}) \left(b^\dagger_{j\vec{q}} b_{j\vec{q}} + \frac{1}{2} \right) \tag{3.41}$$

Hierbei erfüllen die Oszillator-Auf- und Absteige-Operatoren $b^{(\dagger)}_{j\vec{q}}$ gemäß (3.15) die Vertauschungsrelation

$$[b_{j\vec{q}}, b^\dagger_{j'\vec{q}'}] = \delta_{\vec{q}\vec{q}'}\delta_{jj'}, [b^\dagger_{j\vec{q}}, b^\dagger_{j'\vec{q}'}] = [b_{j\vec{q}}, b_{j'\vec{q}'}] = 0 \tag{3.42}$$

Dies sind die Vertauschungsrelationen für Bose[2]-Erzeugungs- und Vernichtungsoperatoren. Die Elementaranregungen des Hamilton-Operators in harmonischer Näherung, also die quantisierten Normalschwingungen, verhalten sich also wie die eines Systems *wechselwirkungsfreier Bosonen*. Diese nennt man auch *Phononen*. Phononen sind keine wirklichen Teilchen sondern *Quasiteilchen*. Insbesondere gibt es keine Teilchenzahlerhaltung (und deshalb auch kein chemisches Potential). Auch in dieser Hinsicht verhalten sich Phononen analog wie Photonen (Quanten des elektromagnetischen Feldes). In der Tat weist auch die Thermodynamik der Phononen (quantisierten Gitterwellen) eine enge Analogie zur Thermodynamik des Photonengases (Hohlraum-Strahlung, quantisierte elektromagnetische Wellen) auf.

[2] S.N.Bose, *1896 in Kalkutta, † 1974 ebd., indischer Physiker, bedeutende Arbeiten zur statistischen Thermodynamik, begründete 1924 für Photonen die Bose-Einstein-Statistik

Die möglichen Gesamtenergien der Gitterschwingungen, also die Eigenenergien von H_{harm}, sind (einschließlich der Nullpunktenergie) gegeben durch:

$$E = \sum_{j\vec{q}} \hbar\omega_j(\vec{q}) \left(n_{j\vec{q}} + \frac{1}{2} \right) \tag{3.43}$$

Hierbei können die *Besetzungszahlen* (Quantenzahlen des einzelnen harmonischen Oszillators $j\vec{q}$) $n_{j\vec{q}}$ alle natürlichen Zahlen annehmen. Die einzelnen Zustände des Gitterschwingungs-Spektrums können also beliebig oft besetzt werden. Auch darin drückt sich wieder der Bosonen-Charakter der Anregungen aus.

Zu jedem der (dicht liegenden) $\vec{q}$-Werte gibt es dr $\omega_j(\vec{q})$, $(j = 1, \ldots, dr)$. Man bekommt also dr verschiedene *Dispersionsrelationen*, also *dr Zweige des Phononen-Spektrums*. Alle $\omega_j(\vec{q})$ sind periodisch bezüglich reziproker Gittervektoren $\vec{G}$:

$$\omega_j(\vec{q}) = \omega_j(\vec{q} + \vec{G}) \tag{3.44}$$

Dies folgt unmittelbar aus der entsprechenden Relation für die $\vec{q}$-abhängige dynamische Matrix $\underline{\underline{D}}(\vec{q})$, Gleichung (3.27) (wegen $e^{i\vec{G}\vec{R}} = 1$), denn $\omega_j(\vec{q})$ ist ja Eigenwert von dieser Matrix. Ferner gibt es d Phononen-Zweige, für die $\omega_j(\vec{q}) \to 0$ für $q \to 0$, und zwar gehen diese speziellen Dispersionen linear mit q gegen 0. Dies folgt unmittelbar aus folgender Überlegung:

Betrachte spezielle Auslenkungen der Atome des Kristalls, so daß alle Atome in die gleiche Koordinatenrichtung α schwingen und die Auslenkungen aller r Atome einer einzelnen Gitterzelle genau gleich sind; die Auslenkungen $\vec{u}_{n\mu}^{(j)}$ gemäß (3.29) sind für diese speziellen Zweige j dann also nicht mehr vom Atomindex μ abhängig und es tritt nur noch eine Koordinatenrichtung α auf. Aus der Bewegungsgleichung (3.19) bzw. der Eigenwertgleichung (3.26) wird dann

$$M_\mu \omega_j^2(\vec{q}) u_\alpha e^{i\vec{q}\vec{R}_n} = \sum_{n'\mu'} \Phi_{n\mu\alpha,n'\mu'\alpha} u_\alpha e^{i\vec{q}\vec{R}_{n'}} \tag{3.45}$$

Alle Atome werden also in gleiche Richtung ausgelenkt, innerhalb einer Elementarzelle sind die Auslenkungen sogar genau gleich, von Elementarzelle zu Elementarzelle haben sie aber eine Phasenverschiebung gemäß dem $e^{i\vec{q}\vec{R}_n}$-Faktor. Entwickeln wir nun beide Seiten dieser Gleichung für kleine q, dann folgt:

$$M_\mu \left(\omega_j(0) + \nabla_{\vec{q}} \omega_j(\vec{q})|_{\vec{q}=0} \cdot \vec{q} + \ldots \right)^2 = \sum_{\vec{R}\mu'} \Phi_{\mu\alpha,\mu'\alpha}(\vec{R}) \left(1 - i\vec{q}\vec{R} - \frac{1}{2}(\vec{q}\vec{R})^2 + \ldots \right) \tag{3.46}$$

Vergleichen wir nun die verschiedenen Ordnungen in $\vec{q}$ auf der linken und rechten Seite, so ergibt sich:

- 0.Ordnung in $\vec{q}$:

$$M_\mu \omega_j^2(0) = \sum_{\vec{R}\mu'} \Phi_{\mu\alpha,\mu'\alpha}(\vec{R}) = 0 \tag{3.47}$$

wegen Gleichung (3.21). Für diese speziellen Phononenzweige j, bei denen alle Atome in der Elementarzelle gleichförmig ausgelenkt werden, muß die Schwingungs-Eigenfrequenz also gegen 0 gehen für $\vec{q} \to 0$:

$$\omega_j(\vec{q} = 0) = 0 \tag{3.48}$$

Der physikalische Grund ist der, daß im Limes $\vec{q} \to 0$, also im extrem langwelligen Grenzfall, auch keine Modulation von Gitterzelle zu Gitterzelle mehr vorhanden ist (der $e^{i\vec{q}\vec{R}}$-Faktor ist durch 1 approximiert), also alle Auslenkungen zu einem festen Zeitpunkt identisch werden, was einer Verschiebung des ganzen Kristalls entspricht, aber keine Gitterschwingung anregen kann.

- 1. Ordnung in $\vec{q}$:
In linearer Ordnung in $\vec{q}$ ergibt sich:

$$M_\mu 2\omega_j(0) \cdot (\nabla_{\vec{q}}\omega_j(\vec{q})|_{\vec{q}=0} \cdot \vec{q}) = \sum_{\vec{R}\mu'} \Phi_{\mu\alpha,\mu'\alpha}(-i\vec{q}\vec{R}) \tag{3.49}$$

Die linke Seite verschwindet immer noch wegen $\omega_j(0) = 0$, also muß auch die rechte Seite verschwinden. Wir finden daher eine weitere Symmetrierelation für die Matrix $\underline{\underline{\Phi}}$:

$$\sum_{\vec{R}\mu'} \Phi_{\mu\alpha,\mu'\alpha'}(\vec{R})\vec{R} = 0 \tag{3.50}$$

- 2.Ordnung in $\vec{q}$:
In 2.Ordnung ergibt sich:

$$M_\mu \left(\nabla_{\vec{q}}\omega_j(\vec{q})|_{\vec{q}=0} \cdot \vec{q}\right)^2 = -\frac{1}{2}\sum_{\vec{R}\mu'} \Phi_{\mu\alpha,\mu'\alpha'}(\vec{R})(\vec{R}\vec{q})^2 \tag{3.51}$$

Diese Ordnung verschwindet im allgemeinen nicht. Man erkennt, daß $\omega_j(\vec{q})$ linear mit $\vec{q}$ gegen 0 gehen sollte, genauer

$$\omega_j^2(\vec{q}) = \sum_{\alpha\alpha'} c_{\alpha\alpha'} q_\alpha q_{\alpha'} \text{ für kleine } |q| \tag{3.52}$$

Für die Phononenzweige, für die die Atome innerhalb einer Elementarzelle gleichmäßig ausgelenkt werden und schwingen, ist also eine lineare Dispersionsrelation und ein Verschwinden der Eigenfrequenzen für kleine q zu erwarten. In Dimension d hat man d derartige Zweige zu erwarten (entsprechend den d Raumrichtungen α). Diese Phononenzweige nennt man auch *akustische Phononen*, weil sie den Gitterschwingungen entsprechen, die durch Schallwellen angeregt werden können und die Schall durch den Kristall transportieren. Insgesamt sind dr Phononenzweige zu erwarten, und die restlichen $d(r-1)$ Zweige nennt man auch *optische Phononen*. Anschaulich entsprechen sie Schwingungsanregungen, bei denen die verschiedenen Atome in einer Elementarzelle nicht im Gleichtakt sondern gegeneinander schwingen. In Ionen-Kristallen, bei denen die Massenpunkte einer Elementarzelle verschiedenartige Ladungen haben, können derartige Schwingungen durch elektromagnetische Felder, insbesondere also optisch angeregt werden, daher rührt der Name. Die Eigenfrequenzen für derartige Anregungen verschwinden nicht für $\vec{q} \to 0$. Man verwendet den Begriff optisches Phonon allgemeiner auch für Gitterschwingungen, die nicht unbedingt optisch anregbar sind, z.B. solche in Kristallen mit kovalenter Bindung und gleichartigen Atomen in der Elementarzelle, wenn sie die Eigenschaft des Gegeneinanderschwingens der Atome in der Elementarzelle und des Nichtverschwindens der Frequenz für $\vec{q} = 0$ erfüllen. Bei Kristallen mit einatomiger primitiver Elementarzelle gibt es demnach nur akustische Phononen.

Neben der Klassifikation nach akustischen und optischen Phononen ist noch eine nach transversalen und longitudinalen Phononen üblich. Zumindest für gewisse Symmetrierichtungen des Kristalls können die Auslenkungen entweder parallel oder senkrecht zum Wellenvektor $\vec{q}$ sein. Entsprechend spricht man von *longitudinalen* bzw. *transversalen* Phononenzweigen. Man unterscheidet demnach insgesamt transversal-optische (TO), longitudinal optische (LO), transversal akustische (TA) und longitudinal akustische (LA) Phononenzweige. Man sollte aber anmerken, daß bei beliebig gewählten $\vec{q}$-Richtungen nicht immer eine eindeutige Klassifikation als longitudinal oder transversal möglich ist.

Typische Dispersionsverläufe $\omega(\vec{q})$ werden in Kapitel 3.6 berechnet und diskutiert.

3.5 Thermodynamik der Gitterschwingungen (Phononen), Debye- und Einstein-Modell

Der Hamilton-Operator (3.41) für die Gitterschwingungen in harmonischer Näherung beschreibt formal wechselwirkungsfreie Bosonen. Wenn wir daher die thermischen Eigenschaften eines Festköpers berechnen wollen, die auf die möglichen Schwingungsanregungen zurückzuführen sind, haben wir formal ein Standard-Problem der statistischen Physik zu behandeln, nämlich das von wechselwirkungsfreien Bosonen. Für ein derartiges ideales Quantengas ist die Besetzungszahldarstellung und die großkanonische Behandlung zweckmäßig. Da die Phononen aber Quasiteilchen sind, gilt keine Teilchenzahlerhaltung und es gibt daher kein chemisches Potential. Daher wird die Behandlung vollkommen analog wie die des Photonengases (Hohlraumstrahlung) aus der Kursvorlesung über Statistische Physik. Man kann alternativ auch das Problem von dNr ungekoppelten harmonischen Oszillatoren mit Hilfe der kanonischen Gesamtheit behandeln. Wegen des Fehlens eines chemischen Potentials wird diese kanonische Behandlung und die großkanonische Behandlung in Besetzungszahldarstellung identisch.

Die innere Energie des Phononensystems ist durch den Erwartungswert des Hamilton-Operators (3.41) gegeben, also:

$$E = \langle H_{\text{harm}} \rangle = \sum_{\vec{q}j} \hbar\omega_j(\vec{q}) \left(\langle b^\dagger_{\vec{q}j} b_{\vec{q}j} \rangle + \frac{1}{2} \right) \tag{3.53}$$

Hierbei ist der thermische Erwartungswert des Besetzungszahl-Operators durch die Bose-Funktion gegeben:

$$\langle n_{\vec{q}j} \rangle = \langle b^\dagger_{\vec{q}j} b_{\vec{q}j} \rangle = \frac{1}{e^{\frac{\hbar\omega_j(\vec{q})}{k_B T}} - 1} \tag{3.54}$$

Wie üblich ist T die absolute Temperatur und $k_B = 1{,}38 \cdot 10^{-16}\text{erg/K} = 1{,}38 \cdot 10^{-23}\text{J/K} = 8{,}61 \cdot 10^{-5}\text{eV}/K$ die Boltzmann-Konstante. Dieses Ergebnis kann man auch noch einmal elementar herleiten wie folgt:

Die Besetzungswahrscheinlichkeit für den Zustand n eines einzelnen Oszillators ist gegeben durch

$$P_n = \frac{e^{-\frac{E_n}{k_B T}}}{Z} = \frac{e^{-\frac{(n+\frac{1}{2})\hbar\omega}{k_B T}}}{Z}$$

mit der Zustandssumme

$$Z = \sum_n e^{-\frac{(n+\frac{1}{2})\hbar\omega}{k_B T}} = e^{-\frac{\hbar\omega}{2k_B T}} \frac{1}{1 - e^{-\frac{\hbar\omega}{k_B T}}}$$

Für die mittlere Besetzungszahl folgt dann

$$\langle n \rangle = \frac{1}{Z} \sum_n (n \cdot e^{-\frac{(n+\frac{1}{2})\hbar\omega}{k_B T}}) = -\frac{k_B T}{\hbar} \frac{\partial}{\partial\omega} \ln \sum_n e^{-n\frac{\hbar\omega}{k_B T}} = -\frac{k_B T}{\hbar} \frac{\partial}{\partial\omega} \ln \frac{1}{1 - e^{-\frac{\hbar\omega}{k_B T}}}$$

$$= \frac{k_B T}{\hbar} \frac{\partial}{\partial\omega} \ln(1 - e^{-\frac{\hbar\omega}{k_B T}}) = \frac{e^{-\frac{\hbar\omega}{k_B T}}}{1 - e^{-\frac{\hbar\omega}{k_B T}}} = \frac{1}{e^{\frac{\hbar\omega}{k_B T}} - 1}$$

Durch Einsetzen der Bose-Funktion erhält man explizit für die innere Energie:

$$E = \sum_{\vec{q},j} \hbar\omega_j(\vec{q}) \left(\frac{1}{e^{\hbar\omega_j(\vec{q})/k_B T} - 1} + \frac{1}{2} \right) \tag{3.55}$$

Hierbei tritt die endliche Nullpunktenergie

$$E_0 = \sum_{\vec{q}j} \frac{1}{2} \hbar\omega_j(\vec{q}) \tag{3.56}$$

die temperaturunabhängig ist, noch explizit als additive Konstante auf.

In zwei Grenzfällen kann man die $\vec{q}$-Summen analytisch ausrechnen bzw. abschätzen:

- Grenzfall hoher Temperaturen

Da die Phononen-Frequenzspektren nach oben begrenzt sind, existieren Temperaturen, die

$$k_B T \gg \hbar\omega_j(\vec{q}) \text{ für alle } j,\vec{q} \tag{3.57}$$

erfüllen. Dann erhält man durch Entwickeln der Exponentialfunktion

$$E = \sum_{\vec{q},j} \hbar\omega_j(\vec{q}) \left(\frac{1}{1 + \hbar\omega_j(\vec{q})/k_B T + \ldots - 1} + \frac{1}{2} \right) = \sum_{\vec{q},j} k_B T \left(1 + \frac{1}{2} \frac{\hbar\omega_j(\vec{q})}{k_B T} + \ldots \right) \tag{3.58}$$

In führender Ordnung bleibt also in Dimension d für einen Kristall aus N Einheitszellen und r Atomen pro Einheitszelle:

$$E(T) = dNrk_B T \qquad \text{für } k_B T \gg \hbar\omega \tag{3.59}$$

Dies ist gerade das

Dulong-Petit-Gesetz[3]

für die innere Energie von dNr klassischen harmonischen Oszillatoren. Nach den Gesetzen der klassischen statistischen Mechanik (Gleichverteilungs-Satz) trägt jeder Freiheitsgrad (jede Impuls- oder Ortskoordinate, die quadratisch in die Hamilton-Funktion eingeht,) mit $\frac{1}{2}k_BT$ zur inneren Energie bei. Daraus resultiert z.B. sofort das $\frac{3}{2}Nk_BT$-Gesetz für das klassische, einatomige ideale Gas oder das $\frac{5}{2}Nk_BT$-Gesetz für zweiatomige ideale Gase. Ein klassischer eindimensionaler Oszillator hat demnach zwei Freiheitsgrade, einen der kinetischen und einen der potentiellen Energie, und da die Gitterschwingungen des d-dimensionalen Kristalls mit r Atomen pro Einheitszelle in harmonischer Näherung durch dNr ungekoppelte harmonische Oszillatoren zu beschreiben sind, ist nach dem Gleichverteilungssatz eine innere Energie von $dNrk_BT$ zu erwarten. Im Grenzfall hoher Temperaturen bestätigt sich also das klassische Resultat.

- Grenzfall tiefer Temperaturen
  Für jede noch so tiefe Temperatur T gibt es Schwingungs-Eigenfrequenzen $\omega_j(\vec{q})$ mit $\hbar\omega_j(\vec{q}) < k_BT$, da ja zumindest die Frequenzen der immer vorhandenen akustischen Phononen gegen 0 gehen für $q \to 0$. Daher ist eine Annahme $k_BT \ll \hbar\omega$ und eine Entwicklung nach dem entsprechenden kleinen Parameter nicht möglich, zumindest nicht für die akustischen Phononenzweige. Man kann aber annehmen, daß die Temperatur so tief ist, daß nur noch akustische Phononen im linearen Dispersionsbereich $\omega \sim q$ thermisch angeregt werden können. Dann treten in der $\vec{q}$-Summe als angeregte Zustände nur noch die d akustischen Zweige auf und es gilt:

$$E - E_0 = \sum_{\vec{q}s} \frac{\hbar c_s q}{e^{\hbar c_s q/k_BT} - 1} \tag{3.60}$$

Hierbei bezeichnet s die akustischen Zweige und c_s die zugehörige Proportionalitätskonstante zwischen Frequenz $\omega_s(\vec{q})$ und Wellenzahl q. Diese Konstante c_s hat die Dimension einer Geschwindigkeit und ist mit der Schallgeschwindigkeit zu identifizieren. Im allgemeinen kann man aber verschiedene Schallgeschwindigkeiten für die verschiedenen akustischen Zweige erwarten, insbesondere ist die Ausbreitungsgeschwindigkeit für transversale und longitudinale Zweige vielfach verschieden. Ersetzt man die $\vec{q}$-Summe gemäß (3.39) durch ein Integral, so folgt:

$$E - E_0 = \frac{V}{(2\pi)^d} \sum_s \int d^dq \frac{\hbar c_s q}{e^{\hbar c_s q/k_BT} - 1} = \frac{V}{(2\pi)^d} \sum_s \frac{(k_BT)^d}{(\hbar c_s)^d} k_BT \int d^dx \frac{x}{e^x - 1} \tag{3.61}$$

Hierbei wurde die Substitution $x = \frac{\hbar c_s}{k_BT} \cdot q$ gemacht. Das ursprüngliche $\vec{q}$-Integral ist über die erste Brillouinzone oder die primitive Einheitszelle des reziproken Gitters zu erstrecken, wenn man davon absieht, daß am Rande der Brillouinzone eigentlich kein lineares Dispersionsgesetz mehr gültig ist; dies kann aber vernachlässigt werden, da für hinreichend tiefe T für die Zustände am Rande der Brillouinzone $\hbar\omega \gg k_BT$ gilt und daher die Besetzungswahrscheinlichkeit exponentiell klein ist wegen des Bosefaktors. Die d Komponenten q_α sind daher in den Grenzen von 0 bis $\frac{\pi}{a}$ zu integrieren, die durch Substitution daraus entstandenen x_α-Integrale sind entsprechend von 0 bis $\frac{\pi\hbar c_s}{ak_BT}$ zu erstrecken. Für hinreichend tiefe Temperaturen T, d.h. für

[3] P.L.Dulong, 1785 - 1838, französischer Chemiker, fand mit Petit das klassische Gesetz für die spezifische Wärme bzw. Wärmekapazität, weitere Arbeiten über Wärmemessung, thermische Ausdehnungskoeffizienten, etc.

$$k_B T \ll \frac{\pi \hbar c_s}{a} \tag{3.62}$$

kann die obere Integrationsgrenze daher durch ∞ approximiert werden. Dann kann das d-dimensionale Integral wegen der Isotropie des Integranden auf ein eindimensionales Integral reduziert werden. Speziell für $d = 3$ erhält man so:

$$E - E_0 = \frac{V}{(2\pi)^3} 3 \frac{(k_B T)^4}{(\hbar \bar{c}_s)^3} 4\pi \int_0^\infty dx \frac{x^3}{e^x - 1} = \frac{\pi^2}{10} \frac{V}{(\hbar \bar{c}_s)^3} (k_B T)^4 \tag{3.63}$$

Hierbei wurde eine über die drei möglichen Zweige und eventuell noch (bei Vorliegen von Anisotropien in der Schallgeschwindigkeit) über die verschiedenen Richtungen gemittelte Schallgeschwindigkeit $\bar{c}_s$ eingeführt; außerdem wurde im letzten Schritt für das bestimmte Integral

$$\int_0^\infty dx \frac{x^3}{e^x - 1} = \frac{\pi^4}{15} \tag{3.64}$$

benutzt.

Der auf den Schwingungsanregungen des Kristalls beruhende Beitrag zur inneren Energie folgt für ein dreidimensionales System also einem charakteristischen T^4-Gesetz für tiefe Temperaturen. Dies ist völlig analog wie beim Photonen-Gas (Hohlraumstrahlung), bei dem es allerdings im gesamten Temperaturbereich gilt. Es ist letztlich zurückzuführen auf die lineare Dispersion $\omega \sim q$, die bei Photonen immer und bei Phononen für die energetisch niedrig liegenden Anregungen vorliegt, und auf den Bose- und Quasiteilchen-Charakter der Anregungen.

Aus der inneren Energie ist unmittelbar die experimentell relativ leicht zugängliche spezifische Wärme C_V (pro Volumen) zu bestimmen. Wir erhalten somit für dreidimensionale Systeme

für tiefe Temperaturen

$$C_V = \frac{1}{V} \frac{\partial E}{\partial T} = \frac{2}{5} \pi^2 k_B \left(\frac{k_B T}{\hbar c_s} \right)^3 \tag{3.65}$$

für hohe Temperaturen

$$C_V = 3 \frac{N}{V} r k_B \tag{3.66}$$

Der Gitteranteil der spezifischen Wärme zeigt demnach ein T^3-Verhalten für tiefe Temperaturen T und geht gegen einen konstanten Beitrag für hohe T, wenn alle Schwingungsmoden thermisch angeregt werden können. Dies ist experimentell gut bestätigt.

Ein vereinfachendes Modell, das beide Grenzfälle korrekt enthält und dazwischen einigermaßen sinnvoll zu interpolieren vermag, ist das

Debye-Modell[4]

Dabei werden die folgenden Annahmen gemacht:

[4] P.Debye, * 1884 in Maastricht, † 1966 in Ithaca (New York), Promotion 1910 in München, lehrte Physik an den Universitäten Zürich, Utrecht, Göttingen und Leipzig, 1935 am Kaiser-Wilhelm-Institut in Berlin, 1940 in die USA emigriert und Chemie-Professor an der Cornell-University in Ithaca (N.Y.), Chemie-Nobelpreis 1936, schlug 1916 die Benutzung von gepulverten Proben für Röntgen-Untersuchungen der Kristallstruktur vor (Debye-Scherrer-Aufnahmen), arbeitete über Dipolmomente, Atomanordnung in Molekülen, Lichtstreuung in Gasen, u.v.a.

1. Es gilt im gesamten relevanten $\vec{q}$-Bereich ein lineares Dispersionsgesetz
$$\omega(\vec{q}) = c_s q \tag{3.67}$$
wobei wieder eine geeignet gewählte mittlere Schallgeschwindigkeit c_s gemeint ist.

2. Die Brillouinzone wird durch eine Kugel vom Radius q_D ersetzt. Diese „Debye-Wellenzahl" q_D ist so zu bestimmen, daß die Zahl der Zustände gleich der Zahl N der Atome ist. Dann hat diese Kugel das gleiche Volumen wie die Brillouin-Zone, die sie ersetzt. Der Sinn der Einführung dieser „Debye-Kugel" ist einzig der, daß dann alle Integranden und Integrationsbereiche Kugelsymmetrie aufweisen und das konkrete Ausführen der Integrale vereinfacht wird. Die Debye-Wellenzahl ist demnach definiert durch:
$$\sum_{\vec{q},|\vec{q}|\leq q_D} 1 = N = \frac{V}{(2\pi)^3}\int_{|\vec{q}|\leq q_D} d^3q \cdot 1 = \frac{V}{2\pi^2}\int_0^{q_D} dq q^2 = \frac{V}{2\pi^2}\frac{q_D^3}{3} \tag{3.68}$$
Daraus ergibt sich:
$$q_D = \sqrt[3]{6\pi^2 \frac{N}{V}} \tag{3.69}$$
Die Debye-Wellenzahl ist also allein durch die Dichte der Atome im Kristall bestimmt, die auch im thermodynamischen Limes endlich bleibt.

Für die innere Energie erhält man für 3 Dimensionen im Debye-Modell:
$$E - E_0 = 3\frac{V}{(2\pi)^3}\int_{|\vec{q}|\leq q_D} d^3q \frac{\hbar c_s q}{e^{\hbar c_s q/k_B T} - 1} = 3\frac{V}{(2\pi)^3}4\pi\int_0^{q_D} dq \frac{\hbar c_s q^3}{e^{\hbar c_s q/k_B T} - 1} =$$
$$3\frac{V}{2\pi^2}\left(\frac{k_B T}{\hbar c_s}\right)^3 k_B T \int_0^{x_D} dx \frac{x^3}{e^x - 1} \tag{3.70}$$
wobei im letzten Schritt wieder die Substitution
$$x = \frac{\hbar c_s q}{k_B T}$$
gemacht wurde. Man definiert üblicherweise eine *Debye-Temperatur* Θ_D und eine *Debye-Frequenz* ω_D durch
$$k_B \Theta_D = \hbar c_s q_D = \hbar \omega_D \tag{3.71}$$
Benutzt man dann noch $V = \frac{6\pi^2 N}{q_D^3}$, so folgt:
$$E - E_0 = 9N\left(\frac{T}{\Theta_D}\right)^3 k_B T \int_0^{\Theta_D/T} dx \frac{x^3}{e^x - 1} \tag{3.72}$$
Für die spezifische Wärme pro Volumen erhält man dann analog im Debye-Modell:
$$C_V = \frac{\partial}{\partial T}(E - E_0) = \frac{3}{2\pi^2}\int_0^{q_D} dq \hbar c_s q^3 \frac{\partial}{\partial T}\frac{1}{e^{\hbar c_s q/k_B T} - 1} \tag{3.73}$$
$$= \frac{3}{2\pi^2}\int_0^{q_D} dq \hbar c_s q^3 \frac{\hbar c_s q}{k_B T^2}\frac{e^{\hbar c_s q/k_B T}}{(e^{\hbar c_s q/k_B T} - 1)^2} =$$
$$= \frac{3}{2\pi^2}\left(\frac{k_B T}{\hbar c_s}\right)^3 k_B \int_0^{\Theta_D/T} dx \frac{x^4 e^x}{(e^x - 1)^2} = 9\frac{N}{V}\left(\frac{T}{\Theta_D}\right)^3 k_B \int_0^{\Theta_D/T} dx \frac{x^4 e^x}{(e^x - 1)^2} \tag{3.74}$$

Für tiefe Temperaturen kann man wieder die obere Integrationsgrenze durch ∞ ersetzen und es ergibt sich wegen

$$\int_0^\infty dx \frac{x^4 e^x}{(e^x-1)^2} = \frac{4\pi^4}{15} = 25{,}97$$

$$C_V = 234 \left(\frac{T}{\Theta_D}\right)^3 \frac{N}{V} k_B \tag{3.75}$$

Für hohe Temperaturen, d.h. $\frac{\Theta_D}{T} \ll 1$ kann man den Integranden nach x entwickeln und erhält somit

$$C_V = 9\frac{N}{V}\left(\frac{T}{\Theta_D}\right)^3 k_B \int_0^{\Theta_D/T} dx x^2 = 3\frac{N}{V} k_B \tag{3.76}$$

also wieder das Dulong-Petit-Gesetz für drei akustische Zweige, die ja beim Debye-Modell nur berücksichtigt sind. Für mittlere Temperaturen T muß man die
Debye-Funktionen

$$f_D(x) = \int_0^x dy \frac{y^3}{e^y-1} \text{ bzw. } \tilde{f}(x) = \int_0^x dy \frac{y^4 e^y}{(e^y-1)^2}$$

numerisch berechnen bzw. man findet sie tabelliert[5], so daß eine Berechnung der vollen T-Abhängigkeit der spezifischen Wärme möglich wird und im Hoch- und Tieftemperatur-Grenzfall das exakte Verhalten reproduziert wird.

Die Debye-Temperatur kann für die verschiedenen Materialien durch Anpassung an experimentelle Ergebnisse für die spezifische Wärme bestimmt werden. Θ_D ist typischer Weise von der Größenordnung $10^2 - 10^3 K$. Solche Temperaturen bzw. die zugehörigen Energien von $\sim 10^{-2}$ eV sind charakteristisch für die Phononen. Dies ist auch in Einklang mit der Abschätzung aus der Born-Oppenheimer-Näherung, daß Gitterenergien um $\sqrt{\frac{m}{M}}$ kleiner sein sollten als elektronische Energien: die relevante elektronische Energieskala ist von der Größenordnung $1-10$eV (wie schon beim elementaren Wasserstoff-Problem), Phononenenergien sollten daher um einen Faktor 10^{-2} kleiner sein. Für verschiedene Materialien findet man Debye-Temperaturen tabelliert und findet so z.B. für $Al : \Theta_D = 394K$,C(Diamant) $: \Theta_D = 1860K, K : \Theta_D = 100K$. Eng damit zusammen hängt auch die Größenordnung der Schallgeschwindigkeit, die bekanntlich bei $c_s \sim 10^2 - 10^3 \frac{m}{s}$ liegt. Wegen $\hbar c_s q_D = k_B \Theta_D$ und $q_D \sim \frac{\pi}{a} \sim 10^8 cm^{-1}$ findet man

$$\Theta_D \sim \frac{10^{-15}\text{eVs}10^3 ms^{-1}10^{10}m^{-1}}{10^{-4}\text{eV}K^{-1}} \sim 10^2 \text{ K}$$

(wegen $\hbar = 1{,}054 \cdot 10^{-34}$Nms $= 1{,}054 \cdot 10^{-27}$erg s $= 6{,}59 \cdot 10^{-15}$eVs).

Ein anderes, stark vereinfachendes Modell für Gitterschwingungen ist das

[5] z.B.in: Abramowitz, Stegun: Handbook of Methematical Functions, Over Publications New York (1970)

Einstein-Modell[6]

Es macht die – im Vergleich zum Debye-Modell – noch einfachere Annahme

$$\omega_j(\vec{q}) = \omega_0 \quad \text{für alle } j,\vec{q} \tag{3.77}$$

Dann erhält man für die innere Energie

$$E = E_0 + 3Nr\frac{\hbar\omega_0}{e^{\hbar\omega_0/k_BT} - 1} \tag{3.78}$$

und für die spezifische Wärme

$$C_V = \frac{1}{V}\frac{\partial}{\partial T}E = 3\frac{N}{V}r\frac{(\hbar\omega_0)^2}{k_BT^2}\frac{e^{\hbar\omega_0/k_BT}}{(e^{\hbar\omega_0/k_BT} - 1)^2} = 3\frac{N}{V}rk_B\left(\frac{\Theta_E}{T}\right)^2\frac{e^{\Theta_E/T}}{(e^{\Theta_E/T} - 1)^2} \tag{3.79}$$

Hierbei wurde wieder die für das Phononen-System charakteristische *Einstein-Temperatur* eingeführt durch

$$k_B\Theta_E = \hbar\omega_0 \tag{3.80}$$

Im Grenzfall hoher Temperarturen ($T \gg \Theta_E$) erhält man durch Entwickeln der Exponentialfunktion ($e^{\Theta_E/T} \approx 1 + \Theta_E/T + \ldots$)

$$E - E_0 = 3Nrk_BT \qquad C_V = 3\frac{N}{V}rk_B \tag{3.81}$$

wieder das Dulong-Petit-Gesetz. Im Grenzfall tiefer Temperaturen ($T \ll \Theta_E$) ist die Exponentialfunktion sehr groß, so daß man die 1 im Nenner dagegen vernachlässigen kann., d.h. die Ersetzung $e^{\Theta_E/T} - 1 \approx e^{\Theta_E/T}$ ist gerechtfertigt. Dann ergibt sich:

$$\begin{aligned} E - E_0 &= 3Nrk_B\Theta_E e^{-\Theta_E/T} \\ C_V &= 3\frac{N}{V}rk_B\left(\frac{\Theta_E}{T}\right)^2 e^{-\Theta_E/T} \end{aligned} \tag{3.82}$$

Innere Energie und spezifische Wärme verschwinden also exponentiell für $T \to 0$. Dies ist charakteristisch für Systeme mit einer Lücke im Anregungsspektrum. Beim Einstein-Modell liegt ja gerade eine Lücke von $\hbar\omega_0 = k_B\Theta_E$ vor, denn diese endliche Energie ist aufzuwenden, um eine Schwingungsanregung zu erzeugen.
Das experimentell bestätigte charakteristische T^3-Gesetz für die spezifische Wärme bei tiefen Temperaturen ist also im Einstein-Modell nicht enthalten. Der Grund dafür liegt darin, daß die lineare Dispersionsrelation für akustische Phononen und das dadurch bedingte Verschwinden der Anregungsenergie für $q \to 0$ nicht berücksichtigt ist, da ja ein konstantes, q-unabhängiges ω_0 angenommen wurde. Man könnte daher schlußfolgern, daß das Einstein-Modell schlechter ist als

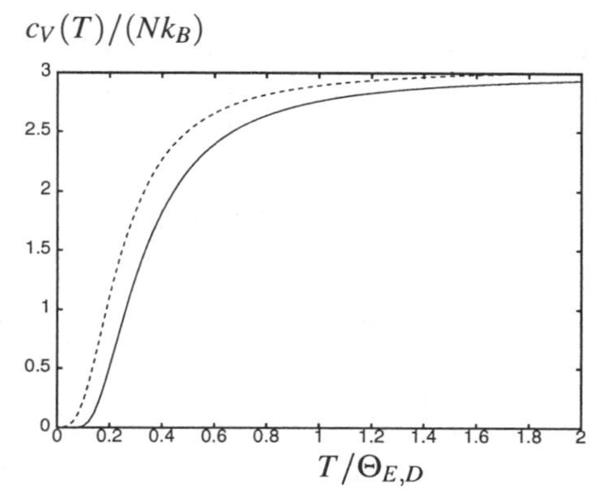

Bild 3.2 Temperaturabhängigkeit des Gitter-Anteils der spezifischen Wärme im Debye-Modell (gestrichelte Kurve) und im Einstein-Modell (ausgezogene Kurve)

[6] A.Einstein, * 1879 in Ulm, † 1955 in Princeton, einer der bedeutendsten Physiker des 20.Jahrhunderts, 1905 3 bahnbrechende Arbeiten zur kinetischen Gastheorie (Brownsche Bewegung), speziellen Relativitätstheorie und Quantentheorie des Lichtes, 1906 erste Quantentheorie der Gitterschwingungen, die das Verschwinden der spezifischen Wärme für sehr tiefe Temperaturen erklären konnte, Professor in Prag, Zürich und ab 1914 in Berlin, 1916 allgemeine Relativitätstheorie, Physik-Nobelpreis 1921, 1933 emigriert und seitdem am neugegründeten Institute for Advanced Studies an der Princeton University in New Jersey

das Debye-Modell. Dies ist aber nicht der Fall, denn es gibt ja Schwingungsanregungen, deren Frequenz endlich bleibt für $q \to 0$, nämlich die optischen Phononen. Tatsächlich ist die q-Abhängigkeit (Dispersion) bei optischen Phononen auch relativ klein, so daß die Annahme einer q-unabhängigen Frequenz nicht völlig unrealistisch ist für optische Phononen. Zusammenfassend kann man daher sagen, daß das Einstein-Modell eine brauchbare und physikalisch sinnvolle Näherung für die optischen Phononen gibt, während das Debye-Modell die akustischen Phononen einigermaßen korrekt beschreibt.

3.6 Phononen-Spektren und -Zustandsdichten

Für realistischere, mikroskopischere Berechnungen als im Rahmen des Debye-Modells sind Modellannahmen über das Wechselwirkungspotential notwendig und die Diagonalisierung der dynamischen Matrix ist für eine gegebene Kristallstruktur konkret durchzuführen. Die einfachsten Beispiele einer einatomigen und einer zweiatomigen linearen Kette findet man in fast allen Büchern und Skripten auch zur experimentellen Festkörperphysik explizit durchgerechnet. Hier soll daher ein nicht ganz so einfaches Beispiel besprochen werden, nämlich das Phononen-Spektrum für ein Modell eines dreidimensionalen Gitters.

3.6.1 Beispiel: Einfach kubisches Gitter

Wir betrachten ein einatomiges, einfach kubisches Gitter mit Gitterkonstanten a und Kopplung von nächsten und übernächsten Nachbaratomen. Man kann sich diese Kopplungen als durch Federn bestimmter Stärke vermittelt denken. Wenn die Atome am Gitterplatz $\vec{R}_n$ und $\vec{R}_m$ durch eine Feder der Federkonstanten k verbunden sind und um $\vec{u}_n$ bzw. $\vec{u}_m$ aus ihren Ruhelagen ausgelenkt werden, dann ist der entsprechende Beitrag zur potentiellen Energie gegeben durch:

$$V_{nm} = \frac{k}{2}\left(|\vec{R}_n + \vec{u}_n - \vec{R}_m - \vec{u}_m| - |\vec{R}_n - \vec{R}_m|\right)^2 \approx \frac{k}{2}\left(\frac{1}{|\vec{R}_n - \vec{R}_m|}(\vec{R}_n - \vec{R}_m)\cdot(\vec{u}_n - \vec{u}_m)\right)^2 \tag{3.83}$$

Die Feder soll also im entspannten Zustand sein, wenn die Atome (Massenpunkte) ihre Gleichgewichtspositionen $\vec{R}_n, \vec{R}_m$ einnehmen. Im Mehrdimensionalen gehen also nicht nur einfach die Federkonstanten in die dynamische Matrix ein, und es gibt trotz harmonischer Federkopplung auch anharmonische Beiträge, weil die Federn ja nicht nur in Richtung der Verbindungsvektoren der Ruhelagen gedehnt oder gestaucht werden können. Nehmen wir an, daß nächste Nachbarn durch Federn der Stärke k_1, übernächste Nachbarn durch Federn der Stärke k_2 gekoppelt sind, dann folgt für den Potential-Beitrag in harmonischer Näherung:

$$V = \sum_{\vec{R}} \frac{1}{2}\left(\frac{k_1}{2a^2}\sum_{\vec{\Delta} n.N.}(\vec{\Delta}\cdot(\vec{u}_{\vec{R}+\vec{\Delta}} - \vec{u}_{\vec{R}}))^2 + \frac{k_2}{4a^2}\sum_{\vec{\Delta}' ü.n.N.}(\vec{\Delta}'\cdot(\vec{u}_{\vec{R}+\vec{\Delta}'} - \vec{u}_{\vec{R}}))^2\right) \tag{3.84}$$

Hierbei korrigiert der erste Faktor $\frac{1}{2}$ die Doppelzählung der gleichen Kopplung und der 2.Faktor $\frac{1}{2}$ rührt vom Federpotential her. Dabei durchläuft $\vec{\Delta}$ die 6 Vektoren $(\pm a,0,0),(0,\pm a,0),(0,0,\pm a)$ und $\vec{\Delta}'$ die 12 Vektoren $(\pm a,\pm a,0),(\pm a,0,\pm a),(0,\pm a,\pm a)$, es gilt $|\vec{\Delta}| = a$, $|\vec{\Delta}'| = \sqrt{2}a$. Bezeichnen wir die Gittervektoren $\vec{R}$ durch die ganzzahligen Tripel (n,m,l) bezüglich der kubischen primitiven Einheitsvektoren, dann gilt für $\vec{\Delta} = \pm a\vec{e}_x$:

$$\vec{\Delta}\cdot(\vec{u}_{\vec{R}+\vec{\Delta}}-\vec{u}_{\vec{R}}) = a(u_{(n\pm1,m,l)x}-u_{(n,m,l)x})$$

und entsprechend für die anderen Nächste-Nachbar-Vektoren $\vec{\Delta}$. Für $\vec{\Delta}' = (a,a,0)$ folgt entsprechend:

$$\vec{\Delta}'\cdot(\vec{u}_{\vec{R}+\vec{\Delta}'}-\vec{u}_{\vec{R}}) = a(u_{(n+1,m+1,l)x}-u_{(n,m,l)x}+u_{(n+1,m+1,l)y}-u_{(n,m,l)y})$$

und analoge Ausdrücke für die anderen 11 möglichen Verbindungsvektoren zu übernächsten Nachbarn.

Für das Potential in harmonischer Näherung erhalten wir demnach

$$V = V_{n.N.} + V_{ü.n.N.} \tag{3.85}$$

mit

$$\begin{aligned}
V_{n.N.} &= \frac{1}{2}\sum_{\vec{R}}\sum_{\vec{\Delta}n.N.}\frac{k_1}{2|\vec{\Delta}|^2}\sum_{\alpha,\beta=1}^{3}\Delta_\alpha\Delta_\beta(2u_{\vec{R}\alpha}u_{\vec{R}\beta}-u_{\vec{R}\alpha}u_{\vec{R}+\vec{\Delta}\beta}-u_{\vec{R}+\vec{\Delta}\alpha}u_{\vec{R}\beta}) = \\
&= \frac{1}{2}\sum_{\vec{R}}\sum_{\vec{\Delta}n.N.}\frac{k_1}{|\vec{\Delta}|^2}\sum_{\alpha,\beta=1}^{3}\Delta_\alpha\Delta_\beta(u_{\vec{R}\alpha}u_{\vec{R}\beta}-u_{\vec{R}\alpha}u_{\vec{R}+\vec{\Delta}\beta}) \qquad (3.86)\\
V_{ü.n.N.} &= \frac{1}{2}\sum_{\vec{R}}\sum_{\vec{\Delta}'ü.n.N.}\frac{k_2}{2|\vec{\Delta}'|^2}\sum_{\alpha,\beta=1}^{3}\Delta'_\alpha\Delta'_\beta(2u_{\vec{R}\alpha}u_{\vec{R}\beta}-u_{\vec{R}\alpha}u_{\vec{R}+\vec{\Delta}'\beta}-u_{\vec{R}+\vec{\Delta}'\alpha}u_{\vec{R}\beta}) = \\
&= \frac{1}{2}\sum_{\vec{R}}\sum_{\vec{\Delta}'ü.n.N.}\frac{k_2}{|\vec{\Delta}'|^2}\sum_{\alpha,\beta=1}^{3}\Delta'_\alpha\Delta'_\beta(u_{\vec{R}\alpha}u_{\vec{R}\beta}-u_{\vec{R}\alpha}u_{\vec{R}+\vec{\Delta}'\beta}) \qquad (3.87)
\end{aligned}$$

Durch Vergleich mit (77) kann man nun die explizite Gestalt der Matrixelemente $\Phi_{\alpha,\beta}(\vec{R})$ ablesen:

$$\begin{aligned}
&\Phi_{xx}(\vec{R}=0) = 2k_1+4k_2 \quad \Phi_{xx}(\vec{R}=(a,0,0)) = -k_1 \quad \Phi_{xx}(\vec{R}=(a,a,0)) = -\frac{k_2}{2}\\
&\Phi_{xy}(\vec{R}=0) = 0 \quad \Phi_{xy}(\vec{R}=(a,0,0)) = 0 \quad \Phi_{xy}(\vec{R}=(a,\pm a,0)) = \mp\frac{k_2}{2} \qquad (3.88)
\end{aligned}$$

Unter Benutzung der kubischen Symmetrie können die anderen Matrixelemente und ihre Werte für andere Verbindungsvektoren $\vec{R}\in\{\vec{\Delta}n.N.,\vec{\Delta}'ü.n.N.\}$ geschlossen werden.

Für die Matrixelemente der $\vec{q}$-abhängigen dynamischen Matrix erhalten wir so:

$$\begin{aligned}
D_{xx}(\vec{q}) &= \frac{1}{M}[2k_1+4k_2-k_1(e^{-iq_xa}+e^{iq_xa})\\
&\quad -\frac{k_2}{2}(e^{iq_xa}e^{iq_ya}+e^{iq_xa}e^{-iq_ya}+e^{-iq_xa}e^{iq_ya}+e^{-iq_xa}e^{-iq_ya}\\
&\quad +e^{iq_xa}e^{iq_za}+e^{iq_xa}e^{-iq_za}+e^{-iq_xa}e^{iq_za}+e^{-iq_xa}e^{-iq_za})] =\\
&= \frac{1}{M}[2k_1(1-\cos(q_xa))+2k_2(2-\cos(q_xa)\cos(q_ya)-\cos(q_xa)\cos(q_za))] \qquad (3.89)\\
D_{xy}(\vec{q}) &= -\frac{1}{M}\frac{k_2}{2}\left(e^{iq_xa}e^{iq_ya}-e^{iq_xa}e^{-iq_ya}-e^{-iq_xa}e^{iq_ya}+e^{-iq_xa}e^{-iq_ya}\right) =\\
&= \frac{1}{M}2k_2\sin(q_xa)\sin(q_ya) \qquad (3.90)
\end{aligned}$$

Die übrigen Matrixelemente der $\vec{q}$-abhängigen dynamischen Matrix erhält man durch Vertauschung der Indizes x,y,z wegen der kubischen Symmetrie. Zur Bestimmung der Eigenfrequenzen $\omega_j^2(\vec{q})$ ist jetzt für jedes $\vec{q}$ eine 3*3-Matrix zu diagonalisieren durch Lösen der Säkulargleichung $det(\underline{\underline{D}}(\vec{q}) - \omega^2 \underline{\underline{1}}) = 0$. Dies läuft auf die Lösung einer kubischen Gleichung hinaus, was analytisch zwar noch möglich ist, aber auf längliche, unübersichtliche Ausdrücke führt. Daher wurde die 3*3-Matrix numerisch diagonalisiert unter Benutzung von Standard-Algorithmen[7]. Um eine eindimensionale Darstellung zu erhalten, aus der die wesentlichen Eigenschaften des Frequenzspektrums schon ersichtlich sind, ist es üblich, $\vec{q}$ längs bestimmter Symmetrie-Richtungen der Brillouinzone zu variieren und aufzutragen. Es gibt bestimmte, ausgezeichnete Symmetrie-Punkte in der Brillouinzone, für die sich eine spezielle Nomenklatur eingebürgert hat, wie es auch schon einmal in Kapitel 1.2 (s. Seite 13) besprochen wurde. Beim einfach kubischen Gitter ist die Brillouinzone auch ein Würfel im q-Raum der Kantenlänge $\frac{2\pi}{a}$, siehe auch Abbildung 1.1. Ein ausgezeichneter Punkt ist daher der Mittelpunkt der Brillouinzone, der sogenannte Γ-Punkt (000). Weitere ausgezeichnete Punkte sind der X-Punkt ($\frac{\pi}{a}00$), der M-Punkt ($\frac{\pi}{a}\frac{\pi}{a}0$) und R-Punkt ($\frac{\pi}{a}\frac{\pi}{a}\frac{\pi}{a}$), welches ein Eckpunkt der Brillouinzone ist. In der Abbildung ist der Verlauf der Dipersionskurven $\omega_j(\vec{q})$ dargestellt, zunächst für $\vec{q} = (q_x00)$ vom Γ-Punkt zum X-Punkt variierend, also für $0 \leq q_x \leq \frac{\pi}{a}$, dann für $\vec{q}$ vom X-Punkt zum M-Punkt varriierend, also für $\vec{q} = (\frac{\pi}{a}q_y0)$ und $0 \leq q_y \leq \frac{\pi}{a}$, dann vom M-Punkt zurück zum Γ-Punkt, also für $\vec{q} = q(110)$ und $\frac{\pi}{a} \geq q \geq 0$ und schließlich noch einmal vom Γ-Punkt zum R-Punkt, also längs der Raumdiagonale, also für $\vec{q} = q(111)$ und $0 \leq q \leq \frac{\pi}{a}$. Hierbei sind die Frequenzen in Einheiten von $\sqrt{k_1/M}$ gemessen und es wurde speziell $k_1/k_2 = 2.$ angenommen.

Man erkennt deutlich, daß es im allgemeinen (für beliebige Richtungen in der Brillouinzone) drei Phononenzweige gibt. Speziell in (100)-Richtung sind allerdings zwei Zweige entartet, und zwar die beiden transversalen Zweige. Dies ist anschaulich physikalisch unmittelbar einsichtig, da es wegen der kubischen Symmetrie egal sein muß, ob für eine in x-Richtung propagierende transversale Gitterwelle die Massenpunkte in y- oder in z-Richtung schwingen. Speziell für diese (100)-Richtung im $\vec{q}$-Raum läßt sich der Dispersionsverlauf auch mühelos analytisch angeben, da für $q_y = q_z = 0$ die dynamische Matrix $\underline{\underline{D}}(\vec{q})$ schon diagonal ist wegen $\sin(q_ya) = \sin(q_za) = 0$. Da außerdem $\cos(q_ya) = \cos(q_za) = 1$ gilt, erhalten wir nach (147) für $\vec{q} = (q_x00)$:

$$\begin{aligned} D_{xx}(\vec{q}) = \omega_l^2(\vec{q}) &= \frac{2k_1 + 4k_2}{M}(1 - \cos(q_xa)) \\ D_{yy}(\vec{q}) = D_{zz}(\vec{q}) = \omega_{t1,2}^2(\vec{q}) &= \frac{2k_2}{M}(1 - \cos(q_xa)) \end{aligned} \tag{3.91}$$

Für die gewählten Parameter $k_1 = 2k_2$ varriiert daher der longitudinale Zweig von 0 bis $2\sqrt{2}\sqrt{k_1/M}$, die beiden transversalen Zweige aber nur von 0 bis $\sqrt{2}\sqrt{k_1/M}$, wie es auch der Zeichnung entspricht; ansonsten folgt die Dispersion (wie im Eindimensionalen) einem Verlauf gemäß $\sqrt{1 - \cos(q_xa)} = \sqrt{2}\sin(q_xa/2)$. Linear sind die Dispersionsverläufe offenbar nur in der Umgebung des Γ-Punktes, was auch einsichtig ist, da nur dort die Bedingung kleiner q erfüllt ist. Der Anstieg ist aber in den verschiedenen Richtungen der Brillouinzone und für longitudinale und transversale Moden verschieden, die Schallgeschwindigkeit ist also nicht isotrop bei realeren Gitterstrukturen. Die lineare Näherung für $\omega_j(\vec{q})$ scheint in einem relativ großen Bereich der Brillouinzone brauchbar zu sein. Außerdem gibt es eine maximale Frequenz bei $\sqrt{\frac{2k_1+4k_2}{M}} = 2\sqrt{2}\sqrt{\frac{k_1}{M}}$.

[7] konkret der Routinen „eisrs1, tred2, tql2“ aus der CERN-Programmbibliothek, sonst siehe z.B. „Numerical Recipes“, Cambridge University Press 1992, o.ä.

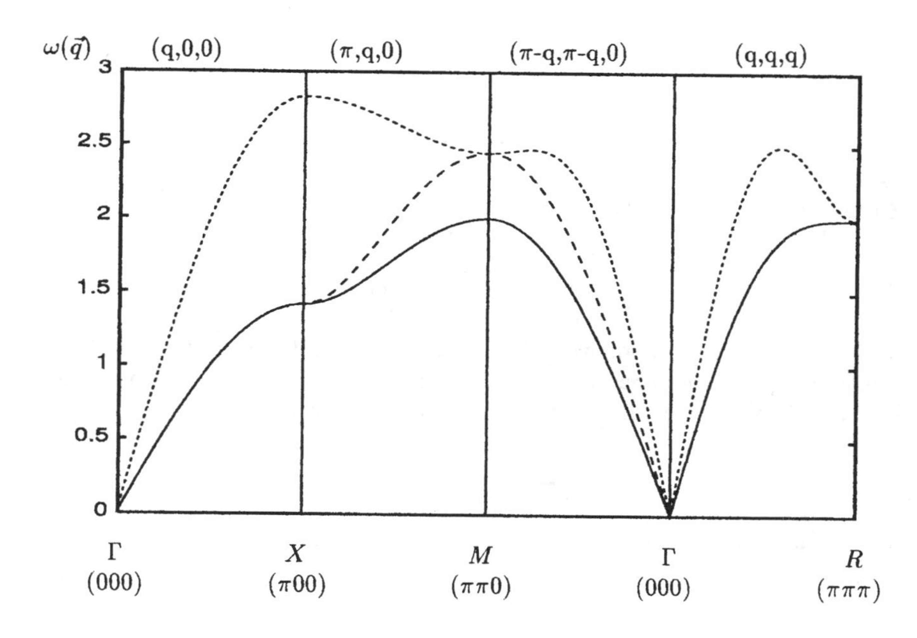

Bild 3.3 Phononen-Dispersionen für ein einatomiges einfach-kubisches Gitter mit nächster und übernächster Nachbarkopplung längs ausgewählter Richtungen in der 1.Brillouin-Zone

3.6.2 Phononen-Zustandsdichte

Für viele praktische Zwecke ist man gar nicht an der vollen Information interessiert, die einem die detaillierte Kenntnis der Dispersionsrelationen $\omega_j(\vec{q})$ liefert. Vielfach reicht die Kenntnis, ob es zu bestimmten Frequenzen Schwingungsanregungen gibt und wenn ja, wie viele. Die Größe, die diese Information enthält und charakteristisch für das Phononenspektrum ist, ist die *Zustandsdichte* $n(\omega)$. Sie ist definiert als Zahl der Schwingungs-Zustände mit Eigenfrequenz im Frequenzintervall $d\omega$ bei ω pro Frequenzintervall $d\omega$ und pro Volumen oder pro Einheitszelle; beide Normierungen sind gebräuchlich und unterscheiden sich nur um einen Faktor atomare Dichte N/V. In Formeln lautet die Definition der Zustandsdichte:

$$n(\omega) = \frac{1}{N}\sum_j\sum_{\vec{q}}\delta(\omega-\omega_j(\vec{q})) = \frac{V}{N}\sum_j\int_{1.BZ}\frac{d^dq}{(2\pi)^d}\delta(\omega-\omega_j(\vec{q})) \qquad (3.92)$$

Offenbar gilt

$$n(\omega)\Delta\omega = \int_{\omega}^{\omega+\Delta\omega} d\omega' n(\omega') = \frac{1}{N}\sum_{j\vec{q}}\int_{\omega}^{\omega+\Delta\omega} d\omega'\delta(\omega'-\omega(\vec{q})) \qquad (3.93)$$

$$= \frac{1}{N}\cdot(\text{Zahl der Zustände zwischen } \omega \text{ und } \omega+\Delta\omega) \qquad (3.94)$$

Insgesamt ist die Zustandsdichte hier auf dr normiert:

$$\int_0^\infty d\omega n(\omega) = d \cdot r \tag{3.95}$$

Wegen

$$\lim_{\delta \to 0} \operatorname{Im} \frac{1}{x + i\delta} = -\pi\delta(x)$$

läßt sich die Zustandsdichte auch schreiben als:

$$n(\omega) = -\frac{1}{\pi}\frac{1}{N}\sum_j \sum_{\vec{q}} \operatorname{Im} \frac{1}{\omega + i0 - \omega_j(\vec{q})} \tag{3.96}$$

Ein wesentlicher Grund für die Einführung der Zustandsdichte ist die Tatsache, daß viele Größen letztlich nur von der Frequenz oder Energie abhängen; vom Wellenvektor hängen sie nur implizit über $\omega_j(\vec{q})$ ab. Solche Größen (wie z.B. die innere Energie) lassen sich darstellen als:

$$\tilde{Q} = \sum_{j\vec{q}} Q(\omega_j(\vec{q})) \tag{3.97}$$

und müßten eigentlich durch Berechnung der $\vec{q}$-Summe bzw. des entsprechenden d-dimensionalen $\vec{q}$-Integrals berechnet werden. Kennt man jedoch die dem Schwingungsspektrum entsprechende Zustandsdichte $n(\omega)$, gilt

$$\tilde{Q} = \int_0^\infty d\omega n(\omega) Q(\omega) \tag{3.98}$$

Mithin ist nur noch ein eindimensionales Integral über die Zustandsdichte zu berechnen. Viele Meßgrößen lassen sich somit als Frequenzintegral über das Produkt aus Zustandsdichte und einer für die Meßgröße charakteristischen Funktion darstellen, und wenn man die Zustandsdichte einmal kennt, sind nur noch eindimensionale ω-Integrale statt mehrdimensionaler $\vec{q}$-Integrale auszuführen.

Die Gleichung

$$\omega_j(\vec{q}) = \omega \tag{3.99}$$

definiert eine Fläche $S(\omega)$ im $\vec{q}$-Raum, nämlich die Fläche der $\vec{q}$-Punkte, für die die zugehörige Frequenz genau gleich ω ist. Die Zustandsdichte ist daher proportional dem Volumen einer Schale im $\vec{q}$-Raum, die von den Flächen $S(\omega)$,$S(\omega + \Delta\omega)$ gebildet wird. Es gilt daher

$$n(\omega)d\omega = \frac{V}{N}\sum_j \int_{S(\omega)} \frac{ds}{(2\pi)^d} dq_\perp \tag{3.100}$$

wobei ds ein Flächenelement von $S(\omega)$ bezeichnet und $dq_\perp$ den Abstand zur Fläche $S(\omega + d\omega)$ bei diesem Punkt der Oberfläche. Somit gibt das Integral insgesamt das gesuchte Schalen-Volumen. Für die Punkte auf der Schale $S(\omega + d\omega)$ gilt, wenn $\vec{q}$ ein Punkt auf $S(\omega)$ ist:

$$\omega_j(\vec{q} + d\vec{q}) = \omega_j(\vec{q}) + \nabla_{\vec{q}}\omega_j(\vec{q}) \cdot d\vec{q} = \omega + d\omega \tag{3.101}$$

Daraus folgt:

$$d\omega = \nabla_{\vec{q}}\omega_j(\vec{q}) \cdot d\vec{q} = |\nabla_{\vec{q}}\omega_j(\vec{q})| \cdot dq_\perp \tag{3.102}$$

Damit erhält man für die Zustandsdichte

$$n(\omega) = \frac{V}{N} \sum_j \frac{1}{(2\pi)^d} \int_{S(\omega)} \frac{ds}{|\nabla_{\vec{q}} \omega_j(\vec{q})|} \tag{3.103}$$

Die Zustandsdichte ist somit also durch ein Oberflächenintegral über die Fläche zu konstantem ω gegeben. Im Eindimensionalen wird dies besonders einfach, da die „Fläche" nur aus einem Punkt besteht; es ist daher nur die Ableitung der Dispersionsrelation zu berechnen und q durch ω zu substituieren. Bei einer einatomigen linearen Kette mit Kopplung („Feder" mit Federkonstanten K) zu nächsten Nachbarn ist die Dispersion für einen (longitudinalen oder transversalen) Zweig gegeben durch

$$\omega^2(q) = \frac{2K}{M}(1 - \cos(qa)) = \frac{4K}{M} \sin^2(\frac{qa}{2}) \tag{3.104}$$

Daraus ergibt sich

$$\begin{aligned} \omega(q) &= 2\sqrt{\frac{K}{M}} |\sin\frac{qa}{2}| \rightarrow (q > 0): \\ \frac{d\omega}{dq} &= a\sqrt{\frac{K}{M}} \cos(\frac{qa}{2}) = a\sqrt{\frac{K}{M}(1 - \sin^2(\frac{qa}{2}))} \end{aligned} \tag{3.105}$$

Die eindimensionale Phononenzustandsdichte ist daher (Faktor 2 wegen gleichen Verhaltens für positive und negative q):

$$n_{1d}(\omega) = \frac{2a}{2\pi a\sqrt{\frac{K}{M} - \frac{\omega^2}{4}}} = \frac{2}{\pi} \frac{1}{\sqrt{\omega_m^2 - \omega^2}} \tag{3.106}$$

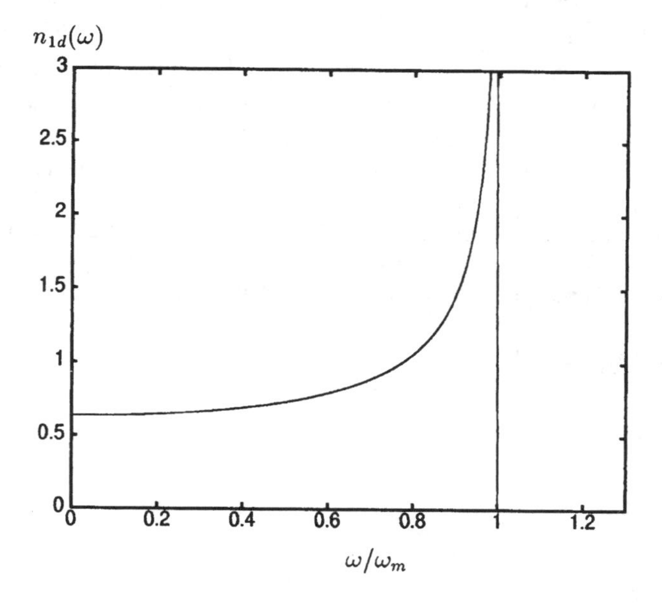

Bild 3.4 Phononen-Zustandsdichte für eine einatomige lineare Kette

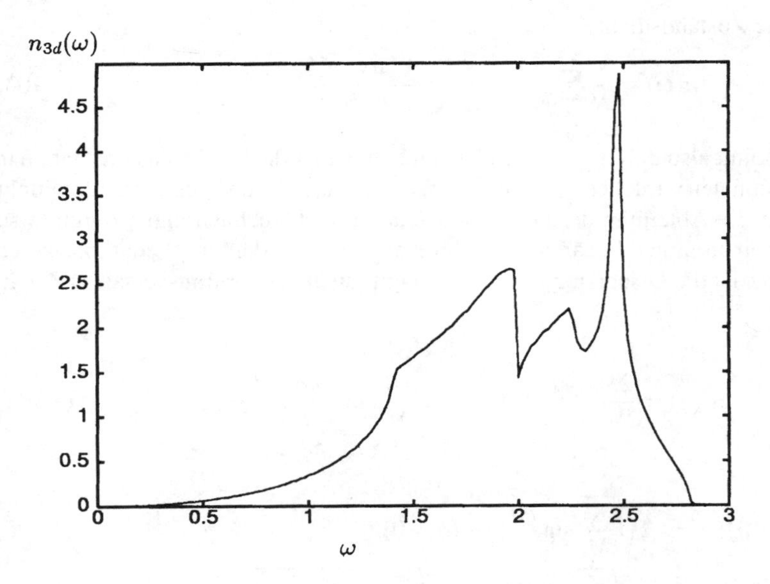

Bild 3.5 Phononen-Zustandsdichte für das 3-dimensionale einfach kubische System mit nächster und übernächster Nachbar-Kopplung

mit der maximalen Frequenz $\omega_m = 2\sqrt{\frac{K}{M}}$.Diese für ein eindimensionales System typische Phononen-Zustandsdichte mit der für $d = 1$ charakteristischen (inversen Wurzel-) Van-Hove-Singularität bei ω_m ist in Abb. 3.4 dargestellt.

Für das im vorigen Unterabschnitt besprochene Beispiel des einfach-kubischen Systems mit nächster und übernächster Nachbarn-Kopplung ist die numerisch berechnete Zustandsdichte in Abbildung 3.5 gezeigt; die Frequenz ist dabei (wie in Abbildung 3.3) in Einheiten von $\sqrt{\frac{k_1}{M}}$ gemessen. Man erkennt deutlich einen Anstieg der Zustandsdichte proportional ω^2 für kleine ω, aber reichhaltige, für das Gitter und die berücksichtigten Kopplungen charakteristische Strukturen im mittleren Frequenzbereich. Das Spektrum endet bei der Frequenz $\omega_m = 2\sqrt{2}$, wie man es schon aus den $\omega_j(\vec{q})$-Dispersionskurven in Abbildung 3.3 ablesen kann.

Das Verhalten für kleine ω ist eine direkte Konsequenz der linearen Dispersionsrelation; im Gültigkeitsbereich derselben ergibt sich $|\nabla_{\vec{q}}\omega_j(\vec{q})| = c_s$ und die Flächen konstanter Frequenz sind d-dimensionale Kugeln. Daher hat man für kleine ω das folgende Verhalten der Zustandsdichte:

$$\text{für d=1: } n(\omega) = \frac{L}{N}\frac{1}{2\pi c_s} = \frac{a}{2\pi c_s} = const. \tag{3.107}$$

$$\text{für d=2: } n(\omega) = 2\frac{F}{N}2\pi\frac{q}{(2\pi)^2 c_s} = 2\frac{a^2}{2\pi c_s^2}\omega \tag{3.108}$$

$$\text{für d=3: } n(\omega) = 3\frac{V}{N}4\pi\frac{q^2}{(2\pi)^3 c_s} = \frac{3a^3}{2\pi^2 c_s^3}\omega^2 \tag{3.109}$$

Speziell für das Debye-Modell und $d = 3$ gilt das berechnete ω^2-Verhalten der Zustandsdichte im ganzen Bereich, d.h. es gilt

$$n_D(\omega) = \begin{cases} \frac{3a^3}{2\pi^2 c_s^3}\omega^2 & \text{für } 0 \leq \omega \leq \omega_D \\ 0 & \text{sonst} \end{cases} \tag{3.110}$$

Daraus ergibt sich

$$\int_0^{\omega_D} n_D(\omega) d\omega = \frac{3a^3}{6\pi^2 c_s^3}\omega_D^3 = 3 \tag{3.111}$$

wobei die Relationen (3.69,3.71) für die Debye-Frequenz eingesetzt wurden. Die Normierung auf 3 entspricht den drei akustischen Zweigen. Die Zustandsdichte des Einsteinmodells ist noch simpler und einfach durch eine Deltafunktion gegeben:

$$n_E(\omega) = d \cdot r \cdot \delta(\omega - \omega_0) \tag{3.112}$$

Eine charakteristische Eigenschaft von realistischeren Zustandsdichten sind Singularitäten bei bestimmten Frequenzen ω_c, was man an der in Abbildung 3.5 gezeichneten Zustandsdichte erkennen kann. Diese Singularitäten nennt man *Van-Hove-Singularitäten*[8]. Sie sind charakteristisch für die Dimension und den Gittertyp und treten genau für die Frequenzen auf, für die Dispersionsrelationen $\omega_j(\vec{q})$ für bestimmte Zweige j eine waagerechte Tangente haben, also $\nabla_{\vec{q}}\omega_j(\vec{q}) = 0$ erfüllen. Für das im vorigen Unterabschnitt besprochene Beispiel gibt es solche Singularitäten daher insbesondere bei $\omega_c = \sqrt{2}, 2, 2.5, 2\sqrt{2}$, wie die auf Seite 49 dargestellten Dispersionskurven erkennen lassen. Man erkennt unschwer an den entsprechenden Werten ω_c ein singuläres Verhalten der in Abb. 52 dargestellten Zustandsdichte. Formal liegt dies daran, daß in der Darstellung (3.103) für die Zustandsdichte der Integrand für spezielle Werte von $\vec{q}$ divergiert für die entsprechenden Werte ω_c.

Die Art der Singularität kann man analytisch abschätzen. Es gibt offenbar zwei Arten von Punkten im $\vec{q}$-Raum mit $\nabla_{\vec{q}}\omega_j(\vec{q}) = 0$, nämlich Extrema (Maxima oder Minima) von $\omega_j(\vec{q})$ und Sattelpunkte; für unser Beispiel ist bei $\omega_c = \omega_m = 2\sqrt{2} = 2.82$ sicher ein Maximum, bei $\omega_c = \sqrt{2}$ aber ein Sattelpunkt vorhanden. Man kann nun in der Umgebung des kritischen Punktes $\vec{q}_c$ die Dispersionsrelation entwickeln, wobei man wegen $\nabla_{\vec{q}}\omega_j(\vec{q}) = 0$ bis zur zweiten Ordnung gehen muß. Dies führt für $d = 3$ zu:

$$\omega = \omega(\vec{q}) = \omega(\vec{q}_c) + \nabla_{\vec{q}}\omega(\vec{q})|_{\vec{q}_c} + \frac{1}{2}\sum_{i,j=1}^{3} \frac{\partial^2}{\partial q_i \partial q_j}\omega(\vec{q})|_{\vec{q}_c}(q_i - q_{ci})(q_j - q_{cj}) + \ldots \tag{3.113}$$

Durch eine Hauptachsentransformation (Diagonalisierung der symmetrischen $3*3$-Matrix $(\frac{\partial^2}{\partial q_i \partial q_j}\omega(\vec{q})|_{\vec{q}_c})$ kann man dies auf folgende Form bringen:

$$\omega = \omega_c + \sum_{i=1}^{3} \varepsilon_i \kappa_i^2 \tag{3.114}$$

Hier sind nun vier Fälle denkbar:

1. alle $\varepsilon_i > 0$, dann liegt ein Minimum vor,

2. alle $\varepsilon_i < 0$, dann liegt ein Maximum vor,

[8] L.van Hove, * 1924 in Brüssel, † 1990, belgischer theoretischer Physiker, 1954 Professor in Utrecht, Arbeiten u.a. zur Quantenfeldtheorie, Vielteilchenphysik, Theorie der Neutronenstreuung, Phasenübergänge, Transporttheorie, ab 1961 Leiter der Theorie-Abteilung am CERN in Genf

3. $\varepsilon_1, \varepsilon_2 > 0, \varepsilon_3 < 0$, dann liegt ein Sattelpunkt vom Typ 1 vor,
4. $\varepsilon_1 > 0, \varepsilon_2, \varepsilon_3 < 0$, dann liegt ein Sattelpunkt vom Typ 2 vor.

Das Verhalten der Zustandsdichte in der Umgebung von ω_c ist dann gemäß (150) im Wesentlichen gegeben durch

$$n(\omega) \sim \int d^3\kappa\delta(\omega - \omega_c - \sum_i \varepsilon_i \kappa_i^2) \tag{3.115}$$

Im Fall des Minimums führt die Substitution $x_i = \sqrt{\varepsilon_i}\kappa_i$ unmittelbar zu

$$\begin{aligned} n(\omega) &\sim \frac{1}{\sqrt{\varepsilon_1\varepsilon_2\varepsilon_3}} \int dxdydz\delta(\omega - \omega_c - x^2 - y^2 - z^2) = \frac{1}{\sqrt{\varepsilon_1\varepsilon_2\varepsilon_3}} 4\pi \int drr^2\delta(\omega - \omega_c - r^2) \\ &= \frac{1}{\sqrt{\varepsilon_1\varepsilon_2\varepsilon_3}} 2\pi \int d\tilde{r}\sqrt{\tilde{r}}\delta(\omega - \omega_c - \tilde{r}) \sim \sqrt{\omega - \omega_c} \end{aligned} \tag{3.116}$$

Im Fall des Maximums ergibt sich durch die Substitution $x_i = \sqrt{|\varepsilon_i|}\kappa_i$ analog

$$n(\omega) \sim \sqrt{\omega_c - \omega} \tag{3.117}$$

Insbesondere verschwindet die Zustandsdichte am oberen Rand des Spektrums für 3-dimensionale Systeme also wie $\sqrt{\omega_c - \omega}$.

Im Fall eines Sattelpunktes, also bei kritischen Punkten im Inneren des Spektrums, kann man das singuläre Verhalten analog abschätzen, z.B. durch Übergang zu Zylinderkoordinaten. Substituiert man bei einem Sattelpunkt vom Typ 1 ($\varepsilon_1, \varepsilon_2 > 0, \varepsilon_3 < 0$): $x_i = \sqrt{|\varepsilon_i|}\kappa_i$ und geht dann zu Zylinderkoordinaten über, so folgt:

$$\begin{aligned} n(\omega) &\sim \frac{2\pi}{\sqrt{|\varepsilon_1\varepsilon_2\varepsilon_3|}} \int drrdz\delta(\omega - \omega_c - r^2 + z^2) \\ &\sim \int dr \frac{r}{\sqrt{r^2 + \omega_c - \omega}} \sim \sqrt{r^2 + \omega_c - \omega}|_0^{r_m} = C - \sqrt{\omega_c - \omega} \end{aligned} \tag{3.118}$$

Analog kann man bei einem Sattelpunkt 2.Ordnung abschätzen:

$$n(\omega) \sim C - \sqrt{\omega - \omega_c} \text{ für: } \omega > \omega_c \tag{3.119}$$

Es gibt auch noch Van-Hove-Singularitäten höherer Ordnung, z.B. wenn $\varepsilon_i = 0$ gilt. Analoge Abschätzungen über die Art der Singularität kann man auch für 1- und 2-dimensionale Systeme vornehmen. Für $d = 2$ sind Sprung-Singularitäten an den Extrema der Dispersionsrelationen, speziell also am oberen Rand des Spektrums, und logarithmische Van-Hove-Singularitäten innerhalb des Spektrums typisch, für $d = 1$ findet man $\frac{1}{\sqrt{\omega}}$-Singularitäten am Rand des Spektrums.

Zum Abschluß dieses Abschnitts ist in Abbildung 3.6 für kristallines Ar und für NaCl gemessene und berechnete Phononen-Dispersionskurven und daraus abgeleitete Phononen-Zustandsdichten dargestellt.[9] Bei dem einatomigen fcc-Systemen Ar erkennt man eine deutliche qualitative Ähnlichkeit mit dem mit dem Nächsten-Nachbarn-Feder-Modell berechneten fcc-Spektrum. Insbesondere sind die typischen Van-Hove-Singularitäten auszumachen. Bei den zweiatomigen fcc-Gitter von NaCl erkennt man zusätzlich die optischen Zweige; in der Zustandsdichte sind diese in drei Dimensionen jedoch nicht notwendig durch eine Lücke vom akustischen Teil des Phononen-Spektrums getrennt.

[9] aus: H.Biltz, W.Kress: Phonon Dispersion Relations in Insulators, Springer Series in Solid State Sciences 10 (1979)

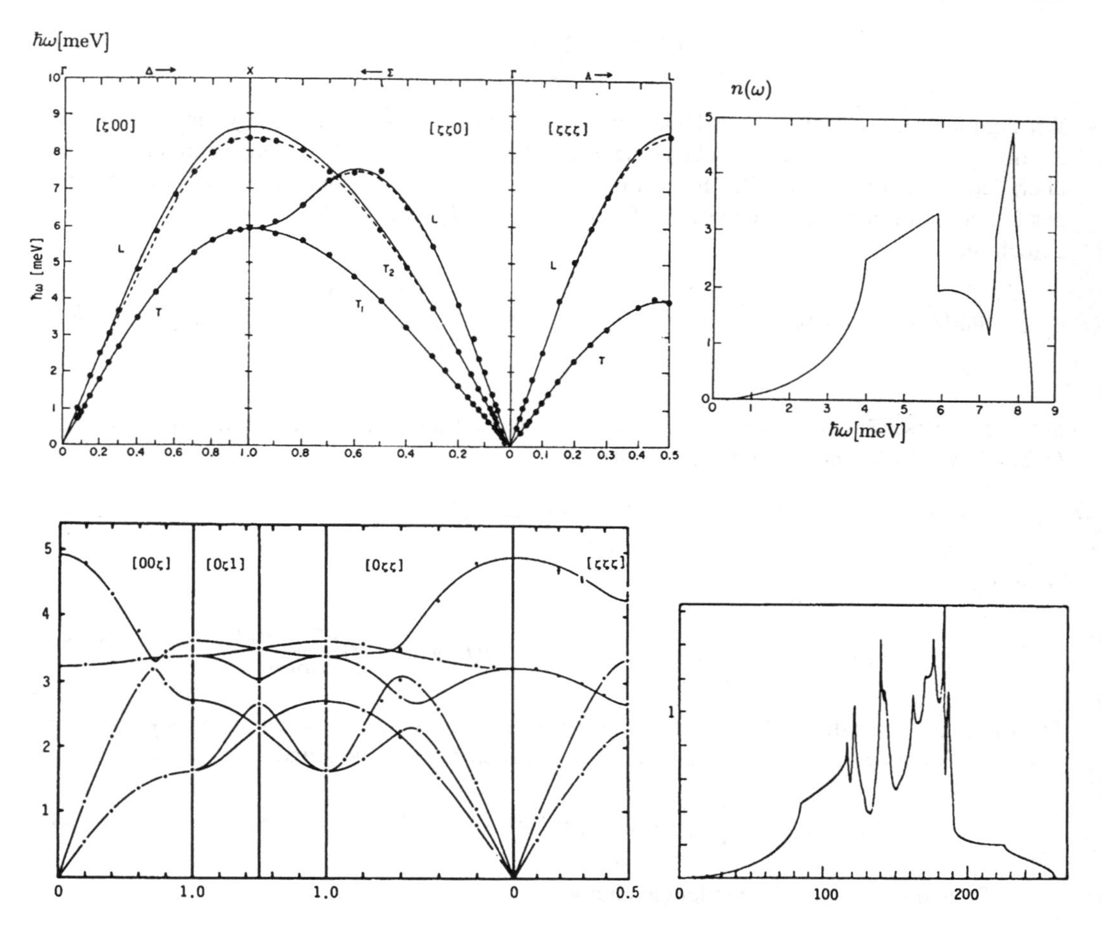

Bild 3.6 Gemessene und gerechnete Phononen-Dispersionsrelationen und -Zustandsdichten für Ar und NaCl (fcc-Gitter mit einatomiger bzw. zweiatomiger Basis)

3.7 Grenzfall großer Wellenlänge

3.7.1 Akustische Phononen und elastische Wellen

Im Grenzfall großer Wellenlänge oder kleiner q kann man unter Umständen die diskrete, atomare Struktur vernachlässigen und stattdessen im Kontinuumslimes arbeiten. Dies ist gerechtfertigt, wenn auf einer Längenskala gearbeitet wird, die sehr groß ist gegenüber der Gitterkonstanten a, also etwa der Längenskala der Wellenlänge der Schallwellen. Dieser Grenzübergang von der diskreten Gitterstruktur zum Kontinuum im Grenzfall $a \ll 1/q$ soll in diesem Abschnitt vollzogen werden.

Da nur akustische Phononen betrachtet werden, genügt es, mit einer einatomigen Basis zu arbeiten; sonst kann man sich die verschiedenen Atome der Einheitszelle als im Schwerpunkt der Einheitszelle vereinigt denken. Wir gehen dann aus von der klassischen Bewegungsgleichung (3.19):

$$M\ddot{u}_{n\alpha} = -\sum_{n'\alpha'} \Phi_{n\alpha,n'\alpha'} u_{n'\alpha'} \tag{3.120}$$

Wir nehmen nun an, daß nur Auslenkungen $u_{n'\alpha'}$ an Punkten $\vec{R}_{n'}$ in der Umgebung von $\vec{R}_n$ auf die dortige Masse eine Kraft ausüben, wie es bei den Modellen der Kopplungen an nächste und übernächste Nachbarn, etc., ohnehin vorausgesetzt wurde. Da außerdem über die Distanz weniger Gittervektoren nur eine langsame Veränderung der $\vec{u}_n$ vorliegen soll, ist eine Entwicklung gerechtfertigt:

$$u_{n'\alpha'} = u_{\alpha'}(\vec{R}_{n'}) = u_{\alpha'}(\vec{R}_n) + \sum_{\beta} \frac{\partial u_{\alpha'}(\vec{R}_n)}{\partial r_\beta}(R_{n'\beta} - R_{n\beta}) + \frac{1}{2}\sum_{\beta\beta'} \frac{\partial^2 u_{\alpha'}(\vec{R}_n)}{\partial r_\beta \partial r_{\beta'}}(R_{n'\beta} - R_{n\beta})(R_{n'\beta'} - R_{n\beta'}) \tag{3.121}$$

Setzt man diese Entwicklung in (3.120) ein und benutzt die elementaren Symmetrierelationen (3.21) (bzw. (3.47) und (3.50) für die Matrix $\underline{\underline{\Phi}}$, d.h.

$$\sum_{n'} \Phi_{n\alpha,n'\alpha'} = 0 \quad , \quad \sum_{n'} \Phi_{n\alpha,n'\alpha'} \cdot (\vec{R}_{n'} - \vec{R}_n) = 0 \tag{3.122}$$

so ergibt sich:

$$M\ddot{u}_\alpha(\vec{R}_n) = -\frac{1}{2} \sum_{n'\alpha'\beta\beta'} \Phi_{n\alpha,n'\alpha'} \cdot (R_{n'\beta} - R_{n\beta})(R_{n'\beta'} - R_{n\beta'}) \frac{\partial^2 u_{\alpha'}(\vec{R}_n)}{\partial r_\beta \partial r_{\beta'}} \tag{3.123}$$

Dividiert man noch durch das Volumen der Einheitszelle, faßt die Auslenkungen als kontinuierliches Auslenkungsfeld $\vec{u}(\vec{r},t)$ auf und definiert als Dichte $\rho = M/V_{EZ}$ und die neuen Konstanten

$$C_{\alpha\alpha',\beta\beta'} = -\frac{1}{V_{EZ}} \sum_{n'} \Phi_{\alpha\alpha'}(\vec{R}_n - \vec{R}_{n'}) \cdot (R_{n'\beta} - R_{n\beta})(R_{n'\beta'} - R_{n\beta'}) \tag{3.124}$$

so erhält man schließlich die Wellengleichung

$$\rho \cdot \frac{\partial^2}{\partial t^2} u_\alpha(\vec{r},t) = \sum_{\alpha'\beta\beta'} C_{\alpha\alpha',\beta\beta'} \frac{\partial^2}{\partial r_\beta \partial r_{\beta'}} u_{\alpha'}(\vec{r},t) \tag{3.125}$$

Die Koeffizienten $C_{\alpha\alpha',\beta\beta'}$ bilden einen Tensor 4.Stufe $\underline{\underline{C}}$, den *Tensor der elastischen Konstanten.* Die Elemente dieses Tensors erfüllen gewisse Symmetrierelationen, z.B.

$$C_{\alpha\alpha',\beta\beta'} = C_{\alpha'\alpha,\beta'\beta} = C_{\alpha\alpha',\beta'\beta} \tag{3.126}$$

Schon wegen dieser relativ elementaren Symmetrie gibt es nicht etwa 81 verschiedene elastische Konstanten sondern maximal 36 elastische Konstanten. Tatsächlich existieren sogar nur maximal 21 verschiedene elastische Konstanten. Durch weitere Symmetrieüberlegungen können diese nochmals erheblich reduziert werden, und z.B. für ein kubisches System bleiben letztlich nur 3 verschiedene elastische Konstanten, nämlich $C_{xx,xx}, C_{xx,yy}, C_{xy,xy}$. Die elastischen Konstanten lassen sich also mikroskopisch auf die Kraftkonstanten $\Phi_{\alpha,\alpha'}$ zurückführen. Umgekehrt erlaubt eine Messung der elastischen Konstanten Rückschlüsse auf $\underline{\underline{\Phi}}$. Die elastischen Konstanten bestimmen einerseits die elastischen Wellen in einem klassischen kontinuierlichen Medium, die gemäß obiger Überlegung als langwelliger Grenzfall der Gitterwellen und damit der Phononen aufgefaßt werden können. Andererseits kann man die elastischen Konstanten auch aus statischen Messungen erhalten, z.B. indem man Verformungen unter Einfluß von äußeren Kräften oder Volumenänderungen durch Anlegen von Druck mißt.

Da in der Kursvorlesung über Theoretische Mechanik in der Regel keine Elastizitätsmechanik mehr behandelt wird, sollen im Folgenden kurz die Grundzüge der Elastizitätstheorie zusammengestellt werden: Man betrachtet ein Verschiebungsfeld $\vec{u}(\vec{r},t)$. Im elastischen Bereich sind die Auslenkungen insgesamt relativ klein gegenüber den Abmessungen des Systems. Man kann daher einen linearen Zusammenhang annehmen:

$$u_\alpha = \sum_{\alpha'} v_{\alpha\alpha'} x_{\alpha'} \tag{3.127}$$

Den Tensor $\underline{\underline{v}}$ kann man nun in einen symmetrischen und einen antisymmetrischen Anteil zerlegen gemäß

$$v_{\alpha\alpha'} = \frac{1}{2}(v_{\alpha\alpha'} + v_{\alpha'\alpha}) + \frac{1}{2}(v_{\alpha\alpha'} - v_{\alpha'\alpha}) = \varepsilon_{\alpha\alpha'} + \omega_{\alpha\alpha'} \tag{3.128}$$

Man kann sich dann davon überzeugen, daß $\underline{\underline{\omega}}$ eine reine Drehung und $\underline{\underline{\varepsilon}}$ eine Dehnung des Körpers beschreibt. Den symmetrischen Tensor $\underline{\underline{\varepsilon}}$ bezeichnet man auch als *Dehnungstensor*, der antisymmetrische Tensor $\underline{\underline{\omega}}$ hat nur 3 unabhängige Elemente, die man auch als Komponenten eines 3-dimensionalen (Pseudo-)Vektors $\underline{\underline{\omega}} = \vec{\omega}$ auffassen kann, so daß $\underline{\underline{\omega}} \cdot \underline{a} = \vec{\omega} \times \vec{a}$ gilt.

Beispiele:

1. Die durch

$$\underline{\underline{v}} = \begin{pmatrix} 0 & \varphi & 0 \\ 0 & 0 & 0 \\ 0 & 0 & 0 \end{pmatrix} \quad \text{d.h. } u_x = \varphi y\,,\ u_y = u_z = 0$$

beschriebene Verformung setzt sich zusammen aus einer reinen Dehnung,

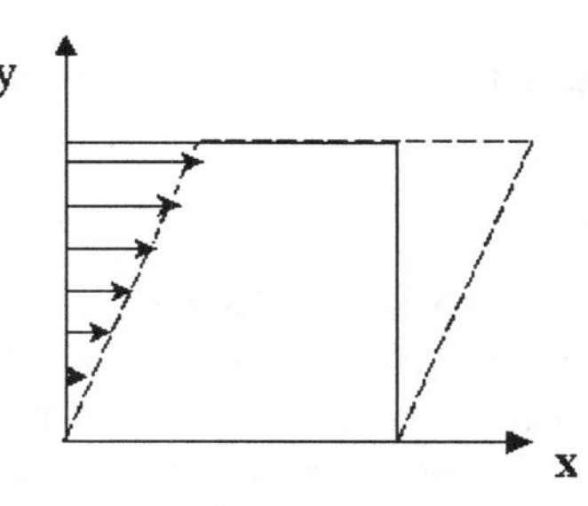

$$\underline{\underline{\varepsilon}} = \begin{pmatrix} 0 & \frac{\varphi}{2} & 0 \\ \frac{\varphi}{2} & 0 & 0 \\ 0 & 0 & 0 \end{pmatrix} \quad \text{d.h. } u_x = \frac{\varphi}{2}y\,,\ u_y = \frac{\varphi}{2}x\,,\ u_z = 0$$

nämlich einer Scherung, und einer Drehung

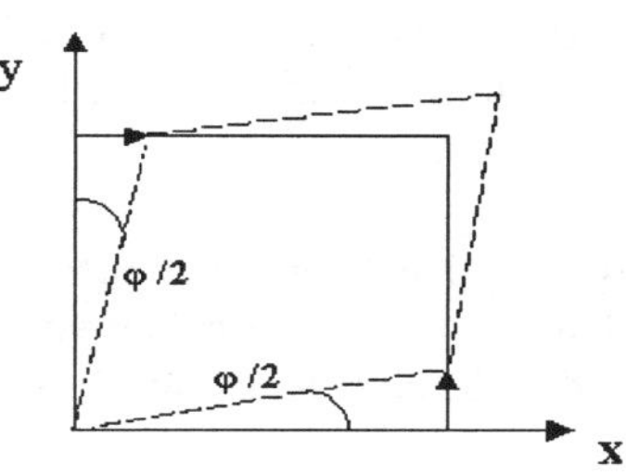

$$\underline{\underline{\omega}} = \begin{pmatrix} 0 & \frac{\varphi}{2} & 0 \\ -\frac{\varphi}{2} & 0 & 0 \\ 0 & 0 & 0 \end{pmatrix} \quad \text{d.h. } u_x = \frac{\varphi}{2}y\,,\ u_y = -\frac{\varphi}{2}x\,,\ u_z =$$

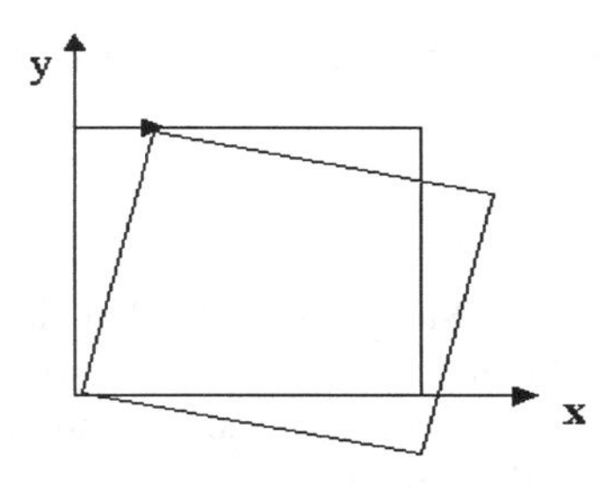

2. Eine einfache einachsige Dehnung wird beschrieben durch den Tensor:

$$\underline{\underline{\varepsilon}} = \begin{pmatrix} \varepsilon_{11} & 0 & 0 \\ 0 & 0 & 0 \\ 0 & 0 & 0 \end{pmatrix} \text{ d.h. } u_x = \varepsilon_{11}x\,,\; u_y = u_z = 0$$

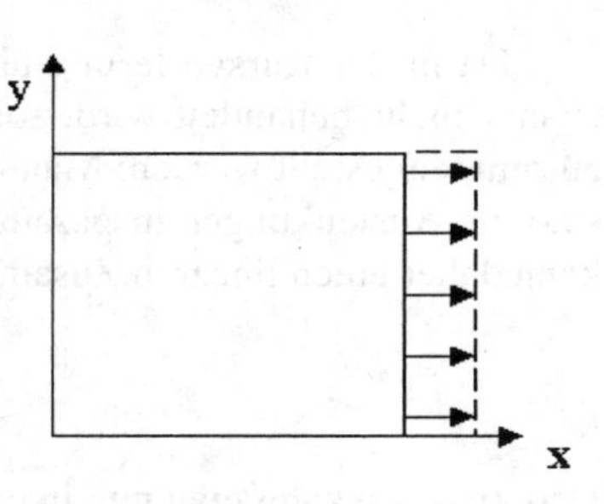

3. Eine (allseitige) Kompression wird beschrieben durch

$$\underline{\underline{\varepsilon}} = \begin{pmatrix} \varepsilon & 0 & 0 \\ 0 & \varepsilon & 0 \\ 0 & 0 & \varepsilon \end{pmatrix} \text{ d.h. } u_x = \varepsilon x\,,\; u_y = \varepsilon y\,,\; u_z = \varepsilon z$$

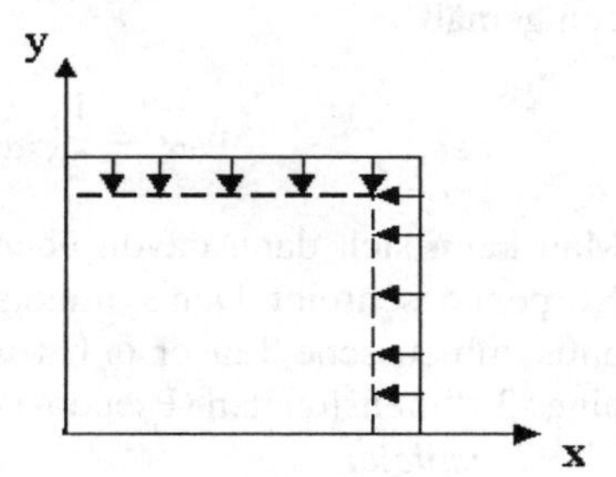

Für allgemeine $\vec{u}(\vec{r})$ lassen sich die Elemente des Dehnungstensors schreiben als:

$$\varepsilon_{\alpha\beta} = \frac{1}{2}\left(\frac{\partial u_\alpha}{\partial x_\beta} + \frac{\partial u_\beta}{\partial x_\alpha}\right) \tag{3.129}$$

Auf ein Volumenelement eines kontinuierlichen Körpers mit Massendichte $\rho(\vec{r})$ wirken neben Volumenkräften (wie der Gravitation) auch innere Kräfte, die von den anderen Volumenelementen auf dieses ausgeübt werden. Diese Kräfte kann man als Flächenkräfte auf die Oberflächen des Volumenelementes auffassen; die Kräfte pro Flächeneinheit nennt man Spannung oder Druck. Ist $d\vec{f}$ Normalenvektor auf einem Flächenelement df, das das betrachtete dV von einem benachbarten dV' trennt, dann ist die auf df wirkende Kraft im allgemeinen nicht unbedingt parallel zu $d\vec{f}$. Für die innere Kraft auf df gilt daher

$$d\vec{K} = \underline{\underline{\sigma}}\, d\vec{f} \tag{3.130}$$

wobei $\underline{\underline{\sigma}}$ den *Spannungstensor* bezeichnet. Dieser ist symmetrisch und im allgemeinen ortsabhängig. Bei Abwesenheit von äußeren (Volumen-)Kräften gilt daher für ein (Teil-) Volumen ΔV des Körpers die Bewegungsgleichung

$$\int_{\Delta V} \rho(\vec{r})\ddot{\vec{u}}(\vec{r},t)d^3r = \int_{O(\Delta V)} \underline{\underline{\sigma}}(\vec{r})d\vec{f} \tag{3.131}$$

Durch Anwendung des Gaußschen Satzes wird daraus:

$$\rho\ddot{u}_\alpha(\vec{r},t) = \sum_\beta \frac{\partial}{\partial x_\beta}\sigma_{\alpha\beta}(\vec{r}) \tag{3.132}$$

Die Spannungen werden vielfach verursacht durch Dehnungen, und als einfachste Annahme wird man einen linearen Zusammenhang fordern. Das ist gerade die Generalisierung des *Hookeschen Gesetzes*. Der allgemeine lineare Zusammenhang zwischen zwei Tensoren zweiter Stufe (hier Spannungs- und Dehnungs-Tensor) wird durch einen Tensor 4. Stufe beschrieben, und dies ist der Tensor der elastischen Konstanten:

$$\underline{\underline{\sigma}} = \underline{\underline{\underline{\underline{C}}}} \cdot \underline{\underline{\varepsilon}} \tag{3.133}$$

Da sowohl Spannungs- als auch Dehnungs-Tensor symmetrisch sind, haben beide maximal 6 unabhängige Matrixelemente; der zwischen ihnen transformierende Elastizitäts-Tensor kann daher maximal 36 Matrixelemente haben; da er selbst aber wieder symmetrisch ist, bleiben maximal 21 elastische Konstanten. Aus ihnen lassen sich meßbare, für Körper und Material charakteristische Größen berechnen, wie z.B. der Kompressionsmodul oder der Schermodul.

Setzt man nun (3.133,3.129) in (3.132) ein, so folgt:

$$\rho \ddot{u}_\alpha = \sum_{\alpha'\beta\beta'} C_{\alpha\alpha',\beta\beta'} \frac{\partial^2}{\partial x_\beta \partial x_{\beta'}} u_{\alpha'} \tag{3.134}$$

Dies stimmt mit (3.125) überein, womit klar wird, daß und wie die elastischen Konstanten aus den mikroskopischeren Parametern der „Kraftkonstanten-Matrix" $\underline{\underline{\Phi}}$ zu bestimmen sind.

3.7.2 Langwellige optische Phononen und elektromagnetische Wellen, Polariton

Wir betrachten in diesem Abschnitt einen Ionen-Kristall mit zwei Ionen pro Elementarzelle. In einem solchen System existieren optische Phononenzweige. Im langwelligen Grenzfall werden die unterschiedlich geladenen Ionen in allen Elementarzellen gleichmäßig gegeneinander ausgelenkt und schwingen gegeneinander. Zunächst kann man sich anschaulich physikalisch plausibel machen, daß für $q \to 0$ die longitudinalen optischen (LO) Phononen eine höhere Frequenz oder Energie haben müssen als die transversal optischen (TO) Phononen. Für kleine q schwingen nämlich im Wesentlichen ganze Teilgitter des Untergitters der positiven Ionen gegen das entsprechende Teilgitter des Untergitters der negativen Ionen. Dadurch kommt es zu einer Oberflächenladung und zu einem makroskopischen elektrischen Feld. Bei LO-Phononen wirkt dieses Feld auch für kleine $q \neq 0$ so, daß es die Verschiebung rückgängig zu machen versucht, verstärkt also die Rückstellkräfte und damit die relevanten Kraftkonstanten. Bei TO-Phononen ist dies aber zumindest für makroskopisch große Kristalle und kleine endliche q nicht mehr der Fall; es entsteht zwar noch ein Feld durch die Oberflächenladungen, es bewirkt aber keine Kraft in der transversalen Auslenkungsrichtung mehr. Diese Überlegung macht es plausibel, daß für Ionenkristalle allgemein gilt:

$$\omega_{LO}(\vec{q}) > \omega_{TO}(\vec{q}) \text{ für } q \to 0 \tag{3.135}$$

Da die langwelligen optischen Phononen makroskopische elektrische Felder erzeugen, ist eine Kopplung an elektromagnetische Wellen der entsprechenden Frequenzen zu erwarten. Trägt man die (lineare) Dispersionsrelation für Licht (Photonen) in das Diagramm für die Phononendispersion ein, so ist zunächst klar, daß die Lichtgerade extrem steil verläuft und die optischen Phononen-Dispersionen sehr nahe an $q = 0$ schneidet. Das liegt daran, daß in die Photonen-Dispersions-Beziehung $\omega = cq$ die Lichtgeschwindigkeit statt der Schallgeschwindigkeit eingeht, die etwa um einen Faktor 10^4 größer ist. Daher kann man die Dispersion der optischen Phononen ganz vernachlässigen und mit den Frequenzen der LO- bzw. TO-Phononen bei $q = 0$ arbeiten. Wie bei den langwelligen akustischen Phononen gehen wir zu einem Auslenkungsvektor $\vec{u}(\vec{r},t) = \vec{u}_+(\vec{r},t) - \vec{u}_-(\vec{r},t)$ über, der nicht mehr vom diskreten Gittervektor sondern kontinuierlich vom Ort $\vec{r}$ abhängt. Bei Anwesenheit eines elektrischen Feldes wird auf die geladenen Ionen eine zusätzliche Kraft ausgeübt, die als Inhomogenität in die Bewegungsgleichungen eingeht. Diese sind daher von der Form:

$$\ddot{\vec{u}} = -\omega_0^2 \vec{u} + e^* \vec{E} \tag{3.136}$$

Hierbei ist e^* eine effektive Ladung der Ionen. Die Verschiebung der unterschiedlich geladenen Ionen gegeinander bewirkt ein elektrisches Dipolmoment und, wie wir es aus der Elektrodynamik in Materie wissen, nach Mittelung über mikroskopische Bereiche, einen zusätzlichen expliziten Beitrag zur Polarisation. Auch ohne Auslenkung der Ionen kann aber schon eine Polarisation in der Materie durch das $\vec{E}$-Feld bewirkt werden, z.B. durch Verschiebung der Elektronen in den (inneren) Schalen der Ionen. Es sind daher zwei Beiträge zur Polarisation zu erwarten, also:

$$\vec{P} = \beta \vec{u} + \gamma \vec{E} \tag{3.137}$$

Als Lösungen kann man wie üblich ebene Wellen ansetzen:

$$\vec{E} = \vec{E}_0 e^{i(\vec{q}\vec{r}-\omega t)} \quad \vec{P} = \vec{P}_0 e^{i(\vec{q}\vec{r}-\omega t)} \quad \vec{u} = \vec{u}_0 e^{i(\vec{q}\vec{r}-\omega t)} \tag{3.138}$$

Dann ergibt sich:

$$\vec{u} = \frac{e^*}{\omega_0^2 - \omega^2} \cdot \vec{E} \tag{3.139}$$

$$\vec{P} = \left(\frac{\beta e^*}{\omega_0^2 - \omega^2} + \gamma \right) \vec{E} = \frac{\varepsilon(\omega) - 1}{4\pi} \vec{E} \tag{3.140}$$

wobei letztere Gleichung der Standard-Definition der (i.a. frequenzabhängigen) Dielektrizitätskonstanten ε aus der Elektrodynamik (im cgs-System) entspricht. Wir erhalten also:

$$\varepsilon(\omega) = 1 + 4\pi \left(\gamma + \frac{\beta e^*}{\omega_0^2 - \omega^2} \right) \tag{3.141}$$

ω_0 soll hierbei die Frequenz des TO-Phonons sein, ω ist die Frequenz des Lichtes, d.h. des elektromagnetischen Feldes, das das System zu erzwungenen Schwingungen anregt. Die noch unbekannten phänomenologischen Konstanten kann man durch die Werte der Dielektrizitätskonstanten für kleine und für große Frequenzen ausdrücken. Es gilt offenbar:

$$\varepsilon_0 = 1 + 4\pi(\gamma + \frac{\beta e^*}{\omega_0^2}) \quad , \quad \varepsilon_\infty = 1 + 4\pi\gamma \tag{3.142}$$

Daraus ergibt sich:

$$\varepsilon(\omega) = \frac{\omega_0^2 \varepsilon_0 - \omega^2 \varepsilon_\infty}{\omega_0^2 - \omega^2} \tag{3.143}$$

Damit haben wir die Frequenzabhängigkeit der Dielektrizitätskonstanten für kleine q bestimmt; es gilt $\varepsilon(\omega = 0) = \varepsilon_0$ und $\varepsilon(\omega \to \infty) = \varepsilon_\infty$. Hierbei bedeutet $\omega \to \infty$ streng genommen nur $\omega \gg \omega_0$; wenn ω in die Größenordnung elektronischer Anregungen kommt, gibt es noch weitere Modifikationen.

Wir müssen jetzt noch mit der gefundenen dielektrischen Funktion in die Maxwellgleichungen eingehen; diese gehen mit dem Ansatz der ebenen Welle wie üblich über in:

$$\begin{aligned} \vec{q} \times \vec{B} &= -\frac{\omega}{c} \varepsilon(\omega) \vec{E} \quad , \quad \vec{q} \times \vec{E} = \frac{\omega}{c} \vec{B} \\ \vec{q} \cdot \vec{B} &= 0 \quad , \quad \varepsilon(\omega) \vec{q} \cdot \vec{E} = 0 \end{aligned} \tag{3.144}$$

Offenbar sind die Felder in der Regel transversal mit einer möglichen Ausnahme, nämlich wenn

$$\varepsilon(\omega) = 0 \tag{3.145}$$

gilt. Für diese spezielle Frequenz

$$\omega_l^2 = \frac{\varepsilon_0}{\varepsilon_\infty}\omega_0^2 \tag{3.146}$$

ist also, falls gleichzeitig $\vec{B} = 0$ gilt, die Transmission einer longitudinalen Welle möglich. Dies entspricht gerade dem LO-Phonon, also $\omega_l = \omega_{LO}$, $\omega_0 = \omega_{TO}$. Die obige Beziehung (3.146) heißt auch *Lyddane-Sachs-Teller-Relation*[10] , die die Aufspaltung zwischen LO- und TO-Phonon mit der statischen und der Hochfrequenz-Dielektrizitätskonstanten in Verbindung bringt. Gemäß der Überlegung zu Beginn dieses Unterabschnitts gilt $\omega_l > \omega_0$ und daher auch $\varepsilon_0 > \varepsilon_\infty$

Für $\varepsilon(\omega) \neq 0$ müssen die elektromagnetischen Wellen, die durch den Kristall propagieren können, wie üblich transversal sein. Es folgt dann

$$\vec{q} \times (\vec{q} \times \vec{E}) = \vec{q} \cdot (\vec{q} \cdot \vec{E}) - q^2\vec{E} = \frac{\omega}{c}\vec{q} \times \vec{B} = -\left(\frac{\omega}{c}\right)^2 \varepsilon(\omega)\vec{E}$$

$$\left(\frac{\omega}{c}\right)^2 \frac{\omega_0^2\varepsilon_0 - \omega^2\varepsilon_\infty}{\omega_0^2 - \omega^2} = q^2 \tag{3.147}$$

Dies wird eine quadratische Gleichung für ω^2 (und damit eine biquadratische Gleichung für ω) mit der Lösung

$$\omega_{1,2}^2(\vec{q}) = \frac{1}{2\varepsilon_\infty}\left[c^2q^2 + \omega_0^2\varepsilon_0 \pm \sqrt{(c^2q^2 + \omega_0^2\varepsilon_0)^2 - 4c^2q^2\omega_0^2\varepsilon_\infty}\right] \tag{3.148}$$

Dies entspricht gerade der Propagation einer elektromagnetischen Welle im Medium mit der (statischen) Dielektrizitätskonstanten ε_0, also dem Brechungsindex $n = \sqrt{\varepsilon_0}$. Für große q gehen die Polariton-Dispersionen über in

$$\omega_1 = \frac{cq}{\sqrt{\varepsilon_\infty}} \tag{3.151}$$

$$\omega_2 = \omega_0 = \omega_{TO} \tag{3.152}$$

Der erste (obere) Zweig verhält sich dann also wie ein Photon im Medium mit Dielektrizitätskonstante ε_∞, der zweite (untere) Zweig entspricht dem einfachen TO-Phonon. Für Frequenzen zwischen ω_{TO} und ω_{LO} gibt es keine durch den Kristall propagierende Lösungen (zumindest für kleine q, also große Wellenlängen). In diesem verbotenen Frequenzbereich können also keine Wellen durch den Kristall propagieren, weder elektromagnetische Wellen noch Gitterwellen. Eine auf den Ionenkristall einfallende elektromagnetische Welle in diesem Frequenzintervall wird daher nicht in den Kristall eindringen und muß somit totalreflektiert werden.

[10] R.G.Sachs, * 1916 in Hagerstown, Maryland, † 1999 in Chicago, Promotion 1939 bei E.Teller, danach als Postdoc von Teller über Probleme der Molekül-, Kern- und Festkörperphysik tätig, später in Wisconsin und Chicago Arbeiten über Kern- und Elementarteilchen-Theorie (u.a. CP-Verletzung); E.Teller, * 1908 in Budapest, Promotion 1930 in Leipzig, 1933 emigriert, arbeitete über verschiedene Anwendungen der Quanten-Theorie in Kern-, Molekül- und Festkörperphysik (z.B. Jahn-Teller-Effekt, Gamow-Teller-Auswahlregel für β-Zerfall) ab 1941 US-Bürger, 1943-46 in Los Alamos Mitarbeit am Manhattan-Projekt, 1946-52 in Chicago entscheidend an Entwicklung der Wasserstoffbombe beteiligt, später am Lawrence-Livermore-Lab und als Prof. an der University of California Berkeley, entschiedener Gegner von Abrüstungsabkommen und Befürworter von Kernwaffen-Versuchen und von Reagans SDI-Programm

Es gibt also zwei Zweige von transversalen Anregungen, wenn eine elektromagnetische Welle an die optischen Phononen ankoppelt. Diese gekoppelte Anregung nennt man auch

Polariton.

Ein Polariton ist also eine Anregung bestehend aus aneinander gekoppelter elektromagnetischer Welle und (optischer) Gitterwelle bzw. im Quantenbild ein Mischzustand aus Photon und transversalem optischen Phonon. Für $q \to 0$ geht der obere Zweig offenbar über in

$$\omega_1 \to \omega_0 \sqrt{\frac{\varepsilon_0}{\varepsilon_\infty}} = \omega_l = \omega_{LO} \tag{3.149}$$

also die Frequenz des LO Phonons. Der zweite Zweig verhält sich für kleine q wie

$$\omega_2 \stackrel{q\to 0}{\to} \frac{cq}{\sqrt{\varepsilon_0}} \tag{3.150}$$

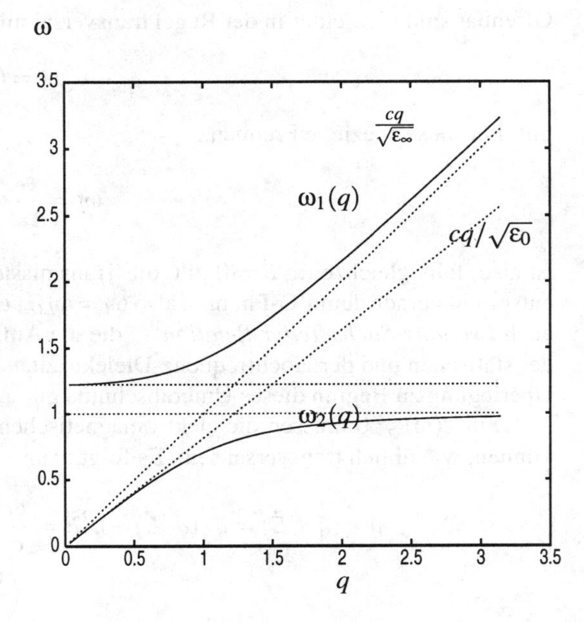

Bild 3.7 Dispersionsverlauf des (Phonon-) Polaritons

3.8 (Neutronen-)Streuung an Kristallen (Phononen), Debye-Waller-Faktor

Streuexperimente sind eine besonders wichtige Art von Experimenten, die Aufschluß über die physikalischen Eigenschaften der Probe geben. Speziell in der Festkörperphysik ist Neutronenstreuung sehr wichtig, da Impuls und Energie der Neutronen gerade von der richtigen Größenordnung für Anregungen im Kristall sind. Viele der in diesem Abschnitt diskutierten Formeln gelten aber allgemeiner auch für andere Arten von Streuexperimenten.

Ein monochromatischer Neutronenstrahl bestehend aus Neutronen mit Impuls $\hbar\vec{k}$ und folglich mit Energie $E(\vec{k}) = \frac{\hbar^2 k^2}{2M_N}$ falle auf eine Probe, also auf einen Kristall, dessen physikalische Eigenschaften untersucht werden sollen. Man stellt dann unter einem bestimmten Winkel relativ zur Einfallsrichtung einen Detektor auf und mißt die Zahl der um diesen Winkel gestreuten Neutronen. Mehr Information erhält man, wenn man energieaufgelöst mißt, also die Zahl der um den Winkel gestreuten Neutronen mit einer bestimmten Energie bestimmt. Die Meßgröße ist dann direkt der

doppelt differentielle Wirkungsquerschnitt

$$\frac{d^2\sigma}{d\Omega d\omega} = \frac{\text{Zahl d. in Raumwinkelelement } d\Omega \text{ um } \Omega \text{ gestreuten Teilchen mit Energieübertr. in } \hbar d\omega \text{ um } \hbar\omega}{\text{Zahl der pro Zeiteinheit und Flächeneinheit einfallenden Teilchen } d\Omega{\cdot}d\omega} = \frac{N_s(\Omega,\omega)}{N_a d\Omega d\omega} \tag{3.153}$$

mit

$$N_a = \frac{\text{Zahl der einfallenden Teilchen}}{\text{Fläche * Zeit}} = \text{Teilchenstrom} = \frac{\hbar k}{M_N} \cdot n_N \tag{3.154}$$

$$N_s(\Omega,\omega) = N_s(\vec{k},\vec{k}') = \sum_{i,f} \frac{e^{-E_i/k_BT}}{Z} \cdot W(\vec{k}i \to \vec{k}'f) n_N \frac{Vol}{(2\pi)^3} d^3k' \tag{3.155}$$

Hierbei ist n_N die Teilchen-(Neutronen-)Dichte, $W(\vec{k}i \to \vec{k}'f)$ ist die (quantenmechanische) Übergangswahrscheinlichkeit für einen Übergang des Neutrons vom Zustand $\vec{k}$ in den Zustand $\vec{k}'$ bei gleichzeitigem Übergang der Probe (des Kristalls) vom Anfangs-(„initial"-)Zustand i in den End-(„final"-)Zustand f, der statistische Faktor gibt die thermodynamische Wahrscheinlichkeit an, daß der (Vielteilchen-)Zustand i des Kristalls besetzt ist (Z ist die gesamte Festkörper-Zustandssumme), und der Faktor $\frac{Vol}{(2\pi)^3} d^3k'$ ist die Zahl der Neutronenendzustände im Volumen Vol.
Berücksichtigt man, daß $d^3k' = k'^2 dk' d\Omega$ gilt und wegen der Energieerhaltung

$$\hbar\omega = \frac{\hbar^2}{2M_N}(k^2 - k'^2) = E_i - E_f, \tag{3.156}$$

daß daher $\hbar k' dk' = M_N d\omega$ folgt, so geht der Streuquerschnitt über in

$$\frac{d^2\sigma}{d\Omega d\omega} = \left(\frac{M_N}{2\pi\hbar}\right)^2 \frac{Vol}{2\pi} \frac{k'}{k} \sum_{i,f} \frac{e^{-E_i/k_BT}}{Z} W(\vec{k}i \to \vec{k}'f) \tag{3.157}$$

Für die quantenmechanische Übergangswahrscheinlichkeit $W(\vec{k}i \to \vec{k}'f)$ verwenden wir nun

Fermis goldene Regel[11]:

$$W(\vec{k}i \to \vec{k}'f) = \frac{2\pi}{\hbar} |\langle \vec{k}i|V|\vec{k}'f\rangle|^2 \delta(E_f - E_i + \hbar\omega) \tag{3.158}$$

Hierbei ist V das Wechselwirkungspotential zwischen Neutronen und Kristall. Die Neutronen-Anfangs- und -Endzustände sind Zustände freier Teilchen, also ebene Wellen $e^{i\vec{k}\vec{r}}/\sqrt{Vol}$. Daher folgt:

$$\langle \vec{k}i|V|\vec{k}'f\rangle = \frac{1}{Vol} \int d^3r e^{i(\vec{k}'-\vec{k})\vec{r}} \langle i|V|f\rangle \tag{3.159}$$

Neutronen als neutrale Teilchen vom Durchmesser eines Nukleons wechselwirken einerseits mit den Atomkernen, an denen sie gestreut werden können, zumindest wenn nur solche Materialien und Neutronenenergien benutzt werden, bei denen keine Kernreaktionen eintreten, zum anderen wechselwirkt der Spin der Neutronen auch mit eventuell im System vorhandenen magnetischen Momenten. Hier soll die magnetische Neutronenstreuung nicht betrachtet werden, dann ist das Wechselwirkungspotential Neutron-Kristall also zu beschreiben durch:

$$V(\vec{r}) = \sum_n v(\vec{r} - \vec{R}_n) = \sum_n v_0 \delta(\vec{r} - \vec{R}_n) \tag{3.160}$$

Hierbei ist $v(\vec{r}) = v_0\delta(\vec{r})$ das Wechselwirkungspotential Neutron-Atomkern; dieses kann durch ein Deltapotential ersetzt werden, da die Reichweite von der Größenordnung Atomkernradius ($\sim 10^{-13} cm$) ist, also extrem klein gegenüber der Längenskala Gitterkonstante ($\sim 10^{-8} cm = 1$ Å), auf der wir in der Festkörperphysik sonst arbeiten. Damit folgt:

[11] benannt nach Enrico Fermi, s. Fußnote S.107

$$\langle \vec{k}i|V|\vec{k}'f\rangle = \frac{v_0}{Vol}\sum_n \langle i|e^{i\vec{q}\vec{R}_n}|f\rangle \tag{3.161}$$

wobei $\vec{q} = \vec{k}' - \vec{k}$ den Impulsübertrag bezeichnet. Für den Streuquerschnitt erhält man:

$$\frac{d^2\sigma}{d\Omega d\omega} = \left(\frac{M_N}{2\pi\hbar}\right)^2 \frac{k'}{k}\frac{N}{Vol}v_0^2 S(\vec{q},\omega) \tag{3.162}$$

mit dem *dynamischen Strukturfaktor*

$$\begin{aligned} S(\vec{q},\omega) &= \frac{\hbar}{ZN}\sum_{i,f} e^{-E_i/k_BT}\sum_{n,n'}\langle i|e^{i\vec{q}\vec{R}_n}|f\rangle\langle f|e^{-i\vec{q}\vec{R}_{n'}}|i\rangle\delta(E_f - E_i + \hbar\omega) = \\ &= \frac{1}{N}\int_{-\infty}^{\infty}\frac{dt}{2\pi}e^{i\omega t}\sum_{n,n'}\langle e^{i\vec{q}\vec{R}_n}e^{iHt/\hbar}e^{-i\vec{q}\vec{R}_{n'}}e^{-iHt/\hbar}\rangle = \\ &= \frac{1}{N}\int_{-\infty}^{\infty}\frac{dt}{2\pi}e^{i\omega t}\sum_{n,n'}\langle e^{i\vec{q}\vec{R}_n}\cdot e^{-i\vec{q}\vec{R}_{n'}}(t)\rangle \end{aligned} \tag{3.163}$$

wobei die Zeitabhängigkeit von Operatoren im Heisenberg-Bild gemeint ist und benutzt wurde

$$\delta(\hbar\omega) = \frac{1}{\hbar}\delta(\omega) = \frac{1}{2\pi\hbar}\int_{-\infty}^{+\infty} dt e^{i\omega t}$$

$$\langle A\cdot B(t)\rangle = \frac{1}{Z}\sum_{i,f} e^{-E_i/k_BT}\langle i|A|f\rangle\langle f|e^{iHt/\hbar}Be^{-iHt/\hbar}|i\rangle$$

Mit Neutronenstreuung mißt man also unmittelbar den dynamischen Strukturfaktor des Kristalls, und dieser hängt zusammen mit einer bestimmten Korrelationsfunktion vom Typ $\langle AB(t)\rangle$, wobei die Operatoren A,B durch die Auslenkungen bestimmt werden.

Die Positionen der Atomkerne sind bei Vorliegen von Gitterschwingungen zeitabhängig und gegeben durch:

$$\vec{R}_n = \vec{R}_{n0} + \vec{u}_n \tag{3.164}$$

wobei die $\vec{R}_{n0}$ die festen Gittervektoren (Gleichgewichtspositionen) und die $\vec{u}_n$ die Auslenkungen sind. Damit gilt:

$$S(\vec{q},\omega) = \frac{1}{N}\int_{-\infty}^{+\infty}\frac{dt}{2\pi}e^{i\omega t}\sum_{n,n'} e^{i\vec{q}(\vec{R}_{n0}-\vec{R}_{n'0})}\langle \exp(i\vec{q}\vec{u}_n)\cdot\exp(-i\vec{q}\vec{u}_{n'})(t)\rangle \tag{3.165}$$

Zur Weiterrechnung werden zwei über das hier besprochene Problem hinaus nützliche und wichtige Operatorbeziehungen verwendet, nämlich einmal die sogenannte

Baker-Hausdorff-Formel:

$$e^A e^B = e^{(A+B)}e^{[A,B]/2} \tag{3.166}$$

für je zwei Operatoren A,B mit $[A,[A,B]] = [[A,B],B] = 0$

Beweis:
Definiere $f(x) = e^{-xB}Ae^{xB}$. Dafür gilt: $f'(x) = [A,B]$ (x-unabhängig), falls $[B,[A,B]] = 0$. Somit: $f(x) = [A,B]x + A$, d.h.:

$$e^{-xB}A = (A + [A,B]x)e^{-xB}$$

Speziell für $x = 1$ folgt:

$$e^{-B}Ae^{B} = [A,B] + A$$

Definiere nun $g(x) = e^{x(A+B)}e^{-xB}e^{-xA}$ Dafür gilt:

$$g'(x) = e^{x(A+B)}(A+B-B)e^{-xB}e^{-xA} + e^{x(A+B)}e^{-xB}(-A)e^{-xA}$$

Also:

$$g'(x) = e^{x(A+B)}[A,e^{-xB}]e^{-xA} = -e^{x(A+B)}[A,B]xe^{-xB}e^{-xA} = -[A,B]xg(x)$$

Also: $g(x) = e^{-x^2[A,B]/2}$ Speziell für x=1 folgt: $g(1) = e^{(A+B)}e^{-B}e^{-A} = e^{-[A,B]/2}$, was der Behauptung entspricht.

Ferner gilt die folgende Aussage:

Wenn $a,a^\dagger$ Bose-Operatoren sind mit $[a,a^\dagger] = 1$ und $L = xa + ya^\dagger$ eine Linearkombination dieser Erzeugungs- und Vernichtungsoperatoren, dann gilt für den thermodynamischen Erwartungswert bezüglich eines in den $a,a^\dagger$ diagonalen Hamilton-Operators $h = \varepsilon a^\dagger a$:

$$\langle e^L \rangle = e^{\langle L^2 \rangle /2} \tag{3.167}$$

Beweis:

Es gilt zunächst unter Benutzung der Baker-Haussdorff-Formel:

$\langle e^L \rangle = \langle e^{(xa+ya^\dagger)} \rangle = \langle e^{xa}e^{ya^\dagger} \rangle e^{-xy/2}$ Setze:

$k(x) = e^{-xa^\dagger a}ae^{xa^\dagger a}$ Dann gilt $k(0) = a$, $k'(x) = e^{-xa^\dagger a}(-a^\dagger aa + aa^\dagger a)e^{xa^\dagger a} = k(x)$. Somit: $k'(x) = k(x)$, also: $k(x) = ae^x$ oder $e^{-xa^\dagger a}a = e^x ae^{-xa^\dagger a}$ Damit folgt schließlich für $h(x) = \langle e^{xa}e^{ya^\dagger} \rangle$

$$\begin{aligned} h'(x) &= \frac{1}{Z}Sp(e^{-\varepsilon a^\dagger a/k_BT}ae^{xa}e^{ya^\dagger}) = \frac{1}{Z}Sp(e^{\varepsilon/k_BT}ae^{-\varepsilon a^\dagger a/k_BT}e^{xa}e^{ya^\dagger} \\ &= \frac{1}{Z}e^{\varepsilon/k_BT}Sp(e^{-\varepsilon a^\dagger a/k_BT}e^{xa}e^{ya^\dagger}a) \end{aligned}$$

Gemäß einer oben hergeleiteten Regel gilt: $e^{ya^\dagger}a = (a - y[a,a^\dagger])e^{ya^\dagger}$, woraus schließlich folgt:

$h'(x) = e^{\varepsilon/k_BT}(h'(x) - yh(x))$, also

$$h'(x) = \frac{ye^{\varepsilon/k_BT}}{e^{\varepsilon/k_BT} - 1}h(x)$$

Damit: $h(x) = \exp[\frac{xye^{\varepsilon/k_BT}}{e^{\varepsilon/k_BT}-1}]$ und

$\langle e^L \rangle = h(x)e^{-xy/2} = \exp[\frac{xy}{2}\frac{e^{\varepsilon/k_BT}+1}{e^{\varepsilon/k_BT}-1}]$. Andererseits:

$\langle L^2 \rangle = \langle (xa + ya^\dagger)^2 \rangle = xy\langle aa^\dagger + a^\dagger a \rangle = xy(2\langle a^\dagger a \rangle + 1) = xy(\frac{2}{e^{\varepsilon/k_BT}-1} + 1) = xy\frac{e^{\varepsilon/k_BT}+1}{e^{\varepsilon/k_BT}-1}$

Somit offenbar:

$\exp(\frac{1}{2}\langle L^2 \rangle) = \langle e^L \rangle$ q.e.d.

Wenn nun A,B beides Operatoren sind, die sich als Linearkombinationen von Bose-Erzeugern und -Vernichtern darstellen lassen, folgt in Kombination der beiden Theoreme:

$$\langle e^A e^B \rangle = \langle e^{A+B+\frac{1}{2}(AB-BA)} \rangle = e^{\frac{1}{2}(\langle (A+B)^2 \rangle + [A,B])} = e^{\frac{1}{2}\langle A^2+2AB+B^2 \rangle} \tag{3.168}$$

Dies führt zu:

$$\langle e^{i\vec{q}\vec{u}_n} \cdot e^{-i\vec{q}\vec{u}_{n'}}(t)\rangle = e^{-2W} e^{\langle(\vec{q}\vec{u}_n)\cdot(\vec{q}\vec{u}_{n'}(t))\rangle} \tag{3.169}$$

mit

$$2W = \langle(\vec{q}\vec{u}_n)^2\rangle = \langle(\vec{q}\vec{u}_{n'}(t))^2\rangle \tag{3.170}$$

dem sogenannten *Debye-Waller-Faktor*. Damit ergibt sich für den dynamischen Strukturfaktor:

$$S(\vec{q},\omega) = e^{-2W} \int_{-\infty}^{+\infty} \frac{dt}{2\pi} e^{i\omega t} \sum_n e^{-i\vec{q}\vec{R}_{n0}} \exp[\langle(\vec{q}\vec{u}_0)(\vec{q}\vec{u}_n)(t)\rangle] \tag{3.171}$$

Nun entwickeln wir für kleine Auslenkungen, d.h. wir nähern

$$\exp[\langle(\vec{q}\vec{u}_0)(\vec{q}\vec{u}_n)(t)\rangle] = 1 + \langle(\vec{q}\vec{u}_0)(\vec{q}\vec{u}_n)(t)\rangle \tag{3.172}$$

Analysiert man die Beiträge zum Strukturfaktor nun einzeln, so ergibt sich in 0.Ordnung in den Auslenkungen

$$S_{(0)}(\vec{q},\omega) = e^{-2W} \delta(\omega) N \sum_{\vec{G}} \delta_{\vec{G},\vec{q}} \tag{3.173}$$

wobei $\vec{G}$ die reziproken Gittervektoren durchläuft. Der Vektor $\vec{q}$ ist ja der Impulsübertrag des Neutrons, $\vec{q}$ ist daher nicht auf die erste Brillouinzone beschränkt. Wir erhalten daher die Bedingung, daß in 0.Ordnung in den Auslenkungen, also für das starre Gitter in den Gleichgewichtspositionen, nur Neutronenreflexe vorkommen, bei denen der übertragene Impuls einem reziproken Gittervektor entspricht. Das ist wieder nichts anderes als die *Braggsche Reflexionsbedingung*. Rein elastische Streuung ohne Energieübertrag kann unter den Winkeln stattfinden, für die der Impulsübertrag einem reziproken Gittervektor entspricht. Elastische Bragg-Peaks sind nach dieser Rechnung aber auch bei endlichen Temperaturen zu erwarten, der Debye-Waller-Faktor bestimmt die Abnahme ihrer Intensität mit zunehmender Temperatur.

In erster Ordnung in den Auslenkungen drücken wir diese durch Phononen-Erzeuger und Vernichter aus gemäß:

$$\vec{u}_n = \frac{1}{\sqrt{N}} \sum_{\vec{k}j} \sqrt{\frac{\hbar}{2M\omega_j(\vec{k})}} (a_{\vec{k}j} + a^\dagger_{-\vec{k}j}) \vec{e}_j(\vec{k}) e^{i\vec{k}\vec{R}_{n0}} \tag{3.174}$$

Damit ergibt sich:

$$\begin{aligned} &\langle(\vec{q}\vec{u}_0)(\vec{q}\vec{u}_n)(t)\rangle = \\ = \;& \frac{1}{N} \sum_{\vec{k}\vec{k}'jj'} \frac{\hbar}{2M\sqrt{\omega_j(\vec{k})\omega_{j'}(\vec{k}')}} \langle(a_{\vec{k}j} + a^\dagger_{-\vec{k}j})(\vec{q}\vec{e}_j(\vec{k}))(\vec{q}\vec{e}_{j'}(\vec{k}'))e^{i\vec{k}'\vec{R}_{n0}}(a_{\vec{k}'j'} + a^\dagger_{-\vec{k}'j'})(t)\rangle = \\ = \;& \frac{1}{N} \sum_{\vec{k}j} \frac{\hbar}{2M\omega_j(\vec{k})} (\vec{q}\vec{e}_j(\vec{k}))(\vec{q}\vec{e}_j(-\vec{k}))(\langle a^\dagger_{-\vec{k}j} a_{-\vec{k}j}(t)\rangle + \langle a_{\vec{k}j} a^\dagger_{\vec{k}j}(t)\rangle) e^{-i\vec{k}\vec{R}_{n0}} \end{aligned} \tag{3.175}$$

Wir berücksichtigen nun noch:

$$\langle a^\dagger_{\vec{k}j} a_{\vec{k}j}(t)\rangle = \langle a^\dagger_{\vec{k}j} a_{\vec{k}j}\rangle e^{-i\omega_j(\vec{k})t} \qquad \langle a_{\vec{k}j} a^\dagger_{\vec{k}j}(t)\rangle = \langle a_{\vec{k}j} a^\dagger_{\vec{k}j}\rangle e^{+i\omega_j(\vec{k})t} \tag{3.176}$$

Unter Benutzung von

$$\sum_n e^{-i(\vec{q}+\vec{k})\vec{R}_{n0}} = N\delta_{-\vec{k},\vec{q}} \qquad \int_{-\infty}^{+\infty} \frac{dt}{2\pi} e^{i(\omega \pm \omega_j(\vec{k}))t} = \delta(\omega \pm \omega_j(\vec{k})) \tag{3.177}$$

ergibt sich endlich für den Strukturfaktor in 1. Ordnung in den Auslenkungen:

$$S_{(1)}(\vec{q},\omega) = e^{-2W} \sum_j \frac{\hbar}{2M\omega_j(\vec{q})} (\vec{q}\vec{e}_j(\vec{q}))^2 \left(\langle a^\dagger_{\vec{q}j} a_{\vec{q}j} \rangle \delta(\omega - \omega_j(\vec{q})) + (1 + \langle a^\dagger_{-\vec{q}j} a_{-\vec{q}j} \rangle) \delta(\omega + \omega_j(\vec{q})) \right) \tag{3.178}$$

Als Funktion von ω sind in $S_{(1)}(\vec{q},\omega)$ also scharfe Delta-Peaks genau bei den Phononen-Eigenfrequenzen $\omega_j(\vec{q})$ zu erwarten. Genau aus diesem Grund kann man durch Messung des Strukturfaktors mit Neutronenstreuung das Phononen-Spektrum explizit ausmessen. Die höheren (bis jetzt vernachlässigten) Beiträge geben dagegen einen kontinuierlichen Beitrag, aus dem die charakteristischen Peaks herausragen. Die Neutronen können also beim Streuprozeß im Kristall Phononen absorbieren oder emittieren, dann werden sie inelastisch gestreut, nehmen also Energie auf oder geben Energie an den Kristall ab.

Wir wollen dieses Kapitel beenden mit Anmerkungen über mögliche Alternativen zu Neutronenstreu-Experimenten, also über Streuung von anderen Teilchen (Quanten) am Kristall. Insbesondere ist *Röntgen-Streuung* möglich. Röntgenquanten haben ja gerade eine Wellenlänge von der richtigen Größenordnung (wie auch die relevanten Neutronen) von einigen $\AA$. Daher ist Röntgenbeugung ja auch mindestens so gut geeignet zur Kristallstrukturbestimmung wie Neutronenbeugung. Im Prinzip kann man sich vorstellen, daß Röntgenquanten auch in der Lage sind, Phononen zu absorbieren oder emittieren. Dies ist aber, wenn es denn existiert, extrem schwer zu messen, und das liegt an der relevanten Energieskala. Röntgenquanten haben nämlich eine Energie von ca. 10^3eV, durch Absorption oder Emission eines Phonons erfahren sie eine relative Energieänderung von 10^{-5}, was nur schwer meßbar ist und im Untergrund (der ohnehin vorhandenen Verbreiterung des elastischen Bragg-Peaks) verschwinden sollte.

Eine andere Möglichkeit ist *Licht-Streuung*. Auch sichtbares Licht kann unter Absorption oder Emission von Phononen gestreut werden. Das gestreute Lichtquant hat dann die Energie

$$\hbar\omega' = \hbar\omega \pm \hbar\omega_j(\vec{q}) \tag{3.179}$$

Der relative Energieübertrag ist dann von der Größenordnung 10^{-2} und damit meßbar (auflösbar). Die Wellenzahl von sichtbaren Photonen ist aber viel kleiner als die von Phononen (die Wellenlänge von sichtbarem Licht liegt bei $10^3\AA$, ist also um eben diesen Faktor größer als die Gitterkonstante und damit eine typische Wellenlänge von Gitterwellen. Daher kann man mit Lichtstreuung die Brillouinzone nur im Bereich sehr kleiner q ausmessen, während man mit Neutronen die gesamte Brillouinzone und damit auch das gesamte Phononen-Spektrum ausmessen kann.

Lichtstreuung an akustischen Phononen heißt auch *Brillouin-Streuung*.

Lichtstreuung an optischen Phononen heißt auch *Raman-Streuung*.

Bei Phononen-Absorption (Energieerhöhung der gestreuten Photonen) spricht man auch von der *Anti-Stokes-Komponente* im Spektrum des gestreuten Lichts, bei Phononen-Emission hat der Kristall Energie und Impuls vom Photon übertragen bekommen; den entsprechenden Teil des Spektrums nennt man auch *Stokes-Komponente*.

3.9 Anharmonische Korrekturen

Alle Betrachtungen dieses Kapitels waren bisher auf die *harmonische Näherung* beschränkt, d.h. die potentielle Energie wurde in eine Taylorreihe nach den Auslenkungen entwickelt, und diese Reihe wurde nach dem zweiten Glied abgebrochen. Natürlich kann man im Prinzip Korrekturen zur harmonischen Näherung in Betracht ziehen, indem man die nächsten Ordnungen in dieser Reihenentwicklung in Betracht zieht. Der Beitrag 3.Ordnung in den Auslenkungen ist von der Form:

$$V^{(3)} = \frac{1}{6} \sum_{nml} \sum_{\alpha\beta\gamma} \frac{\partial^3}{\partial R_{n\alpha} \partial R_{m\beta} \partial R_{l\gamma}} |_0 u_{n\alpha} u_{m\beta} u_{l\gamma} \tag{3.180}$$

Die Auslenkungen $u_{n\alpha}$ kann man weiterhin nach Phononen- Auf- und Absteigeoperatoren entwickeln gemäß (228), denn der Zusammenhang zwischen den $b_{\vec{q}j}, b^\dagger_{\vec{q}j}$ und den Impulsen und Auslenkungen $P_{n\alpha}, u_{m\beta}$ stellt lediglich eine kanonische Transformation dar und hat nichts mit der harmonischen Näherung zu tun. In der harmonischen Näherung führt diese kanonische Transformation allerdings zur Diagonalisierung des Hamiltonoperators, was nicht mehr der Fall ist, wenn man anharmonische Korrekturen in Betracht zieht. Durch die $b, b^\dagger$ ausgedrückt wird $V^{(3)}$ von der Form

$$V^{(3)} = \sum_{\vec{k}_1 j_1 \vec{k}_2 j_2 \vec{k}_3 j_3} D^{j_1 j_2 j_3}_{\vec{k}_1 \vec{k}_2 \vec{k}_3} (b_{\vec{k}_1 j_1} + b^\dagger_{-\vec{k}_1 j_1})(b_{\vec{k}_2 j_2} + b^\dagger_{-\vec{k}_2 j_2})(b_{\vec{k}_3 j_3} + b^\dagger_{-\vec{k}_3 j_3}) \tag{3.181}$$

Offenbar treten hier jetzt explizit Drei-Phononen-Prozesse auf, z.B. die gegenseitige Vernichtung zweier Phononen unter Emission eines dritten Phonons beschrieben durch Prozesse der Art $b^\dagger_{\vec{k}_1 j_1} b_{\vec{k}_2 j_2} b_{\vec{k}_3 j_3}$. Die Impulse (Wellenzahlen) sind dabei allerdings nicht völlig unabhängig, sondern der Gesamtimpuls bleibt erhalten bei diesem „Phonon-Splitting". Die Phononenzahl ist nicht mehr erhalten bei Berücksichtigung dieser Korrekturen. In zweiter Ordnung Störungsrechnung nach $V^{(3)}$ und in erster Ordnung in $V^{(4)}$ entsteht u.a. eine Phonon-Phonon-Streuung, die Mitnahme anharmonischer Korrekturen führt daher zu Termen, die zumindest formal von der Gestalt einer Wechselwirkung zwischen den Phononen sind.

Mindestens für zwei reale und wichtige Phänomene ist die Mitnahme von anharmonischen Korrekturen von entscheidender Bedeutung, nämlich für das Verstehen von thermischer Ausdehnung und der Wärmeleitung. Im streng harmonischen System gäbe es keine thermische Ausdehnung von Kristallen, was der Erfahrung widerspricht. Bei einem harmonischen System werden zwar mit höherer Temperatur energetisch höher liegende Oszillator-Zustände angeregt, diese schwingen aber weiterhin um den gleichen Mittelpunkt, d.h. der Mittelwert der Auslenkung bleibt unverändert. Schon bei Berücksichtigung der einfachsten anharmonischen Beiträge wird aber auch die mittlere Auslenkung größer mit zunehmender Größe der Anregung, d.h. aber auch mit zunehmender Temperatur, bei der die höhere Anregung besetzt wird. Außerdem gäbe es im rein harmonischen Kristall eine unendlich gute Wärmeleitfähigkeit. Um zu verstehen, daß die Wärmeleitung endlich ist, muß man Störstellen und eben anharmonische Korrekturen berücksichtigen, die wegen der endlichen Lebensdauer durch die Möglichkeit, daß ein Phonon vernichtet wird oder in zwei andere Phononen aufspaltet, zu einer endlichen thermischen Leitfähigkeit führen.

4 Nicht wechselwirkende Elektronen im Festkörper

In diesem Kapitel werden wir eine Reihe von vereinfachenden und eigentlich nicht realistischen Modellannahmen machen, die aber sehr nützlich sind, um die Grundlagen der elektronischen Struktur von Festkörpern zu verstehen. In späteren Kapiteln werden wir dann sehen, wie man zumindest einige dieser Annahmen rechtfertigen kann. Zunächst soll das Gitter als starr betrachtet werden, d.h. die Gitterbausteine (die Ionen) sind an festen Positionen $\vec{R}_n$. Diese Annahme ist auch im Sinn der Born-Oppenheimer-Näherung zur Entkopplung von Gitter- und Elektronen-Freiheitsgraden vernünftig. Zusätzlich wollen wir annehmen, daß die Positionen der Atomkerne die Gittervektoren eines Bravais-Gitters sind. Dies ist streng genommen nur für sehr tiefe Temperaturen gültig; wir werden trotzdem später die Thermodynamik für Elektronen in einem streng periodischen Potential berechnen, also den Einfluß endlicher Temperatur in Betracht ziehen, obwohl wir wissen, daß es bei jeder endlichen Temperatur auch Auslenkungen der Ionen aus den Gleichgewichtslagen gibt. Die gröbste Vernachlässigung dieses Kapitels ist aber die, jegliche Wechselwirkung der Elektronen untereinander wegzulassen. Da die Coulomb-Abstoßung der Elektronen groß ist (Größenordnung einige eV), gibt es dafür zunächst keinen naheliegenden Grund. In einem späteren Kapitel werden wir aber die Elektron-Elektron-Wechselwirkung explizit betrachten und dabei sehen, daß man vielfach ein wechselwirkendes Elektronensystem auf ein nichtwechselwirkendes System mit effektiven Parametern abbilden kann; die Wechselwirkung steckt dann nur noch in den Parametern, die in der Regel selbstkonsistent zu bestimmen sind. Wenn wir also zulassen, daß das Einteilchen-Potential, das wir in diesem Kapitel betrachten werden, nicht unbedingt das Potential ist, das von den nackten Atomkernen oder Ionen erzeugt wird, sondern ein effektives Potential ist, in dessen Parameter auch noch Einflüsse der Elektron-Elektron-Wechselwirkung mit einfließen, dann wird verständlich, daß die vorgestellte Behandlung und die einzuführenden Begriffe trotz der zunächst unrealistisch erscheinenden Grundannahme relevant und nützlich wird.

Wir betrachten also im ganzen Kapitel 4 den Hamilton-Operator:

$$H = \sum_{i=1}^{N_e} \frac{\vec{p}_i^{\,2}}{2m} + \sum_{i=1}^{N_e} \sum_{n=1}^{N} v(\vec{r}_i - \vec{R}_n) \tag{4.1}$$

Hierbei ist N_e die Zahl der Elektronen, N die Zahl der Gitterpunkte (Einheitszellen), m Elektronenmasse, $\vec{p}_i$ der Impuls des i-ten Elektrons, $v(\vec{r} - \vec{R}_n)$ ist das Potential, das ein einzelnes Elektron durch die n-te Einheitszelle erfährt. Auch bei Vorliegen einer Basis, also mehr als einem Atom pro Einheitszelle, ist das Potential so darstellbar wegen

$$v(\vec{r} - \vec{R}_n) = \sum_{\mu} \tilde{v}(\vec{r} - \vec{R}_n - \vec{R}_\mu) \tag{4.2}$$

Einen Hamilton-Operator der Art (4.1) nennt man *Einteilchen-Hamiltonoperator*, auch wenn er viele Elektronen beschreiben soll. Bei mehreren Elektronen setzt er sich nämlich einfach additiv aus Einteilchen-Anteilen zusammen, weswegen die exakten Eigenfunktionen sich als (antisymmetrisiertes) Produkt der Einteilchen-Eigenfunktionen darstellen lassen. Es reicht daher tatsächlich, ein Einteilchen-Problem zu lösen, um auch die Eigenwerte und Eigenzustände des

Gesamt-Systems aus N_e Elektronen zu kennen. Der Vielteilchencharakter geht dabei ausschließlich über die Antisymmetrisierung ein, die notwendig ist, um das Pauli-Prinzip und damit die Fermi-Statistik zu erfüllen. Ein echter *Vielteilchen-Hamilton-Operator* enthält dagegen Wechselwirkungsterme $\bar{v}(\vec{r}_i - \vec{r}_j)$ und ist daher nicht mehr als Summe von Einteilchenanteilen darstellbar; die exakte Vielteilchen-Eigenfunktion ist dann auch nicht mehr als Slater-Determinante (also als Produkt von Einteilchen-Eigenfunktionen) darstellbar.

In diesem Kapitel ist daher letztlich nur das Problem eines einzigen Elektrons im periodischen Potential zu behandeln.

4.1 Elektron im periodischen Potential, Bloch-Theorem

Wir betrachten zunächst nur ein einzelnes Elektron im periodischen Potential, also die zeitunabhängige Schrödinger[1]-Gleichung:

$$H\psi(\vec{r}) = \left(-\frac{\hbar^2}{2m}\nabla^2 + V(\vec{r})\right)\psi(\vec{r}) = \varepsilon\psi(\vec{r}) \tag{4.3}$$

wobei $V(\vec{r})$ translationsinvariant ist bezüglich Gittervektoren, also

$$V(\vec{r}) = V(\vec{r}+\vec{R}) \tag{4.4}$$

erfüllt für jeden Gittervektor $\vec{R}$. Diese Translationsinvarianz und damit besondere Symmetrie des Systems ist mit speziellen Erhaltungsgrößen verknüpft, die mit dem Hamilton-Operator vertauschen, und zwar sind dies hier die Translationsoperatoren $T_{\vec{R}}$ um Gittervektoren. Der Translationsoperator ist definiert durch

$$T_{\vec{R}}f(\vec{r}) = f(\vec{r}+\vec{R}) \tag{4.5}$$

für jede beliebige Funktion $f(\vec{r})$. Jedes $T_{\vec{R}}$ vertauscht mit dem Hamilton-Operator:

$$[T_{\vec{R}},H] = 0 \tag{4.6}$$

Es gilt nämlich:

$$T_{\vec{R}}Hf(\vec{r}) = T_{\vec{R}}(\frac{\vec{p}^2}{2m}+V(\vec{r}))f(\vec{r}) = (\frac{\vec{p}^2}{2m}+V(\vec{r}+\vec{R}))f(\vec{r}+\vec{R}) = (\frac{\vec{p}^2}{2m}+V(\vec{r}))f(\vec{r}+\vec{R}) = HT_{\vec{R}}f(\vec{r})$$

Die Translationsoperatoren vertauschen auch untereinander:

$$[T_{\vec{R}},T_{\vec{R}'}] = 0\;,\; T_{\vec{R}}T_{\vec{R}'} = T_{\vec{R}'}T_{\vec{R}} = T_{\vec{R}+\vec{R}'} \tag{4.7}$$

Also müssen die gesuchten Eigenfunktionen von H als gemeinsame Eigenfunktionen von H und allen $T_{\vec{R}}$ gewählt werden können:

$$H\psi(\vec{r}) = \varepsilon\psi(\vec{r}), T_{\vec{R}}\psi(\vec{r}) = c(\vec{R})\psi(\vec{r}) \tag{4.8}$$

[1] E.Schrödinger, * 1887 in Wien, † 1961 ebd., Prof. in Stuttgart, Breslau, Zürich, Berlin, Oxford und Graz, 1938 emigriert und in Dublin tätig, 1956 nach Wien zurückgekehrt, entwickelte 1926 die Wellenmechanik und Schrödinger-Gleichung, 1927 Nachweis der Äquivalenz zu Heisenbergs Matrizenmechanik, lehnte Kopenhagener (statistische) Deutung der Quantenmechanik ab, spätere Arbeiten u.a. zur Gravitationstheorie, einheitlichen Feldtheorie und zu naturphilosophischen Fragen, Nobelpreis 1933 (gemeinsam mit P.A.M. Dirac)

wobei $\psi(\vec{r})$ die gemeinsamen Eigenfunktionen bezeichnet und $c(\vec{R})$ die Eigenwerte von $T_{\vec{R}}$. Diese erfüllen die folgenden Relationen:

$$c(\vec{R})c(\vec{R}') = c(\vec{R}+\vec{R}'), c(\vec{R})c(-\vec{R}) = 1, c(\vec{R})^2 = c(2\vec{R}) \tag{4.9}$$

Außerdem folgt aus der Normierung:

$$1 = \int d^3r|\psi(\vec{r})|^2 = \int d^3r|\psi(\vec{r}+\vec{R})|^2 = \int d^3r|c(\vec{R})|^2|\psi(\vec{r})|^2 = |c(\vec{R})|^2$$

woraus insgesamt folgt:

$$c(\vec{R}) = e^{i\vec{k}\vec{R}} \tag{4.10}$$

Die Eigenfunktionen des gitterperiodischen Hamiltonoperators erfüllen also

$$\boxed{\psi(\vec{r}+\vec{R}) = e^{i\vec{k}\vec{R}}\psi(\vec{r})} \tag{4.11}$$

Die Eigenfunktionen sind also nicht unbedingt gitterperiodisch, sondern sie können sich von Einheitszelle zu Einheitszelle durch einen Phasenfaktor unterscheiden. Die Elektronendichte wird dann allerdings wieder gitterperiodisch wegen

$$|\psi(\vec{r})|^2 = |\psi(\vec{r}+\vec{R})|^2 \tag{4.12}$$

Um die Endlichkeit des Systems zu berücksichtigen, was insbesondere auch nötig ist, um die Eigenfunktionen normieren zu können, und trotzdem die volle Translationssymmetrie vorliegen zu haben, die ja zur Klassifizierung der Eigenfunktionen sehr wichtig ist, verwenden wir wieder periodische Randbedingungen. Die Eigenfunktionen erfüllen dann die Randbedingungen

$$\psi(\vec{r}) = \psi(\vec{r}+N_\alpha\vec{a}_\alpha) \tag{4.13}$$

wobei die $\vec{a}_\alpha, \alpha = 1, \ldots, d$ die primitive Einheitszelle aufspannen und N_α die Systemlänge in α-Richtung ist, d.h. die Gesamtzahl der Einheitszellen ist $N = N_1 \cdot \ldots \cdot N_d$. Die $\vec{k}$-Werte, die auch wieder auf die erste Brillouinzone beschränkt werden können, sind dann quantisiert und nehmen (wie bei den Phononen) N diskrete Werte an, d.h.

$$\vec{k} = \sum_{\alpha=1}^{d} \frac{n_\alpha}{N_\alpha}\vec{b}_\alpha \text{ mit } n_\alpha \varepsilon \{-\frac{N_\alpha}{2}, \ldots, +\frac{N_\alpha}{2}\} \tag{4.14}$$

Der Translationsoperator ist auch explizit gegeben durch

$$T_{\vec{R}} = e^{i\vec{R}\vec{p}/\hbar} \tag{4.15}$$

Es folgt nämlich durch Taylorentwicklung

$$T_{\vec{R}}f(\vec{r}) = f(\vec{r}+\vec{R}) = \sum_{n=0}^{\infty} \frac{1}{n!}(\vec{R}\nabla)^n f(\vec{r}) = \sum_{n=0}^{\infty} \frac{1}{n!}(\frac{i}{\hbar}\vec{R}\vec{p})^n f(\vec{r}) = \exp(\frac{i}{\hbar}\vec{R}\vec{p})f(\vec{r}) \tag{4.16}$$

Zu einer gemeinsamen Eigenfunktion $\psi_{\vec{k}}(\vec{r})$ von Hamiltonoperator und Translationsoperator mit $e^{i\vec{k}\vec{R}}$ Eigenwert von $T_{\vec{R}}$ definieren wir eine Funktion

$$u_{\vec{k}}(\vec{r}) = e^{-i\vec{k}\vec{r}}\psi_{\vec{k}}(\vec{r}) \tag{4.17}$$

Diese Funktionen $u_{\vec{k}}(\vec{r})$ sind dann gitterperiodisch, erfüllen also:

$$u_{\vec{k}}(\vec{r}) = u_{\vec{k}}(\vec{r}+\vec{R}) \text{ für jeden Gitter-Vektor } \vec{R} \tag{4.18}$$

Es gilt nämlich:

$$u_{\vec{k}}(\vec{r}+\vec{R}) = e^{-i\vec{k}(\vec{r}+\vec{R})}\psi_{\vec{k}}(\vec{r}+\vec{R}) = e^{-i\vec{k}\vec{r}}e^{-i\vec{k}\vec{R}}e^{i\vec{k}\vec{R}}\psi_{\vec{k}}(\vec{r}) = u_{\vec{k}}(\vec{r})$$

Also lassen sich die normierten Eigenfunktionen eines Einteilchen-Hamiltonoperators mit gitterperiodischem Potential darstellen als

$$\boxed{\psi_{\vec{k}}(\vec{r}) = \frac{1}{\sqrt{V}}e^{i\vec{k}\vec{r}}u_{\vec{k}}(\vec{r})} \tag{4.19}$$

mit gitterperiodischem *Bloch-Faktor* $u_{\vec{k}}(\vec{r})$. Dies ist das

Bloch-Theorem[2]

Die Einteilchen-Eigenfunktionen eines gitterperiodischen Hamilton-Operators sind gegeben durch das Produkt einer ebenen Welle mit dem gitterperiodischen Bloch-Faktor. Man kann demnach über den ganzen Kristall ausgedehnte Eigenzustände benutzen, die sich als ebene Welle mit Wellenzahl $\vec{k}$ aus der ersten Brillouinzone darstellen lassen, welche mit einer gitterperiodischen Funktion, eben dem Blochfaktor, moduliert werden.
Aus der Schrödinger-Gleichung kann man eine partielle Differentialgleichung für die Bloch-Faktoren herleiten:

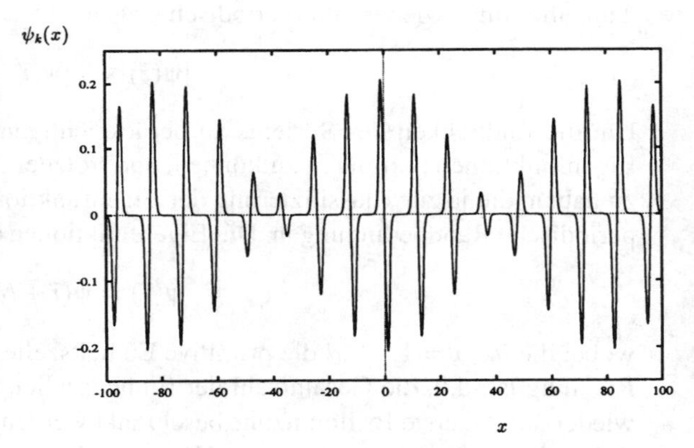

Bild 4.1 Bloch-Zustand für ein eindimensionales periodisches Potential mit Gitterkonstante $a = 12$ für $k = 0.15\frac{\pi}{a}$

$$H\sqrt{V}\psi_{\vec{k}}(\vec{r}) = (-\frac{\hbar^2\nabla^2}{2m} + V(\vec{r}))e^{i\vec{k}\vec{r}}u_{\vec{k}}(\vec{r}) = \varepsilon e^{i\vec{k}\vec{r}}u_{\vec{k}}(\vec{r}) =$$
$$= -\frac{\hbar^2}{2m}e^{i\vec{k}\vec{r}}(-k^2 + 2i\vec{k}\nabla + \nabla^2)u_{\vec{k}}(\vec{r}) + V(\vec{r})e^{i\vec{k}\vec{r}}u_{\vec{k}}(\vec{r})$$

Somit hat man für jedes $\vec{k}$ aus der 1.Brillouin-Zone eine partielle Differentialgleichung für $u_{\vec{k}}(\vec{r})$ zu lösen:

[2] F.Bloch, * 1905 in Zürich, † 1983 in Zürich, promovierte 1928 in Leipzig bei Heisenberg über die Quantentheorie von Elektronen im periodischen Potential, 1930 Arbeit zum Ferromagnetismus und Domänen-(„Bloch"-)Wänden, 1933 emigriert und ab 1934 an der Stanford University in Kalifornien, Arbeiten über magnetisches Moment des Neutrons und Entwicklung der Kernspin-Resonanz, dafür Nobelpreis 1952

$$\boxed{h(\vec{k})u_{\vec{k}}(\vec{r}) = \left[\frac{\hbar^2}{2m}(\frac{1}{i}\nabla + \vec{k})^2 + V(\vec{r})\right] u_{\vec{k}}(\vec{r}) = \varepsilon(\vec{k})u_{\vec{k}}(\vec{r})} \tag{4.20}$$

Der Wellenvektor $\vec{k}$ geht hier als Parameter ein. Weil $u_{\vec{k}}(\vec{r})$ periodisch bezüglich Gittertranslationen ist, handelt es sich um eine Randwertaufgabe auf der einzelnen Einheitszelle, also auf einem endlichen, mikroskopischen Gebiet. Als Lösungen sind daher für jedes feste $\vec{k}$ diskrete Eigenwerte $\varepsilon_n(\vec{k})$ und zugehörige Eigenfunktionen $u_{n\vec{k}}(\vec{r})$ zu erwarten. Diese können auf der Einheitszelle orthonormiert werden, so daß gilt:

$$\frac{1}{V_{pEZ}} \int_{V_{pEZ}} d^3r u^*_{n\vec{k}}(\vec{r}) u_{n'\vec{k}}(\vec{r}) = \delta_{nn'} \tag{4.21}$$

Damit erfüllen die Blochfunktionen $\psi_{n\vec{k}}(\vec{r}) = \frac{1}{\sqrt{V}} e^{i\vec{k}\vec{r}} u_{n\vec{k}}(\vec{r})$:

$$\begin{aligned}\int_V d^3r \psi^*_{n\vec{k}}(\vec{r}) \psi_{n'\vec{k}'}(\vec{r}) &= \frac{1}{V} \sum_{\vec{R}} \int_{V_{pEZ}(\vec{R})} d^3r e^{-i\vec{k}(\vec{R}+\vec{r})} u^*_{n\vec{k}}(\vec{R}+\vec{r}) e^{i\vec{k}'(\vec{R}+\vec{r})} u_{n'\vec{k}'}(\vec{R}+\vec{r}) = \\ &= \frac{1}{N} \sum_{\vec{R}} e^{i(\vec{k}'-\vec{k})\vec{R}} \frac{1}{V_{pEZ}} \int_{V_{pEZ}} d^3r u^*_{n\vec{k}}(\vec{r}) u_{n'\vec{k}'}(\vec{r}) = \delta_{\vec{k}\vec{k}'} \delta_{nn'}\end{aligned} \tag{4.22}$$

Die Eigenfunktionen $\psi_{n\vec{k}}(\vec{r})$ und Energie-Eigenwerte $\varepsilon_n(\vec{k})$ für das Problem eines Elektrons im periodischen Potential sind also durch zwei Quantenzahlen zu klassifizieren, nämlich den Wellenvektor $\vec{k}$ aus der ersten Brillouinzone und den Index n, der die diskreten Eigenwerte des Randwertproblems für die Blochfaktoren $u_{n\vec{k}}(\vec{r})$ numeriert. Dies ist analog zum Index j beim Phononenproblem, der die verschiedenen Zweige des Phononenspektrums abzählte. Hier heißt der Index n *Band-Index*. Im Unterschied zu den Phononen, wo es nur eine endliche Zahl von Zweigen gibt, gibt es unendlich viele Bänder; denn der effektive Hamiltonoperator $h(\vec{k})$ ist selbstadjungiert und seine Eigenfunktionen $u_{n\vec{k}}(\vec{r})$ bilden eine Basis auf dem Raum der über der Elementarzelle V_{pEZ} quadratintegrablen Funktionen. Daher muß auch die Vollständigkeitsrelation

$$\sum_n u^*_{n\vec{k}}(\vec{r}) u_{n\vec{k}}(\vec{r}') = V_{pEZ} \delta(\vec{r}-\vec{r}') \tag{4.23}$$

erfüllt sein. Die $\vec{k}$-Vektoren in der ersten Brillouinzone sind für ein endliches System mit periodischen (oder auch mit realistischen) Randbedingungen streng genommen ebenfalls diskret; da es sich beim Kristall aber um ein makroskopisches Volumen handelt, liegen die erlaubten $\vec{k}$-Werte dicht in der Brillouin-Zone und werden vielfach auch als kontinuierliche Variable betrachtet. Als Funktion von $\vec{k}$ sind die Dispersionsrelationen $\varepsilon_n(\vec{k})$ stetige Funktionen. An speziellen Punkten oder auch längs Linien oder Flächen in der Brillouinzone, insbesondere auch am Rand derselben, kann es zu *Bandentartungen* kommen, d.h. daß für diese speziellen $\vec{k}$ und $n \neq n'$ gilt $\varepsilon_n(\vec{k}) = \varepsilon_{n'}(\vec{k})$.

Das Bloch-Theorem ist so fundamental wichtig für die gesamte Festkörperphysik, daß hier noch ein zweiter Beweis dafür vorgeführt werden soll, der ohne den Translationsoperator auskommt. Da das Potential streng periodisch ist, können wir es in einer Fourier-Reihe entwickeln, wobei die Fourier-Koeffizienten durch die reziproken Gittervektoren $\vec{G}$ bestimmt sind, wie wir in Kapitel 1.3 schon gelernt haben:

$$V(\vec{r}) = \sum_{\vec{G}} V_{\vec{G}} e^{i\vec{G}\vec{r}} \tag{4.24}$$

mit

$$V_{\vec{G}} = \frac{1}{V_{pEZ}} \int_{pEZ} d^3r V(\vec{r}) e^{-i\vec{G}\vec{r}} \tag{4.25}$$

Die gesuchte Wellenfunktion setzen wir ebenfalls als Fourier-Reihe an:

$$\psi(\vec{r}) = \sum_{\vec{q}} c_{\vec{q}} e^{i\vec{q}\vec{r}} \tag{4.26}$$

Die Wellenfunktion $\psi(\vec{r})$ ist dabei *nicht* als periodisch bezüglich Gittertranslationen vorauszusetzen, sondern sie muß die Randbedingungen erfüllen, hier also speziell periodische Randbedingungen. Daher gilt

$$\vec{q} = \sum_{\alpha=1}^{3} \frac{n_\alpha}{N_\alpha} \vec{b}_\alpha \text{ mit } n_\alpha \text{ ganze Zahl} \tag{4.27}$$

wobei die $\vec{b}_\alpha, \alpha = 1, \dots, 3$ das reziproke Gitter (und damit den $\vec{k}$-Raum) aufspannen und N_α die Systemlänge in α-Richtung ist. Die $\vec{q}$ sind hier zunächst noch nicht auf die erste Brillouinzone beschränkt; jede Funktion, die periodische Randbedingungen erfüllt, läßt sich so darstellen, auch wenn sie nichts mit den Eigenfunktionen für ein periodisches Potential zu tun hat. Setzen wir nun die Fourier-Entwicklung für das (periodische) Potential und für die Wellenfunktion in die Schrödinger-Gleichung ein, so ergibt sich:

$$\left(-\frac{\hbar^2}{2m}\nabla^2 + V(\vec{r})\right)\psi(\vec{r}) = \left(-\frac{\hbar^2}{2m}\nabla^2 + \sum_{\vec{G}} V_{\vec{G}} e^{i\vec{G}\vec{r}}\right) \sum_{\vec{q}} c_{\vec{q}} e^{i\vec{q}\vec{r}} = \sum_{\vec{q}} \left(\frac{\hbar^2 q^2}{2m} + \sum_{\vec{G}} V_{\vec{G}} e^{i\vec{G}\vec{r}}\right) c_{\vec{q}} e^{i\vec{q}\vec{r}} =$$

$$= \sum_{\vec{q}} \frac{\hbar^2 q^2}{2m} c_{\vec{q}} e^{i\vec{q}\vec{r}} + \sum_{\vec{q}\vec{G}} V_{\vec{G}} e^{i(\vec{G}+\vec{q})\vec{r}} c_{\vec{q}} = \sum_{\vec{q}} \left(\frac{\hbar^2 q^2}{2m} c_{\vec{q}} + \sum_{\vec{G}} V_{\vec{G}} c_{\vec{q}-\vec{G}}\right) e^{i\vec{q}\vec{r}} = \varepsilon \sum_{\vec{q}} c_{\vec{q}} e^{i\vec{q}\vec{r}}$$

Also gilt:

$$\sum_{\vec{q}} \left[\left(\frac{\hbar^2 q^2}{2m} - \varepsilon\right) c_{\vec{q}} + \sum_{\vec{G}} V_{\vec{G}} c_{\vec{q}-\vec{G}} \right] e^{i\vec{q}\vec{r}} = 0 \tag{4.28}$$

Da die Funktionen $e^{i\vec{q}\vec{r}}$ ein Orthonormalsystem bilden, folgt:

$$\left(\frac{\hbar^2 q^2}{2m} - \varepsilon\right) c_{\vec{q}} + \sum_{\vec{G}} V_{\vec{G}} c_{\vec{q}-\vec{G}} = 0 \tag{4.29}$$

Wie erwähnt, kann $\vec{q}$ hierbei noch alle mit periodischen Randbedingungen verträglichen Werte annehmen und ist noch nicht auf die erste Brillouin-Zone beschränkt. Zu jedem $\vec{q}$ existiert aber ein eindeutiges $\vec{k}\varepsilon$ 1.B.Z. und ein eindeutiges $\vec{\tilde{G}}$ reziproker Gitter-Vektor, so daß $\vec{q} = \vec{k} - \vec{\tilde{G}}$. Damit ergibt sich:

$$\left(\frac{\hbar^2}{2m}(\vec{k} - \vec{\tilde{G}})^2 - \varepsilon\right) c_{\vec{k}-\vec{\tilde{G}}} + \sum_{\vec{G}} V_{\vec{G}-\vec{\tilde{G}}} c_{\vec{k}-\vec{G}} = 0 \tag{4.30}$$

Dies stellt für jedes $\vec{k}\varepsilon$ 1.B.Z. ein lineares, homogenes Gleichungssystem für die Koeffizienten $c_{\vec{k}-\vec{\tilde{G}}}$ dar. Verknüpft werden dabei offenbar nur Koeffizienten, die sich durch reziproke Gittervektoren unterscheiden. Für jedes $\vec{k}$ aus der ersten Brillouinzone hat man also ein eigenes Gleichungssystem, das von denen zu anderen $\vec{k}'$ entkoppelt ist. Man kann die möglichen Lösungen daher nach $\vec{k}$ klassifizieren und erhält so:

$$\psi_{\vec{k}}(\vec{r}) = \sum_{\vec{G}} c_{\vec{k}-\vec{G}} e^{i(\vec{k}-\vec{G})\vec{r}} = e^{i\vec{k}\vec{r}} \sum_{\vec{G}} c_{\vec{k}-\vec{G}} e^{-i\vec{G}\vec{r}} \tag{4.31}$$

Also lassen sich die Eigenfunktionen der Schrödinger-Gleichung darstellen als:

$$\psi_{\vec{k}}(\vec{r}) = e^{i\vec{k}\vec{r}} u_{\vec{k}}(\vec{r}) \tag{4.32}$$

mit $\vec{k}$ aus der ersten Brillouinzone und

$$u_{\vec{k}}(\vec{r}) = \sum_{\vec{G}} c_{\vec{k}-\vec{G}} e^{-i\vec{G}\vec{r}} = u_{\vec{k}}(\vec{r}+\vec{R}) \tag{4.33}$$

(wegen $e^{-i\vec{G}\vec{R}} = 1$). Diese Aussage entspricht gerade wieder dem *Bloch-Theorem.*

4.2 Näherung fast freier Elektronen

In diesem Abschnitt wird vom Modell freier Elektronen ausgegangen und das periodische Potential als Störung betrachtet, die in quantenmechanischer, zeitunabhängiger Störungsrechnung behandelt werden soll. Wir gehen aus von der Fourier-transformierten Schrödinger-Gleichung (4.30):

$$\left(\frac{\hbar^2}{2m}(\vec{k}-\vec{G}_0)^2 - \varepsilon\right) c_{\vec{k}-\vec{G}_0} + \sum_{\vec{G}} V_{\vec{G}-\vec{G}_0} c_{\vec{k}-\vec{G}} = 0 \tag{4.34}$$

mit $\vec{k}$ aus der ersten Brillouinzone und $\vec{G}$,$\vec{G}_0$ reziproken Gittervektoren. In 0.Ordnung im Potential kann man dieses ganz vernachlässigen ($V \approx 0$) und erhält sofort

$$\varepsilon^{(0)}_{\vec{G}_0}(\vec{k}) = \varepsilon^{(0)}_{\vec{k}-\vec{G}_0} = \frac{\hbar^2}{2m}(\vec{k}-\vec{G}_0)^2 \tag{4.35}$$

Hierbei ist die Gitterstruktur schon berücksichtigt, weil ja ein reziprokes Gitter und eine Brillouinzone eingeführt worden ist. Die Potentialstärke ist aber noch vernachlässigt, und streng genommen macht sich das Gitter erst durch ein periodisches Potential bemerkbar. Für wirklich freie (nicht-relativistische) Elektronen hat man wie immer die Dipersion

$$\varepsilon^{(0)}(\vec{q}) = \frac{\hbar^2 q^2}{2m} \tag{4.36}$$

und als Eigenfunktionen ebene Wellen

$$\psi_{\vec{q}}(\vec{r}) = \frac{1}{\sqrt{Vol}} e^{i\vec{q}\vec{r}} \tag{4.37}$$

wobei Vol das Volumen des Systems (Kristalls) ist und $\vec{q}$ *alle* mit periodischen Randbedingungen kompatiblen Wellenvektoren durchläuft (also nicht auf die erste Brillouinzone beschränkt). Jedes $\vec{q}$ läßt sich aber eindeutig darstellen als Summe eines $\vec{k}$ aus der ersten Brillouinzone und eines reziproken Gittervektors $\vec{G}_0$, wenn man irgendeine Gitterstruktur zugrundelegt:

$$\vec{q} = \vec{k} - \vec{G}_0 \quad \varepsilon^{(0)}_{\vec{G}_0}(\vec{k}) = \frac{\hbar^2}{2m}(\vec{k}-\vec{G}_0)^2 \quad \psi_{\vec{G}_0}(\vec{k}) = \frac{1}{\sqrt{Vol}} e^{-i\vec{G}_0\vec{r}} e^{i\vec{k}\vec{r}} \tag{4.38}$$

Eigenenergien und -funktionen sind dann durch zwei Quantenzahlen charakterisiert, nämlich den Wellenvektor $\vec{k}$ aus der ersten Brillouinzone und den reziproken Gittervektor $\vec{G}_0$. Die Eigenfunktionen lassen sich darstellen als Produkt der ebenen Welle $e^{i\vec{k}\vec{r}}$ und der Funktion $e^{-i\vec{G}_0\vec{r}}$; letzteres ist eine gitterperiodische Funktion und entspricht dem Bloch-Faktor im Fall freier Elektronen. Wir haben also für das Trivialbeispiel eines Gitters mit verschwindend kleinem (periodischem) Potential das Bloch-Theorem noch einmal bestätigt; die reziproken Gittervektoren übernehmen hier die Rolle der Band-Indizes n.

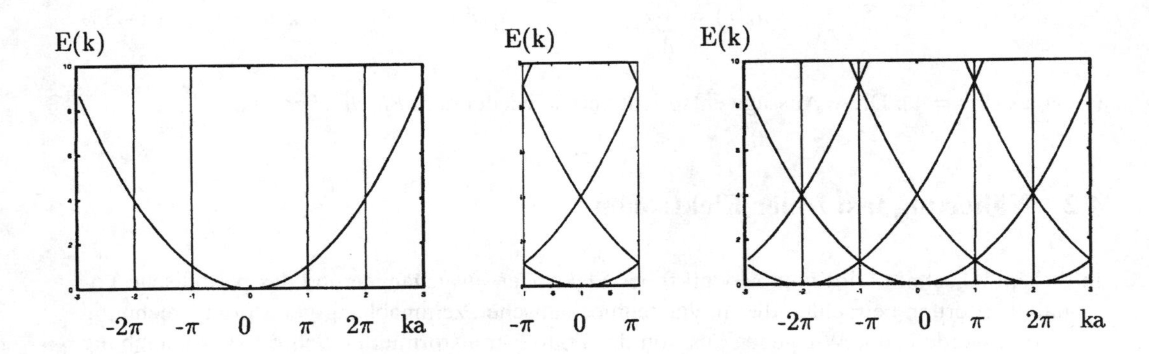

Bild 4.2 Dispersion freier Elektronen und ihre Darstellung im reduzierten und ausgedehnten Zonenschema für ein eindimensionales System

Man spricht in diesem Zusammenhang auch vom *reduzierten Zonenschema* und vom *ausgedehnten Zonenschema*. Dies ist in Abbildung 4.2 für ein eindimensionales System veranschaulicht. Die Bandstruktur wirklich freier Elektronen ist eine Parabel; durch Verschieben um reziproke Gittervektoren in die erste Brillouinzone kommt man zum *reduzierten Zonenschema*; hier gibt es zu jedem k aus der 1. Zone mehrere (unendlich viele) erlaubte Energieeigenwerte, die sich im reziproken Gittervektor (, um den sie gegenüber der freien Parabel verschoben sind,) unterscheiden. Setzt man diese Bandstruktur innerhalb der ersten Brillouinzone nun in die anderen höheren Brillouinzonen periodisch fort, kommt man zum *ausgedehnten Zonenschema*.

Wenn ein endliches periodisches Potential angeschaltet wird, kann zunächst der Potentialnullpunkt so gewählt werden, daß die 0.Fourier-Komponente, d.h. der Potentialmittelwert verschwindet:

$$V_{\vec{0}} = \frac{1}{V_{pEZ}} \int_{pEZ} d^3r V(\vec{r}) = 0 \tag{4.39}$$

Dann folgt aus der fouriertransformierten Schrödinger-Gleichung:

$$(\varepsilon^{(0)}_{\vec{k}-\vec{G}_0} - \varepsilon) c_{\vec{k}-\vec{G}_0} = - \sum_{\vec{G} \neq \vec{G}_0} V_{\vec{G}-\vec{G}_0} c_{\vec{k}-\vec{G}} \tag{4.40}$$

Hierbei ist ε die gesuchte neue Eigenenergie im Band $\vec{G}_0$ bei Anwesenheit des Potentials, und nach obigen Überlegungen sollte sie sich nicht allzu sehr von $\varepsilon^{(0)}_{\vec{k}-\vec{G}_0}$ unterscheiden. Wenn das Potential schwach ist, sind nur kleine Abweichungen vom Verhalten freier Elektronen zu erwarten. Daher wird die Klassifikation der Bänder nach reziproken Gittervektoren $\vec{G}$ zunächst weiterhin möglich und sinnvoll sein. Betrachten wir nun das Band zu $\vec{G}_0$, dann kann man annehmen, daß die Fourier-Koeffizienten $c_{\vec{k}-\vec{G}}$ für $\vec{G} \neq \vec{G}_0$ klein sind, da sie ja für $V \to 0$ verschwinden. Schreiben wir die entsprechende Gleichung des linearen Gleichungssystems für die Koeffizienten $\vec{G}$ aber für die Eigenenergie im Band $\vec{G}_0$ noch einmal hin:

$$(\varepsilon_{\vec{k}-\vec{G}}^{(0)} - \varepsilon)c_{\vec{k}-\vec{G}} = -\sum_{\vec{\tilde{G}} \neq \vec{G}} V_{\vec{\tilde{G}}-\vec{G}} c_{\vec{k}-\vec{\tilde{G}}} = -V_{\vec{G}_0-\vec{G}} c_{\vec{k}-\vec{G}_0} - \sum_{\vec{\tilde{G}} \neq \vec{G}_0, \vec{G}} V_{\vec{\tilde{G}}-\vec{G}} c_{\vec{k}-\vec{\tilde{G}}} \tag{4.41}$$

Hier können wir nun den letzten Term vernachlässigen, da alle Summanden mindestens von Ordnung V^2 sind, während der erste Summand auf der rechten Seite höchstens linear in V ist, da $c_{\vec{k}-\vec{G}_0}$ von Ordnung $O(1)$ ist. Damit folgt:

$$c_{\vec{k}-\vec{G}} = \frac{V_{\vec{G}_0-\vec{G}}}{\varepsilon - \varepsilon_{\vec{k}-\vec{G}}^{(0)}} c_{\vec{k}-\vec{G}_0} \tag{4.42}$$

Setzt man dies in (4.40) ein, folgt:

$$(\varepsilon - \varepsilon_{\vec{k}-\vec{G}_0}^{(0)}) c_{\vec{k}-\vec{G}_0} = \sum_{\vec{G}} \frac{V_{\vec{G}-\vec{G}_0} V_{\vec{G}_0-\vec{G}}}{\varepsilon - \varepsilon_{\vec{k}-\vec{G}}^{(0)}} c_{\vec{k}-\vec{G}_0} \tag{4.43}$$

und damit:

$$\varepsilon = \varepsilon_{\vec{k}-\vec{G}_0}^{(0)} + \sum_{\vec{G} \neq \vec{G}_0} \frac{|V_{\vec{G}-\vec{G}_0}|^2}{\varepsilon - \varepsilon_{\vec{k}-\vec{G}}^{(0)}} \tag{4.44}$$

Dies entspricht der quantenmechanischen Brillouin-Wigner-Störungsreihe bis zur zweiten Ordnung in der Störung V; beachte, daß die zu bestimmende Eigenenergie ε auf der rechten Seite noch selbst im Nenner auftritt. Wenn keine Entartung vorliegt und der Störterm wirklich immer klein ist, kann auf der rechten Seite die gesuchte Energie ε durch ihre 0.Näherung $\varepsilon_{\vec{k}-\vec{G}_0}^{(0)}$ ersetzt werden; man ist dann auf jeden Fall exakt bis zur Ordnung V^2 im periodischen Potential als Störung. Dann erhält man:

$$\varepsilon = \varepsilon_{\vec{k}-\vec{G}_0}^{(0)} + \sum_{\vec{G} \neq \vec{G}_0} \frac{|V_{\vec{G}-\vec{G}_0}|^2}{\varepsilon_{\vec{k}-\vec{G}_0}^{(0)} - \varepsilon_{\vec{k}-\vec{G}}^{(0)}} \tag{4.45}$$

Dies entspricht gerade der Rayleigh-Schrödinger-Störungsreihe bis zur 2. Ordnung. Im Bereich der Brillouinzone, in dem keine Bandentartungen der ungestörten freien Elektronen-Energien auftreten, sind die in Störungsrechnung 2.Ordnung im periodischen Potential berechneten Eigenenergien also um Terme der Größenordnung $\frac{V^2}{\Delta\varepsilon}$ modifiziert gegenüber den Energien für freie Elektronen, wobei $\Delta\varepsilon$ der Energieabstand benachbarter Bänder ist. In der Regel gilt daher $|\Delta\varepsilon| = |\varepsilon_{\vec{k}-\vec{G}_0}^{(0)} - \varepsilon_{\vec{k}-\vec{G}}^{(0)}| \gg |V|$, und dann ist die Näherung für die Eigenenergien auch gut. Es gibt jedoch spezielle $\vec{k}$-Punkte in der Brillouinzone, bei denen Entartung vorliegt, d.h. bei denen die zu verschiedenen reziproken Gittervektoren $\vec{G}_0 \neq \vec{G}_1$ gehörigen ungestörten (freie Elektronen-) Eigenwerte entartet sind, also $\varepsilon_{\vec{k}-\vec{G}_0}^{(0)} = \varepsilon_{\vec{k}-\vec{G}_1}^{(0)}$ erfüllen. In der Umgebung dieser $\vec{k}$-Punkte ist die Rayleigh-Schrödinger-Störungsrechnung nicht mehr möglich wegen des divergierenden Nenners, ein Problem, daß einem in der Praxis häufig bei (zu naiver Anwendung von) Störungsrechnung begegnen kann. In der Regel liegt die Entartung aber nur für zwei reziproke Gittervektoren vor, dann darf man für $\vec{k}$ in der Umgebung dieses Entartungspunktes in dem entsprechenden Summanden von (4.44) die gesuchte Eigenenergie im Nenner noch nicht durch die 0.Ordnung ersetzen, da man dann durch 0 dividieren würde, was schlecht ist; für alle übrigen $\vec{G}$ ist die vorherige Ersetzung dagegen erlaubt. Deshalb erhält man:

$$\varepsilon(\vec{k}) = \varepsilon^{(0)}_{\vec{k}-\vec{G}_0} + \frac{|V_{\vec{G}_1-\vec{G}_0}|^2}{\varepsilon(\vec{k}) - \varepsilon^{(0)}_{\vec{k}-\vec{G}_1}} + \sum_{\vec{G}\neq\vec{G}_0\vec{G}_1} \frac{|V_{\vec{G}-\vec{G}_0}|^2}{\varepsilon^{(0)}_{\vec{k}-\vec{G}_0} - \varepsilon^{(0)}_{\vec{k}-\vec{G}}} \tag{4.46}$$

Vernachlässigt man den letzten Term, der wie zuvor bei den $\vec{k}$-Werten, die nicht in der Nähe von Entartungspunkten sind, als klein angesehen werden darf, erhält man eine quadratische Gleichung für die gesuchten Eigenwerte mit der Lösung:

$$\varepsilon(\vec{k}) = \frac{1}{2}\left[\varepsilon^{(0)}_{\vec{k}-\vec{G}_0} + \varepsilon^{(0)}_{\vec{k}-\vec{G}_1} \pm \sqrt{(\varepsilon^{(0)}_{\vec{k}-\vec{G}_0} - \varepsilon^{(0)}_{\vec{k}-\vec{G}_1})^2 + 4|V_{\vec{G}_0-\vec{G}_1}|^2}\right] \tag{4.47}$$

Genau am Entartungspunkt $\vec{k}$, wo $\varepsilon^{(0)}_{\vec{k}-\vec{G}_0} = \varepsilon^{(0)}_{\vec{k}-\vec{G}_1}$ gilt, erhalten wir jetzt zwei neue Eigenenergien

$$\boxed{\varepsilon^{\pm}(\vec{k}) = \varepsilon^{(0)}_{\vec{k}-\vec{G}_0} \pm |V_{\vec{G}_0-\vec{G}_1}|} \tag{4.48}$$

Die Entartung wird durch die Anwesenheit des periodischen Potentials also aufgehoben. Die für Bänder freier Elektronen bei $\vec{k}$ zusammenfallenden Eigenenergien werden aufgespalten und sind durch eine *Energie-Lücke* $2|V_{\vec{G}_0-\vec{G}_1}|$ voneinander getrennt. Man versteht so das Zustandekommen von Energie-Bändern, d.h. Energieintervallen, in denen Eigenenergien liegen, und von Energielücken, d.h. Intervallen, in denen keine erlaubten Energieeigenwerte für den Kristall vorkommen. Die Aufspaltung und damit die Größe der Energielücke ist direkt durch die Stärke des Potentials bestimmt.

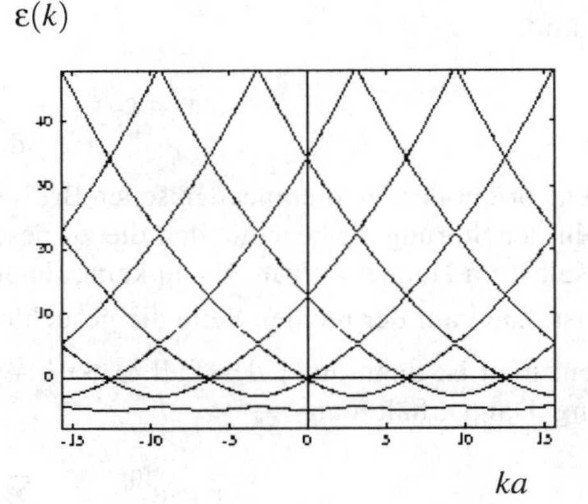

Bild 4.3 Bandstruktur fast freier Elektronen im eindimensionalen periodischen Potential im ausgedehnten Zonenschema

Als einfaches dreidimensionales Beispiel für freie Elektronenbänder bei Anwesenheit einer Kristallstruktur mit zugehörigem reziproken Gitter sind in der folgenden Abbildung 4.4 die Bänder (in 0.Ordnung im Potential) für eine einfach kubische Struktur längs der üblichen Haupt-Symmetrierichtungen der Brillouinzone dargestellt. Hierbei wird der Bandindex durch reziproke Gittervektoren wie $\vec{G} = (0,0,0)$, $\frac{2\pi}{a}(1,0,0)$, $\frac{2\pi}{a}(0,1,0)$, $\frac{2\pi}{a}(0,0,1)$, $\frac{2\pi}{a}(1,1,0)$, $\frac{2\pi}{a}(1,0,1)$, $\frac{2\pi}{a}(0,1,1)$ und $\frac{2\pi}{a}(1,1,1)$ bestimmt. Längs der Hauptsymmetrierichtungen sind aber immer einige der zu den o.g. reziproken Gittervektoren gehörigen Bänder entartet, so daß in der Abbildung maximal 7 verschiedene Bänder zu unterscheiden sind. Die Energie ist in Einheiten von $\frac{\hbar^2}{2ma^2}$ gemessen, was bei $a \sim 5Å$ von der Größenordnung 10^{-1} eV ist.Längs der (100)-Richtung ergibt sich qualitativ ungefähr das vom eindimensionalen Fall her bekannte Ergebnis. In den anderen Richtungen wird die Situation aber komplizierter. Insbesondere erlaubt diese Darstellung schon ein qualitatives Verständnis dafür, daß das Bandminimum des höher liegenden Bandes an einer anderen Stelle im $\vec{k}$-Raum liegt als das Bandmaximum des darunter liegenden Bandes.

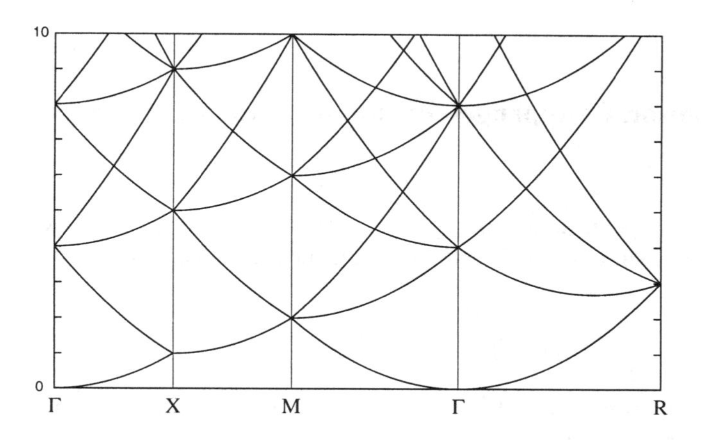

Bild 4.4 Bandstruktur freier Elektronen für ein einfach-kubisches Gitter längs ausgewählter Symmetrierichtungen in der 1.Brillouin-Zone

Somit kann man das Auftreten von indirekten Bandlücken qualitativ schon im Modell quasifreier Elektronen verstehen als Folge der Kristallstruktur und des Faltens der quadratischen Dipersionsrelation von freien Elektronen in die 1.Brillouinzone.

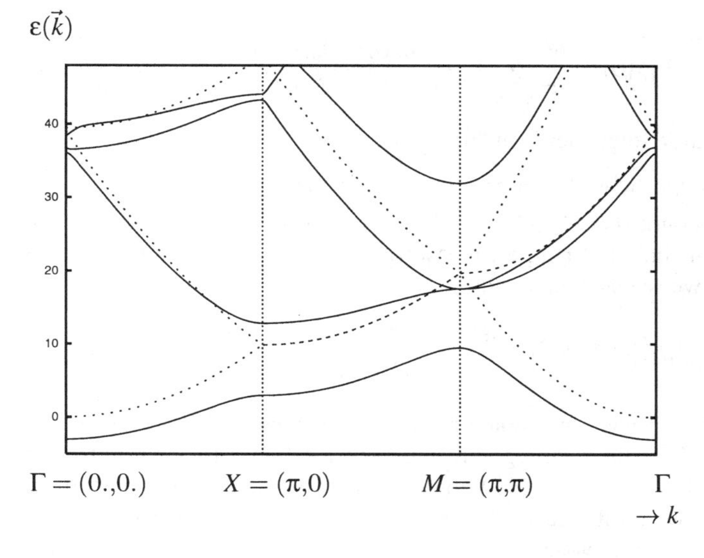

Bild 4.5 Bandstruktur freier (gestrichelt) und quasifreier (durchgezogene Linien) Elektronen auf einem 2-dimensionalen quadratischen Gitter

Dies wird auch noch einmal ersichtlich aus dem zweiten, in Abbildung 4.5 dargestellten Beispiel, wo für ein zweidimensionales quadratisches Gitter die freie Elektronenbandstruktur (gestrichelte Linien) und die resultierende Bandstruktur für quasifreie Elektronen (bei Berücksichtigung weniger Fourier-Komponenten eines periodischen Potentials) dargestellt ist wie üblich längs spezieller Richtungen in der 1.Brillouinzone. Auch hierbei existieren indirekte Bandlücken.

4.3 Effektiver Massentensor, Gruppengeschwindigkeit und *kp*-Störungsrechnung

In diesem Abschnitt sollen einige Aspekte der $\vec{k}$-Abhängigkeit in Bändern genauer studiert werden. Wir gehen dazu aus von der Schrödinger-Gleichung (4.20) für die Blochfaktoren. Diese kann man umschreiben in:

$$[\frac{\vec{p}^2}{2m} + V(\vec{r}) + \frac{\hbar}{m}(\vec{k}\cdot\vec{p})]u_{n\vec{k}}(\vec{r}) = [\varepsilon_n(\vec{k}) - \frac{\hbar^2 k^2}{2m}]u_{n\vec{k}}(\vec{r}) \tag{4.49}$$

wobei $\vec{p} = \frac{\hbar}{i}\nabla$ den Impulsoperator bezeichnet. Hierin soll nun der Term $\sim \vec{k}\vec{p}$ als Störung betrachtet werden; dann kann man für $|\vec{k}| \ll |\vec{G}|$ die Energieeigenwerte und -zustände näherungsweise mittels quantenmechanischer Störungsrechnung bestimmen. In nullter Ordnung in $\vec{k}$ hat man

$$[\frac{\vec{p}^2}{2m} + V(\vec{r})]u_{n\vec{0}}(\vec{r}) = \varepsilon_n(\vec{0})u_{n\vec{0}}(\vec{r}) \tag{4.50}$$

zu lösen. Dies entspricht wieder einer einfachen Schrödingergleichung mit periodischen Randbedingungen bezüglich der Einheitszellen. In zweiter Ordnung quantenmechanischer Störungsrechnung erhält man nun:

$$\varepsilon_n(\vec{k}) - \frac{\hbar^2 k^2}{2m} = \varepsilon_n(0) + \frac{\hbar^2}{m^2}\sum_{n'\neq n}\frac{\langle n0|\vec{k}\vec{p}|n'0\rangle\langle n'0|\vec{k}\vec{p}|n0\rangle}{\varepsilon_n(0) - \varepsilon_{n'}(0)} \tag{4.51}$$

Bei der Herleitung von (4.51) wurde folgendes benutzt:

1. quantenmechanische Rayleigh-Schrödinger-Störungsrechnung, d.h.:

   Gegeben sei Hamilton-Operator $H = H_0 + H_1$, $|n^{(0)}\rangle$ bezeichne Eigenzustände von H_0, d.h. $H_0|n^{(0)}\rangle = E_{n0}|n^{(0)}\rangle$. Dann sind die Energie-Eigenwerte E_n des vollen H bis zur zweiten Ordnung in H_1 näherungsweise gegeben durch:

   $$E_n = E_{n0} + \langle n^{(0)}|H_1|n^{(0)}\rangle + \sum_{n'\neq n}\frac{\langle n^{(0)}|H_1|n'^{(0)}\rangle\langle n'^{(0)}|H_1|n^{(0)}\rangle}{E_{n0} - E_{n'0}}$$

   Diese ist eine elementare und wichtige Relation aus der Quantenmechanik, die so nur anwendbar ist, wenn keine Entartung vorliegt. Sie wurde auch schon in (4.45) benutzt und für das spezielle Problem dort abgeleitet. Die Voraussetzung der Nicht-Entartung ist beim vorliegenden Problem vielfach erfüllt, da am Γ-Punkt ($\vec{k} = 0$) die Bänder zu verschiedenem Bandindex in der Regel nicht entartet sind.

2. In (4.51) wurde die Ket-Schreibweise für die Blochfaktoren benutzt, also $u_{n\vec{k}}(\vec{r}) = \langle\vec{r}|n\vec{k}\rangle$

3. Da das periodische Potential Inversionssymmetrie hat, d.h. $V(\vec{r}) = V(-\vec{r})$ erfüllt, hat die Eigenfunktion zu $\vec{k} = 0$ ebenfalls Inversionssymmetrie, daher verschwindet das Diagonalelement von $\vec{k}\vec{p}$:

   $$\langle 0n|\vec{k}\vec{p}|0n\rangle = 0$$

   Daher tritt kein Glied linear in der Störung auf.

Gleichung (4.51) kann auch geschrieben werden als

$$\varepsilon_n(\vec{k}) - \frac{\hbar^2 k^2}{2m} = \varepsilon_n(0) + \frac{\hbar^2}{m^2} \sum_{\alpha\alpha'} k_\alpha k_{\alpha'} \sum_{n' \neq n} \frac{\langle n0|p_\alpha|n'0\rangle\langle n'0|p_{\alpha'}|n0\rangle}{\varepsilon_n(0) - \varepsilon_{n'}(0)} \tag{4.52}$$

In der Umgebung des Γ-Punktes ist somit im allgemeinen in jedem Band für kleine k eine quadratische k-Abhängigkeit zu erwarten, wenn das Potential inversionssymmetrisch ist. In allen Bändern, auch den höher liegenden, hat man daher zumindest für kleine k das Verhalten wie bei freien Elektronen. Allerdings ist schon in Ordnung k^2 im allgemeinen eine Anisotropie zu erwarten, außerdem kann die sogenannte *effektive Masse* drastisch verschieden sein von der freien Elektronenmasse. Man definiert den **Tensor der effektiven Masse** im Band mit Bandindex n durch

$$\left(\frac{1}{m^*(n)}\right)_{\alpha\alpha'} = \frac{1}{\hbar^2}\frac{\partial^2 \varepsilon_n(\vec{k})}{\partial k_\alpha \partial k_{\alpha'}} = \frac{1}{m}\delta_{\alpha\alpha'} + \frac{2}{m^2}\sum_{n' \neq n} \frac{\langle n0|p_\alpha|n'0\rangle\langle n'0|p_{\alpha'}|n0\rangle}{\varepsilon_n(0) - \varepsilon_{n'}(0)} \tag{4.53}$$

wobei m die freie Elektronen-Masse ist. Dann gilt offenbar

$$\varepsilon_n(\vec{k}) = \varepsilon_n(0) + \sum_{\alpha\alpha'} \left(\frac{1}{2m^*(n)}\right)_{\alpha\alpha'} \hbar^2 k_\alpha k_{\alpha'} \tag{4.54}$$

Wenn m^* diagonal und isotrop ist, hat man also wieder genau die Dispersionsrelation freier Teilchen vorliegen, aber mit modifizierter effektiver Masse m^*. Die effektive Masse kann drastisch verschieden sein vom Wert freier Elektronen, sie kann kleiner oder viel größer sein als m, sie kann sogar negativ sein. Dies ist immer dann der Fall, wenn $\varepsilon_n(\vec{k})$ eine negative Krümmung hat, also speziell bei Maxima der Dispersionsrelation. Dann rührt der Haupt-Beitrag in der n'-Summe im Term zweiter Ordnung der Störungsreihe von Bändern n', die bei $\vec{k} = 0$ energetisch höher liegen, so daß die n'-Summe insgesamt negativ wird. Negative effektive Massen finden ihre natürliche physikalische Interpretation als Löcher (d.h. Elektronen-Fehlstellen) im fast gefüllten Energieband.

Auch für ein $\vec{k}_0 \neq 0$ kann man eine $\vec{k}\vec{p}$-Störungsrechnung durchführen und eine effektive Masse definieren. Allerdings sind dann stärkere Abweichungen vom freien Elektronenverhalten zu erwarten. Insbesondere gibt es kein Argument mehr, weshalb der in $\vec{k}$ lineare Term in der Störungsrechnung verschwinden sollte. Berücksichtigt man, daß für den Differentialoperator $h(\vec{k})$ im Randwertproblem (4.20) für die $u_{n\vec{k}}(\vec{r})$ gilt:

$$h(\vec{k}_0 + \vec{k}) = h(\vec{k}_0) + \frac{\hbar}{m}(\vec{p} + \hbar\vec{k}_0)\cdot\vec{k} + \frac{\hbar^2 k^2}{2m} \tag{4.55}$$

so findet man in Verallgemeinerung von (4.51)

$$\varepsilon_n(\vec{k}_0 + \vec{k}) = \varepsilon_n(\vec{k}_0) + \frac{\hbar}{m}\vec{k}\cdot\langle\psi_{n\vec{k}_0}|\vec{p}|\psi_{n\vec{k}_0}\rangle + \frac{\hbar^2 k^2}{2m} + \frac{\hbar^2}{m^2}\sum_{n' \neq n} \frac{\langle\psi_{n\vec{k}_0}|\vec{k}\vec{p}|\psi_{n'\vec{k}_0}\rangle\langle\psi_{n'\vec{k}_0}|\vec{k}\vec{p}|\psi_{n\vec{k}_0}\rangle}{\varepsilon_n(\vec{k}_0) - \varepsilon_{n'}(\vec{k}_0)} \tag{4.56}$$

Hierbei wurde benutzt:

$$\langle\psi_{n\vec{k}_0}|\vec{p}|\psi_{n'\vec{k}_0}\rangle = \langle n\vec{k}_0|e^{-i\vec{k}_0\vec{r}}\vec{p}e^{i\vec{k}_0\vec{r}}|n'\vec{k}_0\rangle = \langle n\vec{k}_0|(\vec{p} + \hbar\vec{k}_0)|n'\vec{k}_0\rangle \tag{4.57}$$

Es gilt also

$$\nabla_{\vec{k}} \varepsilon_n(\vec{k}) = \frac{\hbar}{m} \langle \psi_{n\vec{k}} | \vec{p} | \psi_{n\vec{k}} \rangle \tag{4.58}$$

Diese Relation ist die Verallgemeinerung des von freien Elektronen bekannten Gesetzes $\langle \vec{k}|\vec{p}|\vec{k}\rangle = \hbar\vec{k}$. Die Blochfunktion $\psi_{n\vec{k}}(\vec{r})$ ist aber im Gegensatz zur ebenen Welle keine Eigenfunktion des Impulsoperators $\vec{p}$ mehr. Für $\vec{k}_0 \neq 0$ kann man auch einen effektiven Masse-Tensor definieren durch

$$\left(\frac{1}{m^*(n\vec{k}_0)} \right)_{\alpha\alpha'} = \frac{1}{\hbar^2} \frac{\partial^2 \varepsilon_n(\vec{k})}{\partial k_\alpha \partial k_{\alpha'}} \bigg|_{\vec{k}_0} \tag{4.59}$$

Die Ableitung der Energiedispersion eines Bandes nach dem Wellenvektor hat die physikalische Bedeutung einer Gruppengeschwindigkeit. Dies wird durch folgende elementare Überlegung klar: Man stelle sich ein Wellenpaket als Überlagerung von Blochfunktionen in der Umgebung eines festen $\vec{k}$ vor, also

$$\psi(\vec{r},t) = \sum_{\vec{\kappa}} a_{\vec{\kappa}} \psi_{n\vec{k}+\vec{\kappa}}(\vec{r}) e^{-i\varepsilon_n(\vec{k}+\vec{\kappa})t/\hbar} = \sum_{\vec{\kappa}} a_{\vec{\kappa}} u_{n\vec{k}+\vec{\kappa}}(\vec{r}) e^{i[(\vec{k}+\vec{\kappa})\vec{r} - \varepsilon_n(\vec{k}+\vec{\kappa})t/\hbar} =$$
$$e^{i(\vec{k}\vec{r} - \varepsilon_n(\vec{k})/\hbar)t)} u_{n\vec{k}}(\vec{r}) \sum_{\vec{\kappa}} a_{\vec{\kappa}} e^{i\vec{\kappa}(\vec{r} - \nabla_{\vec{k}} \varepsilon_n(\vec{k})t/\hbar)} \tag{4.60}$$

Das Wellenpaket setzt sich also zusammen aus einer Blochwelle multipliziert mit einer räumlichen Verteilung, die sich mit der Geschwindigkeit $\frac{1}{\hbar}\nabla_{\vec{k}}\varepsilon_n(\vec{k})$ gleichförmig bewegt. Kennt man den effektiven Massentensor und die Gruppengeschwindigkeit, dann kann man die Bandstruktur lokal, d.h. in der Umgebung bestimmter $\vec{k}$-Punkte aus der ersten Brillouin-Zone schon ganz gut beschreiben.

Zum Schluß dieses Abschnitts sollen noch einige wichtige, aber einfache und einem beinahe selbstverständlich vorkommende Symmetrierelation der Elektronendispersion angeführt werden. Es gilt zunächst das

Kramers-Theorem[3]

$$\varepsilon_n(\vec{k}) = \varepsilon_n(-\vec{k}) \tag{4.61}$$

falls das Potential Inversionssymmetrie hat. Dies ist leicht zu beweisen, da der Hamilton-Operator dann mit dem Paritätsoperator P (definiert durch $P\phi(\vec{r}) = \phi(-\vec{r})$) vertauscht. Somit folgt:

$$\begin{aligned} HP\psi_{n\vec{k}}(\vec{r}) &= H\psi_{n\vec{k}}(-\vec{r}) = PH\psi_{n\vec{k}}(\vec{r}) = \varepsilon_n(\vec{k})P\psi_{n\vec{k}}(\vec{r}) \\ T_{\vec{R}}P\psi_{n\vec{k}}(\vec{r}) &= T_{\vec{R}}e^{-i\vec{k}\vec{r}}u_{n\vec{k}}(-\vec{r}) = e^{-i\vec{k}\vec{R}}P\psi_{n\vec{k}}(\vec{r}) \end{aligned} \tag{4.62}$$

Also ist $P\psi_{n\vec{k}}(\vec{r}) = e^{-i\vec{k}\vec{r}}u_{n\vec{k}}(-\vec{r})$ Eigenfunktion von H und Translations-Operator $T_{\vec{R}}$ zum Wellenvektor $-\vec{k}$ und Energieeigenwert $\varepsilon_n(\vec{k})$. Analog kann man folgern, daß gilt:

$$\varepsilon_n(\underline{\underline{D}}\vec{k}) = \varepsilon_n(\vec{k}) \tag{4.63}$$

wenn $\underline{\underline{D}}$ eine Symmetrieoperation des zugrundeliegenden Gitters ist. Schließlich vermerken wir noch die triviale Relation

[3] H.A.Kramers, * 1894 in Rotterdam, † 1952 in Oegstgeest (Niederlande), holländischer Physiker, Prof. in Utrecht, Delft und Leiden, Arbeiten zur Dispersionstheorie (mit Kronig) und zur Quantentheorie des Elektrons, sagte 1924 den Raman-Effekt voraus

$$\varepsilon_n(\vec{k}) = \varepsilon_n(\vec{k} + \vec{G}) \tag{4.64}$$

für jeden reziproken Gittervektor $\vec{G}$, wenn man denn die Dispersionsrelationen über die erste Brillouinzone hinaus fortsetzen will.

4.4 Modell starker Bindung (Tight-Binding-Modell), Wannier-Zustände

Obwohl das Modell quasifreier Elektronen schon ein qualitatives Verständnis der Ausbildung von Energiebändern und Bandlücken und von für bestimmte Bravais-Gitter charakteristischen Besonderheiten in der Bandstruktur erlaubt, ist es für quantitative Bandstruktur-Berechnungen in der Regel nicht geeignet. Die Grundannahme eines schwachen periodischen Potentials, nach dem Störungsrechnung möglich ist, ist nämlich in der Regel nicht gegeben. Das Potential ist vielmehr als stark anzusehen. Eine alternative Methode zum Verstehen des Aufbaus der elektronischen Energiebänder startet daher vom umgekehrten Grenzfall der stark gebundenen, lokalisierten Elektronen. Man startet dabei von den isolierten Atomen, nimmt an, daß die atomaren Eigen-Zustände und -Energien bekannt sind und untersucht die Modifikation dieser Zustände, wenn man die Atome nahe zusammenbringt, so daß sie miteinander in Beziehung treten, chemische Bindungen eingehen und Kristalle bilden. Hat man ein isoliertes Atom am Ort $\vec{R}$, dann soll also das atomare Problem

$$H_{at,\vec{R}}\varphi_n(\vec{r} - \vec{R}) = E_n\varphi_n(\vec{r} - \vec{R}) \tag{4.65}$$

als gelöst vorausgesetzt werden. Hierbei gilt

$$H_{at,\vec{R}} = \frac{\vec{p}^2}{2m} + v(\vec{r} - \vec{R}) \tag{4.66}$$

$v(\vec{r} - \vec{R})$ ist also wie immer das (in der Regel attraktive) Potential, das ein Elektron durch ein Atom (bzw. ein Molekül oder eine Atomgruppe) am Ort $\vec{R}$ erfährt. Die Quantenzahlen n bezeichnen also einen vollständigen Satz von atomaren Quantenzahlen, bei wasserstoffartigen Atomen gilt also z.B. $n = (\tilde{n}, l, m, \sigma)$, wobei $\tilde{n}$ die Hauptquantenzahl, (l,m) die Quantenzahlen des Bahndrehimpulses und $\sigma = \pm\frac{1}{2}$ die Spinquantenzahl ist. Solange Effekte wie Spin-Bahn-Wechselwirkung nicht berücksichtigt sind, sind bei einem System ohne Coulomb-Wechselwirkung der Elektronen untereinander alle Zustände bzgl. des Spins entartet. Zu untersuchen ist nun, wie das als bekannt vorausgesetzte atomare Problem modifiziert wird, wenn das Atom nicht mehr isoliert ist sondern in einem Kristall von anderen gleichartigen Atomen umgeben ist. Der volle Hamilton-Operator für ein einzelnes Festkörperelektron läßt sich dann darstellen als

$$\begin{aligned} H &= \frac{\vec{p}^2}{2m} + \sum_{\vec{R}} v(\vec{r} - \vec{R}) \\ &= H_{at,\vec{R}} + \Delta V_{\vec{R}}(\vec{r}) \qquad (4.67) \\ \text{mit } \Delta V_{\vec{R}}(\vec{r}) &= \sum_{\vec{R}' \neq \vec{R}} v(\vec{r} - \vec{R}') \qquad (4.68) \end{aligned}$$

Letzteres ist also das Potential aller anderen Atome außer dem am Ort $\vec{R}$, und dieses soll hier als Störung betrachtet werden, wenn wir die Modifikation der atomaren Zustände und Energien durch die Anwesenheit der anderen Atome untersuchen wollen. Hinter dieser Behandlung steckt

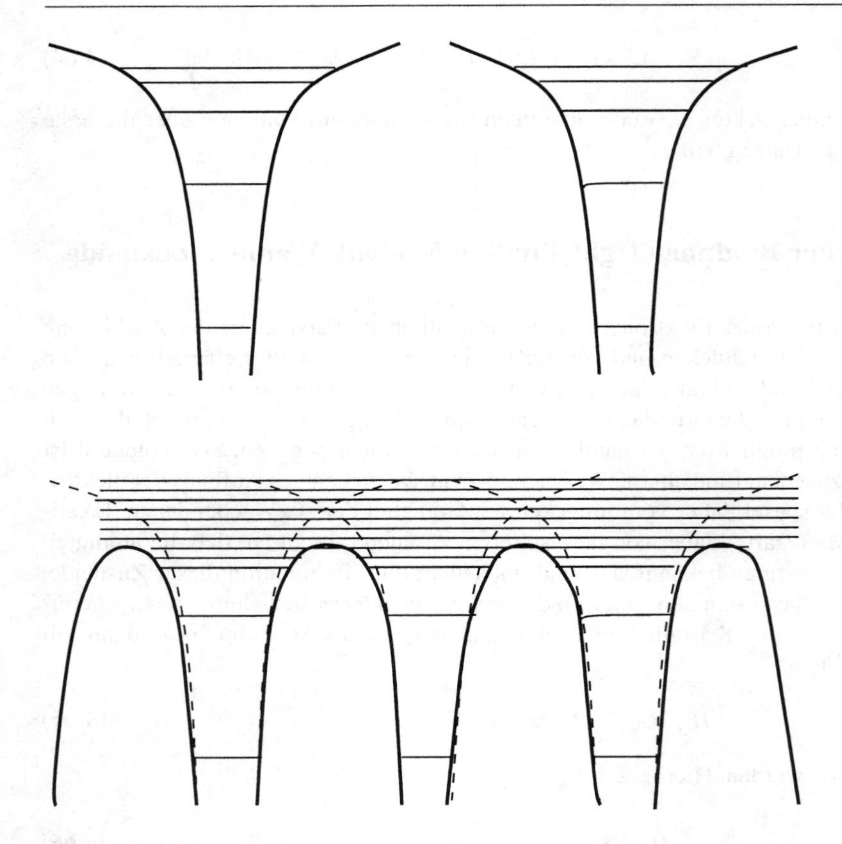

Bild 4.6 Schematische Darstellung des Bandaufbaus aus den atomaren Niveaus bei Überlagerung der atomaren Potentiale

die folgende Grundidee: Aus der elementaren Theorie der chemischen Bindung ist bekannt, daß die (für die Bindung verantwortlichen) atomaren Niveaus aufspalten in zwei Niveaus, wenn man zwei Atome zusammenbringt, nämlich in einen bindenden und einen antibindenden Zustand; bringt man drei Atome zusammen, ist eine Aufspaltung in drei Niveaus zu erwarten, etc., bringt man also N Atome zusammen, spalten die N für die separierten Atome entarteten Niveaus auf in N verschiedene Energieniveaus, und ist N sehr groß, dann liegen diese N Zustände dicht und bilden somit praktisch ein Kontinuum von Zuständen in einem bestimmten Energieintervall, eben das *Energieband*.

Zur Konstruktion eines geeigneten Ansatzes für die Wellenfunktion des vollen Festkörper-Hamilton-Operators H aus den atomaren Wellenfunktionen von $H_{at,\vec{R}}$ starten wir von folgender Überlegung: Wenn die atomaren Wellenfunktionen $\varphi_n(\vec{r}-\vec{R})$ so schnell abfallen, daß sie in dem Bereich, in dem $\Delta V_{\vec{R}}(\vec{r})$ von 0 verschieden ist, bereits verschwinden, dann werden die Zustände noch nicht aufgespalten, die atomaren Zustände sind dann also auch Eigenzustände des vollen H:

$$H\varphi_n(\vec{r}-\vec{R}) = (H_{at,\vec{R}} + \Delta V_{\vec{R}}(\vec{r}))\varphi_n(\vec{r}-\vec{R}) = E_n\varphi_n(\vec{r}-\vec{R}) \tag{4.69}$$

Sie sind dann allerdings noch nicht in der Form von Blochzuständen, aber ein Blochzustand läßt sich sofort konstruieren durch:

$$\psi_{n\vec{k}}(\vec{r}) = \frac{1}{\sqrt{N}} \sum_{\vec{R}} e^{i\vec{k}\vec{R}} \varphi_n(\vec{r} - \vec{R}) \tag{4.70}$$

Offenbar erfüllt das so definierte $\psi_{n\vec{k}}(\vec{r})$ die Periodizitätsbedingung

$$\psi_{n\vec{k}}(\vec{r} + \vec{R}) = e^{i\vec{k}\vec{R}} \psi_{n\vec{k}}(\vec{r}) \tag{4.71}$$

und hat somit die elementaren Eigenschaften einer Blochfunktion. Außerdem gilt

$$H\psi_{n\vec{k}}(\vec{r}) = E_n \psi_{n\vec{k}}(\vec{r}) \tag{4.72}$$

Die atomaren Niveaus bleiben dann also auch im Festkörper Eigenenergien, wir bekommen dispersionslose ($\vec{k}$-unabhängige) Bänder, wenn die atomaren Zustände so stark lokalisiert sind, daß sie im Bereich der anderen Atome schon auf 0 abgefallen sind. Dies kann aber nur für innere Rumpf-Zustände eine brauchbare Annahme sein. Für Kristalle oder auch schon für Moleküle muß es ja gerade zur Bindung kommen dadurch, daß sich die Zustände überlappen, die Elektronen also allen beteiligten Atomen angehören können. Für diese Zustände, d.h. zumindest für die äußeren atomaren Niveaus, ist die Annahme $\Delta V_{\vec{R}} \varphi_n(\vec{r} - \vec{R}) = 0$ also nicht mehr gerechtfertigt. Trotzdem können wir die Gleichung (4.70) noch als Ansatz für die gesuchte Blochfunktion verwenden. Die so konstruierten Blochfunktionen erfüllen dann zwar die Bloch-Bedingung (4.11), sie sind aber keine exakten Eigenzustände für den Kristall. Sie sind nicht orthonormiert, sondern es gilt:

$$\begin{aligned}
\langle \psi_{n\vec{k}} | \psi_{n'\vec{k}} \rangle &= \frac{1}{N} \sum_{\vec{R}_1, \vec{R}_2} e^{i\vec{k}(\vec{R}_1 - \vec{R}_2)} \int d^3 r \varphi_n^*(\vec{r} - \vec{R}_2) \varphi_{n'}(\vec{r} - \vec{R}_1) = \\
&= \sum_{\vec{R}} e^{-i\vec{k}\vec{R}} \int d^3 r \varphi_n^*(\vec{r} - \vec{R}) \varphi_{n'}(\vec{r}) = \delta_{nn'} + \sum_{\vec{R} \neq 0} e^{-i\vec{k}\vec{R}} \alpha_{nn'}(\vec{R})
\end{aligned} \tag{4.73}$$

Dabei ist

$$\alpha_{nn'}(\vec{R}) = \int d^3 \varphi_n^*(\vec{r} - \vec{R}) \varphi_{n'}(\vec{r}) \tag{4.74}$$

der direkte Überlapp der an den Gitterplätzen 0 und $\vec{R}$ lokalisierten atomaren Funktionen $\varphi_n, \varphi_{n'}$.

Benutzen wir nun trotzdem die Funktionen (4.70) als Ansatz für die gesuchten Kristall-Eigenzustände, auch wenn es keine exakten Eigenzustände sein können, dann erhalten wir gemäß dem Ritzschen Verfahren der Quantenmechanik als beste Näherung für die Energie-Eigenwerte im Rahmen des Ansatzes:

$$\varepsilon_n(\vec{k}) = \frac{\langle \psi_{n\vec{k}} | H | \psi_{n\vec{k}} \rangle}{\langle \psi_{n\vec{k}} | \psi_{n\vec{k}} \rangle} \tag{4.75}$$

Der Erwartungswert im Nenner wurde oben berechnet, es verbleibt also die Berechnung des Matrixelements des Hamiltonoperators bezüglich der angesetzten Wellenfunktion.

$$\langle \psi_{n\vec{k}} | H | \psi_{n\vec{k}} \rangle = E_n \langle \psi_{n\vec{k}} | \psi_{n\vec{k}} \rangle + \frac{1}{N} \sum_{\vec{R}_1, \vec{R}_2} e^{i\vec{k}(\vec{R}_1 - \vec{R}_2)} \int d^3 r \varphi_n^*(\vec{r} - \vec{R}_2) \sum_{\vec{R}_3 \neq \vec{R}_1} v(\vec{r} - \vec{R}_3) \varphi_n(\vec{r} - \vec{R}_1) \tag{4.76}$$

Es ist über ein Produkt von drei Funktionen $\varphi_n^*(\vec{r}-\vec{R}_2), v(\vec{r}-\vec{R}_3), \varphi_n(\vec{r}-\vec{R}_1)$ zu integrieren; jeder dieser Faktoren stellt eine um $\vec{R}_i$ lokalisierte Funktion dar, ist also nur in der Umgebung des betreffenden Zentrums $\vec{R}_i$ deutlich von 0 verschieden. Sind daher alle drei Positionen $\vec{R}_1, \vec{R}_2, \vec{R}_3$ paarweise verschieden voneinander, sind in allen Raumbereichen mindestens 2 der 3 Faktoren klein, sind aber zwei $\vec{R}_i$ gleich und nur vom dritten verschieden, gibt es einen Integrationsbereich, in dem der Integrand nicht so sehr klein ist. Es sind daher drei Fälle zu betrachten:

1. $\vec{R}_1 = \vec{R}_2 \neq \vec{R}_3$

$$\beta := \frac{1}{N}\sum_{\vec{R}_1}\int d^3r\varphi_n^*(\vec{r}-\vec{R}_1)\Delta V_{\vec{R}_1}(\vec{r})\varphi_n(\vec{r}-\vec{R}_1) = \int d^3r\varphi_n^*(\vec{r})\Delta V_{\vec{0}}(\vec{r})\varphi_n(\vec{r}) \tag{4.77}$$

Dies entspricht dem Erwartungswert des Potentials aller anderen Atome im atomaren Zustand des an einem festen Gitterplatz, den man o.E. zu 0 wählen kann, befindlichen Atoms und liefert eine konstante Energieverschiebung gegenüber dem atomaren Energieniveau.

2. $\vec{R}_2 = \vec{R}_3 \neq \vec{R}_1$ Dann gilt:

$$\frac{1}{N}\sum_{\vec{R}_1\neq\vec{R}_2} e^{i\vec{k}(\vec{R}_1-\vec{R}_2)}\int d^3r\varphi_n^*(\vec{r}-\vec{R}_2)v(\vec{r}-\vec{R}_2)\varphi_n(\vec{r}-\vec{R}_1) =$$

$$= \sum_{\vec{R}\neq 0} e^{-i\vec{k}\vec{R}}\int d^3r\varphi_n^*(\vec{r}-\vec{R})v(\vec{r}-\vec{R})\varphi_n(\vec{r}) = \sum_{\vec{R}\neq 0} e^{-i\vec{k}\vec{R}}\lambda(\vec{R}) \tag{4.78}$$

3. $\vec{R}_1 \neq \vec{R}_2 \neq \vec{R}_3 \neq \vec{R}_1$ Dann treten die oben schon diskutierten Dreizentren-Integrale auf, bei denen in allen Integrationsbereichen mindestens zwei der drei Faktoren klein sind. Daher sollen diese Beiträge vernachläsigt werden, also

$$\int d^3r\varphi_n^*(\vec{r}-\vec{R}_2)v(\vec{r}-\vec{R}_3)\varphi_n(\vec{r}-\vec{R}_1) \approx 0 \tag{4.79}$$

Im (wegen der Nicht-Orthonormalität des Ansatzes für $\psi_{n\vec{k}}$ notwendigen) Normierungsfaktor im Nenner kommt man gemäß (4.74) zu einem analogen Ausdruck, nämlich

$$\int d^3r\psi_{n\vec{k}}^*(\vec{r})\psi_{n\vec{k}}(\vec{r}) = 1 + \sum_{\vec{R}\neq 0} e^{-i\vec{k}\vec{R}}\alpha(\vec{R}) \tag{4.80}$$

Damit finden wir insgesamt für die Bandstruktur in **Tight-binding-Näherung**:

$$\varepsilon_n(\vec{k}) = E_n + \frac{\beta + \sum_{\vec{R}\neq 0} e^{-i\vec{k}\vec{R}}\lambda(\vec{R})}{1 + \sum_{\vec{R}\neq 0} e^{-i\vec{k}\vec{R}}\alpha(\vec{R})} \tag{4.81}$$

$$\text{mit } \beta = \int d^3r\varphi_n^*(\vec{r})\sum_{\vec{R}\neq 0} v(\vec{r}-\vec{R})\varphi_n(\vec{r}) \tag{4.82}$$

$$\lambda(\vec{R}) = \int d^3r\varphi_n^*(\vec{r}-\vec{R})v(\vec{r}-\vec{R})\varphi_n(\vec{r}) \tag{4.83}$$

$$\alpha(\vec{R}) = \int d^3r\varphi_n^*(\vec{r}-\vec{R})\varphi_n(\vec{r}) \tag{4.84}$$

Zusätzlich wird in der Regel noch die Annahme gemacht, daß die auftretenden $\vec{R}$-Summen auf nächste oder übernächste Nachbarn beschränkt werden können; dies ist physikalisch zu rechtfertigen, da wegen der guten Lokalisierung der atomaren Wellenfunktionen $\varphi_n(\vec{r}-\vec{R})$ der Überlapp mit zunehmendem Abstand der Atome schnell klein werden sollte.

Wannier-Funktionen[4]

Die Grundidee der Tight-Binding-Methode ist es, die Blochfunktionen aus an den Atomrümpfen lokalisierten Zuständen zu konstruieren. Die Bandstruktur, d.h. die Dispersionsrelation $\varepsilon_n(\vec{k})$, folgt dann aus Matrixelementen des atomaren Potentials bezüglich solcher lokalisierter Zustände. Die einfachste Wahl für diese sind atomare Wellenfunktionen $\varphi_n(\vec{r})$. Diese bilden aber keine Orthonormalbasis des Festkörper-Hilbertraums. Es existiert aber eine Basis von lokalisierten Zuständen, die eine Orthonormal-Basis bilden, und dies sind die *Wannier-Zustände*. Diese sind definiert durch:

$$w_n(\vec{r}-\vec{R}) = \frac{1}{\sqrt{N}} \sum_{\vec{k}} e^{-i\vec{k}\vec{R}} \psi_{n\vec{k}}(\vec{r}) \tag{4.85}$$

Man rechnet nämlich leicht nach:

$$\begin{aligned}\int d^3r w_n^*(\vec{r}-\vec{R}_1) w_l(\vec{r}-\vec{R}_2) &= \frac{1}{N} \sum_{\vec{k},\vec{k}'} e^{i(\vec{k}\vec{R}_1-\vec{k}'\vec{R}_2)} \int d^3r \psi^*_{n\vec{k}}(\vec{r}) \psi_{l\vec{k}'}(\vec{r}) = \\ &= \frac{1}{N} \sum_{\vec{k}} e^{i\vec{k}(\vec{R}_1-\vec{R}_2)} \delta_{\vec{k}\vec{k}'} \delta_{nl} = \delta_{\vec{R}_1\vec{R}_2} \delta_{nl}\end{aligned} \tag{4.86}$$

Die $\vec{k}$-Summen sind wieder auf die erste Brillouin-Zone beschränkt. Umgekehrt lassen sich auch Bloch-Funktionen als Linearkombination von Wannier-Zuständen darstellen:

$$\psi_{n\vec{k}}(\vec{r}) = \frac{1}{\sqrt{N}} \sum_{\vec{R}} e^{i\vec{k}\vec{R}} w_n(\vec{r}-\vec{R}) \tag{4.87}$$

Wenn wir also in Gleichung (4.70) statt der lokalisierten atomaren Funktionen die Wannier-Funktionen benutzen, wird die weitere Rechnung im Prinzip exakt; das Matrixelement des direkten Überlapps $\alpha(\vec{R})$ verschwindet wegen der Orthonormalität und wir bekommen als Dispersionsrelation:

$$\varepsilon_n(\vec{k}) = \tilde{E}_n + \sum_{\vec{R}\neq 0} e^{-i\vec{k}\vec{R}} \tilde{\lambda}(\vec{R}) \tag{4.88}$$

$$\text{mit } \tilde{E}_n = \int d^3r w_n^*(\vec{r}) \Big(\frac{\vec{p}^2}{2m} + \sum_{\vec{R}} v(\vec{r}-\vec{R})\Big) w_n(\vec{r}) \tag{4.89}$$

$$\text{und } \tilde{\lambda}(\vec{R}) = \int d^3r w_n^*(\vec{r}-\vec{R}) v(\vec{r}-\vec{R}) w_n(\vec{r}) \tag{4.90}$$

Vernachlässigt wurden hierbei wie zuvor Dreizentren-Beiträge, für die das Produkt von zwei Wannierfunktionen und dem lokalen Potential an drei verschiedenen Gitterplätzen zu integrieren wäre. Konsistent mit dieser Vernachläsigung ist aber die Annahme, daß die $\tilde{\lambda}(\vec{R})$ nur für nächste oder allenfalls noch übernächste Nachbarn merklich von 0 verschieden sind. Die einfachste und oft benutzte Tight-Binding-Annahme ist daher:

$$\tilde{\lambda}(\vec{R}) = \begin{cases} t & \text{für } \vec{R} \text{ Nächster-Nachbar-Vektor} \\ 0 & \text{sonst} \end{cases} \tag{4.91}$$

[4] G.H.Wannier, * 1911 in Basel, † 1983 in Eugene (Oregon), Promotion 1935 in Basel, ab 1936/39 in den USA, 1949-60 bei den Bell-Labs, ab 1961 an der University of Oregon, führte die Wannier-Exzitonen und Wannier-Funktionen ein, auch Beiträge zur Lösung des 2-d Ising-Modells und zu Ionen-Transport in Gasen, zuletzt am Problem elektronischer Energiebänder bei Anwesenheit elektrischer und magnetischer Felder interessiert

Den einen Parameter t nennt man auch Hüpf(„Hopping")-Matrixelement, weil es ja mit der Wahrscheinlichkeit dafür zusammenhängt, daß ein Elektron von einem Gitterplatz zu seinem nächsten Nachbarn übergeht und dadurch mobil und delokalisiert wird. Für eine eindimensionale lineare Kette erhält man dann die Dispersion

$$\varepsilon(k) = \varepsilon_0 - 2t\cos(ka) \tag{4.92}$$

(a Gitterkonstante). Für ein dreidimensionales einfach-kubisches System folgt entsprechend

$$\varepsilon(\vec{k}) = \varepsilon_0 - 2t(\cos(k_x a) + \cos(k_y a) + \cos(k_z a)) \tag{4.93}$$

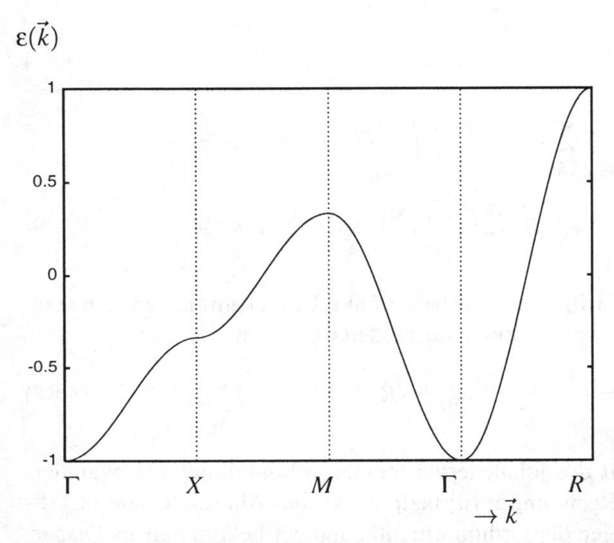

Bild 4.7 Verlauf der 3-dimensionalen einfach-kubischen Tight-Binding-Dispersion längs der Haupt-Symmetrie-Richtungen

Solche Kosinusterme sind charakteristisch für Dispersionsrelationen in Tight-Binding-Näherung. In nebenstehender Abbildung ist diese Tight-Binding-Bandstruktur für $6|t| = 1$ längs der üblichen Haupt-Symmetrie-Richtungen der einfach-kubischen Brillouin-Zone aufgetragen. Man erhält also ein Band zentriert um ε_0, den Erwartungswert des Hamilton-operators in einem Wannierzustand, und von der Breite $12|t|$. Das Hopping-Matrixelement t kann im allgemeinen positiv oder negativ sein. Indem wir hier das gleiche t für alle drei Richtungen angenommen haben, haben wir s-artige (räumlich isotrope) Wannier-Zustände vorausgesetzt.

Für kleine $|\vec{k}|$ kann man die Dispersion entwickeln und erhält:

$$\varepsilon(\vec{k}) = \varepsilon_0 - 6t + a^2 t\vec{k}^2 \tag{4.94}$$

also ein Verhalten an der Bandkante wie bei freien Elektronen mit isotroper effektiver Masse

$$m^* = \frac{\hbar^2}{2a^2 t} \tag{4.95}$$

Die Tight-Binding-Näherung scheint physikalisch vernnftig zu sein, zumindest wenn man bezüglich der Wannierbasis arbeitet. Leider kennt man die Wannier-Funktionen aber nicht. Wenn man die Definitionsgleichung benutzen will, muß man die Blochfunktionen kennen und das Problem damit schon gelöst haben.

Für ein eindimensionales periodisches Modellpotential in Form von Potentialtöpfen der Breite $4a_0$ und verschiedene Gitterkonstanten ($4.5a_0 - 7a_0$) explizit numerisch berechnete Wannier-Funktionen sind nebenstehend abgebildet. Je größer die Gitterkonstante ist desto stärker lokalisiert ist die Wannier-Funktion, desto besser stimmt sie also mit der „atomaren Wellenfunktion" (Eigenfunktion des einzelnen Potentialtopfs) überein; bei kleinerer Gitterkonstanten gibt es aber Oszillationen in den Bereichen der benachbarten Potentialtöpfe Nur unter der Annahme, daß der Blochfaktor $u_{n\vec{k}}(\vec{r})$ fast nicht von $\vec{k}$ abhängt, kann man die explizite Gestalt der Wannier-Funktion analytisch berechnen und erhält nach (4.85) für ein einfach kubisches System

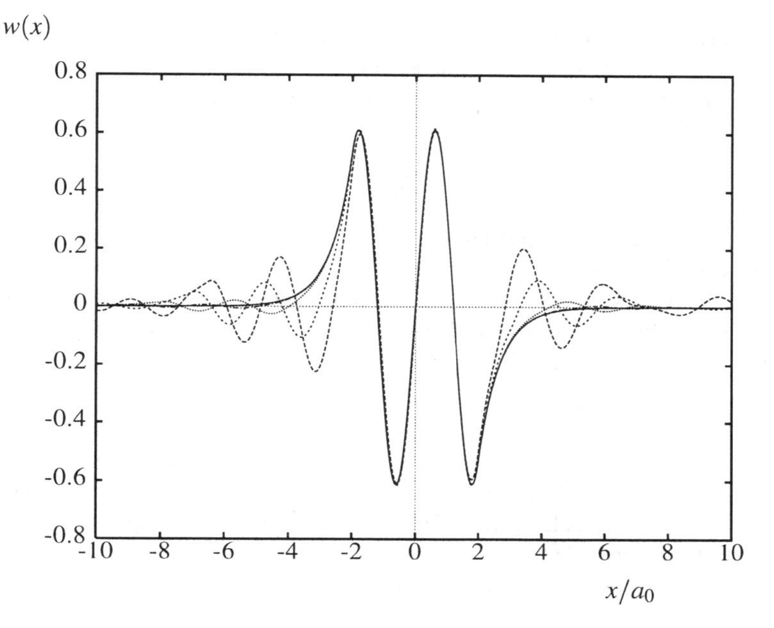

Bild 4.8 Wannier-Funktionen in einer Dimension

$$w_n(\vec{r}-\vec{R}) = \frac{1}{\sqrt{N}} u_{n\vec{0}}(\vec{r}) \sum_{\vec{k}} e^{i\vec{k}(\vec{r}-\vec{R})} \sim u_{n\vec{0}}(\vec{r}) \frac{\sin(\pi(x-R_x)/a)\sin(\pi(y-R_y)/a)\sin(\pi(z-R_z)/a)}{\pi^3(x-R_x)(y-R_y)(z-R_z)} \tag{4.96}$$

also in der Tat eine um $\vec{R}$ lokalisierte und schnell abfallende Funktion. Andererseits gibt es auch keine Rechtfertigung für eine $\vec{k}$-Unabhängigkeit der Blochfaktoren.

Man kann auch auf die Kenntnis der expliziten Gestalt der Wannierfunktionen verzichten und die Hüpfamplitude als effektiven Parameter benutzen, der auch als Fit-Parameter zum Anpassen an experimentelle Daten dienen kann. Vielfach versucht man aber auch, geeignete Ansätze und Näherungen für die Wannier-Funktionen zu machen.

Denkt man sich die Hüpf-Matrixelemente als Parameter vorgegeben, dann arbeitet man mit einem Modell-Hamilton-Operator, der in Matrixdarstellung bezüglich der Wannier-Basis die folgende explizite Gestalt hat:

$$H = \sum_{n\vec{R}} \tilde{E}_n |n\vec{R}\rangle\langle n\vec{R}| + \sum_{n,\vec{R},\vec{R}'} t_{\vec{R}\vec{R}'} |n\vec{R}\rangle\langle n\vec{R}'| \tag{4.97}$$

z.B. mit

$$t_{\vec{R}\vec{R}'} = \begin{cases} t & \text{für } \vec{R},\vec{R}' \text{ nächste Nachbarn} \\ 0 & \text{sonst} \end{cases} \tag{4.98}$$

Hierbei ist in Ortsdarstellung $w_n(\vec{r}-\vec{R}) = \langle \vec{r}|n\vec{R}\rangle$. Das Hopping-Matrixelement benutzt man als Parameter, dann geht in die Bandstruktur nur noch die Gittersymmetrie ein. Wenn ein guter Fit nur mit dem nächsten Nachbar Hopping nicht funktioniert, muß man eventuell Hopping zu übernächsten Nachbarn etc. zulassen.

Wenn man die Parameter des Tight-Binding Hamilton-Operators aber explizit berechnen will, dann muß man auch die Wannier-Funktionen kennen. Eine mögliche und nach dem Vorherigen naheliegende Möglichkeit wäre, sie durch die atomaren Wellenfunktionen zu approximieren, also die Näherung

$$w_n(\vec{r}-\vec{R}) = \varphi_n(\vec{r}-\vec{R}) \tag{4.99}$$

zu benutzen. Dann wird der Bandindex übrigens identisch mit den atomaren Quantenzahlen; man spricht deshalb auch von 3s-Bändern, 3d-Bändern, etc., verwendet also genau die atomare Klassifizierung auch für Festkörper-Bänder. Wie oben ausgeführt, besteht der wesentliche Nachteil dieser Approximation darin, daß die atomaren Wellenfunktionen zu verschiedenen Gitterplätzen $\vec{R}$ nicht orthonormiert sind. Eine Verbesserung liefert die sogenannte

LCAO-Methode.

Die Abkürzung „LCAO“ steht für „linear combination of atomic orbitals“. Wie dieser Name schon zum Ausdruck bringt, ersetzt man dabei die Wannierfunktionen nicht durch ein einzelnes atomares Orbital, sondern man setzt sie als Linearkombination von atomaren Orbitalen an. Dabei kann es sich z.B. um die fünf 3d-Zustände beim Kupfer oder um die vier 2s- und 2p-Zustände beim Kohlenstoff handeln. Man setzt dann also für die Wannierfunktionen in einem Unterraum U der atomaren Zustände an:

$$w(\vec{r}-\vec{R}) = \sum_{n \varepsilon U} a_n \varphi_n(\vec{r}-\vec{R}) \tag{4.100}$$

Dann kann man die Koeffizienten a_n als Variationsparameter benutzen und optimale Koeffizienten bestimmen, so daß z.B. wenigstens innerhalb des Unterraums die Zustände orthonormiert sind.

4.5 Grundideen von numerischen Methoden zur Berechnung der elektronischen Bandstruktur

Will man über die LCAO-Methode hinausgehen und im Prinzip die Wannier- oder Bloch-Funktionen exakt bestimmen statt mit (eventuell optimierten) Ansätzen dafür zu arbeiten, bleibt nichts anderes übrig als die Lösung der Schrödingergleichung konkret durchzuführen. Dies ist bei einem dreidimensionalen Kristallpotential aber auch nicht trivial und nur numerisch durchzuführen und selbst dabei sind bestimmte Näherungen und Annahmen üblich und unumgänglich. Die Grundideen dieser verschiedenen numerischen Methoden werden im Folgenden kurz dargestellt.

4.5.1 Zellenmethode

Das Grundproblem ist die Lösung der Schrödinger-Gleichung:

$$\left(-\frac{\hbar^2}{2m}\nabla^2 + V(\vec{r})\right)\psi(\vec{r}) = \varepsilon\psi(\vec{r}) \tag{4.101}$$

Bei der sogenannten Zellenmethode oder *Wigner-Seitz-Methode* versucht man, diese Gleichung zunächst nur auf einer Wigner-Seitz-Zelle zu lösen und die Blochbedingung

$$\psi_{\vec{k}}(\vec{r}+\vec{R}) = e^{i\vec{k}\vec{R}}\psi_{\vec{k}}(\vec{r}) \tag{4.102}$$

zu benutzen, um daraus die volle Lösung für den ganzen Festkörper zu erhalten. Das Problem dabei ist, daß das Potential $V(\vec{r})$ auch innerhalb einer Zelle nicht rotationssymmetrisch ist. Aus der Quantenmechanik ist bekannt, daß die dreidimensionale Schrödinger-Gleichung für rotationssymmetrische Potentiale relativ simpel wird und sich auf ein effektives eindimensionales Problem reduzieren läßt. Das Potential der Wigner-Seitz-Zelle um den Gittervektor $\vec{R} = 0$ ist ja gegeben durch

$$V(\vec{r}) = v(\vec{r}) + \sum_{\vec{R}\neq 0} v(\vec{r}-\vec{R}) = v(|\vec{r}|) + \sum_{\vec{R}\neq 0} v(|\vec{r}-\vec{R}|) \tag{4.103}$$

Hierbei wurde im letzten Schritt berücksichtigt, daß das Potential v vielfach als kugelsymmetrisch angenommen werden darf, zumindest wenn nur ein Atom in der Elementarzelle ist. Das gesamte Zellenpotential wird dann aber i.a. nicht kugelsymmetrisch sein, da sich auch die atomaren Potentiale der anderen (insbesondere der benachbarten) Kristall-Zellen im Bereich der Wigner-Seitz-Zelle um 0 bemerkbar machen. Der qualitative Verlauf eines 2-dimensionalen periodischen Potentials ist in der nebenstehenden 3-dimensionalen Abbildung dargestellt. Aus dem darunter skizzierten 2-dimensionalen Contourplot („Höhenlinien“) ist ersichtlich, daß nur am Zentrum der Zelle das Potential näherungsweise kugelsymmetrisch ist, da hier das Potential des Atoms bei $\vec{R} = 0$ überwiegt gegenüber den Potentialbeiträgen der Nachbarzellen, weiter außen werden sich jedoch eben diese Nachbaratome bemerkbar machen und die Contourlinien gleichen Potentials werden keine Kugeln (bzw. Kreise beim zweidimensionalen Plot) mehr sein sondern sich der Symmetrie der Wigner-Seitz-Zelle anpassen (quadratische Symmetrie im gezeichneten Beispiel); insbesondere ergeben sich Potential-Maxima im Zwischenbereich zwischen den Wigner-Seitz-Zellen.

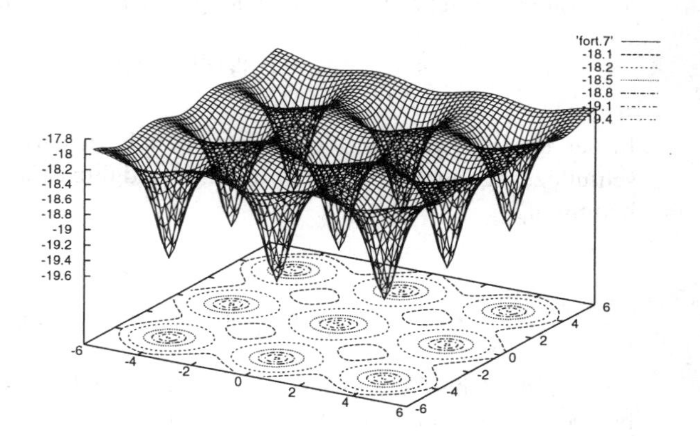

Bild 4.9 Qualitativer Verlauf eines 2-dimensionalen periodischen Potentials

Die Grundidee der Wigner-Seitz-Methode ist nun die, das tatsächliche Zellenpotential $V(\vec{r})$ näherungsweise durch ein rotationssymmetrisches Potential zu ersetzen. Der einfachste Ansatz dafür ist das atomare Potential $v(r)$ der betrachteten Zelle, d.h. daß man den Einfluß der Nachbarzellen im Bereich der Wigner-Seitzzelle um 0 einfach vernachlässigt. Damit das Problem volle Kugelsymmetrie erhält, ersetzt man noch die Wigner-Seitz-Zelle durch eine Kugel gleichen Volumens. Zur Lösung der Schrödinger-Gleichung für das nunmehr kugelsymmetrische Problem einer einzelnen Wigner-Seitz-Zelle kann man dann im Prinzip so vorgehen wie es aus der Quantenmechanik bekannt ist, d.h. man macht den Separationsansatz

$$\psi(\vec{r}) = Y_{lm}(\vartheta,\varphi)\chi_l(r) \tag{4.104}$$

wobei $Y_{lm}(\vartheta,\varphi)$ die Kugelflächenfunktionen bezeichnet und der radiale Anteil $\chi_l(r)$ die gewöhnliche Differentialgleichung

$$\chi_l''(r) + \frac{2}{r}\chi_l'(r) - \left(\frac{l(l+1)}{r^2} + \frac{2m}{\hbar^2}V(r)\right)\chi_l(r) = -\frac{2m}{\hbar^2}\varepsilon\chi_l(r) \quad (4.105)$$

erfüllen muß. Als Differentialgleichung betrachtet kann man für jedes ε eine Lösung konstruieren, numerisch z.B. durch Aufintegration mittels Runge-Kutta-Verfahren und Verbesserungen davon. Ein Eigenwert-Problem mit eventuell nur diskreten Lösungen entsteht aus der Differentialgleichung dadurch, daß spezielle Randbedingungen gefordert werden. In der Atomphysik ist die geeignete Randbedingung das Verschwinden der Lösung im Unendlichen, hier in der Festkörperphysik ist aber eine andere Randbedingung zu fordern, und diese ergibt sich im Wesentlichen aus der Bloch-Bedingung.

Konkret geht man folgendermaßen vor: Aus den durch Aufintegration zu bestimmtem festen ε und festen Drehimpuls-Quantenzahlen l,m gefundenen Lösung $\chi_{l\varepsilon}(r)$ ergibt sich eine allgemeine Lösung der Schrödinger-Gleichung durch Linearkombination zu:

$$\psi_\varepsilon(\vec{r}) = \sum_{lm} A_{lm} Y_{lm}(\vartheta,\varphi)\chi_{l\varepsilon}(r) \quad (4.106)$$

In der Praxis wird man hierbei nur endlich viele Koeffizienten A_{lm} berücksichtigen. Als Anschlußbedingung für die Wellenfunktion und ihre erste Ableitung ergibt sich dann aus der Blochbedingung

$$\psi_\varepsilon(\vec{r}) = e^{-i\vec{k}\vec{R}}\psi_\varepsilon(\vec{r}+\vec{R}) \quad (4.107)$$

$$\hat{\vec{n}}(\vec{r})\nabla\psi_\varepsilon(\vec{r}) = -e^{-i\vec{k}\vec{R}}\hat{\vec{n}}(\vec{r}+\vec{R})\nabla\psi_\varepsilon(\vec{r}+\vec{R}) \quad (4.108)$$

für $\vec{r}$ auf der Oberfläche der Wigner-Seitz-Zelle. Dies ist nicht für alle $\vec{r}$ auf der Oberfläche erfüllbar, schon wegen der nicht voll zueinander passenden Gittersymmetrie der wirklichen Wigner-Seitz-Zelle und der der Lösung zugrundegelegten Kugelsymmetrie. Daher wird man es für endlich viele ausgewählte $\vec{r}$ fordern und zwar entsprechend viele wie man Koeffizienten A_{lm} mitnimmt. Dann liefern die Randbedingungen ein homogenes Gleichungssystem für die A_{lm}. Nichttriviale Lösungen existieren, wenn die entsprechende Matrix singulär ist, die Determinante also verschwindet. Dies liefert dann eine Beziehung zwischen ε und $\vec{k}$, also die Dispersionsrelation $\varepsilon(\vec{k})$.

Der wesentliche Unterschied zu der im vorigen Abschnitt besprochenen LCAO-Methode liegt also darin, daß man hier die Festkörper-Wellenfunktion als Linearkombination von lokalen (d.h. auf der Wigner-Seitz-Zelle gefundenen) Lösungen der Schrödinger-Gleichung bildet, die auch schon die der Kristall-Situation angepaßten Randbedingungen erfüllt, während man bei der LCAO Linearkombinationen von atomaren Wellenfunktionen bildet, die atomare Randbedingungen (Verschwinden im Unendlichen) erfüllen.

4.5.2 Entwicklung nach ebenen Wellen

Im Prinzip kann man, wie es in den Kapiteln 4.1 und 4.2 beschrieben wurde, auch das periodische Potential in einer Fourier-Reihe entwickeln (mit reziproken Gittervektoren als Fourier-Komponenten) und man kann versuchen, die Fouriertransformierte Schrödinger-Gleichung (4.30) zu lösen. In der Praxis muß man sich dann bei numerischen Lösungen wieder auf die Mitnahme endlich vieler reziproker Gittervektoren beschränken. Dann erhält man den Blochfaktor über die Beziehung (4.33). Dies kann als Übung für das Beispiel eines eindimensionalen Kosinus-Potentials explizit durchgeführt werden.

Für realistischere Potentiale ist die Methode aber nicht besonders nützlich. Es zeigt sich nämlich, daß für eine quantitative befriedigende Lösung bis zu hundert oder mehr ebene Wellen mitgenommen werden müssen. Der Grund dafür ist, daß die Blochfaktoren in der Nähe der Atomkerne rasch oszillieren. Diese kurzwelligen Oszillationen lassen sich nur mit ebenen Wellen zu großem reziprokem Gittervektor $\vec{G}$ wiedergeben. Daher dienen die vielen mitzunehmenden ebenen Wellen letztlich nur dazu, die inneren Oszillationen zu beschreiben, die aber in atomaren Wellenfunktionen automatisch enthalten sind.

4.5.3 APW-(„Augmented Plane Waves“)-Methode

Slater schlug 1937 eine Kombination der Wigner-Seitz-Methode mit der Entwicklung nach ebenen Wellen vor, nämlich die Methode der „erweiterten ebenen Wellen (augmented plane waves)“. Dazu wird die Wigner-Seitz-Zelle in zwei Bereiche eingeteilt: einen Bereich um das Zentrum der Wigner-Seitz-Zelle, in dem man ein kugelsymmetrisches Atompotential annimmt, und einen Bereich, in dem man ein konstantes Potential annimmt.

Dies berücksichtigt, daß das wirkliche Potential in der Tat relativ flach sein muß in den Zwischenbereichen zwischen den Atomrümpfen, also insbesondere am Rand der Wigner-Seitz-Zelle.

Dies nennt man auch „Muffin-Tin-Potential“[5]. Das angesetzte Potential ist also von der Form

$$V(\vec{r}) = \begin{cases} v(|\vec{r}-\vec{R}|) & \text{für } |\vec{r}-\vec{R}| < r_0 \\ v_0 = v(r_0) = 0 & \text{falls } |\vec{r}-\vec{R}| > r_0 \text{ für alle } \vec{R} \end{cases} \tag{4.109}$$

Ein 2-dimensionales „Muffin-Tin-Potential“ (und ein Muffin-Backblech) sind in Abbildung 4.10 dargestellt; aus dem Contourplot des Potentialverlaufs wird deutlich, daß im Unterschied zum realen Potentialverlauf aus Abbildung 4.9 jetzt „Kugelsymmetrie“ um das Zentrum jeder Elementarzelle besteht.

Praktisch geht man nun wie folgt vor: Man löst wieder die radiale Schrödinger-Gleichung innerhalb der Kugel wie bei der Zellen-Methode und erhält so wieder

$$\psi_\varepsilon(\vec{r}) = \sum_{lm} A_{lm} Y_{lm}(\vartheta,\varphi)\chi_{l\varepsilon}(r) \tag{4.110}$$

Diese Lösung muß nun am Rand der Muffin-Tin-Kugel an die Lösungen im Zwischenbereich angepaßt werden, welche ebene Wellen

$$\Phi_{\vec{k}}(\vec{r}) = e^{i\vec{k}\vec{r}} \tag{4.111}$$

sind. Die Anschlußbedingungen liefern einen Zusammenhang zwischen ε und $\vec{k}$ und damit die Dispersionsrelation $\varepsilon(\vec{k})$. Für eine exakte Anpassung müßte man unendlich viele Koeffizienten mitnehmen, in der Praxis muß man sich wieder auf endlich viele Drehimpulskoeffizienten beschränken, konkret die der betrachteten atomaren Schale, aus denen sich die Bänder bilden.

Die APW-Methode und Muffin-Tin-Potentiale sind weit verbreitet bei konkreten Bandstruktur-Berechnungen und scheinen sich bewährt zu haben. Etwas willkürlich scheint die unnatürliche scharfe Abgrenzung zwischen Core-Bereich und Zwischenbereich zu sein und die Wahl des

[5] „muffin“: rundes englisches bzw. amerikanisches Teegebäck; „muffin tin“ in den USA übliches Backblech für „muffins“

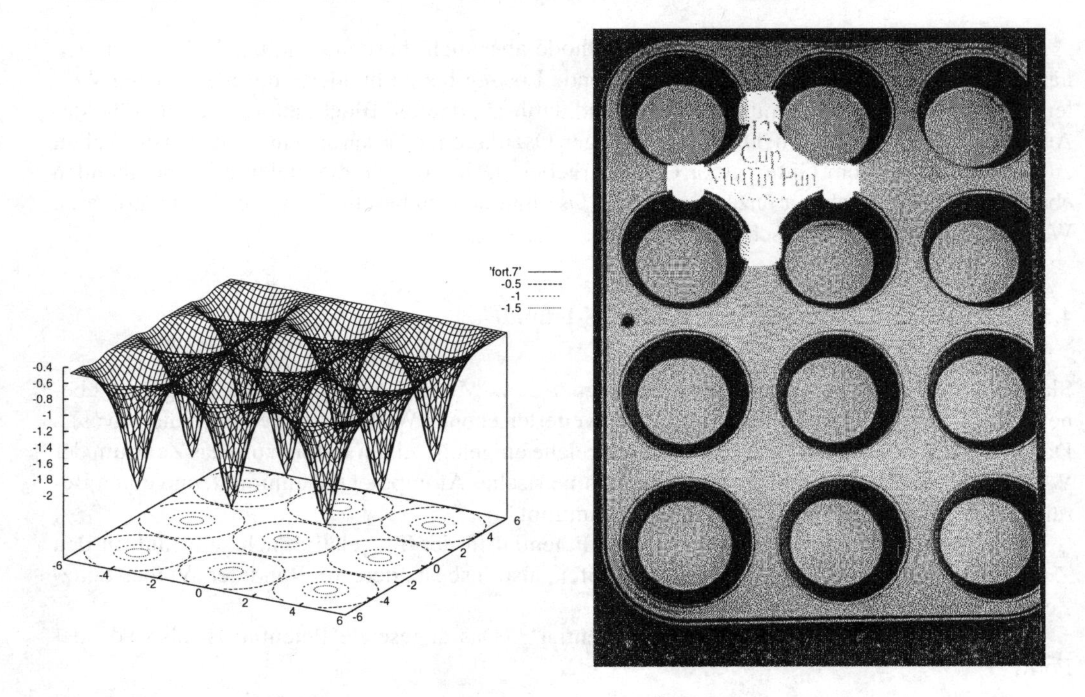

Bild 4.10 2-dimensionales Muffin-Tin-Potential mit zugehörigem Contour-Plot und Foto eines amerikanischen „Muffin-Tins"

Radius r_0 der Muffin-Tin-Kugel. Angeblich sind die Ergebnisse allerdings nicht empfindlich gegenüber dieser Wahl; mitunter wird r_0 so groß gewählt, daß das Volumen der Wigner-Seitz-Zelle gleich dem der Muffin-Tin-Kugel ist („Atomic Sphere Approximation, ASA"), zumindest in der zur Zeit weit verbreiteten LMTO-Methode („linearized muffin tin orbitals").

4.5.4 Greenfunktions-Methode von Korringa, Kohn und Rostoker, KKR-Methode

Eine eng mit der APW-Methode verwandte Methode, die in der Regel auch vom Muffin-Tin-Ansatz ausgeht, ist die Greenfunktions-Methode, die zuerst von Korringa, Kohn und Rostoker vorgeschlagen wurde. Man geht dazu aus von der Greenfunktion zur Schrödinger-Gleichung, die definiert ist durch:

$$\left(\varepsilon + \frac{\hbar^2}{2m}\nabla^2\right) G(\vec{r}-\vec{r}') = \delta(\vec{r}-\vec{r}') \tag{4.112}$$

Kennt man die Lösung $G_\varepsilon(\vec{r}-\vec{r}')$ dieser Gleichung, dann ist nämlich die Wellenfunktion $\psi(\vec{r})$ für ein konkretes Potential $V(\vec{r})$ gegeben durch

$$\psi(\vec{r}) = \int d^3r'\, G_\varepsilon(\vec{r}-\vec{r}')V(\vec{r}')\psi(\vec{r}') \tag{4.113}$$

Green-Funktionen sind ursprünglich eingeführt worden zur Konstruktion von speziellen Lösungen für inhomogene Differentialgleichungen; insbesondere können die Green-Funktionen für die vorgegebenen Randbedingungen bestimmt werden und dann für beliebige Inhomogenitäten die spezielle Lösung zur vorgegebenen Randbedingung konstruiert werden, wie man es insbesondere in der Elektrodynamik bei Randwertproblemen der Elektrostatik und bei der Konstruktion der Lösung der inhomogenen Wellengleichung für die Potentiale (in Lorentzeichung) benutzt. Hier sieht man, daß man Green-Funktionen auch bei homogenen Differentialgleichungen benutzen kann, indem man einen Teil der Differentialgleichung, hier konkret den Potential-Term, formal als Inhomogenität auffaßt. Mit Gleichung (4.113) hat man dann allerdings noch keine explizite Lösung sondern zunächst nur eine zur Schrödinger-Gleichung äquivalente Integralgleichung gefunden. Die Randbedingungen sind aber automatisch schon eingebaut, wenn man die entsprechende Green-Funktion benutzt. Konkret für ein Kristallpotential vom Muffin-Tin-Typ

$$V(\vec{r}) = \sum_{\vec{R}} v(|\vec{r}-\vec{R}|) \tag{4.114}$$

ergibt sich

$$\begin{aligned} \psi(\vec{r}) &= \sum_{\vec{R}} \int d^3r' G_\varepsilon(\vec{r}-\vec{r}')v(|\vec{r}'-\vec{R}|)\psi(\vec{r}') = \sum_{\vec{R}} \int d^3r'' G_\varepsilon(\vec{r}-\vec{r}''-\vec{R})v(r'')\psi(\vec{r}''+\vec{R}) = \\ &= \sum_{\vec{R}} e^{i\vec{k}\vec{R}} \int d^3r' G_\varepsilon(\vec{r}-\vec{r}'-\vec{R})v(r')\psi(\vec{r}') \end{aligned} \tag{4.115}$$

Im letzten Schritt wurde die Bloch-Bedingung $\psi(\vec{r}+\vec{R}) = e^{i\vec{k}\vec{R}}\psi(\vec{r})$ benutzt. Das r'-Integral ist nur noch über eine einzelne Muffin-Tin-Kugel zu erstrecken, es geht also nur die Greenfunktion für ein einzelnes kugelsymmetrisches Potential, das hier sogar nur endliche Reichweite hat, ein. Die zu bestimmende Bloch-Funktion muß also die Integralgleichung

$$\psi_{\vec{k}}(\vec{r}) = \int d^3r' \tilde{G}_{\vec{k},\varepsilon}(\vec{r}-\vec{r}')v(r')\psi_{\vec{k}}(\vec{r}') \tag{4.116}$$

$$\text{mit } \tilde{G}_{\vec{k}\varepsilon}(\vec{r}-\vec{r}') = \sum_{\vec{R}} e^{i\vec{k}\vec{R}} G_\varepsilon(\vec{r}-\vec{r}'-\vec{R}) \tag{4.117}$$

erfüllen. Damit geht die $\vec{k}$-Abhängigkeit und die Kristallstruktur nur über die Green-Funktion $\tilde{G}_{\vec{k}\varepsilon}$ ein. Die Greenfunktion für die einzelne Muffin-Tin-Kugel entspricht aber der bekannten Greenfunktion für ein kugelsymmetrisches Problem:

$$G_\varepsilon(\vec{r}-\vec{r}') = -\frac{e^{i\sqrt{2m\varepsilon/\hbar^2}|\vec{r}-\vec{r}'|}}{4\pi|\vec{r}-\vec{r}'|} \tag{4.118}$$

Damit ist dann auch $\tilde{G}_{\vec{k}\varepsilon}$ explizit bekannt. Die Integralgleichung (4.113) ist damit aber immer noch nicht gelöst. Man kann ein Funktional definieren, aus dem sich die Integralgleichung als Funktionalableitung ergibt, nämlich

$$\Lambda[\psi] = \int d^3r \psi^*_{\vec{k}}(\vec{r})v(r)\psi_{\vec{k}}(\vec{r}) + \int d^3r \int d^3r' \psi^*_{\vec{k}}(\vec{r})v(r)\tilde{G}_{\vec{k}\varepsilon}(\vec{r}-\vec{r}')v(r')\psi_{\vec{k}}(\vec{r}') \tag{4.119}$$

Variation nach ψ^*, also $\frac{\delta\Lambda}{\delta\psi^*}$, reproduziert wieder die Integralgleichung (4.116). Setzt man dann wieder wie zuvor die Wellenfunktion als Linearkombination aus Produkten von Kugelflächenfunktionen und Radial-Wellenfunktionen an, also

$$\psi_{\vec{k}}(\vec{r}) = \sum_{lm} A_{lm} Y_{lm}(\vartheta,\varphi)\chi_l(r) \tag{4.120}$$

dann wird $\Lambda[\psi]$ eine quadratische Form in den A_{lm} und die Minimalbedingung wird zur Bedingung $\frac{\partial\Lambda}{\partial A_{lm}} = 0$, was zu einem homogenen linearen Gleichungssystem führt. Nichttriviale Lösungen existieren, wenn gilt

$$det\left(\frac{\partial\Lambda}{\partial A_{lm}}\right) = 0 \tag{4.121}$$

Dies liefert eine Beziehung zwischen ε und $\vec{k}$ und somit die Dispersionsrelation $\varepsilon(\vec{k})$. Natürlich können in der Praxis wieder nur endlich viele Koeffizienten A_{lm} mitgenommen werden, schon allein damit die zu berechnende Determinante endlich wird.

4.5.5 OPW-(„orthogonalized plane waves“)-Methode

Die Blochfaktoren auch für die äußeren Valenzelektronen weisen in der Nähe der Kerne wie besprochen kurzwellige Oszillationen auf. Diese sind letztlich deshalb vorhanden, weil die Wellenfunktionen orthogonal auf den Eigenzuständen der inneren Core-Elektronen sein müssen. Statt die Blochfunktionen nach ebenen Wellen zu entwickeln kann man sie nach orthogonalisierten ebenen Wellen entwickeln, die von vorneherein schon orthogonal zu den Zuständen der inneren Elektronen sind. Dadurch sind dann auch die Oszillationen, die die Entwicklung nach ebenen Wellen ungeeignet machte, automatisch berücksichtigt.

Wir nehmen an, daß die inneren Core-Zustände praktisch keinen Überlapp zwischen verschiedenen Elementarzellen haben, so daß die inneren, tiefliegenden „Bänder“ des Festkörpers dispersionslos sind. Seien also $\varphi_l(\vec{r}-\vec{R})$ diese inneren atomaren Eigenfunktionen mit Eigenenergien E_l, dann kann man sich Core-Blochfunktionen konstruieren durch

$$\psi^c_{l\vec{k}}(\vec{r}) = \langle\vec{r}|\psi^c_{l\vec{k}}\rangle = \frac{1}{\sqrt{N}}\sum_{\vec{R}} e^{i\vec{k}\vec{R}}\varphi_l(\vec{r}-\vec{R}) \tag{4.122}$$

(vergleiche auch Gleichung (4.70); für die inneren Zustände wird dieser Ansatz aber exakt oder zumindest eine sehr gute Näherung sein). Der gesuchte Blochzustand der äußeren (Valenz- oder Leitungs-) Bänder kann nun angesetzt werden zu

$$|\psi^b_{n\vec{k}}\rangle = |\vec{k}\rangle - \sum_{l<n}|\psi^c_{l\vec{k}}\rangle\langle\psi^c_{l\vec{k}}|\vec{k}\rangle \tag{4.123}$$

wobei $|\vec{k}\rangle$ der Zustand der freien ebenen Welle sein soll, also $\langle\vec{r}|\vec{k}\rangle = e^{i\vec{k}\vec{r}}$. Der so angesetzte Zustand ist automatisch orthogonal auf allen inneren Rumpf-Zuständen, wie man unmittelbar nachrechnen kann:

$$\langle\psi^c_{l\vec{k}}|\psi^b_{n\vec{k}}\rangle = 0 \tag{4.124}$$

Von der Konstruktion her setzt man also eine ebene Welle an und modifiziert diese im Bereich der Corezustände, und erhält so automatisch eine Wellenfunktion, die im Bereich der Ionenrümpfe starke Oszillationen hat, ansonsten aber sich wie eine ebene Welle verhält. Dieser Ansatz erscheint physikalisch sehr vernünftig zu sein. Natürlich ist es nicht notwendig, die orthogonalisierte ebene Welle nur für $\vec{k}$ aus der ersten Brillouinzone zu betrachten.

Läßt man auch kürzere Wellenlängen zu, dann kann man für $\vec{k}$ aus der ersten Brillouinzone den wirklichen Blochzustand als Linearkombination von OPWs ansetzen

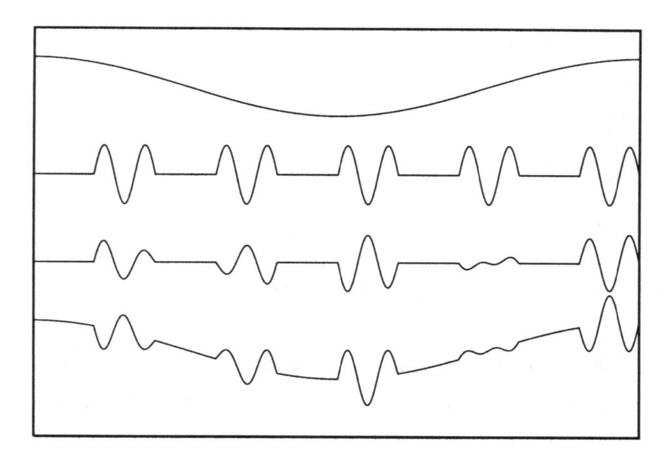

Bild 4.11 Schematische Darstellung einer ebenen Welle, von periodischen (auf die Einheitszelle beschränkten) Rumpfzuständen, einer aus den atomaren Rumpfzuständen gemäß (4.122) konstruierten Blochfunktion und der gemäß (4.123) konstruierten orthogonalisierten ebenen Welle (OPW)

$$|\psi_{n\vec{k}}\rangle = \sum_{\vec{G}} a_{\vec{k}\vec{G}} |\psi^{b}_{n\vec{k}+\vec{G}}\rangle \tag{4.125}$$

Man kommt hierbei dann aber (im Unterschied zur Entwicklung nach einfachen ebenen Wellen) in der Regel mit relativ wenigen reziproken Gittervektoren $\vec{G}$ aus. Durch Variation des Energiefunktionals kann man die im Rahmen des Ansatzes optimalen Koeffizienten $a_{\vec{k}\vec{G}}$ bestimmen.

4.5.6 Pseudopotential-Methode

Die Pseudopotential-Methode stellt eine Erweiterung der OPW-Methode dar und knüpft unmittelbar an diese an. Man kann den Projektionsoperator auf die Core-Zustände definieren durch

$$P_{\vec{k}} = \sum_{l} |\psi^{c}_{l\vec{k}}\rangle\langle\psi^{c}_{l\vec{k}}| \tag{4.126}$$

Definiere ferner die Linearkombination von ebenen Wellen (mit den gleichen Koeffizienten $a_{\vec{k}\vec{G}}$ wie in (4.125))

$$|\phi_{\vec{k}}\rangle = \sum_{\vec{G}} a_{\vec{k}\vec{G}} |\vec{k}+\vec{G}\rangle \tag{4.127}$$

Dann gilt für die zu bestimmende Blochfunktion

$$|\psi_{n\vec{k}}\rangle = (1 - P_{\vec{k}})|\phi_{\vec{k}}\rangle \tag{4.128}$$

Aus der Schrödinger-Gleichung für die $|\psi_{n\vec{k}}\rangle$

$$H|\psi_{n\vec{k}}\rangle = \varepsilon_n(\vec{k})|\psi_{n\vec{k}}\rangle \tag{4.129}$$

folgt dann

$$\begin{aligned} H(1-P_{\vec{k}})|\phi_{\vec{k}}\rangle &= H|\phi_{\vec{k}}\rangle - \sum_{l<n} H|\psi^c_{l\vec{k}}\rangle\langle\psi^c_{l\vec{k}}|\phi_{\vec{k}}\rangle = H|\phi_{\vec{k}}\rangle - \sum_{l<n} E_l|\psi^c_{l\vec{k}}\rangle\langle\psi^c_{l\vec{k}}|\phi_{\vec{k}}\rangle = \\ &= \varepsilon_n(\vec{k})(1-\sum_{l<n}|\psi^c_{l\vec{k}}\rangle\langle\psi^c_{l\vec{k}}|)|\phi_{\vec{k}}\rangle \end{aligned}$$

Daraus folgt eine effektive Schrödinger-Gleichung für die Linearkombination ebener Wellen $|\phi_{\vec{k}}\rangle$:

$$\left[H+\sum_{l<n}(\varepsilon_n(\vec{k})-E_l)|\psi^c_{l\vec{k}}\rangle\langle\psi^c_{l\vec{k}}|\right]|\phi_{\vec{k}}\rangle = \varepsilon_n(\vec{k})|\phi_{\vec{k}}\rangle \tag{4.130}$$

Die $|\phi_{\vec{k}}\rangle$, die als Linearkombinationen weniger ebener Wellen darstellbar sind, sind also Eigenzustände zu den gesuchten Eigenenergien $\varepsilon_n(\vec{k})$ allerdings nicht vom ursprünglichen Kristall-Hamilton-Operator sondern von einem effektiven Hamilton-Operator, der Elektronen im *Pseudopotential*

$$V_{ps} = V + \sum_{lcore}(\varepsilon_n(\vec{k})-E_l)|\psi^c_{l\vec{k}}\rangle\langle\psi^c_{l\vec{k}}| \tag{4.131}$$

beschreibt. Das Pseudopotential ist kein wirkliches Potential sondern formal ein Operator oder ein nichtlokales Potential, das insbesondere die zu bestimmende Eigenenergie noch einmal selbst enthält und das die Einflüsse der inneren Schalen enthält. Dafür kommt man aber mit relativ wenig Entwicklungskoeffizienten aus. Im Pseudopotential ist der stark bindende Anteil des tatsächlichen Potentials durch das Abziehen der Projektion auf die inneren Core-Zustände, die ja gerade durch diesen bindenden Anteil zustande kommen, eliminiert. Das Pseudopotential kann daher tatsächlich als schwach angenommen werden, so daß die Störungsrechnung von Abschnitt 4.2, also die Methode der quasifreien Elektronen, anwendbar wird, wenn man statt des wirklichen Potentials das Pseudopotential benutzt. Das stellt sich auch vielfach als unempfindlich gegen weitergehende Näherungen am Pseudopotential heraus, z.B. die Ersetzung der gesuchten Bandenergien durch eine konstante Energie von der richtigen Größenordnung, etwa der Fermi-Energie.

Abschließend möchte ich noch anmerken, daß die hier besprochenen Methoden nützlich und notwendig sind, um die elektronische Bandstruktur von bestimmten Materialien auch in quantitativen Details beschreiben und verstehen zu können. Für ein qualitatives Verständnis reichen meiner Ansicht nach auch einfachere Methoden wie die Tight-Binding-Näherung vollkommen aus. Eine quantitative Beschreibung kann man andererseits gar nicht erwarten, wenn man die von der Größenordnung niemals vernachlässigbare Coulomb-Wechselwirkung nicht in Betracht zieht, wie es aber hier bei Annahme nur eines periodischen Einteilchen-Potential durchgehend geschehen ist. Erst zu Ende der Siebziger-Jahre ist eine Methode entwickelt worden, die Coulomb-Wechselwirkungen im Rahmen von Bandstrukturberechnungen zu berücksichtigen gestattet, nämlich die Dichtefunktional-Theorie in Verbindung mit der Lokalen-Dichte-Näherung. Diese Methode wird im Kapitel 5 über den Einfluß der Elektron-Elektron-Wechselwirkung besprochen. Es zeigt sich dabei aber, daß letztlich wieder eine Einteilchen-Schrödinger-Gleichung zu lösen ist für ein Elektron in einem effektiven, selbstkonsistent zu bestimmenden periodischen Potential, das die Einflüsse der Wechselwirkung implizit enthält. Die hier besprochenen Methoden zur Berechnung von elektronischen Bandstrukturen sind daher zusammen mit dem Selbstkonsistenz-Problem der Dichtefunktional-Theorie von großer praktischer Bedeutung.

4.6 Elektronische Klassifikation von Festkörpern

Die elektronischen Einteilchen-Zustände im Festkörper sind also bei Berücksichtigung des Spins durch drei Quantenzahlen $(l,\vec{k},\sigma)$ zu charakterisieren, wobei l den Bandindex, $\vec{k}$ den Wellenvektor aus der ersten Brillouin-Zone und σ den Spin bezeichnet. Elektronen sind Fermionen, da sie den Spin $\frac{1}{2}$ haben, und unterliegen somit dem Pauli-Prinzip, d.h. jeder Einteilchenzustand kann maximal einfach besetzt werden. Bei Vernachlässigung der Wechselwirkung, wie es in diesem Kapitel ja noch durchgehend der Fall ist, kann der Eigenzustand für N_e Elektronen durch Angabe der Besetzungszahlen der Einteilchenzustände beschrieben werden, also durch $|\{n_{l\vec{k}\sigma}\}\rangle$ mit $n_{l\vec{k}\sigma}\varepsilon\{0,1\}$ und es gilt dann

$$H|\{n_{l\vec{k}\sigma}\}\rangle = \sum_{i=1}^{N_e}\left(\frac{\vec{p}_i^{\,2}}{2m}+\sum_{\vec{R}}v(\vec{r}_i-\vec{R})\right)|\{n_{l\vec{k}\sigma}\}\rangle = \sum_{l\vec{k}\sigma} n_{l\vec{k}\sigma}\varepsilon_l(\vec{k})|\{n_{l\vec{k}\sigma}\}\rangle \tag{4.132}$$

Im Grundzustand werden die energetisch niedrigst liegenden Einteilchenzustände besetzt so lange, bis alle N_e Elektronen untergebracht sind. Die Energie, die zwischen dem höchsten besetzten und dem niedrigsten unbesetzten Zustand liegt, heißt *Fermi-Energie* E_F. Diese ist zu bestimmen durch

$$\sum_{\substack{l\vec{k}\sigma \\ |\varepsilon_l(\vec{k})|<E_F}} 1 = 2\sum_{\substack{l\vec{k} \\ |\varepsilon_l(\vec{k})|<E_F}} 1 = N_e \tag{4.133}$$

Die Grundzustands-Energie ist gegeben durch

$$E_0 = 2\sum_{\substack{l\vec{k} \\ |\varepsilon_l(\vec{k})|<E_F}} \varepsilon_l(\vec{k}) \tag{4.134}$$

In jedem Band l gibt es genau N verschiedene $\vec{k}$-Werte und daher i.a. (bei Berücksichtigung des Spins) $2N$ verschiedene Einteilchenzustände, wenn N die Zahl der Elementarzellen ist. Bei $T=0$ werden diese Zustände von unten gefüllt bis alle Elektronen untergebracht sind. Es gibt nun zwei Möglichkeiten:

- Ein Band ist ganz gefüllt, das darüber liegende Band ganz leer. Die Fermienergie fällt dann in die *Band-Lücke* oder *Energie-Lücke* zwischen oberstem gefüllten Band und unterstem leeren Band. Das oberste ganz gefüllte Band heißt dann *Valenzband*. Es sind nur Anregungen aus dem Grundzustand möglich, wenn mindestens diese Energie der Bandlücke aufgebracht wird, die in der Regel zwischen 1 und 7 eV liegt. Man hat es mit *Halbleitern* oder *Isolatoren* zu tun.

- Die Fermienergie liegt innerhalb eines Bandes, das noch nicht ganz gefüllt ist. Ein solches bei $T=0$ nicht vollständig gefülltes Band nennt man auch *Leitungsband* (auch wenn es noch völlig leer ist). Der Abstand zwischen oberstem besetztem und unterstem unbesetztem Niveau ist dann praktisch 0 (von der Größenordnung 10^{-22} eV), daher sind Anregungen mit beliebig kleinem Energieaufwand möglich, es handelt sich um ein *Metall*.

Wenn Z_e die Zahl der Elektronen pro primitiver Elementarzelle ist (bei einer einatomigen Basis ist daher Z_e die Kernladungszahl wegen Ladungsneutralität), dann ist die Gesamt-Elektronenzahl $N_e = NZ_e$. Wenn nun Z_e ungerade ist und kein Bandüberlapp existiert, dann werden $\frac{Z_e-1}{2}$ Bänder ganz gefüllt und das $\frac{Z_e+1}{2}$-te Band wird nur halb gefüllt. Nach dieser simplen Vorstellung ist daher immer ein Metall zu erwarten, wenn Z_e ungeradzahlig ist, was auch vielfach zutrifft. Wenn aber Z_e gerade ist und kein Bandüberlapp existiert, dann werden die untersten $\frac{Z_e}{2}$ Bänder ganz gefüllt und es ist also ein Halbleiter oder Isolator zu erwarten. Dies ist weniger gut erfüllt, da die Voraussetzung (nicht überlappende Bänder) vielfach nicht gegeben ist. Konkret kann man bei der Diskussion die voll abgeschlossenen Schalen (entsprechend einer Edelgaskonfiguration mit gerader Elektronenzahl) außer Betracht lassen und nur die äußeren, noch nicht vollständig gefüllten Schalen diskutieren. Sei also Z_e' die Zahl der Elektronen in der äußeren Schale.

- $Z_e' = 1$ Dieser Fall liegt vor bei: Li, K, Na, Rb, Cs (Alkali-Metalle) und bei Cu, Ag, Au (Edelmetalle). Man erwartet ein halbgefülltes s-Band als Leitungsband und daher gute Metalle.

- $Z_e' = 3$ Dieser Fall liegt vor bei: Al, Ga, In, Tl. Die Fermienergie sollte innerhalb der p-Bänder liegen, es sind Metalle zu erwarten.

- $Z_e' = 2$ Dieser Fall liegt vor bei den Erdalkalimetallen Be, Mg, Ca, Sr, Ba, Ra. Dies sind Metalle trotz gerader Elektronenzahl, weil p- und s-Bänder überlappen und es keine Energielücke zwischen p-und s-Bändern gibt. Schon im freien Atom sind s- und p-Zustände ja vielfach fast entartet.

- Übergangsmetalle Die Elemente Sc, Ti, V, Cr, Mn, Fe, Co, Ni, Cu, Zn haben alle eine atomare Elektronenkonfiguration $3d^{n(+1)}4s^{2(1)}$. Die 3d- und 4s-Niveaus sind energetisch benachbart; die resultierenden 3d- und 4s-Bänder überlappen. Die 4s-Zustände sind weniger gut an den Atomrümpfen lokalisiert als die atomaren 3d-Zustände.

Die 3d-Bänder sind daher wesentlich schmaler als das 4s-Band. s-Band und 3d-Bänder kreuzen sich daher und hybridisieren miteinander. Als Beispiel ist die Bandstruktur für Kupfer nebenstehend dargestellt. Man erkennt deutlich fünf relativ flache (und daher schmale) 3d-Bänder und das breite 4s-Band. Beim Kupfer liegt die Fermienergie außerhalb des Bereichs der d-Bänder, die Leitungselektronen an der Fermikante haben daher reinen s-Charakter. Bei Fe, Co, Ni etc. liegt die Fermi-Energie aber im Bereich der d-Bänder. Wegen des Überlapps der Bänder liegt die Fermienergie nicht in einer Lücke für gerade und ungerade Z_e', also hat man metallisches Verhalten.

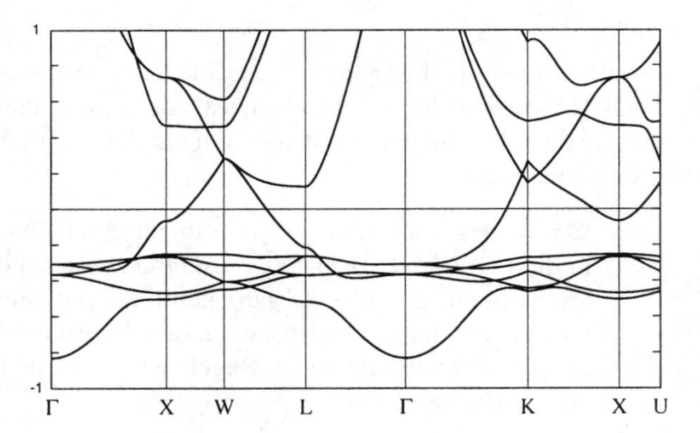

Bild 4.12 Bandstruktur von Kupfer längs der Haupt-Symmetrie-Richtungen der fcc-Brillouin-Zone

- Elemente der 4.Gruppe des Periodensystems Diese Systeme kristallisieren vielfach in der Diamantstruktur, also mit 2 Atomen pro Elementarzelle, so daß die Elektronenzahl pro Elementarzelle $Z_e' = 8$ beträgt. Aus den atomaren s-und p-Orbitalen bilden sich pro Atom

4 sp^3-Hybrid-Orbitale, die man durch Linearkombinationen der atomaren s- und p-Wellenfunktionen darstellen kann gemäß

$$s + p_x + p_y + p_z \qquad s + p_x - p_y - p_z \qquad s - p_x + p_y - p_z \qquad s - p_x - p_y + p_z$$

Diese bilden vier gleichberechtigte tetraedrisch ausgerichtete Orbitale. Dadurch kommen die Tetraeder bei der Diamantstruktur zustande. Insgesamt gibt es also 8 Orbitale pro Elementarzelle und daher 8 Bänder, die spinentartet sind, zumindest solange man die Spin-Bahn-Kopplung noch außer Betracht läßt. Es bilden sich 4 Valenzbänder und 4 Leitungsbänder aus, die Valenzbänder sind ganz gefüllt mit den 8 Elektronen und die Fermienergie fällt in eine Bandlücke, die beim C (Diamant) so groß ist, daß ein Isolator vorliegt. Beim technisch wichtigsten Halbleiter Silizium liegt eine indirekte Bandlücke vor.

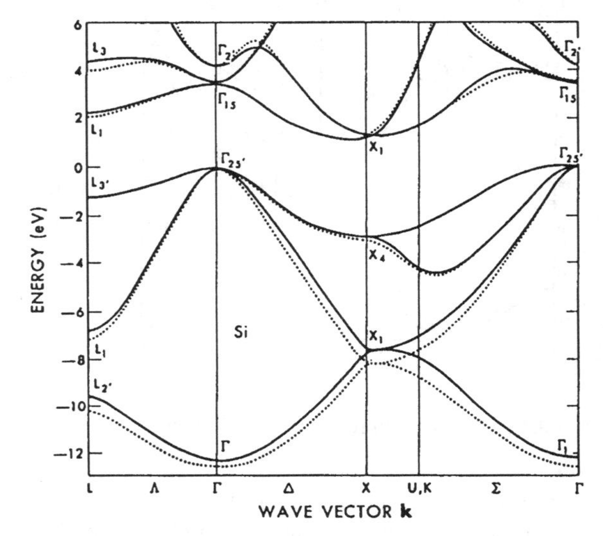

Bild 4.13 Bandstruktur von Silizium

- III-V- und II-VI-Halbleiter[6] In diesen technisch wichtigen Systemen wie GaAs, InSb, ZnSe, ZnS ist die Situation qualitativ ähnlich wie beim Si, nur daß es sich eben um zwei verschiedene Atome pro Elementarzelle handelt. Insgesamt liegen auch $Z_e' = 8$ Valenzelektronen pro Elementarzelle vor, die die 4 Valenzbänder bei $T = 0$ komplett füllen, während die 4 Leitungsbänder leer bleiben. Die Fermienergie liegt in der Energielücke, die meist eine direkte Lücke darstellt.

- Elemente der 5.Gruppe des Periodensystems Elemente wie Sb, As, Bi haben 5 Valenzelektronen in der äußeren Atomschale, kristallisieren aber in Strukturen mit 2 Atomen pro Elementarzelle, so daß $Z_e' = 10$ gilt. Trotzdem sind es in der Regel keine Halbleiter sondern *Halbmetalle*, da Bandüberlapp vorliegt, so daß das fünfte Band nicht ganz gefüllt wird und stattdessen das sechste Band schon partiell gefüllt wird.

- Ionenkristalle aus Elementen der 1. und 7.Gruppe Das sind Systeme wie NaCl, KBr, NaJ, etc., die in der NaCl-Struktur oder der CsCl-Struktur kristallisieren, also wieder mit 2 Atomen pro Elementarzelle. Somit hat man wieder $Z_e' = 8$ und daher einen Halbleiter oder Isolator zu erwarten, wie es auch tatsächlich der Fall ist.

- Fester Wasserstoff Einatomiger fester Wasserstoff sollte eigentlich ein ideales Metall sein mit der Fermienergie in der Mitte des 1s-Bandes. Leider existiert aber atomarer Wasserstoff (H) unter normalen Umständen nicht im festen Aggregatzustand, sondern nur molekularer Wasserstoff H_2. Bei festem H_2 hat man aber wieder 2 Elektronen pro Elementarzelle und daher einen Isolator vorliegen. Man kann sich das auch so vorstellen, daß die

[6] Die Bandstrukturbilder für die Halbleiter Si, GaAs und ZnSe sind entnommen aus: M.L.Cohen, J.R.Chelikowsky: Electronic Structure and Optical Properties of Semiconductors, Springer Series in Solid-State Sciences 75 (1989)

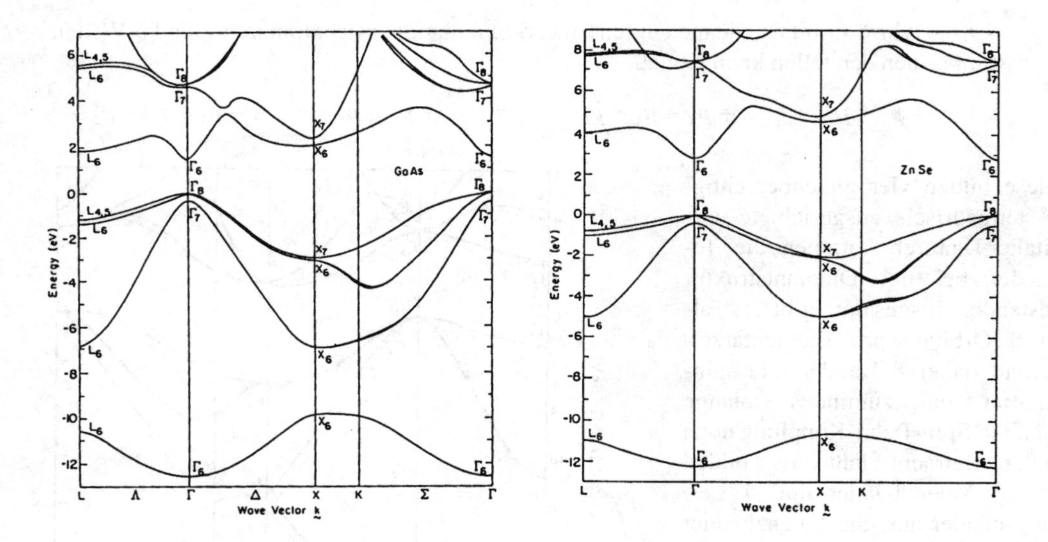

Bild 4.14 Bandstrukturen des III-V Halbleiters GaAs und des II-VI-Halbleiters ZnSe

1s-Zustände des atomaren Wasserstoffs bei der Molekülbildung aufspalten in das bonding und antibonding Molekül-Orbital; der Bonding-Zustand wird doppelt besetzt (von einem Spin-auf- und einem Spin-ab-Elektron). Wenn die H_2-Moleküle einen Kristall bilden, spalten die Molekülorbitale zu Bändern auf, das vom bonding Orbital erzeugte Band wird aber genau vollständig gefüllt, die Fermi-Energie liegt in der Lücke zwischen dem bonding und dem antibonding Band. Es hat immer wieder Spekulationen über metallischen atomaren Wasserstoff gegeben. Dieser soll angeblich nicht nur ein gutes Metall sein sondern sogar ein Supraleiter. Wenn überhaupt existiert er aber nur unter extrem hohen Drucken und konnte auf der Erde noch nicht realisiert werden. Es gibt (schwer widerlegbare) Theorien, daß im Inneren von Saturn oder Jupiter der Druck für metallischen, atomaren, supraleitenden Wasserstoff ausreichend ist und dieser die Ursache für das Magnetfeld des Planeten ist.

4.7 Elektronische Zustandsdichte und Fermi-Fläche

Die in den vorigen Abschnitten besprochene Bandstruktur $\varepsilon_n(\vec{k})$ liefert die volle Dispersionsrelation für die Elektronen im Festkörper. Vielfach ist man an dieser vollen Information aber gar nicht interessiert, sondern es reicht zu wissen, in welchem Energiebereich Zustände überhaupt möglich sind und wie viele Zustände es in einem bestimmten Energiebereich gibt und wo Energielücken liegen. Dazu definiert man eine

elektronische Zustandsdichte

wie bei den Phononen durch

$$\rho(E) = \frac{1}{N} \sum_{n\vec{k}\sigma} \delta(E - \varepsilon_n(\vec{k})) \tag{4.135}$$

$\rho(E)\cdot\Delta E$ ist die Zahl der elektronischen Einteilchen-Zustände mit Energie zwischen E und $E+\Delta E$ pro Einheitszelle. Die Fermienergie ist bestimmt durch die Beziehung:

$$\int_{-\infty}^{E_F} dE\rho(E) = Z_e \tag{4.136}$$

Manchmal betrachtet man auch nur die Zustandsdichte für einzelne Bänder, in der Regel Leitungs- bzw. Valenzbänder. Es gelten ganz ähnliche Beziehungen, wie sie schon bei der Besprechung der Phononen-Zustandsdichte in Abschnitt 3.6 vorgekommen sind, nämlich u.a.

$$\rho(E) = -\frac{1}{\pi}\text{Im}G(E+i0) = -\frac{1}{\pi}\frac{1}{N}\text{Im}\sum_{n\vec{k}\sigma}\frac{1}{E+i0-\varepsilon_n(\vec{k})} \tag{4.137}$$

und man kann die Zustandsdichte auch wieder durch ein Oberflächenintegral über eine Fläche konstanter Energie ausdrücken

$$\rho(E) = \frac{V}{N}\frac{1}{4\pi^3\hbar}\sum_n\int_{S(E)}\frac{ds}{|\vec{v}_{n\vec{k}}|} \tag{4.138}$$

Hierbei ist $S(E)$ eine Fläche konstanter Energie im k-Raum und gemäß (4.58) ist

$$\vec{v}_{n\vec{k}} = \frac{1}{\hbar}\nabla_{\vec{k}}\varepsilon_n(\vec{k})$$

die Gruppengeschwindigkeit des n-ten Bandes. Besonders einfach wird die Zustandsdichte freier Elektronen, also von Elektronen mit der Dispersionsrelation $\varepsilon(\vec{k}) = \frac{\hbar^2\vec{k}^2}{2m}$. Dann gilt $\vec{v}_{\vec{k}} = \frac{\hbar k}{m}$ und mit $k=\sqrt{\frac{2mE}{\hbar^2}}$ folgt aus (4.138)

$$\rho(E) = \frac{V}{N}\frac{1}{4\pi^3\hbar}\int_{S(E)}\frac{ds}{\hbar k/m} = \frac{V}{N}\frac{4\pi k^2 m}{4\pi^3\hbar^2 k} = \frac{Vmk}{N\pi^2\hbar^2} = \frac{V}{N}\frac{\sqrt{2m^3}}{\pi^2\hbar^3}\sqrt{E} \tag{4.139}$$

Dies folgt nicht nur aus dem Oberflächenintegral über eine Fläche konstanter Energie gemäß (4.138) sondern auch aus der Definition (4.135)

$$\begin{aligned}\rho(E) &= \frac{1}{N}\sum_{\vec{k}\sigma}\delta(E-\frac{\hbar^2k^2}{2m}) = \frac{2V}{N(2\pi)^3}\int d^3k\delta(E-\frac{\hbar^2k^2}{2m}) = \frac{V}{4\pi^3N}4\pi\int dkk^2\delta(E-\frac{\hbar^2k^2}{2m})\\ &= \frac{V}{\pi^2N}\frac{m}{\hbar^2}\sqrt{\frac{2m}{\hbar^2}E}\end{aligned} \tag{4.140}$$

Eine Wurzelsingularität an der Bandkante, also $\rho(E)\sim\sqrt{E}$ ist charakteristisch für elektronische Zustandsdichten dreidimensionaler Systeme. Entsprechend kann man zeigen, daß für 2-dimensionale Systeme die Zustandsdichte einen Sprung macht an der Bandkante und für eine eindimensionale elektronische Zustandsdichte eine $1/\sqrt{E}$-Singularität an der Bandkante charakteristisch ist.

Bezüglich von Van-Hove-Singularitäten gilt im übrigen wieder das bei den Phononen-Zustandsdichten bereits Diskutierte. Es gibt insbesondere neben den Singularitäten an der Bandkante (Wurzelsingularitäten $\sim\sqrt{E-E_c}$ in Dimension $d=3$, Sprung für $d=2$) auch wieder innere Singularitäten an kritischen Punkten, an denen $\nabla_{\vec{k}}\varepsilon_n(\vec{k})=0$ ist. Das Verhalten der Zustandsdichte an diesen kritischen Punkten ist völlig analog wie bei den Phononen-Zustandsdichten. Als Beispiel ist in Abbildung 4.15 die Zustandsdichte $\rho_3(E)$ für das einfach-kubische Tight-Binding-Band

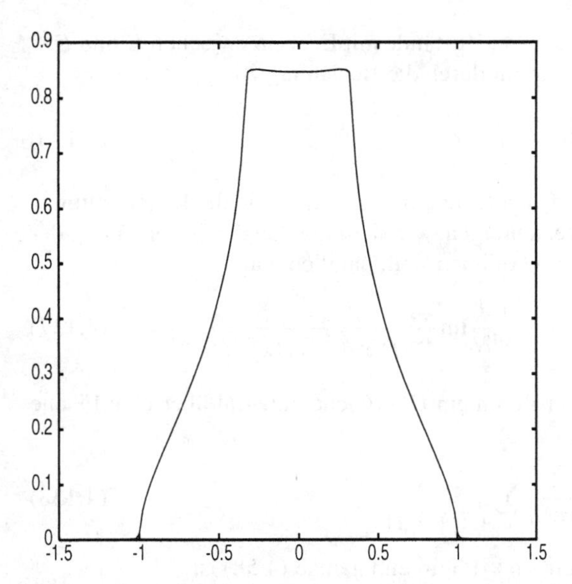

Bild 4.15 Elektronische Zustandsdichte für das 3-dimensionale einfach-kubische Tight-Binding-Band

$$\varepsilon(\vec{k}) = 2t(\cos(k_x a) + \cos(k_y a) + \cos(k_z a)) \tag{4.141}$$

gezeigt, wieder für $6|t| = 1$. (vgl. die Bandstruktur auf Seite 88). Man erkennt die Wurzelsingularitäten an den Bandkanten und Singularitäten der Art $C - \sqrt{|E - E_c|}$ bei den kritischen Punkten, bei denen Sattelpunkte der Dispersionsrelation vorliegen. Diese Zustandsdichte kann auch berechnet werden unter Benutzung von

$$\begin{aligned} G(z) &= \frac{1}{N}\sum_{\vec{k}} \frac{1.}{z - 2t(\cos(k_x a) + \cos(k_y a) + \cos(k_z a))} = \\ &= \frac{V}{(2\pi)^3 N}\int d^3k \frac{1.}{z - 2t(\cos(k_x a) + \cos(k_y a) + \cos(k_z a))} = -i\left(\frac{a}{2\pi}\right)^3 \int_0^\infty d\lambda e^{i\lambda z} J_0^3(2t\lambda) \end{aligned} \tag{4.142}$$

wobei

$$J_0(y) = \frac{1}{2\pi}\int_{-\pi}^{\pi} dx e^{-iy\cos(x)} = \frac{1}{\pi}\int_0^{\pi} dx e^{-iy\cos(x)} \tag{4.143}$$

die Bessel-Funktion 0.Ordnung ist, die tabelliert bzw. für numerische Rechnungen in Programmbibliotheken zu finden ist. Die Tight-Binding-Zustandsdichten für die lineare Kette und das zweidimensionale Quadrat-Gitter sind für $2|t| = 1.$ bzsw. $4.|t| = 1.$ in Abbildung 4.16 ebenfalls abgebildet.

Die eindimensionale Tight-Binding-Zustandsdichte kann man explizit analytisch angeben zu

$$\rho_1(E) = \begin{cases} \frac{1}{\pi}\frac{1}{\sqrt{4t^2 - E^2}} & \text{für } -2|t| < E < 2|t| \\ 0 & \text{sonst} \end{cases} \tag{4.144}$$

Die zweidimensionale Tight-Binding-Zustandsdichte kann über die daraus folgende Relation

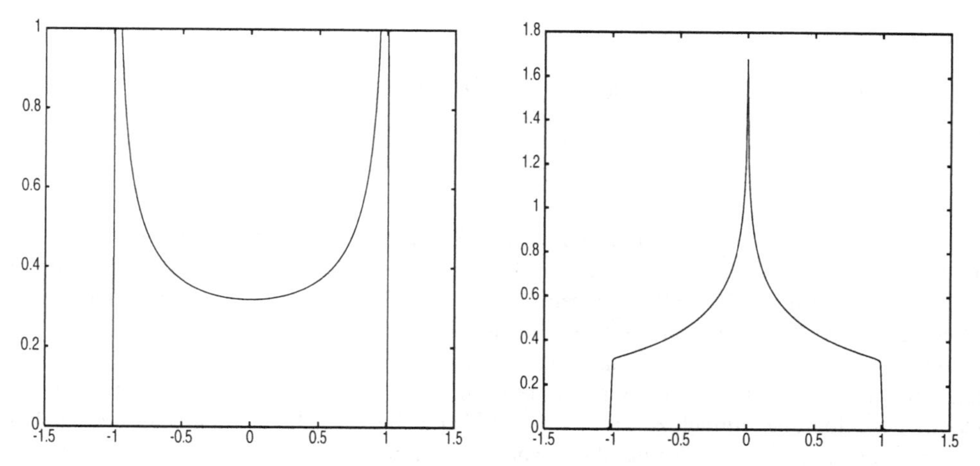

Bild 4.16 Zustandsdichten für das ein- und zweidimensionale einfach-kubische Tight-Binding-Band

$$\rho_2(E) = -\frac{1}{\pi} ImG_2(E+i0) \text{ mit } G_2(z) = \frac{1}{\pi}\int_0^{\pi} dx \frac{1}{\sqrt{(z-2t\cos(x))^2-1}} \tag{4.145}$$

berechnet worden; sie läßt sich auch durch das vollständige elliptische Integral 1.Art

$$K(\lambda) = \int_0^{\pi} \frac{d\phi}{\sqrt{1-\lambda^2\cos^2\phi}} \tag{4.146}$$

ausdrücken zu

$$\rho_2(E) = \begin{cases} \frac{1}{2\pi^2|t|} K(\sqrt{1-\frac{E^2}{16t^2}}) & \text{für} |E| < 4|t| \\ 0 & \text{sonst} \end{cases} \tag{4.147}$$

Eine realistischere Zustandsdichte für Kupfer, d.h. für die auf Seite 100 gezeigte Bandstruktur, ist nebenstehend dargestellt; die Gesamtelektronenzahl in den äußeren (3d- und 4s-)Schalen ist hier $Z_e' = 11$ und legt die Fermienergie (hier zu 0 gewählt) fest. Die d-Bänder haben eine relativ hohe Zustandsdichte und eine schmale Bandbreite; die 4-s-Zustandsdichte ist dagegen wesentlich kleiner, das s-Band ist dafür breiter. Die 4s-Elektronen verhalten sich wie quasi-freie Elektronen.

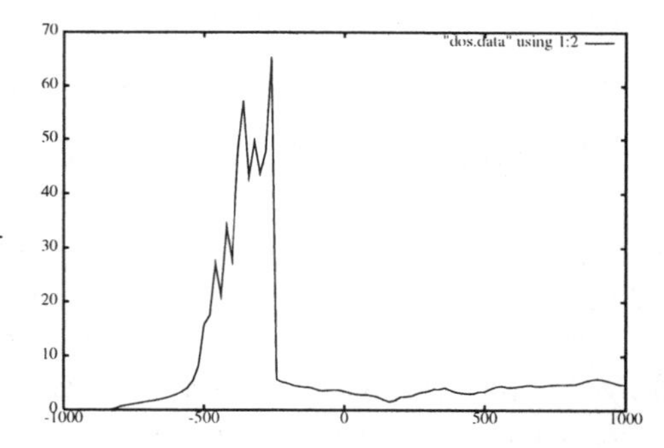

Bild 4.17 Zustandsdichte von Cu im Bereich der 3d- und 4-s-Bänder; die Energie ist in Einheiten von mRyd = $1.36 * 10^{-2}$ eV gemessen

Fermi-Fläche[7]

Es wurden bereits die Flächen konstanter Energie $S(E)$ im $\vec{k}$-Raum eingeführt, die definiert sind durch

$$\varepsilon_n(\vec{k}) = E \tag{4.148}$$

Besonders wichtig ist die *Fermi-Fläche* $S(E_F)$, die den im Grundzustand besetzten Teil des $\vec{k}$-Raums vom unbesetzten Teil trennt. Auch die Fermi-Fläche ist charakteristisch für bestimmte Materialien und bestimmte Kristallstrukturen. Nur für freie Elektronen ist die Fermi-Fläche einfach eine Kugeloberfläche. Schon im Modell freier Elektronen oder fast freier Elektronen bei Zugrundelegen einer speziellen Kristallstruktur kann die Fermifläche aber relativ kompliziert werden, falls die „Fermi-Kugel" die Grenze der Brillouin-Zone schneidet. Die Fermifläche ist dann keine geschlossene, einfach zusammenhängende Fläche mehr. Es können insbesondere bei Berücksichtigung realistischer Bandstrukturen höchst komplexe Fermi-Flächen mit interessanter topologischer Struktur entstehen.

Für das zweidimensionale quadratische Tight-Binding-Band sind die „Flächen" (Linien) konstanter Energie $S(E)$ in Abbildung 4.18 dargestellt; je nach vorgegebener Elektronenzahl (Füllung) werden dies die Fermi-„Flächen". Für kleine Füllung hat man offenbar annähernd eine Fermi-„Kugel", bei halber Füllung wird die Fermi-Fläche aber flach und der Fermi-Körper ein Quadrat und bei mehr als halber Füllung schneiden die Fermi-Linien die Grenzen der Brillouin-Zone. Die Fermifläche ist dann innerhalb der 1.Brillouinzone nicht mehr einfach zusammenhängend. Im ausgedehnten Zonenschema erkennt man aber (vgl. Abbildung 4.19), daß bei dieser Situation in zwei Dimensionen doch wieder eine geschlossene „Fläche" vorliegt, die ein leeres, unbesetztes Gebiet des $\vec{k}$-Raums einschließt. Die Fermifläche wird somit wieder zunehmend eine Kugel, die aber nicht Elektronenzustände umschließt sondern Lochzustände. Mögliche dreidimensionale Fermi-Flächen sind in den Abbildungen 4.20, 4.21 wiedergegeben, einmal für das 3-dimensionale einfach-kubische Tight-Binding-Band bei halber Füllung (d.h. die Dispersion aus Abbildung 4.7 auf Seite 88 bzw. die Zustandsdichte aus Abbildung 4.15 für $E_F = 0$.) und für Kupfer (d.h. die Dispersion aus Abbildung 4.17). In beiden Fällen erkennt man die „Hälse" der Fermiflächen, die sich zum Rand der Brillouin-Zone hin ausbilden.

4.8 Quantenstatistik und Thermodynamik der Festkörper-Elektronen

Wie es aus der Vorlesung über Statistische Physik bekannt ist, ist die Besetzungszahldarstellung besonders geeignet zur Beschreibung der Vielteilchenzustände eines Elektronensystems. Ein elektronischer Vielteilchen-Zustand im Festkörper wird demnach beschrieben durch $|\{n_{l\vec{k}\sigma}\}\rangle$, wobei für Fermionen die Besetzungszahl für den Einteilchenzustand $l\vec{k}\sigma$ $n_{l\vec{k}\sigma}$ nur die Werte 0 oder 1 annehmen kann wegen des Pauli-Prinzips.[8] Speziell für das wechselwirkungsfreie System

[7] E.Fermi, * 1904 in Rom, † 1954 in Chicago, studierte in Pisa und promovierte mit 21 Jahren, ging dann nach Göttingen zu M.Born, ab 1926 Professor in Rom und Arbeit über das Elektronengas unter Berücksichtigung des Pauli-Prinzips, ab 1934 an künstlicher Radioaktivität interessiert, Physik-Nobelpreis 1938, von Stockholm aus wegen seiner Abneigung gegen den Faschismus in die USA emigriert, arbeitete in Chicago an der Realisierung von nuklearen Kettenreaktionen

[8] W.Pauli, * 1900 in Wien, † 1958 in Zürich, 1923 Hochschullehrer in Hamburg, postulierte 1924 Existenz des Spins und 1925 das nach ihm benannte Ausschlußprinzip, 1928 Professor an der ETH Zürich, postulierte 1931 Existenz des Neutrinos, Physik-Nobelpreis 1945

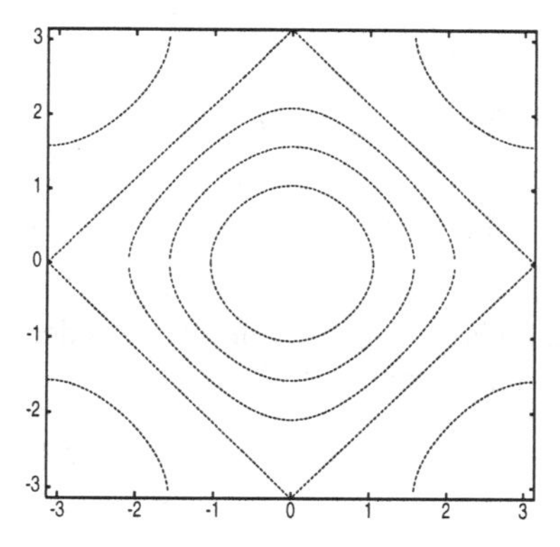

Bild 4.18 Fermi-„Fläche" für das 2-dimensionale quadratische Tight-Binding-Band für verschiedene Fermi-Energien $E_F/(2|t|) = -1.5, -1., -0.5, 0., 1.$

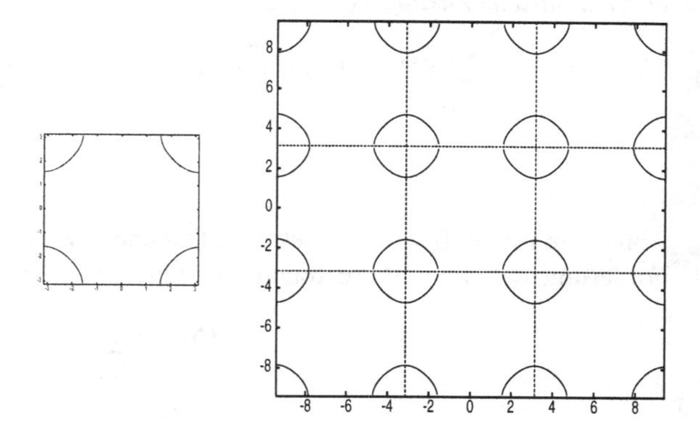

Bild 4.19 2-dimensionale Fermiflächen beim quadratischen Gitter bei $E_F/(2|t|) = 1.$ in der 1. Brillouin-Zone und im ausgedehnten Zonenschema

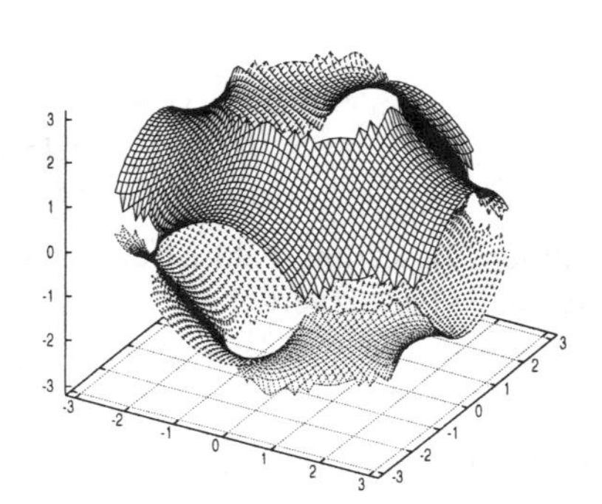

Bild 4.20 Fermifläche für das einfach-kubische Tight-Binding-Band bei halber Füllung

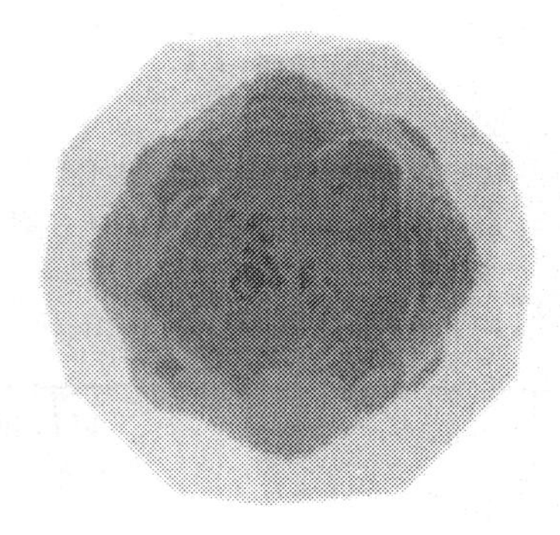

Bild 4.21 Fermi-Fläche (und 1.Brillouinzone) von Kupfer

sind diese Zustände in Besetzungszahldarstellung bezüglich der Einteilchen-Blochzustände auch bereits Eigenzustände des Hamilton-Operators, d.h. es gilt

$$H|\{n_{l\vec{k}\sigma}\}\rangle = \sum_{l\vec{k}\sigma} n_{l\vec{k}\sigma}\varepsilon_l(\vec{k})|\{n_{l\vec{k}\sigma}\}\rangle \qquad (4.149)$$

wobei wegen der Teilchenzahlerhaltung

$$N_e = \sum_{l\vec{k}\sigma} n_{l\vec{k}\sigma} = 2\sum_{l\vec{k}} n_{l\vec{k}\sigma} \qquad (4.150)$$

erfüllt sein muß. Bei endlichen Temperaturen können auch angeregte Zustände besetzt werden, und gemäß der Statistischen Physik behandelt man das Problem zweckmäßig mittels der großkanonischen Gesamtheit. Eine zentrale Größe ist die *großkanonische Zustandssumme*:

$$Z_{GK} = \sum_{\{n_{l\vec{k}\sigma}\}} \exp(-\beta \sum_{l\vec{k}\sigma} (\varepsilon_l(\vec{k}) - \mu) n_{l\vec{k}\sigma}) = \sum_{\{n_{l\vec{k}\sigma}\}} \prod_{l\vec{k}\sigma} \exp(-\beta(\varepsilon_l(\vec{k}) - \mu) n_{l\vec{k}\sigma}) =$$

$$= \prod_{l\vec{k}\sigma} (1 + \exp(-\beta(\varepsilon_l(\vec{k}) - \mu)) \qquad (4.151)$$

wobei wie immer $\beta = \frac{1}{k_B T}$ gesetzt ist. Das chemische Potential μ ist dabei zu bestimmen aus der Forderung, daß die mittlere Teilchenzahl gleich der vorgegebenen Teilchenzahl N_e ist:

$$\langle N_e \rangle = \sum_{l\vec{k}\sigma} \langle n_{l\vec{k}\sigma} \rangle = N_e \qquad (4.152)$$

und die mittlere Besetzungszahl für einen Einteilchen-Zustand $l\vec{k}\sigma$ kann man analog zur Zustandssumme leicht berechnen zu

$$\begin{aligned} \langle n_{l\vec{k}\sigma} \rangle &= \frac{1}{Z_{GK}} \sum_{\{n_{l'\vec{k}'\sigma'}\}} \exp(-\beta \sum_{l'\vec{k}'\sigma'} (\varepsilon_{l'}(\vec{k}') - \mu) n_{l'\vec{k}'\sigma'}) n_{l\vec{k}\sigma} = \\ &= \frac{1}{Z_{GK}} \prod_{(l'\vec{k}'\sigma') \neq (l\vec{k}\sigma)} \left(1 + \exp(-\beta(\varepsilon_{l'}(\vec{k}') - \mu))\right) \times \exp(-\beta(\varepsilon_l(\vec{k}) - \mu)) = \\ &= \frac{\exp(-\beta(\varepsilon_l(\vec{k}) - \mu))}{1 + \exp(-\beta(\varepsilon_l(\vec{k}) - \mu))} \end{aligned} \qquad (4.153)$$

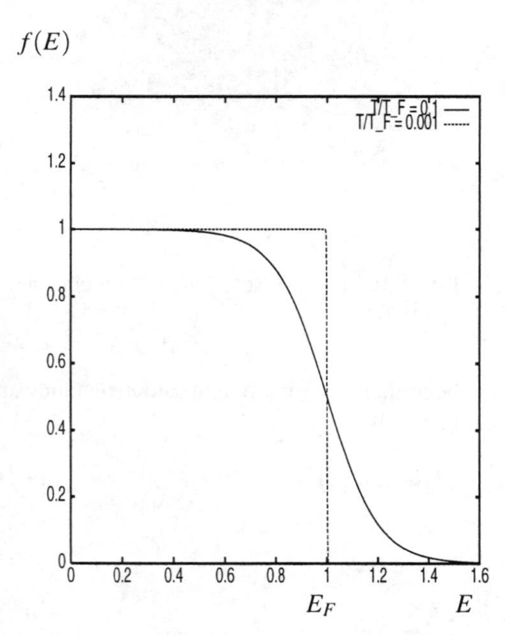

Bild 4.22 Fermi-Funktion

Die mittlere Besetzungszahl ist also gegeben durch die Fermi-Verteilung:

$$\langle n_{l\vec{k}\sigma} \rangle = f(\varepsilon_l(\vec{k})) \qquad (4.154)$$

mit der Fermi-Funktion

$$f(E) = \frac{1}{\exp(\beta(E - \mu)) + 1} \qquad (4.155)$$

Für $T \to 0$ gilt

$$\exp((E - \mu)/k_B T) = \begin{cases} \infty & \text{für} E > \mu \\ 0 & \text{für} E \langle \mu \end{cases} \qquad (4.156)$$

und daher

$$f(E) = \begin{cases} 1 & \text{für} E \langle \mu \\ 0 & \text{für} E > \mu \end{cases} \qquad (4.157)$$

Die Fermi-Funktion wird also eine Stufenfunktion für $T = 0$. Das chemische Potential $\mu(T)$, das im allgemeinen temperaturabhängig ist, geht daher für $T \to 0$ in die Fermi-Energie über:

$$\mu(T = 0) = E_F \qquad (4.158)$$

Dies entspricht der Interpretation des chemischen Potentials in der Thermodynamik als der Energie, die aufzuwenden ist, um ein weiteres Teilchen in das System zu bringen.

Von Interesse sind Größen wie die innere Energie des Elektronensystems; diese ist gegeben durch

$$U = \sum_{l\vec{k}\sigma} \langle n_{l\vec{k}\sigma} \rangle \varepsilon_l(\vec{k}) = N \int dE f(E) \rho(E) E \tag{4.159}$$

wobei die gesamte elektronische Zustandsdichte (pro Einheitszelle), $\rho(E)$, in (4.135) definiert ist. Damit läßt sich auch die Teilchenzahl-Bedingung, die das chemische Potential festlegt, ausdrücken gemäß

$$N_e = \sum_{l\vec{k}\sigma} \langle n_{l\vec{k}\sigma} \rangle = N \int dE \rho(E) f(E) \tag{4.160}$$

Geht man zu den auf die Einheitszelle normierten Größen Energie pro Einheitszelle $u = U/N$ und Elektronenzahl pro Einheitszelle $Z_e = N_e/N$ über, lauten die entsprechenden Relationen

$$u(T) = \int dE \rho(E) f(E) E \qquad Z_e = \int dE \rho(E) f(E) \tag{4.161}$$

Zur Auswertung von Integralen vom Typ

$$\int dE H(E) f(E)$$

benutzen wir hier speziell die sogenannte

Sommerfeld-Entwicklung[9]

Vorausgesetzt, daß $H(E)$ eine halbwegs vernünftige Funktion ist (insbesondere mehrfach stetig differenzierbar und auch integrierbar ist und für $E \to -\infty$ verschwindet), gilt

$$\int_{-\infty}^{+\infty} dE H(E) f(E) = \int_{-\infty}^{+\infty} dE K(E) \left(-\frac{df}{dE} \right) \tag{4.162}$$

was durch partielle Integration folgt, wobei $K(E)$ die Stammfunktion zu $H(E)$ sein soll, also

$$K(E) = \int_{-\infty}^{E} dE' H(E') \tag{4.163}$$

Die negative Ableitung der Fermi-Funktion ist explizit gegeben durch

$$-\frac{df}{dE} = \frac{1}{k_B T} \frac{1}{(e^{\beta(E-\mu)} + 1)(e^{-\beta(E-\mu)} + 1)} \tag{4.164}$$

[9] A.Sommerfeld, * 1868 in Königsberg, † 1951 in München, Professor für Theoretische Physik in München 1906 - 1931, Beiträge zu allen Gebieten und Autor eines bekannten Lehrbuchs der Theoretischen Physik, insbesondere Arbeiten zur Atomphysik, Erweiterung des Bohrschen Atommodells, Einführung der Azimuth- und magnetischen Quantenzahl, Arbeiten zur Wellenmechanik und der Theorie der Elektronen in Metallen, Doktorvater von Pauli und Heisenberg.

Sie ist symmetrisch um das chemische Potential μ und fällt nach beiden Seiten hin (weg vom chemischen Potential) sehr schnell, nämlich exponentiell, ab. Für $T \to 0$ geht die Ableitung in eine Delta-Funktion über (klar, da Fermifunktion zur Stufenfunktion wird). Für endliche Temperatur ist die Ableitung der Fermifunktion nur in einem relativ kleinen Intervall um μ, welches in etwa proportional zur Temperatur größer wird, merklich von 0 verschieden; in der Praxis (bei numerischen Rechnungen z.B.) stellt sich heraus, daß nur ein endliches Intervall $[\mu - 10.k_BT, \mu + 10.k_BT]$ betrachtet werden muß, die Zustandsdichteintegrale also faktisch nur über ein endliches Intervall zu erstrecken sind. Daher macht es auch in der Praxis nichts aus, daß Zustandsdichten eventuell einige der genannten Voraussetzungen nicht erfüllen (z.B. Differenzierbarkeit an den Bandkanten wegen der Van-Hove-Singularitäten). Da das Energie-Integral nur über ein kleines Intervall um μ zu erstrecken ist, entwickelt man nun die Funktion $K(E)$ in eine Taylor-Reihe um μ, also:

$$K(E) = K(\mu) + \sum_{n=1}^{\infty} \frac{1}{n!}(E-\mu)^n \frac{d^n K(E)}{dE^n}|_{E=\mu} \tag{4.165}$$

Setzt man dies in das zu berechnende Integral ein, so erhält man

$$\int_{-\infty}^{+\infty} dEH(E)f(E) = \int_{-\infty}^{\mu} dEH(E) + \sum_{n=1}^{\infty} \frac{d^{n-1}H(E)}{dE^{n-1}}|_{E=\mu} \int_{-\infty}^{+\infty} dE \frac{(E-\mu)^n}{n!} \left(-\frac{df}{dE}\right) \tag{4.166}$$

Es gehen in die Reihe also nur Ableitungen der zu integrierenden Funktion $H(E)$ am chemischen Potential μ und von $H(E)$ unabhängige Integrale über $(E-\mu)^n$ multipliziert mit der Ableitung der Fermifunktion ein. Da aber $-\frac{df}{dE}$ symmetrisch um μ ist, treten hier nur gerade Potenzen n auf. Damit hat man schließlich nach Substitution $x = \beta(E-\mu)$:

$$\int_{-\infty}^{+\infty} dEH(E)f(E) = \int_{-\infty}^{\mu} dEH(E) + \sum_{n=1}^{\infty} a_n (k_BT)^{2n} \frac{d^{2n-1}H(E)}{dE^{2n-1}}|_{E=\mu} \tag{4.167}$$

$$\text{mit } a_n = \int_{-\infty}^{+\infty} dx \frac{x^{2n}}{(2n)!} \frac{1}{(e^x+1)(e^{-x}+1)} \tag{4.168}$$

Die a_n können analytisch berechnet werden zu

$$a_n = (2 - \frac{1}{2^{2(n-1)}})\zeta(2n) \tag{4.169}$$

wobei die *Riemannsche Zeta-Funktion* $\zeta(x)$ definiert ist durch

$$\zeta(x) = \sum_{m=1}^{\infty} \frac{1}{m^x} = 1 + \frac{1}{2^x} + \frac{1}{3^x} + \dots \tag{4.170}$$

Speziell gilt

$$a_1 = \zeta(2) = \frac{\pi^2}{6} \qquad a_2 = \frac{7}{4}\zeta(4) = \frac{7}{4}\frac{\pi^4}{90} = \frac{7\pi^4}{360} \tag{4.171}$$

Wertet man nun die Integrale in (4.161) unter Benutzung der Sommerfeld-Entwicklung aus, so ergibt sich

$$Z_e = \int_{-\infty}^{\mu} dE\rho(E) + \frac{\pi^2}{6}(k_BT)^2 \rho'(\mu) + O(T^4) \tag{4.172}$$

$$u = \int_{-\infty}^{\mu} E\rho(E)dE + \frac{\pi^2}{6}(k_BT)^2 \left(\mu\rho'(\mu) + \rho(\mu)\right) + O(T^4) \tag{4.173}$$

Für tiefe Temperaturen ($k_BT \ll E_F$, was auch bei Raumtemperatur noch gut erfüllt ist zumindest für Metalle,) weicht $\mu(T)$ von der Fermi-Energie E_F auch nur noch um relativ kleine Werte von der Ordnung $(k_BT)^2$ ab. Daher gilt

$$\int_{-\infty}^{\mu(T)} dE\rho(E) = \int_{-\infty}^{E_F} dE\rho(E) + (\mu - E_F)\rho(E_F) = Z_e + (\mu - E_F)\rho(E_F)$$

Damit folgt:

$$Z_e = Z_e + (\mu - E_F)\rho(E_F) + \frac{\pi^2}{6}(k_BT)^2\rho'(E_F) \tag{4.174}$$

Somit erhält man die Temperaturabhängigkeit des chemischen Potentials der Elektronen für tiefe Temperaturen zu

$$\boxed{\mu = E_F - \tfrac{\pi^2}{6}\tfrac{\rho'(E_F)}{\rho(E_F)}(k_BT)^2} \tag{4.175}$$

Für die innere Energie pro Einheitszelle ergibt sich

$$\begin{aligned} u &= \int_{-\infty}^{E_F} dEE\rho(E) + (\mu - E_F)E_F\rho(E_F) + \frac{\pi^2}{6}(k_BT)^2(E_F\rho'(E_F) + \rho(E_F)) = \\ &= \int_{-\infty}^{E_F} dEE\rho(E) - \frac{\pi^2}{6}E_F\rho'(E_F)(k_BT)^2 + \frac{\pi^2}{6}(k_BT)^2E_F\rho'(E_F) + \frac{\pi^2}{6}(k_BT)^2\rho(E_F) \end{aligned}$$

Somit ergibt sich als Temperaturabhängigkeit der inneren Energie pro Einheitszelle für tiefe Temperaturen

$$\boxed{u(T) = u_0 + \tfrac{\pi^2}{6}\rho(E_f)(k_BT)^2} \tag{4.176}$$

Damit folgt für die spezifische Wärme pro Elementarzelle

$$\boxed{c_V = \tfrac{\pi^2}{3}\rho(E_F)k_B^2T} \tag{4.177}$$

Falls die Zustandsdichte bei der Fermienergie nicht verschwindet, was bei Metallen immer der Fall ist, liegt also ein lineares Temperaturgesetz der spezifischen Wärme vor bedingt durch den elektronischen Beitrag.

Unter Einbeziehung des in Abschnitt 3.5 diskutierten Beitrags der akustischen Phononen hat man für die spezifische Wärme von Metallen daher bei tiefen Temperaturen zu erwarten

$$\begin{aligned} c_V(T) &= \gamma T + AT^3 \qquad (4.178) \\ \text{mit } \gamma &= \frac{\pi^2}{3}\rho(E_F)k_B^2 \text{ und } A = \frac{12\pi^4}{5}k_B\frac{1}{\Theta_D^3} \end{aligned}$$

Dies ist die spezifische Wärme pro Einheitszelle; der Phononen-Anteil unterscheidet sich daher um den Faktor $\frac{N}{V}$ von der in (133) berechneten spezifischen Wärme pro Volumen; Θ_D ist die Debye-Temperatur. Dieses Gesetz ist experimentell gut bestätigt. Es ist üblich C_V/T als Funktion von T^2 aufzutragen , dann gibt der Achsenabschnitt direkt den linearen, elektronischen spezifischen Wärmekoeffizienten γ und der Anstieg ergibt den Phononen-Koeffizienten A (und damit auch die Debye-Temperatur).

Experimentell ist es üblich, wie in Abbildung 4.23 [10], die spezifische Wärme pro Mol (und nicht pro Einheitszelle) anzugeben; dann ist also mit der Avogadrozahl $N_A = 6 \cdot 10^{23}$ zu multiplizieren, da ein Mol eines Stoffes N_A Moleküle enthält. Mit $N_A k_B = R = 8{,}3 \frac{\mathrm{J}}{\mathrm{Mol \cdot K}} = 1{,}99 \frac{\mathrm{cal}}{\mathrm{Mol \cdot K}}$ ergibt sich also für den elektronischen Anteil der spezifischen Wärme pro Mol:

$$C = \frac{\pi^2}{3} \rho(E_F) R k_B T \tag{4.179}$$

Speziell für freie Elektronen bzw. das für viele Metalle anwendbare[11] Modell quasifreier Elektronen mit effektiver Masse m^* ist die Zustandsdichte gemäß (4.139,4.140) gegeben durch

$$\rho(E) = \frac{2^{1/2} V m^{*3/2}}{N \pi^2 \hbar^3} \sqrt{E} \tag{4.180}$$

Wenn dann Z_e die Zahl der Elektronen in diesem obersten Leitungsband (quasi-)freier Elektronen ist, ist die Fermienergie zu bestimmen aus

$$Z_e = \int_0^{E_F} dE \rho(E) = \frac{2^{3/2} V m^{*3/2}}{3 N \pi^2 \hbar^3} E_F^{3/2} \tag{4.181}$$

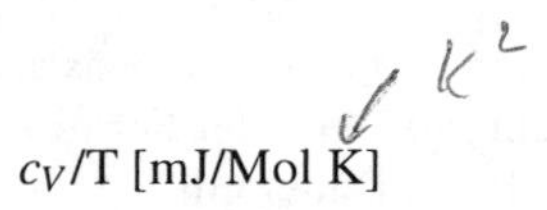

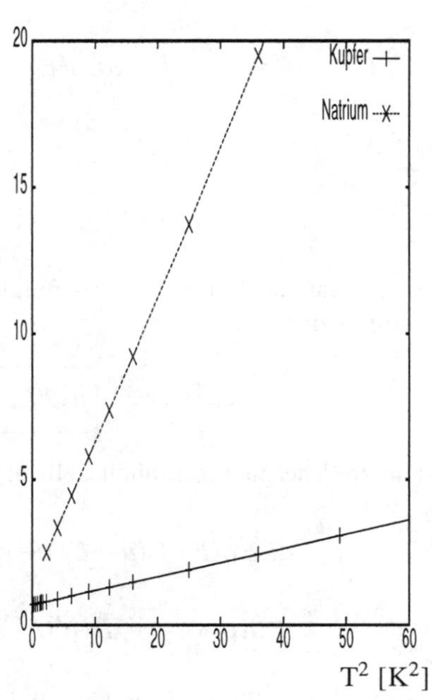

Bild 4.23 Experimentell bestimmte Werte der spezifischen Wärme von Kupfer und Natrium, aufgetragen in der Form c_V/T als Funktion von T^2

Also ist die Fermienergie für freie Elektronen explizit gegeben durch

$$E_F = \left(3 Z_e \frac{N}{V} \pi^2 \right)^{\frac{2}{3}} \frac{\hbar^2}{2m^*} = \frac{3}{2} \frac{Z_e}{\rho(E_F)} \tag{4.182}$$

Damit gilt also

$$\rho(E_F) = \frac{3 Z_e}{2 E_F} = 3 \frac{Z_e}{\hbar^2 \left(3 Z_e \frac{N}{V} \pi^2 \right)^{\frac{2}{3}}} m^* \sim m^* \tag{4.183}$$

Im Modell (quasi-)freier Elektronen ist die Zustandsdichte an der Fermikante und damit der lineare Temperatur-Koeffizient γ der spezifischen Wärme demnach direkt proportional zur effektiven Masse m^*. Die Messung dieses Koeffizienten γ erlaubt daher eine –im Prinzip einfache– Bestimmung der effektiven Masse. Man findet so, daß in vielen einfachen Metallen (wie Na, K, Cu, Ag, Mg, Ca, Ba, Al, Zn) die effektive Masse tatsächlich von der Größenordnung her in etwa der Masse von freien Elektronen entspricht, so daß das Modell freier Elektronen überraschend gut zu sein scheint. Es gibt aber auch drastische Abweichungen. In Halbmetallen (z.B. Bi) findet man eine wesentlich kleinere effektive Masse ($m^* \sim 0{,}1m$), in Übergangsmetallen findet man wesentlich größere effektive Massen ($m^* \approx 10 - 30m$ z.B. in Nb, Mn, Pd, Ni). Der Grund hierfür ist einmal eine im Vergleich zu den s-und p-Bändern höhere Zustandsdichte in den schmalen d-Bändern, in denen die Fermienergie bei den Übergangsmetallen liegt, zum anderen sind aber insbesondere auch Korrelationseffekte (d.h. Einflüsse der Elektron-Elektron-Wechselwirkung) wichtig und geben einen wesentlichen Beitrag zum γ-Koeffizienten und damit zur effektiven Masse m^*. Noch größere γ–Koeffizienten der spezifischen Wärme und daraus geschlossene effektive Massen von m^* bis zu $100 - 1000m$ findet man bei den sogenannten *Schwer-Fermionen-Systemen* (z.B. $CeCu_2Si_2$,$CeAl_3$, u.a.); hier sind Korrelationseffekte dominant, und die Untersuchung von Schwer-Fermionen-Systemen ist experimentell und theoretisch ein aktueller Forschungsgegenstand der Festkörperphysik.

4.9 Statistik der Elektronen und Löcher in Halbleitern

Die konkreten Rechnungen und Ergebnisse des vorigen Kapitels beziehen sich auf metallische Festkörper; insbesondere ist nur dafür die Sommerfeld-Entwicklung sinnvoll. In diesem Abschnitt sollen daher noch einmal gesondert die thermischen elektronischen Eigenschaften von Halbleitern betrachtet werden. Das einfachst denkbare Halbleiter-Modell ist ein Zweiband-Modell bestehend aus einem Valenzband und einem Leitungsband, die durch eine Energielücke der Größe Δ voneinander getrennt sind. Man hat dann also eine Valenzband-Zustandsdichte $\rho_v(E)$, deren untere Bandkante o.E. zu 0 gewählt werden kann und deren obere Bandkante mit E_v bezeichnet sei, und eine Leitungsband-Zustandsdichte $\rho_c(E)$ mit der unteren Bandkante $E_c > E_v$ und es gilt $E_c - E_v = \Delta$. Die Bänder sollen nicht überlappen und die Gesamtzustandsdichte ist $\rho(E) = \rho_v(E) + \rho_c(E)$. Die Fermienergie liegt in der Bandlücke, und für die üblichen Halbleiter ist Δ von der Größenordnung einige eV, so daß für alle erreichbaren Temperaturen $k_BT \ll \Delta$ erfüllt ist. Für $T = 0$ ist nur das Valenzband gefüllt, d.h. es gilt

$$Z_e = \int_0^{E_v} dE\rho_v(E) = \int_0^{E_F} dE\rho(E) \tag{4.184}$$

Für endliche Temperaturen T gilt

$$Z_e = \int_0^{\infty} dEf(E)\rho(E) = \int_0^{E_v} dEf(E)\rho_v(E) + \int_{E_c}^{\infty} dEf(E)\rho_c(E) \tag{4.185}$$

Somit ergibt sich:

$$\int_0^{E_v} dE(1-f(E))\rho_v(E) = \int_{E_c}^{\infty} dEf(E)\rho_c(E) \tag{4.186}$$

Dies besagt nichts anderes, als daß die Zahl der (thermisch angeregten) Elektronen im Leitungsband

$$n_e(T) = \int_{E_c}^{\infty} dEf(E)\rho_c(E) \tag{4.187}$$

gleich der Zahl der unbesetzten Zustände im Valenzband

$$n_h(T) = \int_0^{E_v} dE(1-f(E))\rho_v(E) \tag{4.188}$$

sein muß, und diese unbesetzten Zustände, also Elektronenfehlstellen im Valenzband interpretiert man auch als (positiv geladene) *Löcher*. Bei undotierten, *intrinsischen* Halbleitern gilt daher:

$$n_e(T) = n_h(T) \tag{4.189}$$

Das chemische Potential μ liegt im Inneren der Bandlücke, dabei allerdings nicht notwendigerweise genau im Zentrum, sondern dies hängt von den effektiven Massen und damit den Zustandsdichten $\rho_{c,v}(E)$ von Leitungs- und Valenzband und von der Temperatur ab. Es gilt die Umformung

$$1 - f(E) = 1 - \frac{1}{e^{(E-\mu)/k_BT} + 1} = \frac{1}{e^{-(E-\mu)/k_BT} + 1} \tag{4.190}$$

Dies ist ebenfalls eine Fermi-Verteilung, aber für negative Energien. Die Wahrscheinlichkeit, ein Loch im Valenzband bei einer Energie $-|E-\mu|$ vorzufinden, ist also ebenfalls durch eine Fermi-Verteilung bestimmt. Löcher unterliegen somit ebenfalls der Fermi-Statistik aber mit von der Fermi-Energie aus nach unten gemessener Energie.

Es gilt

$$E_v \langle \mu < E_c \text{ und } E_c - \mu \gg k_BT \text{ und } \mu - E_v \gg k_BT \tag{4.191}$$

Daher folgt für Energien $E > E_c$ innerhalb des Leitungsbandes:

$$f(E) = \frac{1}{e^{(E-\mu)/k_BT} + 1} \approx e^{-(E-\mu)/k_BT}$$

und für Energien $E < E_v$ innerhalb des Valenzbandes

$$1 - f(E) = \frac{1}{e^{(\mu-E)/k_BT} + 1} \approx e^{-(\mu-E)/k_BT} \tag{4.192}$$

Weil die Energielücke groß ist gegenüber thermischen Energien, können die Fermiverteilungen in dem Energiebereich, wo die Zustandsdichten nicht verschwinden, also durch eine klassische Boltzmann-Verteilung ersetzt werden.

Somit hat man:

$$n_e(T) = e^{-(E_c-\mu)/k_BT} \int_{E_c}^{\infty} dE \rho_c(E) e^{-(E-E_c)/k_BT} \tag{4.193}$$

und entsprechend

$$n_h(T) = e^{-(\mu-E_v)/k_BT} \int_0^{E_v} dE \rho_v(E) e^{-(E_v-E)/k_BT} \tag{4.194}$$

In der Nähe der Bandkanten verhalten sich in der Regel Valenz- und Leitungselektronen-Zustandsdichte wie die von freien Elektronen mit effektiver Masse. Daher sind die folgenden Annahmen für die Zustandsdichten plausibel:

$$\begin{aligned} \rho_c(E) &= \frac{V}{2\pi^2\hbar^3 N}(2m_e)^{3/2}(E-E_c)^{1/2} \\ \rho_v(E) &= \frac{V}{2\pi^2\hbar^3 N}(2m_h)^{3/2}(E_v-E)^{1/2} \end{aligned} \tag{4.195}$$

(vergleiche Gleichungen (4.139,4.140)). Dann ergibt sich

$$\begin{aligned} n_e(T) &= \frac{V}{2\pi^2\hbar^3 N}(2m_e)^{3/2} e^{-(E_c-\mu)/k_BT}(k_BT)^{3/2} 2\int_0^\infty dx x^2 e^{-x^2} = 2\frac{V}{N}\left(\frac{m_e k_B T}{2\pi\hbar^2}\right)^{3/2} e^{-(E_c-\mu)/k_BT} \\ n_v(T) &= \frac{V}{2\pi^2\hbar^3 N}(2m_h)^{3/2} e^{-(\mu-E_v)/k_BT}(k_BT)^{3/2} 2\int_0^\infty dx x^2 e^{-x^2} = 2\frac{V}{N}\left(\frac{m_h k_B T}{2\pi\hbar^2}\right)^{3/2} e^{-(\mu-E_v)/k_BT} \end{aligned} \tag{4.196}$$

Hierbei wurde die Substitution $x^2 = (E - E_c)/(k_B T)$ bzw. $x^2 = (E_v - E)/(k_B T)$ gemacht,

$$\int_0^\infty dx x^2 e^{-x^2} = \sqrt{\pi}/4$$

benutzt und $\sqrt{E_v/k_B T} \approx \infty$ genähert, was plausibel ist, da die Valenzbandbreite E_v auch groß gegenüber üblichen Temperaturen ist.

Aus der Bedingung $n_e = n_h$, erhält man dann für das chemische Potential:

$$\mu(T) = \frac{1}{2}(E_c + E_v) + \frac{3}{4} k_B T \ln\left(\frac{m_h}{m_e}\right) \tag{4.197}$$

Für $T = 0$ liegt das chemische Potential $\mu(0) = E_F$ also genau im Zentrum der Bandlücke, bei endlichen Temperaturen aber nicht mehr, sondern die Abweichung von der Fermienergie variiert i.a. linear mit der Temperatur[12]; ob $\mu(T)$ mit der Temperatur nach oben (zum Leitungsband hin) oder nach unten (zum Valenzband hin) wandert, hängt vom Verhältnis der effektiven Massen von Elektronen und Löchern ab. Durch Dotieren mit andersvalenten Fremdatomen kann die Lage der Fermi-Energie aber leicht verändert werden gegenüber der Lage genau in der Bandmitte. Um eine Größenordnung für die Ladungsträgerkonzentration bei Raumtemperatur in intrinsischen Halbleitern angeben zu können, nehmen wir $\Delta = 1\text{eV}, T = 300K$ an; die Ladungsträgerdichte ist im Wesentlichen durch den Faktor $e^{-\Delta/2k_B T} \approx e^{-15} \sim 10^{-7} - 10^{-6}$ bestimmt, so daß von den 10^{23} Elektronen des Festkörpers etwa 10^{17} im Leitungsband sind.

Die spezifische Wärme von Halbleitern kann man analog berechnen wie die Loch- und Elektronenzahlen. Hier soll der Rechengang nur kurz skizziert und ein näherungsweises Ergebnis angegeben werden, detailliertere Rechnungen dazu sind dem Leser als Übung überlassen. Wir gehen aus von der Definitions-Gleichung für die spezifische Wärme pro Einheitszelle:

$$c_V = \frac{\partial u}{\partial T} = \int dE E \rho(E) \frac{\partial f}{\partial T} = \int_0^{E_v} dE E \rho_v(E) \frac{\partial f}{\partial T} + \int_{E_c}^\infty dE E \rho_c(E) \frac{\partial f}{\partial T} \tag{4.198}$$

Wegen

$$\frac{\partial f}{\partial T} = \frac{\partial}{\partial T} \frac{1}{e^{\beta(E-\mu)} + 1} = \left(-\frac{e^{\beta(E-\mu)}}{(e^{\beta(E-\mu)} + 1)^2}\right)\left(-\frac{E-\mu}{k_B T^2} - \beta \frac{\partial \mu}{\partial T}\right) \tag{4.199}$$

ergibt sich, da nur über Energien weit entfernt vom chemischen Potential zu integrieren ist

$$\begin{aligned} c_V &= e^{\beta(E_v - \mu)} \int_0^{E_v} dE E \left(\frac{E-\mu}{k_B T^2} + \frac{1}{k_B T}\frac{\partial \mu}{\partial T}\right) \rho_v(E) e^{\beta(E - E_v)} \\ &+ e^{-\beta(E_c - \mu)} \int_{E_c}^\infty dE E \left(\frac{E-\mu}{k_B T^2} + \frac{1}{k_B T}\frac{\partial \mu}{\partial T}\right) \rho_c(E) e^{-\beta(E - E_c)} \end{aligned} \tag{4.200}$$

Für tiefe Temperaturen sind von führender Ordnung die Terme mit Vorfaktor $\frac{1}{k_B T^2}$, d.h. die Temperaturabhängigkeit des chemischen Potentials kann vernachlässigt werden und man hat $\mu = E_F = \frac{1}{2}(E_v + E_c)$. Damit ergibt sich

$$c_V = \frac{e^{-\frac{\Delta}{2k_B T}}}{k_B T^2} \left(\int_0^{E_v} dE E (E - E_F) \rho_v(E) e^{-\beta(E_v - E)} + \int_{E_c}^\infty dE E (E - E_F) \rho_c(E) e^{-\beta(E - E_c)}\right) \tag{4.201}$$

[12] im Unterschied zur gemäß (4.175) quadratischen T-Abhängigkeit in Metallen

Substituiert man analog wie oben bei der Berechnung der Integrale zu n_e, n_h, so reproduzieren sich in führender Ordnung in der Temperatur diese Integrale mit Vorfaktoren $E_{v,c}, (E_{v,c} - E_F)$. Somit ergibt sich schließlich

$$c_V = 2\frac{V}{N}\frac{1}{(2\pi\hbar^2)^{3/2}}\frac{\Delta}{2}\left(m_e^{3/2}E_c - m_h^{3/2}E_v\right)\frac{e^{-\Delta/2k_BT}}{\sqrt{k_BT}} \tag{4.202}$$

oder speziell für gleiche effektive Masse im Valenz- und Leitungs-Band:

$$c_V = 2\frac{V}{N}\left(\frac{m}{2\pi\hbar^2}\right)^{3/2}\frac{\Delta^2}{2}\frac{e^{-\Delta/2k_BT}}{\sqrt{k_BT}} \tag{4.203}$$

Die spezifische Wärme geht also exponentiell gegen 0 für $T \to 0$. Ein solches Exponentialgesetz, genauer ein Verhalten $c_V \sim e^{-\Delta/k_BT}/(k_BT)^\alpha$ ist charakteristisch für Systeme mit einer Lücke im Anregungsspektrum. Ein solches Verhalten hatten wir konkret auch schon einmal beim Einsteinmodell für Phononen gefunden. Der Exponent α ist dabei allerdings von Details des Spektrums (der Dimension, Zustandsdichte, etc.) abhängig; hier beim Halbleiter-Modell mit wurzelförmigen Zustandsdichten ergibt sich $\alpha = \frac{1}{2}$, für Einstein-Phononen war $\alpha = 2$, für ein- oder zweidimensionale elektronische Zustandsdichten und z.B. eine konstante Valenz- und Leitungsband-Zustandsdichte ergeben sich noch andere Werte für dieses α.

5 Elektron-Elektron-Wechselwirkung

Wir haben im letzten Kapitel die Wechselwirkung der Elektronen untereinander vernachlässigt, was letztlich quantitativ nicht zu rechtfertigen ist. Quantenmechanisch hat man dann nur ein Einteilchenproblem zu lösen, nämlich das eines Elektrons im periodischen Potential, was zumindest schon die Ausbildung von Energiebändern und Bandlücken verstehen läßt. Ein Vielteilchenproblem wurde nur in Form des aus der Grundvorlesung über Statistische Physik bekannten idealen Fermigases behandelt, aber dabei werden Vielteilcheneffekte nur über das Pauli-Prinzip berücksichtigt. Echte Wechselwirkungen und Korrelationen zwischen den Elektronen sind bisher nicht betrachtet worden.

In diesem Kapitel sollen die Einflüsse der Elektron-Elektron-Wechselwirkung untersucht werden. Wir betrachten N_e Elektronen in einem äußeren (in der Regel wieder gitterperiodischen) Potential und mit einer abstoßenden Wechselwirkung untereinander. Der Hamilton-Operator läßt sich dann schreiben als:

$$H = H_0 + H_1 \tag{5.1}$$

$$\text{mit } H_0 = \sum_{i=1}^{N_e} h_i = \sum_{i=1}^{N_e} \frac{\vec{p}_i^{\,2}}{2m} + \sum_{i=1}^{N_e} V(\vec{r}_i) \tag{5.2}$$

$$H_1 = \sum_{i<j} u(\vec{r}_i - \vec{r}_j) \tag{5.3}$$

Hierbei ist streng mikroskopisch gesehen die Wechselwirkung $u(\vec{r}-\vec{r}')$ die Coulomb-Abstoßung, also

$$u(\vec{r}-\vec{r}') = \frac{e^2}{|\vec{r}-\vec{r}'|} \tag{5.4}$$

Mitunter benutzt man hier aber auch andere, effektive Wechselwirkungen, z.B. eine abgeschirmte Coulomb-Wechselwirkung, dann betrachtet man nicht mehr alle Elektronen und Ladungen des Systems mikroskopisch, sondern denkt sich bestimmte Einflüsse, z.B. die der inneren Schalen, bereits als in einem effektiven Einteilchenpotential $V(\vec{r})$ enthalten. Andererseits muß es bei einer voll mikroskopischen Behandlung und damit Benutzung des „nackten" Coulomb-Potentials für $u(\vec{r}-\vec{r}')$ auch möglich sein, Effekte wie Abschirmung, Dielektrizitätskonstanten, abgeschirmtes Coulomb-Potential, effektives Einteilchen-Potential mikroskopisch herzuleiten. Das gelingt aber nur noch näherungsweise. Überhaupt sind bei Berücksichtigung der Wechselwirkung fast keine exakten Aussagen und Resultate mehr erzielbar.

5.1 Besetzungszahldarstellung („2.Quantisierung") für Fermionen

Die Form (5.1- 5.3) des Hamilton-Operators H werden wir im Folgenden als „1.Quantisierung" bezeichnen. Wir werden in diesem Abschnitt eine für die systematische Behandlung von Wechselwirkungseffekten besonders geeignete Darstellung des Hamiltonoperators in *Besetzungszahl-Darstellung* oder *„2.Quantisierung"* angeben. Dazu nehmen wir einmal an, daß wir das Einteilchen-Problem exakt lösen können. Betrachten wir speziell das i-te Elektron, dann soll gelten:

$$h_i|k_\alpha\rangle^{(i)} = \varepsilon_{k_\alpha}|k_\alpha\rangle^{(i)}$$

oder in Ortsdarstellung
$$h_i\varphi_{k_\alpha}(\vec{r}_i) = (\frac{\vec{p}_i^2}{2m} + V(\vec{r}_i))\varphi_{k_\alpha}(\vec{r}_i) = \varepsilon_{k_\alpha}\varphi_{k_\alpha}(\vec{r}_i) \quad (5.5)$$

Hierbei ist $\{k_\alpha\}$ ein vollständiger Satz von Einteilchen-Quantenzahlen, in der Festkörperphysik also z.B. $k_\alpha \equiv (l\vec{k}\sigma)$ (l Bandindex, $\vec{k}\varepsilon 1.BZ$ Wellenvektor, σ Spin), wenn man die Bloch-Zustände als Einteilchenbasis benutzt. Das Pauli-Prinzip, das man als weiteres Grund-Axiom der Quantenmechanik für Fermionen, also Systeme identischer Teilchen mit halbzahligem Spin, auffassen kann, besagt nun, daß physikalisch nur der Teilraum des Produktraums der N_e Einteilchen-Hilberträume realisiert ist, der aus den in den Teilchenindizes total antisymmetrischen Wellenfunktionen besteht. Eine Basis dieses total antisymmetrischen N_e-Teilchen-Hilbertraums $\mathcal{H}_A(N_e)$ bilden die sogenannten *Slater-Determinanten*[1], die man aus den Einteilchen-Basiszuständen aufbauen kann gemäß:

$$|\Psi_{k_1\ldots k_{N_e}}(1\ldots N_e)\rangle = \frac{1}{\sqrt{N_e!}}\sum_{P\varepsilon S_{N_e}}(-1)^{\chi_P}|k_{P(1)}\rangle^{(1)}\ldots|k_{P(N_e)}\rangle^{(N_e)} =$$

$$= \frac{1}{\sqrt{N_e!}}\det\begin{pmatrix} |k_1\rangle^{(1)} & \ldots & |k_1\rangle^{(N_e)} \\ \vdots & \ddots & \vdots \\ |k_{N_e}\rangle^{(1)} & \ldots & |k_{N_e}\rangle^{(N_e)} \end{pmatrix} = \frac{1}{\sqrt{N_e!}}\det(|k_\alpha\rangle^{(i)}) \quad (5.6)$$

Hierbei bezeichnet P die Elemente der Permutationsgruppe S_{N_e} von N_e Elementen, χ_P ist der Charakter der Permutation (d.h. die Zahl der Transpositionen, die zu der Permutation führen). Der Produktzustand $|k_1\rangle^{(1)}|k_2\rangle^{(2)}\ldots|k_{N_e}\rangle^{(N_e)}$ würde bedeuten, Teilchen 1 ist im Zustand k_1, Teilchen 2 im Zustand k_2, u.s.w., Teilchen N_e im Zustand k_{N_e}; da die Teilchen aber ununterscheidbar sind, muß es egal sein, ob Teilchen 1 oder Teilchen 2 oder Teilchen N_e im Zustand k_1 etc. ist, daher ist über alle möglichen Permutationen zu summieren, der Vorfaktor $1/\sqrt{N_e!}$ sorgt gerade dafür, daß der Zustand wieder normiert ist. Es soll aber betont werden, daß sich nicht alle Zustände des N_e-Teilchen-Hilbert-Raums $\mathcal{H}_A(N_e)$ als Slater-Determinante von Einteilchen-Zuständen darstellen lassen; die aus einer vollständigen Einteilchenbasis zu bildenden Slater-Determinanten bilden aber eine Basis von $\mathcal{H}_A(N_e)$. Das dem Pauli-Prinzip entsprechende allgemeine quantenmechanische Postulat bezieht sich auf die Antisymmetrie der Gesamt-Wellenfunktion, die geläufige Form des Pauli-Prinzips

„Zwei Fermionen eines Vielteilchensystems können nicht im gleichen Einteilchen-Zustand sein"

gilt dagegen nur speziell für die Slater-Determinanten, denn wenn zwei Einteilchen-Quantenzahlen k_α gleich wären, wären zwei Zeilen der Determinante gleich und die Determinante muß verschwinden.

Die durch die Slater-Determinanten beschriebene Basis von $\mathcal{H}_A(N_e)$ kann auch in Besetzungszahldarstellung angegeben werden, wie sie ja auch bereits bei der (großkanonischen) Behandlung des idealen Fermi-Gases in der Statistischen Physik (und im vorigen Kapitel) benutzt wurde. Wenn es ohnehin egal ist, ob Teilchen 1, Teilchen 2, etc., oder Teilchen N_e im Einteilchenzustand k_α ist, braucht man diese Möglichkeiten erst gar nicht mehr anzugeben und über alle Permutationen zu summieren, sondern kann stattdessen einfach angeben, wie viele der ohnehin ununterscheidbaren N_e Teilchen im Zustand k_α sind. Dann gibt man also für eine abzählbare

[1] J.C.Slater, *1900 in Oak Park (Illinois, USA), † 1976 in Florida, amerikanischer Physiker, Professor in Harvard, am MIT und der University of Florida (Gainesville), Arbeiten zur Quanten-Theorie, speziell zur Atom- und Molekülstruktur und zur Festkörpertheorie

Einteilchen-Basis $\{k_\alpha|\alpha\varepsilon N\}$ den Basis-Zustand in der Form $|\{n_{k_\alpha}\}\rangle = |n_{k_1}, n_{k_2}, \ldots, n_{k_\alpha}, \ldots\rangle$ an, wobei n_{k_α} die Besetzungszahl des Zustandes k_α ist. Wenn die Gesamt-Teilchenzahl N_e ist und es sich um Fermionen handelt, muß erfüllt sein:

$$n_{k_\alpha}\varepsilon\{0,1\} \text{ und } \sum_{\alpha=1}^{\infty} n_{k_\alpha} = N_e \tag{5.7}$$

Die letzte Summationseinschränkung ist für das praktische Arbeiten in der Besetzungszahldarstellung noch etwas lästig. Man kann sie aber einfach weglassen. Das bedeutet jedoch, daß man eventuell verschiedene Gesamt-Teilchen-Zahlen betrachtet, also nicht mehr genau im N_e-Teilchen-Hilbertraum arbeitet sondern im sogenannten *Fock-Raum*[2]

$$\mathcal{H}_{A,Fock} = \mathcal{H}_A(0) \oplus \mathcal{H}_A(1) \oplus \ldots \oplus \mathcal{H}_A(N_e) \oplus \ldots \tag{5.8}$$

der also als direkte Summe über alle möglichen Teilchenzahlen N_e der antisymmetrischen N_e-Teilchen-Hilbert-Räume definiert ist. Dies entspricht dem Vorgehen der Statistischen Physik bei der großkanonischen Behandlung, bei der über das chemische Potential ja nur gefordert wird, daß die mittlere Teilchenzahl der vorgegebenen Teilchenzahl entspricht.

Auf dem oben definierten Fock-Raum kann man nun neue Operatoren definieren, die die Teilchenzahl gerade um 1 ändern, und die daher als *Erzeugungs-Operatoren* (Erzeuger) bzw. *Vernichtungs-Operatoren* (Vernichter) bezeichnet werden. Für Fermionen kann man diese Operatoren folgendermaßen definieren:

$$\begin{aligned} c_{k_\alpha}|n_{k_1}, \ldots, n_{k_\alpha}, \ldots\rangle &= (-1)^{S_\alpha} n_{k_\alpha} |n_{k_1}, \ldots, n_{k_\alpha} - 1, \ldots\rangle \\ c_{k_\alpha}^\dagger |n_{k_1}, \ldots, n_{k_\alpha}, \ldots\rangle &= (-1)^{S_\alpha}(1 - n_{k_\alpha})|n_{k_1}, \ldots, n_{k_\alpha} + 1, \ldots\rangle \\ \text{mit } S_\alpha &= \sum_{\delta=1}^{\alpha-1} n_{k_\delta} \end{aligned} \tag{5.9}$$

Offenbar gilt:

$$\begin{aligned} c_{k_\alpha}|\ldots 1..0\ldots \overbrace{0}^{\alpha} \ldots 1\ldots\rangle &= 0 \\ c_{k_\alpha}|\ldots 1..0\ldots \overbrace{1}^{\alpha} \ldots 1\ldots\rangle &= \pm|\ldots 1..0\ldots \overbrace{0}^{\alpha} \ldots 1\ldots\rangle \\ c_{k_\alpha}^\dagger|\ldots 1..0\ldots \overbrace{0}^{\alpha} \ldots 1\ldots\rangle &= \pm|\ldots 1..0\ldots \overbrace{1}^{\alpha} \ldots 1\ldots\rangle \\ c_{k_\alpha}^\dagger|\ldots 1..0\ldots \overbrace{1}^{\alpha} \ldots 1\ldots\rangle &= 0 \end{aligned} \tag{5.10}$$

Das Vorzeichen hängt dabei von der Besetzung der anderen Zustände ab wegen des Vorfaktors $(-1)^{S_\alpha}$; dies hängt gerade mit der Antisymmetrie des Zustands zusammen. Es gilt

[2] W.A.Fock, * 1898 in St.Petersburg, † 1974 ebd., sowjetischer Physiker, ab 1932 Profesor in Leningrad, grundlegende Arbeiten zur Quantentheorie und Relativitätstheorie, entwickelte 1930 Näherungsverfahren für die Wellengleichung von Vielteilchen-Systemen („Hartree-Fock-Approximation") und allgemein die Quantentheorie für Systeme mit veränderlicher Teilchenzahl (Quantenmechanik im „Fock-Raum")

$$\begin{aligned}
c^\dagger_{k_\alpha} c_{k_\alpha} |n_{k_1}, \dots, n_{k_\alpha}, \dots\rangle &= (-1)^{S_\alpha} n_{k_\alpha} c^\dagger_{k_\alpha} |n_{k_1}, \dots, n_{k_\alpha} - 1, \dots\rangle \\
&= (-1)^{S_\alpha} n_{k_\alpha} (-1)^{S_\alpha} (1 - (n_{k_\alpha} - 1)) |n_{k_1}, \dots, n_{k_\alpha}, \dots\rangle \\
&= (-1)^{2S_\alpha} n_{k_\alpha} (2 - n_{k_\alpha}) |n_{k_1}, \dots, n_{k_\alpha}, \dots\rangle \\
&= n_{k_\alpha} |n_{k_1}, \dots, n_{k_\alpha}, \dots\rangle
\end{aligned}$$

weil für $n_{k_\alpha} \in \{0,1\}$ gilt: $n_{k_\alpha}(2 - n_{k_\alpha}) = n_{k_\alpha}$

$$\begin{aligned}
c_{k_\alpha} c^\dagger_{k_\alpha} |n_{k_1}, \dots, n_{k_\alpha}, \dots\rangle &= (-1)^{2S_\alpha} (n_{k_\alpha} + 1)(1 - n_{k_\alpha}) |n_{k_1}, \dots, n_{k_\alpha}, \dots\rangle = \\
&= (1 - n_{k_\alpha}) |n_{k_1}, \dots, n_{k_\alpha}, \dots\rangle
\end{aligned} \tag{5.11}$$

Der Operator $c^\dagger_{k_\alpha} c_{k_\alpha}$ hat als Eigenwert gerade die Besetzungszahl n_{k_α}. Der Teilchenzahloperator ist daher gegeben durch:

$$\hat{N}_e = \sum_{\alpha=1}^{\infty} c^\dagger_{k_\alpha} c_{k_\alpha} \tag{5.12}$$

Die Fermionen-Erzeuger und -Vernichter erfüllen die *Antikommutator-Beziehungen*

$$\boxed{\{c_{k_\alpha}, c_{k_\beta}\} = 0 = \{c^\dagger_{k_\alpha}, c^\dagger_{k_\beta}\}\ ,\ \{c_{k_\alpha}, c^\dagger_{k_\beta}\} = \delta_{\alpha\beta}} \tag{5.13}$$

Der Antikommutator zweier Operatoren A,B ist dabei definiert durch:

$$\{A,B\} = [A,B]_+ = AB + BA \tag{5.14}$$

Von den Antikommutator-Relationen (5.13) ist der Beweis für gleiche α mit (5.11) schon erbracht, da daraus $c_{k_\alpha} c^\dagger_{k_\alpha} = 1 - c^\dagger_{k_\alpha} c_{k_\alpha}$ folgt; es muß daher nur noch für verschiedene Quantenzahlen $k_\alpha \neq k_\beta$ das Antikommutieren der Fermionen-Erzeuger und -Vernichter gezeigt werden. Dazu sei ohne Einschränkung $\alpha < \beta$:

$$\begin{aligned}
c_{k_\alpha} c_{k_\beta} |n_{k_1}, \dots, n_{k_\alpha}, \dots, n_{k_\beta}, \dots\rangle &= (-1)^{S_\alpha} (-1)^{S_\beta} |n_{k_1}, \dots, n_{k_\alpha} - 1, \dots, n_{k_\beta} - 1, \dots\rangle \\
c_{k_\beta} c_{k_\alpha} |n_{k_1}, \dots, n_{k_\alpha}, \dots, n_{k_\beta}, \dots\rangle &= (-1)^{S_\alpha} (-1)^{S_\beta - 1} |n_{k_1}, \dots, n_{k_\alpha} - 1, \dots, n_{k_\beta} - 1, \dots\rangle = \\
&= -c_{k_\alpha} c_{k_\beta} |n_{k_1}, \dots, n_{k_\alpha}, \dots, n_{k_\beta}, \dots\rangle
\end{aligned} \tag{5.15}$$

Völlig analog folgt für $\alpha < \beta$:

$$\begin{aligned}
c_{k_\alpha} c^\dagger_{k_\beta} &= -c^\dagger_{k_\beta} c_{k_\alpha} \\
c^\dagger_{k_\alpha} c^\dagger_{k_\beta} &= -c^\dagger_{k_\beta} c^\dagger_{k_\alpha}
\end{aligned} \tag{5.16}$$

Insbesondere ergibt sich aus diesen Antikommutator-Relationen:

$$c^2_{k_\alpha} = c^{\dagger 2}_{k_\alpha} = 0 \tag{5.17}$$

d.h. es ist nicht möglich, zwei Teilchen mit der gleichen Einteilchenquantenzahl k_α zu erzeugen, d.h. das Pauli-Prinzip ist automatisch berücksichtigt, wenn die Erzeuger und Vernichter die obigen Antikommutator-Relationen erfüllen.

Feldoperatoren:

Mit den Einteilchenwellenfunktionen $\varphi_{k_\alpha}(\vec{r}) = \langle \vec{r} | k_\alpha \rangle$, die zu der gewählten Einteilchenbasis gehören, und den Erzeugungs- und Vernichtungs-Operatoren lassen sich auch sogenannte *Feldoperatoren* definieren durch:

$$\hat{\Phi}(\vec{r}) = \sum_{\alpha} \varphi_{k_\alpha}(\vec{r}) c_{k_\alpha} \, , \, \hat{\Phi}^\dagger(\vec{r}) = \sum_{\alpha} \varphi^*_{k_\alpha}(\vec{r}) c^\dagger_{k_\alpha} \tag{5.18}$$

Die Feldoperatoren $\hat{\Phi}(\vec{r})$ ($\hat{\Phi}^\dagger(\vec{r})$) vernichten (erzeugen) ein Teilchen am Ort $\vec{r}$ (während die Erzeuger und Vernichter das gleiche für ein Teilchen in einem bestimmten Einteilchenzustand tun). Die Feldoperatoren erfüllen die Vertauschungsrelation

$$\{\hat{\Phi}^{(\dagger)}(\vec{r}), \hat{\Phi}^{(\dagger)}(\vec{r}\,')\} = 0 \, , \, \{\hat{\Phi}(\vec{r}), \hat{\Phi}^\dagger(\vec{r}\,')\} = \delta(\vec{r} - \vec{r}\,') \tag{5.19}$$

Dies kann unmittelbar auf die Vertauschungsrelation (5.13) und die Vollständigkeitsrelation für die Basis-Wellenfunktionen:

$$\sum_{\alpha} \varphi^*_{k_\alpha}(\vec{r}) \varphi_{k_\alpha}(\vec{r}\,') = \delta(\vec{r} - \vec{r}\,')$$

zurückgeführt werden. Die Feldoperatoren sind darstellungsfrei und können nach verschiedenen Einteilchen-Basissystemen (mit zugehörigen Einteilchen-Wellenfunktionen und Erzeugungs- und Vernichtungsoperatoren) entwickelt werden. Formal ersetzen die Vernichter (Erzeuger) dabei die Entwicklungskoeffizienten bei der Entwicklung einer beliebigen Wellenfunktion nach den Basiswellenfunktionen.

Operatoren in Besetzungszahl-Darstellung

Es kommen in der Praxis bei der Beschreibung von Vielteilchen-Systemen sogenannte Einteilchen-Operatoren und Zweiteilchen-Operatoren vor. In „1.Quantisierung“ läßt sich ein *Einteilchen-Operator* für ein N_e-Teilchensystem schreiben als

$$A^{(1)} = \sum_{i=1}^{N_e} A^{(1)}(\vec{r}_i) \tag{5.20}$$

Ein Einteilchenoperator setzt sich also additiv aus Beiträgen zusammen, von denen jeder nur für ein einzelnes der N_e Teilchen wirksam ist. Beispiele für Einteilchen-Operatoren sind also der Anteil des Hamilton-Operators H_0 in Gl.(5.2) bzw. seine Anteile kinetische Energie und äußeres Potential, aber auch viele andere Operatoren wie Strom-Operator, Teilchendichte-Operator sind Einteilchen-Operatoren.

Ein *Zweiteilchen-Operator* ist dagegen in „1.Quantisierung“ von der Form

$$A^{(2)} = \frac{1}{2} \sum_{i \neq j} A^{(2)}(\vec{r}_i, \vec{r}_j) \tag{5.21}$$

Ein Zweiteilchen-Operator läßt sich also nicht in die Summe von nur noch auf ein einzelnes Teilchen wirkenden Anteilen zerlegen, sondern alle Summanden wirken simultan auf zwei verschiedene Teilchen. Ein Beispiel für einen Zweiteilchen-Operator ist die Coulomb-Wechselwirkung, also der Anteil H_1 (5.3) des Hamilton-Operators (5.1).

Einen Einteilchen-Operator kann man wie folgt durch die oben eingeführten Erzeuger und Vernichter ausdrücken. Wir betrachten wieder eine vollständige, orthonormierte Einteilchen-Basis und fügen für jedes i zweimal einen Einheitsoperator in der Form $\sum_\alpha |k_\alpha \overset{(i)}{\rangle} \overset{(i)}{\langle} k_\alpha| = 1$ ein. Dann folgt:

$$A^{(1)} = \sum_{i=1}^{N_e} \sum_{\alpha=1}^{\infty} |k_\alpha \overset{(i)}{\rangle} \overset{(i)}{\langle} k_\alpha| A^{(1)}(\vec{r}_i) \sum_{\beta=1}^{\infty} |k_\beta \overset{(i)}{\rangle} \overset{(i)}{\langle} k_\beta| = \sum_{\alpha,\beta=1}^{\infty} \langle k_\alpha | A^{(1)}(\vec{r}) | k_\beta \rangle \sum_{i=1}^{N_e} |k_\alpha \overset{(i)}{\rangle} \overset{(i)}{\langle} k_\beta| \tag{5.22}$$

Hierbei wurde schon berücksichtigt, daß das Matrixelement von $A^{(1)}$ bezüglich der Einteilchenzustände nicht mehr vom Teilchen-Index i abhängt:

$$\overset{(i)}{\langle} k_\alpha|A^{(1)}(\vec{r}_i)|k_\beta \overset{(i)}{\rangle} = \int d^3 r_i \varphi^*_{k_\alpha}(\vec{r}_i) A^{(1)}(\vec{r}_i) \varphi_{k_\beta}(\vec{r}_i) = \langle k_\alpha|A^{(1)}(\vec{r})|k_\beta\rangle \tag{5.23}$$

Nun gilt:

$$\sum_{i=1}^{N_e} |k_\alpha \overset{(i)}{\rangle} \overset{(i)}{\langle} k_\beta| = c^\dagger_{k_\alpha} c_{k_\beta} \tag{5.24}$$

Denn wendet man den Operator $\sum_{i=1}^{N_e} |k_\alpha \overset{(i)}{\rangle} \overset{(i)}{\langle} k_\beta|$ auf einen N_e-Teilchen-Zustand an, ergibt sich nur dann etwas Nichtverschwindendes, wenn der Einteilchenzustand k_β in diesem Vielteilchenzustand enthalten ist, dann ergibt sich wegen der Orthonormiertheit aber 1 und der Einteilchenzustand $|k_\beta\rangle$ innerhalb dieses Vielteilchenzustands wird ersetzt durch $|k_\alpha\rangle$. Es wird also die Besetzung des Einteilchenzustandes k_β ersetzt durch die Besetzung des Einteilchenzustands k_α, also ein Teilchen im Zustand k_β vernichtet und dafür im Zustand k_α erzeugt.

Somit gilt für einen Einteilchenoperator in Besetzungszahl-Darstellung:

$$A^{(1)} = \sum_{\alpha,\beta=1}^{\infty} A^{(1)}_{k_\alpha,k_\beta} c^\dagger_{k_\alpha} c_{k_\beta} \tag{5.25}$$

mit:

$$A^{(1)}_{k_\alpha,k_\beta} = \langle k_\alpha|A^{(1)}(\vec{r})|k_\beta\rangle \tag{5.26}$$

Jeder Einteilchenoperator ist in Besetzungszahldarstellung also eindeutig als Linearkombination über alle möglichen Paare von Erzeugern und Vernichtern gegeben, wobei die Koeffizienten genau die Matrixelemente des Einteilchen-Operators bezüglich der Einteilchen-Basiszustände sind.

Die entsprechende Betrachtung kann man für einen Zweiteilchen-Operator machen. Schiebt man hier insgesamt 4 aus dem vollständigen Einteilchen-Basissystem zu bildende Einsen ein, folgt:

$$\begin{aligned} A^{(2)} &= \frac{1}{2}\sum_{i\neq j}\sum_{\alpha,\beta,\gamma,\delta} |k_\alpha \overset{(i)}{\rangle} |k_\beta \overset{(j)}{\rangle} \overset{(i)}{\langle} k_\alpha| \overset{(j)}{\langle} k_\beta|A^{(2)}(\vec{r}_i,\vec{r}_j)|k_\gamma \overset{(j)}{\rangle} |k_\delta \overset{(i)}{\rangle} \overset{(j)}{\langle} k_\gamma| \overset{(i)}{\langle} k_\delta| = \\ &= \frac{1}{2}\sum_{\alpha,\beta,\gamma,\delta} A^{(2)}_{k_\alpha k_\beta,k_\gamma k_\delta} \sum_{i\neq j} |k_\alpha \overset{(i)}{\rangle} |k_\beta \overset{(j)}{\rangle} \overset{(j)}{\langle} k_\gamma| \overset{(i)}{\langle} k_\delta| \end{aligned} \tag{5.27}$$

mit dem Zweiteilchen-Matrixelement

$$A^{(2)}_{k_\alpha k_\beta,k_\gamma k_\delta} = \overset{(i)}{\langle} k_\alpha| \overset{(j)}{\langle} k_\beta|A^{(2)}(\vec{r}_i,\vec{r}_j)|k_\gamma \overset{(j)}{\rangle} |k_\delta \overset{(i)}{\rangle} = \int d^3 r \int d^3 r' \varphi^*_{k_\alpha}(\vec{r}) \varphi^*_{k_\beta}(\vec{r}') A^{(2)}(\vec{r},\vec{r}') \varphi_{k_\gamma}(\vec{r}') \varphi_{k_\delta}(\vec{r}) \tag{5.28}$$

was wieder unabhängig von den Teilchenindizes i,j ist, da darüber ja integriert wird bei der Matrixelementbildung in Ortsdarstellung.

Wendet man den Operator $\sum_{i\neq j} |k_\alpha \overset{(i)}{\rangle} |k_\beta \overset{(j)}{\rangle} \overset{(j)}{\langle} k_\gamma| \overset{(i)}{\langle} k_\delta|$ auf einen N_e-Teilchenzustand an, ergibt sich nur dann etwas von Null Verschiedenes, wenn der Einteilchen-Zustand k_γ und der Einteilchenzustand k_δ in dem Vielteilchenzustand enthalten (besetzt) war, und die Anwendung des o.g. Operators führt diese Einteilchenzustände über in die Einteilchenzustände k_α, k_β. Bei Anwendung dieses Operators werden also die vorher besetzten Einteilchenzustände k_γ, k_δ unbesetzt und dafür die Zustände k_α, k_β besetzt, es werden also Teilchen in k_γ, k_δ vernichtet und dafür in k_α, k_β wieder erzeugt. Daher gilt:

$$\sum_{i\neq j} |k_\alpha \overset{(i)}{\rangle} |k_\beta \overset{(j)}{\rangle} \overset{(j)}{\langle} k_\gamma| \overset{(i)}{\langle} k_\delta| = c^\dagger_{k_\alpha} c^\dagger_{k_\beta} c_{k_\gamma} c_{k_\delta} \tag{5.29}$$

Damit läßt sich der Zweiteilchen-Operator $A^{(2)}$ in Besetzungszahldarstellung mit Hilfe der Fermionen-Erzeuger und -Vernichter darstellen als:

$$A^{(2)} = \frac{1}{2} \sum_{\alpha,\beta,\gamma,\delta} A^{(2)}_{k_\alpha k_\beta, k_\gamma k_\delta} c^\dagger_{k_\alpha} c^\dagger_{k_\beta} c_{k_\gamma} c_{k_\delta} \tag{5.30}$$

$$\text{mit} \quad A^{(2)}_{k_\alpha k_\beta, k_\gamma k_\delta} = \int d^3r \int d^3r' \varphi^*_{k_\alpha}(\vec{r}) \varphi^*_{k_\beta}(\vec{r}\,') A^{(2)}(\vec{r}, \vec{r}\,') \varphi_{k_\gamma}(\vec{r}\,') \varphi_{k_\delta}(\vec{r}) \tag{5.31}$$

Also sind alle Operatoren als Linearkombinationen von Produkten aus Erzeugern und Vernichtern darzustellen mit Koeffizienten, die gerade die Matrixelemente des Einteilchen- bzw. Zweiteilchen-Operators in den Einteilchen-Zuständen sind.

Die Operatoren kann man auch mit Hilfe der darstellungsfreien Feldoperatoren ausdrücken und zwar gemäß

$$A^{(1)} = \int d^3r \hat{\Phi}^\dagger(\vec{r}) A^{(1)}(\vec{r}) \hat{\Phi}(\vec{r}) \tag{5.32}$$

$$A^{(2)} = \frac{1}{2} \int d^3r \int d^3r' \hat{\Phi}^\dagger(\vec{r}) \hat{\Phi}^\dagger(\vec{r}\,') A^{(2)}(\vec{r}, \vec{r}\,') \hat{\Phi}(\vec{r}\,') \hat{\Phi}(\vec{r}) \tag{5.33}$$

Setzt man hier nämlich die Entwicklung (5.18) der Feldoperatoren nach einer bestimmten Einteilchenbasis ein, reproduzieren sich gerade die Entwicklungen (5.25,5.30).

Man hat daher das folgende „Kochrezept“ zur Konstruktion der Einteilchen- und Zweiteilchen-Operatoren in Besetzungszahldarstellung:

> Bilde die Erwartungswerte der Ein- bzw. Zweiteilchen-Operatoren bezüglich von Einteilchen-Wellenfunktionen $\phi(\vec{r})$ und ersetze dann die Wellenfunktionen durch Feldoperatoren $\Phi(\vec{r})$, die die Vertauschungsrelationen (5.19) erfüllen.

Die Wellenfunktionen der elementaren Quantenmechanik werden also durch Operatoren ersetzt, also „quantisiert“, indem man bestimmte Vertauschungsrelationen dafür fordert. Daher rührt der etwas irreführende und seltsame, aber gebräuchliche Name *„2. Quantisierung“* für die Besetzungszahldarstellung.

Speziell der Hamilton-Operator (5.1-5.3) läßt sich nunmehr in Besetzungszahldarstellung (2.Quantisierung) schreiben als:

$$H = H_0 + H_1 = \sum_{\alpha=1}^{N_e} \varepsilon_{k_\alpha} c^\dagger_{k_\alpha} c_{k_\alpha} + \frac{1}{2} \sum_{\alpha\beta,\gamma\delta} u_{k_\alpha k_\beta, k_\gamma k_\delta} c^\dagger_{k_\alpha} c^\dagger_{k_\beta} c_{k_\gamma} c_{k_\delta} \tag{5.34}$$

wobei die Einteilchen-Eigenbasis des Einteilchen-Hamiltonoperators H_0 benutzt wurde und

$$u_{k_\alpha k_\beta,k_\gamma k_\delta} = \int d^3r \int d^3r' \varphi^*_{k_\alpha}(\vec{r})\varphi^*_{k_\beta}(\vec{r}')u(\vec{r}-\vec{r}')\varphi_{k_\gamma}(\vec{r}')\varphi_{k_\delta}(\vec{r}) \tag{5.35}$$

gilt. Die zugrundeliegende Einteilchen-Basis muß aber keine Eigenbasis von H_0 bzw. h_i sein; es kann auch jede andere Basis des Einteilchen-Hilbertraums benutzt werden, dann hat H_0 aber auch Nichtdiagonal-Elemente.

Der Hamilton-Operator und andere Observable sind in der Besetzungszahldarstellung auf dem gesamten Fockraum definiert. Die Teilchenzahl bleibt aber erhalten, d.h. sie vertauschen mit dem Teilchenzahl-Operator. Dies folgt einfach daraus, daß in jedem Summand der Entwicklung nach Erzeugern und Vernichtern gleich viele Erzeuger wie Vernichter auftreten.

5.2 Modelle wechselwirkender Elektronensysteme in der Festkörperphysik

Nach den im vorigen Abschnitt aufgestellten Regeln kann ein allgemeiner Hamilton-Operator angegeben werden, der miteinander wechselwirkende Elektronen in einem Kristall beschreibt. In erster Quantisierung ist dieser rein elektronische Hamilton-Operator von der Form

$$H = \sum_{i=1}^{N_e} \frac{\vec{p}_i^2}{2m} + \sum_{i=1}^{N_e} V(\vec{r}_i) + \frac{1}{2}\sum_{i\neq j} \frac{e^2}{|\vec{r}_i - \vec{r}_j|} \tag{5.36}$$

mit gitterperiodischem (äußeren Einteilchen-)Potential

$$V(\vec{r}) = V(\vec{r}+\vec{R}) \tag{5.37}$$

für jeden Gittervektor $\vec{R}$. Gemäß dem Kapitel 4 ist die Bloch-Basis $|n\vec{k}\sigma\rangle$ eine mögliche Einteilchenbasis, bezüglich der wir den Hamilton-Operator in Besetzungszahl-Darstellung angeben können, und nach den Regeln des vorigen Abschnitts hat der Hamilton-Operator in 2.Quantisierung explizit die Gestalt:

$$H = \sum_{n\vec{k}\sigma} \varepsilon_n(\vec{k}) c^\dagger_{n\vec{k}\sigma} c_{n\vec{k}\sigma} + \frac{1}{2} \sum_{(n_1\vec{k}_1\sigma_1)\ldots(n_4\vec{k}_4\sigma_4)} u_{(n_1\vec{k}_1\sigma_1)(n_2\vec{k}_2\sigma_2),(n_3\vec{k}_3\sigma_3)(n_4\vec{k}_4\sigma_4)} c^\dagger_{n_1\vec{k}_1\sigma_1} c^\dagger_{n_2\vec{k}_2\sigma_2} c_{n_3\vec{k}_3\sigma_3} c_{n_4\vec{k}_4\sigma_4} \tag{5.38}$$

Hierbei bezeichnet n,n_j die Bandindizes, $\vec{k},\vec{k}_j$ die Wellenvektoren aus der ersten Brillouin-Zone und σ,σ_j den Spin der Kristallelektronen. Das Wechselwirkungs-Matrixelement ist explizit gegeben durch

$$\begin{aligned} u_{(n_1\vec{k}_1\sigma_1)(n_2\vec{k}_2\sigma_2),(n_3\vec{k}_3\sigma_3)(n_4\vec{k}_4\sigma_4)} = \\ \int d^3r \int d^3r' \psi^*_{n_1\vec{k}_1}(\vec{r})\psi^*_{n_2\vec{k}_2}(\vec{r}')\frac{e^2}{|\vec{r}-\vec{r}'|}\psi_{n_3\vec{k}_3}(\vec{r}')\psi_{n_4\vec{k}_4}(\vec{r})\delta_{\sigma_1\sigma_4}\delta_{\sigma_2\sigma_3} \end{aligned} \tag{5.39}$$

wobei $\psi_{n\vec{k}}(\vec{r})$ die Bloch-Funktionen bezeichnet. Da die Wechselwirkung nicht vom Spin abhängt, ergeben die Spinanteile bei der Bildung der Matrixelemente einfach Deltarelationen, d.h. physikalisch, daß der Spin nicht geändert wird durch die Coulomb-Wechselwirkung.

Man wird fast nie den obigen elektronischen Festkörper-Hamilton-Operator in voller Allgemeinheit betrachten, sondern man zieht nur bestimmte Anteile dieses Operators explizit in Betracht. In den Vernachlässigungen, die man dabei macht, besteht gerade die physikalische Modell-Bildung; hier fließt ein, welche Anteile als besonders wichtig betrachtet werden zur

Erklärung eines bestimmten Effektes. Die Modell-Bildung ist auch aus praktischen Gründen notrwendig, da man den Hamilton-Operator in voller Allgemeinheit noch nicht einmal näherungsweise behandeln kann. Aber selbst wenn man numerisch eines Tages den vollen Hamilton-Operator behandeln könnte und alle experimentellen Ergebnisse rechnerisch bestätigen bzw. vorhersagen könnte, wäre die Modell-Bildung noch gerechtfertigt und notwendig, um zu erkennen, welche Anteile und Wechselwirkungen des vollen Hamilton-Operators denn für welche Effekte dominant verantwortlich sind.

Eine Möglichkeit der Modell-Bildung besteht darin, nur noch die äußeren (Valenz- und Leitungs-) Bänder in Betracht zu ziehen und die inneren, abgeschlossenen Bänder nicht mehr zu berücksichtigen oder die inneren Elektronen als Rumpf-Elektronen und damit Ionen mit partiell gefüllten inneren Schalen statt der nackten Atomkerne zu betrachten. Im einfachsten Fall wird man dann nur noch ein einzelnes Band, nämlich das Leitungsband mitnehmen. Ein solches *Einband-Modell* ist sicher für bestimmte Metalle gerechtfertigt und hat dann explizit die Gestalt:

$$H=\sum_{\vec{k}\sigma}\varepsilon(\vec{k})c^{\dagger}_{\vec{k}\sigma}c_{\vec{k}\sigma}+\frac{1}{2}\sum_{\sigma,\sigma'}\sum_{\vec{k}_1\vec{k}_2,\vec{k}_3\vec{k}_4}u_{\vec{k}_1\vec{k}_2,\vec{k}_3\vec{k}_4}c^{\dagger}_{\vec{k}_1\sigma}c^{\dagger}_{\vec{k}_2\sigma'}c_{\vec{k}_3\sigma'}c_{\vec{k}_4\sigma} \tag{5.40}$$

Nimmt man des weiteren an, daß man die nicht wechselwirkenden (unkorrelierten) Elektronen durch (quasi-)freie Elektronen beschreiben kann, dann gilt:

$$\varepsilon(\vec{k})=\frac{\hbar^2k^2}{2m}\quad\text{und}\quad\psi_{\vec{k}}(\vec{r})=\frac{1}{\sqrt{V}}e^{i\vec{k}\vec{r}} \tag{5.41}$$

und man kann das Wechselwirkungs-Matrixelement explizit berechnen zu

$$u_{\vec{k}_1\vec{k}_2,\vec{k}_3\vec{k}_4}=\frac{1}{V^2}\int d^3r\int d^3r'e^{-i\vec{k}_1\vec{r}}e^{-i\vec{k}_2\vec{r}'}\frac{e^2}{|\vec{r}-\vec{r}'|}e^{i\vec{k}_3\vec{r}'}e^{i\vec{k}_4\vec{r}}$$
$$=\frac{1}{V}\int d^3r\frac{1}{V}\int d^3r''e^{i(\vec{k}_2-\vec{k}_3)\vec{r}''}\frac{e^2}{r''}e^{i(\vec{k}_4-\vec{k}_1-\vec{k}_2+\vec{k}_3)\vec{r}}=\frac{4\pi e^2}{V|\vec{k}_2-\vec{k}_3|^2}\delta_{\vec{k}_2-\vec{k}_3,\vec{k}_4-\vec{k}_1} \tag{5.42}$$

Im letzten Schritt wurde die Substitution $\vec{r}''=\vec{r}-\vec{r}'$ gemacht und es wurde die Fourier-Transformation des Coulomb-Potentials benutzt:

$$\begin{aligned}\int d^3r\frac{e^{i\vec{q}\vec{r}}}{r} &= \lim_{\alpha\to0}\int d^3r\frac{e^{i\vec{q}\vec{r}}e^{-\alpha r}}{r}=\lim_{\alpha\to0}\int_0^{\infty}drr^22\pi\int_{-1}^{+1}due^{iqru}\frac{e^{-\alpha r}}{r}=\\ &= \lim_{\alpha\to0}\int_0^{\infty}dr\frac{2\pi}{iq}(e^{(iq-\alpha)r}-e^{-(iq+\alpha)r})=\lim_{\alpha\to0}\frac{2\pi}{iq}(-\frac{1}{iq-\alpha}-\frac{1}{iq+\alpha})\\ &= \lim_{\alpha\to0}\frac{2\pi2iq}{iq(q^2+\alpha^2)}=\frac{4\pi}{q^2}\end{aligned} \tag{5.43}$$

Hierbei wurde das Integrationsvolumen V nach Unendlich geschoben und ein Konvergenz erzeugender Faktor $e^{-\alpha r}$ eingeführt, da sonst das Fourier-Integral divergieren würde; am Schluß der Rechnung wurde dann der Grenzfall $\alpha\to0$ ausgeführt. Die $1/q^2$-Divergenz der Fourier-Transformierten des Coulomb-Potentials hängt direkt mit dem langsamen Abfall $1/r$ des Coulomb-Potentials im Ortsraum zusammen. Aus der obigen Berechnung der Fouriertransformierten des Coulomb-Potentials geht hervor, daß ein abgeschirmtes Coulomb-Potential, z.B. ein Yukawa-Potential $\frac{e^{-\alpha r}}{r}$, die Fouriertransformierte $\sim\frac{1}{q^2+\alpha^2}$ hat, die nicht mehr divergiert für $q\to0$.

Der Hamilton-Operator für freie Elektronen mit Coulomb-Abstoßung untereinander hat damit explizit die Form:

$$H = \sum_{\vec{k}\sigma} \frac{\hbar^2 k^2}{2m} c^\dagger_{\vec{k}\sigma} c_{\vec{k}\sigma} + \frac{1}{2V} \sum_{\sigma,\sigma'} \sum_{\vec{k}\vec{k}'\vec{q}} \frac{4\pi e^2}{q^2} c^\dagger_{\vec{k}-\vec{q}\sigma} c^\dagger_{\vec{k}'+\vec{q}\sigma'} c_{\vec{k}'\sigma'} c_{\vec{k}\sigma} \tag{5.44}$$

Dieses Modell nennt man gewöhnlich auch

Homogenes Elektronengas

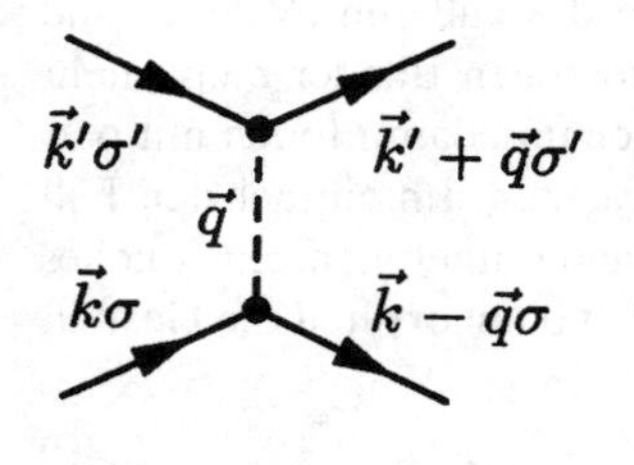

Bild 5.1 Diagrammatische Darstellung der Elektron-Elektron-Wechselwirkung (Streuung)

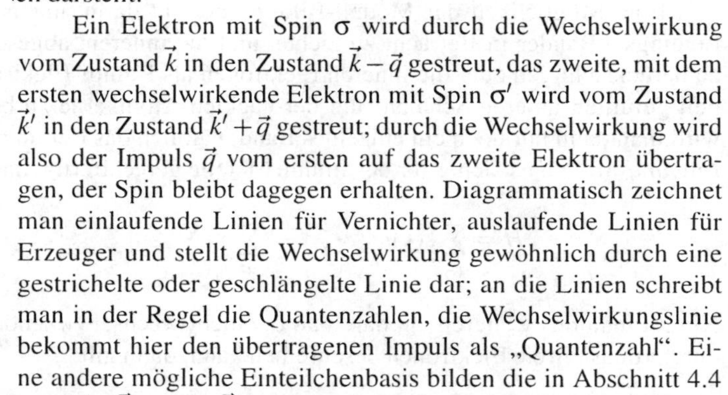

eine einfache, physikalisch anschauliche Interpretation, die man ch darstellt:

Ein Elektron mit Spin σ wird durch die Wechselwirkung vom Zustand $\vec{k}$ in den Zustand $\vec{k} - \vec{q}$ gestreut, das zweite, mit dem ersten wechselwirkende Elektron mit Spin σ' wird vom Zustand $\vec{k}'$ in den Zustand $\vec{k}' + \vec{q}$ gestreut; durch die Wechselwirkung wird also der Impuls $\vec{q}$ vom ersten auf das zweite Elektron übertragen, der Spin bleibt dagegen erhalten. Diagrammatisch zeichnet man einlaufende Linien für Vernichter, auslaufende Linien für Erzeuger und stellt die Wechselwirkung gewöhnlich durch eine gestrichelte oder geschlängelte Linie dar; an die Linien schreibt man in der Regel die Quantenzahlen, die Wechselwirkungslinie bekommt hier den übertragenen Impuls als „Quantenzahl". Eine andere mögliche Einteilchenbasis bilden die in Abschnitt 4.4 eingeführten Wannierfunktionen $w_n(\vec{r} - \vec{R}) = \langle \vec{r} | n\vec{R} \rangle$. Bezüglich diesen ist allerdings der Einteilchenanteil nicht mehr diagonal. Der allgemeinste elektronische Hamilton-Operator ist in Wannierdarstellung gegeben durch:

$$\begin{aligned} H &= \sum_{n\vec{R},n'\vec{R}',\sigma} t_{n\vec{R},n'\vec{R}'} c^\dagger_{n\vec{R}\sigma} c_{n'\vec{R}'\sigma} \\ &+ \frac{1}{2} \sum_{\sigma\sigma'} \sum_{(n_1\vec{R}_1)\ldots(n_4\vec{R}_4)} u_{(n_1\vec{R}_1)(n_2\vec{R}_2),(n_3\vec{R}_3)(n_4\vec{R}_4)} c^\dagger_{n_1\vec{R}_1\sigma} c^\dagger_{n_2\vec{R}_2\sigma'} c_{n_3\vec{R}_3\sigma'} c_{n_4\vec{R}_4\sigma} \end{aligned} \tag{5.45}$$

$$\begin{aligned} \text{mit:} \quad t_{n\vec{R},n'\vec{R}'} &= \langle n\vec{R} | (\frac{\vec{p}^2}{2m} + V(\vec{r})) | n'\vec{R}' \rangle = \int d^3r w_n^*(\vec{r} - \vec{R}) (\frac{\vec{p}^2}{2m} + V(\vec{r})) w_{n'}(\vec{r} - \vec{R}') \\ u_{(n_1\vec{R}_1)(n_2\vec{R}_2),(n_3\vec{R}_3)(n_4\vec{R}_4)} &= \langle n_1\vec{R}_1 | \langle n_2\vec{R}_2 | \frac{e^2}{|\vec{r} - \vec{r}'|} | n_3\vec{R}_3 \rangle | n_4\vec{R}_4 \rangle \\ &= \int d^3r \int d^3r' w^*_{n_1}(\vec{r} - \vec{R}_1) w^*_{n_2}(\vec{r}' - \vec{R}_2) \frac{e^2}{|\vec{r} - \vec{r}'|} w_{n_3}(\vec{r}' - \vec{R}_3) w_{n_4}(\vec{r} - \vec{R}_4) \end{aligned} \tag{5.46}$$

So weit ist der Hamilton-Operator der Festkörperelektronen formal wieder exakt in Wannier-Darstellung. Die Modellbildung besteht nun wieder in vereinfachenden Annahmen und Vernachlässigungen von einzelnen Anteilen dieses Operators. Zunächst wird man wieder die inneren Bänder, also die inneren Rumpfzustände außer Betracht lassen und nur Leitungsbänder oder Valenz- und Leitungsbänder berücksichtigen. Außerdem macht man gewöhnlich die Annahme, daß wegen der guten Lokalisierung der Wannier-Funktionen nur wenige Matrixelemente des Einteilchen-Hamilton-Operators, nämlich nur die Diagonalelemente sowie Nächste–Nachbar- und eventuell noch Übernächste-Nachbar-Matrixelemente, von Bedeutung sein können. Und schließlich macht man dann noch analoge vereinfachende Annahmen für das Wechselwirkungs-Matrixelement. Bezüglich der Einteilchen-Matrixelemente ist dies ganz im Sinne der in Abschnitt 4.4 besprochenen Tight-Binding-Näherung. Konkret heißt dies, daß nur noch ein einzelnes Band und dafür nur die Matrixelemente

$$E_0 = t_{\vec{R},\vec{R}} = \langle \vec{R}|(\frac{\vec{p}^2}{2m} + V(\vec{r}))|\vec{R}\rangle \text{ und } t = t_{\vec{R},\vec{R}+\vec{\Delta}} = \langle \vec{R}|(\frac{\vec{p}^2}{2m} + V(\vec{r}))|\vec{R}+\vec{\Delta}\rangle \tag{5.47}$$

in Betracht gezogen werden; hierbei bezeichnet $\vec{\Delta}$ Gittervektoren zu nächsten Nachbarn. Macht man analoge Annahmen für das Wechselwirkungs-Matrixelement, dann beschränkt man sich hierfür ebenfalls auf Diagonalelemente und Beiträge nächster und allenfalls noch übernächster Nachbarn. Konkret können dabei mitgenommen werden:

$$U = u_{\vec{R}\vec{R},\vec{R}\vec{R}} = \int d^3r \int d^3r' |w(\vec{r})|^2 |w(\vec{r}')|^2 \frac{e^2}{|\vec{r}-\vec{r}'|}, \tag{5.48}$$

$$V = u_{\vec{R}\vec{R}+\vec{\Delta},\vec{R}+\vec{\Delta}\vec{R}} = \int d^3r \int d^3r' |w(\vec{r})|^2 |w(\vec{r}'-\vec{\Delta})|^2 \frac{e^2}{|\vec{r}-\vec{r}'|} \tag{5.49}$$

$$X = u_{\vec{R}\vec{R},\vec{R}\vec{R}+\vec{\Delta}} = \int d^3r \int d^3r' w^*(\vec{r}) w(\vec{r}-\vec{\Delta}) |w(\vec{r}')|^2 \frac{e^2}{|\vec{r}-\vec{r}'|}, \tag{5.50}$$

$$u_{\vec{R}\vec{R}+\vec{\Delta},\vec{R}\vec{R}+\vec{\Delta}} = \int d^3r \int d^3r' w^*(\vec{r}) w^*(\vec{r}'-\vec{\Delta}) \frac{e^2}{|\vec{r}-\vec{r}'|} w(\vec{r}') w(\vec{r}-\vec{\Delta}), \tag{5.51}$$

$$u_{\vec{R}\vec{R}+\vec{\Delta},\vec{R}\vec{R}+\vec{\Delta}'} = \int d^3r \int d^3r' w^*(\vec{r}) w^*(\vec{r}'-\vec{\Delta}) \frac{e^2}{|\vec{r}-\vec{r}'|} w(\vec{r}') w(\vec{r}-\vec{\Delta}') \tag{5.52}$$

und andere Beiträge, bei denen in der $\vec{r}$- bzw- $\vec{r}'$-Integration nur in benachbarten Elementarzellen lokalisierte Wannier-Funktionen auftreten. Anmerken sollte man hier noch, daß es eventuell schon nicht mehr gerechtfertigt ist, die Wechselwirkungs-Matrixelemente mit der „nackten“ Coulomb-Wechselwirkung zu bilden, wenn man die Ein-Band-Näherung macht. Weil die Ionen nämlich durch die besetzten inneren Schalen polarisierbar werden und damit Abschirmung möglich wird, ist eine abgeschirmte (und damit kurzreichweitigere) Coulomb-Wechselwirkung vermutlich realistischer als die nackte. Von Hubbard[3] stammt eine Abschätzung über die Größenordnung der einzelnen Beiträge im Fall von 3d-Bändern; diese Abschätzung ist wohl erzielt worden mit Benutzung von atomaren 3d-Wellenfunktionen als Ansatz für die entsprechenden Wannier-Funktionen. Danach sind folgende Größenordnungen realistisch:

- für das gitterplatzdiagonale „Hubbard-U“: $U = u_{\vec{R}\vec{R},\vec{R}\vec{R}} = 20$ eV,
- für die Nächste-Nachbar-(Dichte-)Wechselwirkung $V = u_{\vec{R}\vec{R}+\vec{\Delta},\vec{R}+\vec{\Delta}\vec{R}} = 6$ eV,
- für die „konditionelle Hüpf“-Wechselwirkung $X = u_{\vec{R}\vec{R},\vec{R}\vec{R}+\vec{\Delta}} = 0{,}5$ eV,
- und $u_{\vec{R}\vec{R}+\vec{\Delta},\vec{R}\vec{R}+\vec{\Delta}} = \frac{1}{40}$ eV

wobei alle anderen Beiträge als noch kleiner angesehen werden; das Einteilchen-„Hüpf“-Matrixelement wird gewöhnlich als von der Größenordnung $t \approx 1$ eV abgeschätzt. Durch Abschirmeffekte sollte insbesondere die Nächste-Nachbar-Wechselwirkung noch weiter reduziert werden auf $V \approx 2-3$ eV. Hubbard schlug daher vor, nur den dominanten Wechselwirkungs-Beitrag zu berücksichtigen, und das ist die gitterplatz-diagonale *Hubbard-Wechselwirkung U*, die wegen des Pauli-Prinzips nur zwischen Elektronen mit verschiedenem Spin wirken kann, die aber im gleichen atomaren Zustand sind. Dieses

[3] J. Hubbard, * 1931, † 1980, englischer Festkörpertheoretiker, Arbeiten zur Elektronen-Korrelation im homogenen Elektronengas und in Systemen mit schmalen Energiebändern, zur Anwendung der Funktionalintegral-Methode und zum Ferromagnetismus von Eisen, zunächst in Harwell (England) und ab 1976 am IBM-Forschungszentrum in San Jose (Kalifornien) tätig

Hubbard-Modell

ist daher gegeben durch

$$H = \sum_{\vec{R}\sigma} \sum_{\vec{\Delta}n.N.} t\, c^{\dagger}_{\vec{R}\sigma} c_{\vec{R}+\vec{\Delta}\sigma} + \frac{U}{2} \sum_{\vec{R}\sigma\sigma'} c^{\dagger}_{\vec{R}\sigma} c^{\dagger}_{\vec{R}\sigma'} c_{\vec{R}\sigma'} c_{\vec{R}\sigma} = \sum_{\vec{R}\sigma} \sum_{\vec{\Delta}n.N.} t\, c^{\dagger}_{\vec{R}\sigma} c_{\vec{R}+\vec{\Delta}\sigma} + U \sum_{\vec{R}} c^{\dagger}_{\vec{R}\uparrow} c_{\vec{R}\uparrow} c^{\dagger}_{\vec{R}\downarrow} c_{\vec{R}\downarrow} \tag{5.53}$$

wobei noch das Diagonalelement E_0 zu 0 gewählt wurde. Das Hubbard-Modell hat also nur zwei Parameter, nämlich das Hüpf-Matrixelement t, das die Bandbreite und die Delokalisierung der Elektronen im betrachteten Band bestimmt, wenn keine Wechselwirkung vorliegt, und die gitterplatz-diagonale Coulomb-Korrelation U. Es ist daher das denkbar einfachste Modell für ein wechselwirkendes Elektronensystem. Eine Wechselwirkung wird nur berücksichtigt für zwei Elektronen am gleichen Gitterplatz, die dann wegen des Pauli-Prinzips automatisch unterschiedlichen Spin haben müssen. Die eigentlich sehr langreichweitige Coulomb-Wechselwirkung wird also durch eine extrem kurzreichweitige, gitterplatzdiagonale Wechselwirkung ersetzt. Trotz seiner Einfachheit und dem Vorliegen von zwei exakt lösbaren Grenzfällen $t = 0$ und $U = 0$ und Forschungsarbeiten über einen Zeitraum von mehr als 30 Jahren ist das Hubbard-Modell auch heute noch nicht befriedigend zu behandeln und ist weiterhin aktueller Forschungsgegenstand. Es enthält so interessante Eigenschaften wie metallisches Verhalten, Isolatorverhalten, einen Metall-Isolator-Übergang, Antiferromagnetismus, eventuell auch Ferromagnetismus und Supraleitung, je nach Wahl der Parameter (t, U, Bandfüllung, d.h. Elektronenzahl Z_e, Gittertyp und räumliche Dimension).

Schon bei Benutzung der obigen einfachen Abschätzungen über die Größenordnungen der Parameter ist man aber nicht ganz konsequent, wenn man das Hüpfmatrixelement t berücksichtigt und die Nächste-Nachbar-Wechselwirkung V vernachlässigt. Realistischer ist daher das

erweiterte Hubbard-Modell

$$H = \sum_{\vec{R}\sigma} \sum_{\vec{\Delta}n.N.} t\, c^{\dagger}_{\vec{R}\sigma} c_{\vec{R}+\vec{\Delta}\sigma} + U \sum_{\vec{R}} c^{\dagger}_{\vec{R}\uparrow} c_{\vec{R}\uparrow} c^{\dagger}_{\vec{R}\downarrow} c_{\vec{R}\downarrow} + \frac{1}{2} V \sum_{\vec{R}\vec{\Delta}} \sum_{\sigma\sigma'} c^{\dagger}_{\vec{R}\sigma} c_{\vec{R}\sigma} c^{\dagger}_{\vec{R}+\vec{\Delta}\sigma'} c_{\vec{R}+\vec{\Delta}\sigma'} \tag{5.54}$$

Manchmal möchte man auch nur den Effekt der Nächste-Nachbar-Wechselwirkung untersuchen; dann braucht man den Spin nicht mit zu berücksichtigen, da zwischen Elektronen in Wannierzuständen oder atomaren Zuständen an nächsten Nachbar-Gitterplätzen die Coulomb-Wechselwirkung vom Spin unabhängig ist. Dies führt zum

spinlosen Fermionen-Modell

$$H = \sum_{\vec{R}} \sum_{\vec{\Delta}n.N.} t\, c^{\dagger}_{\vec{R}} c_{\vec{R}+\vec{\Delta}} + \frac{1}{2} V \sum_{\vec{R}\vec{\Delta}} c^{\dagger}_{\vec{R}} c_{\vec{R}} c^{\dagger}_{\vec{R}+\vec{\Delta}} c_{\vec{R}+\vec{\Delta}} \tag{5.55}$$

Obwohl das Modell vielleicht nicht sehr realistisch ist, weil es keine „spinlosen" Fermionen gibt, ist es interessant, da es einen Phasenübergang beschreiben kann; zumindest bei halbgefülltem Band kann nämlich neben der homogenen Phase auch eine Phase mit räumlicher Überstruktur auftreten, so daß die Gitterplätze abwechselnd eine größere und kleinere mittlere Besetzungszahl für die Elektronen haben.

Das Hubbard-Modell wurde zumindest von Hubbard vorgeschlagen zur Beschreibung des Bandmagnetismus in Übergangsmetallen, bei denen die 3d-Bänder entscheidend sind. Daher hat Hubbard ja die Parameter auch für 3d-Zustände abgeschätzt; bei schmalen Bändern wie den d-Bändern ist nämlich die Tendenz zur Lokalisierung an einem einzelnen Gitterplatz stärker ausgeprägt und daher die lokale Wechselwirkung besonders wichtig. Gerade für 3d-Bänder ist es aber andererseits nicht gerechtfertigt, nur ein einzelnes Band zu berücksichtigen, wie es beim eigentlichen Hubbard-Modell der Fall ist. In der Form (5.53) beschreibt das Modell eher ein schmales s-Band, da es einerseits nur zweifach (spin-)entartet ist, und andererseits auch die Hüpfmatrixelemente für alle Nachbar-Vektoren als gleich angenommen wurden, was so nur bei einer s-artigen Symmetrie (kugelsymmetrisch um den Gitterplatz) gelten kann. Außerdem sollte man die atomar pro Spinrichtung fünffach entarteten 3d-Bänder berücksichtigen, die auch nach Aufhebung der Entartung und im Festkörper noch eng zusammenliegen und überlappen. Realistischer gerade für Übergangsmetalle ist daher ein

Mehrband-Hubbard-Modell

$$H = \sum_{\vec{R}\vec{\Delta}\sigma} \sum_{n,n'} t_{n\vec{R},n'\vec{R}+\vec{\Delta}} d^{\dagger}_{n\vec{R}\sigma} d_{n'\vec{R}+\vec{\Delta}\sigma} + \frac{1}{2} \sum_{\vec{R},n,n',\sigma,\sigma'} \left(U d^{\dagger}_{n\vec{R}\sigma} d_{n\vec{R}\sigma} d^{\dagger}_{n'\vec{R}\sigma'} d_{n'\vec{R}\sigma'} + I d^{\dagger}_{n\vec{R}\sigma} d_{n'\vec{R}\sigma} d^{\dagger}_{n'\vec{R}\sigma'} d_{n\vec{R}\sigma'} \right) \tag{5.56}$$

Hierbei wurde die Annahme einer reinen gitterplatz-diagonalen Wechselwirkung beibehalten, aber auch Inter-Band-Wechselwirkung (zwischen Elektronen am gleichen Gitterplatz, aber in verschiedenen d-Zuständen) berücksichtigt. Es hat sich inzwischen erwiesen, daß gerade durch den hier explizit berücksichtigten Austauschterm I beim Mehrband-Hubbard-Modell leichter magnetische Ordnung auftritt als beim ursprünglichen Einband-Hubbard-Modell.

Andererseits kann man zumindest vom mathematisch-theoretischen Standpunkt her auch argumentieren, daß man trotz der aufgeführten unrealistischen Eigenschaften zunächst einmal das einfache Einband-Hubbard-Modell verstehen sollte, bevor man Behandlungen der realistischeren Modelle völlig vertrauen darf.

5.3 Hartree-Fock-Näherung

Eine fundamentale Näherung zur Behandlung wechselwirkender Elektronensysteme nicht nur in Festkörpern, sondern auch z.B. in Atomen und Molekülen ist die Hartree[4]-Fock-Näherung. Die Grundidee sollte jedem Physiker vertraut sein. Die Hartree-Fock-Näherung kann auf verschiedene Weise hergeleitet werden, nämlich aus dem Ritzschen Variationsprinzip der Quantenmechanik mit einem geeigneten Ansatz für den Grundzustand, aus einem Variationsprinzip für die freie Energie (bzw. das großkanonische Potential) und mit speziellen, diagrammatischen Methoden der Vielteilchentheorie. Die erste Methode kommt mit der 1.Quantisierung aus und sollte auch experimentell arbeitenden Physikern vertraut sein; wenn man aber den Formalismus der „2.Quantisierung" beherrscht, ist die 2.Herleitung noch knapper und einleuchtender und erlaubt die Durchführung der Näherung direkt am Hamilton-Operator; diese Formulierung der Hartree-Fock-Näherung sollte daher allen theoretisch interessierten und arbeitenden Physikern vertraut sein. Die erwähnten, spezielle Methoden voraussetzenden Verfahren zur Ableitung der

[4] D.R.Hartree, * 1897 in Cambridge (England),† 1958 ebd., Prof. für mathematische Physik in Manchester und Cambridge, entwickelte quantenmechanische Approximationsverfahren und numerische Verfahren zur Lösung ballistischer und hydrodynamischer Probleme

Hartree-Fock-Näherung sind deshalb von besonderem Interesse, weil sie unmittelbar erkennen lassen, wie die Näherung systematisch verbessert werden kann. Da die speziellen Methoden der Vielteilchen-Theorie hier nicht vorausgesetzt und auch nicht besprochen werden sollen, werden im Folgenden nur die beiden anderen Herleitungen der Hartree-Fock-Näherung angegeben.

5.3.1 Herleitung aus dem Ritzschen Variationsverfahren

Aus der Quantenmechanik ist bekannt, daß für einen gegebenen Hamilton-Operator H das Energie-Funktional

$$E\{\psi\} = \frac{\langle\psi|H|\psi\rangle}{\langle\psi|\psi\rangle} \tag{5.57}$$

sein absolutes Minimum für den Grundzustand $|\psi_0\rangle$ von H annimmt (Ritzsches[5] Variationsverfahren für den Grundzustand). Wenn man den Grundzustand nicht kennt, kann man aber Ansätze für diesen machen, die eventuell noch von bestimmten Parametern abhängen, und die beste Näherung für den Grundzustand im Rahmen des Ansatzes erhält man für das $|\psi\rangle$, für das obiges Energie-Funktional sein Minimum annimmt. Würde man bezüglich aller Zustände minimieren und das absolute Minimum finden, hätte man auch den exakten Grundzustand. In der Praxis kann man aber in der Regel nicht bezüglich aller Zustände variieren, sondern muß sich auf eine bestimmte Teilklasse von Zuständen beschränken, und wenn man in dieser Klasse den Zustand gefunden hat, der das Energiefunktional minimiert, ist man dem Grundzustand in dieser Klasse am nächsten gekommen, hat also die beste Näherung für den Grundzustand im Rahmen des Ansatzes gefunden.

Hier betrachten wir den Hamilton-Operator (5.1-5.3) bzw. (5.34) für wechselwirkende Elektronen in 1.Quantisierung und setzen den Grundzustand als Slaterdeterminante aus Einteilchen-Zuständen an, also:

$$|\psi\rangle = \frac{1}{\sqrt{N_e!}} \sum_{P \varepsilon S_{N_e}} (-1)^{\chi_P} |k_{P(1)}\overset{(1)}{\rangle} \dots |k_{P(N_e)}\overset{(N_e)}{\rangle} \tag{5.58}$$

mit zunächst noch beliebigen (aber orthonormierten) Einteilchen-Zuständen $|k_\alpha\rangle$. Es soll noch einmal betont werden, daß man die Eigenzustände und damit auch den Grundzustand des wechselwirkenden Problems im allgemeinen nicht als Slater-Determinante von Einteilchen-Zuständen darstellen kann. Die Näherung besteht gerade darin, den Grundzustand trotzdem so anzusetzen und aus dem Ritzschen Variationsprinzip dann eine Bestimmungsgleichung für die Zustände $|k_\alpha\rangle$ herzuleiten, so daß sich die best mögliche Näherung für den Grundzustand im Rahmen dieses Ansatzes ergibt.

Wenn die Einteilchenzustände als orthonormiert vorausgesetzt werden, ist auch der Gesamt-Zustand $|\psi\rangle$ schon normiert; es muß daher nur das Matrixelement des Hamiltonoperators in diesem Zustand berechnet werden. Es gilt:

$$\begin{aligned}\langle\psi|H|\psi\rangle &= \frac{1}{N_e!} \sum_{P\tilde{P}\varepsilon S_{N_e}} (-1)^{\chi_P+\chi_{\tilde{P}}} \overset{(N_e)}{\langle} k_{\tilde{P}(N_e)}| \dots \overset{(1)}{\langle} k_{\tilde{P}(1)}|H|k_{P(1)}\overset{(1)}{\rangle} \dots |k_{P(N_e)}\overset{(N_e)}{\rangle} \\ &= \langle\psi|H_0|\psi\rangle + \langle\psi|H_1|\psi\rangle \end{aligned} \tag{5.59}$$

[5] benannt nach W.Ritz, * 1878 in Sitten (Schweiz), † 1909 in Göttingen, Schweizer Mathematiker und Physiker, der 1907 ein Variationsverfahren zur Lösung von Eigenwertproblemen und Randwertaufgaben entwickelte

Hierbei ist

$$
\begin{aligned}
\langle\psi|H_0|\psi\rangle &= \langle\psi|\sum_{i=1}^{N_e} h_i|\psi\rangle = \\
&= \sum_{i=1}^{N_e} \frac{1}{N_e!} \sum_{P,\tilde{P}\varepsilon S_{N_e}} (-1)^{\chi_P}(-1)^{\chi_{\tilde{P}}} \overset{(N_e)}{\langle} k_{\tilde{P}(N_e)}|\ldots \overset{(1)}{\langle} k_{\tilde{P}(1)}|h_i|k_{P(1)} \overset{(1)}{\rangle} \ldots |k_{P(N_e)} \overset{(N_e)}{\rangle} \\
&= \sum_{i=1}^{N_e} \frac{1}{N_e!} \sum_{P,\tilde{P}\varepsilon S_{N_e}} (-1)^{\chi_P+\chi_{\tilde{P}}} \prod_{j=1,j\neq i}^{N_e} \delta_{P(j),\tilde{P}(j)} \overset{(i)}{\langle} k_{\tilde{P}(i)}|h_i|k_{P(i)} \overset{(i)}{\rangle}
\end{aligned}
\tag{5.60}
$$

Für jeden festen Teilchenindex i müssen die Permutationen P und $\tilde{P}$ also für alle $j \neq i$ miteinander übereinstimmen wegen der Orthonormiertheit der Einteilchen-Wellenfunktionen, dann müssen sie aber auch für den letzten Wert übereinstimmen, d.h. $P(i) = \tilde{P}(i)$, also $P = \tilde{P}$ und somit:

$$
\langle\psi|H_0|\psi\rangle = \sum_{i=1}^{N_e} \frac{1}{N_e!} \sum_{P\varepsilon S_{N_e}} \overset{(i)}{\langle} k_{P(i)}|h_i|k_{P(i)} \overset{(i)}{\rangle}
\tag{5.61}
$$

Wenn P alle $N_e!$ Permutationen durchläuft, durchläuft $P(i)$ alle Zahlen von 1 bis N_e und zwar genau $(N_e-1)!$ mal; denn für jedes feste $P(i)$ können die anderen $N_e - 1$ Indizes noch einmal beliebig durchpermutiert werden, wofür es $(N_e-1)!$ Möglichkeiten gibt. Somit folgt:

$$
\langle\psi|H_0|\psi\rangle = \sum_{i=1}^{N_e} \frac{(N_e-1)!}{N_e!} \sum_{\alpha=1}^{N_e} \overset{(i)}{\langle} k_\alpha|h_i|k_\alpha \overset{(i)}{\rangle} = \sum_{\alpha=1}^{N_e} \langle k_\alpha|h|k_\alpha\rangle
\tag{5.62}
$$

Im letzten Schritt wurde wieder benutzt, daß das Matrixelement $\overset{(i)}{\langle} k_\alpha|h_i|k_\alpha \overset{(i)}{\rangle}$ unabhängig vom Teilchenindex i ist, da z.B. in Ortsdarstellung ja gerade über die Teilchenkoordinate $\vec{r}_i$ wegintegriert wird. Die zum Einteilchen-Anteil des Hamilton-Operators H_0 gehörige Gesamtenergie des N_e-Teilchen-Systems setzt sich also einfach additiv aus den Einteilchen-Energien zusammen.

Analog wird nun der Erwartungswert von $H_1 = \frac{1}{2}\sum_{i\neq j} u_{ij}$ in dem als Slater-Determinante angesetzten Zustand berechnet:

$$
\begin{aligned}
\langle\psi|H_1|\psi\rangle &= \frac{1}{2}\sum_{i\neq j} \frac{1}{N_e!} \sum_{P,\tilde{P}\varepsilon S_{N_e}} (-1)^{\chi_P}(-1)^{\chi_{\tilde{P}}} \overset{(N_e)}{\langle} k_{\tilde{P}(N_e)}|\ldots \overset{(1)}{\langle} k_{\tilde{P}(1)}|u_{ij}|k_{P(1)} \overset{(1)}{\rangle} \ldots |k_{P(N_e)} \overset{(N_e)}{\rangle} \\
&= \frac{1}{2}\sum_{i\neq j} \frac{1}{N_e!} \sum_{P,\tilde{P}\varepsilon S_{N_e}} (-1)^{\chi_P+\chi_{\tilde{P}}} \prod_{l=1,l\neq i,j}^{N_e} \delta_{P(l),\tilde{P}(l)} \overset{(i)}{\langle} k_{\tilde{P}(i)}| \overset{(j)}{\langle} k_{\tilde{P}(j)}|u_{i,j}|k_{P(j)} \overset{(j)}{\rangle} |k_{P(i)} \overset{(i)}{\rangle}
\end{aligned}
$$

Die Permutationen $P,\tilde{P}$ müssen für $N_e - 2$ Terme $(l \neq i, l \neq j)$ übereinstimmen wegen der Orthonormiertheit der Einteilchen-Zustände. Dann bleiben aber diesmal zwei Möglichkeiten übrig, nämlich $P(i) = \tilde{P}(i)$ und $P(j) = \tilde{P}(j)$ oder $P(i) = \tilde{P}(j)$ und $P(j) = \tilde{P}(i)$. Im ersten Fall sind $P,\tilde{P}$ wieder identisch, im zweiten unterscheiden sie sich gerade um eine Vertauschung der Teilchen i,j, weswegen $(-1)^{\chi_P}(-1)^{\chi_{\tilde{P}}} = -1$ folgt. Daher ergibt sich:

$$
\begin{aligned}
\langle\psi|H_1|\psi\rangle = \frac{1}{2}\sum_{i\neq j} \frac{1}{N_e!} \sum_{P\varepsilon S_{N_e}} \quad [\quad & \overset{(i)}{\langle} k_{P(i)}| \overset{(j)}{\langle} k_{P(j)}|u_{ij}|k_{P(j)} \overset{(j)}{\rangle} |k_{P(i)} \overset{(i)}{\rangle} \\
- \quad & \overset{(i)}{\langle} k_{P(j)}| \overset{(j)}{\langle} k_{P(i)}|u_{ij}|k_{P(j)} \overset{(j)}{\rangle} |k_{P(i)} \overset{(i)}{\rangle}]
\end{aligned}
\tag{5.63}
$$

Wenn $i \neq j$ gilt und P alle Permutationen durchläuft, durchläuft $P(i)$ alle Zahlen von $1 \dots N_e$ und $P(j)$ all diese Zahlen mit Ausnahme von $P(i)$; alle anderen Werte von $P(l)$ für $l \neq i, l \neq j$ können dabei wieder beliebig permutiert werden, so daß es $(N_e - 2)!$ verschiedene Möglichkeiten gibt. Damit folgt:

$$\langle\psi|H_1|\psi\rangle = \frac{1}{2}\sum_{i\neq j}\frac{(N_e-2)!}{N_e!}\sum_{\alpha\neq\gamma}[\overset{(i)}{\langle k_\alpha|}\overset{(j)}{\langle k_\gamma|}u_{ij}\overset{(j)}{|k_\gamma\rangle}\overset{(i)}{|k_\alpha\rangle} - \overset{(i)}{\langle k_\gamma|}\overset{(j)}{\langle k_\alpha|}u_{ij}\overset{(j)}{|k_\gamma\rangle}\overset{(i)}{|k_\alpha\rangle}] \quad (5.64)$$

Die Matrixelemente sind wieder unabhängig von i, j (da über die entsprechenden Koordinaten wegintegriert wird). Daher ergibt die $i, j-$Doppelsumme gerade den Faktor $N_e(N_e - 1)$ und es verbleibt:

$$\langle\psi|H_1|\psi\rangle = \frac{1}{2}\sum_{\alpha\neq\gamma}[\overset{(i)}{\langle k_\alpha|}\overset{(j)}{\langle k_\gamma|}u_{ij}\overset{(j)}{|k_\gamma\rangle}\overset{(i)}{|k_\alpha\rangle} - \overset{(i)}{\langle k_\gamma|}\overset{(j)}{\langle k_\alpha|}u_{ij}\overset{(j)}{|k_\gamma\rangle}\overset{(i)}{|k_\alpha\rangle}] \quad (5.65)$$

Die Summationseinschränkung $\gamma \neq \alpha$ kann man fallenlassen, da sich für $\gamma = \alpha$ beide Terme gegenseitig aufheben.

In der Regel bestehen die Quantenzahlen und die Zustände aus einem Bahn- und einem Spinanteil und das Wechselwirkungspotential ist das Coulomb-Potential, also

$$|k_\alpha\rangle = |\tilde{k}_\alpha\sigma\rangle = |\tilde{k}_\alpha\rangle|\sigma\rangle \, , \; u_{ij} = \frac{e^2}{|\vec{r}_i - \vec{r}_j|}$$

Damit ergibt sich:

$$\langle\psi|H_1|\psi\rangle = \frac{1}{2}\sum_{\alpha,\gamma}\sum_{\sigma,\sigma'}[\overset{(i)}{\langle \tilde{k}_\alpha\sigma|}\overset{(j)}{\langle \tilde{k}_\gamma\sigma'|}u_{ij}\overset{(j)}{|\tilde{k}_\gamma\sigma'\rangle}\overset{(i)}{|\tilde{k}_\alpha\sigma\rangle} - \overset{(i)}{\langle \tilde{k}_\gamma\sigma'|}\overset{(j)}{\langle \tilde{k}_\alpha\sigma|}u_{ij}\overset{(j)}{|\tilde{k}_\gamma\sigma'\rangle}\overset{(i)}{|\tilde{k}_\alpha\sigma\rangle}] \quad (5.66)$$

Offenbar ergeben sich im zweiten Summanden bei der Skalarproduktbildung im Spinraum Delta-Relationen $\delta_{\sigma\sigma'}$, der 2. Summand tritt also nur für gleiche Spinrichtung auf. Speziell in Ortsdarstellung hat das gesamte Energie-Funktional nun die Gestalt:

$$\begin{aligned} E\{\psi\} &= E\{\varphi_{k_\alpha}(\vec{r})\} = \sum_\sigma\sum_\alpha\int d^3r\varphi^*_{\tilde{k}_\alpha}(\vec{r})h(\vec{r})\varphi_{\tilde{k}_\alpha}(\vec{r}) + \\ &+ \frac{1}{2}\sum_{\alpha,\gamma,\sigma}\int d^3r\int d^3r'\frac{e^2}{|\vec{r}-\vec{r}'|}\left[\sum_{\sigma'}|\varphi_{\tilde{k}_\alpha}(\vec{r})|^2|\varphi_{\tilde{k}_\gamma}(\vec{r}')|^2 - \varphi^*_{\tilde{k}_\alpha}(\vec{r})\varphi^*_{\tilde{k}_\gamma}(\vec{r}')\varphi_{\tilde{k}_\alpha}(\vec{r}')\varphi_{\tilde{k}_\gamma}(\vec{r})\right] \end{aligned} \quad (5.67)$$

Das Energie-Funktional hängt von allen Einteilchen-Wellenfunktionen des Ansatzes ab. Gesucht sind die optimalen Wellenfunktionen, die das Funktional minimieren. Für diese muß die Variation des Energie-Funktionals verschwinden. Wir variieren für festes $k_\beta = (\tilde{k}_\beta\sigma)$ nach dem Zustand $\langle k_\beta|$ bzw. nach der Wellenfunktion $\varphi^*_{\tilde{k}_\beta}(\vec{r})$ unter der Nebenbedingung der Normiertheit der Zustände, die wir mit Lagrange-Multiplikatoren ε_β zum Energiefunktional addieren, d.h. es wird

$$\delta(E\{\varphi_{\tilde{k}_\gamma}\} + \varepsilon_\beta(\int d^3r|\varphi_{\tilde{k}_\beta}(\vec{r})|^2 - 1)) = 0 \quad (5.68)$$

bestimmt bei Variation nach einer Wellenfunktion zu festem $(\tilde{k}_\beta\sigma)$. Im zweiten Wechselwirkungsbeitrag tritt diese Wellenfunktion zweimal auf, nämlich in der $\gamma-$ und in der α-Summe. Die Variation ergibt dann:

$$h(\vec{r})\varphi_{\tilde{k}_\beta}(\vec{r}) + \sum_{\gamma,\sigma'} \int d^3r' \frac{e^2|\varphi_{\tilde{k}_\gamma}(\vec{r}')|^2}{|\vec{r}' - \vec{r}|} \varphi_{\tilde{k}_\beta}(\vec{r}) - \sum_{\gamma} \int d^3r' \varphi^*_{\tilde{k}_\gamma}(\vec{r}') \frac{e^2}{|\vec{r} - \vec{r}'|} \varphi_{\tilde{k}_\beta}(\vec{r}')\varphi_{\tilde{k}_\gamma}(\vec{r})$$
$$= \varepsilon_\beta \varphi_{\tilde{k}_\beta}(\vec{r}) \qquad (5.69)$$

Dies sind die *Hartree-Fock-Gleichungen* zur Bestimmung der Einteilchen-Wellenfunktionen, mit denen die Slater-Determinante die beste Näherung für den wahren Grundzustand ergibt. Ohne Wechselwirkung ergibt sich gerade die Schrödinger-Gleichung für die Einteilchen-Wellenfunktionen. Aus der Wechselwirkung resultieren zwei Anteile, die man auch als *Hartree-Beitrag* und *Fock-* oder *Austausch-Beitrag* bezeichnet, und bei Mitnahme nur des ersten Summanden bezeichnet man die Näherung auch als *Hartree-Näherung* und die obigen Gleichungen ohne den letzten Term der linken Seite heißen *Hartree-Gleichungen*. Die Hartree- und die Hartree-Fock-Gleichungen stellen N_e nichtlineare Gleichungen für die Einteilchen-Wellenfunktionen dar, die man in der Praxis nur durch Iteration lösen kann. Der Hartree-Beitrag hat dabei eine einfache, physikalisch intuitive Interpretation: Die Elektronen, die die quantenmechanischen Einteilchenwellenfunktionen mit Quantenzahlen k_γ besetzen, bewirken eine Ladungsdichte

$$\rho(\vec{r}') = e \sum_{\gamma,\sigma'} |\varphi_{\tilde{k}_\gamma}(\vec{r}')|^2 \qquad (5.70)$$

und diese Ladungsdichte erzeugt am Orte $\vec{r}$ ein elektrostatisches Potential

$$\Phi(\vec{r}) = \int d^3r' \frac{\rho(\vec{r}')}{|\vec{r} - \vec{r}'|} = \int d^3r' \sum_{\gamma,\sigma'} |\varphi_{\tilde{k}_\gamma}(\vec{r}')|^2 \frac{e}{|\vec{r} - \vec{r}'|} \qquad (5.71)$$

Das Elektron im Zustand k_β am Orte $\vec{r}$ spürt dieses von allen anderen Elektronen erzeugte effektive Potential, dieses geht in die Schrödinger-Gleichung wie ein äußeres Potential ein. Der Unterschied zu einem einfachen Einteilchen-Problem liegt darin, daß die genaue Stärke dieses Potentials, die ja von der Verteilung der Elektronen in dem System und damit von den zu bestimmenden Wellenfunktionen abhängt, erst selbst noch durch Lösung der Hartree-Gleichungen zu berechnen ist. Man spricht daher auch von einem *Selbstkonsistenz-Problem*. Näherungen von der Art der Hartree- und der Hartree-Fock-Näherung, bei denen also ein einzelnes Teilchen in einem von allen anderen Teilchen erzeugten effektiven Feld betrachtet wird, bezeichnet man auch als „*Mean-Field-Näherung*" („Näherung des mittleren Feldes") oder *Molekularfeld-Näherung*.

Der Fock-Term ist noch etwas komplizierter als der Hartree-Beitrag, da die zu bestimmende Wellenfunktion $\varphi_{\tilde{k}_\beta}$ im Integranden steht. Das Austausch-Potential ist daher ein nichtlokales Potential, die zu bestimmende Wellenfunktion $\varphi_{\tilde{k}_\beta}(\vec{r})$ geht in die Gleichungen nicht nur am Aufpunkt $\vec{r}$ ein, sondern auch an allen anderen Orten $\vec{r}'$. Es liegt also eine komplizierte, nichtlineare Integro-Differentialgleichung vor. Der Austausch-(Fock-)Term hat kein klassisches, physikalisch anschauliches Analogon (wie der Hartree-Beitrag), sondern er ist ein Quanteneffekt und unmittelbare Folge der Ununterscheidbarkeit der Teilchen. Er ergibt sich in der quantenmechanischen Behandlung automatisch, wenn von korrekt antisymmetrisierten Wellenfunktionen ausgegangen wird. Würde man mit einem einfachen Produktansatz von Einteilchenwellenfunktionen arbeiten, würde sich der Hartree-Term ebenfalls ergeben, nicht aber der Fock-Term.

Die Energien ε_β sind ursprünglich als Lagrange-Parameter eingeführt worden. Interpretiert man die Hartree-Fock-Gleichungen als Einteilchen-Schrödinger-Gleichung für ein Elektron im effektiven Potential, bekommen die ε_β die Bedeutung von Energie-Eigenwerten. Es sind aber keine Einteilchenenergien im üblichen Sinne, was insbesondere daraus ersichtlich wird, daß die Gesamt-Energie nicht der Summe der effektiven Einteilchenenergien entspricht:

$$E_{HF} \neq \sum_\alpha \varepsilon_\alpha \tag{5.72}$$

Multipliziert man die Hartree-Fock-Gleichungen (5.69) nämlich auf beiden Seiten mit $\varphi^*_{\vec{k}_\beta}(\vec{r})$, integriert über $\vec{r}$ und summiert über β und den Spin, so ergibt sich:

$$\begin{aligned}\sum_{\beta\sigma}\varepsilon_\beta = \sum_\sigma\sum_\beta \int d^3r|\varphi_{\vec{k}_\beta}(\vec{r})|^2 h(\vec{r}) \quad &+ \sum_{\beta,\gamma,\sigma}\int d^3r\int d^3r' \frac{e^2}{|\vec{r}-\vec{r}'|}\left[\sum_{\sigma'}|\varphi_{\vec{k}_\beta}(\vec{r})|^2|\varphi_{\vec{k}_\gamma}(\vec{r}')|^2\right.\\ &- \left.\varphi^*_{\vec{k}_\beta}(\vec{r})\varphi^*_{\vec{k}_\gamma}(\vec{r}')\varphi_{\vec{k}_\alpha}(\vec{r}')\varphi_{\vec{k}_\gamma}(\vec{r})\right]\end{aligned} \tag{5.73}$$

Ein Vergleich mit der Gleichung (5.67) für das Energiefunktional, welches ja bei Einsetzen der korrekt bestimmten Wellenfunktionen die Energie im Hartree-Fock-Zustand ergibt, zeigt, daß die Wechselwirkungsenergie doppelt gezählt wird bei Summation der Hartree-Fock-Einteilchenenergien. Dies hat seine Ursache darin, daß für einen festen Zustand β die Wechselwirkung mit den Elektronen in allen anderen besetzten Zuständen γ im Rahmen der Näherung berücksichtigt worden ist. Summiert man aber über alle β, dann berücksichtigt man auch noch einmal von der anderen Quantenzahl γ aus gesehen die Wechselwirkung mit dem Elektron im Zustand β, d.h. man zählt alle Wechselwirkungsenergien doppelt. Es gilt daher

$$\sum_{\beta\sigma}\varepsilon_\beta = E\{\psi\} + E_{WW} = E\{\psi\} + \langle\psi|H_1|\psi\rangle = \langle\psi|H_0|\psi\rangle + 2\langle\psi|H_1|\psi\rangle \tag{5.74}$$

Folgende Überlegung zeigt aber, welche physikalische Bedeutung wir den Hartree-Fock-Einteilchen-Energien eventuell doch noch beimessen können. Gegeben sei ein wechselwirkendes N_e-Teilchensystem, in das ein weiteres Teilchen N_e+1 gebracht wird. Unter der Annahme, daß die Zustände der ersten N_e Teilchen unverändert bleiben, ergibt sich:

$$\begin{aligned} E_{HF}^{(N_e+1)} &= \sum_{\alpha=1}^{N_e+1}\langle k_\alpha|h(\vec{r})|k_\alpha\rangle \\ &+ \frac{1}{2}\sum_{\alpha\neq\gamma}\left[\langle k_\alpha|\langle k_\gamma|\frac{e^2}{|\vec{r}-\vec{r}'|}|k_\gamma\rangle|k_\alpha\rangle - \langle k_\alpha|\langle k_\gamma|\frac{e^2}{|\vec{r}-\vec{r}'|}|k_\alpha\rangle|k_\gamma\rangle\right] = \\ &= E_{HF}^{(N_e)} + \langle k_{N_e+1}|h(\vec{r})|k_{N_e+1}\rangle \\ &+ \frac{1}{2}\sum_{\gamma\leq N_e}\left[\langle k_{N_e+1}|\langle k_\gamma|\frac{e^2}{|\vec{r}-\vec{r}'|}|k_\gamma\rangle|k_{N_e+1}\rangle - \langle k_{N_e+1}|\langle k_\gamma|\frac{e^2}{|\vec{r}-\vec{r}'|}|k_{N_e+1}\rangle|k_\gamma\rangle\right] \\ &+ \frac{1}{2}\sum_{\alpha\leq N_e}\left[\langle k_\alpha|\langle k_{N_e+1}|\frac{e^2}{|\vec{r}-\vec{r}'|}|k_{N_e+1}\rangle|k_\alpha\rangle - \langle k_\alpha|\langle k_{N_e+1}|\frac{e^2}{|\vec{r}-\vec{r}'|}|k_\alpha\rangle|k_{N_e+1}\rangle\right] \\ &= E_{HF}^{(N_e)} + \varepsilon_{k_{N_e+1}} \end{aligned} \tag{5.75}$$

Die Hartree-Fock-Einteilchen-Energie $\varepsilon_{k_{Ne+1}}$ ist also gerade die Energie, die aufzubringen ist, um dieses (N_e+1)-te Teilchen dem N_e-Teilchensystem zuzufügen. Diese Aussage bezeichnet man auch als *Koopmans-Theorem.*

5.3.2 Herleitung aus einem Minimal-Prinzip für das großkanonische Potential

Die fundamentale Größe, die man für einen vorgegeben Hamilton-Operator H zu berechnen hat, ist die Zustandssumme oder das daraus abzuleitende großkanonische Potential

$$\Phi_{GK} = -k_B T \ln Z_{GK} = -k_B T \ln Sp e^{-\beta(H-\mu N)} \tag{5.76}$$

Für einen Hamilton-Operator mit Wechselwirkung kann man die Zustandssumme aber leider in der Praxis im allgemeinen nicht berechnen, ohne Wechselwirkung allerdings sehr leicht, wie es aus der Kursvorlesung über Statistische Physik und aus Abschnitt 4.8 bekannt ist. Daher versucht man, den wirklichen Hamiltonoperator des wechselwirkenden Elektronensystems

$$H = \sum_k \varepsilon_k c_k^\dagger c_k + \frac{1}{2} \sum_{k_1 k_2, k_3 k_4} u_{k_1 k_2, k_3 k_4} c_{k_1}^\dagger c_{k_2}^\dagger c_{k_3} c_{k_4} \tag{5.77}$$

durch einen möglichst guten effektiven Einteilchen-Hamilton-Operator

$$H_{\text{eff}} = \sum_k x_k c_k^\dagger c_k \tag{5.78}$$

mit noch zu bestimmenden effektiven Einteilchenenergien x_k zu approximieren. Man braucht noch ein Kriterium dafür, was man unter „möglichst gut" zu verstehen hat. Dies liefert einem ein

Minimalprinzip für das großkanonische Potential

Betrachte dazu auf der Menge aller (auf dem vorgegebenen Fock-Raum denkbaren) Dichteoperatoren ρ das Funktional

$$\Phi[\rho] = Sp\left(\rho(H - \mu N + k_B T \ln \rho)\right) \tag{5.79}$$

Speziell für den großkanonischen Dichteoperator

$$\rho_{GK} = \frac{1}{Z_{GK}} e^{-\beta(H-\mu N)}$$

gilt dann

$$\Phi[\rho_{GK}] = Sp\{\rho_{GK}[H - \mu N + k_B T(-\beta(H-\mu N)) - k_B T \ln Z_{GK}]\} = -k_B T \ln Z_{GK} = \Phi \tag{5.80}$$

Speziell für den großkanonischen Dichteoperator ergibt das Funktional $\Phi[\rho]$ also den Wert des großkanonischen Potentials. Nun gilt für einen beliebigen Dichteoperatoren ρ

$$\Phi[\rho_{GK}] \leq \Phi[\rho] \tag{5.81}$$

Das Funktional $\Phi[\rho]$ nimmt sein absolutes Minimum also für den großkanonischen Dichteoperator an und der Wert des Funktionals entspricht dann dem großkanonischen Potential. Zum Beweis der obigen Ungleichung vermerken wir zunächst, daß für je zwei Dichteoperatoren ρ , ρ' gilt:

$$Sp(\rho \ln \rho) \geq Sp(\rho \ln \rho') \tag{5.82}$$

Denn sei $\{|\nu\rangle\}$ Eigenbasis von ρ', $\{|\alpha\rangle\}$ Eigenbasis von ρ, dann gilt:

$$\begin{aligned} Sp[\rho(\ln\rho' - \ln\rho)] &= \sum_\alpha [\rho_\alpha(\langle\alpha|\ln\rho'|\alpha\rangle - \ln\rho_\alpha)] = \sum_{\alpha,\nu} \rho_\alpha |\langle\alpha|\nu\rangle|^2 (\ln\rho'_\nu - \ln\rho_\alpha) = \\ &\sum_{\alpha,\nu} \rho_\alpha |\langle\alpha|\nu\rangle|^2 \ln\frac{\rho'_\nu}{\rho_\alpha} \leq \sum_{\alpha,\nu} \rho_\alpha |\langle\alpha|\nu\rangle|^2 \left(\frac{\rho'_\nu}{\rho_\alpha} - 1\right) = \\ &\sum_{\alpha,\nu} (\rho'_\nu |\langle\alpha|\nu\rangle|^2 - \rho_\alpha |\langle\alpha|\nu\rangle|^2) = Sp\rho' - Sp\rho = 0 \end{aligned} \tag{5.83}$$

wobei die fundamentale Ungleichung $\ln x \leq x - 1$ benutzt wurde.

Damit folgt:

$$\begin{aligned}\Phi[\rho] &= Sp(\rho(H-\mu N)) + k_BTSp(\rho\ln\rho) \geq Sp(\rho(H-\mu N)) + k_BTSp(\rho\ln\rho_{GK}) = \\ &= Sp(\rho(H-\mu N)) - k_BT\beta Sp(\rho(H-\mu N)) - k_BTSp(\rho\ln Z_{GK}) = -k_BT\ln Z_{GK} \\ &= \Phi = \Phi[\rho_{GK}]\end{aligned} \tag{5.84}$$

Wir betrachten nun einerseits den großkanonischen Dichteoperator ρ_{GK} zum eigentlich interessierenden Wechselwirkungs-Hamilton-Operator H mit zugehörigem großkanonischen Potential $\Phi = \Phi[\rho_{GK}] = \Phi_H$ und andererseits den Dichteoperator

$$\rho_{\text{eff}} = \frac{1}{Z_{\text{eff}}} e^{-\beta(H_{\text{eff}}-\mu N)} \tag{5.85}$$

mit zugehörigem großkanonischen Potential $\Phi_{\text{eff}} = -k_BTlnZ_{\text{eff}}$. Dann gilt:

$$\begin{aligned}\Phi[\rho_{\text{eff}}] &= Sp(\rho_{\text{eff}}(H-\mu N + k_BT\ln\rho_{\text{eff}})) \\ &= Sp(\rho_{\text{eff}}[H-\mu N + k_BT(-\beta(H_{\text{eff}}-\mu N) - \ln Z_{\text{eff}})])\end{aligned} \tag{5.86}$$

Somit folgt:

$$\boxed{\Phi[\rho_{\text{eff}}] = \langle H - H_{\text{eff}} >_{\text{eff}} + \Phi_{\text{eff}} \geq \Phi_H} \tag{5.87}$$

Hierbei sind die thermodynamischen Mittelwerte bezüglich des effektiven Hamilton-Operators zu berechnen, also:

$$\langle A >_{\text{eff}} = \frac{1}{Z_{\text{eff}}} Sp(Ae^{-\beta(H_{\text{eff}}-\mu N)}) \tag{5.88}$$

Wir müssen nun den effektiven Einteilchen-Hamilton-Operator H_{eff} bestimmen, für den $\Phi[\rho_{\text{eff}}]$ minimal wird, dann kommt dieses Funktional dem des wirklichen Wechselwirkungs-Hamilton-Operator und somit dem gesuchten großkanonischen Potential am nächsten. Wir setzen dazu den Hamilton-Operator H und H_{eff} aus (5.77,5.78) in das obige Funktional ein und minimieren bezüglich der noch unbekannten Einteilchen-Parameter von H_{eff} und erhalten:

$$\Phi[\rho_{\text{eff}}] = \Phi_{\text{eff}} + \sum_k (\varepsilon_k - x_k)\langle c_k^\dagger c_k\rangle_{\text{eff}} + \frac{1}{2}\sum_{k_1k_2,k_3k_4} u_{k_1k_2,k_3k_4} < c_{k_1}^\dagger c_{k_2}^\dagger c_{k_3} c_{k_4}\rangle_{\text{eff}} \tag{5.89}$$

Nun gilt für Viererwartungswerte von Fermionen-Erzeugern und -Vernichtern bezüglich einem wechselwirkungsfreien (Einteilchen-)Hamilton-Operator

$$\langle c_{k_1}^\dagger c_{k_2}^\dagger c_{k_3} c_{k_4}\rangle_{\text{eff}} = \langle c_{k_2}^\dagger c_{k_3}\rangle_{\text{eff}}\delta_{k_2k_3}\langle c_{k_1}^\dagger c_{k_4}\rangle_{\text{eff}}\delta_{k_1k_4} - \langle c_{k_2}^\dagger c_{k_4}\rangle_{\text{eff}}\delta_{k_2k_4}\langle c_{k_1}^\dagger c_{k_3}\rangle_{\text{eff}}\delta_{k_1k_3} \tag{5.90}$$

wie man leicht als Übungsaufgabe nachrechnen kann. Damit minimiert man nun $\Phi[\rho_{\text{eff}}]$ bezüglich der gesuchten Parameter x_k des effektiven Einteilchen-Hamilton-Operators und erhält:

$$\begin{aligned}\frac{\partial\Phi[\rho_{\text{eff}}]}{\partial x_k} &= \frac{\partial\Phi_{\text{eff}}}{\partial x_k} - \langle c_k^\dagger c_k\rangle_{\text{eff}} + \sum_{k'}(\varepsilon_{k'} - x_{k'})\frac{\partial}{\partial x_k}\langle c_{k'}^\dagger c_{k'}\rangle_{\text{eff}} + \\ &+ \frac{1}{2}\sum_{k_1,k_2} u_{k_1k_2,k_2k_1}\left(\langle c_{k_2}^\dagger c_{k_2}\rangle_{\text{eff}}\frac{\partial}{\partial x_k}\langle c_{k_1}^\dagger c_{k_1}\rangle_{\text{eff}} + \langle c_{k_1}^\dagger c_{k_1}\rangle_{\text{eff}}\frac{\partial}{\partial x_k}\langle c_{k_2}^\dagger c_{k_2}\rangle_{\text{eff}}\right) + \\ &- \frac{1}{2}\sum_{k_1,k_2} u_{k_1k_2,k_1k_2}\left(\langle c_{k_2}^\dagger c_{k_2}\rangle_{\text{eff}}\frac{\partial}{\partial x_k}\langle c_{k_1}^\dagger c_{k_1}\rangle_{\text{eff}} + \langle c_{k_1}^\dagger c_{k_1}\rangle_{\text{eff}}\frac{\partial}{\partial x_k}\langle c_{k_2}^\dagger c_{k_2}\rangle_{\text{eff}}\right)\end{aligned} \tag{5.91}$$

Nun gilt:

$$\frac{\partial}{\partial x_k}\Phi_{\text{eff}} = \frac{\partial}{\partial x_k}\left(-k_B T \ln Sp e^{-\beta \sum_{k'}(x_{k'}-\mu)c_{k'}^\dagger c_{k'}}\right) = \langle c_k^\dagger c_k \rangle_{\text{eff}} \tag{5.92}$$

Berücksichtigt man ferner noch die allgemein gültige Symmetrie der Wechselwirkungs-Matrixelemente

$$u_{k_1k_2,k_3k_4} = u_{k_2k_1,k_4k_3} \neq u_{k_2k_1,k_3k_4} \tag{5.93}$$

so ergibt sich nach Umbenennung der Summationsindizes

$$0 = \sum_{k_1} \frac{\partial \langle c_{k_1}^\dagger c_{k_1}\rangle_{\text{eff}}}{\partial x_k}\left(\varepsilon_{k_1} - x_{k_1} + \sum_{k_2}(u_{k_1k_2,k_2k_1} - u_{k_1k_2,k_1k_2})\langle c_{k_2}^\dagger c_{k_2}\rangle_{\text{eff}}\right) \tag{5.94}$$

Eine mögliche Lösung dieser Minimierungsbedingung ist offenbar:

$$x_k = \varepsilon_k + \sum_{k_2}(u_{kk_2,k_2k} - u_{kk_2,kk_2})\langle c_{k_2}^\dagger c_{k_2}\rangle_{\text{eff}} \tag{5.95}$$

Der beste effektive Einteilchen-Hamilton-Operator ist also gegeben durch:

$$H_{\text{eff}} = \sum_k \left(\varepsilon_k + \sum_{k_2}(u_{kk_2,k_2k} - u_{kk_2,kk_2})\langle c_{k_2}^\dagger c_{k_2}\rangle_{\text{eff}}\right) c_k^\dagger c_k \tag{5.96}$$

Dieser Hamilton-Operator kommt dem eigentlich interessierenden wechselwirkenden Hamilton-Operator in so weit am nächsten, als daß der Wert des Funktionals $\Phi[\rho]$ bei dem zu H_{eff} gehörigen ρ_{eff} minimal wird und somit dem großkanonischen Potential von H am nächsten kommt, zumindest auf der Menge aller möglichen *Einteilchen-Ersatz-Hamilton-Operatoren*. Die Parameter x_k sind noch selbstkonsistent zu bestimmen; sie hängen insbesondere noch von den thermodynamischen Besetzungszahlen der Zustände k_2 ab, die selbst erst wieder aus H_{eff} zu bestimmen sind.

Für den Grundzustand ist das Ergebnis (5.95) für die Diagonalelemente des effektiven Hamilton-Operators äquivalent zur im vorigen Unterabschnitt hergeleiteten effektiven Hartree-Fock Schrödinger-Gleichung (5.69); diese schreibt sich nämlich darstellungsfrei als

$$\varepsilon_k|k\rangle + \sum_{k_2\neq k}\left(\langle k_2|u|k_2\rangle|k\rangle - \langle k_2|u|k\rangle|k_2\rangle\right) = \tilde{\varepsilon}_k|k\rangle \tag{5.97}$$

wobei nur über alle besetzten (in der Slater-Determinante vorkommenden) Zustände $|k_2\rangle$ summiert wird, d.h. für $T = 0$ über alle Zustände mit $\tilde{\varepsilon}_k \leq E_F$. Diese Summationseinschränkung kann man auch durch den Fermifaktor $\langle c_{k_2}^\dagger c_{k_2}\rangle$ zum Ausdruck bringen.

Man kann die Hartree-Fock-Näherung gemäß obigem Ergebnis einfach am ursprünglichen Hamilton-Operator in 2.Quantisierung konstruieren gemäß der Vorschrift, daß man das Produkt der vier Fermionen-Operatoren (2 Erzeuger und 2 Vernichter) im Wechselwirkungsanteil auf alle möglichen Weisen ersetzt durch das Produkt von je einem Erzeuger und Vernichter multipliziert mit dem thermodynamischen Erwartungswert der beiden übrigen Erzeuger und Vernichter. Die einfach zu merkende Entkopplungsvorschrift, die zur Hartree-Fock-Näherung führt, lautet also:

$$c_{k_1}^\dagger c_{k_2}^\dagger c_{k_3} c_{k_4} \to \langle c_{k_2}^\dagger c_{k_3}\rangle c_{k_1}^\dagger c_{k_4} + \langle c_{k_1}^\dagger c_{k_4}\rangle c_{k_2}^\dagger c_{k_3} - \langle c_{k_1}^\dagger c_{k_3}\rangle c_{k_2}^\dagger c_{k_4} - \langle c_{k_2}^\dagger c_{k_4}\rangle c_{k_1}^\dagger c_{k_3} \tag{5.98}$$

Setzt man an, daß der effektive Ersatz-Hamilton-Operator wie der Einteilchen-Anteil diagonal in k sein soll, ergeben sich Deltarelationen $\delta_{k_1k_4}\delta_{k_2k_3}$ für die ersten beiden und $\delta_{k_1k_3}\delta_{k_2k_4}$ für die zweiten beiden Summanden und es folgt:

$$H \to H_{\text{eff}} = \sum_k \varepsilon_k c_k^\dagger c_k + \frac{1}{2} \sum_{k_1 k_2} \Big(u_{k_1 k_2, k_2 k_1} \langle c_{k_1}^\dagger c_{k_1} \rangle c_{k_2}^\dagger c_{k_2} + u_{k_1 k_2, k_2 k_1} \langle c_{k_2}^\dagger c_{k_2} \rangle c_{k_1}^\dagger c_{k_1}$$
$$- u_{k_1 k_2, k_1 k_2} \langle c_{k_1}^\dagger c_{k_1} \rangle c_{k_2}^\dagger c_{k_2} - u_{k_1 k_2, k_1 k_2} \langle c_{k_2}^\dagger c_{k_2} \rangle c_{k_1}^\dagger c_{k_1} \Big) \quad (5.99)$$

Einfache Umnumerierung führt wieder zum selben effektiven Hamilton-Operator wie zuvor. Bei späteren Anwendungen der Hartree-Fock-Näherung werden wir zu ihrer Formulierung stets einfach diese Entkopplung am Hamilton-Operator in 2.Quantisierung vornehmen (und nicht mehr das Funktional $\Phi[\rho]$ minimieren).

Abschließend soll noch angemerkt werden, daß die Näherung für das großkanonische Potential *nicht* das großkanonische Potential zum effektiven Hamilton-Operator ist, sondern der Wert des Funktionals $\Phi[\rho_{\text{eff}}]$; dies kam ja dem wirklichen großkanonischen Potential am nächsten. Der Unterschied zu Φ_{eff} ist gemäß obigem gegeben durch:

$$\begin{aligned}
\Phi[\rho] &= \langle H - H_{\text{eff}} \rangle_{\text{eff}} + \Phi_{\text{eff}} = \Phi_{\text{eff}} + \frac{1}{2} \sum_{k_1 k_2 k_3 k_4} u_{k_1 k_2, k_3 k_4} \langle c_{k_1}^\dagger c_{k_2}^\dagger c_{k_3} c_{k_4} \rangle_{\text{eff}} \\
&- \sum_{k_1 k_2} u_{k_1 k_2, k_2 k_1} \langle c_{k_1}^\dagger c_{k_1} \rangle_{\text{eff}} \langle c_{k_2}^\dagger c_{k_2} \rangle_{\text{eff}} + \sum_{k_1 k_2} u_{k_1 k_2, k_1 k_2} \langle c_{k_1}^\dagger c_{k_1} \rangle_{\text{eff}} \langle c_{k_2}^\dagger c_{k_2} \rangle_{\text{eff}} = \\
&= \frac{1}{2} \sum_{k_1 k_2} (u_{k_1 k_2, k_2 k_1} - u_{k_1 k_2, k_1 k_2}) \langle c_{k_1}^\dagger c_{k_1} \rangle_{\text{eff}} \langle c_{k_2}^\dagger c_{k_2} \rangle_{\text{eff}} \\
&- \sum_{k_1 k_2} (u_{k_1 k_2, k_2 k_1} - u_{k_1 k_2, k_1 k_2}) \langle c_{k_1}^\dagger c_{k_1} \rangle_{\text{eff}} \langle c_{k_2}^\dagger c_{k_2} \rangle_{\text{eff}} = \\
&= \Phi_{\text{eff}} - \frac{1}{2} \sum_{k_1 k_2} (u_{k_1 k_2, k_2 k_1} - u_{k_1 k_2, k_1 k_2}) \langle c_{k_1}^\dagger c_{k_1} \rangle_{\text{eff}} \langle c_{k_2}^\dagger c_{k_2} \rangle_{\text{eff}}
\end{aligned} \quad (5.100)$$

Durch das Abziehen des letzten Terms wird nämlich gerade wieder eine Doppelzählung des Wechselwirkungsterms bei der Bildung von thermodynamischen Erwartungswerten bezüglich H_{eff} korrigiert.

Auch für die innere Energie würde man den Wechselwirkungsterm doppelt zählen, wenn man die innere Energie aus H_{eff} bestimmen würde. Es gilt nämlich

$$\langle H_{\text{eff}} \rangle_{\text{eff}} = \sum_k \varepsilon_k \langle c_k^\dagger c_k \rangle_{\text{eff}} + \sum_{k_1 k_2} (u_{k_1 k_2, k_2 k_1} - u_{k_1 k_2, k_2 k_1}) \langle c_{k_1}^\dagger c_{k_1} \rangle_{\text{eff}} \langle c_{k_2}^\dagger c_{k_2} \rangle_{\text{eff}} \quad (5.101)$$

aber

$$\begin{aligned}
\langle H \rangle_{\text{eff}} &= \sum_k \varepsilon_k \langle c_k^\dagger c_k \rangle_{\text{eff}} + \frac{1}{2} \sum_{k_1 k_2 k_3 k_4} u_{k_1 k_2, k_3 k_4} \langle c_{k_1}^\dagger c_{k_2}^\dagger c_{k_3} c_{k_4} \rangle_{\text{eff}} = \\
&= \sum_k \varepsilon_k \langle c_k^\dagger c_k \rangle_{\text{eff}} + \frac{1}{2} \sum_{k_1 k_2} (u_{k_1 k_2, k_2 k_1} - u_{k_1 k_2, k_1 k_2}) \langle c_{k_1}^\dagger c_{k_1} \rangle_{\text{eff}} \langle c_{k_2}^\dagger c_{k_2} \rangle_{\text{eff}}
\end{aligned} \quad (5.102)$$

wobei die (für Erwartungswerte bezüglich wechselwirkungsfreier, Einteilchen-Hamilton-Operatoren gültige) Entkopplung (5.90) des Viererwartungswertes vorgenommen wurde. Offenbar tritt der Wechselwirkungsterm im Erwartungswert des wirklichen Hamilton-Operators H mit einem Faktor $\frac{1}{2}$ auf, während dieser Faktor fehlt, wenn man den Erwartungswert des effektiven Einteilchen-Ersatz-Hamilton-Operators berechnet. Bei diesem würde die Wechselwirkungsenergie also doppelt gezählt.

Bei der hier vorgeführten Herleitung der Hartree-Fock-Näherung aus einem Minimalprinzip für das großkanonische Potential, die letztlich auf eine einfach zu merkende Entkopplungsvorschrift am Hamilton-Operator in 2.Quantisierung (Besetzungszahldarstellung) führt, war die Faktorisierung von Vierer-Erwartungswerten in die Summe aller möglichen Produkte von Zweier-Erwartungswerten entscheidend. Diese Regel (5.90) kann man auch als Spezialfall des allgemeiner gültigen *Wick-Theorems*[6] auffassen, das nur für thermodynamische Erwartungswerte bezüglich (effektiven) Einteilchen-Hamilton-Operatoren gültig ist. Diese Regel führte hier automatisch zu zwei Summanden, die wieder als Hartree- und Fock-(Austausch-)Term interpretierbar sind.

5.4 Homogenes Elektronengas in Hartree-Fock-Näherung

In diesem Kapitel soll das Modell eines freien Elektronengases aus N_e Elektronen mit Coulombabstoßung untereinander betrachtet werden, also im Wesentlichen der Modell-Hamilton-Operator (5.44). Um aber einen Festkörper zu simulieren, muß aber für Ladungsneutralität gesorgt werden, d.h. es muß gleich viel positive Ladung vorhanden sein wie negative Ladung. Realistisch wäre es, dies durch Anordnung von positiven Punktladungen auf einem Bravais-Gitter zu modellieren, dann hätte man es aber nicht mehr mit freien Elektronen sondern mit Gitter-Elektronen zu tun, die Eigenfunktionen wären keine einfachen ebenen Wellen sondern Bloch-Funktionen, und auch die einfache k^2-Dispersion wäre streng nicht gültig sondern nur in der Nähe der Bandkanten. Daher ersetzt man in dem hier betrachteten Modell die positiven Ionen durch eine konstante, gleichmäßig verschmierte positive Hintergrund-Ladungsdichte $e\rho_0 = e\frac{N_e}{V}$. Dieses Modell wird auch *„Jellium"*[7] genannt.

In erster Quantisierung ist der Hamilton-Operator für dieses Modell gegeben durch

$$H = \sum_{i=1}^{N_e} \frac{\vec{p}_i^2}{2m} - \sum_{i=1}^{N_e} \int_V d^3r' \frac{\rho_0 e^2}{|\vec{r}_i - \vec{r}'|} + \frac{1}{2} \sum_{i=1}^{N_e} \sum_{j=1, j\neq i}^{N_e} \frac{e^2}{|\vec{r}_i - \vec{r}_j|} \tag{5.103}$$

Wegen Ladungsneutralität sind die positive und negative Ladungsdichte gleich, also gilt:

$$\rho_0 = \int_V d^3r' \sum_{\vec{k}\sigma} |\psi_{\vec{k}}(\vec{r}')|^2 \tag{5.104}$$

wobei $\psi_{\vec{k}}(\vec{r})$ die (in Hartree-Fock-Näherung noch zu bestimmenden) Einteilchen-Wellenfunktionen sind. Offenbar ergeben aber ebene Wellen

$$\psi_{\vec{k}}(\vec{r}) = \frac{1}{\sqrt{V}} e^{i\vec{k}\vec{r}} \tag{5.105}$$

als Einteilchen-Wellenfunktionen die homogene Ladungsdichte. Damit hebt sich gemäß (5.69-5.71) der Hartree-Anteil der Elektron-Elektron-Wechselwirkung beim Jellium gerade gegen das Potential der homogenen positiven Hintergrundladung auf. Daher bleibt für dieses Modell nur der Fock-Anteil übrig und die Hartree-Fock-Gleichung (5.69) hat explizit die Gestalt:

$$-\frac{\hbar^2}{2m} \nabla^2 \psi_{\vec{k}}(\vec{r}) - \sum_{\vec{k}'} \int d^3r' \psi_{\vec{k}'}^*(\vec{r}') \frac{e^2}{|\vec{r} - \vec{r}'|} \psi_{\vec{k}}(\vec{r}') \psi_{\vec{k}'}(\vec{r}) = \varepsilon_{HF}(\vec{k}) \psi_{\vec{k}}(\vec{r}) \tag{5.106}$$

[6] G.C.Wick, * 1909 in Turin, † 1992 ebd., italienischer theoretischer Physiker, 1940 Nachfolger Fermis in Rom, ab 1946 in den USA tätig (u.a. in Berkeley, Kalifornien), 1951 Wicksches Theorem für relativistische Quantenfeldtheorie, das später Anwendungen in Festkörper- und Kerntheorie fand, 1977 nach Italien (zunächst Pisa) zurückgekehrt

[7] von engl. jelly: Gallert, Gelee, gleichmäßig erstarrte Masse

Diese Gleichung ist nun mit obigen ebenen Wellen als Einteilchen-Wellenfunktionen erfüllbar und man erhält:

$$\varepsilon_{HF}(\vec{k}) = \frac{\hbar^2 k^2}{2m} - \frac{1}{V}\sum_{\vec{k}'} \frac{4\pi e^2}{|\vec{k}-\vec{k}'|^2} \tag{5.107}$$

Hierbei wurde benutzt

$$\frac{1}{V}\int d^3r' e^{-i\vec{k}'\vec{r}'} \frac{e^2}{|\vec{r}-\vec{r}'|} e^{i\vec{k}\vec{r}'} \frac{1}{\sqrt{V}} e^{i\vec{k}'\vec{r}} = \frac{1}{V}\int d^3r' e^{-i(\vec{k}'-\vec{k})(\vec{r}'-\vec{r})} \frac{e^2}{|\vec{r}-\vec{r}'|} \frac{1}{\sqrt{V}} e^{i\vec{k}\vec{r}} = \frac{4\pi e^2}{V|\vec{k}-\vec{k}'|^2} \frac{1}{\sqrt{V}} e^{i\vec{k}\vec{r}} \tag{5.108}$$

was sich aus (5.43) ergibt (Fourier-Transformation des Coulomb-Potentials). Für den Grundzustand ist die $\vec{k}'$-Summe über die energetisch niedrigst liegenden, besetzten Zustände bis zur Fermikante zu erstrecken. Diese k'-Summe kann explizit berechnet werden durch Übergang zum Integral gemäß:

$$\begin{aligned} \frac{1}{V}\sum_{\vec{k}',k'<k_F} \frac{1}{|\vec{k}-\vec{k}'|^2} &= \int \frac{d^3k'}{(2\pi)^3} \frac{1}{|\vec{k}-\vec{k}'|^2} = \frac{1}{(2\pi)^2}\int_0^{k_F} dk' k'^2 \int_{-1}^{+1} \frac{du}{k^2+k'^2-2kk'u} \\ &= \frac{1}{2\pi^2} k_F \left[\frac{1}{2} + \frac{1-(k/k_F)^2}{4(k/k_F)} \ln\left|\frac{1+k/k_F}{1-k/k_F}\right|\right] \end{aligned} \tag{5.109}$$

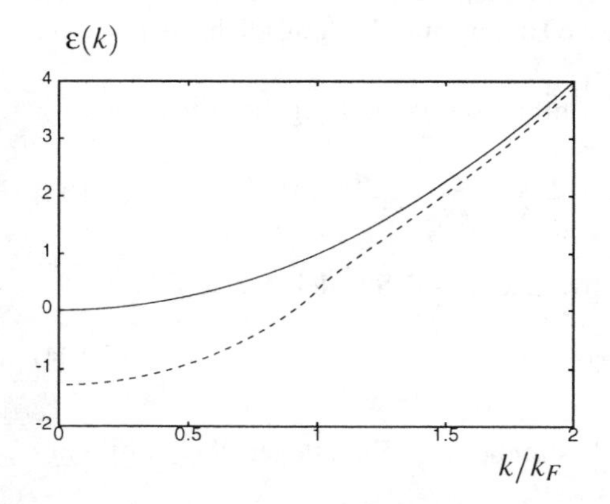

Bild 5.2 Hartree-Fock-Dispersion des homogenen Elektronengases (gestrichelt) und (quadratische) Dispersion freier Elektronen

Die Einteilchenenergien in Hartree-Fock-Näherung sind demnach explizit gegeben durch:

$$\boxed{\varepsilon_{HF}(\vec{k}) = \frac{\hbar^2 k^2}{2m} - \frac{e^2 k_F}{2\pi}\left[2 + \frac{k_F^2-k^2}{kk_F}\ln\left|\frac{k+k_F}{k-k_F}\right|\right]} \tag{5.110}$$

Speziell für $k = 0$ (Bandminimum) erhält man

$$\varepsilon_{HF}(\vec{k}=0) = -2\frac{e^2 k_F}{\pi} \tag{5.111}$$

wobei $\frac{1}{x}\ln(1+x) \approx 1$ für $|x| \ll 1$ benutzt wurde. Für $k = k_F$ ergibt sich:

$$\varepsilon_{HF}(k_F) = \frac{\hbar^2 k_F^2}{2m} - \frac{e^2 k_F}{\pi} \tag{5.112}$$

Der Verlauf von $\varepsilon_{HF}(k)$ ist nebenstehend dargestellt; die gestrichelte Kurve zeigt die Hartree-Fock-Dispersion, die durchgezogene Kurve die Dispersion freier Elektronen $\frac{\hbar^2 k^2}{2m}$. Hier ist $k_F = (3\pi^2\rho_0)^{1/3}$ benutzt (vgl. (4.182)) und Energien sind in Einheiten von $\frac{\hbar^2}{2ma_0^2} = \frac{e^2}{2a_0} = 13{,}6\text{eV} = 1\text{Ryd}$ gemessen (a_0 Bohrscher Radius).

Es ist üblich, die Elektronendichte ρ_0 durch einen dimensionslosen Parameter r_s zu charakterisieren, den man auch „Elektronengas-Parameter“ nennt und der definiert ist durch

$$\frac{4\pi}{3} r_s^3 a_0^3 = \frac{1}{\rho_0} \tag{5.113}$$

mit a_0 Bohrschem Radius; $r_s a_0$ ist also der Radius einer Kugel, die im Mittel ein Elektron enthält, r_s ist ein Maß für den mittleren Abstand zweier Elektronen (gemessen in Bohrschen Radien). Damit wird $k_F^3 = \frac{9\pi}{4}\frac{1}{r_s^3 a_0^3}$ und es gilt:

$$\frac{\hbar^2 k^2}{2m} = \frac{\hbar^2}{2ma_0^2}(\frac{1{,}92}{r_s})^2(\frac{k}{k_F})^2 \, , e^2 k_F = \frac{e^2}{a_0}\frac{1{,}92}{r_s} \tag{5.114}$$

(wegen $(\frac{9\pi}{4})^{1/3} = 1{,}92$). Die obige Darstellung von $\varepsilon_{HF}(k)$ ist speziell für $\frac{1.92}{r_s} = 1$ erfolgt. Man erkennt die logarithmische Singularität an der Fermikante, welche als Artefakt der Näherung angesehen werden muß, wie später noch diskutiert wird.

Die Gesamtenergie des homogenen Elektronengases in Hartree-Fock-Näherung kann man nun auch elementar berechnen, wobei man, wie im vorigen Abschnitt betont wurde, aufpassen muß, die Wechselwirkungsenergie nicht doppelt zu zählen. Daher gilt für die Gesamtenergie

$$E_{HF} = 2\sum_{k<k_F}\frac{\hbar^2 k^2}{2m} - \frac{e^2 k_F}{2\pi}\sum_{k<k_F}\left[2 + \frac{k_F^2 - k^2}{k k_F}\ln\left|\frac{k+k_F}{k-k_F}\right|\right] \tag{5.115}$$

Hierbei resultiert der erste Faktor 2 von der Summe über die zwei Spinrichtungen. Alle k-Summen können durch Übergang zum dreidimensionalen k-Integral explizit berechnet werden. Es ergibt sich:

$$2\sum_{k<k_F}\frac{\hbar^2 k^2}{2m} = \frac{\hbar^2 V}{2m\pi^2}\int_0^{k_F} k^4 dk = \frac{\hbar^2 V}{10m\pi^2}k_F^5 \tag{5.116}$$

$$\sum_{k<k_F}\frac{k_F^2 - k^2}{k k_F}\ln\left|\frac{k+k_F}{k-k_F}\right| = \frac{V}{2\pi^2 k_F}\int_{-k_F}^{+k_F}(k_F^2 k - k^3)\ln(k_F + k) = \frac{V}{6\pi^2}k_F^3 \tag{5.117}$$

Wegen $N_e = \frac{V}{3\pi^2}k_F^3$ gilt

$$E_{HF} = N_e\left(\frac{3\hbar^2}{10m}k_F^2 - \frac{3e^2}{4\pi}k_F\right) \tag{5.118}$$

Drückt man wieder k_F durch den dimensionslosen Parameter r_s aus gemäß $k_F = \frac{1{,}92}{r_s a_0}$, so ergibt sich:

$$E_{HF} = \frac{N_e \hbar^2}{2ma_0^2}\left(\frac{2{,}21}{r_s^2} - \frac{0{,}916}{r_s}\right) = E_{kin} + E_{ex} \tag{5.119}$$

wobei die beiden Summanden entsprechend ihrer Herkunft als gesamte kinetische Energie und Austauschenergie des Systems bezeichnet werden. Die Gesamt-Energie ist extensiv (proportional zur Teilchenzahl N_e). Der Einteilchen-Beitrag, also die Grundzustandsenergie der wechselwirkungsfreien Elektronen, ist außerdem proportional zur Fermi-Energie des korrelationsfreien Systems bzw. zum Quadrat des Fermi-Impulses. Dies ist die gesamte kinetische Energie des Elektronensystems, also gilt

$$E_{kin} \sim N_e k_F^2 \sim N_e \rho_0^{2/3} \tag{5.120}$$

Der Austauschbeitrag zur Energie ist dagegen proportional zu k_F, d.h.

$$E_{ex} \sim N_e k_F \sim N_e \rho_0^{1/3} \tag{5.121}$$

Es soll noch kurz klar gemacht werden, daß die gleichen Resultate aus der in Abschnitt 5.3.2 besprochenen Behandlung der Hartree-Fock-Näherung im Formalismus der 2.Quantisierung hergeleitet werden können. Der Hamilton-Operator für das Jellium lautet in 2.Quantisierung

$$H = \sum_{\vec{k},\sigma} \frac{\hbar^2 k^2}{2m} c^\dagger_{\vec{k}\sigma} c_{\vec{k}\sigma} - \sum_{\vec{k}\vec{q}\sigma} \frac{4\pi e^2}{q^2} \rho(\vec{q}) c^\dagger_{\vec{k}-\vec{q}\sigma} c_{\vec{k}\sigma} + \frac{1}{2V} \sum_{\vec{k}\vec{k}'\vec{q}\sigma\sigma'} \frac{4\pi e^2}{q^2} c^\dagger_{\vec{k}-\vec{q}\sigma} c^\dagger_{\vec{k}'+\vec{q}\sigma'} c_{\vec{k}'\sigma'} c_{\vec{k}\sigma} \qquad (5.122)$$

(vergleiche auch das Modell des homogenen Elektronengases in (5.44)). Hierbei ist $\rho(\vec{q})$ die Fouriertransformierte der Teilchendichte, die wie oben wegen Ladungsneutralität die gleiche sein soll für die positive Hintergrundladung wie für die Elektronen. Der 2.Term beschreibt daher das attraktive Einteilchenpotential, das durch diese positive Hintergrundladung bewirkt wird. Um keine Probleme durch die Divergenz ($\frac{1}{q^2}$-Verhalten) des Coulomb-Matrixelementes zu bekommen, wird hier noch formal mit ortsabhängigen Ladungsdichten und einer deswegen q-abhängigen Fouriertransformierten gearbeitet. Die Hartree-Fock-Entkopplung gemäß den Regeln von Abschnitt 5.3.2 führt zum effektiven Hamilton-Operator:

$$\begin{aligned} H_{\text{eff}} &= \sum_{\vec{k},\sigma} \frac{\hbar^2 k^2}{2m} c^\dagger_{\vec{k}\sigma} c_{\vec{k}\sigma} - \sum_{\vec{k}\vec{q}\sigma} \frac{4\pi e^2}{q^2} \rho(\vec{q}) c^\dagger_{\vec{k}-\vec{q}\sigma} c_{\vec{k}\sigma} \\ &+ \frac{1}{V} \sum_{\vec{k}\vec{k}'\vec{q}\sigma\sigma'} \frac{4\pi e^2}{q^2} \left(\langle c^\dagger_{\vec{k}'+\vec{q}\sigma'} c_{\vec{k}'\sigma'} \rangle c^\dagger_{\vec{k}-\vec{q}\sigma} c_{\vec{k}\sigma} - \langle c^\dagger_{\vec{k}-\vec{q}\sigma} c_{\vec{k}'\sigma'} \rangle c^\dagger_{\vec{k}'+\vec{q}\sigma'} c_{\vec{k}\sigma} \right) \end{aligned} \qquad (5.123)$$

Mit

$$\rho(\vec{q}) = \frac{1}{V} \sum_{\vec{k}'\sigma} c^\dagger_{\vec{k}'+\vec{q}\sigma'} c_{\vec{k}'\sigma'} \qquad (5.124)$$

erkennt man wieder, daß sich der Hartree-Beitrag und die attraktive Einteilchen-Wechselwirkung der positiven Hintergrund-Ladung gegenseitig aufheben und es bleibt:

$$\begin{aligned} H_{\text{eff}} &= \sum_{\vec{k},\sigma} \frac{\hbar^2 k^2}{2m} c^\dagger_{\vec{k}\sigma} c_{\vec{k}\sigma} - \frac{1}{V} \sum_{\vec{k}\vec{k}'\vec{q}\sigma\sigma'} \frac{4\pi e^2}{q^2} \underbrace{\langle c^\dagger_{\vec{k}-\vec{q}\sigma} c_{\vec{k}'\sigma'} \rangle}_{\delta_{\sigma\sigma'} \delta_{\vec{k}-\vec{q},\vec{k}'}} c^\dagger_{\vec{k}'+\vec{q}\sigma'} c_{\vec{k}\sigma} = \\ &= \sum_{\vec{k},\sigma} \frac{\hbar^2 k^2}{2m} c^\dagger_{\vec{k}\sigma} c_{\vec{k}\sigma} - \frac{1}{V} \sum_{\vec{k}\vec{k}'\sigma} \frac{4\pi e^2}{|\vec{k}-\vec{k}'|^2} \langle c^\dagger_{\vec{k}'\sigma} c_{\vec{k}'\sigma} \rangle c^\dagger_{\vec{k}\sigma} c_{\vec{k}\sigma} \end{aligned} \qquad (5.125)$$

Die effektiven Einteilchen-Energien für Elektronen im Zustand $\vec{k}\sigma$ in Hartree-Fock-Näherung können wir nun direkt ablesen zu

$$\varepsilon_{HF}(k) = \frac{\hbar^2 k^2}{2m} - \frac{1}{V} \sum_{\vec{k}'} \frac{4\pi e^2}{|\vec{k}-\vec{k}'|^2} \langle c^\dagger_{\vec{k}'\sigma} c_{\vec{k}'\sigma} \rangle \qquad (5.126)$$

Im allgemeinen sind die Hartree-Fock-Einteilchen-Energien also temperaturabhängig, was man in der Hartree-Fock-Behandlung nur für den Grundzustand nicht erkennen kann.

Der effektive Hamilton-Operator (5.125) beschreibt formal wechselwirkungsfreie Elektronen in einem effektiven Einteilchen-Potential. Die Ortsabhängigkeit dieses *Austauschpotentials* $V_{ex}(\vec{r})$ kann man noch explizit berechnen; nach den Regeln zur Darstellung eines Hamiltonoperators in Besetzungszahldarstellung muß gelten:

$$\langle\psi_{\vec{k}}|V_{ex}(\vec{r})|\psi_{\vec{k}}\rangle = \frac{1}{V}\int d^3 r V_{ex}(\vec{r}) = -\sum_{\vec{k}'}\langle c^\dagger_{\vec{k}'}c_{\vec{k}'}\rangle\frac{4\pi e^2}{V|\vec{k}-\vec{k}'|^2} \tag{5.127}$$

Dies wird erfüllt von

$$V_{ex}(\vec{r}) = -\sum_{\vec{k}'}\langle c^\dagger_{\vec{k}'}c_{\vec{k}'}\rangle\frac{e^{i(\vec{k}-\vec{k}')\vec{r}}e^2}{r} \tag{5.128}$$

weil ja die Fouriertransformierte des Coulomb-Potentials gerade $\frac{4\pi e^2}{q^2}$ ergibt. Für $T = 0$ läßt sich die $\vec{k}'$-Summe explizit berechnen durch Übergang zum k'-Integral:

$$\sum_{\vec{k}'}\langle c^\dagger_{\vec{k}'}c_{\vec{k}'}\rangle e^{-i\vec{k}'\vec{r}} = \frac{V}{(2\pi)^3}2\pi\int_0^{k_F}dk'k'^2\int_{-1}^{+1}du e^{-ik'ru} = \frac{V}{2\pi^2 r}\underbrace{\int_0^{k_F}dk'k'\sin(k'r)}_{-\frac{d}{dr}\int_0^{k_F}dk'\cos(k'r)}$$

$$= \frac{V}{2\pi^2 r}\frac{d}{dr}\frac{\sin(k_F r)}{r} = \frac{V}{2\pi^2}\left(\frac{k_F\cos(k_F r)}{r^2} - \frac{\sin(k_F r)}{r^3}\right) \tag{5.129}$$

Mit $V = 3\pi^2\frac{N_e}{k_F^3}$ ergibt sich für das Austauschpotential

$$\begin{aligned} V_{ex}(\vec{r}) &= \frac{V}{2\pi^2}e^{i\vec{k}\vec{r}}e^2\left(\frac{k_F\cos(k_F r)}{r^3} - \frac{\sin(k_F r)}{r^4}\right) \\ &= \frac{3}{2}N_e e^{i\vec{k}\vec{r}}\frac{e^2}{r}g(k_F r) \end{aligned} \tag{5.130}$$

mit

$$g(x) = \frac{x\cos(x) - \sin(x)}{x^3} \tag{5.131}$$

Das Austauschpotential und auch die damit zusammenhängende Austausch-Ladungsdichte oszillieren also mit der Wellenzahl k_F um 0.

Insgesamt werden die Einteilchenenergien durch den Austauschbeitrag abgesenkt. Bei $k = k_F$ gibt es jedoch eine Anomalie in Form einer logarithmischen Divergenz. Dort divergiert die Ableitung der Dispersionsrelation, was auch noch zu einer verschwindenden Zustandsdichte an der Fermikante führen würde. Dies ist unrealistisch und letztlich eine Konsequenz der $\frac{1}{q^2}$-Divergenz im Wechselwirkungsterm, und diese rührt wieder daher, daß das Coulomb-Potential so langreichweitig ist.

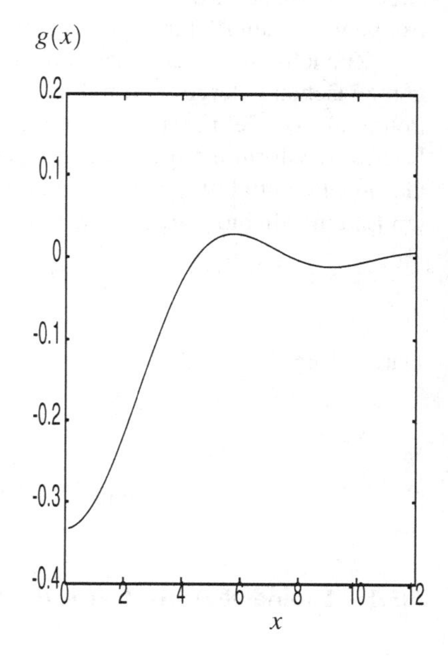

Bild 5.3 Verhalten der Funktion $g(x)$ im Austauschpotential

Alle Probleme werden beseitigt, wenn man statt mit einer nackten Coulomb-Wechselwirkung mit einer abgeschirmten Coulomb-Wechselwirkung arbeitet. Andererseits müssen die beweglichen Ladungen des Systems selbst die Abschirmung bewirken können. Dies ist beim hier besprochenen Modell des homogenen Elektronengases auch tatsächlich der Fall, aber noch nicht in Hartree-Fock-Näherung. Um Abschirmung zu berücksichtigen, muß man über die Hartree-Fock-Näherung hinausgehen; dies ist aber nur möglich bei Benutzung von speziellen Methoden der Vielteilchen-Theorie, die hier nicht besprochen werden können. Elementare Theorien der dielektrischen Abschirmung werden wir aber im nächsten Abschnitt kennenlernen.

5.5 Elementare Theorie der statischen Abschirmung

Bekanntlich verursacht ein elektrisches Feld in einem Medium mit beweglichen Ladungen eine Verschiebung dieser Ladungen, d.h. eine Polarisation des Mediums und dadurch eine Veränderung des Feldes, so daß das ursprüngliche äußere Feld abgeschirmt wird. Wie aus der Elektrodynamik bekannt ist, kommt auf diese Weise der Unterschied zwischen D- und E-Feld zustande. Die für das Medium charakteristische Materialkonstante ist die (statische) Dielektrizitätskonstante, die im allgemeinen eine tensorielle Größe ist. Während man in der Elektrodynamik diese Dielektrizitätskonstante phänomenologisch einführt, muß es in einer mikroskopischen Theorie des Mediums möglich sein, sie auch mikroskopisch zu berechnen. Dies gelingt aber wieder nur approximativ, und die beiden einfachsten Näherungsverfahren zur Behandlung von statischer Abschirmung und zur Berechnung der statischen Dielektrizitätskonstanten sollen hier besprochen werden. Als Modell für das Medium werden wir insbesondere wieder eine Art Jellium mit frei beweglichen Elektronen betrachten.

Zunächst sollen ein paar einfache, im Prinzip aus der Elektrodynamik bekannte Beziehungen zwischen externer und induzierter Ladung und externem und induziertem elektrostatischen Potential bzw. Feld zusammengestellt werden. Dazu verwenden wir zweckmäßig die räumlichen Fouriertransformierten der entsprechenden Größen. Zwischen externem Potential $\Phi^{ext}(\vec{q})$ und Gesamt-Potential $\Phi(\vec{q})$ und der externen Ladungsdichte $\rho^{ext}(\vec{q})$, induzierten $\rho^{ind}(\vec{q})$ und gesamten Ladungsdichte $\rho(\vec{q})$ bestehen die Zusammenhänge:

$$\Phi^{ext}(\vec{q}) = \varepsilon(\vec{q})\Phi(\vec{q}) \;,\; q^2\Phi^{ext}(\vec{q}) = 4\pi\rho^{ext}(\vec{q}) \;,\; q^2\Phi(\vec{q}) = 4\pi\rho(\vec{q})$$
$$\rho^{ind}(\vec{q}) = \rho(\vec{q}) - \rho^{ext}(\vec{q}) = \chi(\vec{q})\Phi(\vec{q}) \tag{5.132}$$

Daraus folgt:

$$\Phi^{ext}(\vec{q}) = (1 - \frac{4\pi}{q^2}\chi(\vec{q}))\Phi(\vec{q})$$

und damit:

$$\boxed{\varepsilon(\vec{q}) = 1 - \frac{4\pi}{q^2}\chi(\vec{q}) = 1 - \frac{4\pi}{q^2}\frac{\rho^{ind}(\vec{q})}{\Phi(\vec{q})}} \tag{5.133}$$

5.5.1 Thomas-Fermi-Theorie der Abschirmung

Zu berechnen ist also die induzierte Ladungsdichte oder die Änderung der Ladungsdichte bei Anwesenheit eines elektrostatischen Potentials $\Phi(\vec{r})$. Hierbei soll $\Phi(\vec{r})$ im allgemeinen das volle elektrostatische Potential sein unter Einbeziehung der Modifikation durch die Ladungsumverteilung selbst. Man hat es dann mit einem Selbstkonsistenz-Problem zu tun. Wie erwähnt nehmen wir an, daß im System bewegliche, quasi-freie Elektronen vorhanden sind; die Elektronen wechselwirken miteinander und verursachen selbst einen Beitrag zum elektrostatischen Potential; dies soll aber nur im Rahmen einer Art Hartree-Näherung berücksichtigt werden. Daher startet man mit der Einteilchen-Schrödinger-Gleichung

$$-\frac{\hbar^2}{2m}\nabla^2\psi_i(\vec{r}) - e\Phi(\vec{r})\psi_i(\vec{r}) = \varepsilon_i\psi_i(\vec{r}) \tag{5.134}$$

Wir nehmen nun an, daß es sich nur um ein räumlich langsam veränderliches Potential $\Phi(\vec{r})$ handelt und daß wir das Gesamtsystem in Untersysteme teilen können, so daß in jedem Untersystem das Potential konstant ist; das $\Phi(\vec{r})$ soll also auf einer makroskopischen Längenskala variieren. Andererseits sollen die Untersysteme groß genug sein, daß die Gesetze der Gleichgewichtsthermodynamik anwendbar werden. Dann hat man in jedem Untersystem ein freies Elektronengas vorliegen aber mit von Untersystem zu Untersystem verschiedenem konstanten Potential und damit variierender mittlerer Teilchenzahl. Die Teilchendichte wird dadurch also ortsabhängig, und ist in jedem Untersystem durch die Fermiverteilung bestimmt:

$$n(\vec{r}) = \int \frac{d^3k}{4\pi^3} \frac{1}{\exp[\beta(\frac{\hbar^2k^2}{2m} - e\Phi(\vec{r}) - \mu)] + 1} \tag{5.135}$$

Hierbei wurde die $\vec{k}$-Summe in der üblichen Weise durch ein k-Integral ersetzt, der Spin durch einen Faktor 2 berücksichtigt und durch das Volumen des Teilvolumens bereits dividiert, um die Teilchendichte im Teilvolumen bei $\vec{r}$ zu erhalten. Ohne elektrostatisches Potential ist die Teilchendichte wie üblich ortsunabhängig und gegeben durch

$$n_0(\mu) = \int \frac{d^3k}{4\pi^3} \frac{1}{\exp[\beta(\frac{\hbar^2k^2}{2m} - \mu)] + 1} \tag{5.136}$$

und man kann die ortsabhängige Teilchendichte auch schreiben als

$$n(\vec{r}) = n_0(\mu + e\Phi(\vec{r})) \tag{5.137}$$

Die Differenz zwischen der ortsabhängigen Teilchendichte ohne elektrostatischem Feld bzw. Potential und der konstanten Teilchendichte bei Anwesenheit des Feldes bestimmt gerade die durch das Feld verursachte Veränderung der Teilchen- und damit Ladungsdichte. Die induzierte Ladungsdichte ist daher gegeben durch:

$$\rho^{ind}(\vec{r}) = -e\left(n_0(\mu + e\Phi(\vec{r})) - n_0(\mu)\right) \tag{5.138}$$

Im Fall eines schwachen Potentials erhält man durch Entwickeln eine konstante ($\vec{q}$-unabhängige) Suszeptibilität

$$\chi(\vec{q}) = -e^2\frac{\partial n_0}{\partial \mu} \tag{5.139}$$

Damit folgt für die statische Dielektrizitätskonstante in Thomas-Fermi-Näherung[8]:

$$\varepsilon(\vec{q}) = 1 + \frac{4\pi e^2}{q^2}\frac{\partial n_0}{\partial \mu} = 1 + \frac{k_{TF}^2}{q^2} \tag{5.140}$$

mit der *Thomas-Fermi-Wellenzahl* $$k_{TF}^2 = 4\pi e^2\frac{\partial n_0}{\partial \mu} \tag{5.141}$$

[8] benannt nach L.H.Thomas (amerikanischer Physiker britischer Herkunft, Prof. in Columbus, Ohio, und an der Columbia-Ubniversity in New York, Arbeiten zur Atomphysik und Spin-Bahn-Wechselwirkung) und E.Fermi, siehe Fußnote S.106

Um die Bedeutung von k_{TF} zu illustrieren betrachten wir als einfachst denkbares Beispiel die Abschirmung des Potentials einer äußeren Punktladung:

$$\Phi^{ext}(\vec{r}) = \frac{Q}{r}\ ,\ \Phi^{ext}(\vec{q}) = \frac{4\pi Q}{q^2} \tag{5.142}$$

Das Gesamtpotential ist dann in Thomas-Fermi-Näherung gegeben durch

$$\Phi(\vec{q}) = \frac{1}{\varepsilon(\vec{q})}\Phi^{ext}(\vec{q}) = \frac{4\pi Q}{q^2 + k_{TF}^2} \tag{5.143}$$

Wie wir es bei der Berechnung der Fouriertransformation des Coulomb-Potentials schon benutzt hatten, ergibt sich durch Rücktransformation im Ortsraum

$$\Phi(\vec{r}) = \frac{Q}{r}e^{-k_{TF}r} \tag{5.144}$$

Das Gesamtpotential ist also ein abgeschirmtes Coulomb-Potential, das für kleine Abstände sich wie ein normales Coulomb-Potential verhält für große Abstände aber exponentiell gegen 0 geht. $1/k_{TF}$ ist die charakteristische Längenskala, auf der der Übergang zwischen den beiden Verhaltensweisen passiert; $1/k_{TF}$ ist also ein Maß für die Reichweite des Potentials. Für die Fourier-Transformierte solch eines abgeschirmten Coulomb-Potentials gibt es offenbar auch keine Probleme mehr mit Divergenzen für $q \to 0$; dies ist schon wegen des allgemeinen Prinzips „kurzreichweitig im Ortsraum $\to$ langreichweitig im q-Raum" klar. Ein solches durch einen exponentiellen Abklingfaktor modifiziertes Coulomb-Potential bezeichet man auch als *Yukawa-Potential*[9]

Die Thomas-Fermi-Theorie ist sehr simpel; der schwache Punkt ist die Benutzung der Gleichgewichtsverteilung für freie Teilchen in einem konstanten Potential auch bei einem räumlich variierenden Potential. Dies ist allerdings ein mögliches Standardverfahren zur Behandlung von Nicht-Gleichgewichtsprozessen durch räumliche Inhomogenitäten. In der Statistischen Physik kennen wir ja eigentlich nur die statistischen Operatoren (Dichteoperatoren) für das thermische Gleichgewicht, Eine Möglichkeit, Nichtgleichgewichts-Phänomene zu behandeln, besteht gerade in der Annahme einer langsamen räumlichen Variation und der damit begründeten Zerlegung des Systems in Untersysteme, so daß in jedem Untersystem thermisches Gleichgewicht herrscht. So behandelt man insbesondere auch Temperaturgradienten und Phänomene wie Wärmeleitung. Andererseits kann man aber auch versuchen, diesen Punkt zu verbessern. Da man ohnehin auch in der Thomas-Fermi-Näherung im ortsabhängigen Potential linearisiert hat, kann man dieses auch gleich störungstheoretisch berücksichtigen. Dies führt zur

5.5.2 Lindhard-Theorie der Abschirmung

Mit Hilfe der statischen, quantenmechanischen Störungsrechnung kann man die Änderung der Energieeigenwerte und der Eigenzustände infolge einer zeitunabhängigen Störung berechnen. In niedrigster (linearer) Ordnung in der Störung $H_1 = -e\Phi(\vec{r})$ gilt dabei nach Quantenmechanik:

$$|\psi_{\vec{k}}\rangle = |\psi^0_{\vec{k}}\rangle + \sum_{\vec{k}' \neq \vec{k}} \frac{|\psi^0_{\vec{k}'}\rangle\langle\psi^0_{\vec{k}'}|H_1|\psi^0_{\vec{k}}\rangle}{\varepsilon_{\vec{k}} - \varepsilon_{\vec{k}'}} \tag{5.145}$$

[9] H. Yukawa, 1907 - 1981, japanischer Physiker, hat 1935 ein derartiges Potential zwischen Nukleonen angegeben, das durch den Austausch von Bosonen mit endlicher Ruhemasse vermittelt wird; diese stellten sich später als die 1937 in der Höhenstrahlung gefundenen Pi-Mesonen heraus; Nobelpreis 1949

Speziell hier bei der Behandlung von Abschirmung durch ein homogenes Elektronengas sind die ungestörten Eigenzustände $|\psi^0_{\vec{k}}\rangle$ ebene Wellen und es gilt daher

$$\langle\psi^0_{\vec{k}'}|H_1|\psi^0_{\vec{k}}\rangle = -\frac{e}{V}\int d^3r e^{i(\vec{k}-\vec{k}')\vec{r}}\Phi(\vec{r}) = -e\Phi(\vec{q}) \tag{5.146}$$

mit $\vec{q}=\vec{k}-\vec{k}'$. Damit ergibt sich für die Teilchendichte am Ort $\vec{r}$:

$$n(\vec{r}) = 2\sum_{\vec{k}} f_{\vec{k}}|\psi_{\vec{k}}(\vec{r})|^2 = 2\sum_{\vec{k}} f_{\vec{k}}|\psi^0_{\vec{k}}(\vec{r})|^2 + 2\frac{e}{V}\sum_{\vec{k}\vec{q}} f_{\vec{k}}\Phi(\vec{q})\frac{e^{i\vec{k}\vec{r}}e^{-i(\vec{k}-\vec{q})\vec{r}}+e^{-i\vec{k}\vec{r}}e^{i(\vec{k}-\vec{q})\vec{r}}}{\hbar^2(\frac{\vec{k}\vec{q}}{m}-\frac{q^2}{2m})} \tag{5.147}$$

Für die induzierte Ladungsdichte ergibt sich so

$$\begin{aligned}\rho^{ind}(\vec{r}) &= \frac{2e^2}{V}\sum_{\vec{q}} e^{i\vec{q}\vec{r}}\sum_{\vec{k}} f_{\vec{k}}\left(\frac{1}{\hbar^2(\vec{k}\vec{q}/m-q^2/2m)}-\frac{1}{\hbar^2(\vec{k}\vec{q}/m+q^2/2m)}\right)\Phi(\vec{q}) = \\ &= \frac{2e^2}{V}\sum_{\vec{q}} e^{i\vec{q}\vec{r}}\Phi(\vec{q})\sum_{\vec{k}}\frac{f_{\vec{k}+\vec{q}/2}-f_{\vec{k}-\vec{q}/2}}{\hbar^2\vec{k}\vec{q}/m}\end{aligned} \tag{5.148}$$

Offenbar gilt

$$\rho^{ind}(\vec{q}) = \frac{2e^2}{V}\sum_{\vec{k}}\frac{f_{\vec{k}+\vec{q}/2}-f_{\vec{k}-\vec{q}/2}}{\hbar^2\vec{k}\vec{q}/m}\Phi(\vec{q}) \tag{5.149}$$

und damit

$$\chi(\vec{q}) = \frac{2e^2}{V}\sum_{\vec{k}}\frac{f_{\vec{k}+\vec{q}/2}-f_{\vec{k}-\vec{q}/2}}{\hbar^2\vec{k}\vec{q}/m} = e^2\int\frac{d^3k}{4\pi^3}\frac{f_{\vec{k}+\vec{q}/2}-f_{\vec{k}-\vec{q}/2}}{\hbar^2\vec{k}\vec{q}/m} \tag{5.150}$$

Dies ist die (statische) *Lindhard-Suszeptibilität.*[10] Speziell für kleine q folgt für die Fermifunktionen durch Entwickeln:

$$f_{\vec{k}\pm\vec{q}/2} = \frac{1}{\exp[\beta(\frac{\hbar^2(\vec{k}\pm\vec{q}/2)^2}{2m}-\mu)]+1} = f_{\vec{k}} \mp \frac{\hbar^2\vec{k}\vec{q}}{2m}\frac{\partial f_{\vec{k}}}{\partial\mu} \tag{5.151}$$

Damit kürzt sich der Nenner in (5.150) heraus, die Suszeptibilität wird q-unabhängig und es bleibt nur die Ableitung an der Fermikante. Die Lindhard-Suszeptibilität geht also für $q\to 0$ in die Thomas-Fermi-Suszeptibilität über. Also kann man das obige Thomas-Fermi-Ergebnis aus der hier durchgeführten störungstheoretischen Behandlung reproduzieren. Dies ist konsistent mit der bei der Thomas-Fermi-Näherung gemachten Voraussetzung eines räumlich langsam veränderlichen Potentials: Wenn etwas räumlich nur langsam variiert und damit langreichweitig ist, ist die Fouriertransformierte kurzreichweitig und damit nur für kleine q merklich von 0 verschieden.

Für beliebige $\vec{q}$ ist die Lindhardsche Dielektrizitätskonstante gegeben durch

$$\varepsilon(\vec{q}) = 1-\frac{4\pi}{q^2}\chi(\vec{q}) = 1-\frac{e^2m}{\hbar^2\pi^2q^2}\int d^3k\frac{f_{\vec{k}+\vec{q}/2}-f_{\vec{k}-\vec{q}/2}}{\vec{k}\vec{q}} \tag{5.152}$$

[10] J.Lindhard, * 1922, † 1997 in Aarhus (Dänemark), dänischer theoretischer Physiker, Schüler von Niels Bohr, arbeitete in den 50-er-Jahren am dielektrischen Response des Elektronengases und über das Eindringen von Ionenstrahlen in Festkörper (Ionen-Implantation etc.), seit 1957 Professor in Aarhus

Offenbar gilt $\varepsilon(\vec{q}) = \varepsilon(-\vec{q})$ und es folgt:

$$\varepsilon(\vec{q}) = 1 + \frac{4e^2 m}{\pi^2\hbar^2 q^2}\int d^3k \frac{f(\varepsilon_{\vec{k}})}{q^2 + 2\vec{k}\vec{q}} = 1 + \frac{4e^2 m}{\pi^2\hbar^2 q^2} 2\pi \int_0^{k_F} dk k^2 \int_{-1}^{+1} \frac{du}{q^2 + 2kqu} \tag{5.153}$$

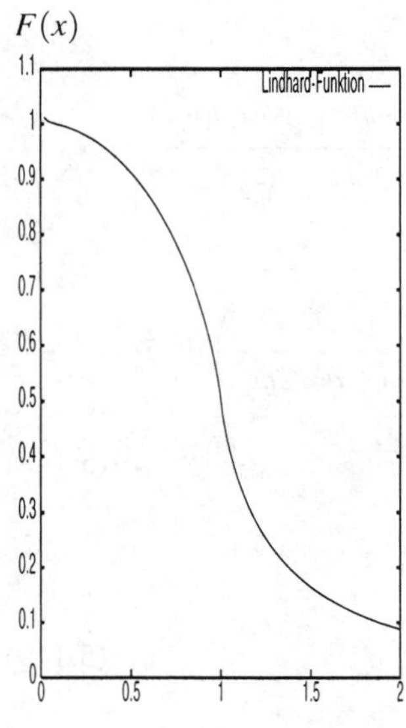

Bild 5.4 Lindhard-Funktion

Die verbleibenden Integrale sind für $T = 0$ elementar analytisch berechenbar und man erhält als Ergebnis für die statische Lindhard-Dielektrizitätskonstante:

$$\varepsilon(\vec{q}) = 1 + \frac{4mk_F e^2}{\pi\hbar^2 q^2} F(\frac{q}{2k_F}) \tag{5.154}$$

mit der in (5.109) schon einmal aufgetretenen *Lindhard-Funktion*

$$F(x) = \frac{1}{2} + \frac{1-x^2}{4x} \ln\left|\frac{1+x}{1-x}\right| \tag{5.155}$$

die nebenstehend graphisch dargestellt ist. Da $F(x) \to 1$ für $x \to 0$, gilt im Grenzfall $\frac{q}{2k_F} \ll 1$

$$\varepsilon(q) \to 1 + \frac{4mk_F e^2}{\pi\hbar^2 q^2} = 1 + \frac{k_{TF}^2}{q^2} \tag{5.156}$$

was ja dem Thomas-Fermi-Ergebnis entspricht. Für $q \to 0$ divergiert die Dielektrizitätskonstante, daher wird ein langwelliges Störpotential vollständig abgeschirmt, da $V_{\vec{q}}/\varepsilon(\vec{q})$ verschwindet.

Asymptotisch verschwindet die Lindhard-Funktion für große x proportional zu $\frac{1}{x^2}$, die Suszeptibilität ist daher proportional $1/q^2$ und die Abweichung der Dielektrizitätskonstanten von 1 geht wie $1/q^4$. Kurzwellige Störpotentiale mit $q \gg 2k_F$ werden also nur schwach abgeschirmt. Für $q \approx 2k_F$ verhält sich die Dielektrizitätskonstante wie

$$\varepsilon(q) \approx 1 + \left(\frac{k_{TF}}{2k_F}\right)^2 \left[\frac{1}{2} + \frac{1}{2}(1 - \frac{q}{2k_F}) \ln \frac{2}{|1 - \frac{q}{2k_F}|}\right] \tag{5.157}$$

Sie hat also insbesondere eine logarithmische Singularität bei $q = 2k_F$, die „*$2k_F$-Singularität*".

Es läßt sich nun ebenfalls –wie bei der Thomas-Fermi-Näherung– analytisch abschätzen, wie das abgeschirmte Coulomb-Potential einer Punktladung in der Lindhard-Näherung explizit aussieht. Setzt man $\varepsilon(q) = 1 + \frac{g^2(q)}{q^2}$ mit $g^2(q) = k_{TF}^2 F(\frac{q}{2k_F})$, dann gilt für das abgeschirmte Potential

$$\begin{aligned}\Phi(\vec{r}) &= \int \frac{d^3q}{(2\pi)^3}\Phi(q)e^{i\vec{q}\vec{r}} = \int \frac{d^3q}{(2\pi)^3}\frac{4\pi Q}{q^2 + g^2(q)}e^{i\vec{q}\vec{r}} == \frac{1}{(2\pi)^2}\int_0^\infty dq q^2\Phi(q)\int_{-1}^{+1} du e^{iqru} \\ &= \frac{1}{r}\frac{1}{2\pi^2}\int_0^\infty dq q\Phi(q)\sin(qr) = \frac{Q}{r}\frac{2}{\pi}\int_0^\infty dq \frac{q\sin(qr)}{q^2 + g^2(q)}\end{aligned} \tag{5.158}$$

Zur analytischen Berechnung des letzten q-Integrals kann man sich davon überzeugen, daß ein von der $2k_F$-Singularität herrührender Beitrag dominant wird. Nach etwas Umrechnung mittels Residuentechnik folgt schließlich für das abgeschirmte Coulomb-Potential in Lindhard-Näherung:

$$\Phi(r) = CQ\frac{\cos(2k_F r)}{r^3} \text{ mit } C = \left(\frac{k_{TF}}{4k_F\varepsilon(2k_F)}\right)^2 \tag{5.159}$$

Statt des kurzreichweitigen Yukawa-Potentials in Thomas-Fermi-Näherung erhält man also ein langreichweitiges, oszillierendes Potential, das für große r wie $1/r^3$ abfällt. Diese Oszillationen nennt man auch „*Friedel-Oszillationen*".

5.5.3 Statische Abschirmung in Halbleitern

In Halbleitern sind Anregungen infolge eines äußeren elektrostatischen Potentials $\Phi(\vec{r})$ nur durch Übergänge vom Valenz- in das Leitungsband möglich. Man kann daher nicht mehr wie bei Metallen mit dem Modell freier Elektronen arbeiten, um Abschirmeffekte zu beschreiben, sondern muß explizit mehrere Bänder in Betracht ziehen. Analog zu (5.145) gilt für die durch die Anwesenheit von $\Phi(\vec{r})$ modifizierten Zustände in niedrigster Ordnung Störungsrechnung

$$\psi_{\vec{k}}(\vec{r}) = \psi^0_{\vec{k}n}(\vec{r}) + \sum_{n'\vec{k}'} \psi^0_{\vec{k}'n'}(\vec{r}) \frac{\int d^3r' \psi^{0*}_{\vec{k}'n'}(\vec{r}')(-e\Phi(\vec{r}'))\psi^0_{\vec{k}n}(\vec{r}')}{E_n(\vec{k}) - E_{n'}(\vec{k}')} \tag{5.160}$$

Die Änderung der Ladungsdichte infolge der Wirkung des elektrostatischen Potentials wird folglich

$$\begin{aligned}\rho^{ind}(\vec{r}) = 2e^2 \sum_{n\vec{k}n'\vec{k}'} f(E_n(\vec{k})) \Bigg(& \psi^{0*}_{\vec{k}n}(\vec{r})\psi^0_{\vec{k}'n'}(\vec{r}) \frac{\int d^3r' \psi^{0*}_{\vec{k}'n'}(\vec{r}')\Phi(\vec{r}')\psi^0_{\vec{k}n}(\vec{r}')}{E_n(\vec{k}) - E_{n'}(\vec{k}')} + \\ & + \psi^{0*}_{\vec{k}'n'}(\vec{r})\psi^0_{\vec{k}n}(\vec{r}) \frac{\int d^3r' \psi^{0*}_{\vec{k}n}(\vec{r}')\Phi(\vec{r}')\psi^0_{\vec{k}'n'}(\vec{r}')}{E_n(\vec{k}) - E_{n'}(\vec{k}')} \Bigg) = \\ = 2e^2 \sum_{n\vec{k}n'\vec{k}'} \frac{f(E_n(\vec{k})) - f(E_{n'}(\vec{k}'))}{E_n(\vec{k}) - E_{n'}(\vec{k}')} & \psi^{0*}_{\vec{k}'n'}(\vec{r})\psi^0_{\vec{k}n}(\vec{r}) \int d^3r' \psi^{0*}_{\vec{k}'n'}(\vec{r}')\Phi(\vec{r}')\psi^0_{\vec{k}n}(\vec{r}')\end{aligned} \tag{5.161}$$

Wir benutzen nun die Fouriertransformation und ihre Umkehrung für $\rho^{ind}(\vec{r}), \Phi(\vec{r})$:

$$\rho^{ind}(\vec{q}) = \frac{1}{V}\int d^3r e^{-i\vec{q}\vec{r}}\rho^{ind}(\vec{r}) \text{ , } \Phi(\vec{r}) = \sum_{\vec{q}} e^{i\vec{q}\vec{r}}\Phi(\vec{q}) \tag{5.162}$$

Es gilt, da die ungestörten Eigenfunktionen $\psi^0_{\vec{k}n}(\vec{r})$ Bloch-Funktionen sind:

$$\begin{aligned}\int d^3r \psi^{0*}_{\vec{k}'n'}(\vec{r})e^{i\vec{q}\vec{r}}\psi^0_{\vec{k}n}(\vec{r}) &= \frac{1}{V}\int d^3r u^*_{\vec{k}'n'}(\vec{r})e^{i(\vec{k}+\vec{q}-\vec{k}')\vec{r}}u_{\vec{k}n}(\vec{r}) = \\ &= \underbrace{\frac{1}{N}\sum_{\vec{R}} e^{i(\vec{k}+\vec{q}-\vec{k}')\vec{R}}}_{\delta_{\vec{k}+\vec{q},\vec{k}'}} \frac{1}{V_{EZ}}\int_{EZ} d^3r u^*_{\vec{k}'n'}(\vec{r})e^{i(\vec{k}+\vec{q}-\vec{k}')\vec{r}}u_{\vec{k}n}(\vec{r})\end{aligned} \tag{5.163}$$

Damit ergibt sich die Fouriertransformierte der induzierten Ladungsdichte zu

$$\rho^{ind}(\vec{q}) = \frac{2e^2}{V}\sum_{\vec{k},n,n'} \frac{f(E_n(\vec{k})) - f(E_{n'}(\vec{k}+\vec{q}))}{E_n(\vec{k}) - E_{n'}(\vec{k}+\vec{q})} |M_{n,n'}(\vec{k},\vec{q})|^2\Phi(\vec{q}) \tag{5.164}$$

mit

$$M_{nn'}(\vec{k},\vec{q}) = \frac{1}{V_{EZ}} \int_{EZ} d^3r u^*_{\vec{k}+\vec{q}n'}(\vec{r}) u_{\vec{k}n}(\vec{r}) = \frac{1}{V} \int d^3r \psi^{0*}_{\vec{k}+\vec{q}n'}(\vec{r}) e^{i\vec{q}\vec{r}} \psi^0_{\vec{k}n}(\vec{r}) = \langle \vec{k}+\vec{q}n' | e^{i\vec{q}\vec{r}} | \vec{k}n \rangle \tag{5.165}$$

Bis hierhin ist noch gar nicht benutzt worden, daß wir Halbleiter betrachten wollen. Es ist lediglich eine Verallgemeinerung der Lindhard-Behandlung auf den Fall, in dem die ungestörten Eigenfunktionen nicht mehr als ebene Wellen sondern als Blochfunktionen zu beschreiben sind, vorgenommen worden. Ersetzt man umgekehrt hier wieder $|\vec{k}n\rangle$ durch ebene Wellen, ergibt sich $M_{nn'}(\vec{k},\vec{q}) = 1$ und das Lindhard-Ergebnis wird reproduziert. Speziell für Halbleiter macht man die folgenden Annahmen:

- Für $T = 0$ ist nur das Valenzband $n \equiv v$ besetzt, die ungestörten Leitungsbandzustände $c \equiv n'$ sind unbesetzt
- Die Energiedifferenz zwischen Valenz- und Leitungsbandenergien wird näherungsweise durch die konstante Bandlücke approximiert:

$$E_c(\vec{k}+\vec{q}) - E_v(\vec{k}) \approx \Delta \tag{5.166}$$

Für $n \neq n'$ verschwinden die Matrixelemente $M_{nn'}(\vec{k},\vec{q})$ für $q \to 0$ wegen der Orthonormalität der Blochzustände zu verschiedenem Bandindex. Daher gilt für kleine q:

$$M_{nn'}(\vec{k},\vec{q}) \sim \alpha q \tag{5.167}$$

Damit folgt für die Suszeptibilität

$$\chi(\vec{q}) = -e^2 n_0 \frac{\alpha^2 q^2}{\Delta} \tag{5.168}$$

mit $n_0 = N_e/V$ der Elektronendichte. Für Halbleiter und Isolatoren verschwindet die Suszeptibilität also für $q \to 0$ proportional zu q^2, und der physikalische Grund dafür ist letztlich, daß nur Anregungen zwischen verschiedenen Bändern (Valenz- und Leitungsband) möglich sind, weswegen die Matrixelemente mindestens linear in q sind und der Energienenner konstant gleich der Energie-Lücke ist. Folglich gilt für die Dielektrizitätskonstante für kleine q:

$$\varepsilon(\vec{q}) = 1 + \frac{4\pi e^2 \alpha^2 n_0}{\Delta} \tag{5.169}$$

Die statische Dielektrizitätskonstante hat bei Halbleitern also einen endlichen Wert für $q = 0$. Es ist also keine so gute Abschirmung wie in Metallen möglich. Das Potential einer Punktladung Q wird in Halbleitern daher modifiziert in

$$\Phi(\vec{r}) = \frac{Q}{\varepsilon(0) r} \tag{5.170}$$

Es bleibt also ein langreichweitiges $1/r$-Potential nur mit durch die Dielektrizitätskonstante modifizierter Stärke. In einem Metall können die Leitungselektronen durch ihre gute Beweglichkeit sich so arrangieren, daß in genügend großem Abstand die Punktladung nicht mehr zu spüren ist, da das Gesamtpotential wesentlich schneller abfällt als das nackte Coulomb-Potential. In Halbleitern ist die Abschirmung (durch die Elektronen zumindest) wesentlich schwächer.

Eine grobe Abschätzung über die Größenordnung von α kann man finden unter Benutzung der allgemein gültigen Vertauschungsrelation $[[H,e^{i\vec{q}\vec{r}}],e^{-i\vec{q}\vec{r}}] = -\frac{\hbar^2 q^2}{m}$ woraus folgt

$$\langle\nu|[[H,e^{i\vec{q}\vec{r}}],e^{-i\vec{q}\vec{r}}]|\nu\rangle = \sum_{\nu'}(E_\nu - E_{\nu'})|\langle\nu|e^{i\vec{q}\vec{r}}|\nu'\rangle|^2 = -\frac{\hbar^2 q^2}{m} \tag{5.171}$$

Damit kann man abschätzen

$$\alpha^2 \sim \frac{\hbar^2}{m\Delta} \tag{5.172}$$

Da in (5.171) aber im Unterschied zu (5.164) über ein vollständiges System von Eigenzuständen $|\nu'\rangle$ des Hamilton-Operators summiert wird, kann dieses Resultat nicht exakt sein sondern nur eine Abschätzung; eine reale Dielektrizitätskonstante von Halbleitern hat insbesondere eine (schwache) q-Abhängigkeit.

5.6 Anregungen im homogenen Elektronengas, Plasmonen

In diesem Abschnitt wird nochmals das homogene Elektronengas betrachtet, also der Hamilton-Operator in 2.Quantisierung

$$H = H_0 + H_1 = \sum_{\vec{k},\sigma} E(\vec{k}) c^\dagger_{\vec{k}\sigma} c_{\vec{k}\sigma} + \frac{1}{2}\sum_{\vec{q}} v_{\vec{q}} \rho^\dagger(\vec{q})\rho(\vec{q}) \tag{5.173}$$

mit

$$E(\vec{k}) = \frac{\hbar^2 k^2}{2m}\ , \ v_{\vec{q}} = \frac{4\pi e^2}{V q^2} \tag{5.174}$$

$$\rho(\vec{q}) = \sum_{\vec{k},\sigma} c^\dagger_{\vec{k}\sigma} c_{\vec{k}+\vec{q}\sigma}\ , \ \rho^\dagger(\vec{q}) = \sum_{\vec{k}\sigma} c^\dagger_{\vec{k}+\vec{q}\sigma} c_{\vec{k}\sigma} \tag{5.175}$$

welches die Fourier-Transformierte des Teilchendichte-Operators und deren adjungierter Operator sind.

Ohne Wechselwirkungsterm sind im Grundzustand alle Einteilchen-Zustände $\vec{k}$ mit $|k| \leq k_F$ besetzt, und das gilt auch für das System mit Wechselwirkung zumindest in Hartree-Fock-Näherung. Die einfachst denkbaren Anregungen des Systems bestehen daher in der Vernichtung eines Elektrons in einem Zustand $\vec{k}$ unterhalb der Fermikante und der Erzeugung des Elektrons in einem anderen zuvor unbesetzten Zustand $\vec{k}+\vec{q}$, der folglich oberhalb der Fermikante liegen muß. Es wird somit eine Elektronenfehlstelle also ein „Loch" in der Fermikugel und zugleich ein Teilchen mit Impuls (Wellenvektor) außerhalb der Fermikugel erzeugt. Man spricht daher auch von *Teilchen-Loch-Anregungen*. Verbunden mit einer solchen Teilchen-Loch-Anregung, die thermisch oder bei $T = 0$ z.B. optisch (d.h. durch Photonen) oder Wechselwirkung mit anderen Teilchen erzeugt werden kann, ist ein Energie- und Impulsübertrag. Dem erzeugten Teilchen-Loch-Paar kann man daher die Energie und den Impuls:

$$E_{TL}(\vec{q}) = \frac{\hbar^2(\vec{k}+\vec{q})^2}{2m} - \frac{\hbar^2 k^2}{2m} \text{ und } \hbar\vec{q} \tag{5.176}$$

zuordnen. Hierbei gilt:

$$|\vec{k}| \leq k_F \, , \, |\vec{k}+\vec{q}| \geq k_F \tag{5.177}$$

Daher folgt:

$$E_{TL}(\vec{q}) \geq 0 \, , \, E_{TL}(\vec{q}) = \frac{\hbar^2}{m}(kq\cos\vartheta + \frac{q^2}{2}) \begin{cases} \leq \frac{\hbar^2}{m}(k_F q + \frac{q^2}{2}) \\ \geq \frac{\hbar^2}{m}(-k_F q + \frac{q^2}{2}) \end{cases} \tag{5.178}$$

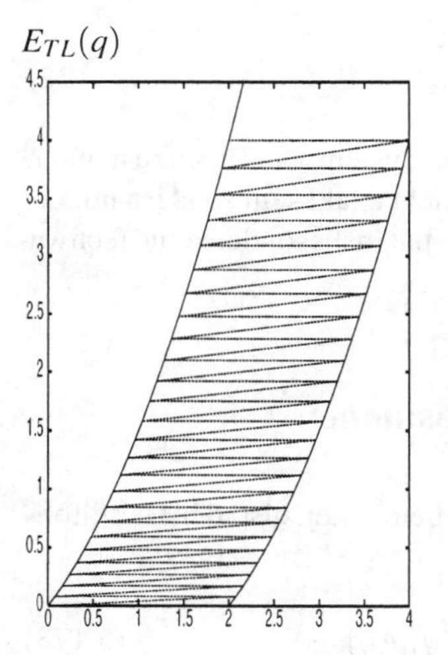

Bild 5.5 Energiebereich der Teilchen-Loch-Anregungen im Elektronengas

In nebenstehendem Energie-Impuls-Diagramm liegen die Energien der Teilchen-Loch-Anregungen also in dem schraffierten, von den beiden Parabelästen und der q-Achse begrenzten Bereich. Bei diesen Anregungsenergien gibt es also keine eindeutige Zuordnung zwischen Energie und Impuls mehr, sondern zu einem vorgegebenen Impuls q kann es mehrere mögliche Teilchen-Loch-Anregungen mit zugehörigen Energien geben.

Neben diesen einzelnen Teilchen-Loch-Anregungen, die es schon bei einem völlig wechselwirkungsfreien System oder einem System aus ungeladenen Fermionen gibt, existieren auch noch kollektive Anregungen des homogenen Elektronen-Gases. Dies kann man sich schon durch die folgende einfache Überlegung klar machen: Lenkt man in einem Jellium-System das Elektronengas als ganzes um eine Strecke $\vec{u}$ gegenüber der positiven Hintergrundladung aus, entsteht natürlich eine Polarisation pro Volumeneinheit von

$$\vec{P} = -ne\vec{u} \tag{5.179}$$

wobei n die Elektronendichte ist. Diese bewirkt ein elektrisches Feld pro Volumeneinheit

$$\vec{E} = 4\pi\vec{P} = -4\pi ne\vec{u} \tag{5.180}$$

Dieses wiederum bewirkt eine rücktreibende Kraft auf die Elektronen; pro Volumeneinheit gilt daher die Bewegungsgleichung

$$nm\ddot{\vec{u}} = -4\pi n^2 e^2 \vec{u} \tag{5.181}$$

Dies ist offenbar die Bewegungsgleichung eines harmonischen Oszillators. Es sind also harmonische Schwingungen des Elektronensystems als ganzes um die Gleichgewichtslage zu erwarten. Die charakteristische Frequenz für diese kollektive Schwingung ist gegeben durch die

Plasma-Frequenz

$$\omega_P = \sqrt{\frac{4\pi ne^2}{m}} \tag{5.182}$$

Schon nach dieser einfachen, klassischen Überlegung sind also neben den elementaren Teilchen-Loch-Anregungen auch noch kollektive Anregungen des Elektronensystems als ganzes zu erwarten. Die quantisierten Plasma-Schwingungs-Anregungen nennt man auch

Plasmonen

Auch die folgende Überlegung aus der klassischen Elektrodynamik zeigt noch einmal, daß bei der oben angegebenen Plasmafrequenz eine besondere Reaktion des Elektronensystems zu erwarten ist. Aus den Maxwellgleichungen für ein leitendes Medium

$$\nabla\vec{E} = 0\,,\ \nabla \times E = -\frac{1}{c}\frac{\partial \vec{B}}{\partial t}\,,\ \nabla \times \vec{H} = \frac{4\pi}{c}\vec{j} + \frac{1}{c}\frac{\partial \vec{E}}{\partial t} \tag{5.183}$$

folgt nämlich mit $\vec{j} = \sigma\vec{E}$ (Ohmsches Gesetz)

$$\nabla^2\vec{E} - \frac{1}{c^2}\left(\frac{\partial^2 \vec{E}}{\partial t^2} + 4\pi\sigma\frac{\partial \vec{E}}{\partial t}\right) = 0 \tag{5.184}$$

Mit dem Ansatz einer ebenen Welle $\vec{E} = \vec{E}_0 e^{i(\vec{k}\vec{r}-\omega t)}$ ergibt sich

$$k^2 = \frac{\omega^2}{c^2}\left(1 + i\frac{4\pi\sigma}{\omega}\right) \tag{5.185}$$

also eine komplexe Wellenzahl. Der Imaginärteil führt zu einem exponentiellen Abklingen einer elektromagnetischen Welle im leitfähigen Medium, was als physikalische Ursache die Energieabsorption aus der Welle durch Umwandlung in kinetische Energie des Elektronensystems hat. Die Leitfähigkeit σ ist allerdings auch frequenzabhängig. Die einfachste phänomenologische Theorie der Leitfähigkeit, nämlich die Drude-Theorie (siehe auch Kapitel 7.4), soll hier kurz skizziert werden. Im elektrischen Wechselfeld gilt für Elektronen die Bewegungsgleichung

$$m\dot{\vec{v}} + \frac{m}{\tau}\vec{v} = e\vec{E}_0 e^{-i\omega t} \tag{5.186}$$

wobei $\frac{m}{\tau}\vec{v}$ eine phänomenologische Reibungskraft ist und τ als Stoßzeit oder Lebensdauer der Elektronen interpretiert werden kann. Mit dem Ansatz $\vec{v} = \vec{v}_0 e^{-i\omega t}$ ergibt sich

$$m(-i\omega + \frac{1}{\tau})\vec{v}_0 = e\vec{E}_0 \tag{5.187}$$

Daraus folgt für die Stromdichte

$$\vec{j} = ne\vec{v} = \frac{ne^2\tau}{m(1-i\omega\tau)}\vec{E} \tag{5.188}$$

Die komplexe, frequenzabhängige Leitfähigkeit ist demnach

$$\sigma(\omega) = \frac{ne^2\tau}{m}\frac{1}{1-i\omega\tau} \tag{5.189}$$

Im Grenzfall $\omega\tau \gg 1$ wird die „Leitfähigkeit" rein imaginär

$$\sigma_P \approx i\frac{ne^2}{m\omega} \tag{5.190}$$

und die Beziehung zwischen Wellenzahl und Frequenz geht über in

$$k^2 = \frac{\omega^2}{c^2}(1 - \frac{\omega_P^2}{\omega^2}) \tag{5.191}$$

mit der *Plasma-Frequenz* $\omega_P = \sqrt{\frac{4\pi ne^2}{m}}$. Der (komplexe) Brechungsindex ist folglich gegeben durch

$$\tilde{n}^2 = 1 - \frac{\omega_P^2}{\omega^2} \tag{5.192}$$

Für Frequenzen $\omega \langle \omega_P$ und $\tau\omega \gg 1$ wird der Brechungsindex daher rein imaginär und die Welle kann nicht in dem Metall propagieren, sondern wird reflektiert. Für Frequenzen $\omega > \omega_P$ ist der Brechungsindex dagegen reell und die Welle kann in das Metall (das „Plasma" aus freien Elektronen und positiven Ladungen) eindringen. Löst man obige Gleichung nach ω auf, ergibt sich die Dispersionsrelation

$$\omega^2 = \omega_P^2 + c^2k^2 \tag{5.193}$$

Nachdem wir uns so durch zwei verschiedene klassische Überlegungen von der Bedeutung der für das jeweilige Plasma (Metall) charakteristischen Frequenz ω_P überzeugt haben, soll noch eine mikroskopisch quantenmechanische Ableitung für die Existenz einer kollektiven Anregungsmode folgen.

Betrachtet man die Zeitabhängigkeit der Operatoren $c^\dagger_{\vec{k}+\vec{q}\sigma} c_{\vec{k}\sigma}$, die die elementaren Anregungen beschreiben und deren $\vec{k}$-Summe die Fourier-Transformierte der Teilchendichte ist, so gilt im Heisenbergbild die Bewegungsgleichung

$$\frac{d}{dt} c^\dagger_{\vec{k}+\vec{q}\sigma} c_{\vec{k}\sigma} = \frac{i}{\hbar}[H, c^\dagger_{\vec{k}+\vec{q}\sigma} c_{\vec{k}\sigma}] \tag{5.194}$$

Unter Benutzung der Kommutatorregeln

$$[c^\dagger_{\vec{k}'\sigma'} c_{\vec{k}'\sigma'}, c^\dagger_{\vec{k}+\vec{q}\sigma} c_{\vec{k}\sigma}] = \delta_{\vec{k}+\vec{q}\vec{k}'} \delta_{\sigma\sigma'} c^\dagger_{\vec{k}'\sigma'} c_{\vec{k}\sigma} - \delta_{\vec{k}\vec{k}'} \delta_{\sigma\sigma'} c^\dagger_{\vec{k}+\vec{q}\sigma} c_{\vec{k}'\sigma'} \tag{5.195}$$

und

$$\begin{aligned}
&[c^\dagger_{\vec{k}'+\vec{q}'\sigma'} c_{\vec{k}'\sigma'} c^\dagger_{\vec{k}''-\vec{q}'\sigma''} c_{\vec{k}''\sigma''}, c^\dagger_{\vec{k}+\vec{q}\sigma} c_{\vec{k}\sigma}] = \\
&\delta_{\vec{k}+\vec{q}\vec{k}''} \delta_{\sigma\sigma''} c^\dagger_{\vec{k}'+\vec{q}'\sigma'} c_{\vec{k}'\sigma'} c^\dagger_{\vec{k}''-\vec{q}'\sigma''} c_{\vec{k}\sigma} + \delta_{\vec{k}+\vec{q}\vec{k}'} \delta_{\sigma\sigma'} c^\dagger_{\vec{k}'+\vec{q}'\sigma'} c_{\vec{k}\sigma} c^\dagger_{\vec{k}''-\vec{q}'\sigma''} c_{\vec{k}''\sigma''} \\
&-\delta_{\vec{k}''-\vec{q}'\vec{k}} \delta_{\sigma\sigma''} c^\dagger_{\vec{k}'+\vec{q}'\sigma'} c_{\vec{k}'\sigma'} c^\dagger_{\vec{k}+\vec{q}\sigma} c_{\vec{k}''\sigma''} - \delta_{\vec{k}'+\vec{q}'\vec{k}} \delta_{\sigma\sigma'} c^\dagger_{\vec{k}+\vec{q}\sigma} c_{\vec{k}'\sigma'} c^\dagger_{\vec{k}''-\vec{q}'\sigma''} c_{\vec{k}''\sigma''}
\end{aligned} \tag{5.196}$$

ergibt sich

$$\begin{aligned}
\frac{\hbar}{i}\frac{d}{dt}(c^\dagger_{\vec{k}+\vec{q}\sigma} c_{\vec{k}\sigma}) &= (E(\vec{k}+\vec{q}) - E(\vec{k}))c^\dagger_{\vec{k}+\vec{q}\sigma} c_{\vec{k}\sigma} + \\
&+ \sum_{\vec{q}'\vec{k}'\sigma'} v_{\vec{q}'}(c^\dagger_{\vec{k}'+\vec{q}'\sigma'} c_{\vec{k}'\sigma'} c^\dagger_{\vec{k}+\vec{q}-\vec{q}'\sigma} c_{\vec{k}\sigma} - c^\dagger_{\vec{k}'+\vec{q}'\sigma'} c_{\vec{k}'\sigma'} c^\dagger_{\vec{k}+\vec{q}\sigma} c_{\vec{k}+\vec{q}'\sigma})
\end{aligned} \tag{5.197}$$

Da auf der rechten Seite dieser Bewegungsgleichung offenbar Produkte aus vier Fermionen-Erzeugern bzw. -Vernichtern auftreten, schließt sich die Bewegungsgleichung nicht, sondern man erhält eine unendliche Hierarchie von Gleichungen. Dies ist charakteristisch für die Anwendung von Bewegungsgleichungs-Methoden auf Systeme wechselwirkender Elektronen-Systeme. Es sind Näherungen notwendig, um die Gleichungen zu schließen, und die aus der Hartree-Fock-Behandlung her naheliegende Näherung besteht darin, das Produkt aus vier Fermi-Operatoren in geeigneter Weise zu ersetzen durch das Produkt aus einem Erwartungswert aus zwei Fermi-Operatoren mal einem Produkt aus einem Erzeuger und Vernichter. Dies führt hier zur Näherung

$$\frac{\hbar}{i}\frac{d}{dt}(c^\dagger_{\vec{k}+\vec{q}\sigma}c_{\vec{k}\sigma}) = (E(\vec{k}+\vec{q})-E(\vec{k}))c^\dagger_{\vec{k}+\vec{q}\sigma}c_{\vec{k}\sigma} + \sum_{\vec{q}'\vec{k}'\sigma'} v_{\vec{q}'}(\langle c^\dagger_{\vec{k}+\vec{q}-\vec{q}'\sigma}c_{\vec{k}\sigma}\rangle c^\dagger_{\vec{k}'+\vec{q}'\sigma'}c_{\vec{k}'\sigma'} - \langle c^\dagger_{\vec{k}+\vec{q}\sigma}c_{\vec{k}+\vec{q}'\sigma}\rangle c^\dagger_{\vec{k}'+\vec{q}'\sigma'}c_{\vec{k}'\sigma'}) \quad (5.198)$$

Man rechnet leicht nach, daß sich für die zweite naheliegende Entkopplung die beiden Summanden gegenseitig kompensieren. Man kann sich nun weiterhin davon überzeugen, daß nur für $\vec{q}' = \vec{q}$ ein nicht verschwindender Beitrag verbleibt. Denn zumindest wenn man die Erwartungswerte bezüglich des Hartree-Fock-Hamilton-Operators berechnet, müssen diese diagonal in $\vec{k}$ sein. Außerdem kann man argumentieren, daß für beliebige $\vec{q}'$ die Matrixelemente von $c^\dagger_{\vec{k}+\vec{q}\sigma}c_{\vec{k}+\vec{q}'\sigma}$ und des entsprechenden Operators im zweiten Summanden komplexe Zahlen sind mit Phasenfaktoren, die nicht miteinander korreliert sind. Summiert man daher über $\vec{q}'$, sollten sich die Beiträge der beiden Summanden gegenseitig wegheben mit Ausnahme des Beitrags von $\vec{q}' = \vec{q}$. Wegen dieser Begründung mit den unkorrelierten Phasenfaktoren für $\vec{q}' \neq \vec{q}$ nennt man diese Näherung auch

Random Phase Approximation (RPA)

Die RPA ist letztlich eine mit der Hartree-Fock-Näherung konsistente Approximation für Zweiteilchen-Anregungen. Man erhält nun in RPA die Bewegungsgleichung

$$\frac{\hbar}{i}\frac{d}{dt}(c^\dagger_{\vec{k}+\vec{q}\sigma}c_{\vec{k}\sigma}) = (E(\vec{k}+\vec{q})-E(\vec{k}))c^\dagger_{\vec{k}+\vec{q}\sigma}c_{\vec{k}\sigma} + \Big(f(E(\vec{k}))-f(E(\vec{k}+\vec{q}))\Big)v_{\vec{q}}\sum_{\vec{k}'\sigma'}c^\dagger_{\vec{k}'+\vec{q}\sigma'}c_{\vec{k}'\sigma'} \quad (5.199)$$

Für Eigenzustände muß sich eine Zeitabhängigkeit der Art $e^{i\omega t}$ ergeben, woraus nach Summation über $\vec{k},\sigma$ folgt:

$$\sum_{\vec{k}\sigma}c^\dagger_{\vec{k}+\vec{q}\sigma}c_{\vec{k}\sigma} = \rho^\dagger(\vec{q}) = \sum_{\vec{k}\sigma}v_{\vec{q}}\frac{f(E(\vec{k}))-f(E(\vec{k}+\vec{q}))}{\hbar\omega - E(\vec{k}+\vec{q})+E(\vec{k})}\rho^\dagger(\vec{q}) \quad (5.200)$$

Also erhält man für die möglichen Eigenfrequenzen ω die implizite Gleichung

$$F_{\vec{q}}(\omega) := \sum_{\vec{k}\sigma}v_{\vec{q}}\frac{f(E(\vec{k}))-f(E(\vec{k}+\vec{q}))}{\hbar\omega + E(\vec{k})-E(\vec{k}+\vec{q})} = 1 \quad (5.201)$$

Die Funktion $F_{\vec{q}}(\omega)$ ist nebenstehend qualitativ dargestellt; sie hat offenbar einfache Pole bei den Teilchen-Loch-Anregungsenergien $E(\vec{k}+\vec{q})-E(\vec{k})$. Zwischen je zwei Polen muß sie auch einmal den Wert 1 annehmen. Also existiert auch beim wechselwirkenden System das Kontinuum von Teilchen-Lochanregungen, die Anregungsenergien sind allerdings leicht verschoben gegenüber denen des wechselwirkungsfreien Systems. Da die Funktion $F_{\vec{q}}(\omega)$ für $\omega \to 0$ proportional $\frac{1}{\omega}$ asymptotisch gegen 0 geht, muß sie auch für Frequenzen ω außerhalb des Teilchen-Loch-Kontinuums noch einmal den Wert 1 annehmen.

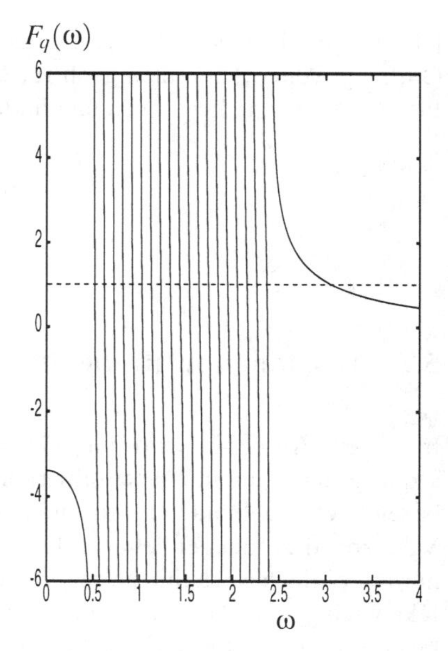

Bild 5.6 Graphische Bestimmung der Anregungsenergien

Es existiert daher für jedes $\vec{q}$ eine Anregungsenergie $E_p(\vec{q}) = \hbar\omega_p(\vec{q})$, die nicht aus einer Teilchen-Loch-Anregung des wechselwirkungsfreien Systems hervorgeht, und dies ist gerade die kollektive Plasmaschwingung. Für kleine $|\vec{q}|$ kann die Frequenz dieser kollektiven Anregung analytisch abgeschätzt werden. Wegen $v_{\vec{q}} = v_{-\vec{q}}$ gilt auch $F_{\vec{q}}(\omega) = F_{-\vec{q}}(\omega)$. Dann folgt durch Umbenennung der Summationsindizes

$$F_{\vec{q}}(\omega) = \sum_{\vec{k}\sigma} f(E(\vec{k}))v_{\vec{q}} \frac{2(E(\vec{k}+\vec{q}) - E(\vec{k}))}{\hbar^2\omega^2 - (E(\vec{k}) - E(\vec{k}+\vec{q}))^2} \tag{5.202}$$

Im Bereich der kollektiven Mode gilt $\hbar\omega \gg E(\vec{k}+\vec{q}) - E(\vec{k}) = \frac{\hbar^2}{m}(\vec{k}\vec{q} + \frac{q^2}{2})$. Damit folgt durch Entwickeln in niedrigster Ordnung:

$$1 = \frac{4\pi e^2}{Vq^2\hbar^2\omega^2} \sum_{\vec{k}\sigma} f(E(\vec{k})) \frac{2\hbar^2}{m}(\frac{q^2}{2} + \vec{k}\vec{q}) \tag{5.203}$$

Aus Symmetriegründen ($E(\vec{k}) = E(-\vec{k})$ etc.) gilt

$$\sum_{\vec{k}} f(E(\vec{k}))(\vec{k}\vec{q}) = 0$$

Somit folgt wegen $N = \sum_{\vec{k}\sigma} f(E(\vec{k}))$ für die Frequenz der kollektiven Anregungsmode in niedrigster Ordnung:

$$\omega_P^2 = \frac{4\pi e^2 N}{mV} \tag{5.204}$$

Dies ist gerade wieder die oben eingeführte Plasma-Frequenz; treibt man die Entwicklung eine Ordnung weiter, kann man auch für kleine q die q-Abhängigkeit der Frequenz der kollektiven Plasma-Anregung berechnen und findet

$$\omega_p(q) = \omega_P \left(1 + \frac{3}{10} \frac{\hbar^2 k_F^2}{m^2 \omega_P^2} q^2\right) \tag{5.205}$$

5.7 Exzitonen in Halbleitern

In diesem Abschnitt wird eine für Halbleiter wichtige und experimentell beobachtbare Konsequenz der Coulomb-Wechselwirkung der Elektronen besprochen, nämlich die als Exzitonen bezeichneten gebundenen Zustände zwischen einem Elektron im Leitungsband und dem im Valenzband zurückgebliebenen Loch. Für ein qualitatives Verständnis wird von vorne herein nur ein einfaches, rudimentäres Modell behandelt, das aber die für den zu beschreibenden Effekt wichtigsten Anteile enthält. Ausgangspunkt ist im Prinzip der allgemeine elektronische Festkörper-Hamilton-Operator (5.38) in 2.Quantisierung bei Berücksichtigung der Coulomb-Wechselwirkung. Zur Vereinfachung werden die folgenden Modellannahmen gemacht:

1. Es werden nur zwei Bänder berücksichtigt, nämlich ein Valenzband und ein Leitungsband. Der wechselwirkungsfreie Anteil des Hamilton-Operators hat daher die Form

$$H_0 = \sum_{\vec{k}} \left(E_v(\vec{k}) c^{\dagger}_{v\vec{k}} c_{v\vec{k}} + E_l(\vec{k}) c^{\dagger}_{l\vec{k}} c_{l\vec{k}} \right) \tag{5.206}$$

wobei die Indizes v,l für Valenz- und Leitungsband stehen.

2. Von der Elektron-Elektron-Wechselwirkung wird nur die Wechselwirkung zwischen Elektronen im Leitungsband und im Valenzband mitgenommen. Es wird also nur der folgende Anteil des allgemeinen Wechselwirkungs-Hamilton-Operators berücksichtigt:

$$H_1 = \sum_{\vec{k}_1\vec{k}_2\vec{k}_3\vec{k}_4} u_{\vec{k}_1\vec{k}_2,\vec{k}_3\vec{k}_4} c^{\dagger}_{v\vec{k}_1} c^{\dagger}_{l\vec{k}_2} c_{l\vec{k}_3} c_{v\vec{k}_4} \tag{5.207}$$

Insbesondere werden also die Wechselwirkungen der Leitungs- und Valenzelektronen untereinander nicht mit in Betracht gezogen. Dem liegt die Annahme zugrunde, daß in der Valenz- und Leitungs-Band-Struktur $E_{v,l}(\vec{k})$ diese Wechselwirkungen schon effektiv (zumindest z.B. in einer Art Hartree-Fock-Behandlung) berücksichtigt sind.

3. Es wird angenommen, daß die zu bestimmenden angeregten Zustände unabhängig vom Spin sind, der Spin-Index wird daher weggelassen. In der Realität eventuell vorstellbare Unterschiede zwischen Singlett- und Triplett-Anregungen können daher mit diesen Modellannnahen nicht beschrieben werden.

4. Von den Wechselwirkungsmatrixelementen sollen auch nur die der direkten Wechselwirkung berücksichtigt werden, d.h. Austauschterme werden vernachlässigt. Quantitativ gibt es dafür zunächst keine Begründung, es zeigt sich aber, daß der zu beschreibende Effekt qualitativ schon in dem stark vereinfachenden Modell enthalten ist, von Austauschtermen etc. sind daher nur quantitative Korrekturen zu erwarten. Das Wechselwirkungs-Matrixelement ist somit gegeben durch

$$u_{\vec{k}_1\vec{k}_2,\vec{k}_3\vec{k}_4} = \int d^3r \int d^3r' \varphi^*_{v\vec{k}_1}(\vec{r}) \varphi^*_{l\vec{k}_2}(\vec{r}') \frac{e^2}{\varepsilon|\vec{r}-\vec{r}'|} \varphi_{l\vec{k}_3}(\vec{r}') \varphi_{v\vec{k}_4}(\vec{r}) \tag{5.208}$$

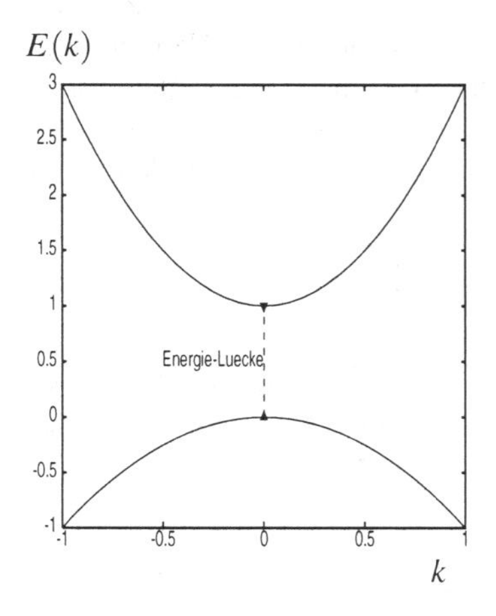

Bild 5.7 Valenz- und Leitungsband-Dispersion in Halbleitern

Hierbei sind die $\varphi_{l,v\vec{k}}(\vec{r})$ bei Kristallen die Valenz- bzw. Leitungsband-Blochfunktionen. Außerdem wurde eine endliche statische Dielektrizitätskonstante ε in der Coulomb-Wechselwirkung zwischen Valenz- und Leitungselektron berücksichtigt; diese soll von der Abschirmung infolge aller anderen nicht explizit berücksichtigten Ladungen (Elektronen und Ionen) herrühren.

5. Es wird später auch noch die weiter vereinfachende Modellannahme benutzt, daß eine direkte Lücke am $\Gamma-$Punkt vorliegt und die Bandstrukturen in der Umgebung der oberen Valenz- bzw. unteren Leitungsbandkante in einem effektiven Massen-Bild beschreibbar sind. Dies bedeutet konkret für die Bandstrukturen die Annahmen:

$$E_v(\vec{k}) = -\frac{\hbar^2 k^2}{2m_v} \qquad E_l(\vec{k}) = \Delta + \frac{\hbar^2 k^2}{2m_l} \tag{5.209}$$

Hierbei ist Δ die (direkte) Bandlücke, m_l die effektive Masse der Leitungselektronen und $-m_v$ die effektive Masse der Valenzelektronen, die an der oberen Valenzbandkante negativ ist. Elektronen mit negativer effektiver Masse kann man auch als Löcher mit positiver effektiver Masse interpretieren. Ein positiv geladenes Loch wird dann erzeugt, wenn ein Elektron vernichtet wird. Man kann daher Erzeuger und Vernichter für Löcher im Valenzband definieren durch

$$h^\dagger_{\vec{k}} = c_{v\vec{k}}\ ,\ h_{\vec{k}} = c^\dagger_{v\vec{k}} \tag{5.210}$$

Die Loch-Operatoren erfüllen dann ebenfalls die üblichen Fermionen-Vertauschungsregeln. Löcher sind also Quasiteilchen mit Fermionencharakter, positiver Masse m_v und positiver Ladung. Im Lochbild erhält der gesamte Modell-Hamilton-Operator die Form

$$H = H_0 + H_1 = \Delta + \sum_{\vec{k}} \frac{\hbar^2 k^2}{2m_v} h^\dagger_{\vec{k}} h_{\vec{k}} + \sum_{\vec{k}} \frac{\hbar^2 k^2}{2m_l} c^\dagger_{l\vec{k}} c_{l\vec{k}} - \sum_{\vec{k}_1\vec{k}_2\vec{k}_3\vec{k}_4} u_{\vec{k}_1\vec{k}_2,\vec{k}_3\vec{k}_4} h^\dagger_{\vec{k}_4} h_{\vec{k}_1} c^\dagger_{l\vec{k}_2} c_{l\vec{k}_3} \tag{5.211}$$

wie sich durch einfache Anwendung der Fermionen-Vertauschungsregeln ergibt. Aus der repulsiven Coulomb-Wechselwirkung wird im Lochbild also automatisch eine attraktive Wechselwirkung zwischen Elektron im Leitungsband und positivem Loch im Valenzband.

Im Grundzustand sind alle Valenzbandzustände besetzt und alle Leitungsbandzustände unbesetzt. Der Vielteilchen-Grundzustand ist also gegeben durch

$$|\Phi_0\rangle = \prod_{\vec{k}} c^\dagger_{v\vec{k}} |0\rangle \tag{5.212}$$

wobei $|0\rangle$ den Vakuum-Zustand beschreibt. Die Grundzustandsenergie ist einfach:

$$E_0 = \sum_{\vec{k}} E_v(\vec{k}) \tag{5.213}$$

Die Anwendung sowohl des Leitungsband-Anteils als auch des Wechselwirkungs-Anteils des Hamilton-Operators auf den Grundzustand ergibt 0 weil der Leitungs-Elektronen-Vernichtungs-Operator auf das Vakuum angewandt 0 ergibt. Es soll nun der einfachste angeregte Zustand für das beschriebene Modell konstruiert werden; Anregungen können nur durch Übergänge von Elektronen vom Valenz- in das Leitungsband entstehen. Ein physikalisch plausibler Ansatz für den einfachsten angeregten Zustand ist daher

$$|\phi\rangle = \sum_{\vec{k},\vec{k}'} a_{\vec{k}\vec{k}'} c^\dagger_{l\vec{k}} c_{v\vec{k}'} |\Phi_0\rangle = \sum_{\vec{k},\vec{k}'} a_{\vec{k}\vec{k}'} c^\dagger_{l\vec{k}} h^\dagger_{\vec{k}'} |\Phi_0\rangle \tag{5.214}$$

Der angeregte Zustand ist also angesetzt als Linearkombination über alle Möglichkeiten, ein Elektron-Loch-Paar zu erzeugen. Die Koeffizienten $a_{\vec{k}\vec{k}'}$ sind jetzt so zu bestimmen, daß $|\Phi\rangle$ ein Eigenzustand von H wird. Die Anwendung des Hamilton-Operators auf $|\Phi\rangle$ liefert

$$\begin{aligned}
&\sum_{\vec{k}\vec{k}'} a_{\vec{k}\vec{k}'} \left([\sum_{\vec{k}_1} E_v(\vec{k}_1) - E_v(\vec{k}') + E_l(\vec{k})] c^\dagger_{l\vec{k}} c_{v\vec{k}'} |\Phi_0\rangle + \sum_{\vec{k}_1\vec{k}_2\vec{k}_3\vec{k}_4} u_{\vec{k}_1\vec{k}_2,\vec{k}_3\vec{k}_4} c^\dagger_{v\vec{k}_1} c^\dagger_{l\vec{k}_2} c_{l\vec{k}_3} c_{v\vec{k}_4} c^\dagger_{l\vec{k}} c_{v\vec{k}'} |\Phi_0\rangle \right) \\
&= E_0|\Phi\rangle + \sum_{\vec{k}\vec{k}'} (E_l(\vec{k}) - E_v(\vec{k}')) a_{\vec{k}\vec{k}'} c^\dagger_{l\vec{k}} c_{v\vec{k}'} |\Phi_0\rangle - \sum_{\vec{k}_1\vec{k}_2\vec{k}_3\vec{k}_4} u_{\vec{k}_1\vec{k}_2,\vec{k}_3\vec{k}_4} a_{\vec{k}_3\vec{k}_1} c^\dagger_{l\vec{k}_2} c_{v\vec{k}_4} |\Phi_0\rangle
\end{aligned}$$

wie sich unmittelbar aus den Anti-Kommutator-Relationen für die Fermionen-Erzeuger und -Vernichter ergibt. Durch Umnumerierung der Summationsindizes folgt:

$$\sum_{\vec{k}\vec{k}'} \left[a_{\vec{k}\vec{k}'}(E_0 - E + E_l(\vec{k}) - E_v(\vec{k}')) - \sum_{\vec{k}_1\vec{k}_3} u_{\vec{k}_1\vec{k},\vec{k}_3\vec{k}'} a_{\vec{k}_1\vec{k}_3} \right] c^\dagger_{l\vec{k}} c_{v\vec{k}'} |\Phi_0\rangle = 0 \tag{5.215}$$

Da die Zustände $c^\dagger_{l\vec{k}} c_{v\vec{k}'} |\Phi_0\rangle$ ein Orthonormalsystem bilden, folgt ein homogenes Gleichungssystem für die Koeffizienten:

$$a_{\vec{k}\vec{k}'}(E_0 - E + E_l(\vec{k}) - E_v(\vec{k}')) - \sum_{\vec{k}_1\vec{k}_3} u_{\vec{k}_1\vec{k},\vec{k}_3\vec{k}'} a_{\vec{k}_1\vec{k}_3} = 0 \tag{5.216}$$

Ohne Wechselwirkung erhält man das naiv anschaulich zu erwartende Ergebnis für die Anregungsenergien:

$$\Delta E = E - E_0 = E_l(\vec{k}) - E_v(\vec{k}') = \Delta + \frac{\hbar^2 k^2}{2m_l} + \frac{\hbar^2 k'^2}{2m_v} \tag{5.217}$$

Der niedrigste angeregte Zustand liegt dann gerade um die Energie-Lücke Δ über der Grundzustandsenergie, wie man es im Einteilchenbild für Halbleiter erwartet. Wie aus den Gleichungen (5.215,5.216) aber schon ersichtlich ist, sind bei Berücksichtigung der Wechselwirkung die Zustände $c^\dagger_{l\vec{k}} c_{v\vec{k}'} |\Phi_0\rangle$ selbst keine Eigenzustände des Hamiltonoperators, sondern nur durch geeignete Linearkombinationen dieser Zustände können Eigenzustände konstruiert werden, und die Anregungsenergien sind gegenüber denen von wechselwirkungsfreien Teilchen und Löchern abgesenkt.

Zur weiteren Vereinfachung sei angenommen, daß die Wechselwirkungs-Matrixelemente $u_{\vec{k}_1\vec{k}_2,\vec{k}_3\vec{k}_4}$ näherungsweise durch die von freien Teilchen ausgedrückt werden können. Dies bedeutet mit anderen Worten, daß die Blochfaktoren bei der Berechnung dieser Coulomb-Matrixelemente vernachlässigt werden und die Blochfunktionen durch ebene Wellen ersetzt werden. Da sich Abschirmung in Halbleitern nur in einer konstanten Dielektrizitätskonstanten bemerkbar macht, ergibt sich wieder die Fouriertransformierte des abgeschirmten Coulomb-Potentials, also:

$$u_{\vec{k}_1\vec{k}_2,\vec{k}_3\vec{k}_4} = \frac{1}{V^2} \int d^3r \int d^3r' e^{-i\vec{k}_1\vec{r}} e^{-i\vec{k}_2\vec{r}'} \frac{e^2}{\varepsilon|\vec{r} - \vec{r}'|} e^{i\vec{k}_3\vec{r}'} e^{i\vec{k}_4\vec{r}} = \frac{4\pi e^2}{\varepsilon V} \frac{1}{|\vec{k}_3 - \vec{k}_2|^2} \delta_{\vec{k}_3 - \vec{k}_2, \vec{k}_1 - \vec{k}_4} \tag{5.218}$$

Damit folgt aus (5.216)

$$(\Delta E - \Delta) a_{\vec{k}\vec{k}'} = (\frac{\hbar^2 k^2}{2m_l} + \frac{\hbar^2 k'^2}{2m_v}) a_{\vec{k}\vec{k}'} - \sum_{\vec{q}} \frac{4\pi e^2}{\varepsilon V q^2} a_{\vec{k}' + \vec{q}\vec{k} + \vec{q}} \tag{5.219}$$

Diese Eigenwertgleichung für die Koeffizientenmatrix $(a_{\vec{k}\vec{k}'})$ ist äquivalent zur Zweiteilchen-Schrödinger-Gleichung

$$\left(-\frac{\hbar^2}{2m_l} \nabla^2_{\vec{r}_1} - \frac{\hbar^2}{2m_v} \nabla^2_{\vec{r}_2} - \frac{e^2}{\varepsilon|\vec{r}_1 - \vec{r}_2|} \right) \psi(\vec{r}_1, \vec{r}_2) = \tilde{E} \psi(\vec{r}_1, \vec{r}_2) \tag{5.220}$$

Setzt man hier nämlich die Zweiteilchen-Wellenfunktion als Linearkombination ebener Wellen an

$$\psi(\vec{r}_1,\vec{r}_2) = \frac{1}{V}\sum_{\vec{k}_1\vec{k}_2} a_{\vec{k}_1\vec{k}_2} e^{i(\vec{k}_1\vec{r}_1-\vec{k}_2\vec{r}_2)} \tag{5.221}$$

und für die Coulomb-Wechselwirkung die Fouriertransformation ein

$$\frac{1}{|\vec{r}_1-\vec{r}_2|} = \sum_{\vec{q}} \frac{4\pi}{Vq^2} e^{i\vec{q}(\vec{r}_1-\vec{r}_2)} \tag{5.222}$$

so folgt

$$\begin{aligned} 0 &= \sum_{\vec{k}_1\vec{k}_2} \left(\frac{\hbar^2 k_1^2}{2m_l} + \frac{\hbar^2 k_2^2}{2m_v} - \tilde{E} - \sum_{\vec{q}} \frac{4\pi e^2}{V\varepsilon q^2} e^{i\vec{q}(\vec{r}_1-\vec{r}_2)} \right) a_{\vec{k}_1\vec{k}_2} e^{i(\vec{k}_1\vec{r}_1-\vec{k}_2\vec{r}_2)} = \\ &= \sum_{\vec{k}_1\vec{k}_2} \left[\left(\frac{\hbar^2 k_1^2}{2m_l} + \frac{\hbar^2 k_2^2}{2m_v} - \tilde{E} \right) a_{\vec{k}_1\vec{k}_2} - \sum_{\vec{q}} \frac{4\pi e^2}{V\varepsilon q^2} a_{\vec{k}_1-\vec{q}\vec{k}_2-\vec{q}} \right] e^{i(\vec{k}_1\vec{r}_1-\vec{k}_2\vec{r}_2)} \end{aligned} \tag{5.223}$$

Wegen der Orthogonalität der ebenen Wellen reproduziert sich (5.219). Elektron und Defektelektron (Loch) verhalten sich also genauso wie zwei freie Teilchen mit Massen m_l, m_v und entgegengesetzten Elementarladungen. Man hat es also mit einem effektiven Wasserstoffproblem zu tun, nur daß statt des schweren Protons hier das positive Teilchen, das Loch im Valenzband, die Masse m_v hat, und diese effektive Masse ist wesentlich kleiner als die Protonenmasse. Es ist daher nicht gerechtfertigt, wie beim quantenmechanischen Wasserstoffproblem das positive Teilchen näherungsweise als ruhend anzusehen, sondern man muß das quantenmechanische Zweiteilchenproblem behandeln. Dazu führt man die Schwerpunkt- und Relativkoordinaten ein durch

$$\vec{X} = \frac{m_l\vec{r}_1 + m_v\vec{r}_2}{m_l+m_v}\ ,\ \vec{r} = \vec{r}_1 - \vec{r}_2 \tag{5.224}$$

Die Schrödinger-Gleichung (5.220) geht dann über in

$$\left(-\frac{\hbar^2}{2(m_v+m_l)}\nabla^2_{\vec{X}} - \frac{\hbar^2}{2\mu}\nabla^2_{\vec{r}} - \frac{e^2}{\varepsilon r} \right)\psi = \tilde{E}\psi \tag{5.225}$$

mit $\mu = \frac{m_l m_v}{m_l+m_v}$ der effektiven Masse. Diese Gleichung kann durch Separation gelöst werden. Für die Schwerpunktkoordinate ergibt sich das Verhalten eines freien Teilchens und für die Relativkoordinate verbleibt ein einfaches effektives Wasserstoff-Problem. Für die Eigenfunktionen und Eigenwerte ergibt sich daher:

$$\psi_{\vec{\kappa},n}(\vec{X},\vec{r}) = e^{i\vec{\kappa}\vec{X}} F_n(\vec{r})\ ,\ \tilde{E}_{\vec{\kappa},n} = \frac{\hbar^2\kappa^2}{2(m_l+m_v)} - \frac{E_B}{n^2} \tag{5.226}$$

Hierbei ist die Bindungsenergie

$$E_B = \frac{\mu e^4}{2\varepsilon^2\hbar^2} \tag{5.227}$$

das Analogon zur Rydberg-Energie beim üblichen Wasserstoffproblem und unterscheidet sich von diesem durch das Auftreten der reduzierten Masse μ statt der freien Elektronenmasse und durch das Auftreten des Faktors $1/\varepsilon^2$. Wegen der statischen Abschirmung ist die effektive Ladung $e/\sqrt{\varepsilon}$; $F_n(\vec{r})$ bezeichnet die aus der Quantenmechanik bekannten Wasserstoff-Eigenfunktionen.

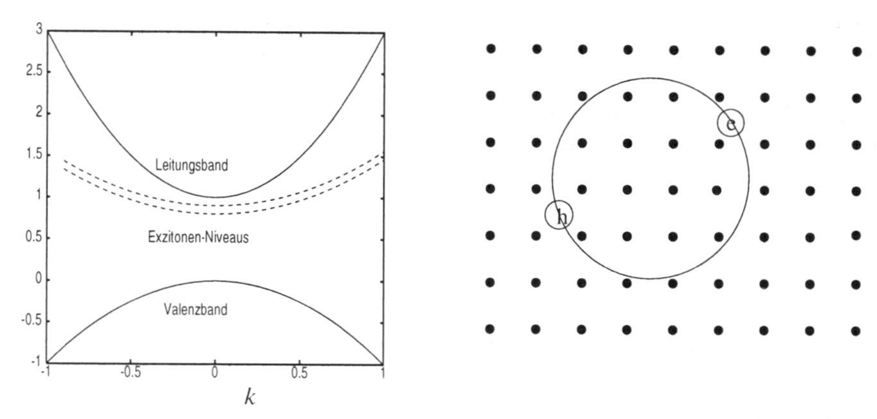

Bild 5.8 Schematische Darstellung der energetischen Lage der Exzitonen-Niveaus und eines Wannier-Exzitons im Gitter

Die physikalische Interpretation des so gefundenen Ergebnisses ist die folgende: Das Elektron im Leitungsband und das Loch im Valenzband binden sich aneinander auf Grund der (abgeschirmten) Coulomb-Anziehung und bilden so ein neues Quasiteilchen, das Exziton. Die gebundenen Zustände des Exzitons sind wasserstoffähnlich, ein Exziton weist somit gewisse Analogien zu einem Wasserstoffatom auf. Das Exziton als ganzes kann sich wie ein freies Teilchen mit Impuls $\hbar\vec{\kappa}$ bewegen. Die niedrigstem angeregten Zustände bestehen also nicht aus quasifreien Elektronen im Leitungsband und quasifreiem Loch im Valenzband, sondern es gibt energetisch niedriger liegende gebundene Exzitonenzustände infolge der Coulomb-Wechselwirkung. Die Energiedifferenz zwischen den angeregten (Exzitonen-) Zuständen und dem Halbleiter-Grundzustand beträgt

$$\Delta E = \Delta + \frac{\hbar^2\kappa^2}{2(m_l + m_v)} - \frac{E_B}{n^2} \text{ mit ganzzahligem n} \tag{5.228}$$

Für den niedrigsten angeregten Zustand ergibt sich

$$\Delta E_1 = \Delta - E_B = \Delta - \frac{\mu e^4}{2\varepsilon^2\hbar^2} \tag{5.229}$$

Der „Bohrsche Radius" und damit die räumliche Größe eines Exzitons unterscheidet sich um einen Faktor $\varepsilon\frac{m}{\mu}$ vom wirklichen Bohrschen Radius $a_0 = 0.5Å$. Dies kann in manchen Halbleitern von der Größenordnung 100 und mehr sein; dann ist das Exziton also ausgedehnt (im Vergleich zu Gitterkonstanten). Bei der Ableitung des obigen Ergebnisses wurde insbesondere benutzt, daß nichtwechselwirkendes Elektron und Loch als quasifreie Teilchen beschreibbar sind mit ebenen Wellen als Eigenfunktionen. Diese aus freien Teilchen aufgebauten und relativ delokalisierten, also räumlich weit ausgedehnten Exzitonen mit großem Bahnradius bezeichnet man auch als

Wannier[11] - oder Mott[12] - Exzitonen

[11] G.H.Wannier, s. Fußnote S. 87

[12] Sir Neville Mott, * 1905 in Leeds, † 1996 in Milton Keynes (England), englischer theoretischer Physiker, Arbeiten über Streuung atomarer Teilchen und elektrische und mechanische Eigenschaften von Metallen und Halbleitern, insbesondere amorphe (ungeordnete) Systeme, Nobelpreis 1977

Es gibt aber auch gut lokalisierte Exzitonen mit kleinem Bahnradius; im Extremfall befinden sich das Loch und das daran elektrostatisch gebundene Leitungselektron stets am gleichen Atom. Dann benutzt man zweckmäßig auch die lokalisierte Wannier-Basis statt der delokalisierten Bloch-Basis (bzw. der ebenen Wellen) zur Beschreibung des Problems in Besetzungszahldarstellung. Der Wechselwirkungs-Hamilton-Operator schreibt sich ganz allgemein, diesmal unter Berücksichtigung von Austauschtermen, in Wannier-Darstellung als:

$$H_1 = \sum_{\vec{R}_1\vec{R}_2\vec{R}_3\vec{R}_4} \left(u^{vl,lv}_{\vec{R}_1\vec{R}_2,\vec{R}_3\vec{R}_4} c^\dagger_{v\vec{R}_1} c^\dagger_{l\vec{R}_2} c_{l\vec{R}_3} c_{v\vec{R}_4} + u^{vl,vl}_{\vec{R}_1\vec{R}_2,\vec{R}_3\vec{R}_4} c^\dagger_{v\vec{R}_1} c^\dagger_{l\vec{R}_2} c_{v\vec{R}_3} c_{l\vec{R}_4} \right) \tag{5.230}$$

mit

$$\begin{aligned} u^{vl,lv}_{\vec{R}_1\vec{R}_2,\vec{R}_3\vec{R}_4} &= \int d^3r \int d^3r' w^*_v(\vec{r}-\vec{R}_1) w^*_l(\vec{r}'-\vec{R}_2) \frac{e^2}{\varepsilon|\vec{r}-\vec{r}'|} w_l(\vec{r}'-\vec{R}_3) w_v(\vec{r}-\vec{R}_4) \\ u^{vl,vl}_{\vec{R}_1\vec{R}_2,\vec{R}_3\vec{R}_4} &= \int d^3r \int d^3r' w^*_v(\vec{r}-\vec{R}_1) w^*_l(\vec{r}'-\vec{R}_2) \frac{e^2}{\varepsilon|\vec{r}-\vec{r}'|} w_v(\vec{r}'-\vec{R}_3) w_l(\vec{r}-\vec{R}_4) \end{aligned} \tag{5.231}$$

Wenn die Wannier-Funktionen gut lokalisiert sind, kann man mit analogen Argumenten wie in Abschnitt 4.4 über die Tight-Binding-Näherung und in Abschnitt 5.2 über die Begründung von Hubbard-Modell und verwandten Modellen annehmen, daß die an verschiedenen Gitterplätzen lokalisierten Wannier-Funktionen nur wenig Überlapp haben. Daher sollten die Matrixelemente mit $\vec{R}_1 = \vec{R}_4$ und $\vec{R}_2 = \vec{R}_3$ zumindest deutlich größer sein als die übrigen. Bei Berücksichtigung nur dieser dominanten Terme ergibt sich:

$$H_1 = \sum_{\vec{R}\vec{R}'} \left(u^{vl,lv}_{\vec{R}\vec{R}',\vec{R}'\vec{R}} c^\dagger_{v\vec{R}} c^\dagger_{l\vec{R}'} c_{l\vec{R}'} c_{v\vec{R}} - u^{vl,vl}_{\vec{R}\vec{R}',\vec{R}'\vec{R}} c^\dagger_{v\vec{R}} c^\dagger_{l\vec{R}'} c_{l\vec{R}} c_{v\vec{R}'} \right) \tag{5.232}$$

Der erste Wechselwirkungsbeitrag beschreibt die Wechselwirkung eines Lochs am Orte $\vec{R}$ mit einem Elektron am Orte $\vec{R}'$, der zweite beschreibt ein Hüpfen sowohl des Elektrons als auch des Lochs vom gleichen Gitterplatz $\vec{R}$ zu einem anderen Gitterplatz $\vec{R}'$. Es ist plausibel und mit den ohnehin gemachtem Annahmen konsistent, hierbei für $\vec{R},\vec{R}'$ nur nächste oder übernächste Nachbarn zuzulassen. Der zweite Wechselwirkungsanteil ermöglicht dann eine Propagation eines gebundenen Elektron-Loch-Paares als ganzes durch den Kristall.

In dieser Näherung bleiben Valenzband-Loch und Leitungsband-Elektron also stets am gleichen Gitterplatz; die Anregung, also das Exziton, ist somit gut lokalisiert. Man spricht dabei auch vom

Frenkel-Exziton[13]

Solche gut lokalisierten Exzitonen findet man insbesondere in Ionenkristallen mit großer Lücke, z.B. den Alkalihalogeniden, und in Molekülkristallen mit größeren (organischen) Molekülen, z.B. in Anthrazen.

Man kann auch Exzitonen-Erzeugungs-Operatoren einführen durch

$$B_{\vec{R}} = c^\dagger_{l\vec{R}} c_{v\vec{R}} = c^\dagger_{l\vec{R}} h^\dagger_{\vec{R}} \tag{5.233}$$

und entsprechende Vernichter. Diese sind allerdings keine einfachen Teilchen-Operatoren, d.h. sie erfüllen nicht exakt Bose-Vertauschungsregeln, wie man es für ein Paar aus Fermionen annehmen könnte.

[13] J.I.Frenkel, * 1894 in Rostow (Rußland), † 1952 in Leningrad, sowjetischer Festkörperphysiker, seit 1921 Professor in Leningrad, Untersuchungen zur Leitfähigkeit von Metallen und zu Fehlstellen in Kristallgittern (Frenkel-Defekte), führte Begriff des Exzitons ein

Insgesamt ist der Übergang zwischen Frenkel- und Wannier-Exziton fließend. Solange man die exakten Bloch- oder Wannier-Funktionen benutzt, sind beide Darstellungen äquivalent. Zur Unterscheidung zwischen Wannier- und Frenkel-Exzitonen ist es durch die verschiedenartigen Approximationen gekommen. Bei Benutzung der Wannier-Funktionen als Basis wurde deren gute Lokalisierung angenommen, was dann auch auf an einem Gitterplatz lokalisierte Anregungen führt. In Bloch-Darstellung wurde dagegen mit der Näherung ebener Wellen für die Bloch-Zustände aus Leitungs- und Valenzband gearbeitet, was zu dem effektiven Wasserstoff-Problem und damit dem Mott-Wannier-Exziton führt. Obwohl diese Vorstellung weit verbreitet ist und die experimentell beobachtbaren Exzitonen-Zustände sich vielfach gut nach einem effektiven Wasserstoff-Spektrum klassifizieren lassen, ist die zugehörige Näherung streng genommen zweifelhaft, wie folgende simple Überlegung zeigt: Betrachtet man nämlich die Anregung eines Valenzelektrons vom Zustand $\vec{k}$ in das Leitungsband mit gleichem $\vec{k}$ aus der ersten Brillouin-Zone, dann müssen die zugehörigen Eigenzustände, aus denen das Coulomb-Matrixelement berechnet wird, orthogonal sein, da sie ja gleiches $\vec{k}$ aber verschiedenen Band-Index als Quantenzahl haben. Approximiert man die Eigenzustände dagegen durch ebene Wellen, sind sie für gleiches $\vec{k}$ nicht mehr orthogonal. Der – bei der Ableitung des Spektrums des Mott-Wannier-Exzitons vernachlässigte– Bloch-Faktor kann also doch entscheidende Bedeutung haben.

5.8 Grundideen der Dichtefunktional-Theorie

Bei den numerischen Berechnungen der elektronischen Eigenschaften konkreter Materialien, für Festkörper also bei Bandstruktur-Berechnungen, muß die Coulomb-Wechselwirkung der Elektronen untereinander auch berücksichtigt werden. Hier hat sich im Verlauf der letzten 10 - 20 Jahre die Dichtefunktional-Theorie und innerhalb derselben die sogenannte Lokale-Dichte-Näherung durchgesetzt und wird routinemäßig eingesetzt. Die Grundidee der Dichtefunktional-Theorie und der Lokale-Dichte-Näherung soll daher in diesem Abschnitt besprochen werden.

Wir betrachten also weiterhin N_e Elektronen mit Coulomb-Abstoßung untereinander in einem äußeren Potential, das für Festkörper als gitterperiodisch angenommen werden kann. Der Hamiltonoperator in erster Quantisierung ist also wieder gegeben durch

$$H = \sum_{i=1}^{N_e} \frac{\vec{p}_i^2}{2m} + \sum_{i=1}^{N_e} V(\vec{r}_i) + \sum_{i<j} \frac{e^2}{|\vec{r}_i - \vec{r}_j|} \tag{5.234}$$

Eine Größe von Interesse für diesen Hamilton-Operator ist der Grundzustand und insbesondere die Grundzustandsenergie E_0. Im Prinzip muß man dazu die volle Schrödinger-Gleichung lösen und der Eigenzustand mit der kleinsten Eigenenergie ist der Grundzustand. Die Grundidee der Dichtefunktional-Theorie ist es nun, statt der komplizierten, antisymmetrischen Grundzustands-Wellenfunktion
$\psi_0(x_1,\ldots,x_{N_e})$ die Teilchendichte

$$n_0(\vec{r}) = \int d^3r_1 \ldots \int d^3r_{N_e} \psi_0^*(x_1,\ldots,x_{N_e}) \sum_{i=1}^{N_e} \delta(\vec{r}-\vec{r}_i)\psi_0(x_1,\ldots,x_{N_e}) \tag{5.235}$$

im Grundzustand zu betrachten. Es besagt nämlich das

Theorem von Hohenberg[14] und Kohn[15]:

Die Grundzustandsenergie ist ein eindeutiges Funktional der Grundzustandsdichte $n_0(\vec{r})$: $E_0 = E\{n_0(\vec{r})\}$

Jeder (Vielteilchen-) Wellenfunktion kann man über

$$E\{|\psi\rangle\} = \frac{\langle\psi|H|\psi\rangle}{\langle\psi|\psi\rangle} \tag{5.236}$$

eine Energie zuordnen, die Energie ist also ein Funktional der Wellenfunktion, andererseits gehört zu jeder Wellenfunktion gemäß $n(\vec{r}) = \langle\psi|\sum_i \delta(\vec{r}-\vec{r}_i)|\psi\rangle$ auch eine bestimmte Teilchendichte. Die Aussage des Hohenberg-Kohn-Theorems ist nun, daß für den Grundzustand von H diese Zusammenhänge eindeutig sein müssen. Zum Grundzustand $|\psi_0\rangle$ gehört auch eine bestimmte Grundzustands-Teilchendichte $n_0(\vec{r})$. Zu beweisen bleibt daher, daß dieser Zusammenhang auch eineindeutig ist, daß also nicht zwei verschiedene Grundzustände die gleiche Einteilchendichte haben können. Der Beweis verläuft indirekt, d.h. wir nehmen an, es gäbe zwei verschiedene Grundzustände $|\psi\rangle \neq |\psi'\rangle$ mit gleicher Teilchendichte $n(\vec{r}) = \langle\psi|\sum_i \delta(\vec{r}-\vec{r}_i)|\psi\rangle = \langle\psi'|\sum_i \delta(\vec{r}-\vec{r}_i)|\psi'\rangle = n'(\vec{r})$. Wenn aber $|\psi\rangle$ und $|\psi'\rangle$ beides Grundzustände sein sollen und von Entartung abgesehen werden soll, dann müssen es Grundzustände zu verschiedenen Hamilton-Operatoren H,H' sein. Da bei vorgegebener Elektronenzahl N_e aber die kinetische Energie und die Wechselwirkungsenergie im Hamilton-Operator gleich sein müssen, können sich H,H' nur im Einteilchenpotential $V \neq V'$ unterscheiden. Es gilt dann:

$$\begin{aligned} E = \langle\psi|H|\psi\rangle &< \langle\psi'|H|\psi'\rangle = \langle\psi'|H' + V - V'|\psi'\rangle = E' + \langle\psi'|V - V'|\psi'\rangle = \\ &= E' + \int d^3r \left(V(\vec{r}) - V'(\vec{r})\right) n'(\vec{r}) \end{aligned} \tag{5.237}$$

Vertauscht man H,H', so folgt entsprechend:

$$E' < E + \int d^3r \left(V'(\vec{r}) - V(\vec{r})\right) n(\vec{r}) \tag{5.238}$$

Die Addition der beiden Ungleichungen führt wegen der Annahme $n(\vec{r}) = n'(\vec{r})$ zum Widerspruch. Also bestimmt die Vorgabe einer bestimmten Teilchendichte $n(\vec{r})$ als Grundzustands-Teilchendichte das Einteilchenpotential V eindeutig und damit den Hamilton-Operator H und damit die Grundzustandsenergie E_0.

Für einen beliebigen, antisymmetrischen N_e-Teilchen-Zustand $\psi(x_1, \ldots, x_{N_e})$ gilt nach dem Ritzschen Variationsprinzip:

$$E_0 = E\{n_0(\vec{r})\} \leq \langle\psi|H|\psi\rangle \tag{5.239}$$

Zu $|\psi\rangle$ gehört die Teilchen-Dichte $n(\vec{r}) = \langle\psi|\sum_i \delta(\vec{r}-\vec{r}_i)|\psi\rangle$, der gemäß

$$E\{n(\vec{r})\} = \langle\psi|H|\psi\rangle \tag{5.240}$$

eine Energie zugeordnet werden kann, dann gilt also die folgende Aussage:

Diejenige Teilchendichte $n_0(\vec{r})$, für die das Energie-Dichte-Funktional $E\{n(\vec{r})\}$ sein absolutes Minimum annimmmt, ist die Grundzustands-Teilchendichte und der zugehörige Wert des Funktionals $E_0 = E\{n_0(\vec{r})\}$ die Grundzustandsenergie von H.

[14] P.C.Hohenberg, * 1934 in Neuilly-sur-Seine (Frankreich), Ph.D.1962 an der Harvard University, ab 1964 bei den Bell Labs tätig, ab 1975 kurze Zeit Prof. in München, Arbeiten zur Theorie der Supraleitung und Suprafluidität, Elektronentheorie des Festkörpers und zu Phasenübergängen und kritischen Phänomenen

[15] s. Fußnote Seite 168

Also hat man ein Variationsprinzip vorliegen:

$$\delta E\{n(\vec{r})\} = 0 \tag{5.241}$$

unter der Nebenbedingung

$$\int d^3 r n(\vec{r}) = N_e \tag{5.242}$$

Berücksichtigt man die Nebenbedingung wie üblich durch einen Lagrangeparameter μ, folgt

$$\delta\left[E\{n(\vec{r})\} - \mu(\int d^3 r n(\vec{r}) - N_e)\right] = 0 \tag{5.243}$$

Zu variieren ist dabei auf der Menge aller möglichen Teilchendichten $n(\vec{r})$, die über

$$n(\vec{r}) = \langle\psi|\sum_{i=1}^{N_e}\delta(\vec{r}-\vec{r}_i)|\psi\rangle \tag{5.244}$$

aus einem N_e-Teilchen-Zustand $|\psi\rangle$ bestimmbar sind.

Das Problem ist, daß die funktionale Abhängigkeit $E\{n(\vec{r})\}$ nicht bekannt ist. Man kann das Energie-Dichte-Funktional zerlegen gemäß

$$E\{n(\vec{r})\} = T\{n(\vec{r})\} + V\{n(\vec{r})\} + U\{n(\vec{r})\} \tag{5.245}$$

mit dem

$$\text{Dichtefunktional der kinetischen Energie } T\{n(\vec{r})\} = \langle\psi|\sum_{i=1}^{N_e}\frac{\vec{p}_i^{\,2}}{2m}|\psi\rangle \tag{5.246}$$

$$\text{Dichtefunktional der potentiellen Energie } V\{n(\vec{r})\} = \langle\psi|\sum_{i=1}^{N_e}V(\vec{r}_i)|\psi\rangle = \int d^3 r V(\vec{r})n(\vec{r}) \tag{5.247}$$

$$\text{Dichtefunktional der Wechselwirkungsenergie } U\{n(\vec{r})\} = \langle\psi|\frac{e^2}{2}\sum_{i\neq j}\frac{1}{|\vec{r}_i-\vec{r}_j|}|\psi\rangle \tag{5.248}$$

Offenbar kennt man explizit nur die relativ triviale funktionale Abhängigkeit des Einteilchenpotentials $V\{n(\vec{r})\}$. Dagegen sind die Funktionale für die kinetische Energie und die Wechselwirkungsenergie nicht explizit bekannt. Ein naheliegender Ansatz für das Dichtefunktional der Wechselwirkungsenergie ist gegeben durch

$$U\{n(\vec{r})\} = \frac{e^2}{2}\int d^3 r\int d^3 r'\frac{n(\vec{r})n(\vec{r}')}{|\vec{r}-\vec{r}'|} \tag{5.249}$$

Dies entspricht der klassischen elektrostatischen Wechselwirkungsenergie einer Ladungsverteilung $\rho(\vec{r}) = -en(\vec{r})$. Quantenmechanisch ist dies aber nur der Hartree-Beitrag, wie ein Vergleich mit (5.67) zeigt, und schon in der noch sehr einfachen Hartree-Fock-Näherung gibt es Korrekturen dazu. Allgemeiner setzt man daher an:

$$U\{n(\vec{r})\} = \frac{e^2}{2}\int d^3 r\int d^3 r'\frac{n(\vec{r})n(\vec{r}')}{|\vec{r}-\vec{r}'|} + E_x\{n(\vec{r})\} \tag{5.250}$$

wobei $E_x\{n(\vec{r})\}$ die *Austausch-Korrelations-Energie* ist, deren funktionale Abhängigkeit von der Dichte $n(\vec{r})$ weiterhin unbekannt ist, genauso wie auch das Dichte-Funktional der kinetischen Energie noch unbekannt ist.

Um ein explizites Beispiel für die Anwendung der Dichtefunktional-Methode durchrechnen zu können, machen wir einen einfachen Ansatz für das Funktional der kinetischen Energie und vernachlässigen den Austausch-Korrelationsbeitrag. Im Abschnitt 5.4 für das homogene Elektronengas haben wir für die kinetische Energie gefunden (vgl. (5.116)):

$$E_{kin} = \frac{\hbar^2}{10m\pi^2} V k_F^5 = \frac{3\hbar^2}{10m}(3\pi^2)^{2/3} V n_0^{5/3} \tag{5.251}$$

wobei $N_e = \frac{V}{3\pi^2} k_F^3$ benutzt wurde und $n_0 = \frac{N_e}{V}$ die (beim homogenen Elektronengas konstante) Dichte bezeichnet. In Verallgemeinerung dieser Relation kann man daher für das Dichte-Funktional der kinetischen Energie ansetzen

$$T\{n(\vec{r})\} = \frac{3}{10}(3\pi^2)^{2/3}\frac{\hbar^2}{m}\int d^3r(n(\vec{r}))^{5/3} \tag{5.252}$$

Die einzige Rechtfertigung für die Benutzung dieses Ansatzes besteht darin, daß er für das homogene Elektronengas korrekt wird. Das gesamte Energie-Dichte-Funktional ist in dieser Näherung damit gegeben durch:

$$E\{n(\vec{r})\} = \frac{3(3\pi^2)^{2/3}\hbar^2}{10m}\int d^3r(n(\vec{r}))^{5/3} + \int d^3r V(\vec{r})n(\vec{r}) + \frac{e^2}{2}\int d^3r \int d^3r' \frac{n(\vec{r})n(\vec{r}\,')}{|\vec{r}-\vec{r}\,'|} \tag{5.253}$$

Minimierung unter Berücksichtigung der Nebenbedingung liefert:

$$\frac{\hbar^2}{2m}(3\pi^2 n(\vec{r}))^{2/3} + V(\vec{r}) + \int d^3r' \frac{e^2}{|\vec{r}-\vec{r}\,'|}n(\vec{r}\,') = \frac{\hbar^2}{2m}(3\pi^2)^{2/3}(n(\vec{r}))^{2/3} + V_{\text{eff}}(\vec{r}) = \mu \tag{5.254}$$

mit

$$V_{\text{eff}}(\vec{r}) = V(\vec{r}) + \int d^3r' \frac{e^2}{|\vec{r}-\vec{r}\,'|}n(\vec{r}\,') \tag{5.255}$$

(äußeres Einteilchenpotential plus selbstkonsistent zu bestimmendes Hartree-Potential). Dies führt zu

$$n(\vec{r}) = \frac{1}{3\pi^2}\left[\frac{2m}{\hbar^2}(\mu - V_{\text{eff}}(\vec{r}))\right]^{3/2} \tag{5.256}$$

Dies stimmt für $T = 0$ gerade mit (5.135) überein (wenn man $-e\Phi(\vec{r}) = V_{\text{eff}}(\vec{r})$ setzt), wie man leicht sieht, wenn man das k-Integral in (5.135) für $T = 0$ bis zur (ortsabhängigen) Fermi-Kante ausrechnet. Also reproduziert sich gerade die *Thomas-Fermi-Näherung* aus obigem Ansatz für das Dichte-Funktional der kinetischen Energie. Da in diesem Ansatz der für freie Elektronen gültige Zusammenhang zwischen kinetischer Energie und Dichte auch für ortsabhängige Probleme und Dichten benutzt wird, behandelt man die Elektronen lokal wie freie Elektronen. Dies ist konsistent mit der der Thomas-Fermi-Theorie zugrundeliegenden Annahme einer langsamen räumlichen Variation, so daß in der Umgebung von $\vec{r}$ das System als homogen (das Potential als konstant) angenommen werden kann. Daher ist es nicht verwunderlich, daß man die Thomas-Fermi-Näherung reproduziert. Mit obiger Gleichung hat man noch nicht die abschließende Lösung gefunden, da ja $V_{\text{eff}}(\vec{r})$ selbst wieder von $n(\vec{r})$ abhängt. Man hat also noch ein Selbstkonsistenz-Problem bzw. eine Integralgleichung zu lösen, die man in eine Differentialgleichung (Poisson-Gleichung) überführen kann. Dies soll hier nicht weiter ausgeführt werden, weil nämlich die Thomas-Fermi-Näherung viel zu grob ist für realistische quantitative Rechnungen; hier soll sie nur als einfachstes Anwendungsbeispiel für die Methode dienen.

Man braucht insbesondere einen besseren Ansatz für das Dichte-Funktional der kinetischen Energie. Die allgemeinen Überlegungen zur Existenz eines Energie-Dichte-Funktionals wie oben gelten auch für ein hypothetisches wechselwirkungsfreies Elektronensystem. Für einen wechselwirkungsfreien N_e-Teilchen-Hamilton-Operator

$$H_0 = \sum_{i=1}^{N_e} \frac{\vec{p}_i^2}{2m} + \sum_{i=1}^{N_e} \tilde{V}(\vec{r}_i) \tag{5.257}$$

sind die Wellenfunktionen bekanntlich als Slater-Determinanten von Einteilchen-Wellenfunktionen $\psi_i(\vec{r})$ darstellbar:

$$\psi(x_1,\dots,x_{N_e}) = \frac{1}{\sqrt{N_e!}} \det(\psi_i(x_j)) \tag{5.258}$$

Die Teilchendichte für das wechselwirkungsfreie System wird einfach:

$$n(\vec{r}) = \sum_{i=1}^{N_e} |\psi_i(\vec{r})|^2 \tag{5.259}$$

und die Energie in diesem Zustand $|\psi\rangle$ und damit zu dieser Teilchen-Dichte $n(\vec{r})$ ist einfach

$$E\{n(\vec{r})\} = \sum_{i=1}^{N_e} -\frac{\hbar^2}{2m} \int d^3r \psi_i^*(\vec{r}) \nabla^2 \psi_i(\vec{r}) + \sum_{i=1}^{N_e} \int d^3r \tilde{V}(\vec{r}) |\psi_i(\vec{r})|^2 \tag{5.260}$$

Auch in diesem einfachen Fall des wechselwirkungsfreien Systems kennt man die funktionale Abhängigkeit der kinetischen Energie von der Teilchendichte nur implizit. Dies legt es nun nahe, die gleiche implizite Darstellung für das Dichte-Funktional der kinetischen Energie auch für das eigentlich interessierende wechselwirkende Elektronensystem anzusetzen. Der Ansatz lautet also:

$$T\{n(\vec{r})\} = \sum_{i=1}^{N_e} -\frac{\hbar^2}{2m} \int d^3r \psi_i^*(\vec{r}) \nabla^2 \psi_i(\vec{r}) \tag{5.261}$$

falls sich die Teilchendichte darstellen läßt als

$$n(\vec{r}) = \sum_{i=1}^{N_e} |\psi_i(\vec{r})|^2 \tag{5.262}$$

mit noch unbekannten Einteilchen-Wellenfunktionen $\psi_i(\vec{r})$. Man setzt damit implizit voraus, daß die noch unbekannte Grundzustands-Teilchendichte des wechselwirkenden Hamilton-Operators auch Teilchendichte zu einem noch unbekannten effektiven Einteilchen-Hamilton-Operator sein kann. Dies ist allerdings nicht sicher, für Wellenfunktionen zumindest gilt es ja nicht. Auch wenn es möglich ist, die exakte Grundzustands-Dichte durch Einteilchen-Wellenfunktionen darzustellen, ist nicht sicher, daß sich die kinetische Energie in der gleichen Weise wie beim wechselwirkungsfreien System durch diese Einteilchen-Wellenfunktionen darstellen läßt. Der obige Ansatz für das Funktional der kinetischen Energie soll trotzdem benutzt werden, dann halt mit best möglich bestimmten Einteilchen-Wellenfunktionen, und Korrekturen zur kinetischen Energie, die letztlich auch Konsequenzen der Elektron-Elektron-Wechselwirkung sein müssen, können mit in das auch noch unbestimmte Austausch-Korrelationspotential gesteckt werden. Mit diesem Ansatz sieht unser gesamtes Energie-Dichte-Funktional jetzt also folgendermaßen aus:

$$\begin{aligned} E\{n(\vec{r})\} &= \sum_{i=1}^{N_e} -\frac{\hbar^2}{2m}\int d^3r\psi_i^*(\vec{r})\nabla^2\psi_i(\vec{r}) + \int d^3rV(\vec{r})n(\vec{r}) \\ &+ \frac{e^2}{2}\int d^3r\int d^3r'\frac{n(\vec{r})n(\vec{r}')}{|\vec{r}-\vec{r}'|} + E_x\{n(\vec{r})\} \end{aligned} \tag{5.263}$$

$E_x\{n(\vec{r})\}$ enthält jetzt alle Austausch-Korrelationsbeiträge von der Wechselwirkungsenergie und eventuell noch Wechselwirkungs-Korrekturen zur kinetischen Energie. Für den Grundzustand soll dieses Funktional minimal werden. Dann ist es aber auch möglich, nach den noch unbekannten Einteilchen-Wellenfunktionen $\psi_i^*(\vec{r})$ zu variieren unter der Nebenbedingung, daß diese normiert sind. Dies führt zum Variationsproblem

$$\delta_{\psi_i^*}\left\{E\{n(\vec{r})\} - \sum_{j=1}^{N_e}\varepsilon_j\left(\int d^3r|\psi_j(\vec{r})|^2 - 1\right)\right\} = 0 \tag{5.264}$$

Daraus resultiert die Differentialgleichung:

$$\left\{-\frac{\hbar^2}{2m}\nabla^2 + V(\vec{r}) + \int d^3r'\frac{e^2}{|\vec{r}-\vec{r}'|}n(\vec{r}') + \frac{\delta E_x\{n(\vec{r})\}}{\delta n(\vec{r})}\right\}\psi_i(\vec{r}) = \varepsilon_i\psi_i(\vec{r}) \tag{5.265}$$

Dies sind die

Kohn-Sham-Gleichungen[16][17]

für die effektiven Einteilchen-Wellenfunktionen $\psi_i(\vec{r})$. Sie sind offensichtlich von der Form einer Einteilchen-Schrödinger-Gleichung bei Vorliegen des effektiven Einteilchen-Potentials:

$$V_{\text{eff}}(\vec{r}) = V(\vec{r}) + \int d^3r'\frac{e^2n(\vec{r}')}{|\vec{r}-\vec{r}'|} + \frac{\delta E_x\{n(\vec{r})\}}{\delta n(\vec{r})} \tag{5.266}$$

Solange alle Einflüsse von Austausch-Korrelationsenergie und Wechselwirkungsbeiträgen zur kinetischen Energie in dem immer noch unbekannten Funktional $E_x\{n(\vec{r})\}$ stecken, sind die Kohn-Sham-Gleichungen formal exakt zumindest unter der Voraussetzung, daß sich die Dichte gemäß (5.261) durch Einteilchen-Wellenfunktionen darstellen läßt. Die Einteilchen-Wellenfunktionen ψ_i und -Energien ε_i haben selbst keine direkte physikalische Bedeutung; sie sind lediglich Hilfsgrößen zur Bestimmung der Dichte über (5.261). Insgesamt liegt noch ein Selbstkonsistenzproblem vor, da die zu bestimmende Dichte ja in das effektive Einteilchenpotential eingeht. Dies wird in der Regel numerisch iterativ gelöst. Die wesentlichen Schritte einer solchen Iterationsprozedur sind die folgenden:

1. Start mit einer geeignet gewählten Teilchendichte $n(\vec{r})$
2. Bestimmung des effektiven Einteilchenpotentials $V_{\text{eff}}(\vec{r})$
3. Lösung der Kohn-Sham-Gleichungen, also einer effektiven Einteilchen-Schrödinger-Gleichung für die Einteilchen-Wellenfunktionen $\psi_i(\vec{r})$; da bei Festkörpern mit dem Einteilchenpotential auch das effektive Potential gitterperiodisch ist, kommen hier die Bandstruktur-Berechnungs-Methoden aus Abschnitt 4.5 zum Einsatz

[16] W.Kohn, * 1923 in Wien, seit 1947 US-Bürger, Promotion 1948 an der Harvard-University, seit 1960 Professor an der University of California San Diego (UCSD), zahlreiche bedeutende Beiträge zur Festkörpertheorie, entwickelte insbesondere die Dichtefunktional-Theorie, dafür Chemie-Nobelpreis 1998, jetzt in Santa Barbara lebend und immer noch aktiv

[17] L.J.Sham, * 1938 in HongKong, Studium in England und Promotion 1963 in Cambridge, entwickelte 1964 als PostDoc an der UCSD bei W.Kohn die Kohn-Sham-Gleichungen, und die Grundlagen der LDA, seit 1968 Professor an der UCSD und über Halbleiter-Theorie, Supraleitung u.a. tätig

4. Bestimmung der neuen Teilchen-Dichte $\tilde{n}(\vec{r})$ aus den ψ_i über (5.261)
5. Vergleich von $n(\vec{r}),\tilde{n}(\vec{r})$; stimmen sie noch nicht überein, setze $n(\vec{r}) = \tilde{n}(\vec{r})$ und lasse Iterationsschleife von 2. an erneut durchlaufen, ansonsten ist man fertig und kennt Grundzustands-Dichte und -Energie.

Im Prinzip liegt also ein ähnliches Selbstkonsistenzproblem vor wie bei den Hartree-Fock-Gleichungen (5.69), aber die Kohn-Sham-Gleichungen sind insofern einfacher, als das effektive Potential ein lokales Potential wird. Bei den Kohn-Sham-Gleichungen ist es durch die Wiedereinführung der Wellenfunktionen insbesondere gelungen, das Dichte-Funktional der kinetischen Energie im Wesentlichen exakt zu behandeln (zumindest wenn man alle Korrekturen in das Austausch-Korrelations-Funktional $E_x\{n(\vec{r})\}$ steckt). Damit hat man jedenfalls einen wesentlichen Fortschritt gegenüber der Thomas-Fermi-Näherung erzielt.

Es bleibt aber das Problem, daß man das Dichte-Funktional des Austausch-Korrelations-Anteils nicht kennt, und hierfür ist man weiterhin auf Näherungen, Annahmen und Ansätze angewiesen. Der einfachste Ansatz hierfür benutzt die gleiche Argumentation wie bei der Thomas-Fermi-Näherung für die kinetische Energie: Für das homogene Elektronengas kennen wir aus Abschnitt 5.4 die Abhängigkeit der Korrelationsenergie von der (in diesem Fall homogenen, $\vec{r}$-unabhängigen) Teilchendichte n_0 zumindest in Hartree-Fock-Näherung. Nach (5.118) gilt nämlich beim homogenen Elektronengas:

$$E_x = -\frac{3e^2}{4\pi} N_e k_F = -\frac{3e^2}{4\pi} V n_0 (3\pi^2 n_0)^{1/3} \tag{5.267}$$

(wegen $n_0 = \frac{N_e}{V} = \frac{k_F^3}{3\pi^2}$). Daher ist ein möglicher Ansatz für die Dichteabhängigkeit der Austausch-Korrelations-Energie im allgemeinen Fall

$$E_x\{n(\vec{r})\} = -\frac{3e^2}{4\pi}(3\pi^2)^{1/3} \int d^3r (n(\vec{r}))^{4/3} \tag{5.268}$$

Die einzige Rechtfertigung für diesen („Hartree-Fock-Slater"-) Ansatz besteht wieder darin, daß für das homogene Elektronengas das Hartree-Fock-Resultat reproduziert wird. Man macht somit eine Art Thomas-Fermi-Näherung, aber für das Austausch-Korrelations-Funktional, und dafür scheint eine derartige Näherung wesentlich unproblematischer zu sein als für die kinetische Energie. Das resultierende Austauschpotential, also der vom Korrelations-Austausch-Energie-Funktional herrührende Beitrag zum effektiven Einteilchenpotential wird einfach

$$V_x(\vec{r}) = \frac{\delta E_x\{n(\vec{r})\}}{\delta n(\vec{r})} = -e^2 \left(\frac{3}{\pi}\right)^{1/3} (n(\vec{r}))^{1/3} \tag{5.269}$$

Das Austauschpotential (oder Korrelations-Austausch-Potential) am Orte $\vec{r}$ hängt in dieser Näherung also nur von der Dichte am gleichen Ort $\vec{r}$ ab. Eine derartige Näherung nennt man daher auch *Lokale-Dichte-Näherung* (LDA). Allgemeiner kann man sich vorstellen und wird es in der Realität auch der Fall sein, daß das Austauschpotential auch von den Teilchendichten an allen anderen Orten abhängt, wie es ja selbst beim simplen Hartree-Potential schon der Fall ist. Dann müssen und werden wohl auch kompliziertere funktionale Abhängigkeiten zwischen Austausch-Korrelations-Energie und der Teilchendichte vorliegen.

In der Praxis verwendet man bei aktuellen Bandstruktur-Berechnungen in der Regel wohl heuristisch bestimmte, gegenüber (5.267) verbesserte Ansätze für das Austausch-Korrelations-Funktional, bleibt aber im Rahmen der Lokale-Dichte-Näherung. Vielfach führt man dabei noch effektive Parameter ein, bezüglich denen man noch optimieren kann. Ein gängiger Ansatz für das Austausch-Potential ist z.B.

$$V_x(\vec{r}) = \beta(n(\vec{r}))(n(\vec{r}))^{1/3} \tag{5.270}$$

mit einer empirisch bestimmten Funktion $\beta(x)$. Für das homogene Elektronengas ist es möglich, mittels spezieller diagrammatischer Methoden der Vielteilchentheorie systematische Verbesserungen zur Hartree-Fock-Näherung zu berechnen, und die entsprechnenden Korrekturen zur Gesamtenergie kann man wie beim Hartree-Fock-Ergebnis (5.118) auch wieder durch den Fermi-Impuls bzw. den dimensionslosen Elektronengasparameter r_s oder die (konstante) Dichte n_0 ausdrücken. Ersetzt man dann wieder wie oben n_0 durch $n(\vec{r})$, bekommt man einen neuen Ansatz für das Dichte-Funktional der Austausch-Korrelations-Energie in Lokale-Dichte-Näherung. Im Grenzfall des homogenen Elektronengases reproduziert dieser Ansatz dann die Verbesserung der Hartree-Fock-Näherung. Heutzutage benutzt man bei LDA-Anwendungen vielfach einen Ansatz für das Austausch-Korrelationspotential, so daß für konstante Dichte die (numerisch) exakte (Quanten-Monte-Carlo-) Lösung für die Grundzustandsenergie des homogenen Elektronen-Gases wiedergegeben wird.

Die heute üblichen numerischen „First-principles-ab-initio"-Methoden „ohne anpaßbare Parameter" zur Berechnung der elektronischen Struktur von Festkörpern unter Berücksichtigung von Wechselwirkungseffekten im Rahmen der Dichtefunktional-Behandlung und der LDA kommen also auch noch nicht völlig ohne Annahmen, Ansätze und Näherungen aus, auch wenn es sich manchmal anders anhört. Andererseits sind diese Methoden meist sehr erfolgreich, und es gelingt vielfach exzellente Übereinstimmung mit experimentellen Ergebnissen, und der Erfolg heiligt bekanntlich die Mittel (und Näherungen).

Die Dichtefunktional-Theorie läßt sich erweitern, indem man neben der Teilchendichte $n(\vec{r})$ noch die Magnetisierungsdichte $m(\vec{r})$ als zweite fundamentale Variable einführt bzw. die Energie als Funktional der Teilchendichten $n_\sigma(\vec{r})$ für die beiden Spinrichtungen $\sigma = \uparrow, \downarrow$ betrachtet, wobei die gesamte Teilchendichte durch $n(\vec{r}) = n_\uparrow(\vec{r}) + n_\downarrow(\vec{r})$ und die Magnetisierungsdichte durch $m(\vec{r}) = n_\uparrow(\vec{r}) - n_\downarrow(\vec{r})$ gegeben ist. Dies ist immer dann notwendig, wenn man magnetische Substanzen beschreiben will, also Materialien, bei denen im Grundzustand eine endliche Magnetisierung vorliegt. Dies ist im Zusammenhang mit Bandstrukturberechnungen wichtig, wenn man voraussagen will, ob der Festkörper einen ferromagnetischen oder antiferromagnetischen Grundzustand hat, oder bei Anlegen eines äußeren Magnetfeldes. Die resultierenden Verallgemeinerungen der oben besprochenen Kohn-Sham-Gleichungen und die *Lokale-Spin-Dichte-Näherung* (LSDA) sind elementar und werden daher hier nicht mehr explizit besprochen. Betont werden soll aber noch einmal, daß die Dichtefunktional-Theorie und damit auch die Methoden zur Berechnung von elektronischen Bandstrukturen auf die Beschreibung des Grundzustandes beschränkt bleiben. Man kann also berechnen und voraussagen, ob eine Substanz bei $T = 0$ einen magnetischen Grundzustand hat, kann aber nicht die Temperaturabhängigkeit der Magnetisierung oder die Curie-Temperatur berechnen.

5.9 Quasi-Teilchen und Landau-Theorie der Fermi-Flüssigkeit

Viele der in diesem Kapitel besprochenen Methoden zur Behandlung der wechselwirkenden Elektronen-Systeme versuchen, das Vielteilchen-Problem auf ein effektives Einteilchenproblem abzubilden. So wird in der Hartree-, Hartree-Fock- und der Dichtefunktional-Theorie ein effektives Einteilchen-Potential eingeführt, dessen Parameter dann selbstkonsistent zu bestimmen sind, da sie von der Besetzung der Zustände bzw. der Dichte der Elektronen abhängen. Daß eine Beschreibung durch bzw. Abbildung auf ein effektives Einteilchen-Problem in vielen Fällen möglich ist und offenbar gut funktioniert, rechtfertigt im Nachhinein erst die so erfolgreiche

Benutzung des in Kapitel 4 ausführlich behandelten Modells wechselwirkungsfreier Elektronen. Wechselwirkungseffekte sind nämlich streng genommen niemals klein und niemals zu vernachlässigen oder als schwache Störung aufzufassen. Daher gibt es eigentlich keine freien Elektronen im Festkörper, aber in vielen Festkörpern und insbesondere in Metallen verhalten sich die elektronischen Anregungen noch so wie die von freien Teilchen mit – im Vergleich zu freien Elektronen mehr oder weniger stark– veränderten, effektiven Parametern. Das Bild der freien Elektronen mit quadratischer Dispersion bleibt vielfach noch anwendbar, allerdings muß man diesen dann eine –gegenüber wirklich freien Elektronen meist stark– veränderte effektive Masse zuschreiben. Alle Wechselwirkungseffekte stecken dann in diesem effektiven und eigentlich selbstkonsistent zu bestimmenden Parameter effektive Masse, die zu unterscheiden ist von der in Kapitel 4 eingeführten, nur auf Bandstruktureffekten beruhenden effektiven Elektronenmasse. Freie Elektronen im Festkörper sind daher streng genommen Quasi-Teilchen, also Anregungen, die sich formal wie freie Teilchen verhalten bzw. beschreiben lassen.

Von Landau[18] wurde in den 50-er-Jahren eine phänomenologische Theorie für wechselwirkende Elektronensysteme vorgeschlagen, die von folgenden Postulaten ausgeht: Der Grundzustand des Systems miteinander wechselwirkender Fermionen, welches man auch *Fermi-Flüssigkeit* nennt, geht –wie bei adiabatischem Einschalten der Wechselwirkung– eindeutig aus dem Grundzustand des wechselwirkungsfreien „Fermi-Gases" hervor, die Wellenzahlen $\vec{k}$ bleiben gute Quantenzahlen, es gibt weiterhin eine Dispersionsrelation $\varepsilon(\vec{k})$ und die Gesamtenergie ist ein Funktional der Besetzungszahlen $\{n_{\vec{k}\sigma}\}$, und da die *Quasiteilchen* weiter Fermionen-Charakter haben sollen, müssen die $n_{\vec{k}\sigma}$ wie die Fermi-Funktion bei $T = 0$ einen Sprung an der Fermifläche haben, es bleibt also insbesondere eine scharfe Fermifläche erhalten. Der Ansatz, die Gesamtenergie als Funktional der Besetzungszahlen aufzufassen, ist analog zu dem Grundansatz der Dichtefunktional-Theorie, die Energie als Funktional der Teilchendichte aufzufassen. Auch hier ist dieses Funktional aber unbekannt und sicher komplizierter als die einfache, für freie Elektronen gültige Beziehung

$$E = \sum_{\vec{k}\sigma} n_{\vec{k}\sigma}\varepsilon_0(\vec{k})$$

Auch den Quasiteilchen kann man aber eine Dispersion zuordnen über

$$\varepsilon_{\vec{k}\sigma} = \frac{\delta E\{n_{\vec{k}'\sigma'}\}}{\delta n_{\vec{k}\sigma}} \tag{5.271}$$

wobei δE die Änderung der Gesamtenergie durch eine Anregung, also durch Änderung aller Besetzungszahlen um $\delta n_{\vec{k}\sigma}$ ist. Bei Vorhandensein von Wechselwirkung hängt diese Quasiteilchendispersion aber in komplizierter und nicht bekannter Weise von allen anderen Besetzungszahlen $n_{\vec{k}'\sigma'}$ ab. Formal kann man diese Besetzungszahlen wieder wie bei freien Fermionen als Fermifunktionen schreiben:

$$n_{\vec{k}\sigma} = \frac{1}{e^{(\varepsilon_{\vec{k}\sigma}-\mu)/k_BT}+1} \tag{5.272}$$

[18] L.D.Landau, * 1908 in Baku (Aserbeidschan), † 1968 in Moskau, einer der bedeutendsten russischen Physiker, bahnbrechende Beiträge auf allen Gebieten der Theoretischen Physik, von der Theorie der Metalle über stellare Materie, kosmische Strahlung, Plasma-Physik, Kernphysik bis zur Hydrodynamik, zahlreiche Effekte und Theorien tragen seinen Namen (Landau-Diamagnetismus, Landau-Dämpfung in der Plasma-Physik,, Landau-Schnitte in der Hochenergie-Physik), Begründer einer berühmten Schule für Theoretische Physik in Moskau und Herausgeber des umfassenden Lehrbuch-Werkes, Physik-Nobelpreis 1962, auch dadurch bekannt geworden, daß er nach einem schweren Autounfall 1962 mehrfach aus klinisch totem Zustand wiederbelebt wurde, erreichte aber danach seine Schaffenskraft nicht wieder

Wegen der erwähnten Abhängigkeit der $\varepsilon_{\vec{k}\sigma}$ von allen Besetzungszahlen ist dies jedoch nur eine implizite Gleichung für $n_{\vec{k}\sigma}$, dessen tatsächliche $\vec{k}$-Abhängigkeit – auch bei $T = 0$– *nicht* von der vertrauten Gestalt der Fermifunktion ist. Die Änderung der Gesamtenergie infolge von Anregungen läßt sich schreiben als

$$\delta E\{n_{\vec{k}'\sigma'}\} = \sum_{\vec{k}\sigma} \varepsilon^0_{\vec{k}\sigma} \delta n_{\vec{k}\sigma} + \frac{1}{2} \sum_{\vec{k}\sigma,\vec{k}'\sigma'} f_{\vec{k}\sigma,\vec{k}'\sigma'} \delta n_{\vec{k}\sigma} \delta n_{\vec{k}'\sigma'} \tag{5.273}$$

Der letzte Term stammt gerade vom Wechselwirkungsbeitrag zur Gesamtenergie, da dieser Beitrag nur existiert, wenn sich sowohl die $\vec{k}\sigma$- als auch die $\vec{k}'\sigma'$-Besetzung ändern. Die Quasiteilchen-Dispersion läßt sich dann schreiben als

$$\varepsilon_{\vec{k}\sigma} = \varepsilon^0_{\vec{k}\sigma} + \sum_{\vec{k}'\sigma'} f_{\vec{k}\sigma,\vec{k}'\sigma'} \delta n_{\vec{k}'\sigma'} = \varepsilon_F + \frac{\hbar k_F}{\hbar} + \sum_{\vec{k}'\sigma'} f_{\vec{k}\sigma,\vec{k}'\sigma'} \delta n_{\vec{k}'\sigma'} \tag{5.274}$$

wobei im letzten Schritt um die Fermifläche herum linearisiert wurde, weil bei tiefen Temperaturen nur Anregungen in den Bereich um die Fermifläche möglich sind.

Sinn und Erfolg der Landauschen Fermiflüssigkeits-Theorie liegen darin, daß es gelingt, mit wenigen phänomenologischen Parametern Relationen zwischen Größen wie spezifischer Wärme, magnetischer Suszeptibilität, Kompressibilität herzuleiten, die experimentell nachprüfbar sind, und die phänomenologischen Parameter der Fermi-Flüssigkeitstheorie sind demnach die *effektive Masse* m^* und die $f_{\vec{k}\sigma,\vec{k}'\sigma'}$ für die Quasiteilchen-Wechselwirkung.

Im Unterschied zu den freien Fermionen haben die Quasiteilchen allerdings eine endliche Lebensdauer in einem Zustand $\vec{k}$. Das Konzept der elementaren Anregung mit Impuls $\vec{k}$ macht aber nur dann Sinn, wenn die Dämpfung klein ist gegenüber der Anregungsenergie. Man kann aber zeigen, daß für Fermionen die Lebensdauer τ auf Grund der Streuung von Elektronen aneinander $\tau \sim \frac{1}{T^2}$ erfüllt, so daß bei hinreichend tiefen Temperaturen T die Lebensdauer immer als klein im Vergleich zur Anregungsenergie angesehen werden kann.

Es ist möglich, die phänomenologische Fermi-Flüssigkeitstheorie von Landau mikroskopisch zu begründen. Ausgehend von einem allgemeinen, mikroskopischen Hamilton-Operator für wechselwirkende Elektronensysteme der Art (5.34) oder (5.38) kann man durch Störungsrechnung nach dem Wechselwirkungs-Term zeigen, daß die wesentlichen Annahmen bzw. Aussagen der Landau-Theorie Ordnung für Ordnung in der Störungsreihe erfüllt sind, d.h. bis zu beliebiger Ordnung in der Wechselwirkung und daher wohl auch nach –in der Praxis meist nicht möglicher– Aufsummation der Störungsreihe, was dem exakten Ergebnis entsprechen sollte, falls die Störungsreihe konvergiert. Zum Beweis dieser Aussage braucht man aber den mathematischen Apparat der Vielteilchen-Theorie mit Green-Funktionen, Feynman-Diagrammen, etc., weshalb dies hier nicht besprochen werden kann. Die obige Aussage gilt zumindest für dreidimensionale Systeme, für eindimensionale Systeme hingegen mit Sicherheit nicht.

Die meisten Metalle und auch das Fermi-System ^{3}He lassen sich sehr gut als Fermi-Flüssigkeit beschreiben, zumindest solange sie im Normalzustand bleiben, also kein Phasenübergang in eine supraleitende (bzw. superfluide beim ^{3}He) oder magnetische Phase eintritt. Erst in jüngster Zeit werden zunehmend auch metallische Systeme gefunden und untersucht, bei denen offenbar keine Fermiflüssigkeits-Eigenschaft vorliegt. Dies ist ein aktueller Forschungsgegenstand und kann an reduzierter Dimension (z.B. quasi-zweidimensionale Systeme), an der Nähe zu einem (magnetischen) Phasenübergang oder an Unordnung liegen.

6 Elektron-Phonon-Wechselwirkung

6.1 Hamilton-Operator der Elektron-Phonon-Wechselwirkung

Wir haben uns ganz am Anfang in Kapitel 2 bei Besprechung der Born-Oppenheimer-Näherung davon überzeugt, daß man die elektronischen Freiheitsgrade, d.h. die Dynamik der Elektronen, und die Gitterfreiheitsgrade, d.h. die Dynamik der Ionen, in guter Näherung als voneinander entkoppelt betrachten kann. Entsprechend haben wir dann in Kapitel 3 nur die Gitterschwingungen (Phononen) betrachtet und in Kapitel 4 und 5 nur die Elektronen. Wir wissen aber schon aus der Behandlung der Born-Oppenheimer-Näherung, daß es Korrekturen zu dieser Entkopplung gibt, die man nach Potenzen von $\sqrt{m/M}$ klassifizieren kann. In diesem Kapitel sollen diese Korrekturen in niedrigster nichtverschwindender Ordnung berücksichtigt werden.

In Kapitel 4 und 5 hatten wir in der Regel vorausgesetzt, daß das Einteilchenpotential $V(\vec{r})$ gitterperiodisch ist, also $V(\vec{r}+\vec{R}) = V(\vec{r})$ erfüllt ist. Dies bedeutet, daß die Ionen (oder Atomkerne) ihre Gleichgewichtspositionen einnehmen und sich nicht bewegen. Dies kann aber eigentlich nur bei $T = 0$ der Fall sein, bei jeder endlichen Temperatur werden die Ionen aus ihren Gleichgewichtspositionen ausgelenkt sein und es liegt zu einer festgehaltenen Zeit t kein periodisches Potential mehr vor. In diesem Kapitel sollen die Konsequenzen davon untersucht werden.

Wir betrachten dazu zunächst wieder den elektronischen Teil des Gesamt-Hamilton-Operators, der in erster Quantisierung (wie schon oft dagewesen) gegeben ist durch

$$H = \sum_{i=1}^{N_e} \frac{\vec{p}_i^{\,2}}{2m} + \sum_{i=1}^{N_e} V(\vec{r}_i) + \sum_{i<j} u(\vec{r}_i - \vec{r}_j) \tag{6.1}$$

Das Einteilchenpotential läßt sich als Linearkombination der Beiträge der einzelnen Einheitszellen schreiben, also

$$V(\vec{r}) = \sum_{n=1}^{N} v(\vec{r} - \vec{R}_n) \tag{6.2}$$

Im Unterschied zu den Abschnitten 4 und 5 sollen jetzt aber Auslenkungen aus den Gleichgewichtspositionen zugelassen sein, d.h. die $\vec{R}_n$ sind selbst keine Gittervektoren eines Bravais-Gitters mehr sondern es gilt

$$\vec{R}_n = \vec{R}_{n0} + \vec{u}_n \tag{6.3}$$

wobei $\vec{R}_{n0}$ ein Gittervektor ist und $\vec{u}_n$ die Auslenkung des n-ten Ions aus der Gleichgewichtsposition. Zur Vereinfachung soll hier zunächst nur ein einatomiges Gitter betrachtet werden, die Verallgemeinerung auf die Behandlung mehrerer Atome pro Elementarzelle ist elementar einfach. Für kleine Auslenkungen $\vec{u}_n$ kann man das Potential der einzelnen Einheitszelle entwickeln:

$$v(\vec{r} - \vec{R}_n) = v(\vec{r} - \vec{R}_{n0} - \vec{u}_n) = v(\vec{r} - \vec{R}_{n0}) - \nabla v(\vec{r} - \vec{R}_{n0}) \cdot \vec{u}_n \tag{6.4}$$

Schreibt man den Einteilchenanteil des Elektronen-Hamilton-Operators als

$$H_0 = \sum_{i=1}^{N_e} h(\vec{r}_i) \tag{6.5}$$

dann gilt also

$$h(\vec{r}_i) = \frac{\vec{p}_i^{\,2}}{2m} + \underbrace{\sum_{n=1}^{N} v(\vec{r}_i - \vec{R}_{n0})}_{V_{per}(\vec{r}_i)} - \underbrace{\sum_{n=1}^{N} \nabla v(\vec{r}_i - \vec{R}_{n0})\vec{u}_n}_{V_{el-ph}(\vec{r}_i)} \tag{6.6}$$

In 2.Quantisierung bezüglich der Bloch-Darstellung wird der erste translationsinvariante (periodische) Anteil des Potentials, $V_{per}(\vec{r})$ zusammen mit der kinetischen Energie diagonal, der 2. Anteil $V_{el-ph}(\vec{r})$ hat aber Nichtdiagonal-Elemente in Blochdarstellung. $V_{el-ph}(\vec{r})$ ist nämlich nicht translationsinvariant bezüglich Gittervektoren $\vec{R}_{m0}$, da die Auslenkungen $\vec{u}_n$ von Gitterplatz zu Gitterplatz verschieden sind. Beschränkt man sich zur Vereinfachung auf ein einzelnes Band, erhält der Einteilchen-Anteil des Hamilton-Operators die Gestalt:

$$H_0 = \sum_{\vec{k}\sigma} \varepsilon(\vec{k}) c^\dagger_{\vec{k}\sigma} c_{\vec{k}\sigma} - \sum_{\vec{k}\vec{k}'\sigma} \langle \vec{k}|V_{el-ph}(\vec{r})|\vec{k}'\rangle c^\dagger_{\vec{k}'\sigma} c_{\vec{k}\sigma} \tag{6.7}$$

Hierbei wurde schon benutzt, daß die Matrixelemente von V_{el-ph} spindiagonal sein müssen; die Potentialänderung durch die Auslenkung eines Ions hat ja keinerlei Einfluß auf den Spin. Dieses Matrixelement kann man nun noch etwas weiter umformen gemäß

$$\langle \vec{k}|V_{el-ph}|\vec{k}'\rangle = \int d^3r \psi^*_{\vec{k}}(\vec{r}) \sum_{l=1}^{N} \nabla v(\vec{r} - \vec{R}_{l0})\vec{u}_l \psi_{\vec{k}'}(\vec{r}) \tag{6.8}$$

Das Potential $v(\vec{r})$ eines einzelnen Ions (bzw. einer einzelnen Einheitszelle) kann man in einer Fourier-Reihe entwickeln gemäß

$$v(\vec{r}) = \sum_{\vec{\kappa}} v_{\vec{\kappa}} e^{i\vec{\kappa}\vec{r}} \text{ mit } v_{\vec{\kappa}} = \frac{1}{V}\int d^3r e^{-i\vec{\kappa}\vec{r}} v(\vec{r})$$

$$\rightarrow \nabla v(\vec{r}) = \sum_{\vec{\kappa}} i\vec{\kappa} v_{\vec{\kappa}} e^{i\vec{\kappa}\vec{r}} \tag{6.9}$$

Somit ergibt sich:

$$\langle \vec{k}|V_{el-ph}|\vec{k}'\rangle = \sum_{\vec{\kappa}} i\vec{\kappa} v_{\vec{\kappa}} \int d^3r \psi^*_{\vec{k}}(\vec{r}) \sum_{l=1}^{N} e^{i\vec{\kappa}(\vec{r}-\vec{R}_{l0})} \vec{u}_l \psi_{\vec{k}'}(\vec{r}) \tag{6.10}$$

Die Auslenkungen $\vec{u}_l$ kann man bekanntlich als Linearkombination von Phononen-Erzeugern und -Vernichtern darstellen gemäß (vgl.(3.174)):

$$\vec{u}_l = \frac{1}{\sqrt{N}} \sum_{\vec{q}j} \sqrt{\frac{\hbar}{2M\omega_j(\vec{q})}} (b_{\vec{q}j} + b^\dagger_{-\vec{q}j}) \vec{e}_j(\vec{q}) e^{i\vec{q}\vec{R}_{l0}} \tag{6.11}$$

Damit ergibt sich:

$$
\begin{aligned}
\langle\vec{k}|V_{el-ph}|\vec{k}'\rangle \quad &= \quad \frac{1}{\sqrt{N}}\sum_{\vec{q}\vec{\kappa}j} i\vec{\kappa}\cdot\vec{e}_j(\vec{q})v_{\vec{\kappa}} \overbrace{\sum_{l=1}^{N} e^{i(\vec{q}-\vec{\kappa})\vec{R}_{l0}}}^{N\cdot\sum_{\vec{G}}\delta_{\vec{\kappa}\vec{q}+\vec{G}}} \overbrace{\frac{1}{V}\int d^3r e^{i(\vec{k}'-\vec{k})\vec{r}} u^*_{\vec{k}}(\vec{r}) e^{i\vec{\kappa}\vec{r}} u_{\vec{k}'}(\vec{r})}^{\frac{1}{N}\sum_{\vec{R}} e^{i(\vec{k}'+\vec{\kappa}-\vec{k})\vec{R}} \frac{1}{V_{EZ}}\int_{EZ} d^3r e^{i(\vec{k}'+\vec{\kappa}-\vec{k})\vec{r}} u^*_{\vec{k}}(\vec{r}) u_{\vec{k}'}(\vec{r})} \quad \cdot \\
&\cdot \quad \sqrt{\frac{\hbar}{2M\omega_j(\vec{q})}}(b_{\vec{q}j}+b^{\dagger}_{-\vec{q}j}) = \sqrt{N}\sum_{\vec{G}\vec{q}j} i(\vec{q}+\vec{G})\cdot\vec{e}_j(\vec{q})v_{\vec{q}+\vec{G}}\,\cdot \\
&\cdot \quad \sqrt{\frac{\hbar}{2M\omega_j(\vec{q})}}(b_{\vec{q}j}+b^{\dagger}_{-\vec{q}j})\frac{1}{V_{EZ}}\int_{EZ} d^3r u^*_{\vec{k}}(\vec{r}) u_{\vec{k}-\vec{q}-\vec{G}}(\vec{r})\delta_{\vec{k}'\vec{k}-\vec{q}-\vec{G}}
\end{aligned} \tag{6.12}
$$

Der elektronische Einteilchen-Hamilton-Operator ist bei Berücksichtigung von Auslenkungen in 2.Quantisierung also gegeben durch

$$
\begin{aligned}
H_0 \quad &= \quad \sum_{\vec{k}\sigma}\varepsilon(\vec{k})c^{\dagger}_{\vec{k}\sigma}c_{\vec{k}\sigma} + \sum_{\vec{k}\vec{q}\vec{G}j\sigma} M^j_{\vec{k},\vec{q}+\vec{G}}(b_{\vec{q}j}+b^{\dagger}_{-\vec{q}j})c^{\dagger}_{\vec{k}\sigma}c_{\vec{k}-\vec{q}-\vec{G}\sigma} = \\
&= \quad \sum_{\vec{k}\sigma}\varepsilon(\vec{k})c^{\dagger}_{\vec{k}\sigma}c_{\vec{k}\sigma} + \sum_{\vec{k}\vec{q}\vec{G}j\sigma} M^j_{\vec{k},\vec{q}+\vec{G}}(b_{\vec{q}j}+b^{\dagger}_{-\vec{q}j})c^{\dagger}_{\vec{k}+\vec{q}+\vec{G}\sigma}c_{\vec{k}\sigma}
\end{aligned} \tag{6.13}
$$

mit dem *Matrixelement der Elektron-Phonon-Kopplung*

$$
M^j_{\vec{k},\vec{q}+\vec{G}} = -\sqrt{\frac{\hbar N}{2M\omega_j(\vec{q})}}\, i(\vec{q}+\vec{G})\cdot\vec{e}_j(\vec{q})v_{\vec{q}+\vec{G}}\frac{1}{V_{EZ}}\int_{EZ} d^3r u^*_{\vec{k}+\vec{q}+\vec{G}}(\vec{r})u_{\vec{k}}(\vec{r}) \tag{6.14}
$$

Diesen Hamilton-Operator (oder manchmal etwas speziellere, daraus ableitbare Versionen) bezeichnet man auch als

Fröhlich-Modell[1]

der Elektron-Phonon-Wechselwirkung. Der Term hat eine einfache, physikalisch anschauliche Interpretation:

Durch die Auslenkungen kommt es zu Übergängen oder Streuungen der Elektronen von Bloch-Zuständen mit Wellenvektor $\vec{k}$ in Zustände mit Wellenvektor $\vec{k}' = \vec{k}+\vec{q}$ unter Absorption (Vernichtung) eines Phonons mit Wellenzahl $\vec{q}$ oder unter Emission eines Phonons mit Wellenzahl $-\vec{q}$.

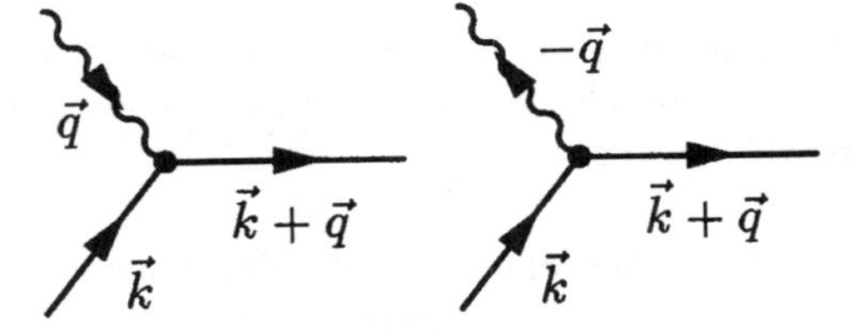

Bild 6.1 Elementarer Elektron-Phonon-Vertex mit Phonon-Absorption oder -Emission

Es ist üblich diese Prozesse durch Diagramme der nebenstehenden Art darzustellen. Am „*Wechselwirkungs-Vertex*" eines solchen Diagramms herrscht Impulserhaltung. Dabei kann $\vec{k}$ auf die erste Brillouin-Zone beschränkt werden; liegt dann $\vec{k}+\vec{q}$ außerhalb der 1.Brillouin-Zone, dann kann man einen reziproken Gittervektor $\vec{G}$ so addieren, daß $\vec{k}+\vec{q}+\vec{G}$ wieder in der ersten Brillouin-Zone liegt.

Solche Prozesse nennt man auch *Umklapp-Prozesse*, weil das Addieren des reziproken Gittervektors den Impuls fast in die entgegengesetzte Richtung transformieren kann. Bleibt dagegen $\vec{k}+\vec{q}$ mit $\vec{k}$ in der ersten Brillouin-Zone, ist kein reziproker Gittervektor mehr zu addieren. Diese Prozesse heißen *Normal-Prozesse*. Für Normal-Prozesse zumindest existiert offenbar nur eine Kopplung der Elektronen an die longitudinalen Phononen, wie aus dem Skalarprodukt $\vec{q}\cdot\vec{e}_j(\vec{q})$

[1] H.Fröhlich, * 1905 in Rexingen (Neckar), 1932/33 Professor in Freiburg, nach England emigriert und Professor in Bristol und Liverpool, Arbeiten zur Festkörpertheorie, insbesondere zur Theorie der Dielektrika und Supraleitung, 1950 berühmte Arbeit zur Elektron-Phonon-Wechselwirkung

ersichtlich ist; transversale Phononen mit Auslenkungsrichtung $\sim \vec{e}_j$ senkrecht zum Phononen-Wellenvektor $\vec{q}$ ergeben offenbar keinen Beitrag zur effektiven Elektronenstreuung, da das Matrixelement verschwindet.

Bei obiger Herleitung des Hamilton-Operators der Elektron-Phonon-Wechselwirkung in 2.Quantisierung wurde eigentlich nur eine Näherung gemacht, nämlich die Linearisierung in den Auslenkungen, also die Fourier-Entwicklung des Elektron-Ion-Potentials mit Abbruch nach dem ersten Glied. Dabei wurden das Elektron-Ion-Potential und sein Gradient noch in eine Fourier-Reihe entwickelt, was im Prinzip exakt ist. Die Auslenkungen wurden nach Phononen-Erzeugern und -Vernichtern entwickelt, was immer möglich und exakt ist, auch wenn man über die einfache harmonische Näherung hinausgeht. Die Berechnung der elektronischen Matrixelemente in Bloch-Darstellung und spezielle Gittersummen aus der Fourier-Entwicklung und der Entwicklung nach Phononen-Operatoren liefern Delta-Relationen, die sich gerade als Impulserhaltung interpretieren lassen. Das Elektron-Phonon-Kopplungs-Matrix-Element ist im Wesentlichen also durch den Gradienten des Elektron-Ion-Potentials bestimmt. Explizit hingeschrieben haben wir den Hamilton-Operator aber zunächst nur für ein Einband-Modell und für nur ein Atom pro Elementarzelle, so daß nur akustische Phononen auftreten können. Eine Verallgemeinerungen auf mehrere elektronische Bänder ist sicher unproblematisch und würde nur die Zahl der Indizes erhöhen. Ein Einband-Modell ist andererseits im Prinzip ausreichend, da durch die Phononen in der Regel keine Interband-Streuung verursacht wird. Interessanter wird die Zulassung von mehratomigen Einheitszellen, da dann auch optische Phononen an die Elektronen koppeln können.

Der gesamte Festkörper-Hamilton-Operator läßt sich nach obigen Überlegungen folgendermaßen schreiben:

$$
\begin{aligned}
H \;=\; & \sum_{\vec{k}\nu\sigma} \varepsilon(\vec{k}) c^{\dagger}_{\vec{k}\nu\sigma} c_{\vec{k}\nu\sigma} + \sum_{\vec{k}\nu\vec{q}\vec{G}j\sigma} M^{j}_{\vec{k},\vec{q}+\vec{G}} (b_{\vec{q}j} + b^{\dagger}_{-\vec{q}j}) c^{\dagger}_{\vec{k}+\vec{q}+\vec{G}\nu\sigma} c_{\vec{k}\nu\sigma} + \\
& + \sum_{\vec{k}_1\vec{k}_2\vec{q}} \sum_{\sigma\sigma'\nu\nu'} u_{\vec{k}_1+\vec{q}\nu\vec{k}_2-\vec{q}\nu',\vec{k}_2\nu'\vec{k}_1\nu} c^{\dagger}_{\vec{k}_1+\vec{q}\nu\sigma} c^{\dagger}_{\vec{k}_2-\vec{q}\nu'\sigma'} c_{\vec{k}_2\nu'\sigma'} c_{\vec{k}_1\nu\sigma} + \sum_{\vec{q}j} \hbar\omega_j(\vec{q}) (b^{\dagger}_{\vec{q}j} b_{\vec{q}j} + \frac{1}{2})
\end{aligned}
\tag{6.15}
$$

wobei ν den Bandindex bezeichnen soll und Interband-Streuungen vernachlässigt sind.

Zum Abschluß sollen die wichtigsten Konsequenzen der Elektron-Phonon-Wechselwirkung aufgezählt werden:

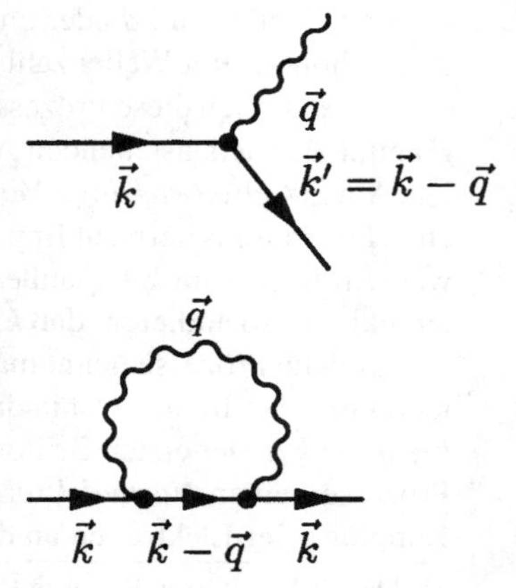

1. Der Wellenvektor $\vec{k}$ ist offenbar keine gute Quantenzahl mehr für die Elektronen, sie werden von $\vec{k}$ nach $\vec{k}'$ gestreut. Die Elektronen haben folglich eine endliche Lebensdauer im Blochzustand $\vec{k}$. Daraus resultiert insbesondere ein wesentlicher Beitrag zum elektrischen Widerstand.
2. Die elektronischen Eigenzustände und Eigenwerte werden modifiziert. Insbesondere kann es zu einer Mitbewegung einer Gitterpolarisation mit dem Elektron durch das Gitter kommen. Unter bestimmten Umständen spricht man dabei von einem neuen Quasiteilchen, dem *Polaron*, das aus Elektron plus der es umgebenden Polarisationswolke besteht. Das Polaron hat eine größere effektive Masse als ein normales Leitungselektron.

3. Das von einem Elektron emittierte Phonon kann von einem anderen Elektron wieder absorbiert werden, so daß dieses Phonon eine effektive Elektron-Elektron-Wechselwirkung überträgt. Diese kann attraktiv sein, was der Mechanismus der (herkömmlichen) Supraleitung ist. Dies kann man anschaulich auch so verstehen, daß die von einem Elektron induzierte Gitterpolarisation zu einem späteren Zeitpunkt von einem 2.Elektron noch attraktiv gespürt wird wegen der Ansammlung (Auslenkung) positiver Ionenladung.

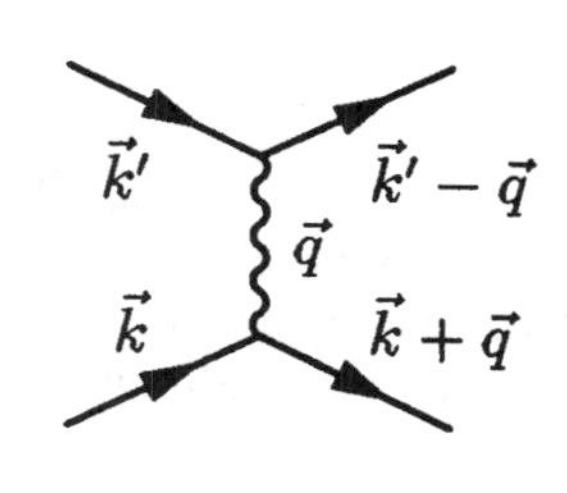

4. Die Phononen-Eigenschaften und effektiven Frequenzen werden ebenfalls renormiert durch die Elektron-Phonon-Wechselwirkung. Insbesondere existieren Prozesse, bei denen ein propagierendes Phonon zwischenzeitlich von Elektronen absorbiert werden kann bzw. ein Elektron-Loch-Paar erzeugt.

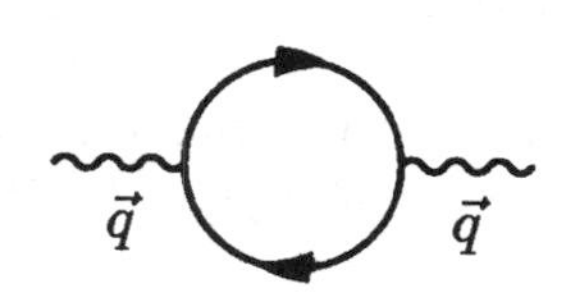

Insgesamt existiert hier eine weitgehende Analogie zu Prozessen und Vorstellungen, die in der Quanten-Elektrodynamik von Bedeutung sind. Elektronen koppeln an elektromagnetische Felder, die quantisiert als Linearkombinationen von Photonen-Erzeugern und -Vernichtern darstellbar sind. Den oben diskutierten Phänomenen und Konsequenzen entsprechen in der Quanten-Elektrodynamik z.B. die Renormierung von Elektronen-Masse und -Ladung durch die umgebende Photonen-Wolke, die Übertragung der elektromagnetischen Wechselwirkung durch den Austausch eines Photons, die Erzeugung eines Elektron-Loch- bzw. Elektron-Positron-Paares („Paar-Erzeugung“).

6.2 Renormierung der effektiven Elektronen-Masse

In diesem Abschnitt soll der Einfluß der Elektron-Phonon-Wechselwirkung auf die elektronischen Eigenschaften von Festkörpern abgeschätzt werden. Dazu soll die Änderung der Grundzustandsenergie störungstheoretisch berechnet werden. Nach der quantenmechanischen Störungsrechnung gilt bekanntlich:

$$E_n^{(2)} = E_n^{(0)} + \langle n|V|n\rangle + \sum_{m\neq n} \frac{|\langle n|V|m\rangle|^2}{E_n^{(0)} - E_m^{(0)}} \tag{6.16}$$

wenn V ein Stör-Term im Hamilton-Operator ist und $|n\rangle, |m\rangle$ die ungestörten Eigenzustände mit Eigenwerten $E_n^{(0)}, E_m^{(0)}$. Wir gehen nun aus vom elektronischen Grundzustand $|0\rangle$ mit Grundzustandsenergie

$$E_0 = \sum_{\vec{k},(k<k_F)} \varepsilon_{\vec{k}}$$

$\varepsilon_{\vec{k}}$ bezeichnet die rein elektronischen Energie-Eigenwerte, also die Bandstruktur bei Abwesenheit von Phononen und Elektron-Phonon-Kopplung; vom Band- und Spin-Index soll hier abgesehen werden bzw. $\vec{k}$ soll allgemein für einen Satz von Einteilchen-Quantenzahlen stehen. Im ungestörten Grundzustand sind keine Phononen angeregt. Dann ergibt sich für die Grundzustandsenergie in 2. Ordnung Störungsrechnung nach der Elektron-Phonon-Kopplung:

$$E^{(2)} = E_0 + \sum_{\vec{k}\vec{q}} \frac{\langle 0|b_{-\vec{q}} c^{\dagger}_{\vec{k}} c_{\vec{k}+\vec{q}} b^{\dagger}_{-\vec{q}} c^{\dagger}_{\vec{k}+\vec{q}} c_{\vec{k}}|0\rangle |M_{\vec{k},\vec{q}}|^2}{\varepsilon_{\vec{k}} - \varepsilon_{\vec{k}+\vec{q}} - \hbar\omega_{-\vec{q}}} \tag{6.17}$$

Hierbei wird von Umklapp-Prozessen abgesehen, außerdem wird nur der eine relevante (longitudinal akustische) Phononen-Zweig berücksichtigt, und es wird über Zwischenzustände summiert, in denen ein Phonon mit Impuls $-\vec{q}$ vorhanden ist und ein Elektron mit Impuls $\vec{k}$ in einen Zustand mit Impuls $\vec{k}+\vec{q}$ gestreut ist. Es gilt daher

$$E_0 - E_n = \varepsilon_{\vec{k}} - \varepsilon_{\vec{k}+\vec{q}} - \hbar\omega_{-\vec{q}}$$

Die Elektronen-Erzeuger und -Vernichter in den Matrixelementen sorgen automatisch dafür, daß nur solche $\vec{k},\vec{q}$ auftreten, für die $|\vec{k}|\langle k_F$ und $|\vec{k}+\vec{q}|\rangle k_F$ gilt. Dies kann man (auch für $T = 0$) durch Fermi-Faktoren $f(\varepsilon_{\vec{k}})$ bzw. $(1 - f(\varepsilon_{\vec{k}+\vec{q}}))$ zum Ausdruck bringen. Die modifizierte Grundzustandsenergie ist somit gegeben durch:

$$E^{(2)} = E_0 + \sum_{\vec{k},\vec{q}} \frac{|M_{\vec{k},\vec{q}}|^2 f(\varepsilon_{\vec{k}})(1 - f(\varepsilon_{\vec{k}+\vec{q}}))}{\varepsilon_{\vec{k}} - \varepsilon_{\vec{k}+\vec{q}} - \hbar\omega_{-\vec{q}}} \tag{6.18}$$

Dies ist die gesamte Grundzustandsenergie des N_e-Elektronen-Systems bei Berücksichtigung der Elektron-Phonon-Wechselwirkung bis zur 2.Ordnung. Wie ändert sich aber die Eigenenergie eines einzelnen Elektrons, welche Modifikation erfährt also die Bandstruktur? Es ist anschaulich physikalisch schon klar, daß Modifikationen insbesondere in der Nähe der Fermi-Kante zu erwarten sind. Zumindest für metallische Systeme erlaubt ja das Einschalten der Elektron-Phonon-Kopplung ein dauerndes Herausstreuen des Elektrons aus dem besetzten Einteilchenzustand $\vec{k}$ in unbesetzte Zustände $\vec{k}+\vec{q}$, und das sollte Elektronen an der Fermikante besonders leicht möglich sein. Welche Energie einem einzelnen Elektron an der Fermikante infolge der Elektron-Phonon-Wechselwirkung zuzuordnen ist, kann durch folgende simple Überlegung abgeschätzt werden. Wir stellen uns vor, daß einem gegebenen N_e-Elektronen-System, dessen Grundzustandsenergie durch obigen Ausdruck gegeben ist, ein weiteres Elektron zugefügt wird. Dieses zusätzliche Elektron muß einen Zustand $\vec{k}_0$ direkt oberhalb der Fermi-Kante besetzen und hätte im ungestörten Fall daher die Energie $\varepsilon_{\vec{k}_0} = \frac{\hbar^2 k_0^2}{2m}$. Im gestörten Fall, also unter Berücksichtigung der Elektron-Phonon-Kopplung in 2.Ordnung Störungsrechnung, muß man diesem zusätzlichen Elektron aber die Energie $E_{\vec{k}_0}$ zuordnen, um die sich die Grundzustandsenergie durch das Zufügen dieses Elektrons ändert. Das zusätzliche Elektron kann einmal selbst wieder in alle unbesetzten Zustände übergehen unter Phononen-Emission, zum anderen ist aber der Zustand $\vec{k}_0$ für die übrigen Elektronen im Fermi-See nicht mehr zugänglich, da $\vec{k}_0$ ja jetzt besetzt ist. Daher gilt

$$E_{\vec{k}_0} = \frac{\hbar^2 k_0^2}{2m} + \sum_{\vec{q}} \frac{|M_{\vec{k}_0,\vec{q}}|^2 (1 - f(\varepsilon_{\vec{k}_0+\vec{q}}))}{\varepsilon_{\vec{k}_0} - \varepsilon_{\vec{k}_0+\vec{q}} - \hbar\omega_{-\vec{q}}} - \sum_{\vec{q}} \frac{|M_{\vec{k}_0-\vec{q},\vec{q}}|^2 f(\varepsilon_{\vec{k}_0-\vec{q}})}{\varepsilon_{\vec{k}_0-\vec{q}} - \varepsilon_{\vec{k}_0} - \hbar\omega_{-\vec{q}}} \tag{6.19}$$

Vernachlässigt man die k-Abhängigkeit von $M_{\vec{q},\vec{k}}$, was zumindest dann korrekt ist, wenn man die Bloch-Faktoren durch 1 ersetzen kann und daher für Metalle bei Gültigkeit des Modells freier Elektronen gerechtfertigt sein sollte, und berücksichtigt man $|M_{\vec{q}}|^2 = |M_{-\vec{q}}|^2$, dann kann man die letzten beiden Summanden zusammenfassen und erhält

$$E_{\vec{k}_0} = \frac{\hbar^2 k_0^2}{2m} + \sum_{\vec{q}} \frac{|M_{\vec{q}}|^2}{\varepsilon_{\vec{k}_0} - \varepsilon_{\vec{k}_0+\vec{q}} - \hbar\omega_{-\vec{q}}} - \sum_{\vec{q}} \frac{2|M_{\vec{q}}|^2 f(\varepsilon_{\vec{k}_0+\vec{q}})\hbar\omega_{-\vec{q}}}{(\varepsilon_{\vec{k}_0+\vec{q}} - \varepsilon_{\vec{k}_0})^2 - \hbar^2\omega_{-\vec{q}}^2} \tag{6.20}$$

Dies ist also die Modifikation der elektronischen Bandstruktur in der Nähe der Fermikante bedingt durch die Elektron-Phonon-Wechselwirkung, wenn diese in 2. Ordnung Störungsrechnung berücksichtigt wird. Der erste Summand ergibt eine glatte Funktion von $\vec{k}_0$ und bewirkt daher in der Regel nur eine Verschiebung von $\varepsilon_{\vec{k}}$. Der zweite Summand hat aber durch den Fermi-Faktor eine scharfe Struktur gerade an der Fermi-Kante. Berechnet man den Gradienten von $E_{\vec{k}}$, so ist für die Korrektur, also die Abweichung zum einfachen freien Elektronenverhalten, dieser von der Fermi-Funktion herrührende Anteil dominant, da die Ableitung der Fermifunktion bei tiefen Temperaturen ja eine Delta-Funktion ergibt. Daher gilt:

$$\nabla_{\vec{k}} E_{\vec{k}}|_{\vec{k}=\vec{k}_0} \approx \nabla_{\vec{k}} \varepsilon_{\vec{k}_0} - \sum_{\vec{q}} \frac{2|M_{\vec{q}}|^2 \nabla_{\vec{k}} f(\varepsilon_{\vec{k}_0+\vec{q}}) \hbar\omega_{-\vec{q}}}{(\varepsilon_{\vec{k}_0+\vec{q}} - \varepsilon_{\vec{k}_0})^2 - \hbar^2\omega_{-\vec{q}}^2} = \nabla_{\vec{k}} \varepsilon_{\vec{k}} (1 - \alpha_{\vec{k}})|_{\vec{k}=\vec{k}_0} \tag{6.21}$$

mit

$$\alpha_{\vec{k}_0} = -\sum_{\vec{q}} \frac{2|M_{\vec{q}}|^2 \hbar\omega_{-\vec{q}} \delta(\varepsilon_{\vec{k}_0+\vec{q}} - E_F)}{(\varepsilon_{\vec{k}_0+\vec{q}} - \varepsilon_{\vec{k}_0})^2 - \hbar^2\omega_{-\vec{q}}^2} \tag{6.22}$$

Wenn $\vec{k}_0$ und $\vec{k}_0 + \vec{q}$ beide an der Fermikante sind, wird dies zu einem Oberflächenintegral über die Fermifläche. $\alpha_{\vec{k}_0}$ ist dann positiv und gegeben durch

$$\alpha_{\vec{k}_0} \sim \int dS_{\vec{k}} \frac{2|M_{\vec{q}}|^2}{\hbar\omega_{\vec{q}}} \tag{6.23}$$

Der Anstieg der elektronischen Dispersion wird also verkleinert an der Fermikante durch die Elektron-Phonon-Kopplung, die effektive Elektronenmasse nimmt also zu und zwar ebenfalls um diesen Faktor α:

$$m^* = m(1 + \alpha) \tag{6.24}$$

6.3 Abschirmeffekte auf Phononen-Dispersion und Elektron-Phonon-Wechselwirkung

Die Elektron-Phonon-Wechselwirkung wird verursacht durch das attraktive Potential, das Elektronen durch die Ionen oder Atomkerne spüren, und dies ist letztlich das elektrostatische Coulomb-Potential. Allerdings ist dies in der Regel kein nacktes Coulomb-Potential, sondern dieses ionische Potential ist abgeschirmt durch die anderen Elektronen und insbesondere auch die Elektronen in den inneren Schalen. Nachdem wir im vorigen Kapitel elementare Theorien der Abschirmung kennengelernt haben, können wir den Einfluß von Abschirmung auf die Ionen-Potentiale und damit auf die Phononen und die Elektron-Phonon-Wechselwirkung qualitativ und phänomenologisch diskutieren.

Bei der Diskussion der akustischen Phononen wurde schon herausgestellt, daß es für alle Kristalle eine langwellige Schwingungsmode gibt, bei der alle Ionen nahezu gleichförmig aus der Ruhelage ausgelenkt werden. Die Ionen sind aber auch geladenene Teilchen der positiven Ladung Ze, und wenn alle Ionen gleichförmig ausgelenkt werden, wird die ionische Ladungsdichte gegenüber ihrer Ruhelage verschoben. Bleiben die Elektronen in ihrer Gleichgewichtslage, dann erwartet man eine kollektive Plasma-Schwingung des Ionensystems um seine Gleichgewichtslage. Die ionische Plasma-Frequenz ist gegeben durch:

$$\Omega_P^2 = 4\pi \frac{Z^2 e^2 n_i}{M} \tag{6.25}$$

wobei n_i die Ionen-Dichte und M die Ionen-Masse ist. Dieses vermeintliche Ergebnis einer kollektiven, gleichförmigen Schwingung aller Ionen mit der konstanten ionischen Plasma-Frequenz steht im Widerspruch zu Ergebnissen des Kapitels 3, wonach die Eigenfrequenz im langwelligen Grenzfall linear mit q verschwinden sollte. Der physikalische Grund dafür, daß die ionische Plasma-Frequenz bei Phononen nicht maßgebend ist, liegt darin, daß bei Auslenkung der Ionen die Elektronen nicht in ihren Ruhelagen bleiben sondern sich der Ionenbewegung anpassen, ihr folgen und so die eventuell entstehende Polarisation gleich wieder abschirmen.

Für Metalle kann man für große Wellenlängen (kleine q) die Abschirmung in Thomas-Fermi-Näherung beschreiben. Danach gilt für die Dielektrizitätskonstante

$$\varepsilon(\vec{q}) = 1 + \frac{k_{TF}^2}{q^2} \tag{6.26}$$

mit der Thomas-Fermi Wellenzahl

$$k_{TF}^2 = 4\pi e^2 \frac{\partial n_0}{\partial \mu}$$

Das durch die Auslenkung der Ionen verursachte rücktreibende elektrische Feld wird also von den gut beweglichen Elektronen abgeschirmt und ist um den Faktor $1/\varepsilon(q)$ kleiner als das nackte Feld ohne Abschirmung. Entsprechend ändert sich die zu erwartende Schwingungsfrequenz in

$$\omega^2 = \frac{\Omega_P^2}{\varepsilon(\vec{q})} = \frac{4\pi Z^2 e^2 n_i}{M(q^2 + k_{TF}^2)} q^2 \tag{6.27}$$

Für kleine q erhält man

$$\omega(q) = \sqrt{\frac{4\pi Z^2 e^2 n_i}{M k_{TF}^2}}\, q \tag{6.28}$$

Wie für akustische Phononen erwartet ergibt sich also eine lineare Dispersionsbeziehung zwischen Frequenz $\omega(q)$ und Wellenzahl q. Die Schallgeschwindigkeit von Metallen ist nach diesen Überlegungen näherungsweise gegeben durch

$$c = \sqrt{\frac{4\pi Z^2 e^2 n_i}{M k_{TF}^2}} \tag{6.29}$$

Dies kann noch etwas umgerechnet werden unter Benutzung des Zusammenhangs zwischen Ionen- und Elektronendichte $n_i = n_e/Z$ (wegen Ladungsneutralität) und unter Benutzung von $n_e = k_F^3/3\pi^2$ und $k_{TF}^2 = 4me^2k_F/\pi\hbar^2$ (vgl.(5.156)):

$$c^2 = \frac{4\pi Z^2 e^2 n_i}{M k_{TF}^2} = \frac{4\pi Z e^2 k_F^3 \pi \hbar^2}{M 4 m e^2 k_F 3\pi^2} = \frac{1}{3} Z \frac{m}{M} v_F^2 \tag{6.30}$$

wobei v_F die Fermi-Geschwindigkeit der Elektronen ist ($mv_F^2 = \frac{\hbar^2 k_F^2}{m}$). Das Verhältnis zwischen Schall-Geschwindigkeit und elektronischer Fermi-Geschwindigkeit ist also durch die Wurzel des Verhältnisses aus Elektronen- und Ionenmasse bestimmt

$$\frac{c}{v_F} \sim \sqrt{\frac{m}{M}} \tag{6.31}$$

was mit früheren Abschätzungen über die relevanten Größenordnungen übereinstimmt. Das obige Resultat für die Schallgeschwindigkeit in Metallen nennt man auch

Bohm-Staver-Relation[2]

Die Ionen selbst bewirken ebenfalls eine Abschirmung von (äußeren) Potentialen. Da die Ionenbewegung aber auf einer anderen Zeitskala verläuft als die Elektronenbewegung, muß man für die ionische Abschirmung die dynamische Abschirmung berücksichtigen, also mit einer frequenzabhängigen ionischen Dielektrizitätskonstanten arbeiten, während die elektronische Abschirmung noch statisch behandelt werden kann. Der durch die nackten, nicht durch Elektronen abgeschirmte Ionen verursachte Beitrag zur Dielektrizitätskonstanten wäre dann gegeben durch

$$\varepsilon_{\text{ion}}^{(0)} = 1 - \frac{\Omega_p^2}{\omega^2}$$

Da die Ionen aber selbst abgeschirmt werden, ist hier die „nackte" Plasma-Frequenz Ω_p zu ersetzen durch $\Omega_p/\varepsilon_{el}(q) = \omega(q)$. Der ionische Anteil der Dielektrizitätskonstanten ist daher

$$\varepsilon_{\text{ion}} = 1 - \frac{\omega^2(q)}{\omega^2} \tag{6.32}$$

Die gesamte Dielektrizitätskonstante, die durch elektronische und ionische Abschirmung verursacht wird, ist dann gegeben durch

$$\frac{1}{\varepsilon} = \frac{1}{\varepsilon_{el}(q)}\frac{1}{\varepsilon_{\text{ion}}} = \frac{1}{1+\frac{k_{TF}^2}{q^2}}\frac{1}{1-\frac{\omega^2(q)}{\omega^2}} \tag{6.33}$$

Ein „nacktes" Coulomb-Potential $\frac{4\pi e^2}{q^2}$ geht dann über in ein abgeschirmtes der Art

$$\frac{4\pi e^2}{q^2+k_{TF}^2}\left(1+\frac{\omega(q)^2}{\omega^2-\omega^2(q)}\right) \tag{6.34}$$

Zwei verschiedene Elektronen mit Impulsen $\vec{k},\vec{k}'$ im System (Metall) spüren also untereinander nicht die nackte Coulomb-Abstoßung sondern die abgeschirmte Wechselwirkung

$$v_{\vec{k},\vec{k}'} = \frac{1}{V}\frac{4\pi e^2}{(\vec{k}-\vec{k}')^2+k_{TF}^2}\left(1+\frac{\omega^2(\vec{k}-\vec{k}')}{\omega^2-\omega^2(\vec{k}-\vec{k}')}\right) \tag{6.35}$$

Bei der Wechselwirkung zweier Elektronen ist die relevante Energie- oder Frequenzskala die Energiedifferenz $\hbar\omega = \varepsilon_{\vec{k}} - \varepsilon_{\vec{k}'}$ zwischen den Elektronen. Wenn die Energiedifferenz zwischen den Elektronen deutlich größer als die Phononen-Energien (von der Größenordnung Debye-Energie) ist, ist der Phononenanteil bzw. ionische Anteil zur Abschirmung der Coulomb-Wechselwirkung demnach zu vernachlässigen, man erhält wieder die elektronisch abgeschirmte Coulomb-Wechselwirkung gemäß der Thomas-Fermi-Approximation. Ist aber die Energiedifferenz

[2] benannt nach D.Bohm (* 1917, † 1992, amerikanischer Physiker, ab 1961 in London tätig, Arbeiten zur Plasma-Physik, zu Plasmaschwingungen von Metall-Elektronen und besonders bekannt für den Aharonov-Bohm-Effekt) und seinen Mitarbeiter B.Staver

kleiner als die Debye-Energie, ist der zweite, von den Phononen herrührende Beitrag negativ, und die gesamte effektive Elektron-Elektron-Wechselwirkung kann negativ, also attraktiv werden. Dies ist ein erster Hinweis darauf, daß die Phononen eine effektive anziehende Wechselwirkung zwischen den Elektronen in einer Schale der Dicke Debye-Energie $\hbar\omega_D$ um die Fermi-Fläche vermitteln können, was die mikroskopische Ursache der (herkömmlichen) Supraleitung ist. Eine mikroskopische, weniger phänomenologisch-heuristische Herleitung dieser effektiven attraktiven durch Phononenaustausch vermittelten Elektron-Elektron-Wechselwirkung wird daher im Kapitel über Supraleitung erfolgen.

Der durch die ionische Abschirmung bewirkte Zusatzbeitrag zur Wechselwirkung zweier Elektronen in den Zuständen $\vec{k}$ und $\vec{k}'$ ist also gegeben durch

$$v^{ep}_{\vec{k}\vec{k}'} = \frac{1}{V} \frac{4\pi e^2}{(\vec{k}-\vec{k}')^2 + k_{TF}^2} \frac{\hbar^2\omega^2(\vec{k}-\vec{k}')}{(\varepsilon_{\vec{k}} - \varepsilon_{\vec{k}'})^2 - \hbar^2\omega^2(\vec{k}-\vec{k}')} \tag{6.36}$$

Andererseits kann man die durch die Ionen übertragene effektive Wechselwirkung zweier Elektronen auch störungstheoretisch aus dem Hamilton-Operator der Elektron-Phonon-Kopplung abschätzen. Die Zustände

$$|\Phi_0\rangle = \prod_{k \le k_F} c^\dagger_{\vec{k}}|0\rangle \qquad |\Phi_1\rangle = c^\dagger_{\vec{k}'+\vec{q}} c^\dagger_{\vec{k}-\vec{q}} c_{\vec{k}} c_{\vec{k}'} |\Phi_0\rangle \tag{6.37}$$

sind beide Eigenzustände des ungestörten, wechselwirkungsfreien elektronischen Hamilton-Operators, $|\Phi_0\rangle$ ist der Grundzustand (gefüllter Fermisee) und $|\Phi_1\rangle$ ein spezieller angeregter Zustand, bei dem zwei Elektronen aus den Zuständen $\vec{k},\vec{k}'$ unterhalb der Fermienergie in zuvor unbesetzte Zustände $\vec{k}-\vec{q},\vec{k}'+\vec{q}$ übergegangen (gestreut worden) sind. Ohne Berücksichtigung der Elektron-Elektron- und der Elektron-Phonon-Wechselwirkung gibt es keine Matrixelemente des Hamiltonoperators zwischen diesen beiden Zuständen $|\Phi_0\rangle,|\Phi_1\rangle$. Bei Berücksichtigung der Elektron-Phonon-Kopplung existiert aber ein nichtverschwindendes Matrixelement zwischen dem (modifizierten) Grundzustand $|\tilde{\Phi}_0\rangle$ und dem Zustand $|\Phi_1\rangle$. Nach quantenmechanischer Störungsrechnung gilt nämlich für den modifizierten Grundzustand in niedrigster Ordnung in der Störung H_1:

$$|\tilde{\Phi}_0\rangle = |\Phi_0\rangle + \sum_{l\neq 0} \frac{|l\rangle\langle l|H_1|\Phi_0\rangle}{E_0 - E_l} \tag{6.38}$$

Somit folgt:

$$< \Phi_1|H_1|\tilde{\Phi}_0\rangle = \sum_{l\neq 0} \frac{\langle\Phi_1|H_1|l\rangle\langle l|H_1|\Phi_0\rangle}{E_0 - E_l} \tag{6.39}$$

Wenn H_1 der Hamilton-Operator der Elektron-Phonon-Wechselwirkung ist, dann kommen für festes $\vec{k},\vec{k}',\vec{q}$ nur zwei Zwischenzustände $|l\rangle$ infrage, bei denen jeweils ein Phonon angeregt ist, nämlich

$$|l_1\rangle = b^\dagger_{\vec{q}} c^\dagger_{\vec{k}-\vec{q}} c_{\vec{k}} |\Phi_0\rangle \text{ und } |l_2\rangle = b^\dagger_{-\vec{q}} c^\dagger_{\vec{k}'+\vec{q}} c_{\vec{k}'} |\Phi_0\rangle \tag{6.40}$$

Die zugehörigen Energienenner sind:

$$E_0 - E_{l_1} = \varepsilon_{\vec{k}} - \varepsilon_{\vec{k}-\vec{q}} - \hbar\omega_{\vec{q}} \text{ und } E_0 - E_{l_2} = \varepsilon_{\vec{k}'} - \varepsilon_{\vec{k}'+\vec{q}} - \hbar\omega_{-\vec{q}} \tag{6.41}$$

Insgesamt erhält man somit für das Matrixelement $< \Phi_1|H_1|\tilde{\Phi}_0\rangle$, welches ja gerade die effektive Wechselwirkung der Elektronen $\vec{k},\vec{k}'$ beschreibt:

$$v^{ep}_{\vec{k}\vec{k}'} = \langle\Phi_1|H_1|\tilde{\Phi}_0\rangle = \frac{|M_{\vec{k},\vec{q}}|^2}{\varepsilon_{\vec{k}} - \varepsilon_{\vec{k}-\vec{q}} - \hbar\omega_{\vec{q}}} + \frac{|M_{\vec{k}',-\vec{q}}|^2}{\varepsilon_{\vec{k}'} - \varepsilon_{\vec{k}'+\vec{q}} - \hbar\omega_{-\vec{q}}} \tag{6.42}$$

Berücksichtigt man hier noch, daß wegen Energieerhaltung $\varepsilon_{\vec{k}} + \varepsilon_{\vec{k}'} = \varepsilon_{\vec{k}-\vec{q}} + \varepsilon_{\vec{k}'+\vec{q}}$ gilt, daß $\omega_{\vec{q}} = \omega_{-\vec{q}}$ gilt und die Elektron-Phonon-Kopplungs-Matrixelemente in guter Näherung unabhängig von $\vec{k}$ sind und $M_{\vec{q}} = M_{-\vec{q}}$ erfüllen, so folgt:

$$v^{ep}_{\vec{k}\vec{k}'} = \frac{2\hbar\omega_{\vec{q}}|M_{\vec{q}}|^2}{(\varepsilon_{\vec{k}} - \varepsilon_{\vec{k}-\vec{q}})^2 - \hbar^2\omega^2_{\vec{q}}} \tag{6.43}$$

Hieraus erkennt man wieder, daß die effektive durch Phononenaustausch vermittelte Elektron-Elektron-Wechselwirkung negativ, also anziehend, ist, wenn $|\varepsilon_{\vec{k}} - \varepsilon_{\vec{k}-\vec{q}}| < \hbar\omega_{\vec{q}}$ ist, was für die Erklärung der Supraleitung von entscheidender Bedeutung ist. Vergleicht man dieses Ergebnis mit dem aus der phänomenologischen Überlegung bezüglich der ionischen und elektronischen Abschirmungen erhaltenen Ergebnis (6.36), so erhält man für das Matrixelement der Elektron-Phonon-Kopplung:

$$|M_{\vec{q}}|^2 = \frac{4\pi e^2}{V(q^2 + k^2_{TF})}\frac{1}{2}\hbar\omega_{\vec{q}} \tag{6.44}$$

Für kleine $|q|$ sollte das Matrixelement der Elektron-Phonon-Kopplung bei Metallen daher proportional $\sqrt{q}$ sein aufgrund der obigen qualitativen und heuristischen Überlegungen. Dies ist aber durchaus im Einklang mit dem Ergebnis

$$M_{\vec{q}} \sim \sqrt{\frac{\hbar}{2M\omega_{\vec{q}}}}\vec{e}\vec{q}v_{\vec{q}}$$

bei q-unabhängiger Fourier-Transformierten $v_{\vec{q}} = v_0$ des Elektron-Ion-Potentials, und dies ist wiederum bei sehr kurzreichweitigen Potentialen (exakt bei Delta-Potentialen) im Ortsraum erfüllt, was nur bei hinreichend starker Abschirmung zutreffend sein kann.

Benutzt man noch die für freie Elektronen erhaltene Abschätzung über die Thomas-Fermi-Wellenzahl

$$\frac{4\pi e^2}{k^2_{TF}} = \frac{2E_F}{3n_e}$$

wobei E_F die Fermienergie ist und n_e die Elektronendichte, dann erhält man für kleine $q \ll k_{TF}$ für die Elektron-Phonon-Kopplung in Metallen die Abschätzung

$$|M_{\vec{q}}|^2 \approx \frac{\hbar\omega_{\vec{q}}E_F}{3n_eV} = \frac{\hbar\omega_{\vec{q}}E_F}{3N_e} \tag{6.45}$$

Diese Form von $|M_{\vec{q}}|^2$ und insbesondere die Proportionalität zu q für kleine q (bzw. das Verhalten proportional zur Dispersion von akustischen Phononen) hat auch wichtige und experimentell überprüfbare Konsequenzen für den durch die Elektron-Phonon-Streuung bewirkten Anteil des elektrischen Widerstands von Metallen, was ebenfalls später (im Kapitel über elektronischen Transport in Festkörpern) noch besprochen wird.

6.4 Elektron-Phonon-Wechselwirkung in Ionen-Kristallen

Während in Metallen die Abschirmung so stark ist, daß die Elektronen ein kurzreichweitiges effektives Ionen-Potential spüren statt des ursprünglichen attraktiven, langreichweitigen Coulomb-Potentials, bleibt in Ionenkristallen das Coulomb-Potential maßgebend und spürbar. Es wird zwar auch abgeschirmt, aber nur um einen konstanten Faktor und bleibt somit insbesondere langreichweitig. In Ionenkristallen gibt es außerdem entgegengesetzte Auslenkungen der unterschiedlich geladenen Ionen, also optische Phononen, und diese Schwingungen erzeugen langreichweitige Dipolfelder, an die Elektronen koppeln können.

Ausgangspunkt soll der allgemeine Elektron-Phonon-Hamilton-Operator aus Kapitel 6.1 sein, leicht verallgemeinert auf den Fall mehrerer Ionen pro Elementarzelle:

$$H_{el-ph} = \sum_{\vec{k},\alpha} \sum_{\vec{q},j,\vec{G}} M^{j,\alpha}_{\vec{k},\vec{q}+\vec{G}} (b_{\vec{q}j} + b^{\dagger}_{-\vec{q},j}) c^{\dagger}_{\vec{k}+\vec{q}+\vec{G}} c_{\vec{k}} \tag{6.46}$$

mit

$$M^{j,\alpha}_{\vec{k},\vec{q}+\vec{G}} = -i\sqrt{\frac{\hbar N}{2M_{\alpha}\omega_j(\vec{q})}} (\vec{q}+\vec{G}) \vec{e}^{(j)}_{\alpha}(\vec{q}) v_{\alpha,\vec{q}+\vec{G}} \int d^3r u^*_{\vec{k}+\vec{q}+\vec{G}}(\vec{r}) u_{\vec{k}}(\vec{r}) \tag{6.47}$$

Zur weiteren Vereinfachung sollen nun die folgenden Annahmen gemacht werden:

- Die Bloch-Faktoren sollen durch Konstanten approximiert werden, wie es streng nur für ein freies Elektronensystem gerechtfertigt ist.
- Umklapp-Prozesse sollen vernachlässigt werden, d.h. $\vec{G} = 0$.
- Es sollen nur zwei Ionen pro Elementarzelle, ein positiv geladenes und ein negativ geladenes, betrachtet werden, d.h. $\alpha = 1,2$

Die Elektron-Ionenpotentiale sind somit ein attraktives und ein repulsives, konstant abgeschirmtes Coulomb-Potential:

$$v_1(\vec{r}-\vec{R}_1) = F\frac{e^2}{|\vec{r}-\vec{R}_1|}, \; v_2(\vec{r}-\vec{R}_2) = -F\frac{e^2}{|\vec{r}-\vec{R}_2|} \tag{6.48}$$

Deren Fourier-Transformierte sind:

$$v_{1,\vec{q}} = \frac{4\pi F Z e^2}{Vq^2}, \; v_{2,\vec{q}} = -\frac{4\pi F Z e^2}{Vq^2} \tag{6.49}$$

wobei Z die Ladungszahl der Ionen ist und V das System-Volumen.

Bei optischen Phononen werden die Ionen entgegengesetzt ausgelenkt, d.h. $\vec{e}_1 = -\vec{e}_2$; außerdem gibt es wegen des Skalarprodukts $\vec{e}_{\alpha}\vec{q}$ wieder nur Wechselwirkung von Elektronen mit longitudinalen Phononen. Berücksichtigt man nur diese Longitudinalkomponente und faßt die Matrixelemente der Elektron-Phonon-Kopplung für beide Atome in der Elementarzelle zusammen, erhält man

$$\begin{aligned} M_{\vec{q}} &= M^1_{\vec{q}} + M^2_{\vec{q}} = -i\sqrt{\frac{\hbar N}{2\tilde{M}\omega_{LO}(q)}} q(v_{1\vec{q}} - v_{2\vec{q}}) = \\ &= -i\sqrt{\frac{\hbar}{2N\tilde{M}\omega_{LO}}} F \frac{8\pi Z e^2}{V_{EZ} q} \end{aligned} \tag{6.50}$$

Hierbei wurde eine Art reduzierter Masse der beiden Ionen eingeführt über

$$\frac{1}{\sqrt{\tilde{M}}} = \frac{1}{\sqrt{M_1}} + \frac{1}{\sqrt{M_2}} \tag{6.51}$$

Außerdem wurde im letzten Schritt die q-Abhängigkeit der optischen Dispersionsrelation vernachlässigt. Daraus ergibt sich insgesamt eine für die Kopplung der Elektronen an optische Phononen bei Ionenkristallen typische $1/q$-Abhängigkeit des Elektron-Phonon-Matrixelements. Vielfach wird erst der Hamilton-Operator der Elektron-Phonon-Wechselwirkung speziell mit dieser Kopplung an optische Phononen in Ionenkristallen als *Fröhlich-Modell* bezeichnet. Im folgenden soll der effektive Abschirmfaktor F noch näher bestimmt werden. Die effektive Wechselwirkung, die zwei Elektronen im Kristall spüren setzt sich zusammen aus der (durch alle anderen Ladungen mit Ausnahme der betrachteten Ionen) abgeschirmten Coulomb-Abstoßung und der effektiven Wechselwirkung, die durch die Ankopplung an die Ionen, d.h. durch die optischen Phononen, vermittelt wird. Daher gilt für die gesamte Dielektrizitätskonstante ε_0

$$\frac{4\pi e^2}{\varepsilon_0 V q^2} = \frac{4\pi e^2}{\varepsilon_\infty V q^2} - \frac{2|M_{\vec{q}}|^2}{\hbar\omega_{LO}} = \frac{4\pi e^2}{V q^2}\left(\frac{1}{\varepsilon_\infty} - \frac{16\pi Z^2 e^2}{\tilde{M}\omega_{LO}^2 V_{EZ}} F^2\right) \tag{6.52}$$

Hierbei ist ε_∞ die Dielektrizitätskonstante, die sich aus der von allen anderen Ladungen (Elektronen, z.B. in inneren Schalen) bewirkten Abschirmung ergibt. Für die effektive, durch die Phononen vermittelte Wechselwirkung wurde das Ergebnis des vorigen Abschnitts verwendet, wobei für die Elektronen gleiche Energie angenommen wurde. Hieraus erhält man für den oben heuristisch eingeführten Abschirmfaktor F, der die Stärke der Coulomb-Wechselwirkung zwischen Ion und Elektron bestimmt

$$F = \sqrt{\frac{\tilde{M} V_{EZ} \omega_{LO}^2}{16\pi Z^2 e^2}} \sqrt{\frac{1}{\varepsilon_\infty} - \frac{1}{\varepsilon_0}} \tag{6.53}$$

Daraus folgt dann für das Elektron-Phonon-Matrixelement der Kopplung an longitudinal optische Phononen in Ionenkristallen

$$M_{\vec{q}} = -i\sqrt{2\pi\hbar\omega_{LO}} \frac{e}{\sqrt{V} q} \sqrt{\frac{1}{\varepsilon_\infty} - \frac{1}{\varepsilon_0}} \tag{6.54}$$

Wie die Symbole bereits suggerieren, sind die Abschirmkonstanten die statische Dielektrizitätskonstante ε_0 und die Hochfrequenz-Dielektrizitätskonstante ε_∞. Bei niedrigen Frequenzen bzw. im statischen Fall wird die effektive Wechselwirkung durch alle anderen Ladungen im Kristall bewirkt, also durch die Ionen und alle Elektronen (in inneren und äußeren Schalen). Bei hohen Frequenzen können die Ionen aber der Schwingung des Feldes nicht mehr folgen, daher bleibt dann im Wesentlichen nur noch der elektronische Anteil der Abschirmung. Der Beitrag zur Abschirmung von allen anderen Ladungen mit Ausnahme der schwingungsfähigen Ionen wird daher von der Hochfrequenz-Dielektrizitätskonstanten beschrieben, die gesamte Abschirmung einschließlich des Ionenbeitrags wird bei niedrigen Frequenzen von der statischen Dielektrizitätskonstanten beschrieben. Es wurde früher schon einmal (bei der Besprechung der Lydanne-Sachs-Teller-Relation) herausgestellt, daß gilt

$$\varepsilon_\infty < \varepsilon_0$$

Der Vorteil der hier gefundenen Darstellung ist es, daß das Elektron-Phonon-Matrixelement durch unabhängig meßbare Größen ausgedrückt werden konnte. Die Hochfrequenz-Dielektrizitätskonstante kann aus optischen Messungen (Brechungsindex) bestimmt werden, die statische Dielektrizitätskonstante durch Einbringen des Kristalls in ein statisches elektrisches Feld (Plattenkondensator), und die Frequenz des longitudinal optischen Phonons kann unabhängig davon bestimmt werden.

6.5 Das Polaron

Wenn sich ein einzelnes Elektron in einem Ionen-Kristall bewegt, wird es sich nicht wie ein freies oder ein einfaches Bandelektron verhalten, sondern es wird durch die Ankopplung an optische Phononen eine Änderung seiner Energie erfahren. Anschaulich verursacht das negativ geladene Elektron an jedem Punkt des Gitters eine Gitterpolarisation, lenkt also die Ionen aus ihren Ruhelagen aus und zwar die unterschiedlich geladenen Ionen in entgegengesetzte Richtungen. Somit erzeugt das Elektron ein optisches Phonon. Andererseits wird ein hinreichend langsames Elektron auch immer wieder selbst von der Gitterpolarisation beeinflußt, oder mit anderen Worten, es absorbiert das Phonon selbst wieder. Das Elektron bewegt sich also mit der von ihm selbst induzierten Polarisationswolke durch den Ionen-Kristall, und diese Elementaranregung Elektron plus Polarisationswolke nennt man auch *Polaron*. Es ist anschaulich physikalisch einleuchtend, daß solch ein Polaron eine deutlich vergrößerte effektive Masse hat gegenüber dem freien Elektron.

In diesem Abschnitt soll eine Abschätzung für die effektive Masse des Polarons gegeben werden im relativ einfachen Fall schwacher Kopplung, in dem eine störungstheoretische Behandlung ausreichend ist. Der physikalisch interessantere Fall starker oder mittlerer Kopplung erfordert die Anwendung speziellerer Methoden, die über den Rahmen dieser Abhandlung hinausgehen. Wir betrachten nur ein einzelnes Elektron mit ungestörter Eigenenergie $E_0(\vec{k}) = \frac{\hbar^2 k^2}{2m}$. Im ungestörten Grundzustand ist kein Phonon angeregt. Die Eigenenergie des Elektrons bei Berücksichtigung der Kopplung an die optischen Phononen ist dann in 2.Ordnung Störungsrechnung gegeben durch:

$$E(\vec{k}) = E_0(\vec{k}) + \sum_{\vec{q}} \frac{|M_{\vec{q}}|^2}{E_0(\vec{k}) - E_0(\vec{k}-\vec{q}) - \hbar\omega_{LO}} \tag{6.55}$$

Hierbei wird die q-Abhängigkeit der Frequenz des longitudinal-optischen Phonons wieder vernachlässigt (das optische Phonon also in Einstein-Näherung behandelt). Es gilt daher:

$$\begin{aligned} \Delta E(\vec{k}) &= E(\vec{k}) - E_0(\vec{k}) = \sum_{\vec{q}} \frac{|M_{\vec{q}}|^2}{E_0(\vec{k}) - E_0(\vec{k}-\vec{q}) - \hbar\omega_{LO}} \\ &= \frac{a^2}{(2\pi)^3} \int \frac{d^3q}{q^2} \frac{1}{-\frac{\hbar^2}{2m}q^2 + \frac{hbar^2}{2m} 2\vec{k}\vec{q} - \hbar\omega_{LO}} \end{aligned} \tag{6.56}$$

mit

$$a^2 = 2\pi\hbar\omega_{LO} e^2 \left(\frac{1}{\varepsilon_\infty} - \frac{1}{\varepsilon_0}\right) \tag{6.57}$$

Die weitere Rechnung ergibt dann:

$$\Delta E(\vec{k}) = -\frac{a^2}{4\pi^2}\int dq \int_{-1}^{+1} du \frac{1}{\hbar\omega_{LO} + \frac{\hbar^2}{2m}q^2 - \frac{\hbar^2}{2m}2kqu} = $$

$$= -\frac{ma^2}{2\pi^2\hbar^2}\int_0^\infty dq \frac{1}{2kq}\ln\frac{\frac{2m}{\hbar}\omega_{LO} + q^2 + 2kq}{\frac{2m}{\hbar}\omega_{LO} + q^2 - 2kq} \tag{6.58}$$

Eigentlich ist das dreidimensionale q-Integral über die erste Brillouinzone zu erstrecken; um das Integral explizit auswerten zu können, wurde hier aber Isotropie angenommen und das Integral in Kugelkoordinaten ausgewertet, dann ist die obere Integrationsgrenze für das q-Integral nach Unendlich zu verschieben. Ferner ist es konsistent mit den bereits gemachten Annahmen, das Integral nur für kleine k auszuwerten; die Benutzung einer quadratischen Dispersion für das Elektron entspricht ja der Effektiv-Masse-Näherung, die ohnehin nur für kleine k gültig ist. Dann kann man den Integranden auch entwickeln gemäß

$$\ln\frac{1+x}{1-x} = 2(x + \frac{1}{3}x^3)$$

und erhält

$$\Delta E(\vec{k}) = -\frac{ma^2}{2\pi^2\hbar^2}\int_0^\infty dq \frac{1}{2kq} 2\left(\frac{2kq}{\frac{2m}{\hbar}\omega_{LO} + q^2} + \frac{1}{3}\frac{(2kq)^3}{(\frac{2m}{\hbar}\omega_{LO} + q^2)^3}\right) \tag{6.59}$$

Unter Benutzung der elementaren Integrale

$$\int_0^\infty \frac{dx}{x^2+\gamma} = \frac{\pi}{2\sqrt{\gamma}} \quad , \int_0^\infty \frac{x^2 dx}{(x^2+\gamma)^3} = \frac{\pi}{16\gamma^{3/2}} \tag{6.60}$$

ergibt sich

$$\Delta E(\vec{k}) = -\frac{ma^2}{\pi^2\hbar^2}\frac{\pi}{2\sqrt{\frac{2m}{\hbar}\omega_{LO}}} - \frac{4}{3}k^2 \frac{\pi}{16\left(\frac{2m}{\hbar}\omega_{LO}\right)^{3/2}}\frac{ma^2}{\pi^2\hbar^2} \tag{6.61}$$

Einsetzen der Konstanten a^2 aus (6.57) ergibt schließlich

$$E(\vec{k}) = -\hbar\omega_{LO}\alpha + \frac{\hbar^2 k^2}{2m}(1 - \frac{\alpha}{6}) \tag{6.62}$$

mit der dimensionslosen Konstanten

$$\alpha = \frac{e^2}{2\hbar\omega_{LO}}\sqrt{\frac{2m\omega_{LO}}{\hbar}}\left(\frac{1}{\varepsilon_\infty} - \frac{1}{\varepsilon_0}\right) \tag{6.63}$$

α ist im Wesentlichen das geeignet dimensionslos gemachte Elektron-Phonon-Matrixelement und spielt die Rolle einer Kopplungskonstanten. Die hier durchgeführte Störungsrechnung ist gültig nur im Bereich $|\alpha| \ll 1$ (Fall schwacher Kopplung). Korrekturen zum obigen Ergebnis können nach Potenzen von α klassifiziert werden. Im Fall starker Kopplung ($|\alpha| \gg 1$), der z.B. bei den meisten Alkali-Halogenid-Kristallen vorliegt, ist Störungsrechnung nach α nicht mehr anwendbar und andere theoretische Methoden (Funktionalintegrale, Variationsansätze, etc.) müssen eingesetzt werden.

Aus obigem störungstheoretischen Ergebnis erkennt man zweierlei Einfluß der Kopplung an das longitudinal optische Phonon. Zum einen gibt es eine konstante Energieabsenkung $-\hbar\omega_{LO}\alpha$, d.h. das Eigenwertspektrum ist nach unten verschoben gegenüber dem freier Elektronen ohne Ankopplung an Phononen. Um dieses Minimum herum hat man es wieder mit einem Anregungsspektrum quasifreier Teilchen zu tun, wie man aus der k^2-Dispersion erkennt, die Anregungen haben aber eine gegenüber den quasifreien Elektronen veränderte effektive Masse

$$m^* = \frac{m}{1-\frac{\alpha}{6}} \sim m(1+\frac{\alpha}{6}) \tag{6.64}$$

wobei letztere Entwicklung nach α konsistent ist mit den zuvor gemachten Ergebnissen, die alle nur störungstheoretisch in linearer Ordnung in α ihre Gültigkeit haben. Das Elektron plus die es umgebende Polarisationswolke bilden also einen eigenen Typ von Elementaranregung, eben das Polaron, das sich als quasifreies Teilchen in einem Ionenkristall bewegen kann, und das Elektron plus Polarisationswolke muß eine andere (größere) effektive Masse haben als das freie Elektron. Formal gibt es hier Analogien zur Quantenelektrodynamik, wo Elektronen mit der es umgebenden Photonen-„Wolke" zu betrachten sind.

Um die Bedeutung des Parameters α besser zu verstehen, kann man noch die mittlere Zahl der Phononen berechnen, die an einem Polaron beteiligt sind. Im Grundzustand soll ja kein Phonon angeregt sein, also ohne Elektron-Phonon-Kopplung wäre die mittlere Phononenzahl 0. Man kann nun eine Näherung für den Zustand ebenfalls störungstheoretisch bestimmen gemäß der aus der Quantenmechanik bekannten Relation

$$|\tilde{\Phi}_0\rangle = |\Phi_0\rangle + \sum_{l\neq 0} \frac{|\Phi_l\rangle\langle\Phi_l|H_{ep}|\Phi_0\rangle}{E_0 - E_l} \tag{6.65}$$

Hier ist $|\Phi_0\rangle = |\vec{k}\rangle_{el}|0\rangle_{ph}$ der ungestörte Zustand mit einem Elektron im Zustand $\vec{k}$ und Phononen-Vakuum und es ist zu summieren über alle Zustände $|\Phi_l\rangle = |\vec{k}-\vec{q}\rangle_{el}|\vec{q}\rangle_{ph}$ mit Elektron im Zustand $\vec{k}-\vec{q}$ und einem Phonon im Zustand $\vec{q}$ angeregt. Es gilt daher

$$E_0 - E_l = E_0(\vec{k}) - E_0(\vec{k}-\vec{q}) - \hbar\omega_{LO} \tag{6.66}$$

Die mittlere Phononenzahl ist gegeben durch

$$\langle N_{ph}\rangle = \langle\tilde{\Phi}_0|\sum_{\vec{q}} b^\dagger_{\vec{q}} b_{\vec{q}}|\tilde{\Phi}_0\rangle \tag{6.67}$$

Bezüglich des ungestörten Zustands $|\Phi_0\rangle$ ist der Erwartungswert der Phononenbesetzungszahlen 0. Es gilt daher

$$\langle N_{ph}\rangle = \sum_{\vec{q}} \frac{|M_{\vec{q}}|^2}{[E_0(\vec{k}) - E_0(\vec{k}-\vec{q}) - \hbar\omega_0]^2} \tag{6.68}$$

Dies läuft auf q-Integrale von analogem Typ wie bei der Berechnung der Eigenenergie in 2.Ordnung Störungsrechnung hinaus. Das Ergebnis ist recht simpel, nämlich

$$\langle N_{ph}\rangle = \frac{\alpha}{2} \tag{6.69}$$

Die mittlere Zahl der Phononen, die ein langsames Elektron in einem Ionenkristall begleiten und somit zu dem zusammengesetzten Quasiteilchen „Polaron" gehören, ist also gerade $\alpha/2$. Diese Ableitung gilt, wie obige Berechnung der Polaronen-Dispersion, nur im Grenzfall schwacher Kopplung, also kleiner α.

7 Elektronischer Transport in Festkörpern

7.1 Einfache phänomenologische Vorstellungen

Eine der wichtigsten Eigenschaften von Metallen ist die Tatsache, daß sie elektrischen Strom transportieren können. Für den Transport des elektrischen Stroms sind die quasifreien Elektronen verantwortlich. Diese liefern bei Metallen nicht nur den alleinigen Beitrag zur elektrischen Leitfähigkeit sondern außerdem noch einen Hauptbeitrag zur Wärmeleitfähigkeit, zu der aber auch die Phononen beitragen. Daneben gibt es noch thermoelektrische Effekte, also z.B. einen Wärmestrom infolge eines elektrischen Feldes etc. Außerdem sind elektronische Transporteigenschaften auch in Halbleitern wichtig, in denen es bei endlicher Temperatur und insbesondere bei Dotierung ja auch quasifreie Ladungsträger (allerdings wesentlich geringerer Dichte als in Metallen) gibt; dafür sind dann in Halbleitern in der Regel zwei Arten von quasifreien Ladungsträgern vorhanden, nämlich Elektronen im Leitungsband und Löcher im Valenzband. In diesem einleitenden Kapitel soll zunächst ein Überblick über die verschiedenen elektronischen Transportphänomene und einfache, klassisch-phänomenologische Modellvorstellungen dafür gegeben werden.

7.1.1 Das Drude-Modell für die statische Leitfähigkeit von Metallen

Nach der einfachsten Vorstellung faßt man die N Metall-Elektronen als freie, geladene Teilchen der Masse m und Ladung e auf, die sich in dem endlichen Volumen V des Metalls bewegen können, wobei aber eine Reibungskraft auf sie wirkt. Darüber hinaus behandelt man beim Drude-Modell[1] die Elektronen noch als klassische Teilchen, die im Gleichgewicht in Ruhe sind. Beschleunigt werden die Elektronen durch ein äußeres elektrisches Feld $\vec{E}$. Die klassische Bewegungsgleichung lautet also:

$$m\ddot{\vec{r}} = m\dot{\vec{v}} = \vec{F} - \frac{m}{\tau}\dot{\vec{r}} = e\vec{E} - \frac{m}{\tau}\vec{v} \tag{7.1}$$

Hierbei wurde eine in der Geschwindigkeit lineare Reibungskraft $\vec{F}_R = -\frac{m}{\tau}\vec{v}$ angenommen; die mikroskopische Ursache für diese Reibung wird im phänomenologischen Drude-Modell nicht näher spezifiziert. $\frac{1}{\tau}$ ist ein Maß für die Stärke der Reibung. Die klassische Bewegungsgleichung ist eine einfache inhomogene Differentialgleichung, deren Lösung sich aus spezieller Lösung der inhomogenen und allgemeiner Lösung der homogenen Differentialgleichung zusammensetzt: $\vec{v}(t) = \vec{v}_{\text{hom}}(t) + \vec{v}_{\text{inh}}(t)$, und die homogene Differentialgleichung hat die Lösung

$$\vec{v}_{\text{hom}}(t) = \vec{v}_0 e^{-t/\tau}$$

τ ist also eine charakteristische „Zerfallszeit“, d.h. ohne treibende äußere Kraft klingt eine Bewegung (Geschwindigkeit) in einer Zeit der Größenordnung τ infolge der Reibung wieder ab.

[1] P.Drude,* 1863 in Braunschweig, † 1906 in Berlin, Prof. in Leipzig, Gießen und Berlin, bestimmte die optischen Konstanten zahlreicher Stoffe und begründete Modell freier Elektronen im Metall

Teilchen, die einmal eine Geschwindigkeit haben, kommen also nach Zeiten der Größenordnung τ wieder zur Ruhe, wenn keine treibende Kraft auf sie wirkt. τ kann daher auch als mittlere Lebensdauer eines Teilchens in einem Zustand bestimmter Geschwindigkeit interpretiert werden oder als Streuzeit, d.h. mittlere Zeit zwischen zwei Streuprozessen, durch die die Teilchen in andere (Geschwindigkeits-) Zustände gestreut werden. Für Zeiten $t \gg \tau$ ist die Lösung der homogenen Differentialgleichung also schon exponentiell abgeklungen und es verbleibt als stationäre Lösung nur die spezielle Lösung der inhomogenen Differentialgleichung:

$$\vec{v} = \vec{v}_{\text{inh}} = \frac{e\tau}{m}\vec{E} \tag{7.2}$$

Diese konstante Geschwindigkeit erhält ein Elektron daher in einem statischen, homogenen elektrischen Feld bei Anwesenheit von Reibungskräften, die eine weitere Beschleunigung des Teilchens verhindern. Wenn sich geladene Teilchen aber mit einer Geschwindigkeit $\vec{v}$ bewegen, fließt auch ein Strom. Die Stromdichte ist definiert als fließende Ladung pro Zeit- und Flächeneinheit, also

$$\vec{j} = \frac{Ne\vec{v}}{V} = ne\vec{v} = \frac{ne^2\tau}{m}\vec{E} \tag{7.3}$$

Die Stromdichte ist also direkt proportional zum elektrischen Feld, wie man es nach dem *Ohmschen Gesetz*[2] $\vec{j} = \sigma\vec{E}$ zu erwarten hat, und für die Leitfähigkeit im Drude-Modell gilt:

$$\sigma = \frac{ne^2\tau}{m} \tag{7.4}$$

Die Leitfähigkeit (und damit der inverse spezifische Widerstand) ist also unabhängig vom Vorzeichen der Ladungsträger, direkt proportional zur Ladungsträgerdichte und zur Lebensdauer (d.h. um so größer je kleiner die Reibung ist) und umgekehrt proportional zur Masse der Ladungsträger (d.h. um so größer je leichter die geladenen Teilchen sind). Dieses Ergebnis ist physikalisch anschaulich höchst plausibel.

7.1.2 Drude-Modell für metallischen Transport im Magnetfeld

Als zweite Anwendung der einfachen phänomenologischen Drude-Theorie betrachten wir die Behandlung von elektronischem Transport bei zusätzlicher Anwesenheit eines homogenen magnetischen Feldes, das o.E. in z-Richtung zeige, während das elektrische Feld beliebig liegen soll: $\vec{B} = (0,0,B), \vec{E} = (E_x,E_y,E_z)$. Auf die Ladungsträger wirkt jetzt klassisch zusätzlich die Lorentzkraft, d.h. die klassische Bewegungsgleichung lautet nun:

$$\dot{\vec{v}} = \frac{e}{m}\vec{E} + \frac{e}{mc}\vec{v}\times\vec{B} - \frac{1}{\tau}\vec{v}$$

bzw. in Komponenten:

$$\begin{aligned} \dot{v}_x - \omega_c v_y + \frac{1}{\tau}v_x &= \frac{e}{m}E_x \\ \dot{v}_y + \omega_c v_x + \frac{1}{\tau}v_y &= \frac{e}{m}E_y \\ \dot{v}_z + \frac{1}{\tau}v_z &= \frac{e}{m}E_z \end{aligned} \tag{7.5}$$

[2] G.Ohm, * 1789 in Erlangen, † 1854 in München, fand 1826 als Gymnasiallehrer in Köln das Ohmsche Gesetz, ab 1849 Profesor in München

mit der *Zyklotron-Frequenz*

$$\omega_c = \frac{eB}{mc} \tag{7.6}$$

(der klassischen Umlauffrequenz für die Kreisbahnen eines geladenen Teilchens senkrecht zu einem angelegten Magnetfeld). Obige gekoppelte Differentialgleichungen haben die allgemeine Lösung

$$\begin{aligned} v_x &= v_0 \cos(\omega_c t + \varphi) e^{-t/\tau} + \frac{e\tau}{m} \frac{1}{1+\omega_c^2\tau^2} (E_x + \omega_c \tau E_y) \\ v_y &= -v_0 \sin(\omega_c t + \varphi) e^{-t/\tau} + \frac{e\tau}{m} \frac{1}{1+\omega_c^2\tau^2} (E_y - \omega_c \tau E_x) \\ v_z &= v_{z0} e^{-t/\tau} + \frac{e\tau}{m} E_z \end{aligned} \tag{7.7}$$

Ein stationärer Zustand wird wieder für Zeiten $t \gg \tau$ erreicht, und dann sind die ersten Summanden auf der rechten Seite exponentiell abgeklungen. Die stationäre Lösung läßt sich schreiben als:

$$\vec{v} = \frac{e\tau}{m} \begin{pmatrix} \frac{1}{1+\omega_c^2\tau^2} & \frac{\omega_c\tau}{1+\omega_c^2\tau^2} & 0 \\ -\frac{\omega_c\tau}{1+\omega_c^2\tau^2} & \frac{1}{1+\omega_c^2\tau^2} & 0 \\ 0 & 0 & 1 \end{pmatrix} \vec{E} \tag{7.8}$$

Daraus folgt für die Stromdichte

$$\vec{j} = ne\vec{v} = \underline{\underline{\sigma}}(B)\vec{E} \tag{7.9}$$

mit dem *Leitfähigkeits-Tensor*

$$\underline{\underline{\sigma}} = \frac{ne^2\tau}{m} \begin{pmatrix} \frac{1}{1+\omega_c^2\tau^2} & \frac{\omega_c\tau}{1+\omega_c^2\tau^2} & 0 \\ -\frac{\omega_c\tau}{1+\omega_c^2\tau^2} & \frac{1}{1+\omega_c^2\tau^2} & 0 \\ 0 & 0 & 1 \end{pmatrix} \tag{7.10}$$

Im Limes $B \to 0$ bzw. $\omega_c \to 0$ wird der Leitfähigkeitstensor offenbar wieder diagonal und das Ergebnis (7.4) wird reproduziert. Für endliche Magnetfelder ist die Leitfähigkeit aber ein Tensor, d.h. insbesondere gibt es z.B. eine Stromkomponente in y-Richtung bei Anwesenheit eines elektrischen Feldes in x-Richtung. Die Matrixelemente des Leitfähigkeitstensors erfüllen insbesondere:

$$\sigma_{ii}(B) = \sigma_{ii}(-B)\ , \sigma_{ik}(B) = \sigma_{ki}(-B) = -\sigma_{ik}(-B)\ (\text{für } k \neq i) \tag{7.11}$$

Dies sind Spezialisierungen der allgemeiner gültigen sogenannten *Onsager-Relationen*[3], die verschiedene Transportkoeffizienten miteinander verknüpfen. Außerdem hängt das Vorzeichen der Nichtdiagonalelemente des Leitfähigkeits-Tensors von der Ladungsträgersorte ab (negative Elektronen oder positive Löcher), denn es gilt ja

$$\sigma_{xy} = \frac{ne^3Bc\tau^2}{m^2c^2 + e^2B^2\tau^2} \tag{7.12}$$

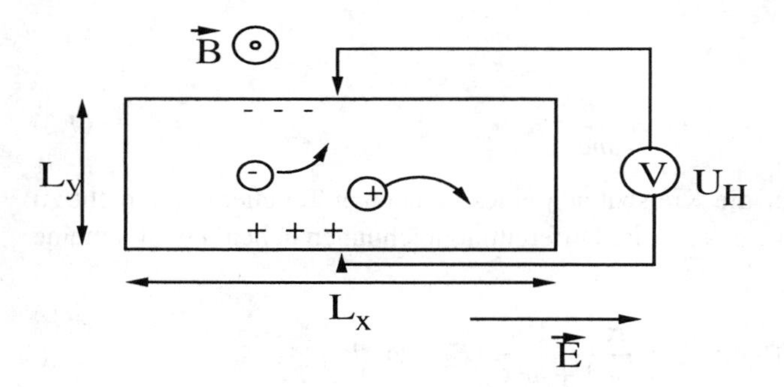

Bild 7.1 Schema einer Hall-Effekt-Messung

Diese Nichtdiagonalelemente des Leitfähigkeitstensors bei Anwesenheit eines Magnetfeldes hängen eng mit dem *Hall-Effekt*[4] bzw. dem *Hall-Koeffizienten* zusammen.

Um dies genauer zu sehen, wiederholen wir kurz die aus dem Grundkurs bekannte elementare Behandlung des Hall-Effektes. Bei Anwesenheit eines elektrischen Feldes in x-Richtung und eines homogenen Magnetfeldes in z-Richtung erfahren in einem Leiterstück der Breite L_y die Elektronen mit der Geschwindigkeit v_x in x-Richtung die Lorentzkraft in y-Richtung $F_L = \frac{e}{c} v_x B$; dadurch werden die Ladungen in y-Richtung abgelenkt und zwar positive Ladungen in negative und negative Ladungen in positive y-Richtung, und zwar so lange, bis das in y-Richtung erzeugte elektrische Feld E_y die Lorentzkraft auf die Ladungsträger kompensiert. Es gilt daher:

$$E_y = \frac{v_x}{c} B = \frac{j_x B}{nec} = \frac{1}{nec} \frac{I}{L_y L_z} B = \frac{U_y}{L_y} \tag{7.13}$$

Hierbei ist $U_y = U_H$ die Hall-Spannung, die bei Anwesenheit eines Magnetfeldes in z-Richtung an der Probe in y-Richtung abgegriffen werden kann, wenn ein Strom der Stärke I in x-Richtung fließt. Der Hall-Koeffizien R_H ist eine Materialkonstante, die definiert ist durch:

$$U_H = R_H \frac{IB}{L_z} \tag{7.14}$$

Offenbar gilt nach obiger einfacher phänomenologischer Ableitung:

$$R_H = \frac{1}{nec} \tag{7.15}$$

Der Hall-Koeffizient kann also positiv oder negativ sein je nachdem ob Teilchen- oder Löcherleitung vorliegt, außerdem hängt er unmittelbar mit der Ladungsträgerdichte n zusammen. Messungen des Hall-Koeffizienten erlauben daher auf einfache Weise die experimentelle Bestimmung der Ladungsträgerdichte n und der Ladungsträgerart.

Nach (7.13) gilt auch

$$j_x = \frac{nec}{B} E_y = \frac{1}{R_H B} E_y \tag{7.16}$$

[3] L.Onsager, * 1903 in Oslo, † 1976 in Coral Gables (Florida), Prof. in Baltimore, Providence und an der Yale University (New Haven), arbeitete über Theorie der Leitfähigkeit, Elektrolyte, statistische Physik, irreversible Prozesse, fand 1944 exakte Lösung des 2-dimensionalen Ising-Modells, 1968 Nobelpreis für Chemie

[4] E.H.Hall, * 1855 in Gorhan, † 1938 in Cambridge (Mass.), amerikanischer Physiker, Prof. an der Harvard University, entdeckte 1879 den Hall-Effekt

woraus sich für das Nichtdiagonalelement des Leitfähigkeitstensors ergibt:

$$\sigma_{xy} = \frac{1}{R_H B} = \frac{nec}{B} \tag{7.17}$$

Dies geht aus dem Drude-Ergebnis (7.10, 7.12) offenbar hervor im Grenzfall $\omega_c\tau \gg 1$, d.h. für sehr hohe Magnetfelder oder sehr reine Systeme (sehr große Lebensdauern oder fast keine Reibung). In diesem Grenzfall gilt aber auch:

$$\sigma_{xx} = 0 \text{ und } \rho_{xx} = 0 \tag{7.18}$$

Die diagonale Leitfähigkeit verschwindet im starken Magnetfeld also in sehr reinen Systemen im Magnetfeld. Alle Ladungsträger werden nämlich in y-Richtung abgelenkt, falls es keine Streuung der Ladungsträger (weg von der klassischen Kreisbahn) gibt, nur durch Streuprozesse kann ein Strom in x-Richtung aufrecht erhalten werden. Simultan mit der diagonalen Leitfähigkeit verschwindet aber auch der diagonale spezifische Widerstand ρ_{xx}. Im Magnetfeld ist der spezifische Widerstand ρ_{xx} nämlich nicht einfach das Inverse der Leitfähigkeit σ_{xx}, sondern es folgt durch Matrixinversion des Leitfähigkeitstensors:

$$\rho_{xx} = \frac{\sigma_{xx}}{\sigma_{xx}^2 + \sigma_{xy}^2} \text{ und } \rho_{xy} = \frac{-\sigma_{xy}}{\sigma_{xx}^2 + \sigma_{xy}^2} \tag{7.19}$$

Die übliche Relation $\rho_{xx} = 1/\sigma_{xx}$ gilt also nur speziell für $\sigma_{xy} = 0$ (auch ohne Magnetfeld, z.B. in anisotropen Medien, sind endliche σ_{xy} denkbar).

Bei endlichem τ, also endlicher Reibung, folgt aber für das Diagonalelement des spezifischen Widerstands:

$$\rho_{xx} = \frac{\sigma_0}{1+\omega_c^2\tau^2} \frac{(1+\omega_c^2\tau^2)^2}{\sigma_0^2 + \sigma_0^2\omega_c^2\tau^2} = \frac{1}{\sigma_0} \tag{7.20}$$

$$\text{mit } \sigma_0 = \frac{ne^2\tau}{m} \text{ Drude-Leitfähigkeit ohne Magnetfeld}$$

Danach ist der longitudinale spezifische Widerstand im Magnetfeld also der gleiche wie ohne Magnetfeld. Das simple Drude-Modell mit einer Sorte von quasifreien Ladungsträgern läßt somit den *Magneto-Widerstand*, d.h. die experimentell sehr häufig zu beobachtende Änderung des Widerstands in einem Magnetfeld, nicht verstehen.

7.1.3 Zwei Ladungsträgersorten, Magnetowiderstand

Als einfachste Verallgemeinerung des im vorigen Abschnitt behandelten Drude-Modells bei Anwesenheit eines homogenen Magnetfeldes betrachten wir hier den Fall zweier verschiedener Ladungsträgersorten. Dies können z.B. Elektronen und Löcher in einem Halbleiter sein, oder auch s- und d-Elektronen in Metallen. Beide Sorten von Ladungsträgern haben i.a. verschiedene effektive Massen m_i, verschiedene Relaxationszeiten τ_i ($i = 1,2$) und eventuell verschiedene Ladungen e_i ($e_1 = -e_2$ bei Elektronen und Löchern). Bei Vorliegen eines festen $\vec{E}$-Feldes setzt sich die gesamte Stromdichte additiv aus der Stromdichte der Ladungsträger 1 und 2 zusammen, es gilt daher:

$$\vec{j} = \vec{j}_1 + \vec{j}_2 = \underline{\underline{\sigma}}_1\vec{E} + \underline{\underline{\sigma}}_2\vec{E} \tag{7.21}$$

Der gesamte Leitfähigkeitstensor setzt sich also additiv aus den Leitfähigkeitstensoren für die beiden Ladungsträgersorten zusammen:

$$\sigma_{xx} = \frac{\sigma_{01}}{1+\beta_1^2} + \frac{\sigma_{02}}{1+\beta_2^2} \text{ und } \sigma_{xy} = \frac{\beta_1\sigma_{01}}{1+\beta_1^2} + \frac{\beta_2\sigma_{02}}{1+\beta_2^2} \tag{7.22}$$

$$\text{mit } \sigma_{0i} = \frac{n_i e_i^2 \tau_i}{m_i} \text{ (einfache Drude-Leitfähigkeit der Ladungsträger i) } \beta_i = \frac{e_i B}{m_i c}\tau_i$$

Für den longitudinalen (diagonalen) Widerstand ergibt sich so

$$\rho_{xx} = \frac{\frac{\sigma_{01}}{1+\beta_1^2} + \frac{\sigma_{02}}{1+\beta_2^2}}{\left(\frac{\sigma_{01}}{1+\beta_1^2} + \frac{\sigma_{02}}{1+\beta_2^2}\right)^2 + \left(\frac{\sigma_{01}\beta_1}{1+\beta_1^2} + \frac{\sigma_{02}\beta_2}{1+\beta_2^2}\right)^2} = \frac{\sigma_{01}(1+\beta_2^2) + \sigma_{02}(1+\beta_1^2)}{\sigma_{01}^2(1+\beta_2^2) + \sigma_{02}^2(1+\beta_1^2) + 2\sigma_{01}\sigma_{02}(1+\beta_1\beta_2)} \tag{7.23}$$

Ohne Magnetfeld gilt dagegen einfach

$$\rho_{xx0} = \frac{1}{\sigma_{01} + \sigma_{02}} \tag{7.24}$$

Somit folgt für die relative Widerstandsänderung bei Anwesenheit eines Magnetfeldes:

$$\Delta\rho = \frac{\rho(B) - \rho(0)}{\rho(0)} = \frac{\rho_{xx}}{\rho_{xx0}} - 1 = \frac{\sigma_{01}\sigma_{02}(\beta_1 - \beta_2)^2}{(\sigma_{01} + \sigma_{02})^2 + (\beta_2\sigma_{01} + \beta_1\sigma_{02})^2} \tag{7.25}$$

Der Magnetowiderstand $\Delta\rho$ verschwindet also nur für $\beta_1 = \beta_2$, d.h. wenn es sich nicht um zwei unterschiedliche Ladungsträgersorten handelt. Außerdem ist typisch, daß $\Delta\rho$ proportional B^2 für kleine Magnetfelder B anwächst. Die Sättigung für große Magnetfelder, die die oben skizzierte einfache phänomenologische Theorie voraussagt, wird tatsächlich auch in manchen Systemen beobachtet, allerdings nur in solchen mit einer geschlossenen Fermifläche (wie es ja für die hier nur betrachteten quasifreien Teilchen der Fall sein muß). Insbesondere existiert ein endlicher Magnetowiderstand im Fall $\beta_1 = -\beta_2$. Dies liegt vor, wenn es gleich viele Löcher wie Teilchen mit gleicher effektiver Masse gibt und diese die gleiche Art von Streuprozessen erfahren. Dies ist u.a. bei Metallen bei genau halber Füllung des Leitungsbandes der Fall. In diesem Fall verschwindet das Nichtdiagonalelement des Leitfähigkeitstensors, also die Hall-Leitfähigkeit σ_{xy}, wie man unmittelbar aus (7.22) sieht, weil $\beta_1 = +\frac{eB\tau}{mc}, \beta_2 = -\frac{eB\tau}{mc}, \sigma_{01} = \sigma_{02} = \frac{ne^2\tau}{m}$ gilt.

Oben skizzierte Behandlung ist leicht auf den Fall von noch mehr verschiedenen Arten von Ladungsträgern zu verallgemeinern. Dabei muß es sich nicht notwendig um Ladungsträger aus verschiedenen Bändern oder Teilchen und Löcher (bei Halbleitern) handeln, es können auch Metalle mit nur einem Band sein aber Fermiflächen, die eine kompliziertere als die Kugel-Form haben mit verschiedenen effektiven Massen oder verschiedenen Werten für die Streuzeit τ in verschiedenen Bereichen der Fermifläche.

7.1.4 Phänomenologische Theorie der Wärmeleitfähigkeit

Neben einem äußeren elektrischen Feld gibt insbesondere die Anwesenheit eines Temperaturgradienten Anlaß zu Transportprozessen in Festkörpern. Infolge einer solchen Temperaturdifferenz kommt es zu einem Wärmestrom vom wärmeren zum kälteren Teil der Probe. In Festkörpern tragen sowohl die Elektronen als auch die Phononen zum Wärmestrom bei. Hier wird nur der

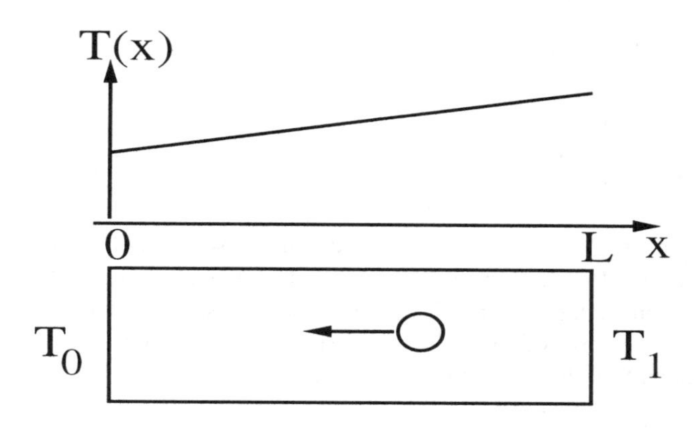

Bild 7.2 Temperaturgradient an einer quaderförmigen Probe

elektronische Beitrag zur Wärmeleitfähigkeit behandelt, dabei werden die Elektronen in diesem phänomenologischen Abschnitt wieder als klassische freie Teilchen behandelt.

Wir stellen uns konkret eine (evtl. quaderförmige) Probe der Länge L in x-Richtung vor, deren eines Ende bei $x = 0$ auf der Temperatur T_0 und deren anderes Ende bei $x = L$ auf der Temperatur $T_1 > T_0$ gehalten wird. Längs der Probe herrsche somit in x-Richtung der konstante Temperaturgradient

$$\frac{dT}{dx} = \frac{T_1 - T_0}{L}$$

Zu berechnen ist die Wärme- oder Energiestromdichte $q(x)$; Energie (Wärme) fließt hier vom wärmeren zum kälteren Teil, also in negative x-Richtung. Ein Teilchen, das am Orte x mit der Geschwindigkeitskomponente $|v_x|$ in x-Richtung ankommt, hat seinen letzten Stoß bei $x \pm v_x\tau$ erfahren, wenn τ die Stoßzeit ist. Das bei x ankommende Teilchen hat daher die Energie $\varepsilon(T(x \pm v_x\tau))$, wenn $\varepsilon(T)$ die innere Energie pro Teilchen bei Temperatur T ist. Temperatur ist gemäß der Grundvorlesung Statistische Physik zunächst nur für Systeme im Gleichgewicht definiert, eine ortsabhängige Temperatur $T(x)$ setzt also ein lokales thermodynamisches Gleichgewicht voraus, also einen Bereich um x mit konstanter Temperatur, in dem bereits hinreichend viele Teilchen für die Anwendung von Gleichgewichtsthermodynamik vorhanden sind.

Die Wärmestromdichte ist allgemein definiert als Produkt aus Teilchendichte, Geschwindigkeit und von den Teilchen transportierter Energie. Am Orte x und mit Geschwindigkeitsbetrag $|v_x|$ tragen dazu nach links fliegende Teilchen mit Energie $\varepsilon(T(x + v_x\tau))$ und nach rechts fliegende Teilchen mit Energie $\varepsilon(T(x - v_x\tau))$ bei. Die resultierende Wärmestromdichte ist daher gegeben durch:

$$q_x = -\frac{n}{2}v_x(\varepsilon(T(x + v_x\tau)) - \varepsilon(T(x - v_x\tau))) \tag{7.26}$$

Der Faktor $\frac{1}{2}$ rührt daher, daß im Mittel nur die Hälfte aller Teilchen sich nach links bzw. rechts bewegt. Entwickeln für kleine τ führt zu

$$q_x = -\frac{n}{2}v_x \frac{d\varepsilon}{dT}\frac{dT}{dx} 2v_x\tau = nv_x^2\tau\frac{d\varepsilon}{dT}\left(-\frac{dT}{dx}\right) \tag{7.27}$$

Die Wärmeleitfähigkeit κ wird definiert durch:

$$\vec{q} = -\kappa \, \mathrm{grad} T \tag{7.28}$$

Somit ergibt sich:

$$\kappa = n v_x^2 \tau \frac{d\varepsilon}{dT} = c_V v_x^2 \tau \tag{7.29}$$

mit $c_V = n\frac{d\varepsilon}{dT}$ der spezifischen Wärme pro Volumen. Hierbei wurde zunächst von einer konstanten Geschwindigkeitskomponente in x-Richtung ausgegangen. Tatsächlich unterliegen die Geschwindigkeiten (auch bei klassischen Teilchen) einer Verteilung (bei klassischen Teilchen der Maxwell-Verteilung). Daher ist v_x^2 zu ersetzen durch $\frac{1}{3}\langle v^2 \rangle$, wobei $\vec{v}$ die gesamte Geschwindigkeit und $\langle ... \rangle$ den thermodynamischen Mittelwert bezeichnet. Es ergibt sich:

$$\kappa = \frac{1}{3}\langle v^2 \rangle c_V \tau = \frac{k_B T c_V}{m} \tau \tag{7.30}$$

wobei der Gleichverteilungssatz $\frac{m}{2}\langle v^2 \rangle = \frac{3}{2} k_B T$ für klassische Teilchen benutzt wurde.

Dividiert man die Wärmeleitfähigkeit durch die elektrische Drude-Leitfähigkeit, kürzt sich die Streuzeit (Lebensdauer) und die Masse der Teilchen offenbar heraus und man erhält, da im klassischen Bereich die spezifische Wärme konstant ist

$$\frac{\kappa}{\sigma T} = \frac{c_V k_B}{n e^2} = const. \tag{7.31}$$

Dies ist das experimentell für viele Systeme gut erfüllte

Wiedemann-Franz'sche Gesetz[5]

7.2 Relationen zwischen den Transportkoeffizienten

Wir beschränken uns hier insgesamt auf die beiden im vorigen Kapitel bereits eingeführten Ursachen für ein Nicht-Gleichgewicht im Festkörper, die Anlaß zu Transportphänomenen geben können, nämlich elektromagnetische Felder und Temperaturgradienten. Als Konsequenz der Nichtgleichgewichtssituation erwartet man einen elektrischen Strom und einen Wärmestrom. Nimmt man einen linearen Zusammenhang zwischen diesen Strömen und ihren Ursachen an, so kann man ansetzen

$$\begin{aligned} \vec{j} &= L_{11}\vec{E} + L_{12}\left(-\frac{1}{T}\nabla T\right) \\ \vec{q} &= L_{21}\vec{E} + L_{22}\left(-\frac{1}{T}\nabla T\right) \end{aligned} \tag{7.32}$$

Hierdurch werden die verallgemeinerten Transportkoeffizienten L_{ij} definiert. Im allgemeinen hat man hierfür Tensoren zu erwarten, insbesondere bei anisotropen Systemen, aber (gemäß dem vorigen Abschnitt) auch schon bei zusätzlicher Anwesenheit eines Magnetfeldes. Als weitere Vereinfachung werden hier aber im Weiteren nur skalare Transportkoeffizienten betrachtet.

[5] benannt nach G.H.Wiedemann (* 1826 in Berlin, † 1899 in Leiptig, Professor in Basel, Braunschweig, Karlsruhe und Leipzig, Arbeiten zu Elektrizität und Magnetismus) und R.Franz (* 1827, † 1902, Gymnasiallehrer)

Liegt nur ein elektrisches Feld vor und kein Temperaturgradient, wird ein elektrischer Strom fließen. Man hat dann

$$\vec{j} = L_{11}\vec{E} = \sigma\vec{E} \tag{7.33}$$

also ist der Transportkoeffizient L_{11} mit der üblichen elektrischen Leitfähigkeit σ zu identifizieren:

$$\sigma = L_{11} \tag{7.34}$$

Wenn an einer metallischen Probe ein Temperaturgradient anliegt und man andererseits experimentell dafür sorgt, daß kein elektrischer Strom (mehr) fließt, dann muß sich zwischen den Enden der Probe ein elektrisches Feld aufgebaut haben (das den weiteren Fluß von elektrischem Strom verhindert) und als Spannung zwischen den Enden gemessen werden kann. Zwischen diesem elektrischen Feld und dem es verursachenden Temperaturgradienten besteht im einfachsten Fall wieder ein linearer Zusammenhang:

$$\vec{E} = Q\nabla T \tag{7.35}$$

was die *Thermokraft* Q definiert.

Aus der Bedingung $\vec{j} = 0$ in Gleichung (7.32) folgt

$$\vec{E} = \frac{L_{12}}{L_{11}}\frac{1}{T}\nabla T \tag{7.36}$$

so daß sich als Beziehung zwischen der Thermokraft und den verallgemeinerten Transportkoeffizienten ergibt:

$$Q = \frac{1}{T}\frac{L_{12}}{L_{11}} \tag{7.37}$$

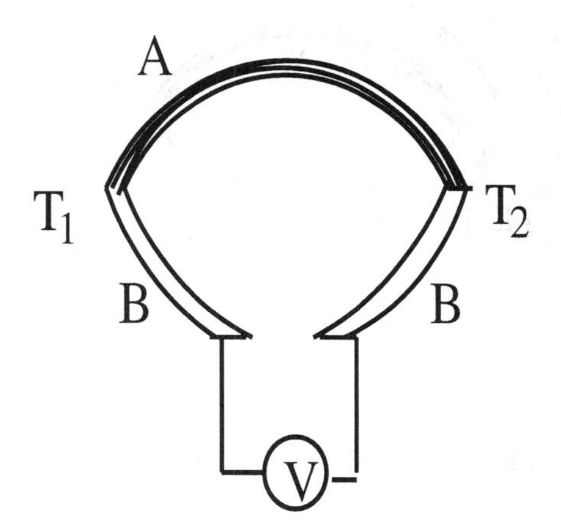

Bild 7.3 Schematische Darstellung eines Thermoelementes

Eine wichtige Anwendung findet die Thermokraft in Thermoelementen; lötet man zwei Metalle A und B mit unterschiedlichen Thermokräften Q_A,Q_B an zwei Stellen 1 und 2 , die auf verschiedenen Temperaturen T_1,T_2 gehalten werden, zu einem geschlossenen Kreis zusammen und schneidet diesen z.B. im Bereich von B auf, so kann zwischen den offenen Enden eine Spannung abgegriffen werden, für die gilt:

$$\begin{aligned} U &= \int_0^1 Q_B\nabla T ds + \int_1^2 Q_A\nabla T ds + \int_2^0 Q_B\nabla T ds = (T_1 - T_0)Q_B + (T_2 - T_1)Q_A + (T_0 - T_2)Q_B \\ &= (Q_A - Q_B)(T_2 - T_1) \end{aligned} \tag{7.38}$$

Die Spannung ist also direkt proportional zur Temperaturdifferenz zwischen den Lötstellen, das Thermoelement kann daher als Thermometer benutzt werden oder (bei bekannter Temperaturdifferenz) zur Messung der Thermokraft.

Mißt man in diesem Fall (verschwindenden elektrischen Stroms, aber einer infolge des Temperaturgradienten aufgebauten Spannungsdifferenz zwischen den Enden der Probe) den Wärmestrom, so folgt

$$\vec{q} = L_{21}\frac{L_{12}}{L_{11}}\frac{1}{T}\nabla T + L_{22}\left(-\frac{1}{T}\nabla T\right) = -\kappa\nabla T \tag{7.39}$$

Daraus erhält man für die reine Wärmeleitfähigkeit κ (bei Abwesenheit eines elektrischen Stroms)

$$\kappa = \frac{1}{T}\left(L_{22} - \frac{L_{12}L_{21}}{L_{11}}\right) \tag{7.40}$$

Im allgemeinen gilt also $\kappa \neq L_{22}/T$, da nicht das Feld $\vec{E} = 0$ ist sondern der elektrische Strom $\vec{j} = 0$ ist bei einer Messung des Wärmestroms.

Schließlich gibt es auch einen Wärmestrom ohne Temperaturgradienten, wenn ein elektrischer Strom fließt. Dies nennt man auch *Peltier-Effekt* und dafür gilt offenbar (bei $\nabla T = 0$):

$$\vec{q} = \frac{L_{21}}{L_{11}}\vec{j} = \Pi\vec{j} \tag{7.41}$$

wodurch der *Peltier-Koeffizient* definiert wird, für den gilt:

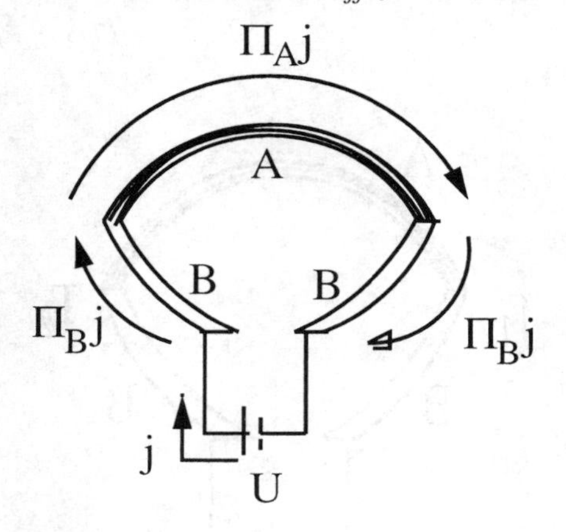

Bild 7.4 Schematischer Versuch zum Peltier-Effekt

$$\Pi = \frac{L_{21}}{L_{11}} \tag{7.42}$$

Den Peltier-Effekt kann man zum Wärmetransport und damit zur Kühlung bzw. Erwärmung benutzen; im Prinzip muß dazu durch ein Thermoelement ein konstanter Strom geschickt werden, dann fließt durch den Bereich des Metalls A ein Wärmestrom $q_A = \Pi_A j$ und durch den Bereich B $q_B = \Pi_B j$. Wenn nun $\Pi_A > \Pi_B$ gilt, fließt weniger Wärme zur 1.Lötstelle hin als wieder von ihr ab und umgekehrt bei der 2.Lötstelle, insgesamt wird die erste Lötstelle daher abgekühlt und die zweite Lötstelle erwärmt.

Ein anderer Transporteffekt ist der sogenannte *Thomson-Effekt*. Durch Wärmestrom etc. kommt es zu einer Änderung der lokalen inneren Energie; für diese gilt ein Erhaltungssatz bzw. differentiell eine Art Kontinuitätsgleichung der Art:

$$n\frac{\partial u}{\partial t} + \operatorname{div}\vec{q} = \vec{E}\vec{j} \tag{7.43}$$

Diese Kontinuitätsgleichung besagt anschaulich physikalisch, daß die Änderung der inneren Energie in einem Volumen gleich dem Negativen des durch die Oberfläche abgeflossenen gesamten Wärmestroms ist plus der Jouleschen Erwärmung durch den simultan fließenden elektrischen Strom. Aus dieser Kontinuitätsgleichung ergibt sich unter Benutzung obiger Ansätze für $\vec{q}$ und $\vec{j}$:

$$\begin{aligned} n\frac{\partial u}{\partial t} &= -\operatorname{div}\vec{q} + \frac{1}{L_{11}}\vec{j}^2 + \frac{L_{12}}{L_{11}}\frac{1}{T}\vec{j}\nabla T \\ &= -\operatorname{div}\left(\frac{L_{21}}{L_{11}}\vec{j}\right) + \operatorname{div}\left((L_{22} - \frac{L_{12}L_{21}}{L_{11}})(-\frac{1}{T}\nabla T)\right) + \frac{\vec{j}^2}{\sigma} + Q\vec{j}\nabla T = \\ &= -\operatorname{div}(\Pi\vec{j}) + \operatorname{div}(\kappa\nabla T) + \frac{\vec{j}^2}{\sigma} + Q\vec{j}\nabla T \end{aligned} \tag{7.44}$$

Die Transportkoeffizienten sind i.a. selbst temperaturabhängig und ihre Ortsabhängigkeit innerhalb einer Substanz ist auf den eventuell vorhandenen Temperaturgradienten in der Probe zurückzuführen. Unter Benutzung von

$$\mathrm{div}\,(\Pi\vec{j}) = \frac{d\Pi}{dT}\vec{j}\nabla T + \Pi\mathrm{div}\,\vec{j} = \frac{d\Pi}{dT}\vec{j}\nabla T$$

wegen div $\vec{j} = 0$ bei stationären Strömen (wegen der elektrischen Kontinuitätsgleichung) folgt:

$$n\frac{\partial u}{\partial t} = \left(\frac{d\Pi}{dT} - Q\right)\vec{j}\nabla T + \frac{\vec{j}^2}{\sigma} + \mathrm{div}\,(\kappa\nabla T) \tag{7.45}$$

Offenbar existieren also drei Beiträge zur Änderung der Wärmeenergie einer Probe, und diese Beiträge nennt man die

Thomson-Wärme:	$-$	$\left(\frac{d\Pi}{dT} - Q\right)$
Joulesche Wärme:	$+$	$\frac{\vec{j}^2}{\sigma}$
durch Wärmeleitung abgeführte Wärme:	$+$	$\mathrm{div}\,(\kappa\nabla T)$

Als *Thomson-Koeffizient* definiert man auch

$$\mu = \frac{d\Pi}{dT} - Q = T\frac{dQ}{dT} \tag{7.46}$$

Hierbei wurde im letzten Schritt eine sogenannte *Onsager-Relation* (d.h. Symmetrierelation zwischen den verallgemeinerten Transportkoeffizienten) benutzt, nämlich

$$L_{12} = L_{21} \text{ und somit } \Pi = TQ \tag{7.47}$$

als Zusammenhang zwischen Thermokraft und Peltier-Koeffizient. Diese spezielle Onsager-Relation wird im nächsten Abschnitt näher begründet.

Die oben diskutierten Transporteffekte, die elektrische Ströme bzw. Felder und Temperaturgradienten bzw. Wärmeströme in Beziehung bringen, sind Beispiele für sogenannte *thermoelektrische Effekte*. Entsprechend zählt man die im vorigen Abschnitt schon phänomenologisch besprochenen Effekte wie Hall-Effekt oder Magnetowiderstand, die durch ein elektrisches Feld bei zusätzlicher Anwesenheit eines Magnetfeldes auftreten, zu den *galvanomagnetischen Effekten*. Daneben gibt es insbesondere noch *thermomagnetische Effekte*, die auftreten , wenn ein Temperaturgradient und zusätzlich ein (in der Regel dazu senkrechtes) Magnetfeld anliegen. Als solche seien hier nur kurz erwähnt

- der *Nernst-Effekt*, d.h. das Auftreten einer elektrischen Spannung in y-Richtung bei einem Temperaturgradienten in x- und Magnetfeld in z-Richtung (eine Art Hall-Spannung verursacht durch einen Temperaturgradienten),
- der *Ettingshausen-Effekt*, d.h. das Auftreten eines Temperaturgradienten in y-Richtung bei Stromfluß in x- und B-Feld in z-Richtung,
- der *Righi-Leduc-Effekt*, d.h. das Auftreten eines Temperaturgradienten in y-Richtung bei vorliegendem Temperaturgradienten in x- und B-Feld in z-Richtung.

7.3 Boltzmann-Gleichung und Relaxationszeit-Näherung

Die Drude-Theorie der Leitfähigkeit geht implizit davon aus, daß alle am Transport beteiligten Ladungsträger die gleiche Geschwindigkeit bekommen und daß es sich um klassische Teilchen handelt, die ohne beschleunigendes Feld in Ruhe wären. Auch bei der phänomenologischen Behandlung der Wärmeleitung wurde von klassischen Teilchen, die einer Maxwell-Boltzmann-Verteilung unterliegen, ausgegangen. Selbst wenn die Elektronen in einem Metall als freie Elektronen behandelt werden können, ist aber ihre Quantennatur nicht zu vernachlässigen. Zumindest muß korrekter berücksichtigt werden, daß es sich um Fermionen handelt. Die relevante Gleichgewichtsverteilung ist die Fermi-Verteilung, und auch bei $T = 0$ sind nicht alle Teilchen in Ruhe, sondern es sind die Zustände mit endlicher Energie und endlichem Impuls bis hin zur Fermienergie besetzt. Daß kein Strom fließt im Gleichgewicht, liegt nicht daran, daß alle Teilchen in Ruhe sind, sondern daß genauso viele Teilchen Impuls $\hbar\vec{k}$ haben wie entgegengesetzten Impuls $-\hbar\vec{k}$. Durch das Anlegen eines elektrischen Feldes oder eines Temperaturgradienten kommt es zu einer Abweichung von der Gleichgewichtsverteilung. Wenn ein Strom fließt, müssen die Elektronen einer anderen Verteilung $f(\vec{k},\vec{r},t)$ als der Gleichgewichts- bzw. Fermiverteilung $f_0(\vec{k})$ unterliegen. Die Stromdichte ist dann gegeben durch:

$$\vec{j}(\vec{r},t) = \frac{2e}{V}\sum_{\vec{k}} \vec{v}(\vec{k}) f(\vec{k},\vec{r},t) \tag{7.48}$$

Für die Wärmestromdichte bzw. Energiestromdichte gilt analog

$$\vec{q}(\vec{r},t) = \frac{2}{V}\sum_{\vec{k}} \vec{v}(\vec{k})(\varepsilon(\vec{k}) - \mu) f(\vec{k},\vec{r},t) \tag{7.49}$$

Hierbei rühren die Faktoren 2 wie immer vom Spin der Elektronen, summiert wird über alle Zustände, die Verteilungsfunktion gibt die Wahrscheinlichkeit an, daß diese Zustände besetzt sind, ein Elektron in dem Zustand hat die Geschwindigkeit $\vec{v}$ und trägt damit zum Strom bei und transportiert wird entweder Ladung e oder Energie $\varepsilon(\vec{k}) - \mu$ (relativ zur Fermienergie). Für wirklich freie Teilchen gilt $\vec{v}(\vec{k}) = \hbar\vec{k}/m$, in der obigen Form kann man aber auch allgemeinere als die quadratische Dispersion benutzen mit $\hbar\vec{v}(\vec{k}) = \frac{\partial\varepsilon}{\partial\vec{k}}$.

Die oben eingeführte Nichtgleichgewichts-Verteilung $f(\vec{k},\vec{r},t)$ soll die Wahrscheinlichkeitsdichte dafür angeben, zur Zeit t ein Teilchen mit Impuls bei $\vec{k}$ an einem Ort bei $\vec{r}$ zu finden. Diese Formulierung bringt schon zum Ausdruck, daß es sich um eine Dichte auf dem klassischen Phasenraum handelt. Quantentheoretisch macht solch eine Verteilung streng genommen keinen Sinn, da man ja bekanntlich Impuls und Ort eines Teilchens nicht simultan messen kann. Andererseits ist aber der Quantencharakter der Elektronen nicht vernachlässigbar, und die gesuchte Verteilung soll ja auch im Gleichgewicht in die nur quantenmechanisch zu verstehende Fermi-Verteilung übergehen. Diese Inkonsistenz und das Mischen von quantenmechanischer und klassischer Betrachtungsweise ist genau die Schwäche der hier und in den folgenden Kapiteln durchgeführten Behandlung mit der Boltzmann-Gleichung. Andererseits ist diese Behandlung recht erfolgreich, man muß sich aber dieser prinzipiellen Schwäche der Methode bewußt sein. Einigermaßen rechtfertigen kann man diese Behandlung, wenn die Ortsabhängigkeit auf einer Skala variiert, die groß ist gegen atomare Dimensionen. Wie schon bei der Thomas-Fermi-Näherung und bei der Einführung von ortsabhängigen Temperaturen diskutiert, muß man sich eine Einteilung in Untersysteme vorstellen, die noch groß genug sind, daß in jedem Untersystem für sich die Gesetze der Gleichgewichtsthermodynamik anwendbar sind und Größen wie Temperatur zu definieren sind, wobei aber von Untersystem zu Untersystem die Temperatur und die Verteilungsfunktion variieren kann.

Akzeptiert man das Konzept der orts- und impulsabhängigen Verteilungsfunktion $f(\vec{k},\vec{r},t)$, so besteht die nächste Aufgabe darin, diese zu bestimmen bzw. eine Differentialgleichung aufzustellen, aus deren Lösung sie im Prinzip zu bestimmen ist. Zeitliche Veränderungen der Verteilungsfunktion geschehen durch Streuungen oder Übergänge von Zuständen $\vec{k}$ in Zustände $\vec{k}'$. Daher kann man ansetzen

$$\begin{aligned} \frac{df(\vec{k},\vec{r},t)}{dt} &= \frac{\partial f(\vec{k},\vec{r},t)}{\partial t} + \frac{\partial f(\vec{k},\vec{r},t)}{\partial \vec{r}}\frac{d\vec{r}}{dt} + \frac{\partial f(\vec{k},\vec{r},t)}{\partial \vec{k}}\dot{\vec{k}} = \\ &= \sum_{\vec{k}'}[-w_{\vec{k}\to\vec{k}'}f(\vec{k},\vec{r},t)(1-f(\vec{k}',\vec{r},t)) + w_{\vec{k}'\to\vec{k}}f(\vec{k}',\vec{r},t)(1-f(\vec{k},\vec{r},t))] \end{aligned} \tag{7.50}$$

Die rechte Seite hat die folgende einfache Interpretation: Die Besetzung der Zustände $\vec{k}$ bei $\vec{r}$ nimmt durch Übergänge von $\vec{k}$ in andere Zustände $\vec{k}'$ pro Zeiteinheit ab und durch Übergänge von allen anderen Zuständen $\vec{k}'$ nach $\vec{k}$ zu. Dabei bezeichnet $w_{\vec{k}\to\vec{k}'}$ die Übergangswahrscheinlichkeit pro Zeiteinheit und die Faktoren $f(\vec{k})(1-f(\vec{k}'))$ und umgekehrt die Wahrscheinlichkeiten dafür, daß $\vec{k}$ besetzt und $\vec{k}'$ unbesetzt sind bzw. anders herum. Damit hat man eine nichtlineare Integro-Differentialgleichung für die Verteilungsfunktion,

die Boltzmann-Gleichung[6]

Das Aufstellen und Lösen der Boltzmann-Gleichung ist ein Standard-Verfahren zur Behandlung von Transportprozessen, d.h. von typischen Nichtgleichgewichtsphänomenen. Im Rahmen der klassischen statistischen Physik, wenn die Gleichgewichtsverteilung etwa eine Maxwell-Verteilung ist, sind Behandlungen mit der Boltzmann-Gleichung auch das gegebene Verfahren, da keine Probleme bzgl. der Existenz einer orts- und impulsabhängigen Wahrscheinlichkeitsverteilung existieren. Die Boltzmann-Gleichung spielt daher nicht nur in der Festkörperphysik eine große Rolle sondern auch z.B. zur Behandlung von Transportprozessen und Strömungen in Flüssigkeiten und Gasen oder in der Plasmaphysik. Da es sich um eine nichtlineare Integro-Differentialgleichung handelt, sind Lösungen der Boltzmann-Gleichung im allgemeinen sehr kompliziert und hierfür sind eigenständige Methoden entwickelt worden, etwa numerische Verfahren oder auch spezielle Variationsverfahren. Darauf wird hier nicht näher eingegangen, sondern es werden nur einige spezielle Lösungen der linearisierten Boltzmann-Gleichung im Rahmen vereinfachender Annahmen vorgestellt; dabei kann eine Lösung mittels geeigneter Ansätze gefunden werden.

Die partiellen Ableitungen nach Ort und Impuls berechnen sich in der Festkörperphysik wie folgt: Die Ortsabhängigkeit in der Verteilungsfunktion rührt in der Regel her von Temperatur und (elektro-) chemischem Potential. Es gilt daher:

$$\begin{aligned} \frac{\partial f}{\partial \vec{r}} &= -\frac{e^{\beta(\varepsilon(\vec{k})-\mu)}}{(e^{\beta(\varepsilon(\vec{k})-\mu)}+1)^2}\frac{d}{d\vec{r}}\left(\frac{1}{k_B T(\vec{r})}(\varepsilon(\vec{k})-\mu(\vec{r}))\right) = \\ &= -\frac{e^{\beta(\varepsilon(\vec{k})-\mu)}}{(e^{\beta(\varepsilon(\vec{k})-\mu)}+1)^2}\left[-\frac{1}{k_B T^2}(\varepsilon(\vec{k})-\mu)\frac{dT}{d\vec{r}} - \frac{1}{k_B T}\frac{d\mu}{d\vec{r}}\right] \\ &= \left(-\frac{df_0}{d\varepsilon}\right)\left[(\varepsilon(\vec{k})-\mu)\frac{1}{T}\frac{dT}{d\vec{r}} + \frac{d\mu}{d\vec{r}}\right] \end{aligned}$$

[6] L.Boltzmann, * 1844 in Wien, † 1906 in Duine (bei Triest), entwickelte die statistische Mechanik, Professor für Mathematik und Physik in Wien, Graz, München und Leipzig, seine kinetische Deutung der Wärme wurde lange Zeit nicht anerkannt und bekämpft, was mit Grund für seinen Selbstmord war; kurz danach gelang der kinetischen Wärmetheorie der Durchbruch im Zusammenhang mit der Erklärung der Brownschen Molekularbewegung

Da bei der Ableitung nach Impuls bzw. Wellenzahl als Faktor die Kraft $\dot{\vec{k}}$ steht, welche normalerweise von den äußeren Feldern bewirkt wird, die auch erst eine Abweichung von der Gleichgewichts- (Fermi-) Verteilung bewirken, genügt es im Rahmen der linearisierten Boltzmann-Gleichung den $\vec{k}$-Gradienten der Fermi-Funktion zu berechnen. Dafür gilt:

$$\frac{\partial f_0}{\partial \vec{k}} = -\frac{e^{\beta(\varepsilon-\mu)}}{(e^{\beta(\varepsilon-\mu)}+1)^2}\beta\frac{\partial \varepsilon}{\partial \vec{k}} = \frac{df_0}{d\varepsilon}\frac{d\varepsilon}{d\vec{k}} = \frac{df_0}{d\varepsilon}\hbar\vec{v}(\vec{k}) \tag{7.51}$$

Wenn die Störungen des Gleichgewichts selbst zeitunabhängig sind, wie es bei statischen elektromagnetischen Feldern und Temperaturgradienten der Fall ist, ist auch die gestörte Verteilungsfunktion nicht explizit zeitabhängig. Außerdem verschwindet für die Gleichgewichtsverteilung $f_0(\vec{k})$ der Streuterm auf der rechten Seite der Boltzmann-Gleichung, weil Gleichgewicht genau dann erreicht ist, wenn genauso viele Teilchen aus einem Zustand $\vec{k}$ herausgestreut werden wie wieder hereingestreut werden aus anderen Zuständen. In diesem Fall vereinfacht sich die Boltzmann-Gleichung (wegen $\hbar\dot{\vec{k}} = e\vec{E}$) zu

$$\left(-\frac{df_0}{d\varepsilon}\right)\left[(\varepsilon(\vec{k})-\mu)\frac{1}{T}\frac{dT}{d\vec{r}} + \frac{d\mu}{d\vec{r}} - e\vec{E}\right]\vec{v} =$$
$$\sum_{\vec{k}'} w_{\vec{k}'\to\vec{k}}(f_1(\vec{k}') - f_0(\vec{k})f_1(\vec{k}') - f_0(\vec{k}')f_1(\vec{k})) - w_{\vec{k}\to\vec{k}'}(f_1(\vec{k}) - f_0(\vec{k}')f_1(\vec{k}) - f_0(\vec{k})f_1(\vec{k}')) \tag{7.52}$$

Hierbei wurde die allgemeine Verteilung als

$$f(\vec{k},\vec{r},t) = f_0(\vec{k}) + f_1(\vec{k},\vec{r},t) \tag{7.53}$$

angesetzt, wobei $f_1(\vec{k},\vec{r})$ die Abweichung von der Gleichgewichtsverteilung bezeichnet. In f_1, das von den äußeren Kräften bewirkt wird, wurde bereits linearisiert, indem z.B. Terme $\frac{df_1}{d\vec{k}}e\vec{E}$, die offenbar quadratisch in der Störung sind, auf der linken Seite vernachlässigt wurden. Außerdem wurde vorausgesetzt, daß im Gleichgewicht genauso viele Elektronen aus einem Zustand herausgestreut werden wie wieder hineingestreut werden, so daß für die Gleichgewichtsverteilung gilt:

$$\sum_{\vec{k}'}(w_{\vec{k}'\to\vec{k}}f_0(\vec{k}')(1-f_0(\vec{k})) - w_{\vec{k}\to\vec{k}'}f_0(\vec{k})(1-f_0(\vec{k}'))) = 0 \tag{7.54}$$

Die explizite Lösung erfordert nun die Berücksichtigung eines mikroskopischen Streumechanismus und die Benutzung quantenmechanischer Näherungen für die Übergangswahrscheinlichkeit $w_{\vec{k}\to\vec{k}'}$ pro Zeiteinheit. Dies soll im nächsten Kapitel auch explizit für zwei wichtige Beispiele (Streuung an Störstellen und an Phononen) durchgeführt werden. In diesem Abschnitt betrachten wir noch einen einfachen heuristischen Ansatz für die rechte Seite; da sie ja nur dann nicht verschwindet, wenn eine Abweichung vom Gleichgewicht vorliegt, setzen wir die rechte Seite als proportional zu $f_1(\vec{k},\vec{r})$ an und betrachten somit die Gleichung

$$\left(-\frac{df_0}{d\varepsilon}\right)\left[(\varepsilon(\vec{k})-\mu)\frac{1}{T}\frac{dT}{d\vec{r}} + \frac{d\mu}{d\vec{r}} - e\vec{E}\right]\vec{v} = -\frac{f_1(\vec{k},\vec{r})}{\tau(\vec{k})} \tag{7.55}$$

Dies bezeichnet man auch als *Relaxationszeit-Näherung*. Die Relaxationszeit $\tau(\vec{k})$ ist eine charakteristische Zeit, in der eine Nichtgleichgewichts-Besetzung des Zustandes $\vec{k}$ besteht. Ohne treibende Kräfte würde die Nichtgleichgewichtsbesetzung in dieser charakteristischen Zeit zerfallen, durch die äußere Ursache in Form eines Temperaturgradienten oder eines äußeren Feldes stellt sich ein neuer stationärer Zustand ein, der die Nichtgleichgewichts-Besetzung aufrecht erhält.

Wenn nur ein elektrisches Feld als Störung des Gleichgewichts vorliegt, ergibt sich in Relaxationszeit-Näherung

$$f_1(\vec{k}) = \left(-\frac{df_0}{d\varepsilon}\right) e\tau(\vec{k})\vec{v}\vec{E} \tag{7.56}$$

Die gesamte Verteilung ist dann offenbar gegeben durch

$$f(\vec{k}) = f_0(\vec{k}) - \frac{df_0}{d\varepsilon} e\tau\vec{v}\vec{E} \approx f_0(\vec{k} - \frac{e}{\hbar}\vec{E}\tau) \tag{7.57}$$

wobei die letzte Näherung mit der ohnehin gemachten Linearisierung in der Störung konsistent ist. Die Nichtgleichgewichts-Verteilung kann also als verschobene Fermi-Verteilung aufgefaßt werden. Während die Gleichgewichts-Fermiverteilung symmetrisch um den Ursprung im k-Raum ist, bewirkt das Feld eine Verschiebung der Verteilung um den Vektor $\frac{e}{\hbar}\vec{E}\tau$. Es liegt also ein verschobener Fermi-Körper vor bzw. (bei quasifreien Teilchen) eine verschobene Fermi-Kugel. Der über alle besetzten Zustände gemittelte resultierende Impuls der Elektronen verschwindet nicht mehr, sondern bewirkt gerade eine nicht verschwindende Stromdichte. Für diese gilt:

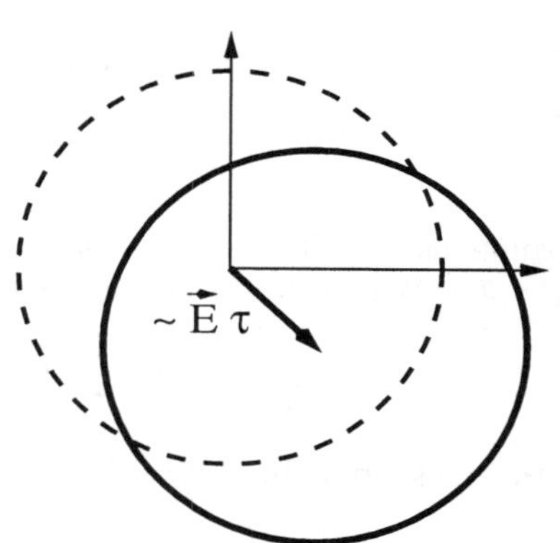

Bild 7.5 Verschobene Fermikugel bei konstantem elektrischem Feld

$$\vec{j} = \frac{2e}{V}\sum_{\vec{k}} \vec{v} f_1(\vec{k}) = \frac{2e}{V}\sum_{\vec{k}} \vec{v} e\tau\left(\vec{v}\vec{E}\right)\left(-\frac{df_0}{d\varepsilon}\right) \tag{7.58}$$

Daraus liest man unmittelbar für den Leitfähigkeitstensor ab:

$$\sigma_{\alpha\beta} = \frac{2e^2}{V}\sum_{\vec{k}} v_\alpha v_\beta \tau\left(-\frac{df_0}{d\varepsilon}\right) \tag{7.59}$$

Die Störung des Gleichgewichts durch ein anliegendes elektrisches Feld bewirkt auch einen Wärmestrom, für den gilt

$$\vec{q}(\vec{r},t) = \frac{2}{V}\sum_{\vec{k}} \vec{v}(\vec{k})(\varepsilon(\vec{k}) - \mu) f_1(\vec{k}) = \frac{2}{V}\sum_{\vec{k}} \vec{v}\tau(\varepsilon(\vec{k}) - \mu)\left(-\frac{df_0}{d\varepsilon}\right) e(\vec{E}\vec{v}) \tag{7.60}$$

Der verallgemeinerte Transportkoeffizient L_{21} ist danach gegeben durch den Tensor

$$(L_{21})_{\alpha\beta} = \frac{2e}{V}\sum_{\vec{k}} v_\alpha v_\beta \tau(\varepsilon(\vec{k}) - \mu)\left(-\frac{df_0}{d\varepsilon}\right) \tag{7.61}$$

Liegt dagegen nur ein Temperaturgradient vor, gilt für die Abweichung von der Gleichgewichtsverteilung in Relaxationszeitnäherung

$$f_1(\vec{k}) = \tau\frac{df_0}{d\varepsilon}(\varepsilon(\vec{k}) - \mu)\vec{v}\frac{1}{T}\frac{dT}{d\vec{r}} \tag{7.62}$$

Diese bewirkt eine elektrische Stromdichte

$$\vec{j} = \frac{2e}{V} \sum_{\vec{k}} \tau \left(-\frac{df_0}{d\varepsilon} \right) (\varepsilon - \mu) \vec{v} \left(\vec{v} (-\frac{dT}{T d\vec{r}}) \right) \tag{7.63}$$

Für den verallgemeinerten Transportkoeffizienten L_{12} erhält man daher

$$(L_{12})_{\alpha\beta} = \frac{2e}{V} \sum_{\vec{k}} \tau \left(-\frac{df_0}{d\varepsilon} \right) (\varepsilon - \mu) v_\alpha v_\beta \tag{7.64}$$

womit auch die im vorigen Abschnitt erwähnte Onsager-Relation $L_{12} = L_{21}$ bewiesen ist.

Die Wärmestromdichte ist jetzt:

$$\vec{q} = \frac{2}{V} \sum_{\vec{k}} (\varepsilon - \mu) \vec{v} \tau \left(-\frac{df_0}{d\varepsilon} \right) (\varepsilon - \mu) \left(\vec{v} (-\frac{dT}{T d\vec{r}}) \right) \tag{7.65}$$

Der Transportkoeffizient L_{22} ist daher gegeben durch:

$$(L_{22})_{\alpha\beta} = \frac{2}{V} \sum_{\vec{k}} (\varepsilon - \mu)^2 v_\alpha v_\beta \tau \left(-\frac{df_0}{d\varepsilon} \right) \tag{7.66}$$

Für isotrope Systeme werden die Transport-Tensoren diagonal und die Diagonalelemente sind gleich. Dann hat man nur noch jeweils einen skalaren Transportkoeffizienten vorliegen und der Stromfluß ist in Richtung der Störung (Feld oder Temperaturgradient). Dann gilt z.B.

$$\sigma = L_{11} = \frac{1}{3} \frac{2e^2}{V} \sum_{\vec{k}} v_{\vec{k}}^2 \tau \left(-\frac{df_0}{d\varepsilon} \right) = \frac{e^2}{3} \frac{N}{V} \int d\varepsilon \rho(\varepsilon) v_\varepsilon^2 \tau(\varepsilon) \left(-\frac{df_0}{d\varepsilon} \right) \tag{7.67}$$

wobei $\rho(E)$ die elektronische Zustandsdichte (vgl.(4.135)) bezeichnet. Für sehr tiefe Temperaturen geht die negative Ableitung der Fermifunktion bekanntlich in die Deltafunktion an der Fermienergie über; man erhält daher für Temperatur $T \to 0$:

$$\sigma = \frac{e^2}{3} \frac{N}{V} [v_\varepsilon^2 \rho(\varepsilon) \tau(\varepsilon)]_{\varepsilon = E_F} \tag{7.68}$$

Ist speziell das Modell quasifreier Elektronen anwendbar, gilt $v_\varepsilon^2 = \frac{2}{m}\varepsilon$ und $\rho(\varepsilon) \sim \frac{V}{N}\sqrt{\varepsilon}$. Dann gilt (vgl. auch (4.181)):

$$Z_e = \int_0^{E_F} \rho(\varepsilon) = \frac{2}{3} E_F \rho(E_F) = \frac{1}{3} m v_{E_F}^2 \rho(E_F) \tag{7.69}$$

wobei Z_e die Zahl der Elektronen pro Einheitszelle ist. Da $Z_e N = N_e$ die Gesamtzahl der Elektronen ist, gilt für die Elektronendichte $n = Z_e \frac{N}{V}$. Offenbar ergibt sich:

$$\sigma = \frac{n e^2 \tau(E_F)}{m} \tag{7.70}$$

was offenbar dem Drude-Ergebnis entspricht, nur daß hier die Streuzeit eventuell abhängig ist von der Lage der Fermienergie. Das Drude-Resultat ergibt sich also auch aus der hier durchgeführten verbesserten Behandlung, bei der die Elektronen nicht als klassische Teilchen behandelt wurden sondern die Fermistatistik korrekt berücksichtigt wurde. Nach (7.68) ist also einerseits die Leitfähigkeit bei tiefen Temperaturen allein durch die Elektronen an der Fermikante bestimmt, zum anderen tragen nach (7.70) alle Elektronen dazu bei. Dies ist physikalisch leicht mit dem Bild der verschobenen Fermi-Kugel zu verstehen. Man kann sich einerseits vorstellen, daß sich der Impuls aller Elektronen um $e\vec{E}\tau$ verändert hat, man kann sich aber äquivalent dazu auch vorstellen, daß nur die Elektronen an der Fermikante umgeschichtet worden sind und die Elektronenzustände weit unterhalb der Fermikante unmodifiziert geblieben sind im Vergleich zur Gleichgewichtsverteilung.

Für die anderen Transportkoeffizienten folgt im isotropen Fall analog zu (7.68):

$$L_{12} = L_{21} = \frac{e}{3}\frac{N}{V}\int d\varepsilon \rho(\varepsilon) v_\varepsilon^2 \tau(\varepsilon)(\varepsilon - \mu)\left(-\frac{df_0}{d\varepsilon}\right) \tag{7.71}$$

$$L_{22} = \frac{1}{3}\frac{N}{V}\int d\varepsilon \rho(\varepsilon) v_\varepsilon^2 \tau(\varepsilon)(\varepsilon - \mu)^2\left(-\frac{df_0}{d\varepsilon}\right) \tag{7.72}$$

L_{12} und L_{22} verschwinden für $T = 0$, wegen der Faktoren $(\varepsilon - \mu)$ im Integranden und $-\left(\frac{df_0}{d\varepsilon}\right) = \delta(\varepsilon - \mu)$. Unter Benutzung der Sommerfeld-Entwicklung (vgl. Abschnitt 4.8) gilt für tiefe Temperaturen

$$\int d\varepsilon F(\varepsilon)(\varepsilon - \mu)\left(-\frac{df_0}{d\varepsilon}\right) = F'(\mu)\int d\varepsilon(\varepsilon - \mu)^2\left(-\frac{df_0}{d\varepsilon}\right) = \frac{\pi^2}{3}(k_B T)^2 F'(\mu) \tag{7.73}$$

$$\int d\varepsilon F(\varepsilon)(\varepsilon - \mu)^2\left(-\frac{df_0}{d\varepsilon}\right) = F(\mu)\int d\varepsilon(\varepsilon - \mu)^2\left(-\frac{df_0}{d\varepsilon}\right) = \frac{\pi^2}{3}(k_B T)^2 F(\mu) \tag{7.74}$$

Dies führt zu

$$L_{12} = \frac{\pi^2}{9} e (k_B T)^2 \frac{N}{V}\frac{d}{d\varepsilon}\left(\rho(\varepsilon) v_\varepsilon^2 \tau(\varepsilon)\right)_{\varepsilon=\mu} \tag{7.75}$$

$$L_{22} = \frac{\pi^2}{9}(k_B T)^2 \frac{N}{V}\left(\rho(\varepsilon) v_\varepsilon^2 \tau(\varepsilon)\right)_{\varepsilon=\mu} \tag{7.76}$$

Für die Thermokraft erhält man daraus:

$$Q = \frac{L_{12}}{T L_{11}} = \frac{1}{3}\frac{\pi^2 k_B^2 T}{e}\frac{d}{d\varepsilon}\ln\left(\rho(\varepsilon)\tau(\varepsilon) v_\varepsilon^2\right)_{\varepsilon=\mu} \tag{7.77}$$

Für die Wärmeleitfähigkeit findet man entsprechend:

$$\kappa = \frac{1}{T}\left(L_{22} - \frac{L_{12}L_{21}}{L_{11}}\right) = \frac{\pi^2}{9} k_B^2 T \frac{N}{V}\rho(\mu) v_{\varepsilon=\mu}^2 \tau(\mu) - O(T^3) \tag{7.78}$$

Wärmeleitfähigkeit und Thermokraft sind also linear in der Temperatur T in niedrigster Ordnung, verschwinden also insbesondere für $T \to 0$. Offenbar gilt also für tiefe T

$$\frac{\kappa}{\sigma T} = \frac{\pi^2 k_B^2}{3e^2} = const. \tag{7.79}$$

Damit ist das *Wiedemann-Franzsche-Gesetz* auch im Rahmen der Relaxationszeit-Näherung hergeleitet, also insbesondere unter Berücksichtigung der Fermistatistik.

Man kann auch die elektronische Wärme-Leitfähigkeit κ wieder durch die elektronische spezifische Wärme ausdrücken. Gemäß (4.177) gilt nämlich für die elektronische spezifische Wärme pro Volumen:

$$c_V = \frac{\pi^2}{3}\frac{N}{V}\rho(E_F) k_B^2 T \tag{7.80}$$

Somit folgt

$$\kappa = \frac{1}{3} v_F^2 c_V \tau(E_F) \tag{7.81}$$

Dies entspricht wieder dem phänomenologisch-heuristischen Ergebnis aus Abschnitt 7.1, hier ist jedoch die korrekte quantenmechanische spezifische Wärme c_V einzusetzen, die ja für Elektronen linear in T ist für tiefe T.

7.4 Widerstand von Metallen durch Streuung an Störstellen und an Phononen

Auch in der im vorigen Abschnitt besprochenen Behandlung von elektronischem Transport mit der Boltzmann-Gleichung in Relaxationszeit-Näherung wurde eben diese Relaxationszeit ähnlich wie beim simplen Drude-Modell als phänomenologischer Parameter behandelt. Im Rahmen einer mikroskopischen, quantenmechanischen Theorie muß es aber möglich sein, diese Relaxationszeit zu erklären und herzuleiten. Diese Relaxationszeit entspricht der Lebensdauer eines Elektrons in dem Eigenzustand $\vec{k}$ des idealen Festkörpers. Wenn die Blochzustände die wahren Eigenzustände der Festkörperelektronen wären, wäre die Lebensdauer und damit auch die Leitfähigkeit unendlich. Tatsächlich sind aber Streuprozesse vorhanden, die in jedem realen Festkörper für ein endliches τ sorgen. Die beiden wichtigsten Prozesse, über die die Leitungselektronen aus den Zuständen $\vec{k}$ in andere Zustände $\vec{k}'$ gestreut werden, sind die Streuung an Phononen, die bei endlichen Temperaturen immer vorhanden sind, und die Streuung an Störstellen oder Versetzungen, die in einem realen Kristall niemals zu vermeiden sind und für eine endliche Leitfähigkeit bzw. einen endlichen Restwiderstand auch noch bei Temperatur $T = 0$ sorgen. In diesem Abschnitt sollen die Relaxationszeiten, die durch Störstellenstreuung und durch Streuung an Phononen verursacht werden, im Rahmen von einfachen mikroskopischen Modellen für diese Streuprozesse berechnet werden.

7.4.1 Streuung an Störstellen

Wir beschreiben Störstellen durch das Störpotential

$$V_s(\vec{r}) = \sum_{i=1}^{N_s} v(\vec{r} - \vec{R}_i) \tag{7.82}$$

Dabei geht man also von N_s gleichartigen Störstellen an den zufällig verteilten Orten $\vec{R}_i$ aus; wenn V das Volumen des Festkörpers bezeichnet, ist die Störstellenkonzentration gegeben durch $c = \frac{N_s}{V}$. Die Störstellenpositionen $\vec{R}_i$ werden als zufällig über das System verteilt angenommen. Die genauen Positionen sind unbekannt und von Kristall zu Kristall verschieden, makroskopische Meßgrößen wie die Leitfähigkeit sollten aber von der detaillierten mikroskopischen Verteilung der Störstellen unabhängig sein. Jede einzelne Störstelle bewirkt für die Elektronen ein Potential $v(\vec{r} - \vec{R}_i)$. Durch das Störstellenpotential $V_s(\vec{r})$ ist das Gesamtpotential nicht mehr translationsinvariant und die Bloch-Zustände (bzw. die ebenen Wellen im Modell freier Elektronen) sind keine Eigenzustände mehr, $\vec{k}$ ist keine gute Quantenzahl mehr, sondern es gibt Streuung von Zuständen $\vec{k}$ in andere Zustände $\vec{k}'$. Wir betrachten im folgenden speziell freie Teilchen (ebene Wellen als ungestörte Eigenzustände). Für die Übergangswahrscheinlichkeit von $\vec{k}$ nach $\vec{k}'$ gilt in *Bornscher Näherung* (bzw. Fermis goldener Regel):

$$w_{\vec{k}\to\vec{k}'} = \frac{2\pi}{\hbar} \left| \langle \vec{k} | V_s(\vec{r}) | \vec{k}' \rangle \right|^2 \delta(\varepsilon_{\vec{k}} - \varepsilon_{\vec{k}'}) \tag{7.83}$$

Hierbei bringt die Delta-Funktion zum Ausdruck, daß eine rein elastische Streuung angenommen worden ist; bei der Streuung an Störstellen soll also kein Energieübertrag stattfinden, die Elektronen werden also nur in andere Richtungen abgelenkt, wenn sie auf eine Störstelle treffen. Es folgt durch Einsetzen des Störstellenpotentials:

$$w_{\vec{k}\to\vec{k}'} = \frac{2\pi}{\hbar}\frac{1}{V^2}\sum_{i,l=1}^{N_s} e^{i(\vec{k}'-\vec{k})(\vec{R}_i-\vec{R}_l)}|v_{\vec{k}-\vec{k}'}|^2\delta(\varepsilon_{\vec{k}}-\varepsilon_{\vec{k}'}) \tag{7.84}$$

wobei

$$v_{\vec{q}} = \int d^3r v(\vec{r})e^{-i\vec{q}\vec{r}} \tag{7.85}$$

die Fourier-Transformierte des Potentials einer einzelnen Störstelle ist. Da die genauen Störstellenpositionen $\{\vec{R}_i\}$ nicht relevant sein sollten, berechnen wir die über die Störstellenpositionen gemittelte Übergangswahrscheinlichkeit. Für eine beliebige, von den Störstellenpositionen abhängige Größe $F(\vec{R}_1,\dots,\vec{R}_{N_s})$ ist der *Konfigurations-Mittelwert* definiert durch

$$\overline{F} = \frac{1}{V}\int d^3R_1\dots\frac{1}{V}\int d^3R_{N_s}F(\vec{R}_1,\dots,\vec{R}_{N_s}) \tag{7.86}$$

wobei die $\vec{R}_i$-Integrale über das ganze System-Volumen V zu erstrecken sind. Bei der Konfigurationsmittelung verbleiben von der $\vec{R}_i,\vec{R}_l$-Doppelsumme nur die Terme mit $\vec{R}_i = \vec{R}_l$ wegen

$$\overline{e^{i\vec{q}\vec{R}_i}} = \frac{1}{V}\int d^3R_i e^{i\vec{q}\vec{R}_i} = 0 \text{ für } \vec{R}_i \neq 0$$

Für die konfigurationsgemittelte Übergangsrate ergibt sich

$$\overline{w_{\vec{k}\to\vec{k}'}} = \frac{2\pi}{\hbar}\frac{N_s}{V^2}|v_{\vec{k}-\vec{k}'}|^2\delta(\varepsilon_{\vec{k}}-\varepsilon_{\vec{k}'}) \tag{7.87}$$

Wir setzen nun diese gemittelte Übergangswahrscheinlichkeit in die linearisierte Boltzmann-Gleichung (7.52) ein. Da hier $w_{\vec{k}\to\vec{k}'} = w_{\vec{k}'\to\vec{k}}$ gilt, ergibt sich, falls nur ein elektrisches Feld als Störung des Gleichgewichts vorliegt:

$$\frac{df_0}{d\varepsilon_{\vec{k}}}e\vec{E}\frac{\hbar}{m}\vec{k} = \frac{c}{\hbar}\int\frac{d^3k'}{(2\pi)^2}|v_{\vec{k}-\vec{k}'}|^2\delta(\varepsilon_{\vec{k}}-\varepsilon_{\vec{k}'})(f_1(\vec{k}')-f_1(\vec{k})) \tag{7.88}$$

wobei $c = N_s/V$ die Störstellenkonzentration ist; hierbei wurde wie üblich die $\vec{k}'$-Summe durch ein $\vec{k}'$-Integral ersetzt gemäß

$$\sum_{\vec{k}'}\dots\to\frac{V}{(2\pi)^3}\int d^3k'\dots$$

Gleichung (7.88)kann durch den Ansatz

$$f_1(\vec{k}) = \vec{k}\cdot\vec{E}\eta(\varepsilon_{\vec{k}}) \tag{7.89}$$

mit noch unbekanntem $\eta(\varepsilon)$, welches nur von der Energie, nicht aber von der Impuls-Richtung abhängen soll, gelöst werden. Dieser Ansatz kann wie folgt begründet werden: die Abweichung von der Gleichgewichtsverteilung sollte linear in der das Nichtgleichgewicht verursachenden Störung $\vec{E}$ sein, außerdem soll f_1 von $\vec{k}$ abhängen, aber skalar sein. Mit diesem Ansatz ergibt sich

$$\frac{df_0}{d\varepsilon_{\vec{k}}}e\vec{E}\frac{\hbar}{m}\vec{k} = \frac{c}{\hbar}\int\frac{d^3k'}{(2\pi)^2}|v_{\vec{k}-\vec{k}'}|^2\delta(\varepsilon_{\vec{k}}-\varepsilon_{\vec{k}'})(\vec{k}'-\vec{k})\vec{E}\eta(\varepsilon_{\vec{k}}) \tag{7.90}$$

Wegen $\varepsilon_{\vec{k}} = \varepsilon_{\vec{k}'}$ (elastische Streuung) ist dabei nur über eine Kugelschale im $\vec{k}$-Raum zu integrieren. Zur Weiterrechnung nehmen wir ein rotationssymmetrisches Streupotential $v(\vec{r}) = v(|\vec{r}|)$ an; dann hängt $v_{\vec{k}-\vec{k}'}$ nur von $k = |\vec{k}|$ und dem Streuwinkel ϑ zwischen $\vec{k}$ und $\vec{k}'$ ab. Führt man das $\vec{k}'$-Integral in Kugelkoordinaten aus, wobei die Richtung des festen $\vec{k}$-Vektors als z-Richtung gewählt wird und $\vec{E}$ beliebige Richtung haben kann, dann verschwinden die φ-Integrale und es verbleibt

$$\frac{df_0}{d\varepsilon_{\vec{k}}} e\vec{E}\frac{\hbar}{m}\vec{k} = \frac{c}{\hbar}\int \frac{dk'k'^2}{2\pi}\delta(\varepsilon_{\vec{k}} - \varepsilon_{\vec{k}'})\eta(\varepsilon_{\vec{k}})\int d\vartheta \sin\vartheta |v(k',\vartheta)|^2 (k'E_z\cos\vartheta - \vec{k}\vec{E}) \quad (7.91)$$

Berücksichtigt man $k'E_z = kE_z = \vec{k}\vec{E}$ und benutzt die Definition der elektronischen Zustandsdichte (pro Elementarzelle, vgl.(4.135))

$$\frac{V}{N}\frac{1}{\pi^2}\int dk'k'^2\delta(\varepsilon - \varepsilon_{\vec{k}'}) = \rho(\varepsilon)$$

dann ergibt sich

$$\frac{df_0}{d\varepsilon_{\vec{k}}} e\vec{E}\frac{\hbar}{m}\vec{k} = \frac{c}{\hbar}\frac{N}{V}\frac{\pi}{2}\eta(\varepsilon_{\vec{k}})\rho(\varepsilon_{\vec{k}})\int_0^{+\pi} d\vartheta \sin\vartheta |v(\vartheta)|^2(\cos\vartheta - 1)\vec{k}\vec{E} \quad (7.92)$$

Vergleicht man dies mit dem Ansatz aus der Relaxationszeitnäherung

$$\frac{df_0}{d\varepsilon_{\vec{k}}} e\vec{E}\frac{\hbar}{m}\vec{k} = -\frac{f_1(\vec{k})}{\tau(\varepsilon_{\vec{k}})} = -\frac{\eta(\varepsilon_{\vec{k}})\vec{k}\vec{E}}{\tau(\varepsilon_{\vec{k}})} \quad (7.93)$$

so kürzt sich der Ansatz für den Nichtgleichgewichts-Anteil der Verteilung heraus und man kann für die Relaxationszeit ablesen:

$$\frac{1}{\tau(\varepsilon)} = \frac{c}{\hbar}\frac{N}{V}\frac{\pi}{2}\rho(\varepsilon)\int_0^{+\pi} d\vartheta \sin\vartheta |v(\vartheta)|^2(1 - \cos\vartheta) \quad (7.94)$$

Die inverse Relaxationszeit und damit auch der Rest-Widerstand (die inverse Leitfähigkeit bei $T = 0$ gemäß (7.68, 7.70)) sind also direkt proportional zur Störstellenkonzentration c und zur elektronischen Zustandsdichte bei der Fermienergie, und sie sind abhängig von der Stärke und Art des Störstellen-Potentials. Bei endlicher Reichweite des Störpotentials bleibt insbesondere ein Integral über die Streuwinkel ϑ auszuführen über das Betragsquadrat der Potential-Stärke gewichtet mit dem Faktor $(1 - \cos\vartheta)$. Wie die oben skizzierte Herleitung zeigt, rührt der $\cos\vartheta$-Anteil in diesem Integral, den man auch als *Vertexkorrektur* bezeichnet, her von den Rückstreu-Beiträgen von den Zuständen $\vec{k}'$ in den betrachteten Zustand $\vec{k}$. Die für die Transportgrößen maßgebliche Lebensdauer $\tau(\varepsilon_{\vec{k}})$ ist also nicht unmittelbar die Lebensdauer des Zustandes $\vec{k}$, die durch die Möglichkeit von Übergängen von $\vec{k}$ in andere Zustände $\vec{k}'$ endlich wird, sondern für die effektive Transport-Lebensdauer sind zusätzlich die Rückstreubeiträge in Betracht zu ziehen.

Speziell bei einem extrem kurzreichweitigen Störstellen-Potential, das man durch

$$v(\vec{r}) = v_0\delta(\vec{r}) \qquad \rightarrow \qquad v_{\vec{k}-\vec{k}'} = v_0 \quad (7.95)$$

approximieren kann, ist die Fourier-Transformierte des Potentials konstant und somit unabhängig vom Streuwinkel. Dann ergibt das $\cos\vartheta$-Integral 0 und die inverse Relaxationszeit ist durch

$$\frac{1}{\tau(\varepsilon)} = \frac{\pi}{\hbar}c\frac{N}{V}\rho(\varepsilon)v_0^2 \quad (7.96)$$

gegeben. Die oben diskutierten Vertexkorrekturen verschwinden also für kurzreichweitige Störstellenpotentiale, weil sich die $\vec{k}'$-Summe über alle möglichen Rückstreu-Prozesse gegenseitig aufheben.

7.4.2 Streuung an Phononen

Durch die in Kapitel 6.1 besprochene Elektron-Phonon-Wechselwirkung sind Übergänge (Streuungen) von Elektronen von einem Zustand $\vec{k}$ in einen Zustand $\vec{k}' = \vec{k} + \vec{q}$ möglich entweder unter Absorption eines Phonons mit Impuls $\vec{q}$ oder unter Emission eines Phonons mit Impuls $-\vec{q}$. Nach der „goldenen Regel" der Quantenmechanik ist die Übergangswahrscheinlichkeit pro Zeiteinheit zwischen festem Anfangszustand $|i\rangle$ und festem Endzustand $|f\rangle$ gegeben durch

$$W_{i\to f} = \frac{2\pi}{\hbar}|\langle f|H_{WW}|i\rangle|^2\delta(E_f - E_i) \tag{7.97}$$

Für die Elektronen-Streuung durch Phononen ist H_{WW} die Elektron-Phonon-Wechselwirkung H_{el-ph}. Es gilt daher bei Absorption eines Phonons mit Impuls $\vec{q}$:

$$\langle f|H_{el-ph}|i\rangle = M_{\vec{q}}(1 - n_{\vec{k}+\vec{q}})n_{\vec{k}}\sqrt{\tilde{n}_{\vec{q}}}\ , E_f - E_i = \varepsilon(\vec{k}+\vec{q}) - \varepsilon(\vec{k}) - \hbar\omega_{\vec{q}} \tag{7.98}$$

und bei Emission eines Phonons mit Impuls $-\vec{q}$:

$$\langle f|H_{el-ph}|i\rangle = M_{\vec{q}}n_{\vec{k}}(1 - n_{\vec{k}+\vec{q}})\sqrt{\tilde{n}_{-\vec{q}}+1}\ , E_f - E_i = \varepsilon(\vec{k}+\vec{q}) + \hbar\omega_{-\vec{q}} - \varepsilon(\vec{k}) \tag{7.99}$$

Hierbei sind $n_{\vec{k}}\varepsilon\{0,1\}$,$\tilde{n}_{\vec{q}}\varepsilon N$ die Besetzungszahlen der Elektronen bzw. Phononen und $M_{\vec{q}}$ ist das Matrixelement der Elektron-Phonon-Kopplung gemäß (6.14); eine $\vec{k}$-Abhängigkeit ist schon vernachlässigt, da freie Elektronen und damit ebene Wellen als elektronische Eigenzustände angenommen werden sollen, und Umklapp-Prozesse sollen ebenfalls vernachlässigt werden.

Bei endlichen Temperaturen sind die Besetzungszahlen durch die Besetzungswahrscheinlichkeiten zu ersetzen. Damit folgt gemäß (7.50) für den Streuterm in der Boltzmann-Gleichung

$$\begin{aligned}\left.\frac{df}{dt}\right|_{\text{Streu}} &= \sum_{\vec{k}'}\left(w_{\vec{k}'\to\vec{k}}f(\vec{k}')(1-f(\vec{k})) - w_{\vec{k}\to\vec{k}'}f(\vec{k})(1-f(\vec{k}'))\right)\\ &\text{mit}\\ w_{\vec{k}\to\vec{k}'} &=\\ &\frac{2\pi}{\hbar}|M_{\vec{k}'-\vec{k}}|^2\left(\langle\tilde{n}_{\vec{k}'-\vec{k}}\rangle\delta(\varepsilon(\vec{k}')-\varepsilon(\vec{k})-\hbar\omega_{\vec{k}'-\vec{k}}) + (\langle\tilde{n}_{\vec{k}-\vec{k}'}\rangle+1)\delta(\varepsilon(\vec{k}')-\varepsilon(\vec{k})+\hbar\omega_{\vec{k}-\vec{k}'})\right)\end{aligned} \tag{7.100}$$

wobei $\langle\tilde{n}_{\vec{q}}\rangle$ die Besetzungswahrscheinlichkeit für die Phononen ist. Hier gilt $w_{\vec{k}\to\vec{k}'} \neq w_{\vec{k}'\to\vec{k}}$; die Streuung der Elektronen erfolgt nämlich nicht elastisch, da Energie auf das Phonon übertragen wird bzw. von diesem übernommen wird. Die elektronische Besetzungswahrscheinlichkeit $f(\vec{k})$ ist die Nichtgleichgewichts-Verteilung, die wir gemäß (7.53)),(7.52) linearisieren werden. Damit ist es zumindest bei elektrischen Feldern als Ursache des Nichtgleichgewichts konsistent, für die Phononen noch die Gleichgewichtsverteilung anzunehmen, also die Bose-Funktion

$$\langle\tilde{n}_{\vec{q}}\rangle = b(\hbar\omega_{\vec{q}}) = \frac{1}{e^{\hbar\omega_{\vec{q}}/k_BT} - 1} \tag{7.101}$$

Durch ein elektrisches Feld werden zumindest akustische Phononen nämlich erst in zweiter Ordnung über ihre Kopplung an die Elektronen beeinflußt. Es gilt dann

$$w_{\vec{k}'\to\vec{k}}e^{\varepsilon_{\vec{k}}/k_BT} = w_{\vec{k}\to\vec{k}'}e^{\varepsilon_{\vec{k}'}/k_BT} \tag{7.102}$$

was unmittelbar aus

$$b(\hbar\omega_{\vec{k}-\vec{k}'})e^{\beta(\varepsilon_{\vec{k}}-\varepsilon_{\vec{k}'})}\delta(\varepsilon_{\vec{k}}-\varepsilon_{\vec{k}'}-\hbar\omega_{\vec{k}-\vec{k}'}) = (b(\hbar\omega_{\vec{k}-\vec{k}'})+1)\delta(\varepsilon_{\vec{k}'}-\varepsilon_{\vec{k}}+\hbar\omega_{\vec{k}-\vec{k}'}) \quad (7.103)$$

folgt. Daraus erhält man

$$w_{\vec{k}\to\vec{k}'}f_0(\vec{k})(1-f_0(\vec{k}')) = w_{\vec{k}'\to\vec{k}}f_0(\vec{k}')(1-f_0(\vec{k})) \quad (7.104)$$

Damit ist auch die Bedingung (7.54), daß im Gleichgewicht insgesamt keine Änderung der Verteilungsfunktion durch den betrachteten Streuprozeß mehr auftritt, explizit gezeigt. Wir können daher den Streuterm in der Boltzmann-Gleichung, d.h. die rechte Seite von (7.50), in der linearisierten Form von Gleichung (7.52) schreiben und setzen

$$f_1(\vec{k}) = \left(-\frac{df_0}{d\varepsilon}\right)\varphi(\vec{k}) = \frac{f_0(1-f_0)}{k_BT}\varphi(\vec{k}) \quad (7.105)$$

Damit schreibt sich die rechte Seite der linearisierten Boltzmann-Gleichung als

$$\begin{aligned}
\frac{df}{dt}|_{\text{Streu}} &= \sum_{\vec{k}'}\Bigg(\frac{w_{\vec{k}'\to\vec{k}}}{k_BT}\left(f_0(\vec{k}')(1-f_0(\vec{k}'))(1-f_0(\vec{k}))\varphi(\vec{k}')-f_0(\vec{k})(1-f_0(\vec{k}))f_0(\vec{k}')\varphi(\vec{k})\right)\\
&- \frac{w_{\vec{k}\to\vec{k}'}}{k_BT}\left(f_0(\vec{k})(1-f_0(\vec{k}))(1-f_0(\vec{k}'))\varphi(\vec{k})-f_0(\vec{k}')(1-f_0(\vec{k}'))f_0(\vec{k})\varphi(\vec{k}')\right)\Bigg)\\
&= \sum_{\vec{k}'}\frac{w_{\vec{k}'\to\vec{k}}f_0(\vec{k}')(1-f_0(\vec{k}))}{k_BT}\left(\varphi(\vec{k}')-\varphi(\vec{k})\right) \quad (7.106)
\end{aligned}$$

Einsetzen der Übergangsrate $w_{\vec{k}'\to\vec{k}}$ gemäß (7.100) liefert

$$\begin{aligned}
\frac{df}{dt}|_{\text{Streu}} &= \frac{2\pi}{\hbar k_BT}\sum_{\vec{q}}|M_{\vec{q}}|^2 f_0(\vec{k}+\vec{q})(1-f_0(\vec{k}))\Big(b(\hbar\omega_{-\vec{q}})\delta(\varepsilon_{\vec{k}}-\varepsilon_{\vec{k}+\vec{q}}-\hbar\omega_{-\vec{q}})\\
&+(b(\hbar\omega_{\vec{q}})+1)\delta(\varepsilon_{\vec{k}}+\hbar\omega_{\vec{q}}-\varepsilon_{\vec{k}+\vec{q}})\Big)(\varphi(\vec{k}+\vec{q})-\varphi(\vec{k})) =\\
&= \frac{2\pi}{\hbar k_BT}\sum_{\vec{q}}|M_{\vec{q}}|^2 b(\hbar\omega_{\vec{q}})\Big((f_0(\vec{k})-f_0(\vec{k}+\vec{q}))b(\varepsilon_{\vec{k}+\vec{q}}-\varepsilon_{\vec{k}})\delta(\varepsilon_{\vec{k}}-\varepsilon_{\vec{k}+\vec{q}}-\hbar\omega_{-\vec{q}})\\
&+(f_0(\vec{k}+\vec{q})-f_0(\vec{k}))b(\varepsilon_{\vec{k}}-\varepsilon_{\vec{k}+\vec{q}})\delta(\varepsilon_{\vec{k}}+\hbar\omega_{\vec{q}}-\varepsilon_{\vec{k}+\vec{q}})\Big)(\varphi(\vec{k}+\vec{q})-\varphi(\vec{k})) \quad (7.107)
\end{aligned}$$

Hierbei wurde benutzt

$$\begin{aligned}
f_0(\vec{k}+\vec{q})(1-f_0(\vec{k})(b(\hbar\omega_{\vec{q}})+1)\delta(\varepsilon_{\vec{k}}-\varepsilon_{\vec{k}+\vec{q}}+\hbar\omega_{\vec{q}})\\
= f_0(\vec{k})(1-f_0(\vec{k}+\vec{q}))b(\hbar\omega_{\vec{q}})\delta(\varepsilon_{\vec{k}}-\varepsilon_{\vec{k}+\vec{q}}+\hbar\omega_{\vec{q}})\\
\text{und } f_0(\varepsilon)(1-f_0(\varepsilon')) = (f_0(\varepsilon'-f_0(\varepsilon))b(\varepsilon-\varepsilon') \quad (7.108)
\end{aligned}$$

Für die noch unbekannte Funktion $\varphi(\vec{k})$, die ja bis auf Faktoren der Abweichung von der Gleichgewichtsverteilung, $f_1(\vec{k})$, entspricht und demnach erst durch das Nichtgleichgewicht, d.h. das elektrische Feld, verursacht worden ist, machen wir in Analogie zu (7.89) den Ansatz

$$\varphi(\vec{k}) = \eta(\varepsilon_{\vec{k}})\vec{k}\vec{E} \quad (7.109)$$

Dabei soll angenommen werden, daß $\eta(\varepsilon)$ nur schwach energieabhängig ist und auf Skalen der Phononenenergien als ungefähr konstant angenommen werden kann:

$$\eta(\varepsilon_{\vec{k}+\vec{q}}) \approx \eta(\varepsilon_{\vec{k}}) = \eta(\varepsilon_{\vec{k}} \pm \hbar\omega_{\vec{q}}) \tag{7.110}$$

Ferner sollen quasifreie Elektronen angenommen werden, also

$$\varepsilon_{\vec{k}} = \frac{\hbar^2 k^2}{2m}$$

Die $\vec{q}$-Summe wird wie üblich durch ein $\vec{q}$-Integral ersetzt, das in Kugelkoordinaten ausgeführt wird, wobei die Richtung des festen $\vec{k}$ als z-Richtung gewählt wird. Die die Energieerhaltung beinhaltenden Delta-Funktionen können dann wie folgt umgeschrieben werden:

$$\delta(\varepsilon_{\vec{k}+\vec{q}} - \varepsilon_{\vec{k}} \pm \hbar\omega_{\vec{q}}) = \delta(\frac{\hbar^2}{m}\vec{k}\vec{q} + \frac{\hbar^2}{2m}q^2 \pm \hbar\omega_{\vec{q}}) = \frac{m}{\hbar^2 kq}\delta(\cos\vartheta + \frac{q}{2k} \pm \frac{m\omega_{\vec{q}}}{\hbar kq}) \tag{7.111}$$

wobei ϑ der Winkel zwischen $\vec{k}$ (z-Achse) und $\vec{q}$ ist. Dann folgt:

$$\begin{aligned}
\frac{df}{dt}|_{\text{Streu}} &= \frac{2\pi\eta(\varepsilon)}{\hbar k_B T}V\int\frac{dqq^2}{(2\pi)^3}|M_{\vec{q}}|^2 b(\hbar\omega_q)\frac{m}{\hbar^2 kq}\int_{-1}^{+1}d(\cos\vartheta)\int_0^{2\pi}d\phi\,\cdot \\
&\cdot\ \Big((f_0(\varepsilon_{\vec{k}}) - f_0(\varepsilon_{\vec{k}} - \hbar\omega_{\vec{q}}))b(-\hbar\omega_{\vec{q}})\delta(\cos\vartheta + \frac{q}{2k} + \frac{m\hbar\omega_{\vec{q}}}{\hbar kq}) + \\
&+\ (f_0(\varepsilon_{\vec{k}} + \hbar\omega_{\vec{q}}) - f_0(\varepsilon_{\vec{k}}))b(-\hbar\omega_{\vec{q}})\delta(\cos\vartheta + \frac{q}{2k} - \frac{m\hbar\omega_{\vec{q}}}{\hbar kq})\Big)\cdot \\
&\cdot\ (q\sin\vartheta\cos\phi E_x + q\sin\vartheta\sin\phi E_y + q\cos\vartheta E_z)) = \\
&= -\frac{V\eta(\varepsilon)}{2\pi\hbar k_B T}\frac{m}{\hbar^2 k}E_z\int dqq^2|M_{\vec{q}}|^2 b(\hbar\omega_{\vec{q}})b(-\hbar\omega_{\vec{q}})\frac{df_0}{d\varepsilon}\hbar\omega_{\vec{q}}\frac{q}{k}
\end{aligned} \tag{7.112}$$

Hierbei wurde im letzten Schritt berücksichtigt, daß $\int d\phi\cos\phi = \int d\phi\sin\phi = 0$ gilt, und die Fermifunktion wurde über den Bereich von Phononenergien entwickelt, was physikalisch vernünftig ist, da bei Metallen Phononenergien (von der Größenordnung Debye-Energie, also 10^2 K) deutlich kleiner sind als elektronische Energien (von der Größenordnung Fermienergie, also 10^4 K). Offenbar kann man hier wieder den Faktor $\vec{k}\vec{E}\eta(\varepsilon)\left(-\frac{df_0}{d\varepsilon}\right) = \varphi(\vec{k})\left(-\frac{df_0}{d\varepsilon}\right) = f_1(\vec{k})$ herausziehen und erhält explizit für die inverse Streuzeit

$$\frac{1}{\tau(\varepsilon)} = \frac{V}{4\pi\hbar k_B T}\frac{m}{M}\frac{1}{k^3}\int dqq^5 N_k|v_{\vec{q}}|^2 b(\hbar\omega_{\vec{q}})b(-\hbar\omega_{\vec{q}}) \tag{7.113}$$

Hier wurde für das Elektron-Phonon-Kopplungs-Matrixelement gemäß (6.14)

$$M_{\vec{q}} = \sqrt{\frac{\hbar N_k}{2M\omega_{\vec{q}}}}iqv_{\vec{q}}$$

eingesetzt (M Ionenmasse, N_k Zahl der Atome, $v_{\vec{q}}$ Fourier-Transformierte des Ionenpotentials). Der Faktor q^5 in obigem q-Integral kommt zustande durch einen Faktor q^2 von der dreidimensionalen Integration, einem Faktor q^2 vom Elektron-Phonon-Matrixelement, und dem Faktor q/k von der Winkelintegration; dagagen kürzt sich der Faktor $\omega_{\vec{q}}$ von der Entwicklung der Fermi-Funktionsdifferenzen gegen einen entsprechenden Term im Nenner von $M_{\vec{q}}$ heraus. Zur weiteren Vereinfachung kann man jetzt noch annehmen, daß die Phononen mit dem Debye-Modell beschrieben werden können, also

$$E = \hbar\omega_{\vec{q}} = \hbar c_S q \text{ für } q \leq q_D$$

erfüllen (c_S Schallgeschwindigkeit), und daß die Fouriertransformierte des Ionenpotentials q-unabhängig ist, was stark lokalisierten (gut abgeschirmten) Ionenpotentialen entspricht. Dies sollte in einfachen Metallen erfüllt sein. Dann ergibt sich

$$\frac{1}{\tau(\varepsilon)} = -\frac{1}{k^3 c_S^6 \hbar^6} \frac{VN_k|v_0|^2}{4\pi\hbar k_B T} \frac{m}{M} \int_0^{E_D} dE E^5 b(E) b(-E) = \frac{1}{k^3 c_S^6 \hbar^6} \frac{VN_k|v_0|^2}{4\pi\hbar k_B T} \frac{m}{M} (k_B T)^6 J_5(\frac{\Theta_D}{T}) \tag{7.114}$$

mit

$$J_5(x) = \int_0^x dy y^5 \frac{1}{e^y - 1} \frac{1}{1 - e^{-y}} \tag{7.115}$$

wobei Θ_D die Debye-Temperatur ist. Die Funktion $J_5(x)$ findet man tabelliert oder kann sie sich numerisch leicht berechnen. Es gilt insbesondere in den Grenzfällen

$$J_5(x) \approx \frac{x^4}{4} \text{ für } x \ll 1 \text{ und } J_5(x \to \infty) \approx 124 \tag{7.116}$$

Daraus ergibt sich für tiefe Temperatur $T \ll \Theta_D$, also $\Theta_D/T \approx \infty$

$$\frac{1}{\tau(\varepsilon)} \sim T^5 \tag{7.117}$$

Für die statische Leitfähigkeit σ und den spezifischen elektrischen Widerstand ρ_{ph} eines Metalles hat man daher durch die Elektron-Phonon-Wechselwirkung bei tiefen Temperaturen ein charakteristisches T^5-Gesetz zu erwarten:

$$\sigma = \frac{ne^2\tau}{m} \sim \frac{1}{T^5} \text{ und damit } \rho_{ph} \sim T^5 \tag{7.118}$$

Dies ist das

Bloch'sche T^5-Gesetz

Für hohe Temperaturen $T \gg \Theta_D$, wenn alle Phononenzustände thermisch angeregt sind, gilt dagegen

$$\frac{1}{\tau(\varepsilon)} \sim \frac{1}{k^3} \frac{m}{M} (k_B T)^5 J_5(\frac{\Theta_D}{T}) \sim \frac{m}{M} (k_B \Theta_D)^4 k_B T \tag{7.119}$$

Für hohe Temperaturen sollte der Widerstand eines Metalles daher linear mit der Temperatur zunehmen. Insgesamt bezeichnet man die Beziehung $\sigma \sim T^{-5} J_5^{-1}(\Theta_D/T)$ auch als **Bloch-Grüneisen-Relation**.[7]

Diese Relation ist experimentell recht gut erfüllt für viele einfache Metalle trotz der zahlreichen vereinfachenden Näherungen und Annahmen, die in die oben skizzierte Herleitung eingegangen sind. Die am schwersten zu rechtfertigende Näherung besteht wohl in der Vernachlässigung von Umklapp-Prozessen. Diese sind immer dann von Bedeutung, wenn die Wellenvektoren $\vec{k} + \vec{q}$ außerhalb der ersten Brillouin-Zone liegen. Das ist bei allen Metallen der Fall, bei denen die Fermi-Fläche in die Nähe der Brillouin-Zonen-Grenze kommt. Bei solchen Metallen sind Abweichungen von der Bloch-Grüneisen-Relation vorstellbar. Ganz ohne Umklapp-Prozesse gäbe es übrigens überhaupt kein Relaxieren in den Gleichgewichtszustand bei Abschalten der das Nicht-Gleichgewicht verursachenden Störung.

[7] E.Grüneisen, * 1877 in Halle, † 1949 in Marburg, an der Phys.Techn.Reichsanstalt und als Prof. in Marburg tätig, Arbeiten zur Festkörperphysik, thermodyn. Theorie des festen Zustands, 1930 T^5-Gesetz des elektr.Widerstands

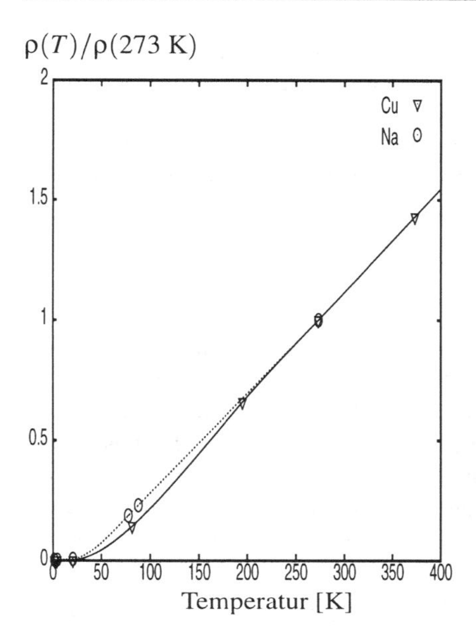

Bild 7.6 Temperaturabhängigkeit des elektrischen Widerstands von Natrium und Kupfer (bezogen auf den Widerstand bei 0 °C)

Der Gesamtwiderstand eines einfachen Metalls setzt sich additiv aus dem Störstellenbeitrag und dem Phononenbeitrag zusammen:

$$\rho(T) = \rho_{Rest} + \rho_{ph}(T) \qquad (7.120)$$

Er beginnt also bei $T = 0$ mit dem temperaturunabhängigen, allein durch die (nie völlig auszuschließenden) Störstellen verursachten Restwiderstand, der proportional zur Störstellenkonzentration ist, folgt dann dem T^5-Gesetz und für hohe T einem linearen T-Verhalten durch die Elektron-Phonon-Kopplung. Das gerade benutzte einfache Addieren der Beiträge verschiedener Streumechanismen zur inversen Relaxationszeit und damit zum elektrischen Widerstand bezeichnet man auch als *Matthiessensche Regel.* Sie ist für viele Metalle recht gut erfüllt, es gibt aber auch Verletzungen dieser Regel.

Experimentelle Widerstandskurven von Natrium und Kupfer sind in obiger Abbildung dargestellt[8]; der Restwiderstand ist so klein gegenüber dem Widerstand bei 0^0 C = 273.16 K, daß er auf der linearen Skala nicht erkennbar ist.

7.5 Temperaturabhängigkeit des Widerstands von Halbleitern

Im Unterschied zu Metallen liegt bei Halbleitern die Fermienergie in der Bandlücke, d.h. bei Temperatur $T = 0$ sind keine beweglichen Ladungsträger vorhanden sondern diese besetzen erst bei endlichem T durch thermische Aktivierung die Leitungsbandzustände. Bestimmte Annahmen des vorigen Kapitels sind daher für Halbleiter nicht mehr zutreffend; man darf nicht mehr davon ausgehen, daß nur die Ladungsträger bei der Fermienergie zum Transport beitragen und daß Phononen-Energien klein gegenüber elektronischen Energien sind. Außerdem ist die Abschirmung in Halbleitern nicht mehr so gut, daß man von extrem kurzreichweitigen Störstellen ausgehen könnte. Daher müssen einige Rechnungen und Überlegungen zur Störstellen- und Phononen-Streuung und deren Einfluß auf Transportgrößen wie die elektrische Leitfähigkeit für Halbleiter unabhängig noch einmal durchgeführt werden.

Damit Halbleiter überhaupt eine nennenswerte Leitfähigkeit bekommen, muß man sie in der Regel dotieren, d.h. es sind Fremdatome mit einem Elektronenüberschuß (Donatoren) oder einem Elektronenmangel (Akzeptoren) gegenüber dem Wirtsgitter einzubauen. Dadurch erreicht man, daß die Fermienergie nicht mehr in der Mitte der Energie-Lücke (wie bei intrinsischen Halbleitern, vgl. Kap. 4.9) liegt, sondern sie fällt in die Nähe der Akzeptor- bzw. Donator-Niveaus.

[8] experimentelle Daten aus Landolt-Börnstein, Zahlenwerte und Funktionen, 6.Auflage, II.Band, 6.Teil: Elektrische Eigenschaften (Springer 1959)

Dadurch ist im Fall von Donatoren (n-Dotierung) die thermische Aktivierung von Elektronen ins Leitungsband und im Fall von Akzeptoren (p-Dotierung) die entsprechende Aktivierung von Löchern ins Valenzband relativ leicht möglich und man bekommt eine endliche n- oder p-Leitfähigkeit bei endlichen Temperaturen T. Wir beschränken uns hier auf den Fall von n-Halbleitern. Dann bilden die ionisierten Donatoren selbst (positiv geladene) Störstellen. Für das Potential einer einzelnen Störstelle ist daher der Ansatz

$$v(r) = -\frac{Ze^2}{\varepsilon_r r} e^{-k_0 r} \tag{7.121}$$

gerechtfertigt. Hierbei ist angenommen, daß die Elektronen ein abgeschirmtes attraktives Coulomb-Potential durch die Z-fach positiv geladene Störstelle spüren. Die Abschirmung wird einerseits durch die freien Ladungsträger selbst bewirkt, was in Thomas-Fermi-Näherung mit Thomas-Fermi-Wellenzahl k_0 berücksichtigt werden soll; die durch alle anderen Einflüsse und Ladungen (Gitter, Ionen, innere Schalen) verursachte Abschirmung soll durch die phänomenologisch eingeführte Dielektrizitätskonstante ε_r berücksichtigt werden. Das Leitungsband soll durch ein Modell quasifreier Elektronen beschrieben werden, d.h. es sollen die Modellannahmen

$$\varepsilon_{\vec{k}} = \frac{\hbar^2 k^2}{2m} \qquad \rho(E) = \frac{V(2m)^{3/2}}{2\pi^2 \hbar^3 N} \sqrt{E} \tag{7.122}$$

für die Leitungsband-Dispersion bzw -Zustandsdichte benutzt werden; hierbei wurde die Unterkante des Leitungsbandes als Energie-Nullpunkt gewählt, die Fermienergie muß dann negativ sein: $E_F < 0$. Die Ladungsträgerdichte bei endlicher Temperatur T ist gemäß Kapitel 4.9 gegeben durch

$$n_e = \int dE f_0(E) \rho(E) \approx \int_0^\infty dE e^{-\beta(E-E_F)} \rho(E) = 2\frac{V}{N} \left(\frac{m}{2\pi\hbar^2}\right)^{3/2} (k_B T)^{3/2} e^{E_F/k_B T} \tag{7.123}$$

(vgl. Gleichung 4.196). Für die Stoßzeit durch die Störstellenstreuung an ionisierten Donatoren erhält man nun gemäß (7.94):

$$\frac{1}{\tau(\varepsilon_{\vec{k}})} = \frac{c}{\hbar} \int \frac{dk'}{2\pi} k'^2 \delta(\varepsilon_{\vec{k}} - \varepsilon_{\vec{k}'}) \int d\vartheta \sin\vartheta \left(\frac{4\pi Z e^2}{\varepsilon_r V((\vec{k} - \vec{k}')^2 + k_0^2)} \right)^2 (1 - \cos\vartheta) \tag{7.124}$$

Hierbei ist c die Störstellen- (Donator-) Konzentration und es wurde benutzt, daß die Fourier-Transformierte des abgeschirmten Coulomb- (Donator-) Potentials gegeben ist durch

$$v_{\vec{k}-\vec{k}'} = v(k', \vartheta) = \frac{-4\pi Z e^2}{V\varepsilon_r((\vec{k} - \vec{k}')^2 + k_0^2)} = \frac{-4\pi Z e^2}{V\varepsilon_r(k^2 + k'^2 - 2kk'\cos\vartheta + k_0^2)} \tag{7.125}$$

Ferner wurde, wie schon generell in Kapitel 7.4, vorausgesetzt, daß die Streuung an Störstellen elastisch erfolgt, was durch die Deltafunktion unter dem k'-Integral zum Ausdruck kommt. Deshalb läßt sich das k'-Integral ausführen:

$$\frac{1}{\tau(\varepsilon_{\vec{k}})} = \frac{c}{\hbar} \frac{m}{\hbar^2} \frac{k}{2\pi} \frac{1}{4k^4} \int d\vartheta \sin\vartheta \left(\frac{4\pi Z e^2}{V\varepsilon_r(1 - \cos\vartheta + (k_0/2k)^2)} \right)^2 (1 - \cos\vartheta) \tag{7.126}$$

Das verbleibende ϑ-Integral läßt sich berechnen und hängt nur noch schwach von k ab. Daher findet man für die wesentliche k-Abhängigkeit der Transport-Stoßzeit durch Störstellenstreuung:

$$\tau(\varepsilon_{\vec{k}}) \sim \frac{\varepsilon_r^2 k^3}{mc} \sim \frac{\varepsilon_r^2 m^{1/2} \varepsilon_{\vec{k}}^{3/2}}{c} \tag{7.127}$$

Im Unterschied zu Metallen kann man bei Halbleitern aber nicht mehr davon ausgehen, daß nur die Stoßzeit an der Fermikante relevant ist, sondern man muß mit diesem Ergebnis für τ in die Leitfähigkeitsformel (7.59) eingehen und die entsprechende k-Summe bzw. Integration explizit ausführen. Dies führt zu:

$$\sigma_{xx} = \frac{2e^2}{V} \sum_{\vec{k}} \frac{\hbar^2}{m^2} k_x^2 \tau(\varepsilon_{\vec{k}}) \beta e^{-\beta(\varepsilon_{\vec{k}} - E_F)} \sim \beta e^{\beta E_F} \int dk k^2 k^2 \frac{\varepsilon_r^2 k^3}{m^3 c} e^{-\beta \varepsilon_{\vec{k}}} \tag{7.128}$$

Macht man das letzte Integral wieder durch die üblichen Substitutionen

$$y = \beta \varepsilon_{\vec{k}} = \frac{\hbar^2 k^2}{2mk_B T}$$

dimensionslos, so ergibt sich als charakteristische Temperaturabhängigkeit für die Leitfähigkeit durch die Streuung an den Donatoren:

$$\sigma_{xx} \sim \frac{\varepsilon_r^2 m (k_B T)^3}{c} e^{E_F/(k_B T)} \tag{7.129}$$

Wie immer bei Störstellenstreuung ist die Leitfähigkeit also umgekehrt proportional der Störstellenkonzentration c, und sie zeigt eine charakteristische Temperaturabhängigkeit proportional zu T^3 multipliziert mit einem exponentiellen Aktivierungs-Term, in den als charakteristische Energie der Abstand $|E_F|$ zwischen Fermi-Energie und Bandkante eingeht. Dabei wurde vorausgesetzt, daß alle Donatoren bereits ionisiert sind. Bei sehr tiefen Temperaturen ist dies nicht erfüllt, dann wird auch noch die Konzentration c der Störstellen temperaturabhängig. Man definiert üblicherweise auch noch eine Größe *Beweglichkeit* μ der Ladungsträger durch $\sigma_{xx} \sim \mu n_e$. Der Aktivierungsterm stammt schon von der Ladungsträgerdichte n_e, es müssen ja erst bewegliche Ladungsträger thermisch entstehen, damit ein elektrischer Transport möglich wird, und jeder dieser Ladungsträger hat dann eine bestimmte mittlere Beweglichkeit μ, und das Produkt macht dann die Leitfähigkeit aus. Unter Benutzung von (7.123) erhält man also für die Beweglichkeit der Ladungsträger in Halbleitern infolge von Streuung an Donatoren:

$$\mu \sim \frac{\varepsilon_r^2 (k_B T)^{3/2}}{m^{1/2} c} \tag{7.130}$$

Als nächstes untersuchen wir den Einfluß von Streuung an (longitudinalen akustischen) Phononen auf die Leitfähigkeit von Halbleitern. Hier ist es nicht mehr gerechtfertigt, Phononenenergien als klein gegenüber elektronischen Energien zu betrachten, wie es in Kapitel 7.4.2 benutzt wurde, als die Fermi-Funktion über Energien der Größenordnung Phononen-Energie entwickelt wurde in (7.112). Für die Differenzen der Fermifunktionen benutzen wir jetzt stattdessen die Beziehung

$$\frac{1}{e^{x+y}+1} - \frac{1}{e^x+1} = e^{-x} \frac{1-e^y}{(e^{-x}+e^y)(1+e^{-x})}$$

Damit erhält man gemäß (7.112) jetzt

$$\left.\frac{df}{dt}\right|_{\text{Streu}} = \frac{\eta(\varepsilon_{\vec{k}})V}{\hbar^3 k_B T} e^{-\beta(\varepsilon_{\vec{k}} - E_F)} \frac{m}{k} \int_0^{2k} \frac{dq q}{2\pi} |M_q|^2 b(\hbar\omega_q) b(-\hbar\omega_q) \tag{7.131}$$
$$\left(\frac{e^{-\beta\hbar\omega_q} - 1}{2} \left(-\frac{q}{2k} - \frac{m\omega_q}{\hbar k q}\right) + \frac{1 - e^{\beta\hbar\omega_q}}{2} \left(-\frac{q}{2k} + \frac{m\omega_q}{\hbar k q}\right) \right) qE_z$$

Hierbei wurde benutzt: $e^{-\beta(\varepsilon_{\vec{k}}-E_F)} \ll 1$ und $\beta\hbar\omega_q \ll 1$, d.h. es soll der Hochtemperatur-Grenzfall untersucht werden; außerdem wurde durch die obere Integrationsgrenze im q-Integral berücksichtigt, daß wegen der Deltafunktionen in (7.104) gelten muß $|q/2k| < 1$. Ausmultiplizieren mit den Bose-Faktoren und die für hohe T gültige Näherung $b(\hbar\omega_q) \approx 1./(\beta\hbar\omega_q)$ ergibt

$$\left.\frac{df}{dt}\right|_{\text{Streu}} = \eta(\varepsilon_{\vec{k}})\vec{k}\vec{E}\left(-\frac{df_0}{d\varepsilon_{\vec{k}}}\right)\frac{mV}{k^3}\int_0^{2k}\frac{dqq^2}{2\pi}|M_q|^2\left(-\frac{q}{2\beta\hbar\omega_q}\right) \tag{7.132}$$

wobei wieder die Näherung der Fermiverteilung durch eine Boltzmann-Verteilung benutzt wurde:

$$f_0(\varepsilon) = \frac{1}{e^{\beta(\varepsilon-E_F)}+1} \approx e^{-\beta(\varepsilon-E_F)} \text{ und } \left(-\frac{df_0}{d\varepsilon}\right) = \beta e^{-\beta(\varepsilon-E_F)}$$

Damit ergibt sich für die Transport-Stoßzeit:

$$\frac{1}{\tau(\varepsilon_{\vec{k}})} = \frac{mV}{k^3}(k_BT)\int_0^{2k}\frac{dqq^3}{4\pi\hbar\omega_q}\frac{\hbar N_k}{2M\omega_q}q^2|v_q|^2 = VN_k\frac{m}{M}\frac{|v_0|^2}{\pi c_s^2}k(k_BT) \tag{7.133}$$

Hierbei ist c_s die Schallgeschwindigkeit und es wurde wieder der Debye-Grenzfall für akustische Phononen angenommen, d.h. $\omega_q = c_s q$. Mit diesem Ergebnis für $\tau(\varepsilon)$ bzw. $\tau(k)$ ergibt sich für die Leitfähigkeit

$$\begin{aligned}\sigma_{xx} &= \frac{2e^2}{V}\sum_{\vec{k}}\frac{\hbar^2k_x^2}{m^2}\tau(k)\beta e^{-\beta(\varepsilon_{\vec{k}}-E_F)} \\ &= \frac{2e^2}{V}\sum_{\vec{k}}\frac{\hbar^2k^2}{3m^2}\frac{1}{VN_k}\frac{M}{m}\frac{\pi c_s^2}{|v_0|^2}\frac{1}{k(k_BT)}\frac{\exp(-(\varepsilon_{\vec{k}}-E_F)/(k_BT))}{k_BT} \\ &\sim \beta^2 e^{\beta E_F}\int dk\frac{k^3}{m^3}e^{-\beta\varepsilon_{\vec{k}}}\end{aligned} \tag{7.134}$$

Macht man das Integral wieder in üblicher Art dimensionslos, so erkennt man, daß eine Temperaturabhängigkeit in dem durch die Phononen-Streuung bestimmten Hochtemperatur-Beitrag zur Leitfähigkeit einzig vom Exponentialterm
$\exp(E_F/k_BT)$ herrührt:

$$\sigma_{xx} \sim \mu n_e \sim \frac{e^{E_F/k_BT}}{m} \tag{7.135}$$

Setzt man wieder das Ergebnis (7.123) für die Ladungsträgerdichte ein, ergibt sich für die Beweglichkeit eine Temperaturabhängigkeit der Form

$$\mu \sim (k_BT)^{-3/2}m^{-5/2} \tag{7.136}$$

Insgesamt ist also in Halbleitern ein Beitrag von der Störstellenstreuung und ein Beitrag von der Streuung an akustischen Phononen zur Beweglichkeit und Leitfähigkeit bzw. zur Lebensdauer und zum Widerstand zu erwarten. Da sich die Widerstände oder inversen Stoßzeiten addieren, hat man einen Übergang von einem $T^{3/2}$-Verhalten bei tiefen Temperaturen zu einem $T^{-3/2}$-Verhalten für die Beweglichkeit zu erwarten, und ein Maximum bei einer Temperatur, die von der Donatorkonzentration c abhängen sollte. Qualitativ werden solche Abhängigkeiten auch beobachtet, z.B. in n-Si oder n-Ge.

In nebenstehender Abbildung ist die Temperaturabhängigkeit der Beweglichkeit von n-Si bei verschiedener Donatorkonzentration doppelt logarithmisch aufgetragen[9]. Quantitativ und im Detail gibt es allerdings noch deutliche Abweichungen von dem oben abgeleiteten Ergebnis, insbesondere werden vielfach andere Exponenten als $3/2$ bzw. $-3/2$ gefunden. Dies kann verschiedene Ursachen haben. Zum einen sind sicher noch nicht alle relevanten Streuprozesse erfaßt. So gibt es Streuung an optischen Phononen insbesondere in polaren Halbleitern, in denen mit den Gitterschwingungen ein elektrisches Dipolmoment verbunden ist, und an diesem langreichweitigen Coulomb-Feld können die Ladungsträger gestreut werden. Außerdem gibt es in realen Halbleitern in der Regel mehrere relative Minima in der Leitungs-Band-Struktur, was das Modell freier Elektronen mit isotroper Energiefläche nicht beschreiben kann. Phononen mit hinreichend großem Wellenvektor $\vec{q}$ können dann auch eine „Zwischen-Tal"-Streuung der Elektronen zwischen verschiedenen Minima des Bandes bewirken.

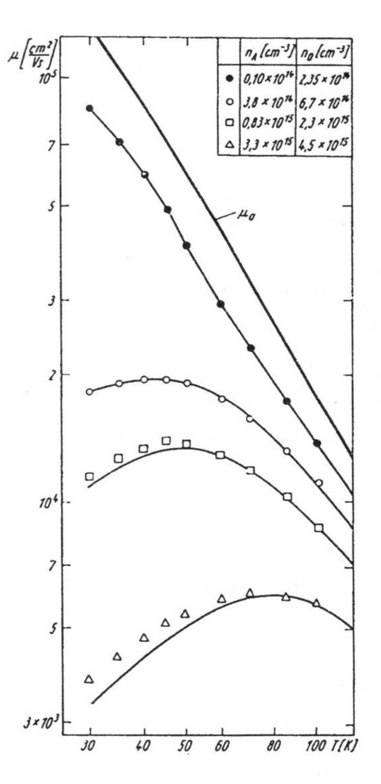

Bild 7.7 T-Abhängigkeit der Beweglichkeit von n-Si

Schließlich sind generell bei allen obigen Betrachtungen zur Streuung von Leitungselektronen an Phononen Umklapp-Prozesse vernachläsigt worden, die aber mitunter wichtig sein können. Ferner wurde bisher immer davon ausgegangen, daß der Wellenvektor $\vec{k}$ zumindest näherungsweise eine gute Quantenzahl für die Zustände der Leitungselektronen ist. Es gibt aber auch Systeme, in denen das nicht der Fall ist, z.B. amorphe Halbleiter oder Störstellenbänder. Dann werden die Ladungsträger besser von lokalisierten (Wannier-artigen) Zuständen ausgehend beschrieben. Phononen sind dann notwendig, damit die Elektronen überhaupt eine Beweglichkeit bekommen, es ist also in manchen Halbleitern nur Phonon-induziertes (und damit thermisch aktiviertes) Hüpfen der Elektronen von einem lokalisierten Zustand (also einem Gitterplatz) zu einem anderen möglich. Auch für diese Hopping-Leitfähigkeit kann man charakteristische Temperatur-Gestze ableiten sowohl im Tieftemperatur-Bereich als auch im Hochtemperaturbereich (*Mottsches $T^{1/4}$-Gesetz*), worauf hier aber nicht näher eingegangen werden kann.

7.6 Lineare Response Theorie

In diesem und den folgenden Abschnitten soll als Alternative zur Behandlung mit der Boltzmann-Gleichung ein anderes, quantenmechanisch besser fundiertes Konzept zur Beschreibung von Nicht-Gleichgewichts-Prozessen in der statistischen Physik und speziell der Festkörper-Physik beschrieben werden. Wir betrachten dazu ganz allgemein in diesem Kapitel ein (Vielteilchen-) System beschrieben durch einen Hamiltonoperator H_0 unter dem Einfluß einer zeitabhängigen äußeren Störung $H_1(t)$, wie sie etwa durch ein elektromagnetisches Feld bewirkt werden kann. Der gesamte Hamilton-Operator ist also gegeben durch

$$H(t) = H_0 + H_1(t) = H_0 - AF(t) \tag{7.137}$$

wobei A einen Operator bezeichnen soll, über den die Störung (das Feld) an das System ankoppelt, und $F(t)$ kein Operator ist sondern eine Funktion, die die Zeitabhängigkeit beschreibt. Ohne

[9] Abbildung entnommen aus Brauer, Streitwolff, Theoretische Grundlagen der Halbleiterphysik, Akademie-Verlag 1977

Störung, d.h. zur Zeit $t = -\infty$ sei das System im Gleichgewicht, dann ist der Dichte-Operator durch den (kanonischen oder großkanonischen) Operator des thermischen Gleichgewichts gegeben:

$$\rho(t = -\infty) = \rho_0 = \frac{1}{Z_0} e^{-\beta H_0} \tag{7.138}$$

Dabei sollen bei großkanonischer Rechnung Energien relativ zum chemischen Potential gemessen werden und

$$Z_0 = Spe^{-\beta H_0} = \sum_n e^{-\beta E_n} \tag{7.139}$$

ist die Zustandssumme, wobei n die (Vielteilchen-) Eigenzustände und E_n die entsprechenden Eigenwerte bezeichnet. Der zeitabhängige Dichteoperator $\rho(t)$ zum vollen System genügt der von-Neumann-Gleichung

$$i\hbar\dot{\rho}(t) = [H(t), \rho(t)] \tag{7.140}$$

Für diesen Dichteoperator $\rho(t)$ zum vollen Nicht-Gleichgewichtssystem $H(t)$ sind thermodynamische Erwartungswerte bestimmter Operatoren B zu bestimmen:

$$\langle B\rangle(t) = \langle B\rangle_{\rho(t)} = Sp(B\rho(t)) \tag{7.141}$$

Konkret für Transportprozesse wird B z.B. der Stromoperator sein. Es ist zweckmäßig, im sogenannten Wechselwirkungsbild zu arbeiten, dies ist das Heisenberg-Bild bezüglich des ungestörten Hamilton-Operators H_0; für einen beliebigen Operator X (im Schrödinger-Bild) ist das Wechselwirkungsbild also definiert durch

$$X_W(t) = e^{iH_0t/\hbar} X e^{-iH_0t/\hbar} \tag{7.142}$$

Für thermodynamische Erwartungswerte gilt dann

$$\langle B\rangle_{\rho(t)} = Sp(B\rho(t)) = Sp\left(e^{iH_0t/\hbar} B e^{-iH_0t/\hbar} e^{iH_0t/\hbar} \rho(t) e^{-iH_0t/\hbar}\right) = Sp\left(B_W(t)\rho_W(t)\right) \tag{7.143}$$

Hierbei wurde die zyklische Vertauschungs-Invarianz unter der Spur benutzt. Thermodynamische Erwartungswerte bleiben also unverändert, egal ob sie im Wechselwirkungsbild oder im Schrödinger-Bild berechnet werden. Äquivalent zur von-Neumann-Gleichung im Schrödinger-Bild ist nun die folgende Bewegungsgleichung für den Dichteoperator im Wechselwirkungs-Bild

$$\frac{d}{dt}\rho_W(t) = \frac{i}{\hbar}[A_W(t), \rho_W(t)]F(t) \tag{7.144}$$

Diese ist mit der Anfangsbedingung (7.138) zu lösen und kann in die äquivalente Integralgleichung

$$\rho_W(t) = \rho_0 + \frac{i}{\hbar}\int_{-\infty}^{t} dt'[A_W(t'), \rho_W(t')]F(t') \tag{7.145}$$

überführt werden. Da hier der Störoperator linear unter dem Integral eingeht, kann diese Gleichung unmittelbar als Ausgangspunkt für eine iterative Lösung in Potenzen des Störterms gewählt werden; dies ist der eigentliche Sinn und Vorteil des Übergangs ins Wechselwirkungsbild. Explizit erhält man als iterative Lösung für $\rho_W(t)$ bis zur 2. Ordnung in der Störung

$$\rho_W(t) = \rho_0 + \frac{i}{\hbar}\int_{-\infty}^{t}[A_W(t'),\rho_0]F(t')dt' - \frac{1}{\hbar^2}\int_{-\infty}^{t}\int_{-\infty}^{t'}[A_W(t'),[A_W(t'),\rho_0]]\,F(t')F(t'')dt'dt'' \tag{7.146}$$

In der *linearen* Response-Theorie, auf die sich dieses Kapitel beschränkt, bricht man diese Entwicklung nach dem Störterm $H_1(t)$ nach dem ersten Glied linearer Ordnung in der Störung ab, nähert also den zeitabhängigen Nichtgleichgewichts-Dichteoperator durch

$$\rho_W(t) = \rho_0 + \frac{i}{\hbar}\int_{-\infty}^{t}[A_W(t'),\rho_0]F(t')dt' \tag{7.147}$$

Für den gesuchten Erwartungswert des Operators B erhält man dann:

$$\langle B\rangle_{\rho(t)} = Sp\,(B_W(t)\rho_W(t)) = \langle B\rangle_{\rho_0} + \frac{i}{\hbar}\int_{-\infty}^{t} Sp\left(B_W(t)[A_W(t'),\rho_0]\right)F(t')dt' \tag{7.148}$$

Wegen

$$Sp\left[B_W(t)(A_W(t')\rho_0 - \rho_0 A_W(t'))\right] = Sp[\rho_0(B_W(t)A_W(t') - A_W(t')B_W(t))]$$

ergibt sich

$$\boxed{\langle B\rangle_{\rho(t)} - \langle B\rangle_{\rho_0} = \textstyle\int_{-\infty}^{+\infty} dt'F(t')\chi_{B,A}(t,t')} \tag{7.149}$$

mit der verallgemeinerten **retardierten Suszeptibilität** oder Responsefunktion

$$\boxed{\chi_{B,A}(t,t') = \tfrac{i}{\hbar} < [B_W(t),A_W(t')]\rangle_{\rho_0}\theta(t-t')} \tag{7.150}$$

Damit ist das Problem, den Erwartungswert eines Operators B bezüglich des Nichtgleichgewichts-Dichteoperators $\rho(t)$ zu berechnen, in linearer Ordnung in der Störung also auf das Problem der Berechnung eines Gleichgewichts-Erwartungswertes bezüglich ρ_0 zurückgeführt, allerdings von einem etwas komplizierteren Operator, nämlich dem Kommutator von B mit dem Störoperator A im Wechselwirkungsbild. Es ist klar, daß in höherer Ordnung in der Störung Doppel-Kommutatoren etc. auftreten. Der Begriff „retardiert" bringt zum Ausdruck, daß der Wert des Erwartungswertes $\langle B\rangle(t)$ zur Zeit t nur beeinflußt werden kann vom Wert der Störung $A_W(t')$ zu früheren Zeiten $t' < t$, was physikalisch der *Kausalität* entspricht und formal durch die θ-Funktion beschrieben wird. Zumindest mathematisch kann man auch entsprechend eine avancierte Suszeptibilität mit $t' < t$ definieren. Es läßt sich leicht nachrechnen, daß die Suszeptibilität nur von der Zeitdifferenz $t - t'$ abhängt:

$$\chi_{B,A}(t,t') = \chi_{B,A}(t-t') \tag{7.151}$$

Wir betrachten jetzt eine spezielle Zeitabhängigkeit der Funktion $F(t)$, nämlich

$$F(t) = F_0 e^{-i(\omega+i\delta)t} \tag{7.152}$$

Diese ist deshalb von besonderer Relevanz, weil man beliebige zeitabhängige Funktionen durch Fouriertransformation auf diese spezielle harmonische Zeitabhängigkeit reduzieren kann. Der infinitesimal kleine, positive Imaginärteil der Frequenz δ muß hier eingeführt werden, um die Anfangsbedingung $F(t \to -\infty) \to 0$ bei einer oszillierenden Funktion der Zeit zu ermöglichen. Man bezeichnet δ auch als *adiabatischen* Einschaltterm, der ein langsames, allmähliches Anwachsen der zeitabhängigen Störung ausgehend vom bei $t = -\infty$ vorhandenen und durch ρ_0 bzw. H_0 beschriebenen Gleichgewicht bewirkt. Alternativ könnte man auch ein plötzliches Einschalten der Störung (z.B. eines elektromagnetischen Feldes) ansetzen, etwa

$$F(t) = 0 \text{ für } t < t_0 \qquad F(t) = F_0 \text{ für } t > t_0$$

Für die spezielle Zeitabhängigkeit (7.152) mit adiabatischem Einschaltterm ergibt sich

$$\boxed{\langle B\rangle_{\rho(t)} - \langle B\rangle_{\rho_0} = \chi_{B,A}(\omega + i0)F_0 e^{-i(\omega+i\delta)t}} \tag{7.153}$$

mit der frequenzabhängigen Suszeptibilität

$$\boxed{\chi_{B,A}(\omega + i\delta) = \int_{-\infty}^{+\infty} dt \chi_{B,A}(t) e^{i(\omega+i\delta)t} = \frac{i}{\hbar}\int_0^{+\infty}\langle[B_W(t),A]\rangle_{\rho_0} e^{i(\omega+i\delta)t} dt} \tag{7.154}$$

Diese ist im Wesentlichen identisch mit der frequenzabhängigen Green-Funktion zu den Operatoren A,B, und sie tritt hier formal als Fourier-Transformierte der Response-Funktion auf. Tatsächlich handelt es sich um eine Laplace-Transformation, da das Integral wegen der Retardierung die Integrationsgrenzen 0 und ∞ hat. Bei der Laplace-Transformation sorgt der infinitesimale Einschaltterm automatisch für ein hinreichend schnelles Verschwinden des Integranden für $t \to \infty$, so daß das Integral existiert. Die frequenzabhängige Suszeptibilität läßt sich explizit in Spektraldarstellung bzgl. des ungestörten Hamilton-Operators H_0 angeben; eine einfache Rechnung liefert:

$$\chi_{B,A}(\omega + i\delta) = -\frac{1}{Z_0}\sum_{n,m}\frac{\langle n|B|m\rangle\langle m|A|n\rangle}{\hbar\omega + i\delta + E_n - E_m}\left(e^{-\beta E_n} - e^{-\beta E_m}\right) \tag{7.155}$$

Hierbei ist Z_0 die ungestörte Zustandssumme zu H_0 gemäß (7.139). In dieser Form läßt sich die frequenzabhängige Suszeptibilität zu einer Funktion der komplexen Energievariablen z analytisch fortsetzen, die im Gebiet Im $z \neq 0$ analytisch (holomorph) ist (also keine Singularitäten hat) und asymptotisch wie $1/z$ für große $|z|$ abfällt. $\chi_{B,A}(z)$ hat Singularitäten in Form von einfachen Polen nur längs der reellen Achse bei den Anregungsenergien $E_m - E_n$. Aber auch längs der reelen Achse ist $\chi_{B,A}(\omega + i0)$ eine komplexwertige Funktion, die sich gemäß

$$\chi_{B,A}(\omega + i0) = \chi'_{B,A}(\omega) + i\chi''_{B,A}(\omega) \tag{7.156}$$

in Real- und Imaginärteil zerlegen läßt. Den Imaginärteil bezeichnet man auch als *absorptiven Anteil* der Suszeptibilität. Wenn $\langle n|B|m\rangle\langle m|A|n\rangle$ reell ist, gilt

$$\chi''_{B,A}(\omega) = \frac{\pi}{Z_0}\sum_{n,m}\langle n|B|m\rangle\langle m|A|n\rangle\delta(E_n - E_m + \hbar\omega)\left(e^{-\beta E_n} - e^{-\beta E_m}\right) \tag{7.157}$$

Dann gibt es Beiträge zum absorptiven Anteil $\chi''_{B,A}$, wenn die durch das äußere Feld eingestrahlte Energie $\hbar\omega$ mit möglichen Anregungen des Systems, d.h. Energiedifferenzen $E_m - E_n$, übereinstimmt, dann wird Energie aus dem Feld vom System absorbiert. Der Realteil $\chi'_{B,A}$ heißt *reaktiver Anteil* der Suszeptibilität. Absorptiver und reaktiver Anteil der Suszeptibilität sind durch

Kramers-Kronig-Relationen[10]

miteinander verknüpft; es gilt:

$$\chi'_{B,A}(\omega) = \frac{1}{\pi}⨍ d\omega' \frac{\chi''_{B,A}(\omega')}{\omega' - \omega} \tag{7.158}$$

[10] benannt nach H.A.Kramers (siehe Fußnote Seite 82) und R.Kronig (*1904 in Dresden, †1995 in Zürich, niederl.Physiker, Studium in New York, 1924 Arbeit zur Dispersionstheorie, 1927 bei Pauli in Zürich, auch an Spin-Hypothese beteiligt, 1934-1969 Prof. in Delft, später u.a. Kronig-Penney-Modell und Arbeiten zur Neutrino-Theorie

$$\chi''_{B,A}(\omega) = -\frac{1}{\pi} \fint d\omega' \frac{\chi'_{B,A}(\omega')}{\omega' - \omega} \tag{7.159}$$

Hierbei bezeichnet

$$\fint d\omega' f(\omega') = \int_{-\infty}^{\omega-0} d\omega' f(\omega') + \int_{\omega+0}^{+\infty} d\omega'$$

das (Cauchysche) Hauptwertintegral, und obige Relationen folgen unmittelbar aus

$$\chi_{B,A}(z) = \frac{1}{\pi} \int d\omega' \frac{\chi''_{B,A}(\omega')}{\omega' - z} = \frac{1}{2\pi i} \int d\omega' \frac{\chi_{B,A}(\omega' + i0) - \chi_{B,A}(\omega' - i0)}{\omega' - z} \tag{7.160}$$

welches wiederum aus dem Residuensatz wegen der erwähnten analytischen und asymptotischen Eigenschaften der Suszeptibilität $\chi_{B,A}(z)$ folgt.

Betrachtet man den statischen Limes der frequenzabhängigen Suszeptibilität, erhält man die sogenannte *adiabatische Suszeptibilität*

$$\chi^{\text{ad}}_{B,A} = \lim_{\omega \to 0} \chi_{B,A}(\omega + i0) \tag{7.161}$$

Im Grenzfall $\omega \to 0$ geht die Störung $-AF_0 e^{-i(\omega+i0)t}$ auch in eine statische Störung über bzw. genau genommen wegen des adiabatischen Einschaltterms in eine zeitlich höchstens sehr langsam veränderliche Störung. Wie die Definition als Grenzfall der frequenzabhängigen Suszeptibilität zeigt, wird dabei aber immer noch eine Nicht-Gleichgewichts-Situation beschrieben, also auch im statischen Grenzfall eine Störung, die das System aus dem Gleichgewichtszustand bringt. Auch statische Transportgrößen hängen daher mit einer adiabatischen Suszeptibilität zusammen, da Transport in der Regel nur im Nicht-Gleichgewichts-Zustand besteht. Von der adiabatischen Suszeptibilität zu unterscheiden ist die *isotherme Suszeptibilität*, die definiert ist als

$$\chi^{\text{isoth}}_{B,A} = \frac{\partial}{\partial F_0} \langle B \rangle_\rho \tag{7.162}$$

$$\text{mit } \rho = \frac{e^{-\beta(H_0 - AF_0)}}{Sp\, e^{-\beta(H_0 - AF_0)}}$$

Die isotherme Suszeptibilität wird also aus dem (großkanonischen) Gleichgewichts-Erwartungswert von B bzgl. des vollen Hamilton-Operators $H = H_0 + H_1 = H_0 - AF_0$ bestimmt, bei dem die statische Störung also mit den neuen Gleichgewichts-Dichteoperator bestimmt. Die isotherme Suszeptibilität ist also bei physikalischen Prozessen relevant, bei denen das System unter dem Einfluß der statischen Störung wieder in das thermische Gleichgewicht gekommen ist. Dies ist z.B. der Fall, wenn man einen Festkörper in ein statisches äußeres Magnetfeld bringt; die statische magnetische Suszeptibilität ist also eine isotherme Suszeptibilität. In der Regel gilt

$$\chi^{\text{ad}}_{B,A} \neq \chi^{\text{isoth}}_{B,A} \tag{7.163}$$

7.7 Elektrische Leitfähigkeit in linearer Response-Theorie, Kubo-Formel

Bei Messungen der elektrischen Leitfähigkeit von Festkörpern oder auch bei optischen Messungen wirkt ein elektromagnetisches Feld auf den Festkörper und insbesondere auf die Festkörper-Elektronen ein und man mißt die Reaktion („Response") des Festkörpers darauf. Ein elektromagnetisches Feld ist eindeutig durch Vorgabe des Vektor-Potentials $\vec{A}(\vec{r},t)$ und des Skalar-Potentials $\Phi(\vec{r},t)$ bestimmt. Das elektromagnetische Skalar-Potential liefert einen Beitrag zum

Einteilchen-Potential, für die Ankopplung des Vektor-Potentials an ein System aus geladenen Teilchen hat man die schon aus der klassischen Mechanik bekannte Standard- (Minimal-) Kopplung zu benutzen gemäß der Vorschrift:

$$\vec{p} \to \vec{p} - \frac{e}{c}\vec{A}(\vec{r},t)$$

In 1. Quantisierung lautet der Hamilton-Operator eines N_e-Elektronensystems dann

$$H = \sum_{i=1}^{N_e} \left(\frac{(\vec{p}_i - \frac{e}{c}\vec{A}(\vec{r}_i,t))^2}{2m} + e\Phi(\vec{r}_i,t) \right) + V(\vec{r}_1,\ldots,\vec{r}_{N_e}) \tag{7.164}$$

Dies läßt sich auch schreiben als

$$\begin{aligned} H &= H_0 + \int d^3r' \left[-\frac{1}{c}\vec{j}(\vec{r}')\vec{A}(\vec{r}',t) + en(\vec{r}')\Phi(\vec{r}',t) + \frac{e^2}{2mc^2}n(\vec{r}')\vec{A}^2(\vec{r}',t) \right] \\ &= H_0 + \int d^3r' \left[-\frac{1}{c}\vec{J}(\vec{r}')\vec{A}(\vec{r}',t) + en(\vec{r}')\Phi(\vec{r}',t) - \frac{e^2}{2mc^2}n(\vec{r}')\vec{A}^2(\vec{r}',t) \right] \end{aligned} \tag{7.165}$$

Hierbei ist

$$\vec{J}(\vec{r},t) = \frac{e}{2m}\sum_{i=1}^{N_e} \left[\left(\vec{p}_i - \frac{e}{c}\vec{A}(\vec{r}_i,t) \right) \delta(\vec{r}-\vec{r}_i) + \delta(\vec{r}-\vec{r}_i) \left(\vec{p}_i - \frac{e}{c}\vec{A}(\vec{r}_i,t) \right) \right] \tag{7.166}$$

der volle Stromoperator bei Anwesenheit eines elektromagnetischen Feldes[11] ist. Entsprechend ist

$$\vec{j}(\vec{r},t) = \frac{e}{2m}\sum_{i=1}^{N_e} \left[\vec{p}_i\delta(\vec{r}-\vec{r}_i) + \delta(\vec{r}-\vec{r}_i)\vec{p}_i \right] \tag{7.167}$$

der (korrekt symmetrisierte) Strom-Operator ohne elektromagnetisches Feld. Ferner ist

$$n(\vec{r}) = \sum_{i=1}^{N_e} \delta(\vec{r}-\vec{r}_i) \tag{7.168}$$

der Operator der Teilchendichte und H_0 der ungestörte N_e-Elektronen-Hamilton-Operator ohne elektromagnetisches Feld. Ein elektromagnetisches Feld koppelt also über die Stromdichte und die Teilchendichte an ein System aus geladenen Teilchen an; dies nennt man auch **diamagnetische Kopplung**. Haben die Teilchen einen Spin, koppelt das magnetische Feld noch zusätzlich an die zugehörigen magnetischen Momente über die Zeeman-Ankopplung.

Für Transporteigenschaften ist der Erwartungswert des (vollen) Stromoperators von Interesse, und zwar in niedrigster (linearer) Ordnung in der Störung durch das elektromagnetische Feld. In dieser Ordnung ergibt sich:

$$\begin{aligned} \langle J_\alpha(\vec{r})\rangle_{\rho(t)} &= \frac{e^2}{mc}A_\alpha(\vec{r},t)\langle n(\vec{r})\rangle_{\rho_0} \\ &+ \int d^3r' \int dt' \left[-\frac{1}{c}\sum_{\gamma=1}^{3} \chi_{j_\alpha(\vec{r}),j_\gamma(\vec{r}')}(t-t')A_\gamma(\vec{r}',t') + e\chi_{j_\alpha(\vec{r}),n(\vec{r}')}(t-t')\Phi(\vec{r}',t') \right] \end{aligned}$$

[11] Ein mit Geschwindigkeit $\vec{v}$ bewegtes geladenes Teilchen trägt mit $e\vec{v}$ zum elektrischen Strom bei; die Geschwindigkeit im Feld ist aber nach den Regeln der klassischen Mechanik $\vec{v} = \frac{1}{m}(\vec{p} - \frac{e}{c}\vec{A})$.

Der Beitrag in der ersten Zeile ist durch einen Gleichgewichts-Erwartungswert bestimmt und rührt daher, daß im Strom-Operator $\vec{J} = \vec{j} - \frac{e^2}{mc}\vec{A}$ selbst das Vektorpotential enthalten ist. Dies nennt man auch den *diamagnetischen Anteil* des Stromes. Die weiteren Terme sind die Nicht-Gleichgewichts-Beiträge und in linearer Response auf die Störung durch das elektromagnetische Feld angegeben. Daher tritt hier nur noch der Stromoperator ohne diamagnetischen Anteil auf. Offenbar koppeln also elektromagnetische Felder über die Teilchen-Dichte und den Strom-Operator an das System. Die Leitfähigkeit ist durch die Strom-Strom- bzw. Strom-Dichte-Responsefunktion bestimmt.

Zur Vereinfachung betrachten wir im Folgenden nur noch den Fall eines elektrischen Wechselfeldes und vernachlässigen die Ortsabhängigkeit. Dies ist gerechtfertigt, so lange die Wellenlängen des elektromagnetischen Feldes groß sind gegenüber den Gitterkonstanten des Festkörpers, so daß das Feld über Abmessungen der Probe (des Festkörpers) noch näherungsweise räumlich homogen ist. Das elektrische Feld ist dann näherungsweise gegeben durch

$$\vec{E}(t) = \vec{E}_0 e^{-i(\omega+i\delta)t} \tag{7.169}$$

und eine mögliche Wahl für Vektor-und Skalarpotential ist dafür

$$\vec{A}(t) = -i\frac{c}{\omega+i\delta}\vec{E}_0 e^{-i(\omega+i\delta)t} \qquad \Phi = 0 \tag{7.170}$$

Damit ist $\vec{E} = -\frac{1}{c}\dot{\vec{A}}$ erfüllt. Wegen der räumlichen Homogenität interessiert jetzt auch nur noch der Erwartungswert des über das System gemittelten Stromoperators, also die eigentliche Stromdichte

$$\langle\vec{J}\rangle = \frac{1}{V}\int d^3r\langle\vec{J}(\vec{r})\rangle$$

Mit der Teilchendichte pro Volumen $n = \frac{1}{V}\int d^3r\langle n(\vec{r})\rangle$ folgt dann

$$\langle J_\alpha\rangle = i\frac{ne^2}{m(\omega+i\delta)}E_\alpha e^{-i(\omega+i\delta)t} + \frac{i}{\omega+i\delta}\frac{1}{V}\sum_{\gamma=1}^{3}\chi_{j_\alpha,j_\gamma}(\omega+i\delta)E_{0\gamma}e^{-i(\omega+i\delta)t} \tag{7.171}$$

Hierbei ist jetzt (in erster Quantisierung) $\vec{j} = \frac{e}{m}\sum_i\vec{p}_i$ der (über das System gemittelte) Strom-Operator ohne diamagnetischen Term. Für den Tensor der komplexen, frequenzabhängigen Leitfähigkeit liest man aus (7.171) ab:

$$\boxed{\sigma_{\alpha,\gamma}(\omega+i\delta) = \frac{i}{\omega+i\delta}\frac{1}{V}\chi_{j_\alpha,j_\gamma}(\omega+i\delta) + i\frac{ne^2}{m(\omega+i\delta)}\delta_{\alpha\gamma} = \sigma^{(1)}_{\alpha\gamma} + \sigma^{(dia)}\delta_{\alpha\gamma}} \tag{7.172}$$

Diese Gleichung (bzw. manchmal auch einige der unten aufgeführten äquivalenten oder daraus ableitbaren Gleichungen) bezeichnet man als

Kubo-Formel[12]

für die frequenzabhängige elektrische Leitfähigkeit.

[12] R.Kubo, * 1920 in Tokyo, † 1995 ebd., Professor in Tokyo und Kyoto, Arbeiten zur Nichtgleichgewichts-Thermodynamik und statistischen Physik, zur Vielteilchen-Theorie und Greenfunktions-Methode (u.a.Kumulanten-Entwicklung), und zur Linearen Response-Theorie

Der Leitfähigkeits-Tensor ist demnach durch die Strom-Strom-Suszeptibilität sowie für die Diagonal-Komponenten noch den zusätzlichen diamagnetischen Anteil $\sigma^{(dia)}$ bestimmt. In Spektraldarstellung bezüglich einer (Vielteilchen-) Eigenbasis $\{|n\rangle\}$ des ungestörten Hamilton-Operators ergibt sich

$$\sigma^{(1)}_{\alpha\gamma}(\omega) = -\frac{i}{\omega+i\delta}\frac{1}{V}\frac{1}{Z_0}\sum_{n,m}\frac{\langle n|j_\alpha|m\rangle\langle m|j_\gamma|n\rangle}{\hbar\omega+i\delta+E_n-E_m}\left(e^{-\beta E_n}-e^{-\beta E_m}\right) \tag{7.173}$$

wobei wie immer $Z_0 = \sum_n e^{-\beta E_n}$ die Zustandssumme ist. Die Leitfähigkeit im engeren Sinn ist der Realteil der obigen komplexen Leitfähigkeit; diese ist gegeben durch

$$\text{Re}\,\sigma_{\alpha\gamma}(\omega) = \text{Re}\,\sigma^{(1)}_{\alpha\gamma}(\omega) = -\frac{1}{V}\frac{1}{\omega}\chi''_{j_\alpha,j_\gamma}(\omega+i\delta) \tag{7.174}$$

also durch den Imaginärteil, den absorptiven Anteil der Strom-Strom-Suszeptibilität. Falls $\langle n|j_\alpha|m\rangle\langle m|j_\gamma|n\rangle$ reell ist, läßt sich dies auch schreiben als:

$$\begin{aligned}\text{Re}\,\sigma_{\alpha\gamma}(\omega) &= -\frac{\pi}{V\omega}\frac{1}{Z_0}\sum_{n,m}\langle n|j_\alpha|m\rangle\langle m|j_\gamma|n\rangle\delta(\hbar\omega+E_n-E_m)\left(e^{-\beta E_n}-e^{-\beta E_m}\right)\\ &= -\frac{1}{V\hbar}\text{Re}\int_0^\infty dt e^{i(\omega+i\delta)t}\int_0^\beta d\lambda\langle j_\gamma(-t-i\hbar\lambda)j_\alpha(0)\rangle\end{aligned} \tag{7.175}$$

Der Stromoperator läßt sich in zweiter Quantisierung immer in der Form

$$\vec{j} = \sum_{i,l}\frac{e}{m}\langle i|\vec{p}|l\rangle c_i^\dagger c_l \tag{7.176}$$

darstellen, wenn i,l die Quantenzahlen einer Einteilchenbasis durchläuft. Die Matrixelemente sind in Ortsdarstellung wie immer gegeben durch

$$\langle i|\vec{p}|l\rangle = \frac{\hbar}{i}\int d^3r\varphi_i^*(\vec{r})\nabla\varphi_l(\vec{r}) \tag{7.177}$$

Speziell bezüglich der Bloch-Zustände gilt, wenn ν den Bandindex bezeichnet:

$$\begin{aligned}\langle\vec{k}'\nu|\vec{p}|\vec{k}\nu'\rangle &= \frac{\hbar}{i}\frac{1}{V}\int d^3re^{-i\vec{k}'\vec{r}}u^*_{\nu\vec{k}'}(\vec{r})\nabla e^{i\vec{k}\vec{r}}u_{\nu'\vec{k}}(\vec{r})\\ &= \frac{\hbar}{i}\frac{1}{N}\sum_{\vec{R}}e^{i(\vec{k}-\vec{k}')\vec{R}}\frac{1}{V_{EZ}}\int_{EZ}d^3ru^*_{\nu\vec{k}'}(\vec{r})e^{i(\vec{k}-\vec{k}')\vec{r}}(\nabla+i\vec{k})u_{\nu'\vec{k}}(\vec{r})\\ &= \delta_{\vec{k}\vec{k}'}\frac{1}{V_{EZ}}\int_{EZ}d^3ru^*_{\nu\vec{k}}(\vec{r})(\vec{p}+\hbar\vec{k})u_{\nu'\vec{k}}(\vec{r}) = \delta_{\vec{k}\vec{k}'}\delta_{\nu\nu'}\frac{m}{\hbar}\frac{\partial\varepsilon_\nu(\vec{k})}{\partial\vec{k}}\end{aligned} \tag{7.178}$$

Im letzten Schritt wurde benutzt:

$$\begin{aligned}\frac{\partial\varepsilon_\nu(\vec{k})}{\partial\vec{k}} &= \frac{\partial}{\partial\vec{k}}\frac{1}{V_{EZ}}\int_{EZ}d^3ru^*_{\nu\vec{k}}(\vec{r})\left(\frac{(\vec{p}+\hbar\vec{k})^2}{2m}+V(\vec{r})\right)u_{\nu\vec{k}}(\vec{r})\\ &= \frac{\hbar}{m}\frac{1}{V_{EZ}}\int_{EZ}d^3ru^*_{\nu\vec{k}}(\vec{r})(\vec{p}+\hbar\vec{k})u_{\nu\vec{k}}(\vec{r})+\varepsilon_\nu(\vec{k})\underbrace{\frac{\partial}{\partial\vec{k}}\frac{1}{V_{EZ}}\int_{EZ}d^3ru^*_{\nu\vec{k}}(\vec{r})u_{\nu\vec{k}}(\vec{r})}_{=\frac{\partial}{\partial\vec{k}}1=0}\end{aligned}$$

In Bloch-Darstellung hat der Stromoperator daher explizit die Gestalt

$$\vec{j} = \sum_{\vec{k}\nu} \frac{e}{\hbar} \frac{\partial \varepsilon_\nu(\vec{k})}{\partial \vec{k}} c^\dagger_{\nu\vec{k}} c_{\nu\vec{k}} \tag{7.179}$$

ist also insbesondere diagonal. Berücksichtigt man im Hamiltonoperator nur die ungestörten Elektronen im periodischen Potential, würden ungestörter (zeitunabhängiger) Hamilton-Operator H_0 und Stromoperator miteinander vertauschen; dann macht die Anwendung der Kubo-Formel keinen Sinn mehr. Im ungestörten H_0 muß daher insbesondere der Streumechanismus, der zu einer endlichen Leitfähigkeit führt, mit enthalten sein, also z.B. Störstellen, die eine Abweichung von der vollen Translationsinvarianz bewirken, oder die Elektron-Phonon-Wechselwirkung, durch die $\vec{k}$ keine gute Quantenzahl mehr ist. Dann vertauschen Strom- und Hamilton-Operator nicht mehr.

Im weiteren sei nur noch der Spezialfall betrachtet, daß H_0 ein elektronischer Einteilchen-Hamilton-Operator ist. Dann existiert also eine Einteilchen-Basis $\{|i\rangle\}$, so daß H_0 diagonal wird. Dies ist aber nicht die Bloch-Basis, da H_0 ja z.B. die Störstellen enthalten soll. Hamilton-Operator und Strom-Operator haben dann explizit die Form:

$$H_0 = \sum_i \varepsilon_i c_i^\dagger c_i \qquad j_\alpha = \sum_{i,l} \underbrace{\frac{e}{m} \langle i|p_\alpha|l\rangle}_{=j_{\alpha i,l}} c_i^\dagger c_l \tag{7.180}$$

Aus einer relativ einfachen Rechnung folgt:

$$\frac{1}{Z_0} \sum_{n,m} \langle n|c_i^\dagger c_l|m\rangle \langle m|c_j^\dagger c_k|n\rangle \left(e^{-\beta E_n} - e^{-\beta E_m}\right) = \delta_{lj}\delta_{ik}\left(f(\varepsilon_i) - f(\varepsilon_l)\right) \tag{7.181}$$

wobei $\{i,j,k,l\}$ die Einteilchen-Quantenzahlen bezeichnet und $\{|n\rangle,|m\rangle\}$ die Vielteilchenzustände, die sich in Bestzungszahldarstellung bezüglich der gewählten Einteilchenbasis angeben lassen. Damit folgt für den Tensor der frequenzabhängigen Leitfähigkeit für den Fall eines Einteilchen-Modells:

$$\sigma_{\alpha\gamma}(\omega) = \frac{i}{V(\omega + i\delta)} \sum_{l,k} j_{\alpha l,k} j_{\gamma k,l} \frac{f(\varepsilon_l) - f(\varepsilon_k)}{\hbar\omega + i\delta + \varepsilon_l - \varepsilon_k} + i \frac{ne^2}{m(\omega + i\delta)} \delta_{\alpha\gamma} \tag{7.182}$$

Dies läßt sich auch darstellungsfrei schreiben als

$$\sigma_{\alpha\gamma}(\omega) = \frac{i}{V(\omega + i\delta)} \int dE \int dE' \mathrm{Sp}\left(\delta(E - H_0) j_\alpha \delta(E' - H_0) j_\gamma\right) \frac{f(E) - f(E')}{\hbar\omega + i\delta + E - E'} + i \frac{ne^2}{m(\omega + i\delta)} \delta_{\alpha\gamma} \tag{7.183}$$

mit

$$\delta(E - H_0) = \sum_i \delta(E - \varepsilon_i)|i\rangle\langle i| = -\frac{1}{\pi} \mathrm{Im} G(E + i\delta) = -\frac{1}{2\pi i}\left(G(E + i0) - G(E - i0)\right) \tag{7.184}$$

und der Einteilchen-Greenfunktion bzw. dem Propagator

$$G(z) = (z - H_0)^{-1} \tag{7.185}$$

$G(z)$ ist für Im $z \neq 0$ analytisch und hat einen Schnitt (bzw. bei endlichen Systemen mit noch diskretem Spektrum Pole) längs der reellen Energieachse. Ersetzt man die Delta-Funktionen in (7.183) gemäß (7.184) durch $G(z)$, so erhält man nach teilweiser Umbenennung der Integrationsvariablen

$$\sigma_{\alpha\gamma}(\omega) = -\frac{i}{V(\omega+i\delta)4\pi^2}\int dE f(E)\int dE' \left[\frac{\mathrm{Sp}\big((G(E+i0)-G(E-i0))j_\alpha(G(E'+i0)-G(E'-i0))j_\gamma\big)}{E+i\delta+\hbar\omega-E'} - \frac{\mathrm{Sp}\big((G(E+i0)-G(E-i0))j_\gamma(G(E'+i0)-G(E'-i0))j_\alpha\big)}{E'+i\delta+\hbar\omega-E}\right] + i\frac{ne^2}{m(\omega+i\delta)}\delta_{\alpha\gamma} \qquad (7.186)$$

Jetzt läßt sich das E'-Integral mittels Residuentechnik ausführen, da nur Pole bei $E' = E+\hbar\omega+i\delta$ bzw. bei $E' = E-\hbar\omega-i\delta$ umlaufen werden. So ergibt sich:

$$\sigma_{\alpha\gamma}(\omega) = \frac{i}{V(\omega+i\delta)}\int dE f(E)\left[\mathrm{Sp}\left(\delta(E-H_0)j_\alpha G(E+\hbar\omega+i\delta)j_\gamma\right) + \mathrm{Sp}\left(\delta(E-H_0)j_\gamma G(E-\hbar\omega-i\delta)j_\alpha\right)\right] + \frac{ine^2}{m(\omega+i\delta)}\delta_{\alpha\gamma} \qquad (7.187)$$

Man kann sich hier davon überzeugen, daß für kleine ω und für die Diagonalkomponente (d.h. $\alpha=\gamma$) der Imaginärteil des ersten Summanden (der von der Strom-Strom-Suszeptibilität herrührt) den diamagnetischen Anteil genau kompensiert. Es gilt nämlich für kleine ω:

$$\mathrm{Im}\sigma^{(1)}_{\alpha\alpha}(\omega) \overset{\omega\to 0}{=} \frac{1}{V\omega}\sum_{i,k} f(\varepsilon_i)2\langle i|j_\alpha|k\rangle\frac{\varepsilon_i-\varepsilon_k}{(\varepsilon_i-\varepsilon_k)^2+\delta^2}\langle k|j_\alpha|i\rangle \qquad (7.188)$$

$$= \frac{1}{V\omega}i\frac{e}{\hbar}\sum_{i,k} f(\varepsilon_i)\left(\langle i|x_\alpha|k\rangle\frac{(\varepsilon_i-\varepsilon_k)^2}{(\varepsilon_i-\varepsilon_k)^2+\delta^2}\langle k|j_\alpha|i\rangle + \langle i|j_\alpha|k\rangle\frac{(\varepsilon_i-\varepsilon_k)(\varepsilon_k-\varepsilon_i)}{(\varepsilon_i-\varepsilon_k)^2+\delta^2}\langle k|x_\alpha|i\rangle\right)$$

$$= \frac{e}{V\omega}\frac{i}{\hbar}\sum_i f(\varepsilon_i)\langle i|x_\alpha j_\alpha - j_\alpha x_\alpha|i\rangle = \frac{e^2 i}{V\omega m\hbar}\sum_i f(\varepsilon_i)\langle i|\underbrace{[x_\alpha,p_\alpha]}_{=-\frac{\hbar}{i}}|i\rangle = -\frac{e^2}{V\omega m}\sum_i f(\varepsilon_i) = -\frac{ne^2}{m\omega}$$

Hierbei wurde insbesondere die Beziehung $j_\alpha = \frac{e}{m}p_\alpha = \frac{ie}{m}[H_0,x_\alpha]$ benutzt.

Im Grenzfall kleiner ω ergibt sich für den eigentlich interessierenden Realteil der Leitfähigkeit

$$\begin{aligned}\mathrm{Re}\sigma_{\alpha\gamma} = & -\frac{1}{2\pi V}\int dE f(E)\frac{1}{\omega}\ \mathrm{Re\,Sp}\big[(G(E+i0)-G(E-i0))j_\alpha(G(E+i0)+G'(E+i0)\hbar\omega)j_\gamma \\ & +(G(E+i0)-G(E-i0))j_\gamma(G(E-i0)-G'(E-i0)\hbar\omega)j_\alpha\big] \\ = & -\frac{\hbar}{2\pi V}\int dE f(E)\ \mathrm{Re\,Sp}\big[(G(E+i0)-G(E-i0))j_\alpha G'(E+i0)j_\gamma \\ & -(G(E+i0)-G(E-i0))j_\gamma G'(E-i0)j_\alpha\big] \end{aligned} \qquad (7.189)$$

Hierbei wurde die zyklische Invarianz unter der Spur benutzt und

$$\mathrm{Re}[G(E+i0)j_\alpha G(E+i0)j_\gamma - G(E-i0)j_\gamma G(E-i0)j_\alpha] = 0$$

Außerdem ist die Ableitung der Einteilchen-Green-Funktion gegeben durch

$$G'(z) = -(z-H_0)^{-2}$$

Die Matrixelemente des Leitfähigkeitstensors sind also auch im statischen Grenzfall i.a. durch ein Integral bzw. eine Summe über alle besetzten Zustände bestimmt. Nur falls speziell $\langle i|j_\alpha|m\rangle\langle m|j_\gamma|i\rangle$ reell ist, läßt sich dies durch partielle Integration auf eine Form bringen, in der die Ableitung der Fermifunktion auftritt, so daß nur noch die Zustände in der Umgebung der Fermienergie beitragen. Dies ist speziell für die Diagonalelemente des Leitfähigkeitstensors immer erfüllt. Für $\alpha = \gamma$ folgt nämlich aus (7.189) durch partielle Integration und einfache Umrechnung

$$\begin{aligned}
\mathrm{Re}\sigma_{\alpha\alpha}(\omega = 0) = & \\
& -\frac{\hbar}{4\pi V}\int dE\left(-\frac{df}{dE}\right)\mathrm{Re\ Sp}\left[(G(E+i0)-G(E-i0))j_\alpha(G(E+i0)-G(E-i0))j_\alpha\right] \\
& = \frac{\hbar}{\pi V}\int dE\left(-\frac{df}{dE}\right)\mathrm{Re\ Sp}\left[\mathrm{Im}G(E+i0)j_\alpha\mathrm{Im}G(E+i0)j_\alpha\right] \\
& = \frac{\hbar\pi}{V}\int dE\left(-\frac{df}{dE}\right)\mathrm{Sp}\left[\delta(E-H_0)j_\alpha\delta(E-H_0)j_\alpha\right]
\end{aligned} \tag{7.190}$$

Dies kann man für die Diagonalelemente (also $\alpha = \gamma$) auch direkt aus (7.182,7.183) für die frequenzabhängige Leitfähigkeit herleiten. Da dann $\langle l|j_\alpha|k\rangle\langle k|j_\alpha|l\rangle$ reell ist, ergibt sich

$$\begin{aligned}
\mathrm{Re}\sigma_{\alpha\alpha}(\omega) &= \frac{\pi}{V\omega}\sum_{l,k}|j_{\alpha l,k}|^2(f(\varepsilon_l)-f(\varepsilon_k))\delta(\hbar\omega+\varepsilon_l-\varepsilon_k) \\
&= \frac{\pi}{V}\int dE\frac{f(E)-f(E+\hbar\omega)}{\omega}\mathrm{Sp}\left(\delta(E-H_0)j_\alpha\delta(E+\hbar\omega-H_0)j_\alpha\right)
\end{aligned} \tag{7.191}$$

Im Limes $\omega \to 0$ ergibt sich wieder (7.190). Darin geht für tiefe Temperaturen die Ableitung der Fermifunktion in eine Deltafunktion über, so daß nur noch die Zustände genau bei der Fermi-Energie zur Gleichstrom-Leitfähigkeit bei T = 0 beitragen:

$$\sigma_{\alpha\alpha}^{DC}(T=0) = \frac{\pi\hbar}{V}\mathrm{Sp}\left[\delta(E_F-H_0)j_\alpha\delta(E_F-H_0)j_\alpha\right] \tag{7.192}$$

Die hier speziell für den Fall eines elektronischen Einteilchen-Hamilton-Operators H_0 hergeleiteten Versionen (7.182,7.183,7.189,7.190,7.191, 7.192) für die Matrixelemente des Leitfähigkeitstensors für Frequenz ω und speziell für den statischen Grenzfall $\omega \to 0$ sowie für die Diagonalelemente des Leitfähigkeitstensors als eigentliche Wechselstrom- und (für $\omega = 0$) Gleichstrom-Leitfähigkeit bezeichnet man auch als

Kubo-Greenwood-Formel

Wie erwähnt faßt man im Kubo-Formalismus die statische Leitfähigkeit als statischen Grenzfall der Wechselstrom-Leitfähigkeit auf. Dies entspricht der Vorstellung, daß man auch bei statischen Transportmessungen eine Nicht-Gleichgewichts-Situation vorliegen hat. Da jedes Experiment nur eine endliche Meßdauer hat, kann man in der Praxis ein über ein endliches Zeitintervall $\Delta\tau$ bestehendes statisches elektrisches Feld nicht unterscheiden von einem sehr niederfrequenten Wechselfeld mit Frequenz $\omega \ll \frac{1}{\Delta\tau}$. Es soll aber nicht unerwähnt bleiben, daß es für die statische Leitfähigkeit auch eine alternative Betrachtung gibt, bei der man die – in einem realen Transport-Experiment immer vorhandenen– Kontakte mit in Betracht zieht und die Leitfähigkeit der Probe auf den Transmissionskoeffizienten für Elektronen zurückführt (Landauer-Formel). Dieser Landauer-Formalismus ist aber umgekehrt schwer auf frequenzabhängige Leitfähigkeiten zu übertragen und zumindest bei makroskopischen Festkörpern geht die experimentell gefundene

Wechselstrom-Leitfähigkeit in der Regel für kleine Frequenzen tatsächlich in die Gleichstrom-Leitfähigkeit über, wie es der Kubo-Formalismus auch beschreibt. Trotzdem ist die Landauer-Beschreibung wohl für mesoskopische Festkörper (Quantendrähte, Halbleiter-Mikro-Strukturen, etc.) der geeignetere Zugang zur Berechnung der Transport-Größen. Insbesondere an der Version (7.192) der Kubo-Greenwood-Formel erkennt man sofort, daß sie so nur im thermodynamischen Limes eines unendlich ausgedehnten Festkörpers anwendbar ist. Genauer ausgedrückt gilt die Formel (7.192) im thermodynamischen Limes $N \to \infty$ mit $\frac{N}{V} = \text{const.}$, $\omega \to 0$, $T \to 0$, wobei die Limites in dieser Reihenfolge durchzuführen sind. Die zwei Delta-Funktionen $\delta(E_F - H_0)$ bringen nämlich zum Ausdruck, daß sowohl die Zustände, aus denen die Elektronen gestreut werden, als auch die Zustände, in die die Elektronen durch das elektrische Feld gestreut werden, bei der Fermi-Energie E_F liegen müssen. Aus einem statischen Feld kann das System ja gerade keine Energie absorbieren, und bei $T = 0$ sind auch thermisch keine anderen Zustände als die bei der Fermi-Energie zugänglich. Bei makroskopischen Metallen, bei denen die Band-Elektronen-Zustände (im Rahmen jeden Auflösungsvermögens bzw. erreichbarer tiefer Temperaturen) dicht liegen, so daß sowohl besetzte als auch unbesetzte Zustände bei der Fermi-Energie vorliegen, sind daher die Voraussetzungen für die unmittelbare Anwendung von (7.192) erfüllt. Bei jedem endlichen System, bei denen die Zustände diskret sind, würde aber Gleichung (7.192) eine Gleichstrom-Leitfähigkeit 0 ergeben. Abschließend sei noch einmal darauf verwiesen, daß insbesondere bei Transport im Magnetfeld, wenn σ_{xy} mit dem Hall-Koeffizienten zusammenhängt, die Stromoperator-Matrixelemente nicht reell sind, so daß sich σ_{xy} *nicht* auf Beiträge nur von Zuständen an der Fermikante reduzieren läßt.

7.8 Störstellenstreuung im Kubo-Formalismus

Als Anwendungsbeispiel für den im letzten Abschnitt besprochenen Kubo-Formalismus zur Berechnung von Transportgrößen soll hier noch einmal die Gleichstrom-Leitfähigkeit bei Anwesenheit von Störstellenstreuung behandelt werden. Dieses Problem wurde in Abschnitt 7.4.1 schon einmal mit Hilfe der Boltzmann-Gleichung behandelt. Wir betrachten ein Einband-Modell bei Anwesenheit von Störstellen, also den Hamilton-Operator:

$$H_0 = T + V = \sum_{\vec{k}} \varepsilon(\vec{k}) c^\dagger_{\vec{k}} c_{\vec{k}} + \sum_{\vec{k}\vec{k}'} v_{\vec{k}\vec{k}'} c^\dagger_{\vec{k}} c_{\vec{k}'} \tag{7.193}$$

Der Spinindex wurde hier bereits weggelassen, da bei normaler Streuung von Elektronen an unmagnetischen Störstellen der Spin unverändert bleibt. Der erste Anteil T des Hamilton-Operators beschreibt ein ungestörtes Band mit Dispersion $\varepsilon(\vec{k})$; hierfür kann man entweder freie Elektronen oder allgemeiner eine Tight-Binding-Dispersion annehmen, die nahe genug an der Bandkante ja immer auch das Verhalten freier Elektronen mit effektiver Masse beschreibt:

$$\varepsilon(\vec{k}) = \frac{\hbar^2 k^2}{2m} \text{ bzw. } \varepsilon(\vec{k}) = \sum_{\vec{\Delta}} t e^{i\vec{k}\vec{\Delta}} \tag{7.194}$$

Der zweite Anteil V des Hamilton-Operators soll das Störstellen-Potential beschreiben; wegen V ist der Hamilton-Operator nicht mehr translationsinvariant und die Blochzustände sind keine Eigenzustände mehr, $\vec{k}$ ist keine gute Quantenzahl mehr. Es gilt:

$$v_{\vec{k}\vec{k}'} = \langle \vec{k} | V(\vec{r}) | \vec{k}' \rangle = \langle \vec{k} | \sum_{\vec{R}_s} v(\vec{r} - \vec{R}_s) | \vec{k}' \rangle \tag{7.195}$$

Hierbei sind $\vec{R}_s$ die –zufällig über das System verteilten– Positionen der Störstellen. Das Störstellenpotential läßt sich auch in Wannier-Darstellung angeben als:

$$V = \sum_{\vec{R}\vec{R}'} \sum_{\vec{R}_s} \langle \vec{R} | v(\vec{r} - \vec{R}_s) | \vec{R}' \rangle c^{\dagger}_{\vec{R}} c_{\vec{R}'} \tag{7.196}$$

Um das Modell noch etwas weiter einzuschränken, soll angenommen werden, daß es sich um ein kurzreichweitiges Störstellenpotential handelt, was für Metalle wegen der guten Abschirmung zu rechtfertigen ist. Dann tragen wegen ihrer Lokalisierung nur die Wannierfunktionen, die um Gitterplätze bei den Störstellenpositionen lokalisiert sind, zu den Matrixelementen des einzelnen Störstellenpotentials bei und man erhält im einfachsten Fall

$$\begin{aligned} V &= \sum_{\vec{R}_s} v_{\vec{R}_s} c^{\dagger}_{\vec{R}_s} c_{\vec{R}_s} = \sum_{\vec{R}} v_{\vec{R}} c^{\dagger}_{\vec{R}} c_{\vec{R}} \\ &\quad \text{mit} \\ v_{\vec{R}} &= \begin{cases} v_s = \langle \vec{R}_s | v(\vec{r} - \vec{R}_s) | \vec{R}_s \rangle & \text{falls eine Störstelle bei } \vec{R}, \text{ d.h. mit Wahrscheinlichkeit } c \\ 0 & \text{falls keine Störstelle bei } \vec{R}, \text{ d.h. mit Wahrscheinlichkeit } 1-c \end{cases} \end{aligned} \tag{7.197}$$

Hierbei ist $c = \frac{N_s}{N}$ die Störstellenkonzentration. In obiger Formulierung setzt das Modell streng genommen voraus, daß die Störstellen bestimmte Gitterplätze einnehmen. Dies nennt man auch *substitutionelle Unordnung*, da Stör- bzw. Fremd-Atome Wirtsatome ersetzen. Reale Störstellen können sich auch auf Zwischen-Gitter-Plätzen befinden; dann gehört zwar die Störstellenposition $\vec{R}_s$ in der Regel auch zu einer Einheitszelle um einen Gitterplatz $\vec{R}$ mit zugehörigem Wannier-Zustand, es ist aber schwerer zu rechtfertigen, Matrixelemente, die Wannierzustände zu nächsten Nachbarn von $\vec{R}$ involvieren, zu vernachlässigen.

Zu berechnen ist die diagonale Gleichstrom-Leitfähigkeit, für die nach (7.192) gilt

$$\begin{aligned} \sigma = \sigma_{xx} &= \frac{\pi\hbar}{V} \mathrm{Sp}\,[j_x \delta(E_F - H_0) j_x \delta(E_F - H_0)] = \frac{\hbar}{\pi V} \sum_{\vec{R}} \langle \vec{R} | j_x \mathrm{Im} G(E_F + i0) j_x \mathrm{Im} G(E_F + i0) | \vec{R} \rangle \\ &= \frac{e}{\pi V} \sum_{\vec{k}} \frac{\partial \varepsilon(\vec{k})}{\partial k_x} \langle \vec{k} | \mathrm{Im} G(E_F + i0) j_x \mathrm{Im} G(E_F + i0) | \vec{k} \rangle \end{aligned} \tag{7.198}$$

wobei $G(z)$ die in (7.185) eingeführte Einteilchen-Greenfunktion ist. Physikalische Größen wie die Leitfähigkeit hängen streng genommen noch von der genauen Anordnung der Störstellen ab. Wie in Kapitel 7.4.1 aber schon ausgeführt wurde, ist physikalisch klar und experimentell bestätigt, daß eine makroskopische Meßgröße wie die Leitfähigkeit letztlich doch nicht von den Details der Verteilung der Störstellen in der Probe abhängen kann, sondern allenfalls von der Störstellenart bzw. der Stärke des Störstellen-Potentials und von der Konzentration c der Störstellen, also der Wahrscheinlichkeit, an einem bestimmten Gitterplatz eine Störstelle vorzufinden. Daher ist es sinnvoll, über alle möglichen Konfigurationen der Störstellen gemittelte Größen zu berechnen. Da die Greenfunktion $G(z)$ noch explizit von den genauen Störstellen-Positionen abhängt, sind konkret Mittelwerte der Art $\overline{G(z) j_x G(z')}$ zu berechnen, wobei der Querstrich $\overline{\cdots}$ den Konfigurations-Mittelwert bezeichnet. Speziell für Transportgrößen hat man also den Mittelwert des Produktes zweier Einteilchen-Greenfunktionen zu berechnen. Es interessiert aber auch der Mittelwert der Green-Funktion alleine, $\overline{G}(z)$, durch den z.B. die konfigurationsgemittelte Zustandsdichte (pro Gitterplatz) gegeben ist als

$$\overline{\rho(E)} = -\frac{1}{\pi N} \mathrm{Sp}\ \mathrm{Im}\overline{G}(E + i0) = -\frac{1}{\pi N} \sum_{\vec{k}} \langle \vec{k} | \mathrm{Im}\overline{G}(E + i0) | \vec{k} \rangle = -\frac{1}{\pi} \langle \vec{R} | \mathrm{Im}\overline{G}(E + i0) | \vec{R} \rangle \tag{7.199}$$

Konfigurationsgemittelte Größen haben wieder die Translationsinvarianz des ungestörten, periodischen Systems und sind daher wieder diagonal in Bloch-($\vec{k}$-)Darstellung. Für die gemittelte Einteilchen-Greenfunktion definiert man sich eine sogenannte *Selbstenergie* $\Sigma(z)$ durch

$$\overline{G}(z) = (z - T - \Sigma(z))^{-1} \tag{7.200}$$

Ein fiktives System, bei dem das Störstellenpotential V durch die translationsinvariante Selbstenergie ersetzt ist, hat als Einteilchen-Greenfunktion also die konfigurationsgemittelte Greenfunktion des Systems mit Störstellen. Die Selbstenergie $\Sigma(z)$, welche ein Operator ist, enthält den Einfluß des Störstellenpotentials und der Konfigurationsmittelung. Die Konfigurationsmittelung läßt sich in der Regel nicht exakt durchführen, sondern man muß geeignete Näherungen für die mittlere Greenfunktion $\overline{G}(z)$ bzw. die Selbstenergie $\Sigma(z)$ finden. Es gilt zunächst noch exakt:

$$\begin{aligned} G(z) &= (z-T-V)^{-1} = (z-T-\Sigma(z)-(V-\Sigma(z)))^{-1} = \overline{G}(z)\left(1-(V-\Sigma(z))\overline{G}(z)\right)^{-1} = \\ &= \overline{G}(z) + \overline{G}(z)(V-\Sigma(z))\left(1-\overline{G}(z)(V-\Sigma(z))\right)^{-1}\overline{G}(z) \end{aligned} \tag{7.201}$$

Durch Mittelung erhält man die exakte Beziehung bzw. Bestimmungsgleichung für die Selbstenergie

$$\overline{(V-\Sigma(z))\left(1-\overline{G}(z)(V-\Sigma(z))\right)^{-1}} = 0 \tag{7.202}$$

Durch Iteration bzw. Entwicklung dieser Gleichung ergibt sich in niedrigster Ordnung

$$\Sigma(z) \approx \overline{V} + \overline{V\overline{G}(z)V} \tag{7.203}$$

In niedrigster Ordnung in der Störstellenkonzentration ergibt sich daraus durch Bildung des Matrixelementes in Wannier-Darstellung und Ausführen der Konfigurations-Mittelung:

$$\Sigma_{\vec{R}}(z) = \langle\vec{R}|\Sigma(z)|\vec{R}\rangle = cv_s + cv_s^2\langle\vec{R}|\overline{G}(z)|\vec{R}\rangle \tag{7.204}$$

Diese Näherung entspricht einer Entwicklung im Störstellenpotential v_s und in der Störstellenkonzentration c. In niedrigster (linearer) Ordnung in c ist die Selbstenergie insbesondere diagonal in Wannier-Darstellung. Als einfachste Näherung für die Selbstenergie ergibt sich noch zusätzlich in linearer Ordnung in der Störstellenstärke v_s das mittlere Potential cv_s an jedem Gitterplatz, was aber nur eine Verschiebung der Energieskala bzw. des chemischen Potentials bewirkt. Die einfachste nicht-triviale Näherung für die Selbstenergie ist daher die obige (selbstkonsistente) *Bornsche Näherung*, die korrekt in linearer Ordnung in c und bis zur quadratischen Ordnung in der Stärke des Störstellenpotentials ist.

Der endliche Imaginärteil von $\Sigma(z)$ hat die folgende physikalische Interpretation. Ohne Störstellen, d.h. bei voller Translationsinvarianz, ist die Greenfunktion $\vec{k}$-diagonal und die Diagonalelemente sind gegeben durch

$$G_0(z,\vec{k}) = \frac{1}{z - \varepsilon(\vec{k})} \tag{7.205}$$

Dies ist gerade die Laplace-Transformierte der zeitabhängigen Greenfunktion

$$G_0(\vec{k},t) = -ie^{-i\varepsilon(\vec{k})t/\hbar}\theta(t) \tag{7.206}$$

die anschaulich physikalisch die zeitliche Entwicklung eines zur Zeit 0 in den Zustand $|\vec{k}\rangle$ gebrachten Teilchens beschreibt; genauer entspricht das Betragsquadrat der Wahrscheinlichkeit, dieses Teilchen zu einer Zeit $t > 0$ noch in diesem Zustand zu treffen. Für das voll translationsinvariante System wird diese Wahrscheinlichkeit 1. Dies bedeutet, daß das Teilchen im Zustand $|\vec{k}\rangle$ bleibt, daß $\vec{k}$ also eine gute Quantenzahl ist. Hat die Selbstenergie nun aber einen endlichen Imaginärteil $\Sigma'' = -|\Sigma''| < 0$, dann ist das $\vec{k}$-diagonale Matrixelement der frequenzabhängigen Greenfunktion gegeben durch

$$G(z,\vec{k}) = \frac{1}{z + i|\Sigma''| - \varepsilon(\vec{k})} \tag{7.207}$$

welches als Laplace-Transformierte von

$$G(\vec{k},t) = -ie^{i(i|\Sigma''|-\varepsilon(\vec{k}))t/\hbar} = -ie^{-i\varepsilon(\vec{k})t/\hbar}e^{-|\Sigma''|t/\hbar} \tag{7.208}$$

aufgefaßt werden kann. Jetzt gibt es einen zeitlichen exponentiellen Zerfall der Wahrscheinlichkeit, das Teilchen zur Zeit t noch im Zustand $|\vec{k}\rangle$ anzutreffen. Daher ist $\vec{k}$ keine gute Quantenzahl mehr, der endliche Imaginärteil der Selbstenergie hängt somit mit der inversen Lebensdauer τ eines Teilchens im Zustand $\vec{k}$ zusammen:

$$\mathrm{Im}\Sigma(E + i0) = \Sigma'' = -\frac{\hbar}{\tau(E)} \tag{7.209}$$

Um Transportgrößen zu bestimmen, reicht in der Regel die Kenntnis der gemittelten Greenfunktion bzw. der Selbstenergie noch nicht aus, man braucht ja Konfigurations-Mittelwerte der Art $\overline{G(z)AG(z')}$, wobei für die Kubo-Formel der Operator A konkret der Stromoperator ist. Da der Mittelwert des Produktes zweier Größen im Allgemeinen verschieden vom Produkt der Mittelwerte ist, ist somit noch zusätzlich eine Näherung für den Mittelwert des Produktes zweier Greenfunktionen mit einem anderen (konfigurationsunabhängigen) Operator A dazwischen zu finden. Man definiert durch

$$\overline{G(z)AG(z')} = \overline{G}(z)\left(A + \Gamma_A(z,z')\right)\overline{G}(z') \tag{7.210}$$

den sogenannten *Vertex-Operator* $\Gamma_A(z,z')$ zum Operator A. Der Name rührt her von der Darstellung solcher Operatoren durch Diagramme[13]. Der Vertexoperator enthält also alle Einflüsse, die vom Unterschied zwischen Mittelwert des Produktes und Produkt der Mittelwerte herrühren. Neben einer Näherung für die Selbstenergie braucht man also auch noch eine Näherung für den Vertexoperator. Die Näherung für den Vertexoperator darf aber nicht unabhängig von der Näherung für die Selbstenergie gewählt werden, da Vertexoperator und Selbstenergie durch die sogenannte *Ward-Identität* miteinander verknüpft sind; dieser Begriff stammt eigentlich wieder aus der relativistischen Quantenfeldtheorie und wird wegen der Analogie der diagrammatischen Darstellung von Selbstenergie und Vertexoperator und wegen der formalen Ähnlichkeit der Relation auch hier in der Festkörpertheorie und speziell der Transporttheorie benutzt. Speziell der Vertexoperator zum Einheitsoperator läßt sich nämlich exakt durch die Selbstenergie ausdrücken; es gilt nämlich

[13] Man kann die Störungsentwicklung nach Störungen wie der Coulomb-Wechselwirkung, der Elektron-Phonon-Wechselwirkung oder auch der Störstellenstreuung systematisch und gleichartig mit Hilfe von diagrammatischen Methoden der Quantenfeldtheorie (Feynman-Diagrammen) formulieren. Dabei treten immer für sogenannte Zweiteilchen-Greenfunktionen diese Art von Vertex-Operatoren auf. Diese Methoden werden in dieser Abhandlung jedoch nicht besprochen; eine Einführung in solche Methoden findet man z.B. in Nolting, Band 7. Speziell für die Störstellenstreuung in der einfachsten nicht-trivialen Näherung kommt man auch ohne Diagramme aus, trifft aber trotzdem auf diese Vertex-Operatoren

$$\Gamma_1(z,z') = \frac{\Sigma(z) - \Sigma(z')}{z' - z} \tag{7.211}$$

Dies folgt aus

$$\begin{aligned}
\overline{G(z)1G(z')} &= \frac{1}{z'-z}\left(\overline{G}(z) - \overline{G}(z')\right) = \frac{1}{z'-z}\overline{G}(z)\left(z' - \Sigma(z') - H_0 - (z - \Sigma(z) - H_0)\right)\overline{G}(z') = \\
&= \overline{G}(z)\left(1 + \frac{\Sigma(z) - \Sigma(z')}{z'-z}\right)\overline{G}(z')
\end{aligned}$$

Eine Näherung für den Vertexoperator $\Gamma_A(z,z')$, die mit der Bornschen Näherung (7.204) für die Selbstenergie in dem Sinn konsistent ist, daß die Wardidentität (7.211) erfüllt bleibt, ist gegeben durch folgende implizite lineare (Integral-)Gleichung für die Matrixelemente des gitterplatzdiagonalen Operators

$$\langle\vec{R}|\Gamma_A(z,z')|\vec{R}\rangle = cv_s^2\langle\vec{R}|\overline{G}(z)\left(A + \Gamma_A(z,z')\right)\overline{G}(z')|\vec{R}\rangle \tag{7.212}$$

Setzt man hier nämlich speziell für $A = 1$ auf der rechten Seite (7.211) ein, so erhält man

$$\begin{aligned}
\langle\vec{R}|\Gamma_1(z,z')|\vec{R}\rangle &= cv_s^2\langle\vec{R}|\overline{G}(z)\frac{z' - z + \Sigma(z) - \Sigma(z')}{z'-z}\overline{G}(z')|\vec{R}\rangle = \\
&= = cv_s^2\langle\vec{R}|\frac{1}{z'-z}\left(\overline{G}(z) - \overline{G}(z')\right)|\vec{R}\rangle = \frac{\Sigma(z) - \Sigma(z')}{z'-z}
\end{aligned}$$

wobei auf der rechten Seite die Selbstenergien in Bornscher Näherung (7.204) stehen. Somit erfüllt die Näherung (7.212) für den Vertexoperator also die Wardidentität (7.211), falls die Selbstenergie in Bornscher Näherung (7.204) eingesetzt wird. Insbesondere ist der Vertexoperator also in der mit der Bornschen Näherung (7.204) konsistenten Näherung (7.212) ebenfalls gitterplatzdiagonal. Dann verschwindet aber speziell der Vertexoperator zum Stromoperator j_x. Es gilt nämlich

$$\begin{aligned}
\langle\vec{R}|\overline{G}(z)\,j_x\overline{G}(z')|\vec{R}\rangle &= \frac{1}{N}\sum_{\vec{k}\vec{k}'} e^{i(\vec{k}-\vec{k}')\vec{R}}\langle\vec{k}|\overline{G}(z)\,j_x\overline{G}(z')|\vec{k}'\rangle = \\
&= \frac{e}{\hbar}\frac{1}{N}\sum_{\vec{k}}\frac{1}{z - \Sigma(z) - \varepsilon(\vec{k})}\frac{\partial\varepsilon(\vec{k})}{\partial k_x}\frac{1}{z' - \Sigma(z') - \varepsilon(\vec{k})} = 0
\end{aligned} \tag{7.213}$$

Das Verschwinden der $\vec{k}$-Summe folgt aus der Symmetrie $\varepsilon(\vec{k}) = \varepsilon(-\vec{k})$. Speziell für den Stromoperator kann man im Rahmen der Bornschen Näherung also Vertexkorrekturen vernachlässigen. Dies gilt aber nur im Rahmen von Einzentren-Näherungen und solange die Selbstenergie gitterplatz-diagonal ist. In Näherungen, die in höherer als linearer Ordnung in der Störstellenkonzentration c exakt sind, oder bei nicht kurzreichweitigen Störstellenpotentialen, verschwindet der Vertexoperator zum Stromoperator in der Regel nicht mehr. Die konfigurationsgemittelte Leitfähigkeit ist nunmehr gegeben durch

$$\overline{\sigma} = \frac{e^2}{\pi\hbar V}\sum_{\vec{k}}\left(\frac{\partial\varepsilon(\vec{k})}{\partial k_x}\right)^2\langle\vec{k}|\mathrm{Im}\overline{G}(E_F + i0)|\vec{k}\rangle\langle\vec{k}|\mathrm{Im}\overline{G}(E_F + i0)|\vec{k}\rangle \tag{7.214}$$

Ersetzt man hier $\mathrm{Im}\overline{G}(E + i0) = \frac{1}{2i}(\overline{G}(E + i0) - \overline{G}(E - i0))$, so ergibt sich

$$\overline{\sigma} = \frac{-e^2}{2\pi\hbar V}\sum_{\vec{k}}\left(\frac{\partial\varepsilon(\vec{k})}{\partial k_x}\right)^2 \mathrm{Re}\left(\langle\vec{k}|\overline{G}(E_F+i0)|\vec{k}\rangle^2 - \langle\vec{k}|\overline{G}(E_F+i0)|\vec{k}\rangle\langle\vec{k}|\overline{G}(E_F-i0)|\vec{k}\rangle\right) \quad (7.215)$$

Man kann sich nun davon überzeugen, daß insbesondere für kleine Konzentration c und damit kleinen Imaginärteil der Selbstenergie nur der zweite Summand in obiger Gleichung wichtig und dominant ist, dann folgt

$$\overline{\sigma} = \frac{e^2}{2\pi\hbar V}\sum_{\vec{k}}\left(\frac{\partial\varepsilon(\vec{k})}{\partial k_x}\right)^2 \frac{1}{\mathrm{Im}\Sigma(E_F+i0)}\mathrm{Im}\langle\vec{k}|\overline{G}(E_F+i0)|\vec{k}\rangle \quad (7.216)$$

Berücksichtigt man, daß für kleine c näherungsweise gilt

$$\mathrm{Im}\langle\vec{k}|\overline{G}(E_F+i0)|\vec{k}\rangle = -\pi\delta(E_f-\varepsilon(\vec{k}))$$

und daß $\mathrm{Im}\Sigma(E_F+i0) = -\pi c v_s^2\rho(E_F)$ gilt und arbeitet in der Näherung (quasi-) freier Elektronen, so folgt

$$\overline{\sigma} = \frac{e^2\hbar^3}{2\pi m^2}\frac{1}{V}\sum_{\vec{k}} k_x^2\delta(E_F-\varepsilon(\vec{k}))\frac{1}{c v_s^2\rho(E_F)} \quad (7.217)$$

So entspricht unser Endergebnis für die Leitfähigkeit genau dem Ergebnis, das auch schon in Abschnitt 7.4.1 im Rahmen der Boltzmann-Gleichungs-Behandlung erzielt wurde, wie man sieht, wenn man dort (7.96) in (7.67) einsetzt [14]. Insbesondere ist die Leitfähigkeit (und auch die Lebensdauer τ) umgekehrt proportional zur Störstellenkonzentration c und zum Quadrat der Stärke des Störstellenpotentials v_s^2. Man könnte hier vielleicht den Eindruck bekommen, daß mit dem Kubo-Formalismus ein wesentlich umfangreicherer Formalismus (Lineare Response-Theorie, Greenfunktionen, Selbstenergie, Vertex-Operatoren, Ward-Identität etc.) notwendig ist, um letztlich das gleiche Ergebnis wie mit der Boltzmann-Gleichung erzielen zu können. Dem muß man entgegenhalten, daß der Kubo-Formalismus einerseits quantenmechanisch besser begründet ist als der Zugang über die Boltzmann-Gleichung. Deshalb ist es beruhigend und rechtfertigt im Nachhinein ihre Anwendbarkeit, wenn im einfachsten Grenzfall das Ergebnis der Boltzmann-Gleichungs-Behandlung im Kubo-Formalismus bestätigt werden kann. Zum anderen erlaubt der Kubo-Formalismus im Prinzip sofort systematische Erweiterungen und Verbeserungen der hier nur behandelten Bornschen Näherung, was im Rahmen der Boltzmann-Gleichung zumindest schwieriger ist.

7.9 Weiteres zum Transport in Festkörpern

In diesem Abschnitt sollen noch einige Punkte wenigstens erwähnt werden, die in einem Überblick über Transport-Phänomene in Festkörpern noch etwas ausführlicher besprochen werden müßten, worauf in dieser Einführung aber verzichtet werden muß.

[14] beachte, daß im Unterschied zu diesem Kapitel 7.8 in den Abschnitten 7.3 und 7.4 der Elektronen-Spin für die Zustandsdichte und Leitfähigkeit berücksichtigt wurde und daß in 7.4 die Konzentration als Störstellendichte (Zahl der Störstellen pro Volumen) definiert ist

Nach den vorherigen Abschnitten ist klar, daß man auch die elektronische Leitfähigkeit bei Berücksichtigung der Elektron-Phonon-Wechselwirkung eigentlich im Rahmen des Kubo-Formalismus behandeln sollte. Dies ist auch möglich, erfordert aber wieder den hier nicht vorausgesetzten Apparat der Vielteilchen-Theorie. Im Zusammenhang mit der Elektron-Phonon-Wechselwirkung soll noch das Phänomen der *Phononen-Mitführung* (englisch „phonon drag") erwähnt werden. Im Abschnitt 7.4.2 ist angenommen worden, daß die Phononen noch der ungestörten Bose-Verteilung unterliegen. Tatsächlich wird sich aber durch die Elektron-Phonon-Wechselwirkung auch die Phononen-Verteilung ändern. Bei Vorhandensein eines statischen elektrischen Feldes kann man ja gemäß Abschnitt 7.3 von einer um $\frac{e}{\hbar}\vec{E}\tau$ verschobenen Fermi-Verteilung (bzw. Fermi-Kugel) für die Elektronen ausgehen. Durch die Elektron-Phonon-Wechselwirkung werden die Phononen versuchen, mit diesem „verschobenen" Elektronensystem ins Gleichgewicht zu kommen. Dadurch stellt sich auch eine verschobene Phononen-Verteilung ein, d.h. es gibt einen Phononen-Strom in Feldrichtung und dies entspricht einem Wärmestrom. Um die Wärmeleitfähigkeit durch die Phononen, die ja auch ohne Elektron-Phonon-Wechselwirkung existiert und bei Isolatoren z.B. den alleinigen Wärmeleitungsmechanismus darstellt, angemessen zu berücksichtigen, muß man gemäß Abschnitt 3.7 aber auch die Phonon-Phonon-Wechselwirkung, also anharmonische Effekte, in Betracht ziehen.

Es sollen schließlich noch zwei Streumechanismen erwähnt werden, die man auch im Rahmen von Boltzmann-Gleichung und Relaxationszeit-Näherung oder im Rahmen des Kubo-Formalismus behandeln kann und die auch zu charakteristischen Temperaturabhängigkeiten im Widerstand Anlaß geben. Dies ist einmal die *Elektron-Elektron-Streuung*, also der Einfluß der Elektron-Elektron-Wechselwirkung auf elektronische Transportgrößen wie die elektrische Leitfähigkeit. Wie schon einmal in Kapitel 5.9 erwähnt wurde, kann man zeigen, daß die Lebensdauer eines Elektrons (oder Quasiteilchen) in einem Zustand $\vec{k}$ außerhalb der Fermikugel, in den es z.B. durch ein elektrisches Feld gebracht werden kann, infolge der Elektron-Elektron-Wechselwirkung ein Gesetz

$$\tau \sim \frac{1}{T^2} \tag{7.218}$$

folgt. Dadurch kommt es zu einem T^2-Beitrag zum elektrischen Widerstand durch die Elektron-Elektron-Wechselwirkung, der – neben dem T^5-Gesetz durch die Elektron-Phonon-Wechselwirkung – zumindest in Metallen, die die Fermi-Flüssigkeitseigenschaften erfüllen (vgl. Abschnitt 5.9) zu beobachten sein sollte und in Systemen, bei denen die Elektron-Elektron-Wechselwirkung besonders wichtig ist, eventuell sogar der dominante Tief-Temperatur-Beitrag sein kann. Da der elektrische Widerstand besonders einfach zu messen ist, werden Abweichungen von diesem T^2-Verhalten, z.B. ein lineares T-Gesetz bis zu tiefen Temperaturen, als Anzeichen für ein *Nicht-Fermi-Flüssigkeits-Verhalten* interpretiert. Die Streuung an magnetischen Verunreinigungen gibt zu einem anderen Widerstandsverhalten Anlaß; magnetische Verunreinigungen bewirken nämlich nicht nur eine Potentialstreuung am Verunreinigungspotential sondern die magnetischen Momente der Leitungselektronen wechselwirken mit dem magnetischen Moment der Störstelle. dadurch kann es zu einer *Spin-Flip-Streuung* kommen, d.h. das Leitungselektron ändert seinen Spin bei dem Streuprozeß (unter gleichzeitiger Änderung des Momentes der Störstelle). Behandelt man die Spin-Flip-Streuung an magnetischen Verunreinigungen in über die Bornsche Näherung (Störungsrechnung 2.Ordnung) hinausgehender Störungsrechnung, so finden sich in jeder Ordnung Störungsrechnung logarithmische Divergenzen. Dies gibt Anlaß zu einem Beitrag zum Widerstand proportional zu $\ln(\mu/T)$. In Metallen mit magnetischen Verunreinigungen der Konzentration c_m hat man daher einen Widerstandsverlauf

$$\rho(T) = \rho_0 + c_m a \ln(\mu/T) + bT^5 \tag{7.219}$$

zu erwarten. Dies führt zu einem Widerstandsminimum bei einer Temperatur $T_{\text{min}} = (v_m a/5b)^{1/5}$ und einem logarithmischen Wiederanstieg des Widerstands für Temperaturen $T < T_{\text{min}}$. Dies bezeichnet man als *Kondo-Effekt*[15]. Schon lange vorher waren derartige Widerstandsminima bei tiefen Temperaturen auch in einfachen Metallen wie Cu experimentell beobachtet worden, aber unverstanden geblieben; erst nach Kondos Arbeit wurde klar, daß es durch magnetische Verunreinigungen wie Fe in Cu verursacht wurde.

Abschließend seien noch Magneto-Transportphänomene erwähnt, die wegen des Auftretens von neuen Phänomenen wie Magnetowiderstand und Nichtdiagonalelementen des Leitfähigkeitstensors und darauf beruhenden Effekten wie dem Hall-Effekt besonders interessant sind, was in Abschnitt 7.1.2, 7.1.3 schon einmal auf phänomenologischem Niveau besprochen wurde. Dafür kann man aber auch eine Behandlung im Rahmen der Boltzmann-Gleichung und des Kubo-Formalismus durchführen, was in einem vollständigeren Überblick über Transporttheorie noch zu besprechen wäre.

[15] benannt nach dem japanischen Physiker J.Kondo, der 1964 als erster die logarithmischen Divergenzen bei über die Bornsche Näherung hinausgehender Störungsrechnung fand

8 Optische (bzw. dielektrische) Eigenschaften von Festkörpern

8.1 Makroskopische Beschreibung, frequenzabhängige Dielektrizitätskonstante und Brechungsindex

Läßt man elektromagnetische Wellen, also z.B. Licht, auf einen Festkörper fallen, so können diese vom Festkörper reflektriert oder absorbiert werden oder durch den Kristall transmittiert werden. Messungen von Größen wie dem Transmissions-, Absorptions- oder Reflexionskoeffizient des Kristalls geben unmittelbar Aufschluß über die möglichen Anregungen in der Probe. In diesem Kapitel sollen zunächst die grundlegenden Definitionen und die Zusammenhänge zwischen diesen Meßgrößen und anderen Größen wie frequenzabhängiger Leitfähigkeit und Dielektrizitätskonstante, etc. zusammengestellt werden. Diese Größen sollten zum größten Teil schon aus der Elektrodynamik und der experimentellen Festkörperphysik vertraut sein.

Bei einem optischen Experiment wird der Festkörper durch die Anwesenheit eines elektromagnetischen Feldes gestört und aus dem Grundzustand (Gleichgewicht) gebracht. Die elektromagnetischen Felder müssen die Maxwell-Gleichungen erfüllen:

$$\nabla \times \vec{H} = \frac{\varepsilon_r}{c}\frac{\partial \vec{E}}{\partial t} + \frac{4\pi}{c}\vec{j} \qquad \nabla \vec{E} = 0 \qquad \nabla \times \vec{E} = -\frac{\mu}{c}\frac{\partial \vec{H}}{\partial t} \qquad \nabla \vec{H} = 0 \tag{8.1}$$

Der Festkörper soll keine das elektrische Feld mit verursachenden Ladungen haben. Magnetische Effekte sollen in diesem Kapitel nicht betrachtet werden, daher nehmen wir für die magnetische Permeabilität $\mu = 1$ an. ε_r soll die statische, z.B. von der Polarisation der inneren Schalen herrührende Dielektrizitätskonstante sein, und es soll die dynamische, frequenzabhängige Dielektrizitätskonstante bestimmt werden, für die die Polarisation des Mediums bzw. Anregungen wie Stromfluß in Metallen oder Übergänge vom Valenz- ins Leitungsband in Halbleitern berücksichtigt werden. Ströme werden durch das elektromagnetische Feld erst möglich und hier soll das Ohmsche Gesetz gelten, also $\vec{j} = \sigma\vec{E}$. Dann ergibt sich durch einfache, aus der Elektrodynamik bekannte Umrechnung

$$\nabla^2 \vec{E} = \frac{\varepsilon_r}{c^2}\frac{\partial^2 \vec{E}}{\partial t^2} + \frac{4\pi\sigma}{c^2}\frac{\partial \vec{E}}{\partial t} \tag{8.2}$$

Dies ist die wohlbekannte, elementare *Telegrafen-Gleichung*, die elektromagnetische Wellen in einem leitfähigen Medium beschreibt. Als Lösungen ergeben sich gedämpfte elektromagnetische Wellen, also Wellen mit Dissipation im Medium. Macht man nämlich den üblichen Ansatz einer ebenen Welle

$$\vec{E} = \vec{E}_0 \exp[i(\vec{k}\vec{r} - \omega t)] \tag{8.3}$$

ergibt sich

$$k^2 = \varepsilon_r \frac{\omega^2}{c^2} + \frac{4\pi\sigma i\omega}{c^2} \text{ bzw. } k = \frac{\omega}{c}\left(\varepsilon_r + \frac{4\pi\sigma i}{\omega}\right)^{1/2} \tag{8.4}$$

Im Medium ist also nur die Ausbreitung einer Welle mit komplexer Wellenzahl möglich; da im Vakuum die übliche Beziehung $k = \frac{\omega}{c}$ gilt, ergibt sich für den komplexen *Brechungsindex*

$$\tilde{n} = n + i\kappa = \sqrt{\varepsilon_r + \frac{4\pi\sigma i}{\omega}} = \sqrt{\varepsilon(\omega)} \tag{8.5}$$

Brechungsindex und Dielektrizitätskonstante (bzw. allgemeiner Dielektrizitäts-Tensor) sind also in der Regel komplexe Größen. Es gelten die Zusammenhänge

$$\varepsilon(\omega) = \varepsilon_1 + i\varepsilon_2 = \varepsilon_r + i\frac{4\pi\sigma}{\omega} = n^2 - \kappa^2 + i2n\kappa \tag{8.6}$$

Der Imaginärteil beschreibt gerade die Dämpfung. Als einfaches Beispiel betrachten wir die Propagation einer elektromagnetischen Welle in einem absorbierenden Medium in x-Richtung, das elektrische Feld sei dabei in y-Richtung polarisiert. Dann gilt

$$\vec{E} = \vec{E}_0 \exp[i(\vec{k}\vec{r} - \omega t)] = (0, E_0, 0) \exp(i\omega(\frac{nx}{c} - t)) \exp(-\frac{\kappa\omega x}{c}) \tag{8.7}$$

Die Ausbreitungsgeschwindigkeit im Medium ist also $\frac{c}{n}$, und die Amplitude klingt exponentiell ab. Das zugehörige Magnetfeld muß gemäß den Maxwell-Gleichungen (8.1)

$$i\vec{k} \times \vec{H} = \left(-i\frac{\omega\varepsilon_r}{c} + \frac{4\pi\sigma}{c}\right)\vec{E} = -i\frac{\omega}{c}\varepsilon(\omega)\vec{E} \tag{8.8}$$

erfüllen. Daher gilt

$$\vec{H} = \sqrt{\varepsilon(\omega)}(0,0,E_0) \exp(i\omega(\frac{nx}{c} - t)) \exp(-\frac{\kappa\omega x}{c}) = \frac{c}{\omega}\vec{k} \times \vec{E} \tag{8.9}$$

Wegen des endlichen Imaginärteils von $\varepsilon(\omega)$ bzw. k sind Magnetfeld und elektrisches Feld insbesondere nicht mehr in Phase im leitfähigen Medium. Größen wie Poynting-Vektor $\vec{P} = \frac{c}{4\pi}\vec{E} \times \vec{H}$ und Intensität klingen exponentiell ab wie $\exp[-\frac{2\kappa\omega x}{c}]$. Die Abklingkonstante

$$\alpha = \frac{2\kappa\omega}{c} = \frac{4\pi\sigma}{nc} \tag{8.10}$$

bezeichnet man auch als *Absorptionskoeffizient* des Mediums. In guten Metallen mit großer Leitfähigkeit gilt $\frac{4\pi\sigma}{\omega\varepsilon_r} \gg 1$, dann gilt

$$\tilde{n} = \sqrt{\varepsilon_r + \frac{4\pi\sigma}{\omega}i} \approx \sqrt{\frac{2\pi\sigma}{\omega}}(1+i), \text{ also } n = \kappa = \sqrt{\frac{2\pi\sigma}{\omega}} \tag{8.11}$$

und für den Absorptionskoeffizienten von Metallen findet man so

$$\alpha = \frac{\sqrt{8\pi\sigma\omega}}{c} \tag{8.12}$$

Ein frequenzabhängiges elektromagnetisches Feld hat also nur eine endliche Eindringtiefe in ein Metall. Diese Eindringtiefe δ ist definiert als die Strecke, auf der das Feld auf den Faktor $1/e$ seiner Anfangsamplitude an der Oberfläche abgeklungen ist, also gilt

$$\frac{\kappa\omega\delta}{c} = 1 \to \delta = \frac{c}{\kappa\omega} \approx \frac{c}{\sqrt{2\pi\sigma\omega}} \tag{8.13}$$

Insbesondere ist die Eindringtiefe oder *Skintiefe* also proportional $\omega^{-1/2}$, nimmt also mit zunehmender Frequenz ab. Dies ist der bekannte (normale) *Skin-Effekt*, der eben besagt, daß elektromagnetische Wellen nur in eine dünne Schicht an der Oberfläche von Metallen eindringen können. Für Wechselstrom mit Frequenzen von 50 s^{-1} ist die Skintiefe aber von der Größenordnung *m*, für Hochfrequenzfelder dagegen kann die Skinschichtdicke aber je nach Leitfähigkeit und Frequenz in der Größenordnung 10^{-3} cm liegen.

Was man bei jedem Festkörper messen kann, ist der *Reflexionskoeffizient R*. Ein Teil der Welle wird nämlich immer reflektiert, ein anderer Teil dringt ins Medium ein und wird dort absorbiert, und nur wenn die Probe dünn genug ist bzw. nur wenig Absorption stattfindet, gibt es auch einen durch die Probe transmittierten Anteil und einen entsprechenden Transmissionskoeffizienten T, aus dessen Messung man auch auf den Absorptionskoeffizienten α rückschließen kann. Wir begnügen uns hier aber mit der Herleitung einer Relation für den Reflexionskoeffizienten. Wir betrachten dazu eine aus dem Vakuum im Bereich $x < 0$ auf das (absorbierende bzw. leitfähige) Medium im Halbraum $x > 0$ in x-Richtung einfallende ebene elektromagnetische Welle. Im Vakuum, d.h. im Halbraum $x < 0$, hat man dann eine einfallende und eine reflektierte Welle, im Bereich $x > 0$ nur eine in das Medium eindringende und dadurch gedämpfte, in positive x-Richtung propagierende Welle. Somit gilt:

$$E_y = E_1 \exp[i\omega(\tfrac{x}{c} - t)] + E_2 \exp[-i\omega(\tfrac{x}{c} + t)] \qquad \text{für } x < 0 \qquad (8.14)$$

$$E_y = E_3 \exp[i\omega(\tfrac{nx}{c} - t)] \exp[-\tfrac{\kappa\omega x}{c}] = E_3 \exp[i\omega(\tfrac{\tilde{n}x}{c} - t)] \qquad \text{für } x > 0 \qquad (8.15)$$

Aus den aus der Elektrodynamik bekannten Randbedingungen für die elektromagnetischen Felder an Trennflächen verschiedener Medien erhält man wegen der Stetigkeit der Tangentialkomponente des elektrischen Feldes bei $x = 0$

$$E_1 + E_2 = E_3 \qquad (8.16)$$

und aus der Stetigkeit der Normalkomponente des Magnetfeldes folgt

$$\frac{\omega}{c}(E_1 - E_2) = -\frac{\tilde{n}\omega}{c} E_3 \qquad (8.17)$$

Daraus ergibt sich

$$\frac{E_2}{E_1} = \frac{1 - \tilde{n}}{1 + \tilde{n}} \qquad (8.18)$$

Der Reflexionskoeffizient ist definiert als Verhältnis von reflektierter zu einfallender Intensität und daher gegeben durch

$$R = \frac{|E_2|^2}{|E_1|^2} = \left| \frac{1 - \tilde{n}}{1 + \tilde{n}} \right|^2 = \frac{(1 - n)^2 + \kappa^2}{(1 + n)^2 + \kappa^2} \qquad (8.19)$$

Für gute Metalle mit (gemäß (8.11)) $n = \kappa = \sqrt{2\pi\sigma/\omega} \gg 1$ erhält man daraus

$$R = \frac{1 - \frac{1}{2}\sqrt{\frac{\omega}{2\pi\sigma}} + \frac{\omega}{4\pi\sigma}}{1 + \frac{1}{2}\sqrt{\frac{\omega}{2\pi\sigma}} + \frac{\omega}{4\pi\sigma}} \approx 1 - \sqrt{\frac{\omega}{2\pi\sigma}} \qquad (8.20)$$

Dies ist die sogenannte *Hagen-Rubens-Relation* für den Reflexionskoeffizienten von Metallen bei kleinen Frequenzen. Insbesondere geht der Reflexionskoeffizient R also gegen 1 für Frequenz $\omega \to 0$. Allerdings ist auch die Leitfähigkeit σ von der Frequenz abhängig, wie man es schon im einfachen Drude-Modell erhält, was im nächsten Abschnitt noch einmal besprochen wird.

Die optischen Eigenschaften eines Festkörpers sind also insgesamt durch den komplexen Brechungsindes bzw. die komplexe, frequenzabhängige Dielektrizitätskonstante bestimmt, und diese wiederum kann auf die komplexe, frequenzabhängige Leitfähigkeit zurückgeführt werden. Leicht meßbar sind insbesondere Größen wie der Reflexionskoeffizient. Dieser ist gemäß der allgemein gültigen Beziehung (8.19) allerdings durch Real- und Imaginärteil des komplexen Brechungsindex bestimmt, so daß eine alleinige Messung von R nicht auszureichen scheint, um Real- und Imaginärteil des Brechungsindex einzeln zu bestimmen. Allerdings sind der Real- und Imaginärteil von $\tilde{n}$ durch eine

Kramers-Kronig-Relation

miteinander verknüpft. Bezeichnet $\vec{P}$ wie in der Elektrodynamik üblich die makroskopische Polarisation des Mediums, die ja erst durch die Anwesenheit des elektromagnetischen Feldes induziert wird, dann gelten die Zusammenhänge

$$\vec{P} = \chi(\omega)\vec{E} \qquad \vec{D} = \vec{E} + 4\pi\vec{P} = \varepsilon(\omega)\vec{E} \to \varepsilon(\omega) = 1 + 4\pi\chi(\omega) = 1 + 4\pi i\frac{\sigma(\omega)}{\omega} \tag{8.21}$$

Man kann also die Dielektrizitätskonstante auch durch die elektrische Suszeptibilität $\chi(\omega)$ ausdrücken; hierbei wurde jetzt $\varepsilon_r = 1$ gesetzt, also angenommen, daß es keine weiteren Beiträge zur Abschirmung mehr gibt. Zwischen frequenzabhängiger Suszeptibilität und Leitfähigkeit besteht der Zusammenhang

$$\sigma(\omega) = -i\omega\chi(\omega) \tag{8.22}$$

Die elektrische Suszeptibilität $\chi(\omega)$ ist i.a. auch komplex, hat also einen Realteil $\chi'(\omega)$ und einen Imaginärteil $\chi''(\omega)$:

$$\chi(\omega) = \chi'(\omega) + i\chi''(\omega)$$

und diese sind gemäß Kapitel 7.6 durch die Kramers-Kronig-Relationen

$$\chi'(\omega) = \frac{1}{\pi}\mathcal{P}\int d\omega'\frac{\chi''(\omega')}{\omega' - \omega} \qquad \chi''(\omega) = -\frac{1}{\pi}\mathcal{P}\int d\omega'\frac{\chi'(\omega')}{\omega' - \omega} \tag{8.23}$$

miteinander verknüpft. Berücksichtigt man, daß die Suszeptibilitäten in der Regel die Symmetrieeigenschaften

$$\chi'(-\omega) = -\chi'(\omega) \qquad \chi''(-\omega) = \chi''(\omega)$$

erfüllen, lassen sich obige Beziehungen auch in der Form

$$\chi'(\omega) = \frac{2}{\pi}\mathcal{P}\int_0^\infty d\omega'\frac{\omega'\chi''(\omega')}{\omega'^2 - \omega^2} \qquad \chi''(\omega) = -\frac{2\omega}{\pi}\mathcal{P}\int_0^\infty d\omega'\frac{\chi'(\omega')}{\omega'^2 - \omega^2} \tag{8.24}$$

schreiben. Daher sind Real- und Imaginärteil der Dielektrizitätskonstante miteinander verknüpft über

$$\begin{aligned}
\varepsilon_1(\omega) &= 1 + \frac{1}{\pi}\mathcal{P}\int_{-\infty}^{+\infty}\frac{\varepsilon_2(\omega')}{\omega' - \omega}d\omega' = 1 + \frac{2}{\pi}\mathcal{P}\int_0^{+\infty}\frac{\omega'\varepsilon_2(\omega')}{\omega'^2 - \omega^2}d\omega' \\
\varepsilon_2(\omega) &= -\frac{1}{\pi}\mathcal{P}\int_{-\infty}^{+\infty}\frac{\varepsilon_1(\omega')}{\omega' - \omega}d\omega' = -\frac{2\omega}{\pi}\mathcal{P}\int_0^{+\infty}\frac{\varepsilon_1(\omega')}{\omega'^2 - \omega^2}d\omega'
\end{aligned} \tag{8.25}$$

Es genügt also im Prinzip, eine der beiden Größen $\varepsilon_1(\omega)$ oder $\varepsilon_2(\omega)$ zu kennen, dann kann die andere daraus berechnet werden. Allerdings muß diese Größe im ganzen Frequenzbereich bekannt sein, da für die Anwendung der Kramers-Kronig-Relation ein Integral über den gesamten Frequenzbereich durchzuführen ist. Es ist allerdings experimentell vielfach nicht ganz einfach, eine Größe wie den Reflexionskoeffizienten wirklich im gesamten Frequenzbereich, in dem es nichtverschwindende Beiträge gibt, zu messen, da für die verschiedenen Frequenzen elektromagnetischer Strahlung verschiedene Quellen und Apparaturen benötigt werden.

8.2 Einfache mikroskopische Modelle, Drude- und Relaxationszeit-Behandlung

8.2.1 Reflexionskoeffizient von Metallen im Drude-Modell

Das simple Drude-Modell von Kapitel 7.1 läßt sich auch einfach auf den Fall der frequenzabhängigen Leitfähigkeit übertragen, wie es schon einmal im Kapitel 5.6 über Plasmonen kurz skizziert worden ist. Für ein klassisches geladenes Teilchen der Masse m und Ladung e gilt im elektrischen Wechselfeld $\vec{E} = \vec{E}_0 \exp[-i\omega t]$ bei Anwesenheit von durch die Stoßzeit τ charakterisierter Reibung die Bewegungsgleichung

$$m\dot{\vec{v}} + \frac{m}{\tau}\vec{v} = e\vec{E}_0 e^{-i\omega t} \tag{8.26}$$

und diese inhomogene lineare Differentialgleichung hat die spezielle Lösung

$$\vec{v} = \frac{e}{m(-i\omega + \frac{1}{\tau})}\vec{E}_0 e^{-i\omega t} \tag{8.27}$$

Hierbei wird wieder, wie bei der Drude-Behandlung üblich, von der allgemeinen Lösung der homogenen Gleichung $\vec{v}_h = \vec{v}_0 \exp[-t/\tau]$ abgesehen, da dieser Anteil auf einer Zeitskala der Größenordnung der Stoßzeit τ auf 0 abklingt. Für die Stromdichte folgt somit

$$\vec{j} = n_e e\vec{v} = \frac{n_e e^2 \tau}{m}\frac{1}{1 - i\omega\tau}\vec{E}_0 e^{-i\omega t} \tag{8.28}$$

Also gilt für die frequenzabhängige Leitfähigkeit

$$\sigma(\omega) = \frac{n_e e^2 \tau}{m}\frac{1}{1 - i\omega\tau} = \frac{\sigma_0}{1 - i\omega\tau} \tag{8.29}$$

mit der statischen Drude-Leitfähigkeit $\sigma_0 = \frac{n_e e^2 \tau}{m}$. Um die Bezeichnung vom Realteil des Brechungsindex zu unterscheiden, wurde hier (im Unterschied zu Kapitel 7) die Elektronendichte mit $n_e = N_e/V$ bezeichnet. Setzt man dieses Drude-Ergebnis für die frequenzabhängige Leitfähigkeit in die Relation für die Dielektrizitätskonstante ein, ergibt sich

$$\varepsilon(\omega) = 1 - \frac{\omega_P^2 \tau^2}{1 + \omega^2\tau^2} + i\frac{\omega_P^2 \tau}{\omega(1 + \omega^2\tau^2)} \tag{8.30}$$

wobei die schon in Kapitel 5.6 eingeführte Plasmafrequenz ω_P gegeben ist durch

$$\omega_P^2 = \frac{4\pi n_e e^2}{m} \tag{8.31}$$

Aus obiger Gleichung läßt sich Real- und Imaginärteil der Dielektrizitätskonstanten sofort ablesen und daraus Realteil und Imaginärteil des komplexen Brechungsindex bestimmen. Setzt man dies in die im vorigen Abschnitt hergeleitete Gleiochung für den Reflexionskoeffizienten R ein, erhält man das in Abbildung 8.1 dargestellte, für Metalle charakteristische Ergebnis für die Frequenzabhängigkeit von R. Bei guten Metallen (d.h. $\omega_P\tau \gg 1$) ist der Reflexionskoeffizient also nahezu 1. für Frequenzen $\omega < \omega_P$, bei der Plasmafrequenz (an der „Plasma-Kante") fällt R aber rapide ab und geht gegen 0 für höhere Frequenzen $\omega \gg \omega_P$. Im Hochfrequenzbereich werden Metalle also transparent, für niedrige Frequenzen reflektieren sie dagegen elektromagnetische Wellen fast vollständig. Bei Stoß- bzw. Streuzeiten τ die von der Größenordnung sind, daß $\omega_P\tau \gg 1$ gilt, lassen sich drei Bereiche unterscheiden:

Im *Niederfrequenz-Bereich* $\omega \ll \frac{1}{\tau}$ fällt R von 1 aus ab wie $1 - \sqrt{\frac{8}{\omega_P^2\tau}}\sqrt{\omega}$; dies ist gerade wieder die im vorigen Abschnitt besprochene Hagen-Rubens-Beziehung.
Im sogenannten *Relaxations-Bereich* $\frac{1}{\tau} \ll \omega \ll \omega_P$ gilt näherungsweise

$$\varepsilon_1 = 1 - \frac{\omega_P^2}{\omega^2} \qquad \varepsilon_2 = \frac{\omega_P^2}{\omega^2}\frac{1}{\omega\tau} \tag{8.32}$$

Der Realteil der Dielektrizitätskonstanten ist also immer noch negativ und absolut groß, der Betrag des Imaginärteils ist eine Größenordnung kleiner als der des Realteils. Für Real- und Imaginärteil vom Brechungsindex ergibt sich näherungsweise

$$n \approx \frac{\omega_P}{2\omega}\frac{1}{\omega\tau} \qquad \kappa \approx \frac{\omega_P}{\omega} \tag{8.33}$$

Für den Reflexionskoeffizienten ergibt sich

$$R \approx 1 - \frac{4n}{\kappa^2} = 1 - \frac{2}{\omega_P\tau} \tag{8.34}$$

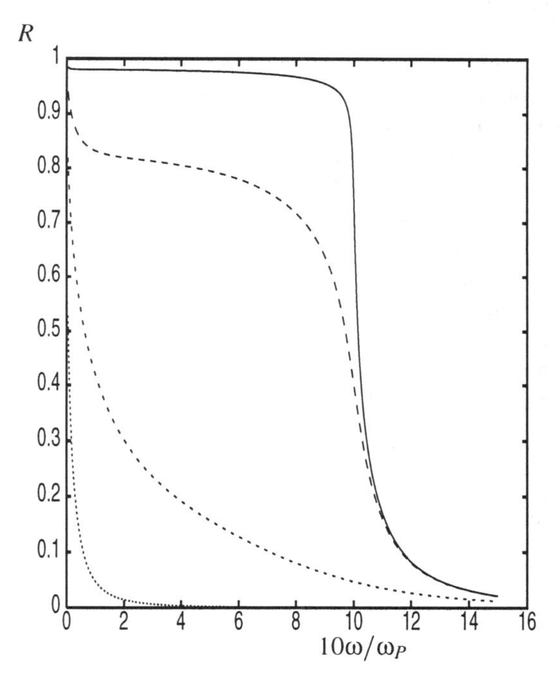

Bild 8.1 Frequenzabhänggigkeit des Reflexionskoeffizienten von Metallen für $\omega_P\tau = 100$ (durchgezogene Linie), 10 (langgestrichelt), 1 (kurzgestrichelt) und 0.1 (gepunktet)

Der Reflexionskoeffizient ist also in diesem Relaxations-Bereich annähernd konstant und um einen Anteil proportional $\frac{1}{\omega_P\tau}$ reduziert gegenüber dem Idealwert 1, wie man es auch in der Figur an den beiden Kurven für $\omega_P\tau \gg 1$ erkennen kann.

Im *Transparenz-Bereich* $\omega_P \ll \omega$ wird die Dielektrizitätskonstante näherungsweise reell und positiv

$$\varepsilon \approx 1 - \frac{\omega_P^2}{\omega^2} \tag{8.35}$$

Daher ist auch der Brechungsindex reell:

$$n \approx \sqrt{1 - \frac{\omega_P^2}{\omega^2}} \approx 1 - \frac{1}{2}\frac{\omega_P^2}{\omega^2} \tag{8.36}$$

Der Reflexionskoeffizient R verschwindet also wie ω_P^2/ω^2 für $\omega \to \infty$, das Metall wird annähernd transparent für diese hochfrequente elektromagnetische Strahlung.

8.2.2 Boltzmann-Gleichung in Relaxationszeit-Näherung, anomaler Skin-Effekt

Wie im Kapitel 7 über elektronischen Transport schon erwähnt wurde, hat die phänomenologische Stoßzeit ihre physikalische Interpretation als die Zeit, die zwischen zwei Streuprozessen eines Elektrons (z.B. an Störstellen oder Phononen) vergeht; mit der Stoßzeit hängt daher eng die *mittlere freie Weglänge* l_F eines Elektrons zusammen über $l_F = v_F\tau$, wobei v_F die Geschwindigkeit der relevanten Elektronen, also die Fermi-Geschwindigkeit ist. Bei guten, Metallen, also sehr reinen Metallen bei tiefen Temperaturen, sind τ und damit auch l_F relativ groß. Dann können Elektronen also große Strecken zurücklegen, ohne durch einen Streuprozeß aus ihrem Zustand herausgestreut zu werden. Ein Elektron, das in einem bestimmten Raumbereich durch das dort vorhandene elektromagnetische Feld angeregt und in einen bestimmten Geschwindigkeits-Zustand gebracht wird, kann dann in einem anderen Raumbereich, in dem eventuell ein anderes (oder kein) elektrisches Feld vorhanden ist, zum Strom beitragen und beeinflußt in diesem Raumbereich das Feld und bestimmt die dortige Dielektrizitätskonstante mit.

Diese *nichtlokalen Effekte* können z.B. beim Skin-Effekt eine Rolle spielen. Ist nämlich die mittlere freie Weglänge l_F größer als die klassische Skin-Tiefe δ, dann gelangen die in der Skinschicht durch das dort vorhandene elektrische (Wechsel-) Feld beschleunigten Elektronen auch in Bereiche außerhalb der klassischen Skin-Tiefe, somit fließt dort doch ein Strom und die Skin-Tiefe und der ganze Skin-Effekt wird dadurch modifiziert.

Ein möglicher Zugang zur Behandlung solcher nicht-lokaler Effekte ist der über die beim statischen Transport in Kapitel 7 schon besprochenen Boltzmann-Gleichung. Durch das elektromagnetische Feld $\vec{E}(\vec{r},t)$ sind die Elektronen nicht mehr im Gleichgewicht, unterliegen also einer Nicht-Gleichgewichts-Verteilung

$$f(\vec{r},\vec{k},t) = f_0(\vec{k}) + f_1(\vec{r},\vec{k},t) \tag{8.37}$$

In Relaxationszeit-Näherung lautet die Boltzmann-Gleichung

$$\frac{\partial f}{\partial t} + \frac{\partial f}{\partial \vec{r}}\dot{\vec{r}} + \frac{\partial f}{\partial \vec{k}}\dot{\vec{k}} = -\frac{f_1}{\tau} \tag{8.38}$$

Nach der Newtonschen Bewegungsgleichung gilt

$$\hbar\dot{\vec{k}} = \dot{\vec{p}} = \vec{K} = e\vec{E} \tag{8.39}$$

da das elektrische Feld die Elektronen beschleunigt. Da das Nichtgleichgewicht erst durch das Feld verursacht wird, braucht bei der partiellen Ableitung nach $\vec{k}$ somit nur die Gleichgewichts-Verteilung f_0 berücksichtigt zu werden, wenn man in linearer Ordnung in der äußeren Störung arbeiten will. Da die Gleichgewichts-Verteilung f_0 außerdem orts- und zeitunabhängig ist, reduzieren sich die anderen beiden partiellen Ableitungen auf die Ableitungen der Abweichung von der Gleichgewichts-Verteilung, f_1. Daher erhält man als *linearisierte Boltzmann-Gleichung*

$$\frac{\partial f_1}{\partial t} + \frac{\partial f_1}{\partial \vec{r}}\dot{\vec{r}} + \frac{f_1}{\tau} = -\frac{\partial f_0}{\partial \vec{k}}\dot{\vec{k}} = -\frac{\partial f_0}{\partial \varepsilon}\frac{\hbar^2}{m}\vec{k}\frac{e}{\hbar}\vec{E} = -\frac{df_0}{d\varepsilon}e\vec{v}\vec{E} \tag{8.40}$$

Wenn die elektrische Feldstärke eine Zeitabhängigkeit $e^{-i\omega t}$ hat, kann man eine entsprechende Zeitabhängigkeit auch für die Abweichung von der Gleichgewichtsverteilung f_1 ansetzen. Dann ergibt sich

$$\left(-i\omega + \frac{1}{\tau}\right) f_1 + \vec{v}\frac{\partial f_1}{\partial \vec{r}} = e\vec{E}\vec{v}\left(-\frac{df_0}{d\varepsilon}\right) \tag{8.41}$$

Geht man zur räumlichen Fouriertransformierten über bzw. setzt eine harmonische Ortsabhängigkeit des Feldes an, also insgesamt $\vec{E} = \vec{E}_0 e^{i(\vec{q}\vec{r}-\omega t)}$ und setzt entsprechend auch für f_1 an:

$$f_1(\vec{r},\vec{k},t) = \left(-\frac{df_0}{d\varepsilon}\right)\Phi(\vec{q})e^{i(\vec{q}\vec{r}-\omega t)} \tag{8.42}$$

ergibt sich

$$\Phi(\vec{q}) = \frac{e\tau\vec{v}\vec{E}_0}{1 - i\omega\tau + i\tau\vec{q}\vec{v}} \tag{8.43}$$

Für die Stromdichte erhält man so

$$\vec{j} = \frac{1}{V}\sum_{\vec{k}\sigma} e f_1(\vec{r},\vec{k},t)\vec{v} = \frac{e^2}{4\pi^3}\int d^3k\left(-\frac{df_0}{d\varepsilon}\right)\frac{\tau(\vec{v}\vec{E}_0)\vec{v}}{1 - i\tau(\omega - \vec{q}\vec{v})}e^{i(\vec{q}\vec{r}-\omega t)} \tag{8.44}$$

Der Tensor der komplexen, im allgemeinen von der Frequenz ω und der Wellenzahl $\vec{q}$ abhängigen Leitfähigkeit ist somit in dieser Relaxationszeit-Behandlung gegeben durch

$$\sigma_{\alpha\beta}(\vec{q},\omega) = \frac{e^2}{4\pi^3}\int d^3k\left(-\frac{df_0}{d\varepsilon}\right)\frac{\tau v_\alpha v_\beta}{1 - i\tau(\omega - \vec{q}\vec{v})} \tag{8.45}$$

Speziell für isotrope Systeme wird der Leitfähigkeitstensor diagonal; arbeitet man ferner mit dem Modell quasi-freier Elektronen, gilt $\vec{v} = \frac{\hbar}{m}\vec{k}$ und es folgt:

$$\sigma(\vec{q},\omega) = \frac{e^2}{2\pi^2}\frac{\hbar^2}{m^2}\int_0^\infty dk k^4\left(-\frac{df_0}{d\varepsilon}\right)\int_{-1}^{+1}\frac{\tau\sin^2\theta}{1 - i\tau(\omega - q\cos\theta\frac{\hbar k}{m})} \tag{8.46}$$

Speziell für $q \to 0$ ergibt sich

$$\sigma(q=0,\omega) = \frac{e^2}{3\pi^2 m}\left(\frac{2m}{\hbar^2}\varepsilon_F\right)^{3/2}\frac{\tau(\varepsilon_F)}{1 - i\omega\tau(\varepsilon_F)} = \frac{n_e e^2\tau}{m}\frac{1}{1 - i\omega\tau} \tag{8.47}$$

wobei die schon aus den früheren Kapiteln für (quasi-)freie Elektronen bekannten Standardrelationen

$$k_F = \left(3\pi^2 n_e\right)^{1/3} \qquad \left(-\frac{df_0}{d\varepsilon}\right) = \delta(\varepsilon - \varepsilon_F) \qquad \varepsilon_F = \frac{\hbar^2 k_F^2}{2m}$$

benutzt wurden. Somit gewinnt man also, ähnlich wie im Fall der statischen Leitfähigkeit, aus der Relaxationszeit-Näherung der Boltzmann-Gleichung speziell für $q \to 0$ und somit für räumlich homogene Situationen das Drude-Resultat für die frequenzabhängige Leitfähigkeit zurück.

Als Anwendungsbeispiel für die Bestimmung einer q-abhängigen Leitfähigkeit in einer räumlich nicht homogenen Situation soll die Theorie des anomalen Skin-Effektes kurz skizziert werden. Wir betrachten dazu wieder ein Metall im Halbraum $x > 0$ und eine in x-Richtung einfallende elektromagnetische Welle mit in z-Richtung oszillierendem elektrischen Feld-Vektor $E_z(x,t) = E_z(x)e^{-i\omega t}$. Zu berechnen sind die Leitfähigkeit bzw. die Stromdichte und das elektrische Feld im Metall, und hier wird das Feld selbst wieder vom Strom beeinflußt. Neben der Boltzmann-Gleichung ist daher noch die aus den Maxwell-Gleichungen folgende Bestimmungsgleichung für $E_z(x)$ im Metall zu lösen:

$$\frac{d^2E_z}{dx^2} + \frac{\omega^2}{c^2}E_z = -\frac{4\pi i\omega}{c^2}j_z \tag{8.48}$$

Um obiges Ergebnis für die q- und ω-abhängige Leitfähigkeit benutzen zu können, muß man zu den Fourier-Transformierten übergehen. Da die Lösung nur im Bereich des Metalls interessiert, denkt man sich das Metall durch Spiegelung an der y-z-Ebene in den ganzen Raum fortgesetzt, um die Fourier-Transformierten durch Integration über den ganzen Raum bestimmen zu können. Da aber das wirkliche Feld von $x = 0$ an exponentiell abfällt zu positiven x her, hat das Feld dann eine Singularität in Form einer „Spitze“ bei $x = 0$. Die Ableitung hat dann einen Sprung:

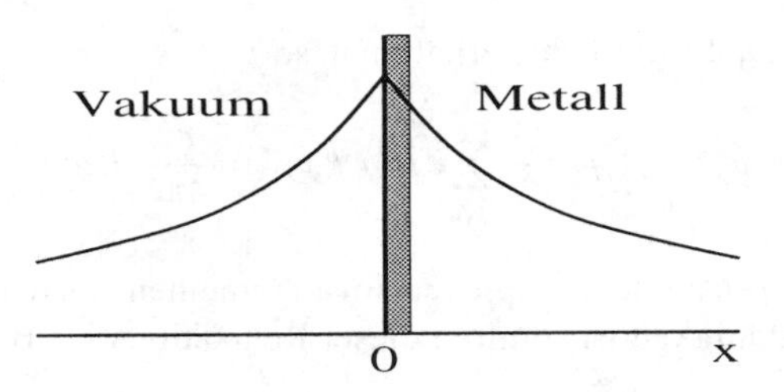

Bild 8.2 Feldverlauf an einer Metalloberfläche

$$\left(\frac{dE_z}{dx}\right)_{+0} = -\left(\frac{dE_z}{dx}\right)_{-0} \tag{8.49}$$

Diese Bedingung kann man durch Hinzufügen eines Terms mit einer Deltafunktion berücksichtigen und erhält:

$$\frac{d^2E_z}{dx^2} + \frac{\omega^2}{c^2}E_z = -\frac{4\pi i\omega\sigma_{zz}}{c^2}E_z + 2\left(\frac{dE_z}{dx}\right)_{+0}\delta(x) \tag{8.50}$$

Fouriertransformiert lautet diese Gleichung

$$\left(-q^2 + \frac{\omega^2}{c^2} + \frac{4\pi i\omega\sigma(\vec{q},\omega)}{c^2}\right)E_q = 2\left(\frac{dE_z}{dz}\right)_{+0} \tag{8.51}$$

Der gesuchte Feldverlauf $E_z(x)$ im Metall ergibt sich dann aus

$$E_z(x) = \int_{-\infty}^{+\infty} dq E_q e^{iqx} = -2\left(\frac{dE_z}{dz}\right)_{+0}\int_{-\infty}^{+\infty} dq \frac{e^{iqx}}{q^2 - \frac{\omega^2}{c^2} + \frac{4\pi i\omega\sigma(q)}{c^2}} \tag{8.52}$$

Zur Bestimmung der q-Abhängigkeit der Leitfähigkeit ist insbesondere nach (8.46) noch ein Winkelintegral zu berechnen. In dem hier interessierenden Grenzfall großer freier Weglänge läßt sich dieses analytisch bestimmen und die q-Abhängigkeit der Leitfähigkeit abschätzen zu

$$\sigma(q) \sim \frac{\sigma_0}{v_F \tau |q|} \tag{8.53}$$

Da die statische Drude-Leitfähigkeit σ_0 proportional zur Lebensdauer (Stoßzeit) τ ist, wird die q-abhängige Leitfähigkeit $\sigma(q)$ unabhängig von der Streuzeit und damit der freien Weglänge, und damit hängt dann auch der Feldverlauf im Metall und die Dicke der Skinschicht δ – im Unterschied zur Situation beim normalen Skineffekt – gar nicht mehr von der freien Weglänge bzw. Streuzeit ab. Bei Metallen ist es üblich, die gemessenen oder berechneten optischen Eigenschaften durch die sogenannte *Oberflächenimpedanz* Z auszudrücken. Diese ist im Wesentlichen ein komplexer Widerstand und definiert als Verhältnis des elektrischen Feldes an der Oberfläche zur über die gesamte Dicke des Metalls integrierten Stromdichte:

$$Z = \frac{E_z(0)}{\int_0^\infty j_z(x)dx} \tag{8.54}$$

Sie läßt sich auch schreiben als

$$Z = R - iX = \frac{4\pi}{c}\frac{E_z(0)}{H_y(0)} = \frac{4\pi i\omega}{c^2}\left(\frac{E_z}{\frac{dE_z}{dx}}\right)_{x=0} \tag{8.55}$$

Die Oberflächen-Impedanz, die eng mit dem Absorptionskoeffizienten zusammenhängt, errechnet sich unmittelbar aus Gleichung (8.52) und ist daher im Bereich des anomalen Skineffekts ebenfalls unabhängig von Stoßzeit und freier Weglänge. Durch Messung von Z kann daher unmittelbar die Fermi-Geschwindigkeit v_F bestimmt werden; dies kann zum Ausmessen der Fermi-Fläche eines Metalls benutzt werden.

Dieses Ergebnis der Unabhängigkeit der Oberflächen-Impedanz bzw. der Skindicke von der freien Weglänge l_F bzw. Stoßzeit τ kann qualitativ auch durch das folgende einfache Argument des sogenannten *Pippardschen Ineffektivitäts-Konzepts* verstanden werden: Wenn die Skindicke δ klein ist gegenüber der freien Weglänge l_F, werden nur die Elektronen, die sich in einem kleinen Winkel proportional δ/l_F zur Oberfläche bewegen, lange genug in der Skinschicht bleiben, um merklich Energie aus dem Feld zu absorbieren. Die effektive Ladungsträgerdichte ist also $n_{\text{eff}} \sim \frac{\delta}{l_F} n_e$, und die effektive Leitfähigkeit

$$\sigma_{\text{eff}} \sim \frac{\delta}{l_F}\sigma_0 \tag{8.56}$$

Da sowohl σ_0 als auch l_F proportional zur Stoßzeit τ sind, kürzt sich diese heraus; setzt man die effektive Leitfähigkeit statt der Drude-Leitfähigkeit σ_0 in die Formel für die Skindicke δ (8.13) ein und löst nach δ auf, erhält man

$$\delta \sim \left(\frac{c^2 l_F}{2\pi\sigma_0\omega}\right)^{1/3} \tag{8.57}$$

und insbesondere diese Abhängigkeit $\sim (l_F/\sigma_0)^{1/3}$ wird durch die oben skizzierte mathematische Theorie (nach Ausführen des q-Integrals in (8.52)) bestätigt.

8.3 Mikroskopische Theorie der frequenzabhängigen Dielektrizitätskonstanten

Die Elektronen im ungestörten Festkörper mögen beschrieben werden durch ein effektives Einteilchen-Potential, bei dem die Elektron-Elektron-Wechselwirkung z.B. in Hartree-Näherung berücksichtigt wird; das ungestörte Einteilchen-Potential ist dann gegeben durch

$$\begin{aligned} V(\vec{r}) &= V_{per}(\vec{r}) + V_H(\vec{r}) \\ \text{mit dem Hartree-Potential } V_H(\vec{r}) &= \int d^3r' \frac{e\rho_0(\vec{r}')}{|\vec{r}-\vec{r}'|} \end{aligned} \tag{8.58}$$

und $\rho_0(\vec{r}) = en_0(\vec{r})$ der (selbstkonsistent zu bestimmenden) Ladungsdichte der Elektronen

Das System werde gestört durch ein zeitabhängiges äußeres elektrisches Potential $\Phi_a(\vec{r},t)$; dann spüren die Elektronen ein mechanisches Störpotential $V_a(\vec{r},t) = e\Phi_a(\vec{r},t)$. Dieses bewirkt eine Änderung der Ladungs-(Elektronen-)Verteilung im Festkörper, man erhält also eine neue, zeitabhängige Ladungsdichte

$$\rho(\vec{r},t) = \rho_0(\vec{r}) + \rho_i(\vec{r},t) \tag{8.59}$$

Diese induzierte Ladungsdichte $\rho_i(\vec{r},t)$ im Medium bewirkt ihrerseits wieder ein zeitabhängiges Potential

$$\Phi_i(\vec{r},t) = \int d^3r' \frac{\rho_i(\vec{r}',t)}{|\vec{r}-\vec{r}'|} \tag{8.60}$$

Es liegt also nicht mehr wie ohne Störung durch das äußere zeitabhängige Feld ein zeitunabhängiges Hartree-Potential vor sondern ein zeitabhängiges Hartree-Potential plus dem äußeren Potential, also das Gesamt-Potential

$$V_g(\vec{r},t) = e\Phi_g(\vec{r},t) = V(\vec{r}) + e\left(\Phi_a(\vec{r},t) + \Phi_i(\vec{r},t)\right) \tag{8.61}$$

und die modifizierte Ladungsdichte ist selbstkonsistent mit dem Potential $\Phi_i(\vec{r},t)$ zu bestimmen. Der Zusammenhang zwischen den Potentialen und den sie erzeugenden Ladungs-(Elektronen-)Dichten ist über die Poisson-Gleichung gegeben zu

$$\triangle\Phi_i(\vec{r},t) = -4\pi\rho_i(\vec{r},t) \text{ bzw. für die Fourier-transformierten } q^2\Phi_i(\vec{q},\omega) = 4\pi\rho_i(\vec{q},\omega) \tag{8.62}$$

Durch das äußere Feld bzw. Potential wird also eine Ladungs-Umverteilung im System induziert, die das äußere Feld partiell abschirmt. Effektiv wirkt daher die Störung $e(\Phi_a + \Phi_i)$. Nach den Gesetzen der Elektrodynamik ist klar, daß dieses Gesamt-Potential dasjenige ist, das die eigentliche elektrische Feldstärke $\vec{E}(\vec{r},t)$ bestimmt, während Φ_a alleine ja nur von äußeren Spannungsquellen oder Ladungen bewirkt wird und daher das zur elektrischen Verschiebungsdichte $\vec{D}(\vec{r},t)$ gehörige Potential ist. Für die komplexe Dielektrizitätskonstante gilt daher

$$\varepsilon(\vec{q},\omega) = \frac{\Phi_a(\vec{q},\omega)}{\Phi_a(\vec{q},\omega)+\Phi_i(\vec{q},\omega)} = 1 - \frac{\Phi_i(\vec{q},\omega)}{\Phi_a(\vec{q},\omega)+\Phi_i(\vec{q},\omega)} = 1 - \frac{4\pi}{q^2}\frac{\rho_i(\vec{q},\omega)}{\Phi(\vec{q},\omega)} \tag{8.63}$$

In 2.Quantisierung ist der Hamilton-Operator des gestörten Elektronen-Systems gegeben durch

$$H = \sum_{n\vec{k}\sigma} E_n(\vec{k}) c^\dagger_{n\vec{k}\sigma} c_{n\vec{k}\sigma} + \sum_{\vec{k}\vec{k}'nn'\sigma} \langle n\vec{k}|V(\vec{r},t)|n'\vec{k}'\rangle c^\dagger_{n\vec{k}\sigma} c_{n'\vec{k}'\sigma} \tag{8.64}$$

Hierbei sollen die $E_n(\vec{k})$ die effektiven Einteilchen-Energien unter Berücksichtigung des zeitunabhängigen Hartree-Potentials sein, n bezeichnet den Bandindex. $V(\vec{r},t) = e\Phi(\vec{r},t) = e(\Phi_a(\vec{r},t) + \Phi_i(\vec{r},t))$ beschreibt eine zeitabhängige Störung des Systems und zwar nicht nur die von außen eingeprägte sondern auch die durch die daraus resultierende, zeitabhängige Ladungsumordnung bewirkte und somit selbstkonsistent zu bestimmende Störung. Die Änderung der Ladungs- bzw. Teilchendichte infolge dieser äußeren zeitabhängigen Störung, die ihrerseits das Störpotential $V(\vec{r},t)$ wieder mit bestimmt, kann man in niedrigster Ordnung im Rahmen des Formalismus der linearen Response-Theorie bestimmen. Wir nehmen nun im folgenden zur Vereinfachung sowohl für das Störpotential als auch für die resultierende Dichte eine Orts- und Zeitabhängigkeit der Form $\exp[i(\vec{q}\vec{r} - (\omega + i0)t)]$; für beliebige Funktionen von Ort und Zeit muß man dann gegebenenfalls eine Fourier-Transformation durchführen, um die folgenden Relationen anwenden zu können. Bei der Zeitabhängigkeit ist ein adiabatischer Einschaltterm e^{0t} berücksichtigt, der ein Verschwinden der oszillierenden Störung für $t \to -\infty$ bewirkt und damit die Anwendbarkeit der Linearen Response-Theorie aus Kapitel 7.6 ermöglicht. Die zeitabhängige Störung läßt sich dann auch schreiben als

$$en(\vec{q})\Phi(\vec{q})e^{-i(\omega+i0)t} \text{ mit dem Operator der Teilchendichte } n(\vec{q}) = \sum_{\vec{k}\vec{k}'nn'\sigma} \langle n\vec{k}|e^{i\vec{q}\vec{r}}|n'\vec{k}'\rangle c^\dagger_{n\vec{k}\sigma} c_{n'\vec{k}'\sigma} \tag{8.65}$$

Die durch die Störung induzierte Ladungsdichte ist dann gegeben durch den Nichtgleichgewichts-Erwartungswert von der Teilchendichte, also in linearer Response durch

$$\rho_i(\vec{q})e^{-i(\omega+i0)t} = e\langle n(\vec{q})\rangle e^{-i(\omega+i0)t} = \chi_{n(\vec{q}),n(\vec{q})}(\omega + i0)e^2\Phi(\vec{q})e^{-i(\omega+i0)t} \tag{8.66}$$

Hierbei ist $\chi(\vec{q},\omega) = \chi_{n(\vec{q}),n(\vec{q})}(\omega + i0)$ die Dichte-Dichte-Suszeptibilität. Da sowohl der Dichte-Operator als auch der effektive Hamilton-Operator Einteilchen-Operatoren sind, läßt sich gemäß (7.150) bzw. (7.155) unter Benutzung von (7.181) die Suszeptibilität explizit schreiben als

$$\chi(\vec{q},\omega) = \frac{1}{V} \sum_{\vec{k}\vec{k}'nn'\sigma} \left|\langle n\vec{k}|e^{i\vec{q}\vec{r}}|n'\vec{k}'\rangle\right|^2 \frac{f(E_n(\vec{k})) - f(E_{n'}(\vec{k}'))}{\hbar\omega + i\delta + E_n(\vec{k}) - E_{n'}(\vec{k}')} \tag{8.67}$$

Für die (komplexe) Dielektrizitätskonstante ergibt sich somit

$$\varepsilon(\vec{q},\omega) = 1 - \frac{4\pi e^2}{Vq^2}\chi(\vec{q},\omega) = 1 - \frac{4\pi e^2}{Vq^2} \sum_{\vec{k}\vec{k}'nn'\sigma} \left|\langle n\vec{k}|e^{i\vec{q}\vec{r}}|n'\vec{k}'\rangle\right|^2 \frac{f(E_n(\vec{k})) - f(E_{n'}(\vec{k}'))}{\hbar\omega + i\delta + E_n(\vec{k}) - E_{n'}(\vec{k}')} \tag{8.68}$$

Diese Gleichung heißt manchmal auch **Ehrenreich-Cohen-Gleichung**[1]. Man kann sie auch elementarer herleiten ohne Benutzung des Formalismus der Linearen Response-Theorie. Ausgehend von der Bewegungsgleichung

$$i\hbar\frac{d}{dt}c^\dagger_{n'\vec{k}'\sigma}c_{n\vec{k}\sigma} = [H, c^\dagger_{n'\vec{k}'\sigma}c_{n\vec{k}\sigma}] \tag{8.69}$$

erhält man nämlich

$$\begin{aligned}(\hbar\omega + i0)c^\dagger_{n'\vec{k}'\sigma}c_{n\vec{k}\sigma} &= \left(E_{n'}(\vec{k}') - E_n(\vec{k})\right) c^\dagger_{n'\vec{k}'\sigma}c_{n\vec{k}\sigma} \\ &+ e\Phi(\vec{q}) \sum_{n_1\vec{k}_1} \left[\langle n_1\vec{k}_1|e^{i\vec{q}\vec{r}}|n'\vec{k}'\rangle c^\dagger_{n_1\vec{k}_1\sigma}c_{n\vec{k}\sigma} - \langle n\vec{k}|e^{i\vec{q}\vec{r}}|n_1\vec{k}_1\rangle c^\dagger_{n'\vec{k}'\sigma}c_{n_1\vec{k}_1\sigma}\right]\end{aligned} \tag{8.70}$$

[1] benannt nach H.Ehrenreich (* 1928 in Frankfurt, Studium an der Cornell-University, Promotion 1955, seit 1963 Professor an der Harvard-Univ., Arbeiten zu optischen und Transporteigenschaften von Halbleitern und Metallen und zur Theorie ungeordneter Systeme) und M.Cohen(...)

Löst man nach $c^\dagger_{n'\vec{k}'\sigma} c_{n\vec{k}\sigma}$ auf, bildet auf beiden Seiten die thermodynamischen Erwartungswerte und vernachlässigt in der $\vec{k}_1 n_1$-Summe die Nichtdiagonal-Elemente, was wieder der in Kapitel 5.6 schon einmal durchgeführten „Random-Phase-Approximation" (RPA) entspricht, dann folgt

$$\langle c^\dagger_{n'\vec{k}'\sigma} c_{n\vec{k}\sigma} \rangle = e\Phi(\vec{q}) \langle n\vec{k}| e^{i\vec{q}\vec{r}} |n'\vec{k}'\rangle \frac{f(E_n(\vec{k})) - f(E_{n'}(\vec{k}')}{\hbar\omega + i0 + E_n(\vec{k}) - E_{n'}(\vec{k}')} \tag{8.71}$$

Multiplikation mit dem Matrixelement von $e^{i\vec{q}\vec{r}}$ und Summation über die Quantenzahlen $n, n', \vec{k}, \vec{k}'$, σ führt zum Erwartungswert der (Fourier-transformierten), zeitabhängigen Teilchendichte $n(\vec{q})$ und somit zur induzierten Ladungsdichte $\rho_i(\vec{q})e^{-i(\omega+i0)t} = e\langle n(\vec{q})\rangle$. Gleichung (8.67) wird offenbar reproduziert. Die hier wieder benutzte RPA, die ihren Namen von der Argumentation her hat, daß die verschiedenen Nichtdiagonal-Elemente zufällige, unkorrelierte Phasen haben, weswegen sich die Nichtdiagonal-Elemente bei der Summation gegenseitig wegmitteln, ist hier offenbar äquivalent der Lineare-Response-Näherung. Es soll aber nochmals betont werden, daß diese zeitabhängige Störungsrechnung hier nicht bezüglich der äußeren Störung durchgeführt wurde sondern bezüglich der äußeren Störung plus dem durch die resultierende Ladungs-Verschiebung bzw. Polarisation erzeugten zeitabhängigen Potential bzw. Feld. Die (zeitabhängige, oszillierende) Ladungsdichte wird also selbstkonsistent aus dem daraus resultierenden Potential bestimmt. Die durchgeführten Näherungen entsprechen somit also auch einer *zeitabhängigen Hartree-Näherung*.

Speziell für das Modell des freien Elektronengases, welches ja einige Metalle gut beschreiben sollte, hat man nur ein Band vorliegen, die Eigenenergien erfüllen $E(\vec{k}) = \frac{\hbar^2 k^2}{2m}$, die Eigenzustände sind ebene Wellen und es kommen nur *Intraband-Übergänge* als Anregungen in Betracht. Aus der Ehrenreich-Cohen-Formel wird in diesem Spezialfall

$$\varepsilon(\vec{q},\omega) = 1 - \frac{4\pi e^2}{Vq^2}\chi(\vec{q},\omega) = 1 - \frac{4\pi e^2}{Vq^2}\sum_{\vec{k}\sigma} \frac{f(E(\vec{k})) - f(E(\vec{k}+\vec{q}))}{\hbar\omega + i\delta + E(\vec{k}) - E(\vec{k}+\vec{q})} \tag{8.72}$$

Dies ist gerade die frequenzabhängige **Lindhard-Dielektrizitätskonstante** für das homogene Elektronengas (Jellium-Modell) in RPA bzw. zeitabhängiger Hartree-Näherung. Im statischen Grenzfall $\omega \to 0$ reproduziert sich die in Kapitel 5.5.2 ausführlich besprochene Lindhard-Theorie der statischen Abschirmung (vgl. Gleichungen (5.150,5.152) für die statische Suszeptibilität bzw. Dielektrizitätskonstante). Die frequenzabhängige Dielektrizitätskonstante ist im allgemeinen Fall, wie zu erwarten, komplex: $\varepsilon(\vec{q},\omega) = \varepsilon_1(\vec{q},\omega) + i\varepsilon_2(\vec{q},\omega)$. Für den Imaginärteil der Lindhard-Dielektrizitätskonstanten erhält man

$$\varepsilon_2(\vec{q},\omega) = \frac{4\pi^2 e^2}{Vq^2}\sum_{\vec{k}\sigma}\Big(f(E(\vec{k})) - f(E(\vec{k}+\vec{q}))\Big)\,\delta(\hbar\omega + E(\vec{k}) - E(\vec{k}+\vec{q})) \tag{8.73}$$

Ein endlicher Imaginärteil der Dielektrizitätskonstanten und damit auch ein endlicher Absorptionskoeffizient existiert also für die Frequenzen, die Teilchen-Loch-Anregungsenergien $E(\vec{k}+\vec{q}) - E(\vec{k})$ entsprechen.

Im allgemeinen Fall von mehreren Energie-Bändern kann man die Dielektrizitätskonstante offenbar in einen Intraband- und einen Interband-Anteil zerlegen. Berücksichtigt man ferner noch, daß optisch nur relativ kleine Impulse $\vec{q}$ übertragen werden können[2], dann kann man nach q entwickeln. Dann gilt für die Matrixelemente von $e^{i\vec{q}\vec{r}}$ näherungsweise

[2] Optische Wellenlängen liegen in der Größenordnung 10^3 Gitterkonstanten, die vom Licht bzw. von Photonen übertragene Wellenzahl $\vec{q}$ ist daher betragsmäßig um einen Faktor 10^{-3} kleiner als reziproke Gittervektoren, also der Größenordnung der Brillouin-Zone, auf der die Wellenvektoren $\vec{k}$ variieren

$$
\begin{aligned}
\langle n\vec{k}|e^{i\vec{q}\vec{r}}|n'\vec{k}'\rangle &= \frac{1}{N}\sum_{\vec{R}} e^{i(\vec{k}'+\vec{q}-\vec{k})\vec{R}} \frac{1}{V_{EZ}} \int_{EZ} d^3r u^*_{n\vec{k}}(\vec{r}) e^{i(\vec{k}'+\vec{q}-\vec{k})\vec{r}} u_{n'\vec{k}'}(\vec{r}) = \\
&= \delta_{\vec{k}'+\vec{q},\vec{k}} \frac{1}{V_{EZ}} \int_{EZ} d^3r u^*_{n\vec{k}'+\vec{q}}(\vec{r}) u_{n'\vec{k}'}(\vec{r}) = \\
&= \langle n\vec{k}'+\vec{q}|\,(1-i\vec{q}\vec{r})\,|n'\vec{k}'\rangle = \left(\delta_{nn'}\delta_{\vec{q}0} - i\vec{q}\langle n\vec{k}'|\vec{r}|n'\vec{k}'\rangle + O(q^2)\right)\delta_{\vec{k}'+\vec{q},\vec{k}}
\end{aligned}
\tag{8.74}
$$

Interband-Matrixelemente zu verschiedenem Bandindex n,n' tragen also in niedrigster Ordnung in q bei gleichem $\vec{k}'$ (also k-diagonal) bei und sind durch die Matrixelemente des Ortsoperators bestimmt (bzw. wegen des Faktors e in (8.68) des *Dipoloperators* $e\vec{r}$). Wegen

$$
\frac{1}{m}\vec{p} = \frac{i}{\hbar}[H,\vec{r}]
$$

folgt

$$
\langle n\vec{k}|\vec{r}|n'\vec{k}\rangle = \frac{\hbar}{im}\vec{q}\langle n\vec{k}|\vec{p}|n'\vec{k}\rangle \frac{1}{E_n(\vec{k})-E_{n'}(\vec{k})}
\tag{8.75}
$$

Somit ergibt sich für die komplexe Dielektrizitätskonstante für kleine q

$$
\begin{aligned}
\varepsilon(\vec{q},\omega) = 1 \quad &- \quad \frac{4\pi e^2}{Vq^2}\sum_{\vec{k}n\sigma} \frac{f(E_n(\vec{k}+\vec{q}))-f(E_n(\vec{k}))}{E_n(\vec{k}+\vec{q})-E_n(\vec{k})+\hbar\omega+i0} \\
&- \quad \frac{4\pi e^2\hbar^2}{Vm^2}\sum_{\vec{k}n\neq n'\sigma} \frac{\left|\vec{e}_{\vec{q}}\langle n\vec{k}|\vec{p}|n'\vec{k}\rangle\right|^2}{\left(E_n(\vec{k})-E_{n'}(\vec{k})\right)^2} \frac{f(E_{n'}(\vec{k}))-f(E_n(\vec{k}))}{E_{n'}(\vec{k})-E_n(\vec{k})+\hbar\omega+i0}
\end{aligned}
\tag{8.76}
$$

Hier beschreibt die erste Summe gerade die Intraband-, die zweite die Interband-Beiträge zu $\varepsilon(\vec{q},\omega)$; offenbar sind die für Interband-Übergänge entscheidenden Matrixelemente statt durch die k-diagonalen Matrixelemente des Dipoloperators auch durch die entsprechenden k-diagonalen Interband-Matrixelemente der longitudinalen (d.h. parallel zu $\vec{q}$) Komponente des Impulsoperators $\vec{p}$ bzw. des Stromoperators $\vec{j} = \frac{e}{m}\vec{p}$ ausdrückbar. Die entsprechenden Matrixelemente

$$
\frac{|\vec{e}_{\vec{q}}\langle n\vec{k}|\vec{p}|n'\vec{k}\rangle|^2}{m(E_{n'}(\vec{k})-E_n(\vec{k}))}
$$

werden manchmal auch als *„Oszillatorstärke“* bezeichnet. Im Intraband-Anteil kann man noch folgende Umformungen vornehmen

$$
\begin{aligned}
I(\vec{q}) &= \sum_{\vec{k}n\sigma} \frac{f(E_n(\vec{k}+\vec{q}))-f(E_n(\vec{k}))}{E_n(\vec{k}+\vec{q})-E_n(\vec{k})+\hbar\omega+i0} \\
&= \sum_{\vec{k}n\sigma} f(E_n(\vec{k}))\left(\frac{1}{E_n(\vec{k})-E_n(\vec{k}-\vec{q})+\hbar\omega+i0} - \frac{1}{E_n(\vec{k}+\vec{q})-E_n(\vec{k})+\hbar\omega+i0}\right) = \\
&= \sum_{\vec{k}n\sigma} f(E_n(\vec{k})) \frac{E_n(\vec{k}+\vec{q})+E_n(\vec{k}-\vec{q})-2E_n(\vec{k})}{(E_n(\vec{k}+\vec{q})-E_n(\vec{k})+\hbar\omega+i0)(E_n(\vec{k})-E_n(\vec{k}-\vec{q})+\hbar\omega+i0)}
\end{aligned}
\tag{8.77}
$$

Für kleine q ist der Zähler proportional q^2 multipliziert mit der zweiten Ableitung von $E_n(\vec{k})$ in $\vec{q}$-Richtung, und entsprechend geht der Nenner für $q \to 0$ in ω^2 über. Die zweiten partiellen Ableitungen von $E_n(\vec{k})$ bilden aber gerade den inversen Tensor der effektiven Masse: $\hbar^2 m^{*-1}$; setzt man voraus, daß dieser in $\vec{q}$-Richtung diagonal ist, dann ergibt sich einfach

$$I(\vec{q}) \stackrel{q\to 0}{\to} \frac{1}{m^*(\omega + i0)^2} \sum_{\vec{k}n\sigma} f(E_n(\vec{k})) = \frac{N}{m^*\omega^2} \tag{8.78}$$

Damit folgt

$$\varepsilon(\vec{q} \to 0,\omega) = 1 - \frac{\omega_P^2}{\omega^2} - \frac{4\pi e^2\hbar^2}{Vm^2} \sum_{\vec{k}n\neq n'\sigma} \frac{\left|\vec{e}_{\vec{q}}\langle n\vec{k}|\vec{p}|n'\vec{k}\rangle\right|^2}{\left(E_n(\vec{k}) - E_{n'}(\vec{k})\right)^2} \frac{f(E_{n'}(\vec{k})) - f(E_n(\vec{k}))}{E_{n'}(\vec{k}) - E_n(\vec{k}) + \hbar\omega + i0} \tag{8.79}$$

Hierbei ist $\omega_P = \frac{4\pi Ne^2}{Vm^*}$ wieder die Plasmafrequenz; das schon in der Drude-Theorie erhaltene charakteristische Hochfrequenzverhalten $\varepsilon \sim 1 - \omega_P^2/\omega^2$ wird also auch in der mikroskopischen Theorie reproduziert. Der Interbandbeitrag zum Imaginärteil der frequenzabhängigen Dielektrizitätskonstante ergibt sich für kleine q zu

$$\varepsilon_2(\omega) = \frac{4\pi^2 e^2}{Vm^2\omega^2} \sum_{\vec{k}n\neq n'\sigma} \left|\vec{e}_{\vec{q}}\langle n\vec{k}|\vec{p}|n'\vec{k}\rangle\right|^2 (f(E_{n'}(\vec{k})) - f(E_n(\vec{k})))\delta(E_{n'}(\vec{k}) - E_n(\vec{k}) + \hbar\omega) \tag{8.80}$$

Dieses Ergebnis kann man auch aus der in Abschnitt 8.1 abgeleiteten Relation (8.6) $\varepsilon = 1 + i\frac{4\pi\sigma(\omega)}{\omega}$ herleiten, woraus folgt

$$\varepsilon_2 = \frac{4\pi}{\omega}\mathrm{Re}\sigma(\omega) \tag{8.81}$$

Wenn man dort das Ergebnis (7.191) der Kubo-Formel für die frequenzabhängige Leitfähigkeit einsetzt, reproduziert sich (8.80). Der Realteil der frequenzabhängigen Leitfähigkeit bestimmt den Imaginärteil der Dielektrizitätskonstante, und dieser ist ein Maß für die Energieabsorption der elektromagnetischen Welle im Medium. Energieabsorption findet also dann statt, wenn die Frequenz der Strahlung Übergänge zwischen besetzten und unbesetzten Zuständen des Festkörpers ermöglicht und die „Oszillator-Stärken", d.h. die Matrixelemente des Dipol- bzw. Strom-Operators zwischen besetztem und unbesetztem Zustand solche Übergänge zulassen.

8.4 Optische Eigenschaften von Halbleitern

In (intrinsischen) Halbleitern sind bei tiefen Temperaturen alle Zustände bis einschließlich dem Valenzband v besetzt und die darüber liegenden Bänder vom Leitungsband c an unbesetzt, d.h.

$$f(E_n(\vec{k})) = \begin{cases} 1 & \text{für} \quad n \leq v \\ 0 & \text{für} \quad n \geq c \end{cases} \tag{8.82}$$

Also folgt für den Interband-Anteil des Imaginärteils der Dielektrizitätskonstante

$$\varepsilon_2(\omega) = \frac{4\pi^2 e^2}{Vm^2\omega^2} \sum_{n=1}^{v} \sum_{n'=c}^{\infty} \sum_{\vec{k}\sigma} \left|\vec{e}_{\vec{q}}\langle n\vec{k}|\vec{p}|n'\vec{k}\rangle\right|^2 \delta(E_{n'}(\vec{k}) - E_n(\vec{k}) - \hbar\omega) \tag{8.83}$$

Für $\hbar\omega\langle\Delta = \min(E_c(\vec{k}) - E_v(\vec{k}))$, der *direkten Bandlücke*, kann wegen der Delta-Relation keine Anregung vom Valenz- ins Leitungsband erfolgen, es findet also keine Energieabsorption statt und der Imaginärteil von ε verschwindet: $\varepsilon_2 = 0$. Bei $\hbar\omega = \Delta$ liegt die **Absorptionskante** für *direkte Übergänge*, bei denen der $\vec{k}$-Vektor erhalten bleibt. Diese direkten Übergänge sind deshalb besonders wichtig, weil Photonen bei optischen Wellenlängen bzw. Frequenzen nur vernachlässigbaren Impuls $\vec{q}$ übertragen können.

Falls die Matrixelemente (Oszillatorstärken) näherungsweise unabhängig von $\vec{k},\vec{k}'$ sind, können deren Mittelwerte aus der k-Summe in (8.83) herausgezogen werden und man erhält

$$\varepsilon_2(\omega) = \frac{4\pi^2 e^2}{m^2\omega^2} |p_{vc}|^2 N_{vc}(\hbar\omega) \tag{8.84}$$

Wenn sowohl Valenz- als auch Leitungsband (z.B. in der Nähe des Γ-Punktes) durch quasifreie Elektronen bzw. Löcher beschrieben werden können, ergibt sich in drei Dimensionen

$$N_{vc}(\hbar\omega) \sim \sqrt{\hbar\omega - \Delta} \tag{8.85}$$

Die kombinierte Zustandsdichte hat also wie die Einteilchenzustandsdichte eine charakteristische Wurzelsingularität an der Band-(Absorptions-)Kante.

Man definiert in Analogie zur Einteilchen-Zustandsdichte in Kapitel 4 die *kombinierte Zustandsdichte* durch

$$N_{nn'}(\hbar\omega) = \frac{1}{V} \sum_{\vec{k}\sigma} \delta(E_{n'}(\vec{k}) - E_n(\vec{k}) - \hbar\omega) \tag{8.86}$$

Neben dieser Van-Hove-Singularität an der Bandkante gibt es wie bei der Einteilchen-Zustandsdichte auch innere Singularitäten, die auf kritische Interband-Punkte in der Brillouinzone zurückgeführt werden können, d.h. $\vec{k}$-Punkte mit $\nabla_{\vec{k}}(E_{n'}(\vec{k}) - E_n(\vec{k})) = 0$. Ein typischer Verlauf einer

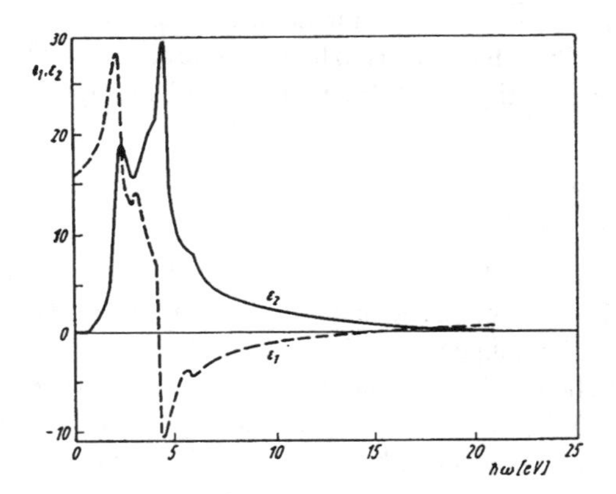

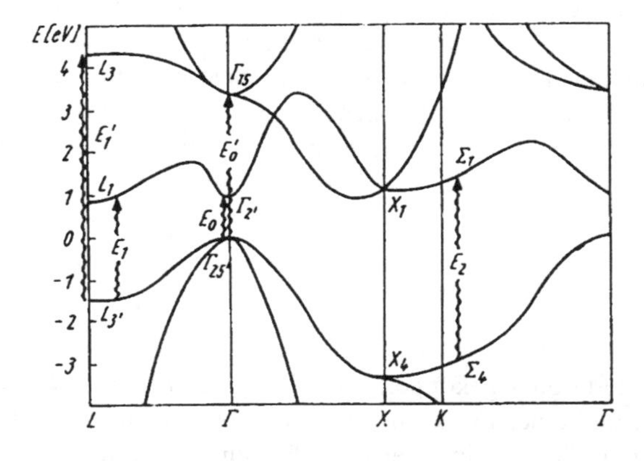

Bild 8.3 Dielektrizitätskonstante und Bandstruktur von Ge

$\varepsilon_2(\omega)$-Kurve von Ge ist in Abb.8.3 dargestellt (obere Abbildung)[3].

Der ebenfalls dargestellte Realteil ε_1 ist mit ε_2 über die Kramers-Kronig-Relation verknüpft. Die einzelnen Maxima, Strukturen und Singularitäten in ε_2 lassen sich bestimmten Übergängen in der darunter noch einmal gezeigten Bandstruktur von Ge zuordnen. Die Singularitäten liegen jetzt insbesondere nicht unbedingt bei den Extrema oder Sattelpunkten der Bandstruktur sondern auch bei den $\vec{k}$-Werten, bei denen die Leitungsband- und die Valenzband-Dispersion den gleichen Gradienten haben, also parallel verlaufen. Aus dem Verlauf von $\varepsilon_1,\varepsilon_2$ lassen sich mittels der in Abschnitt 8.1 besprochenen Relationen unmittelbar meßbare Größen wie der nebenstehend abgebildete Reflexionskoeffizient von Ge und der Absorptionskoeffizient bestimmen.

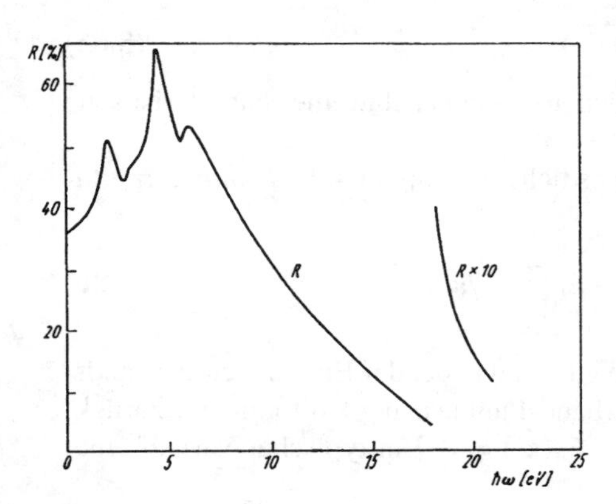

Bild 8.4 Reflexionskoeffizient von Ge

Neben den bis jetzt besprochenen *direkten Übergängen* treten auch noch *indirekte Übergänge* zwischen Zuständen aus Leitungs- und Valenzband mit $\vec{k} \neq \vec{k}'$. Dies ist nur dann möglich, wenn bei dem Prozeß noch zusätzlich ein Phonon absorbiert oder emittiert wird. Wenn man von Umklapp-Prozessen absieht, gilt dann

$$\vec{k}' = \vec{k} \pm \vec{q} \qquad E_c(\vec{k}) = E_v(\vec{k}) + \hbar\omega \pm \hbar\omega_{\vec{q}} \tag{8.87}$$

wobei $\omega(\vec{q})$ die Phononen-Frequenz bezeichnet. Bei Halbleitern mit indirekter Bandlücke wie z.B. Si wird daher der Absorptionskante für direkte Übergänge noch ein Bereich endlichen ε_2 für kleinere ω vorgeschaltet sein, der den indirekten Übergängen entspricht.

Bei den bisherigen Überlegungen zu möglichen optischen Übergängen in Halbleitern wurde nicht berücksichtigt, daß es gemäß Kapitel 5.7 ja nicht nur die einfache Teilchen-Loch-Anregung durch Übergang vom Valenz- ins Leitungs-Band gibt, sondern daß es auch noch gebundene Teilchen-Loch-Zustände gibt, nämlich die *Exzitonen.* Wegen der endlichen (wasserstoffartigen) Bindungsenergie sind die Exziton-Energien abgesenkt gegenüber den Energien eines freien Teilchen-Loch-Paares. Es gibt daher unterhalb der Absorptionskante Exziton-Zustände, die optisch angeregt werden können. Daher findet man zumindest bei hinreichend tiefen Temperaturen unterhalb der Absorptionskante vielfach noch eine oder mehrere diskrete Linien im Anregungsspektrum, die gerade den Exzitonen-Energien entsprechen; so kann man gerade das Exzitonen-Spektrum ausmessen.

8.5 Polaritonen

Als Polariton bezeichnet man eine kombinierte oder gekoppelte Anregung aus Licht bzw. allgemeiner einer elektromagnetischen Welle und einer Festkörperanregung. Die elektromagnetische Welle bewirkt eine Festkörperanregung, die aber ihrerseits wieder durch Rekombination

[3] Abbildungen entnommen aus Brauer, Streitwolff, Theoretische Grundlagen der Halbleiterphysik, Akademie-Verlag 1977

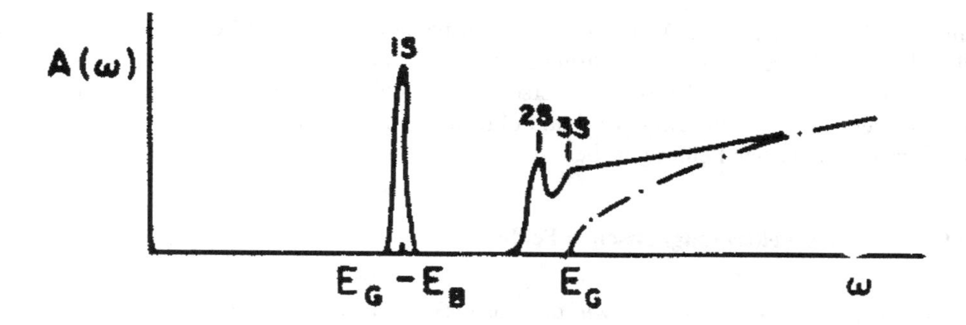

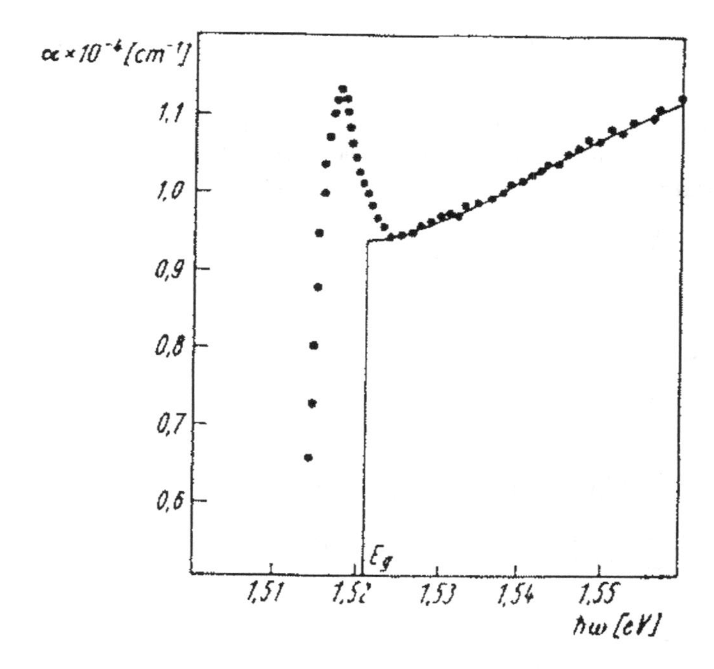

Bild 8.5 Absorptionskoeffizient von Halbleitern mit Exzitonenlinien

Licht emittieren kann und diese gekoppelte Anregung bzw. Welle kann sich als ganzes durch den Kristall ausbreiten. Im Teilchenbild kann man es auch so ausdrücken, daß die Photonen des elektromagnetischen Feldes mit bestimmten Festkörperanregungen ein neues Quasiteilchen bildet, eben das Polariton. An Festkörperanregungen, an die das Photon ankoppeln kann, kommen dabei sowohl Gitteranregungen als auch elektronische Anregungen in Betracht. In Kapitel 3.7.2 war schon einmal auf phänomenologischem Niveau die Ankopplung einer elektromagnetischen Welle an optische Phononen (z.B. in Ionen-Kristallen) besprochen worden. In dem Fall spricht man auch vom Phonon-Polariton. Aber eine Lichtwelle kann bekanntlich auch das elektronische System anregen, ein Photon kann absorbiert werden und dabei ein Elektron-Loch-Paar erzeugt werden bzw., da Elektron und Loch in der Regel wieder durch die Coulomb-Wechselwirkung aneinander gekoppelt sind, wird dann –zumindest bei Halbleitern– ein Exziton angeregt; dann spricht man auch vom Exziton-Polariton.

Es soll hier auf dem Niveau der 2.Quantisierung die Dispersionsrelation für Polaritonen abgeleitet werden. Dazu muß aber auch das elektromagnetische Feld bzw. das Vektorpotential, an das die Kristallanregungen ja gemäß der Standard-Ersetzung koppeln, durch Photonen-Erzeuger und -Vernichter ausgedrückt werden. Dafür wird im Folgenden ein kurzer Abriß über die Quantisierung des elektromagnetischen Feldes gegeben.

8.5.1 Quantisierung des elektromagnetischen Feldes

Aus der klassischen Elektrodynamik wissen wir, daß das elektrische und das magnetische Feld durch die Potentiale $\vec{A}(\vec{r},t)$ und $\phi(\vec{r},t)$ dargestellt werden können. Bei geeigneter Eichung dieser Potentiale (Lorentz-Eichung) gilt im Vakuum die Wellengleichung:

$$\nabla^2\vec{A} - \frac{1}{c^2}\frac{\partial^2\vec{A}}{\partial t^2} = 0 \tag{8.88}$$

Zusätzlich können wir $\nabla\vec{A} = 0$ wählen, wodurch die Transversalität der elektromagnetischen Wellen gewährleistet wird. Außerdem ist die Wahl $\phi = 0$ möglich, da keine das Feld erzeugenden Ladungen vorhanden sind. Die elektromagnetischen Felder sind dann durch

$$\vec{E} = -\frac{1}{c}\frac{\partial\vec{A}}{\partial t} \qquad \text{und} \qquad \vec{B} = \mathrm{rot}\vec{A} \tag{8.89}$$

gegeben.

Die Energie des elektromagnetischen Feldes ist:

$$H_{\mathrm{kl}} = \frac{1}{8\pi}\int(\vec{E}^2 + \vec{B}^2)d^3r \tag{8.90}$$

Das allgemeine Vektorpotential $\vec{A}(\vec{r},t)$ ist entwickelbar nach ebenen Wellen:

$$\vec{A}(\vec{r},t) = \sum_{\alpha}\sum_{\vec{q}}\vec{e}_\alpha(\vec{q})\left(A_{q\alpha}(t)e^{i\vec{q}\vec{r}} + A^*_{q\alpha}(t)e^{-i\vec{q}\vec{r}}\right) \tag{8.91}$$

$\vec{e}_\alpha(\vec{q})$ ist der Polarisations-Einheitsvektor.

Aus

$$\nabla\vec{A}(\vec{r},t) = 0 \tag{8.92}$$

folgt

$$\sum_{\alpha}\sum_{\vec{q}}\vec{e}_\alpha(\vec{q})\left(A_{q\alpha}(t)i\vec{q}e^{i\vec{q}\vec{r}} - A^*_{q\alpha}(t)i\vec{q}e^{-i\vec{q}\vec{r}}\right) = 0 \tag{8.93}$$

Dies ist erfüllbar, falls $\vec{q}\,\vec{e}_\alpha(\vec{q}) = 0$ ist. Also gibt es 2 unabhängige Polarisationsrichtingen α, nämlich die beiden Richtungen senkrecht zu $\vec{q}$.

Die beiden Terme aus der Wellengleichung (8.88)

$$\nabla^2\vec{A} = -\sum_{\alpha}\sum_{\vec{q}}\vec{e}_\alpha(\vec{q})q^2\left(A_{q\alpha}e^{i\vec{q}\vec{r}} + A^*_{q\alpha}e^{-i\vec{q}\vec{r}}\right) \tag{8.94}$$

und

$$\frac{1}{c^2}\frac{\partial^2\vec{A}}{\partial t^2} = \frac{1}{c^2}\sum_\alpha\sum_{\vec{q}}\vec{e}_\alpha(\vec{q})\Big(\frac{\partial^2}{\partial t^2}A_{q\alpha}e^{i\vec{q}\vec{r}} + \frac{\partial^2}{\partial t^2}A^*_{q\alpha}e^{-i\vec{q}\vec{r}}\Big) \tag{8.95}$$

müssen gleich sein, woraus folgt, daß

$$\frac{\partial^2}{\partial t^2}A_{q\alpha}(t) = -c^2q^2A_{q\alpha}(t) \tag{8.96}$$

und sich somit die Dispersionsrelation für elektromagnetische Wellen ergibt:

$$A_{q\alpha}(t) = A_{q\alpha 0}e^{-i\omega_q t} \quad\to\quad \omega_q = cq \tag{8.97}$$

Damit folgt für die elektromagnetischen Felder:

$$\vec{E}(\vec{r},t) = -\frac{1}{c}\frac{\partial\vec{A}}{\partial t} = \sum_{\alpha,\vec{q}}\vec{e}_\alpha(\vec{q})i\frac{\omega_q}{c}\Big(A_{q\alpha}e^{i\vec{q}\vec{r}} - A^*_{q\alpha}e^{-i\vec{q}\vec{r}}\Big) \tag{8.98}$$

$$\vec{B}(\vec{r},t) = \mathrm{rot}\vec{A}(\vec{r},t) = i\sum_{\alpha,\vec{q}}\Big(\vec{q}\times\vec{e}_\alpha(\vec{q})\Big)\Big(A_{q\alpha}e^{i\vec{q}\vec{r}} - A^*_{q\alpha}e^{-i\vec{q}\vec{r}}\Big) \tag{8.99}$$

$$\begin{aligned}\vec{E}^2(\vec{r},t)+\vec{B}^2(\vec{r},t) &= -\sum_{\substack{\alpha,\vec{q}\\ \alpha',\vec{q}'}}\Big(\vec{e}_\alpha(\vec{q})\vec{e}_{\alpha'}(\vec{q}')qq' + \Big(\vec{q}\times\vec{e}_\alpha(\vec{q})\Big)\Big(\vec{q}'\times\vec{e}_{\alpha'}(\vec{q}')\Big)\Big)\cdot\\ &\quad\cdot\Big(A_{q\alpha}A_{q'\alpha'}e^{i(\vec{q}+\vec{q}')\vec{r}} + A^*_{q\alpha}A^*_{q'\alpha'}e^{-i(\vec{q}+\vec{q}')\vec{r}}\\ &\quad -A^*_{q\alpha}A_{q'\alpha'}e^{i(\vec{q}'-\vec{q})\vec{r}} - A_{q\alpha}A^*_{q'\alpha'}e^{i(\vec{q}-\vec{q}')\vec{r}}\Big)\end{aligned} \tag{8.100}$$

Wir betrachten jetzt elektromagnetische Felder in einem endlichen Volumen V, genauer einem Würfel mit Kantenlänge L. Fordern wir zusätzlich periodische Randbedingungen $f(\vec{r}) = f(\vec{r}+L\vec{e}_i)$, so folgt $q_iL = 2\pi n$ mit n einer natürlichen Zahl, also diskrete Werte $q_i = 2\pi n/L$.

Wir erhalten folgende Gleichungen:

$$\int_V d^3r\, e^{i(\vec{q}-\vec{q}')\vec{r}} = V\delta_{\vec{q}\vec{q}'} \tag{8.101}$$

und

$$\vec{e}_\alpha(\vec{q})\vec{e}_{\alpha'}(\vec{q}') = \delta_{\alpha\alpha'} \quad\to\quad \Big(\vec{q}\times\vec{e}_\alpha(\vec{q})\Big)\Big(\vec{q}\times\vec{e}_{\alpha'}(\vec{q})\Big) = q^2\delta_{\alpha\alpha'} \tag{8.102}$$

Damit wird aus der Hamilton-Funktion (8.90):

$$H = \frac{1}{8\pi}\int d^3r\,\Big(\vec{E}^2(\vec{r},t)+\vec{B}^2(\vec{r},t)\Big) = \frac{V}{4\pi}\sum_{\alpha,\vec{q}}q^2\Big(A_{q\alpha}A^*_{q\alpha} + A^*_{q\alpha}A_{q\alpha}\Big) \tag{8.103}$$

Mittels der Umbenennung

$$A_{q\alpha} = \sqrt{\frac{2\pi\hbar c}{Vq}}a_{q\alpha} \tag{8.104}$$

erhalten wir:

$$H = \frac{1}{2}\sum_{\alpha,\vec{q}} \hbar cq\left(a_{q\alpha}a^*_{q\alpha} + a^*_{q\alpha}a_{q\alpha}\right) = \frac{1}{2}\sum_{\alpha,\vec{q}} \hbar\omega_{\vec{q}}\left(a_{q\alpha}a^*_{q\alpha} + a^*_{q\alpha}a_{q\alpha}\right) \tag{8.105}$$

$\omega_{\vec{q}} = cq$. Dies ist noch eine Hamilton-Funktion.

Durch die Quantisierung $a_{q\alpha} \to \hat{a}_{q\alpha}$ und $a^*_{q\alpha} \to \hat{a}^+_{q\alpha}$ mit den Vertauschungsregeln

$$\left[\hat{a}_{q\alpha},\hat{a}^+_{q'\alpha'}\right] = \delta_{qq'}\delta_{\alpha\alpha'} \tag{8.106}$$

$$\left[\hat{a}_{q\alpha},\hat{a}_{q'\alpha'}\right] = \left[\hat{a}^+_{q\alpha},\hat{a}^+_{q'\alpha'}\right] = 0 \tag{8.107}$$

erhalten wir den Hamilton-Operator:

$$H = \sum_{\vec{q},\alpha} \hbar\omega_q\left(\hat{a}^+_{\vec{q}\alpha}\hat{a}_{\vec{q}\alpha} + \frac{1}{2}\right) \tag{8.108}$$

$\hat{a}_{\vec{q}\alpha}$ und $\hat{a}^+_{\vec{q}\alpha}$ sind Photonen-Erzeuger bzw. -Vernichter. Analog zu quantenmechanischen harmonischen Oszillatoren ist die Nullpunktenergie

$$E_0 = \sum_{\vec{q},\alpha} \frac{\hbar\omega_q}{2} \tag{8.109}$$

und würde somit divergieren. Da dieser Ausdruck jedoch nur der Energie des Vakuums entspricht, kann er auch als Energie-Nullpunkt gewählt werden. Dann ist der Hamilton-Operator nur noch:

$$H = \sum_{\vec{q},\alpha} \hbar\omega_q\hat{a}^+_{\vec{q}\alpha}\hat{a}_{\vec{q}\alpha} \tag{8.110}$$

In den Ausdrücken für die Felder und Potentiale ersetzen wir ebenfalls die dimensionslosen Amplituden $a_{q\alpha}$ durch Operatoren und erhalten schließlich:

$$\vec{A}(\vec{r},t) = \sqrt{\frac{2\pi\hbar c}{V}}\sum_{\alpha,\vec{q}} \frac{1}{\sqrt{q}}\vec{e}_\alpha(\vec{q})\left(a_{\vec{q}\alpha}e^{i\vec{q}\vec{r}} + a^+_{\vec{q}\alpha}e^{-i\vec{q}\vec{r}}\right) \tag{8.111}$$

$$\vec{E}(\vec{r},t) = i\sqrt{\frac{2\pi\hbar c}{V}}\sum_{\alpha,\vec{q}} \sqrt{q}\vec{e}_\alpha(\vec{q})\left(a_{\vec{q}\alpha}e^{i\vec{q}\vec{r}} - a^+_{\vec{q}\alpha}e^{-i\vec{q}\vec{r}}\right) \tag{8.112}$$

$$\vec{B}(\vec{r},t) = i\sqrt{\frac{2\pi\hbar c}{V}}\sum_{\alpha,\vec{q}} \frac{1}{\sqrt{q}}\left(\vec{q}\times\vec{e}_\alpha(\vec{q})\right)\left(a_{\vec{q}\alpha}e^{i\vec{q}\vec{r}} - a^+_{\vec{q}\alpha}e^{-i\vec{q}\vec{r}}\right) \tag{8.113}$$

8.5.2 Elektronen in Wechselwirkung mit dem quantisierten Strahlungsfeld

Wie bereits früher erwähnt und benutzt ist der Hamilton-Operator für N Elektronen im Potential $V(\vec{r})$ bei Anwesenheit eines elektromagnetischen Feldes in 1. Quantisierung gegeben durch:

$$H_e = \sum_{i=1}^{N} \left(\frac{(\vec{p}_i - \frac{e}{c}\vec{A}(\vec{r},t))^2}{2m} + V(\vec{r}_i) \right) + H_{\mathrm{WW}} \tag{8.114}$$

wobei H_{WW} die Wechselwirkungsanteile, insbesondere die Elektron-Elektron-Wechselwirkung beinhalten soll. Benutzt man

$$\left(\vec{p} - \frac{e}{c}\vec{A}\right)^2 = \vec{p}^2 - \frac{e}{c}\underbrace{(\vec{p}\vec{A} + \vec{A}\vec{p})}_{\substack{=2\vec{A}\vec{p} \\ \nabla\vec{A}=0}} + \frac{e^2}{c^2}\vec{A}^2 \tag{8.115}$$

so folgt

$$H_e = H_0 + H_{\mathrm{el-Licht}} + H^{nl}_{\mathrm{el-Licht}} + H_{\mathrm{WW}} \tag{8.116}$$

mit

$$H_0 = \sum_{i=1}^{N} \left(\frac{p_i^2}{2m} + V(\vec{r}_i) \right) \tag{8.117}$$

$$H_{\mathrm{el-Licht}} = \sum_{i=1}^{N} \frac{e}{mc}\vec{A}(\vec{r}_i)\vec{p}_i \tag{8.118}$$

$$H^{nl}_{\mathrm{el-Licht}} = \sum_{i=1}^{N} \frac{e^2}{2mc^2}\vec{A}^2(\vec{r}_i) \tag{8.119}$$

Der im Vektorpotential quadratische Anteil $H^{nl}_{\mathrm{el-Licht}}$ wird im Folgenden vernachlässigt. Zweite Quantisierung der Elektronen bzgl. Eigenzuständen vom Einteilchenanteil $p^2/2m + V(\vec{r})$ liefert

$$H_0 = \sum_{\vec{k},l,\sigma} \varepsilon_l(\vec{k}) c^+_{\vec{k}l\sigma} c_{\vec{k}l\sigma} \tag{8.120}$$

mit $\varepsilon_l(\vec{k}) = \langle \vec{k}l\sigma | P^2/2m + V(\vec{r}) | \vec{k}l'\sigma \rangle$

$$H_{\mathrm{el-Licht}} = \sum_{\vec{k}l,\vec{k}'l',\sigma} \frac{e}{mc} \langle \vec{k}l\sigma | \vec{A}(\vec{r})\vec{p} | \vec{k}'l'\sigma \rangle c^+_{\vec{k}l\sigma} c_{\vec{k}'l'\sigma} \tag{8.121}$$

Hier kann man nun gemäß (8.111) $\vec{A}(\vec{r})$ als Operator , ausgedrückt als Linearkombination von Photonen-Erzeugern und -Vernichtern, einsetzen:

$$\begin{aligned} H_{\mathrm{el-Licht}} = & -\sqrt{\frac{2\pi\hbar c^2}{V}} \frac{e}{mc} \sum_{\substack{\vec{k}l,\vec{k}'l',\sigma \\ \vec{q},\alpha}} \frac{1}{\sqrt{\omega_{\vec{q}}}} c^+_{\vec{k}l\sigma} c_{\vec{k}'l'\sigma} \left[a_{\vec{q}\alpha} \int d^3r\, \Psi^*_{\vec{k}l}(\vec{r}) \vec{e}_\alpha(\vec{q}) e^{i\vec{q}\vec{r}} \frac{\hbar}{i} \nabla \Psi_{\vec{k}'l'}(\vec{r}) \right. \\ & \left. + a^+_{\vec{q}\alpha} \int d^3r\, \Psi^*_{\vec{k}l}(\vec{r}) \vec{e}_\alpha(\vec{q}) e^{-i\vec{q}\vec{r}} \frac{\hbar}{i} \nabla \Psi_{\vec{k}'l'}(\vec{r}) \right] \end{aligned} \tag{8.122}$$

Also:

$$H_{\text{el-Licht}} = \hbar \sum_{\substack{\vec{k}l,\vec{k}'l',\sigma \\ \vec{q},\alpha}} c^{+}_{\vec{k}l\sigma} c_{\vec{k}'l'\sigma} \left(a_{\vec{q}\alpha} g_{\vec{k}l\vec{k}'l'\vec{q}\alpha} + a^{+}_{\vec{q}\alpha} g_{\vec{k}l\vec{k}'l'\vec{q}\alpha} \right) \tag{8.123}$$

mit der Kopplungskonstanten

$$g_{\vec{k}l\vec{k}'l'\vec{q}\alpha} = -\sqrt{\frac{2\pi c}{V\hbar\omega_q}} \frac{e}{m} \int d^3r \, \Psi^{*}_{\vec{k}l} \vec{e}_{\vec{q}\alpha} \frac{\hbar}{i} (\nabla \Psi_{\vec{k}'l'}(\vec{r})) e^{i\vec{q}\vec{r}} \tag{8.124}$$

Speziell bei ebenen Wellen (freien Teilchen) $\Psi_{\vec{k}}(\vec{r}) \sim e^{i\vec{k}\vec{r}}$ und auch bei Blochelektronen im Kristall läßt sich auf die übliche Weise die Impulserhaltung bei dem Elektron-Photon-Wechselwirkungsprozeß zeigen, d.h.:

$$g_{\vec{k}l\vec{k}'l'\vec{q}\alpha} \sim \delta_{\vec{k}',\vec{k}+\vec{q}} \tag{8.125}$$

$$H_{\text{el-Licht}} = -\hbar \sum_{\substack{\vec{k},\vec{q}l,l' \\ \sigma\alpha}} g_{\vec{k}l\vec{k}+\vec{q}l'\alpha} c^{+}_{\vec{k}+\vec{q}l'\sigma} c_{\vec{k}l\sigma} (a_{\vec{q}\alpha} + a^{+}_{-\vec{q}\alpha}) \tag{8.126}$$

Die einfache physikalische Interpretation für die durch diesen Hamilton-Operator beschriebenen Prozesse ist, daß ein Elektron vom Zustand $\vec{k}l$ in den Zustand $\vec{k}+\vec{q}l'$ gestreut wird unter Absorption eines Photons im Impuls $\vec{q}$ oder Emission eines Photons mit Impuls $-\vec{q}$:

Der Gesamt-Hamilton-Operator unter Einbeziehung der Wechselwirkungsterme und des elektromagnetischen Feldes ist schließlich gegeben durch:

$$H = \sum_{\vec{k},\sigma} \varepsilon(\vec{k}) c^{+}_{\vec{k}\sigma} c_{\vec{k}\sigma} + H_{WW} + \sum_{\vec{q},\alpha} \hbar\omega_q a^{+}_{q\alpha} a_{q\alpha} + \hbar \sum_{\substack{\vec{k},\vec{q} \\ \sigma,\alpha}} g_{\vec{k}l\vec{k}+\vec{q}l'\alpha} \vec{e}_{\alpha}(\vec{q}) c^{+}_{\vec{k}+\vec{q}\sigma} c_{\vec{k}\sigma} (a_{\vec{q}\alpha} + a^{+}_{-\vec{q}\alpha}) \tag{8.127}$$

Die $a_{q\alpha}$, $a^{+}_{q\alpha}$ erfüllen Bose-Kommutator-Relationen, die $c_{\vec{k}l\sigma}$, $c^{+}_{\vec{k}'l'\sigma}$ erfüllen die Fermionen-Antikommutator-Relationen. Untereinander kommutieren $a_{\vec{q}\alpha}$ und $c_{\vec{k}\sigma}$.

8.5.3 Das Exziton-Polariton

Speziell bei einem Halbleiter wird durch die Absorption eines Photons ein Elektron aus einem besetzten Valenzbandzustand in einen unbesetzten Leitungsbandzustand angehoben. Da das Leitungsband-Elektron und das Valenzband-Loch miteinander wechselwirken und in der Regel den gebundenen Zustand eines Exzitons bilden (vgl. Kapitel 5.7), kann man auch sagen, daß durch die Absorption des Photons ein Exziton erzeugt worden ist; umgekehrt können Leitungsband-Elektron und Valenzband-Loch wieder rekombinieren, d.h. das Exziton wird wieder vernichtet, und dabei ein Photon emittieren. Man kann formal als „Exzitonen-Erzeuger" definieren

$$B^{+}_{\vec{q}} = \sum_{\vec{k}\sigma} c^{\dagger}_{\vec{k}+\vec{q}l\sigma} c_{\vec{k}v\sigma} \tag{8.128}$$

und entsprechend einen Exzitonen-Vernichter $B_{\vec{q}}$. Gemäß den Ausführungen von Kapitel 5.7 kann man die Exzitonen-Freiheitsgrade separieren in ihren Schwerpunktanteil, bezüglich dem sie sich wie freie Teilchen der Gesamtmasse $m_e + m_h$ aus Elektron- und Lochmasse verhalten, und in den Relativanteil, bezüglich dem das Exziton ein effektives Wasserstoff-Problem darstellt mit den entsprechenden gebundenen Zuständen. Zur Vereinfachung sei angenommen, daß sich die Exzitonen bezüglich der inneren Freiheitsgrade, also der Relativ-Koordinate etc., im Grundzustand befindet, so daß nur die kinetische Energie des Exzitons als ganzes verbleibt. Dann hat ein Exziton nach (5.228) die Energie

$$E_q = \Delta - E_B + \frac{\hbar^2 q^2}{2(m_e + m_h)} \tag{8.129}$$

wobei Δ die Bandlücke ist und E_B die exzitonische Bindungsenergie. Des weiteren wollen wir annehmen, daß die Kopplungskonstante $g_{\vec{k}\vec{k}+\vec{q}\alpha}$ nicht von $\vec{k}$ abhängt. Dann verbleibt im Exzitonen-Bild der effektive Hamilton-Operator für das gekoppelte System Lichtwelle-Festkörper:

$$H = \sum_{\vec{q}} \left(E_q B_{\vec{q}}^+ B_{\vec{q}} + \hbar\omega_q a_q^+ a_q + \hbar g_{\vec{q}} (a_q B_{\vec{q}}^+ + a_q^+ B_{\vec{q}}) \right) \tag{8.130}$$

Dieser Hamilton-Operator läßt sich nun formal leicht diagonalisieren durch Einführung neuer Quasiteilchen, nämlich der *Polaritonen*, mit den Eigen-Energien

$$E_{1,2}(\vec{q}) = \frac{E_q + \hbar\omega_q}{2} \pm \frac{1}{2}\sqrt{(\hbar\omega_q - E_q)^2 + 4g_{\vec{q}}^2} \tag{8.131}$$

Diese Dispersionsrelationen sind nebenstehend dargestellt unter der (stark vereinfachenden und wohl nicht realistischen) Annahme einer konstanten, q-unabhängigen Elektron- bzw. Exziton-Photon-Kopplung g_q. Die lineare Dispersion des freien Photons (die wegen des Vorfaktors Lichtgeschwindigkeit real sogar noch deutlich steiler ist als in der nebenstehenden qualitativen Skizze) und die quadratische Dispersionsrelation des Exzitons (um die Energie $\Delta - E_B = 0.5$) ist ebenfalls eingetragen. Gerade am Schnittpunkt der beiden Dispersionskurven von Exzitonen und Licht, also für mittlere q, gibt es eine Aufspaltung und deutliche Abweichungen von der Dispersion der nicht gekoppelten Exzitonen bzw. Phononen. In den Grenzfällen großer und kleiner q, also weit weg von ihrem Schnittpunkt, wird die Differenz zwischen ungestörter Exzitonen- und Photonen-Dispersion groß und es gilt asymptotisch daher

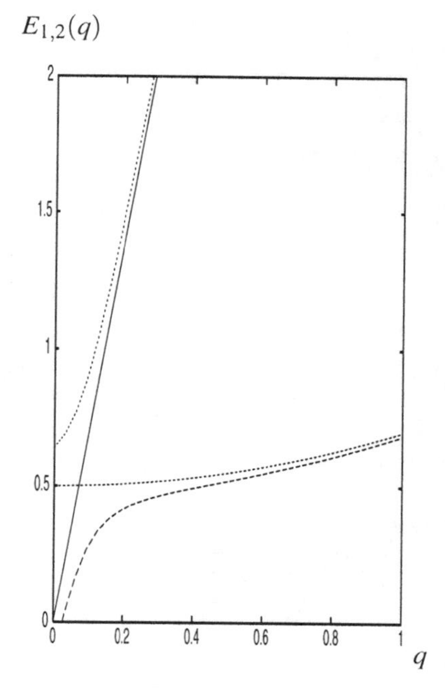

Bild 8.6 Dispersionsrelation des Exziton-Polaritons

$$E_{1,2}(\vec{q}) \to \frac{1}{2}\left(E_q + \hbar\omega_q \pm (E_q - \hbar\omega_q + \frac{2g_q^2}{E_q - \hbar\omega_q})\right) \tag{8.132}$$

Asymptotisch geht der eine Polaritonast $E_1(q)$ also gegen die Dispersion E_q des freien Exzitons für große q, aber gegen die Dispersion der „Licht-Geraden“ cq im anderen Grenzfall $q \to 0$ und der zweite Polaritonast verhält sich umgekehrt: $E_2(q) \to E_q$ für $q \to 0$ und $E_2(q) \to cq$ für große q. Ein Exziton, das ja in der Regel erst durch optische Anregungen erzeugt wird, existiert dann aber nicht unabhängig als freies Exziton sondern eher als Polariton, da es an das Licht gekoppelt bleibt. Umgekehrt wird Licht hinreichend großer, Anregungen ermöglichender Frequenz nicht frei durch den Kristall propagieren können sondern allenfalls als Polariton.

Im Prinzip gibt es jetzt aber natürlich für jeden der gebundenen Exzitonenzustände, also für jede der diskreten, wasserstoffähnlichen Bindungsenergien E_B/n^2 (vgl. (5.226,5.228)) entsprechende Polaritonzweige. Außerdem sind Effekte wie der Zerfall bzw. die Streuung des Exzitons bzw. Polaritons z.B. unter Emission von Phononen natürlich besonders interessant, machen das Problem aber auch schwieriger, so daß sie hier nicht mehr besprochen werden sollen. Abschließend sei erwähnt, daß das in Kapitel 3.7 schon einmal phänomenologisch eingeführte Phonon-Polariton mikroskopisch –nach Einführung der Quantisierung des Strahlungsfeldes– völlig analog behandeln läßt. Formal sind oben in Gleichung (8.130) nur die Bose-Operatoren $B_{\vec{q}}, B_{\vec{q}}^+$ statt als Exziton-Operatoren als Erzeuger und Vernichter eines optischen Phonons aufzufassen, wobei natürlich auch E_q durch die Dispersionsrelation der optischen Phononen zu ersetzen ist.

9 Störung der Gitter-Periodizität

In den vorausgegangenen Kapiteln wurde fast immer vom Bild des idealen, unendlich ausgedehnten Kristalls ausgegangen mit Translationsinvarianz bezüglich der Gittervektoren eines Bravais-Gitters etc. Dies war ja eine der Voraussetzungen für eine Anwendung des Blochschen Theorems und dafür, daß die Wellenvektoren $\vec{k}$ aus der ersten Brillouinzone eine gute Quantenzahl sind. Tatsächlich wird diese Idealisierung aber nie in der Natur realisiert sein. Jeder reale Kristall ist natürlich endlich, d.h. er ist nicht unendlich ausgedehnt sondern hat *Oberflächen*, und wenn der Einfluß von Oberflächen wichtig wird, sind z.B. die vielfach benutzten periodischen Randbedingungen etc. nicht mehr sinnvoll. Außerdem sind in realen Kristallen Kristallfehler unvermeidlich. Hierbei sind einerseits *Versetzungen* zu nennen, d.h. Störungen der Kristallstruktur z.B. durch das Einschieben einer Gitterebene nur in der oberen Kristallhälfte (siehe untenstehende Abbildung).

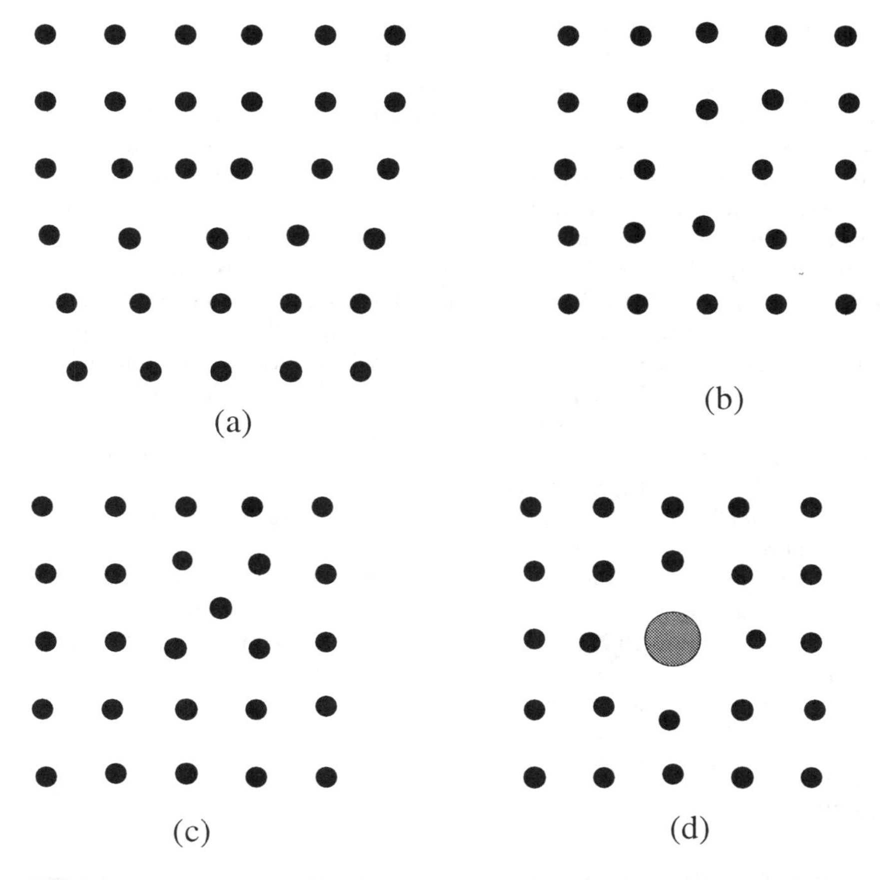

Bild 9.1 Versetzung (a), Fehlstelle (b), Zwischengitterplatz (c) und Verunreinigung (Fremdatom) (d) als Störung der kristallinen Struktur

Außerdem gibt es punktförmige Kristallfehler; diese ergeben sich dadurch, daß der Kristall ein falsches, überschüssiges oder fehlendes Atom (bzw. Molekül oder Ion) aufweist. Dies können einerseits *Fehlstellen* sein, d.h. einzelne Gitterplätze bleiben unbesetzt, zum anderen können zusätzlich Atome an *Zwischen- gitter-Plätzen* eingebaut werden, oder es befinden sich „falsche" (andersartige) Atome an den Gitterplätzen, d.h. *Fremdatome* bzw. *Verunreinigungen*. Wenn die Konzentration dieser Fehlstellen klein ist, kann man dies als Störung des idealen Kristalls ansehen und vom Bild des perfekten Kristalls ausgehen und die Fehlstellen als Störung behandeln und sie folglich in geeigneter Weise störungstheoretisch berücksichtigen. Der Einbau von Fremdatomen bzw. Verunreinigungen ist vielfach ein unerwünschter, aber nie ganz vermeidbarer Effekt. Mitunter werden aber auch gezielt Fremdatome eingebaut, um damit einen bestimmten Effekt zu erzielen, etwa beim *Dotieren* von Halbleitern.

Es gibt jedoch auch Systeme, bei denen die „Störungen" zur Regel geworden sind. Dies ist bei *ungeordneten Systemen* der Fall; hierbei kann man zwei Typen von Unordnung unterscheiden, nämlich *strukturelle Unordnung*, bei der keine Gitterstruktur mehr auszumachen ist, wie es bei *Gläsern* oder *amorphen Systemen* der Fall ist, oder *substitutionelle Unordnung*, bei der zwar noch ein Bravais-Gitter vorliegt, die Gitterplätze aber von verschiedenartigen Atomen besetzt werden. Dies liegt z.B. bei *Legierungen* aus nicht allzu verschiedenen Atomen A und B vor, nämlich ein Gitter aber trotzdem keine Translationsinvarianz, weil zufällig verschiedene Atome, nämlich ein A-Atom mit Konzentration c_A und ein B-Atom mit Konzentration c_B, an den Gitterplätzen sind. Bei ungeordneten Systemen ist der Einfluß der Fehlstellen nicht mehr in einer Art Störungsrechnung um den perfekten Kristallzustand zu erfassen.

Ferner gibt es Festkörper, die aus Schichten verschiedener Materialien A und B bestehen und so konstruiert werden, um damit bestimmte elektronische oder magnetische Eigenschaften zu realisieren. Insbesondere mit den modernen Methoden der Epitaxie ist es möglich geworden, gezielt Systeme zu erzeugen, bei denen während des Wachstums eine bestimmte Zahl von atomaren A-Schichten entsteht und darauf dann eine Zahl von Gitterebenen mit B-Komponenten. Diese Schichtsysteme nennt man auch *Heterostrukturen* aus den Materialien A und B. Viele elektronische Bauelemente bestehen aus *Halbleiter-Heterostrukturen*, die insbesondere in der Optoelektronik (für Halbleiter-Leuchtdioden und -Laser) von großer Bedeutung sind. Aber auch die für die gesamte Elektronik wichtigen p-n-Gleichrichter und die darauf aufbauenden Transistoren sind im Prinzip Heterostrukturen aus verschieden (eben p- und n-) dotierten Halbleitermaterialien. Weitere interessante Schichtstrukturen sind z.B. Metall-Oxid-Halbleiter-Systeme, die Grundlage für eine technologisch wichtige Art von Transistoren sind, die sogenannten *MOSFETs* („Metal-Oxide-Semiconductor-Field-Effect-Transistor"), Metall-Oxid-Metall-Systeme oder Metall-Oxid-Supraleiter-Systeme als Tunnelkontakte (vgl. Kapitel 11.8) oder auch Schichtsysteme aus magnetischen und unmagnetischen Metallen oder aus ferromagnetischen und antiferromagnetischen metallischen Systemen, die einen – z.B. für Anwendungen als magnetische Leseköpfe interessanten – sehr großen Magnetowiderstand („giant magnetoresistance") aufweisen. Bei solchen Schicht-Systemen bzw. Heterostrukturen hat man noch Translationsinvarianz in der Ebene parallel zu den Schichten, d.h. bei epitaktischer Herstellung senkrecht zur Wachstumsrichtung, aber keine Translationsinvarianz in Wachstumsrichtung.

9.1 Oberflächen

Eine Oberfläche stellt die Begrenzung des Volumen-Kristalls dar, und daher haben Oberflächenatome weniger Nachbarn als die Atome im Inneren des Kristalls. Für diese Atome an der

Oberfläche sind daher bestimmte chemische Bindungen ungesättigt, da die entsprechenden Bindungspartner fehlen. Diese Bindungen müssen aufgebrochen werden, um überhaupt eine Oberfläche zu erzeugen, und daher kostet die Bildung einer Oberfläche Energie und es entsteht eine Oberflächenspannung. Wenn die Oberflächenatome in der Position bleiben, die sie im Volumen-Kristall annehmen würden, bleiben zumindest in Systemen mit kovalenter, gerichteter Bindung diese ungesättigten Bindungen in Form von „dangling bonds“ senkrecht zur Oberfläche bestehen. Dies kann verschiedene, interessante und auch für Anwendungen wichtige Konsequenzen haben. Zum einen kann es für die Atome energetisch günstiger sein, in andere Positionen, die nicht Gitterpunkten des Kristalls entsprechen, zu rücken, indem z.B. Atome etwas weiter raus- oder etwas weiter ins Kristallinnere reinrücken. Dann spricht man von *Oberflächen-Relaxation*; dabei bleibt in der Regel die Symmetrie der Oberflächenebene, d.h. die zweidimensionale Translationsinvarianz parallel zur Oberfläche erhalten. Es kann aber auch zur *Oberflächen-Rekonstruktion* kommen; dann versuchen die Oberflächenatome ihre ungesättigten chemischen Bindungen durch das Ausbilden neuer Bindungen untereinander abzusättigen, was vielfach nur durch Ausbildung einer neuen Struktur (Überstruktur) in der Oberflächenebene möglich ist.

Die Vorstellung der ungesättigten Bindungen an der Oberfläche läßt es außerdem direkt verstehen, warum sich an Kristall-Oberflächen leicht andere Atome anlagern. Die Adsorption eines Atoms oder eines Moleküls auf einer Festkörper-Oberfläche ist im Prinzip nichts anderes als eine chemische Bindung, nur daß einer der Bindungspartner die Oberfläche oder der Kristall und somit ein makroskopisches System ist. Man unterscheidet zwei Arten von Adsorption, nämlich *Physisorption* und *Chemisorption*. Bei der Physisorption bleibt die elektronische Struktur des adsorbierten Atoms oder Moleküls im wesentlichen erhalten. Die Bindung des Adsorbats an das Festkörper-Substrat erfolgt durch eine Art van-der Waals-Wechselwirkung. Bei der Chemisorption ist die Bindung des Adsorbats an die Kristalloberfläche wesentlich stärker, das adsorbierte Atom oder Molekül geht also eine echte chemische Bindung mit Festkörperatomen an der Oberfläche ein, was bei Vorhandensein von ungesättigten Orbitalen der Kristallatome erleichtert wird. Der Übergang zwischen Physi- und Chemisorption ist letztlich fließend. Von großer technischer Bedeutung sind Physi- und Chemisorption insbesondere für die Katalyse.

Wenn keine Oberflächen-Relaxation oder -Rekonstruktion erfolgen würde, würden sich die Atome an der Oberfläche an den gleichen Gitterplätzen wie im unendlich über die Grenze hinweg fortgesetzten Kristall befinden. Diese Vorstellung ist zwar nicht ganz realistisch, aber als eine erste Modellannahme geeignet, um z.B. untersuchen zu können, ob und wie sich die elektronische Struktur in der Umgebung der Oberfläche ändert, weil die Oberflächenatome auf der Vakuumseite keine Nachbarn mehr haben. Ohne Rekonstruktion bleibt die Periodizität (zweidimensionale Translationsinvarianz) parallel zur Oberfläche erhalten. Daher genügt es, ein eindimensionales Modell zu betrachten, weil man ja für die volle dreidimensionale Schrödinger-Gleichung einen Separationsansatz machen kann, bei dem man Bloch-Zustände für die Koordinaten parallel zur Oberfläche ansetzen kann. In der –hier als x-Richtung gewählten– Richtung senkrecht zur Oberfläche ist die Translationsinvarianz aber gebrochen, die x-Abhängigkeit der Zustände ist daher nicht von der Bloch-Gestalt. Dies soll nun an dem folgenden einfachen eindimensionalen Modell etwas näher erläutert werden. Wir nehmen an, daß die Ebene $x = x_0$ die Kristalloberfläche beschreibt und daß im Halbraum $x < x_0$ ein Gitter vorliegt mit gleicher Gitterkonstanten und gleichen Atompositionen wie im unendlich ausgedehnten Kristall und im Halbraum $x > x_0$ ein Vakuum sei. Zum Studium der eindimensionalen Schrödinger-Gleichung in x-Richtung betrachten wir somit ein eindimensionales Potential, das $V(x) = V(x+a)$ erfüllt, solange $x, x+a < x_0$ gilt, das dann aber bei x_0 abrupt endet, und das Vakuum beschreiben wir durch ein konstantes positives Potential V_0. Dies trägt der Tatsache Rechnung, daß eine Austrittsarbeit zu verrichten ist, um die Elektronen aus dem Festkörper zu lösen und ins Vakuum zu bringen. Als einfach-

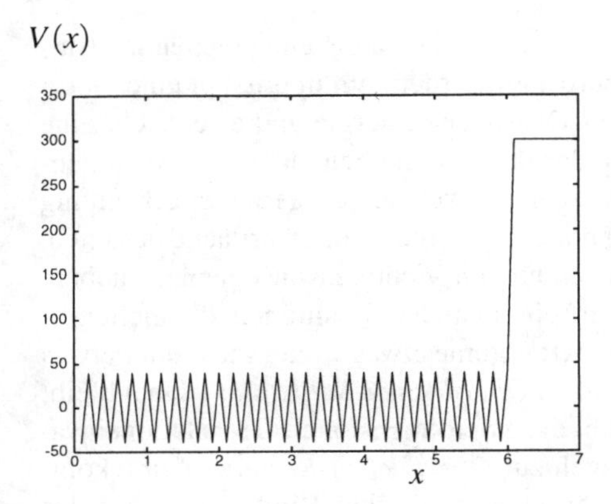

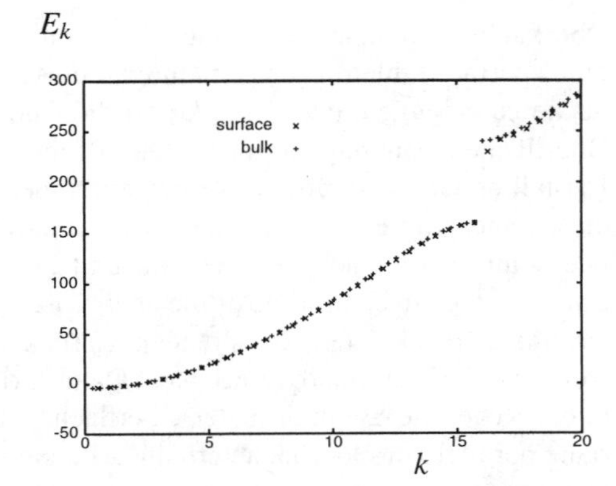

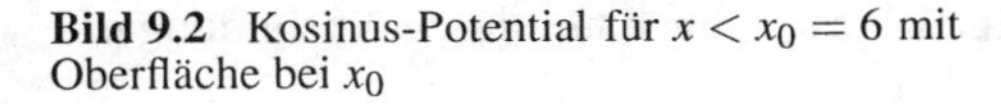

Bild 9.2 Kosinus-Potential für $x < x_0 = 6$ mit Oberfläche bei x_0

Bild 9.3 Energie-Eigenwerte ohne und mit Oberfläche

stes Modell für den gitterperiodischen Teil des Potentials kann man z.B. einen Cosinus-Verlauf annehmen. Das Potential sieht dann also explizit folgendermaßen aus:

$$V(x) = \begin{cases} u_0 \cos(2\pi \frac{x}{a}) & \text{für} \quad x < x_0 \\ V_0 & \text{für} \quad x \geq x_0 \end{cases} \tag{9.1}$$

Dies ist in Abbildung 9.2 speziell für die Parameter $u_0 = 40., x_0 = 6., V_0 = 300, a = 0.2.$ skizziert. Zu lösen ist nun die eindimensionale Schrödinger-Gleichung

$$-\frac{\hbar^2}{2m}\frac{d^2}{dx^2}\psi(x) + V(x)\psi(x) = E_k\psi(x) \tag{9.2}$$

Im Bereich $x > x_0$ muß jeder gebundene Zustand mit $E_k < V_0$ exponentiell abfallen und nach den bekannten Regeln der elementaren Quantenmechanik erhält man

$$\psi(x) = Ae^{-\kappa x} \text{ für } x > x_0 \tag{9.3}$$

mit $\kappa = \sqrt{2m(V_0 - E)/\hbar^2}$. Im Bereich $x < x_0$ ist die analytische Lösung der Schrödinger-Gleichung nicht ganz so einfach wie im früher (Kapitel 4.1) besprochenen translationsinvarianten Fall, eben weil das Bloch-Theorem nicht gilt. Als neue Randbedingung ergibt sich der stetige und differenzierbare Anschluß an die oben angegebene exponentiell abfallende Lösung bei x_0. Gerade in der Umgebung der Bandkante kann man die Lösung für die Wellenfunktion aber noch näherungsweise analytisch bestimmen und ihre Eigenschaften diskutieren. Darauf soll hier verzichtet werden, sondern es werden stattdessen die numerisch ermittelten Lösungen angegeben und diskutiert.

Die Energieeigenwerte sind in Abbildung 9.3 aufgetragen im ausgedehnten Zonenschema und als Funktion von $k = n\pi/Na$, wobei n die Eigenwerte durchnumeriert. Es sind die Dispersionen für das System ohne Rand („bulk" bezeichnet durch „+"-Symbole) und für das System mit Rand bei x_0 dargestellt (Kreuze „x"). Man erkennt insbesondere die Energielücke der Größe $\Delta E = 80$ zwischen den Energien $E^- = 160$ und $E^+ = 240$ bei $k = \pi/a \approx 15.7$. Die Energieeigenwerte für die Systeme mit und ohne Rand fallen im wesentlichen zusammen, d.h. fast alle

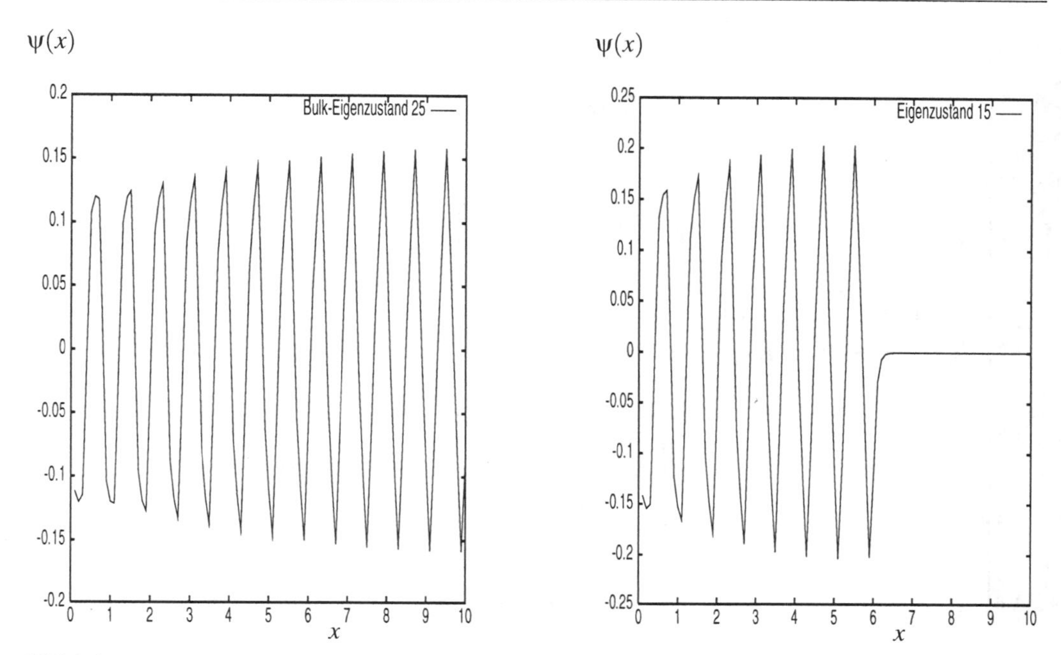

Bild 9.4 Eigenzustand zur Eigenenergie $E_k = 51$ bei periodischen Randbedingungen und bei Vorhandensein einer Oberfläche bei x_0

Energieeigenwerte für das System mit Oberfläche liegen auf den Dispersionskurven des entsprechenden Systems ohne Oberfläche. Die sich entsprechenden Eigenzustände zu Eigenenergien bei $E_k \approx 51$ (also in der Mitte des unteren Bandes) sind in Abbildung 9.4 dargestellt.

Dieser Zustand ist also zumindest genügend weit im Inneren des Kristalls nur unwesentlich durch die Oberfläche beeinflußt; Eigenzustände und Eigenwerte haben bei dem System mit Oberfläche im Inneren die gleichen Werte wie bei dem System ohne Oberfläche, was noch einmal die Vernachlässigung der Oberfläche, die Benutzung von periodischen Randbedingungen, etc. für die Bestimmung der Eigenschaften des Volumenkristalls im Nachhinein rechtfertigt. Diese Eigen-Zustände werden allenfalls in der Nähe der Oberfläche leicht modifiziert, so daß sie stetig und differenzierbar an die exponentiell abklingende Lösung im Vakuumbereich „passen".

Bei den in Abbildung 9.3 dargestellten Energie-Eigenwerten gibt es jedoch bei dem System mit Oberfläche genau einen, der nicht auf der Dispersionskurve für den Kristall ohne Oberfläche liegt, nämlich den mit dem Energieeigenwert $E_{k_0} = 230$. Dieser liegt offenbar im Bereich der Energielücke, also der verbotenen Zone des Systems ohne Oberfläche. Der zugehörige Eigenzustand ist in Abbildung 9.5 dargestellt; es handelt sich also um einen an der Oberfläche lokalisierten Zustand, der sowohl ins Vakuum hin exponentiell gemäß (9.3) abfällt als auch ins Kristallinnere hin exponentiell mit einigen Oszillationen abfällt.

Dies ist ein *Oberflächenzustand*, der sich nur in einer Schicht von wenigen Atomlagen an der Oberfläche bemerkbar macht, wobei die zugehörige Eigenenergie im Bereich der Bandlücke des Volumenmaterials liegen kann. Formal kann man sich die Existenz eines Oberflächenzustands auch folgendermaßen erklären; als Differentialgleichung betrachtet gibt es für jede Energie E eine Lösung der Schrödinger-Gleichung, nur werden die dabei (z.B. durch Aufintegration der Differentialgleichung) entstehenden Funktionen im allgemeinen die Randbedingungen nicht erfüllen. Für Energien aus den Bandlücken erhält man insbesondere stets exponentiell wachsende Lösungen, die daher nicht normierbar sind und keine physikalisch sinnvolle Lösung des Eigen-

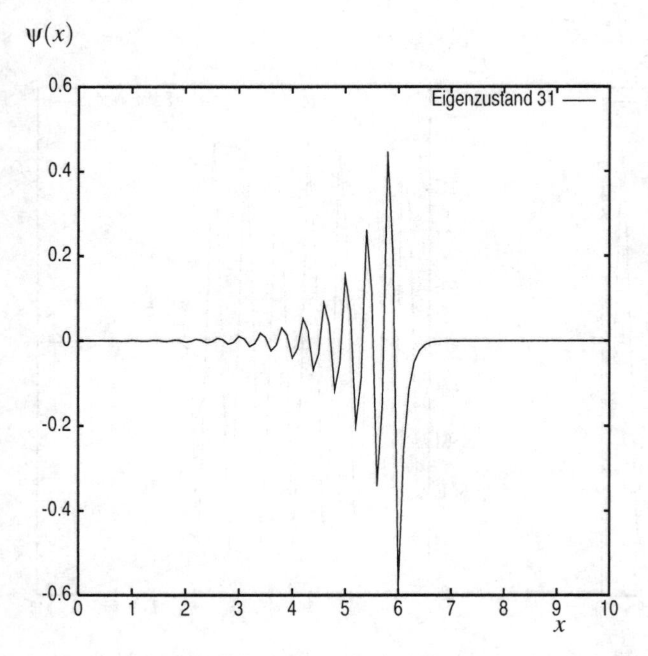

Bild 9.5 Oberflächenzustand

wertproblems darstellen. Oszillierende Lösungen, deren Amplitude beschränkt ist, so daß die Wellenfunktionen normierbar bleiben, ergeben sich nur für die Eigenenergien aus dem Bereich der Bänder. Bei Anwesenheit der Oberfläche gibt es aber modifizierte Randbedingungen. Jetzt kann für genau eine Energie aus der Bandlücke die vom Inneren des Kristalls her oszillierende Lösung mit exponentiell wachsender Amplitude stetig und differenzierbar an die ins Vakuum hin exponentiell abklingende Lösung anschließen, so daß sich eine neue normierbare Lösung der Schrödinger-Gleichung ergibt. Für den Volumenkristall würde die Lösung bei dieser Energie aber weiter exponentiell wachsen und somit nicht normierbar und keine Eigenfunktion sein.

Die Verallgemeinerung dieses Ergebnisses für das eindimensionale System mit Rand bei x_0 auf den dreidimensionalen halb-unendlichen Kristall mit Oberflächenebene bei x_0 ist klar; parallel zur Oberfläche, d.h. ihre y-z-Abhängigkeit betreffend, können die Eigenfunktionen wieder durch Bloch-Funktionen beschrieben werden, so daß die Komponente $\vec{k}_{\|}$ des Wellenzahl-Vektors parallel zur Oberfläche wieder eine gute Quantenzahl ist. Für jedes $\vec{k}_{\|}$ gibt es einen derartigen, in x-Richtung (also senkrecht zur Oberfläche) lokalisierten Oberflächenzustand, so daß sich eine zweidimennsionale Bandstruktur $E_s(\vec{k}_{\|})$ ergibt, also ein 2-dimensionales *Oberflächen-Band*. Energetisch können diese Oberflächenbänder durchaus mit den 3-dimensionalen Energie-Bändern des Volumenmaterials überlappen. Die hier dikutierten intrinsischen Oberflächenzustände und Oberflächen-Bänder existieren schon für die hier gemachte vereinfachende Modellannahme, daß sich die atomaren Positionen und damit auch die letzte Gitterebene in der Nähe der Oberfläche nicht ändern. Treten die oben erwähnten Phänomene der Oberflächen-Relaxation oder -Rekonstruktion auf, werden mit Sicherheit auch die Oberflächen-Zustände und -Bänder zu modifizieren sein; die Möglichkeit ihrer Existenz bleibt davon jedoch unbeeinflußt. Neben diesen intrinsischen Oberflächenzuständen gibt es auch noch extrinsische, die durch Fehlstellen oder Adsorbatatome an den Oberflächen verursacht werden.

Auch die anderen Elementaranregungen des Festkörpers werden durch Oberflächen beeinflußt und modifiziert. Betrachtet man die Phononen, dann fehlt ja den Oberflächenatomen das Nachbaratom auf der Vakuumseite. In einem einfachen Federmodell fehlt daher auf einer Seite die Rückstellkraft in x-Richtung (senkrecht zur Oberfläche), was qualitativ schon die Tendenz zur erwähnten Relaxation verstehen läßt. Da parallel zur Oberfläche wieder Translationsinvarianz herrscht, kann man als einfachstes Modell wieder eine lineare Kette von durch Federn gekoppelten Massenpunkten betrachten, wobei aber jetzt offene Randbedingungen (statt der periodischen aus Kapitel 3) zu benutzen sind. Außerdem muß man wegen der Relaxation etc. eventuell zumindest für die letzte Feder zum frei schwingenden Randatom eine modifizierte Federkonstante annehmen. Dann kann es wieder am Rand, also an der Oberfläche lokalisierte Schwingungszustände geben, deren Eigenfrequenz im für den Volumenkristall verbotenen Bereich liegen. Insbesondere wenn es auch optische Phononen gibt, also bei einer Kette mit zwei Atomen verschiedener Masse in der Elementarzelle, existieren einzelne Phononen-Zustände im Frequenzbvereich zwischen dem akustischen und optischen Zweig des Phononen-Spektrums. Die entsprechenden Schwingungszustände sind am Rand der Kette lokalisiert, d.h. es werden dadurch lokale Normal-Schwingungen des Randatoms und seiner Nachbarn beschrieben, aber keine echte, in Ketten- (x-) Richtung propagierende Gitterwelle. Parallel zur Oberfläche sind die Zustände dagegen delokalisiert, es existieren also quasi-zweidimensionale *Oberflächen-Phononen*.

Andere vom Volumenkristall her bekannte Elementaranregungen des Festkörpers, für die es spezielle zweidimenionale Oberflächenvarianten gibt, sind z.B. *Oberflächen-Polaritonen* und *-Plasmonen*. Diese sind insbesondere deswegen wichtig, weil sie durch Lichtwellen anzuregen sind und elektromagnetische Wellen ja gerade nur in die Skinschicht an der Oberfläche eindringen. Insgesamt hat sich die *Oberflächen-Physik* im letzten Jahrzehnt zu einem sehr umfangreichen eigenständigen Teilgebiet der Festkörperphysik entwickelt; hier konnten nur die Grundphänomene erwähnt werden und auf die interessantesten und wichtigsten Probleme der Oberflächenphysik (z.B.Chemisorption) kann gar nicht eingegangen werden

9.2 Störstellen

Der Einbau von Fremdatomen oder Störstellen in einen Festkörper beeinflußt die kristalline und elektronische Struktur zumindest in der Umgebung der Störstelle und kann auch das Spektrum der Elementaranregungen des Kristalls verändern. Ein Fremdatom hat in der Regel eine andere Masse und bewirkt auch andere Kraftkonstanten als das reguläre Atom des Wirtskristalls. Dadurch ist die Translationsinvarianz verletzt und die Wellenzahl $\vec{k}$ ist keine gute Quantenzahl mehr; es kann zur Streuung von Phononen aus ihrem Zustand $\vec{k}$ in einen anderen Zustand $\vec{k}'$ an der Störstelle kommen. Ist die Abweichung der Fremdatom-Masse von der der Wirtsatome hinreichend groß, kann es zusätzlich noch eine an der Position des Fremdatoms *lokalisierte Gitterschwingung* geben, und die Frequenz dieser lokalisierten Schwingung kann außerhalb des Spektrums der Schwingungsfrequenzen des Wirtssystems liegen.

Auch die elektronischen Eigenschaften werden durch Fremdatome verändert. Die Störstelle erzeugt in ihrer Umgebung ein lokalisiertes Zusatzpotential zum Gitterpotential. Dadurch ist einerseits wieder die Translationsinvarianz verletzt, die Festkörperelektronen können daher von der Störstelle gestreut werden vom Bloch-Zustand $\vec{k}$ in einen anderen Zustand $\vec{k}'$. Zum anderen wird durch das zusätzliche Potential eventuell auch das elektronische Spektrum modifiziert. Das von einem Fremdatom erzeugte Zusatzpotential ist im Prinzip wieder ein Coulomb-Potential, welches aber im Festkörper abgeschirmt wird. In Metallen ist die Abschirmung so gut, daß nur noch ein kurzreichweitiges effektives Streupotential übrig bleibt, wie es im Kapitel 7.4.1 bei der Besprechung des Einflusses von Störstellen auf die elektronischen Transporteigenschaften schon benutzt und vorausgesetzt wurde. Diese wichtige Konsequenz der Störstellen, nämlich als Streuer für die Leitungselektronen deren Lebensdauer in einem Zustand $\vec{k}$ endlich zu machen, wurde dort schon besprochen. Hier soll daher nur noch kurz gezeigt werden, daß Störstellen auch das elektronische Spektrum beeinflussen und verändern können. Insbesondere kann es zur Ausbildung von Resonanzen im Bereich des elektronischen Spektrums des reinen (ungestörten) Wirtssystems und zur Formung von zusätzlichen lokalisierten Zuständen mit Energien außerhalb des Spektrums des reinen Systems kommen. Dies soll an der folgenden Modellrechnung für ein stark vereinfachtes Einteilchen- und Einband-Modell explizit vorgeführt werden.

Wir betrachten den folgenden Modell-Hamilton-Operator:

$$\begin{aligned} H &= H_0 + H_1 \\ \text{mit } H_0 &= \sum_{\vec{R}} \left[\varepsilon |\vec{R}\rangle\langle\vec{R}| + t \sum_{\vec{\Delta} n.N.} \left(|\vec{R}\rangle\langle\vec{R}+\vec{\Delta}| + |\vec{R}+\vec{\Delta}\rangle\langle\vec{R}| \right) \right] \\ H_1 &= \Delta\varepsilon |\vec{R}_0\rangle\langle\vec{R}_0| \end{aligned} \tag{9.4}$$

Hierbei sind wie üblich die $\vec{R}$ die Gittervektoren eines Bravais-Gitters, $\vec{\Delta}$ die Vektoren zu nächsten Nachbar-Gitterplätzen und $|\vec{R}\rangle$ die an dem Gitterplatz lokalisierten Wannierzustände. H_0 beschreibt also ein Tight-Binding Einband-Modell ohne Wechselwirkung (d.h. ein Einteilchen-Modell), weshalb auch der Spin keine Rolle spielt (und eventuell durch einen Faktor 2 berücksichtigt werden kann). Die ε sind die atomaren Energieniveaus (Diagonalelemente in Wannier-Darstellung) des Wirtsatoms und t ist das Hopping-Matrixelement zu nächsten Nachbarn. H_0 kann durch Übergang zur Bloch-Darstellung

$$|\vec{k}\rangle = \frac{1}{\sqrt{N}} \sum_{\vec{R}} e^{i\vec{k}\vec{R}} |\vec{R}\rangle \qquad |\vec{R}\rangle = \frac{1}{\sqrt{N}} \sum_{\vec{k}} e^{-i\vec{k}\vec{R}} |\vec{k}\rangle$$

diagonalisiert werden zu

$$H_0 = \sum_{\vec{k}} \varepsilon(\vec{k}) |\vec{k}\rangle\langle\vec{k}| \text{ mit } \varepsilon(\vec{k}) = \varepsilon + t \sum_{\vec{\Delta}} e^{i\vec{k}\vec{\Delta}} \tag{9.5}$$

H_1 in Gleichung (9.4) beschreibt die Störstelle am Ort $\vec{R}_0$, die in diesem Modell einfach durch ein vom Wirtssystem verschiedenes atomares Energieniveau modelliert wird bzw. durch ein anderes Diagonalelement in Wannierdarstellung als das Diagonalelement der Wirtsatome; $\Delta\varepsilon$ ist gerade die Differenz zwischen den Matrixelementen der Störstelle und des Wirtsatoms. Es soll nun untersucht werden, ob und wann die Anwesenheit der Störstelle zu einer Modifikation des elektronischen Energie-Spektrums Anlaß geben kann. Dazu berechnet man zweckmäßig die *Einteilchen-Greenfunktion*, die für ein solches wechselwirkungsfreies System mit der Resolvente identisch ist, die wiederum definiert ist durch

$$G(z) = (z-H)^{-1} = (z - H_0 - H_1)^{-1} \tag{9.6}$$

für komplexes z. Die Pole der Green-Funktion sind reell und durch die Energie-Eigenwerte gegeben. Das Problem ist daher dahin verschoben, die Änderung der Polstruktur der Green-Funktion zu finden. Offenbar gilt

$$\begin{aligned} G(z) = (z-H_0-H_1)^{-1} &= (z-H_0)^{-1} + (z-H_0)^{-1} H_1 (z-H_0)^{-1} + \\ &\quad + (z-H_0)^{-1} H_1 (z-H_0)^{-1} H_1 (z-H_0)^{-1} + \ldots \\ &= G_0(z) + G_0(z) T(z) G_0(z) \end{aligned} \tag{9.7}$$

mit der T-Matrix:

$$T(z) = H_1 (1 - G_0(z)H_1)^{-1} \tag{9.8}$$

und der ungestörten Green-Funktion

$$G_0(z) = (z - H_0)^{-1} \tag{9.9}$$

Neben den Polen von $G_0(z)$ können also zusätzliche Pole und damit neue Energiezustände auftreten bei den Polen der T-Matrix $T(z)$. Da H_1 nur ein nicht-verschwindendes Matrixelement $\Delta\varepsilon$ bei $\vec{R}_0$ hat, ist auch $T(z)$ diagonal in Wannier-Darstellung und für das Diagonalelement gilt:

$$T_{\vec{R}_0}(z) = \frac{\Delta\varepsilon}{1 - \Delta\varepsilon\langle\vec{R}_0|G_0(z)|\vec{R}_0\rangle} \tag{9.10}$$

Ein Pol der T-Matrix liegt offenbar dann vor, wenn gilt

$$\Delta\varepsilon = \frac{1}{\langle\vec{R}_0|G_0(E+i0)|\vec{R}_0\rangle} \tag{9.11}$$

Wenn es eine Energie E außerhalb des Spektrums des Wirtssystems gibt, so daß bei vorgegebener Stärke $\Delta\varepsilon$ des Störstellenpotentials diese Gleichung (9.11) erfüllt wird, dann liegt dort ein weiterer Pol der Greenfunktion und damit ein weiterer Eigenzustand vor. Dabei handelt es sich dann um einen in der Umgebung der Störstelle lokalisierten gebundenen Zustand.

In der Bestimmungsgleichung (9.11) tritt das Gitterplatz-Diagonal-Matrixelement der ungestörten Einteilchen-Greenfunktion des Wirtssystems auf, das gegeben ist durch:

$$G_{R0}(z) = \langle\vec{R}|G_0(z)|\vec{R}\rangle = \frac{1}{N}\sum_{\vec{k}}\langle\vec{k}|G_0(z)|\vec{k}\rangle = \frac{1}{N}\sum_{\vec{k}}\frac{1}{z-\varepsilon(\vec{k})} \tag{9.12}$$

Sein Imaginärteil bestimmt gerade die ungestörte Zustandsdichte

$$\rho_0(E) = -\frac{1}{\pi}\mathrm{Im}G_{R0}(E+i0) \tag{9.13}$$

Eine physikalisch sinnvolle, analytische Modellannahme für das Green-Funktions-Matrixelement ist gegeben durch:

$$G_{R0}(z) = 2\left(z - \sqrt{z^2-1.}\right) \tag{9.14}$$

Dies führt zu einer halbelliptischen Zustandsdichte mit Bandbreite $W = 2$ für das ungestörte Tight-Binding-Band:

$$\rho_0(E) = \frac{2}{\pi}\sqrt{1-E^2}\ \text{für}|E| \leq 1$$

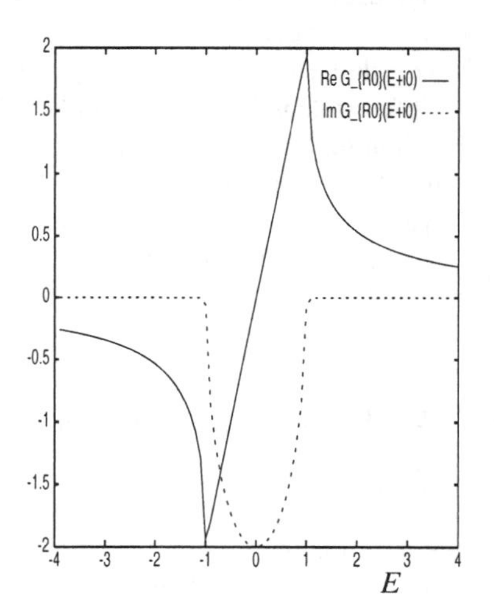

Bild 9.6 Real- und Imaginärteil einer Modell-Green-Funktion

mit für dreidimensionale Systeme realistischen wurzelförmigen Van-Hove-Singularitäten an den Bandrändern; auch sonst hat obiges Modell für $G_{R0}(z)$ die für dreidimensionale Systeme realistischen analytischen Eigenschaften; Real- und Imaginärteil sind nebenstehen dargestellt längs der reellen Energieachse.

Offenbar gilt also $|G_{R0}(E+i0)| \leq 2$, und daher hat Gleichung (9.11) nur dann eine Lösung, wenn das Störstellenpotential hinreichend stark ist und $|\Delta\varepsilon|\rangle \frac{1}{2}$ erfüllt. Dann existiert ein gebundener Zustand, d.h. ein Störstellen-Niveau außerhalb des Spektrums (bzw. des Energiebandes) des reinen Wirtssystems; für obige Modellzustandsdichte liegt der Störstellenzustand bei

$$E_0 = \Delta\varepsilon + \frac{1}{4\Delta\varepsilon} \tag{9.15}$$

Störstellen und Störstellen-Zustände und -Niveaus spielen insbesondere auch für Halbleiter eine große Rolle, da man durch Dotieren die elektronischen Eigenschaften gezielt manipulieren kann. In Halbleitern sind Fremdatome allerdings nicht so gut abgeschirmt wie in Metallen, d.h. das Störpotential ist nicht mehr unbedingt als extrem kurzreichweitig anzusehen sondern von der Gestalt eines abgeschirmten Coulomb-Potentials. Bringt man etwa ein 5-wertiges Fremdatom (also z.B. P, As, Sb) in einen Si- oder Ge-Kristall, also ein Wirtssystem aus 4-wertigen Atomen, dann trägt der Atomkern des Fremdatoms eine positive Ladung mehr und bewirkt daher relativ zum Wirtssystem ein attraktives Coulomb-Potential

$$\Phi(\vec{r}) = -\frac{e^2}{\varepsilon_0|\vec{r}-\vec{R}|} \tag{9.16}$$

für die Elektronen, wobei $\vec{R}$ die Position der Störstelle bezeichnet und ε_0 die Dielektrizitätskonstante, die relativ groß sein kann ($\varepsilon_0 \approx 16$ in Ge). Dieses anziehende Störpotential bewirkt gebundene lokalisierte Zustände unterhalb des Leitungsbandminimums. Betrachtet man das Leitungsband als die Energieniveaus von quasifreien Elektronen, dann wirkt die Störstelle wie ein effektives Wasserstoff-Atom, das gebundene Zustände bei negativen Energien (vom Leitungsbandminimum aus gesehen) erzeugt. Wegen der großen Abschirmung sind die Bindungsenergien allerdings klein; die *Donatorniveaus* liegen also dicht unterhalb des Leitungsband-Minimums. Wegen der Ladungsneutralität sind die Donator-Niveaus im Grundzustand gefüllt, nämlich mit dem Zusatzelektron, das die Fremdatome mitbringen. Es sind aber nur geringe Anregungsenergien aufzubringen, um solch ein Elektron ins Leitungsband anzuregen; diese n-dotierten Halbleiter haben daher eine wesentlich bessere Leitfähigkeit (bei endlichen Temperaturen) als undotierte Halbleiter. Das Fermi-Niveau liegt bei den Donator-Niveaus also dicht unterhalb der Leitungsbandkante. Mit den gleichen Argumenten läßt sich begründen, daß p-Dotierung mit Akzeptoren, d.h. z.B. der Einbau von dreiwertigen Fremdatomen (B, Al, Ga, etc.) in Ge oder Si, zu Akzeptor-Niveaus dicht oberhalb der Valenzband-Kante führt, die im Grundzustand unbesetzt bleiben. Das Fermi-Niveau liegt dann dicht oberhalb der Valenzbandkante und noch unterhalb der Akzeptorniveaus.

9.3 Ungeordnete Systeme

Wie schon in der Einleitung zu diesem Kapitel erwähnt kann man zwischen struktureller Unordnung und substitutioneller Unordnung unterscheiden. Strukturelle Unordnung liegt bei Gläsern und amorphen Systemen vor; wichtige Beispiele dafür sind Quarzglas, d.h. nichtkristallines SiO_2 und die damit verwandten Silikat-Gläser, die z.B. in Fensterglas etc. Anwendung finden, amorphe Halbleiter, z.B. amorphes Si, metallische und magnetische Gläser (z.B. $Fe_{0.8}B_{0.2}$). Bei solchen Systemen ist keine Gitterstruktur mehr vorhanden, es besteht aber in der Regel noch eine Art *Nahordnung*. Die einzelnen Si-Atome z.B. bilden weiterhin ihre tetraedrisch angeordneten sp_3-Orbitale aus und daher bleibt die Zahl der nächsten Nachbarn die gleiche wie im kristallinen

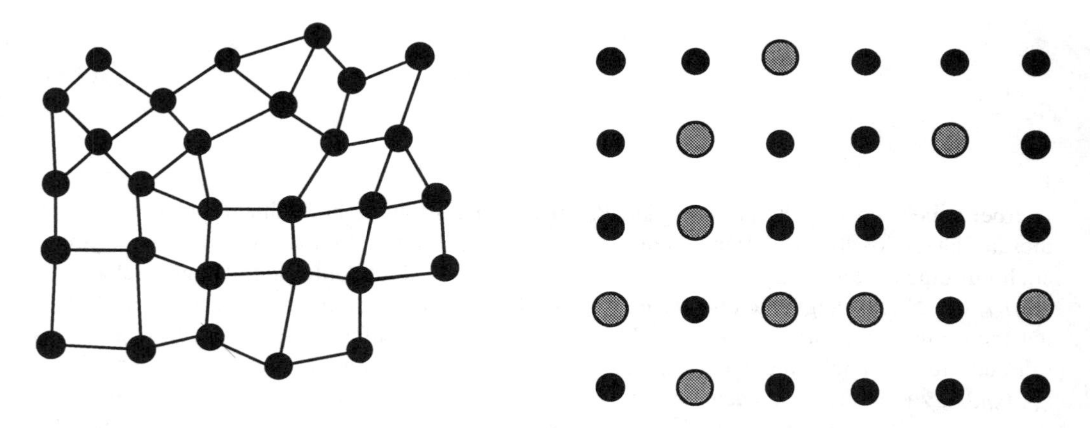

Bild 9.7 Strukturelle (links) und substitutionelle Unordnung (rechts)

System. Wenn der Abstand der Atome und der Bindungswinkel aber leicht variiert, kommt es zur Ausbildung eines Netzwerks ohne kristalline Ordnung (siehe nebenstehende Skizze). In solchen Systemen besteht also Nahordnung, aber keine *Fernordnung*.

Bei der substitutionellen Unordnung, auf deren Beschreibung wir uns im folgenden beschränken werden, liegt dagegen noch ein periodisches Gitter vor, die Gitterplätze werden aber von verschiedenartigen Atomen besetzt. Dadurch herrscht im strengen Sinn weder Nah- noch Fernordnung, andererseits ist aber noch die Kristallsymmetrie vorhanden, was die theoretische Behandlung etwas erleichtert. Beispiele für Systeme mit substitutioneller Unordnung sind Legierungen, bei denen die reinen Komponenten die gleiche Gitterstruktur und annähernd die gleiche Gitterkonstante haben. So etwas ist in manchen metallischen Legierungen realisiert, z.B. $Ag_{1-x}Pd_x$, $Cu_{1-x}Ni_x$, $Au_{1-x}Ag_x$, die für beliebige Konzentrationen x existieren und bei denen sich in der Regel (d.h. eventuell mit Ausnahme einiger spezieller Werte für x) keine Überstruktur bildet. Bei solchen $A_{1-x}B_x$-Legierungen kann man davon ausgehen, daß ein einzelner Gitterplatz zufällig mit Wahrscheinlichkeit $1-x$ von einem A-Atom und mit Wahrscheinlichkeit x von einem B-Atom besetzt wird. Die Besetzung der Gitterplätze unterliegt also einer Zufallsverteilung. Dies kommt nicht nur bei metallischen Legierungen vor; auch Halbleitersysteme wie $Ga_{1-x}Al_xAs$ oder $ZnS_{1-x}Se_x$ haben die gleiche Struktur und annähernd die gleiche Gitterkonstante wie die reinen Systeme und sind für beliebige Mischungsverhältnisse $0 \leq x \leq 1$ realisierbar. Dies ist von Bedeutung für Anwendungen, da die Bandlücke zwischen den für die beiden reinen Systeme gültigen Werten kontinuierlich variiert werden kann und somit durch geeignete Wahl von x gezielt manipulierbar ist.

Im Prinzip werden alle Elementaranregungen des Festkörpers durch Unordnung beeinflußt und modifiziert gegenüber den entsprechenden Anregungen des geordneten Systems. Insbesondere hat man ja Atome verschiedener Massen, die einer Zufallsverteilung unterliegen, und die Kopplungen („Federkonstanten“) zwischen den Gitterplätzen wird auch variieren, also verschieden sein je nachdem ob zwei A-, zwei B- oder ein A- und ein B-Atom an den beiden Plätzen sind. Demnach ist ein gegenüber dem reinen System stark verändertes Phononenspektrum zu erwarten. Wir wollen uns hier aber mit einer Betrachtung der elektronischen Eigenschaften von ungeordneten Systemen begnügen. Wie im vorigen Abschnitt über den Einfluß von Störstellen betrachten wir dazu wieder ein einfaches Einband-Tight-Binding-Modell

$$
\begin{aligned}
H &= H_0 + V \\
\text{mit } H_0 &= \sum_{n,m} t_{nm} |n\rangle\langle m| \\
V &= \sum_n v_n |n\rangle\langle n|
\end{aligned}
\tag{9.17}
$$

Hierbei sollen die $\{n\}$ die Gitterpunkte $\vec{R}_n$ eines Bravais-Gitters bezeichnen und $\{|n\rangle\}$ die an diesen Plätzen lokalisierten Wannierzustände; da nur ein Band in Betracht gezogen wird, gibt es auch nur einen Wannier-Zustand pro Gitterplatz. Die v_n sind die Gitterplatz-Diagonalelemente, die t_{nm} die Nicht-Diagonalelemente in Wannier-Darstellung. Bei einem ungeordneten System hat man nun anzunehmen, daß diese Matrixelemente einer Zufallsverteilung unterliegen. Das gilt auch für die Nichtdiagonalelemente; bei einer A-B-Legierung hat man verschiedene Werte t_{AA}, t_{BB}, t_{AB} zu erwarten, je nachdem ob zwei A-Atome, zwei B-Atome oder ein A- und ein B-Atom an den Plätzen n und m sind. Zur weiteren Vereinfachung wird im folgenden aber nur das Modell für *diagonale Unordnung* betrachtet. Dies entspricht der Annahme, daß die Hopping-Matrixelemente t_{nm} unabhängig von der Besetzung der Plätze n und m sind. Ferner soll die übliche Tight-Binding-Annahme gemacht werden, daß nur ein Hüpfen zu nächsten Nachbarn besteht, also

$$
t_{nm} = \begin{cases} t & \text{für n,m nächste Nachbarn} \\ 0 & \text{sonst} \end{cases}
\tag{9.18}
$$

Die Diagonalelemente v_n sollen dagegen einer Zufallsverteilung $P(v_1, \ldots, v_N)$ unterliegen. Hierfür wird fast immer die weiter vereinfachende Annahme gemacht, daß die Besetzung der einzelnen Gitterplätze unkorreliert erfolgt, d.h. in der Realität sicher vorhandene Nahordnungseffekte werden vernachlässigt, z.B. daß auf einem Nachbarplatz eines A-Atoms mit größerer Wahrscheinlichkeit wieder ein A-Atom als ein B-Atom ist. Dann faktorisiert obige Zufallsverteilung

$$
P(v_1, \ldots, v_N) = \prod_n p(v_n)
\tag{9.19}
$$

wobei $p(v_n)dv_n$ die Wahrscheinlichkeit dafür ist, daß das Diagonalelement am Gitterplatz n einen Wert zwischen v_n und $v_n + dv_n$ hat. Für diese Verteilung kann man wiederum verschiedene Modellannahmen machen und untersuchen, wir beschränken uns hier auf zwei Modelle, nämlich die Verteilung für eine *A-B-Legierung*

$$
\begin{aligned}
p(v) &= x\delta(v - v_A) + (1 - x)\delta(v - v_B) \qquad (9.20) \\
\text{d.h. } v_n &= \begin{cases} v_A & \text{mit Wahrscheinlichkeit } x \\ v_B & \text{mit Wahrscheinlichkeit } 1 - x \end{cases}
\end{aligned}
$$

Eine andere häufig benutzte bzw. untersuchte Verteilungsfunktion ist die Rechteckverteilung

$$
p(v) = \begin{cases} \frac{1}{W} & \text{für } -\frac{W}{2} \leq v \leq +\frac{W}{2} \\ 0 & \text{sonst} \end{cases}
\tag{9.21}
$$

Dann sind die möglichen Diagonalelemente v_n gleichverteilt über ein Energie-Intervall der Größe W; dieses W (genauer das Verhältnis W/t) ist ein Maß für die Unordnungsstärke. Mit dieser Rechteckverteilung der Diagonalelemente nennt man das Modell (9.18) auch manchmal *Anderson-Modell*[1] für ungeordnete Systeme bzw. für die Lokalisierung von Eigenfunktionen in ungeordneten Systemen.

[1] benannt nach P.W.Anderson, * 1923 in Indianapolis, Ph.D. 1949 in Harvard, bedeutender Festkörpertheoretiker mit zahlreichen bahnbrechenden Arbeiten und Modellen zur Supraleitung, Helium-3, magnetischen Verunreinigungen, ungeordneten Systemen, Spin-Gläsern, etc., 1949-1984 bei den Bell-Labs tätig, 1967 - 1975 auch Professor in Cambridge (England), seit 1975 in Princeton, Nobelpreis für Physik 1977 (gemeinsam mit van Vleck und Mott), immer noch sehr aktiv und an Hochtemperatur-Supraleitung interessiert

Im folgenden wird einerseits ein Näherungsverfahren zur Behandlung solcher ungeordneter Systeme beschrieben und kurz qualitativ das Problem der *Anderson-Lokalisierung* beschrieben.

9.3.1 Die Coherent-Potential-Approximation (CPA)

Es ist physikalisch klar, daß die makroskopisch meßbaren physikalischen Eigenschaften eines ungeordneten Systems nicht von Details der mikroskopischen Konfiguration abhängen sollten. Wenn man zwei verschiedene substitutionelle Legierungen mit dem gleichen Mischungsverhältnis der Komponenten erzeugt, wird die mikroskopische Anordnung der Atome in beiden Systemen verschieden sein; trotzdem werden Größen wie spezifische Wärme oder Leitfähigkeit sich nicht merklich unterscheiden. Daher ist das Konzept der *Konfigurations-Mittelung* sinnvoll; um mit experimentellen Ergebnissen vergleichen zu können, sind konfigurationsgemittelte Meßgrößen zu berechnen. Für eine Observable C, die zunächst von der mikroskopischen Konfiguration des ungeordneten Systems, also von $v_1, \ldots, v_N$ abhängt, definiert man den Konfigurationsmittel über

$$\overline{C} = \int dv_1 \ldots \int dv_N \prod_n p(v_n) C(v_1, \ldots, v_N) \tag{9.22}$$

Wir betrachten im folgenden nur die Berechnung der konfigurationsgemittelten Zustandsdichte bzw. der konfigurationsgemittelten Einteilchen-Greenfunktion

$$\overline{G(z)} = \overline{(z - H_0 - V)^{-1}} \tag{9.23}$$

Konfigurationsgemittelte Größen sollten wieder die Translationsinvarianz des zugrundeliegenden Gitters haben, da sie ja nach Mittelung nicht mehr von $v_1, \ldots, v_N$ abhängen. Man kann dann auch eine Selbstenergie $\Sigma(z)$ oder ein effektives Medium definieren durch die Forderung

$$\overline{G}(z) = (z - H_0 - \Sigma(z))^{-1} \tag{9.24}$$

Solange man für $\Sigma(z)$ einen komplexen und komplexwertigen Operator mit Diagonal- und Nichtdiagonalelementen zwischen allen Zuständen $\{|n\rangle, |m\rangle\}$ zuläßt, ist dies einfach die Definitionsgleichung für die Selbstenergie. Das Problem, eine Näherung für die konfigurationsgemittelte Greenfunktion zu finden ist damit verschoben auf das Problem eine Näherung für die Selbstenergie zu finden. Definiert man

$$W = V - \Sigma(z)$$

als Relativpotential zwischen dem tatsächlichen Zufalls-Potential V und dem – noch zu bestimmenden – effektiven („kohärenten") „Potential" $\Sigma(z)$, dann gilt:

$$G(z) = (z - H_0 - \Sigma(z) - W)^{-1} = \overline{G}(z)\left(1 - W\overline{G}(z)\right)^{-1} = \overline{G}(z) + \overline{G(z)}T\overline{G(z)} \tag{9.25}$$

wobei die Streumatrix für die Streuung am Relativ-Potential W definiert ist durch

$$T(z) = W\left(1 - \overline{G}(z)W\right)^{-1} \tag{9.26}$$

Mittelt man Gleichung (9.25), ergibt sich offenbar

$$\overline{T}(z) = \overline{W\left(1 - \overline{G}(z)W\right)^{-1}} = 0 \tag{9.27}$$

Das Konfigurations-Mittel der Streumatrix für die Streuung am Relativpotential zwischen tatsächlichem Potential V und dem effektiven Medium $\Sigma(z)$ verschwindet also; dies ist noch exakt und im wesentlichen eine identische Umschreibung der Definitionsgleichung für die Selbstenergie.

Betrachte nun einen beliebig herausgegriffenen Gitterplatz und bezeichne mit $P_n = |n\rangle\langle n|$ den Projektor auf diesen Gitterplatz und mit

$$Q_n = 1 - P_n = \sum_{m \neq n} P_m$$

den Projektor auf den Rest des Systems, also auf alle anderen Gitterplätze. Dann gilt:

$$\begin{aligned} P_n T &= P_n W \left(1 - \overline{G(z)W}\right)^{-1} = P_n W \left(1 - \overline{G}(z) P_n W\right)^{-1} \left(1 - \overline{G}(z) P_n W\right) \left(1 - \overline{G}(z) W\right)^{-1} \\ &= P_n W \left(1 - \overline{G}(z) P_n W\right)^{-1} \left(1 - \overline{G}(z) W + \overline{G}(z) Q_n W\right) \left(1 - \overline{G}(z) W\right)^{-1} = T_n \left(1 + \overline{G}(z) Q_n T(z)\right) \end{aligned} \quad (9.28)$$

wobei

$$T_n = P_n W \left(1 - \overline{G}(z) P_n W\right)^{-1} \quad (9.29)$$

die Streumatrix für die Streuung am Potential des einen Gitterplatzes n relativ zum effektiven Medium ist. Bildet man wieder den Konfigurations-Mittelwert, folgt

$$P_n \overline{T} = \overline{T_n} + \overline{T_n \overline{G} Q_n T} = 0 \quad (9.30)$$

Diese Gleichung ist immer noch exakt. Entkoppelt man nun die Streuung an dem heraugegriffenen Gitterplatz n von der Streuung am Rest des Kristalls, dann kann man ersetzen

$$\overline{T_n \overline{G} Q_n T} \to \overline{T_n} \overline{G} Q_n \overline{T} \quad (9.31)$$

und es ergibt sich aus der exakten Bedingungsgleichung $\overline{T}(z) = 0$ sofort die approximative Gleichung

$$\overline{T_n}(z) = \overline{P_n W \left(1 - \overline{G}(z) P_n W\right)^{-1}} = 0 \quad (9.32)$$

Daraus folgt, daß die Selbstenergie in dieser Näherung gitterplatz-diagonal wird, sich also schreiben läßt als

$$\Sigma(z) = \sum_n \Sigma_0(z) |n\rangle\langle n| \quad (9.33)$$

und es bleibt eine einfache skalare Gleichung

$$\overline{\frac{v_n - \Sigma_0(z)}{1 - \langle n|\overline{G}(z)|n\rangle (v_n - \Sigma_0(z))}} = 0 \quad (9.34)$$

Hierbei gilt für das Diagonalelement der konfigurationsgemittelten Greenfunktion

$$\langle n|\overline{G}(z)|n\rangle = \frac{1}{N} \sum_{\vec{k}} \langle \vec{k}|\overline{G}(z)|\vec{k}\rangle = \frac{1}{N} \sum_{\vec{k}} \frac{1}{z - \Sigma_0(z) - \varepsilon(\vec{k})} = G_{n0}(z - \Sigma_0(z)) \quad (9.35)$$

Gleichung (9.34) stellt daher eine nichtlineare Selbstkonsistenzgleichung zur Bestimmung des Gitterplatz-Diagonalelements $\Sigma_0(z)$ der Selbstenergie dar, die in der Regel nur numerisch gelöst werden kann, da auch noch das Diagonalelement der ungestörten Band-Greenfunktion $G_{n0}(z)$ des translationsinvarianten Systems eingeht, welches –zumindest für reale Gitter und zugehörige Tight-Binding-Dispersionen– selbst nur numerisch bekannt ist. Dies ist eine *Ein-Zentren-Näherung*, da die exakte Bedingung für das Vesrchwinden der Streumatrix im Konfigurationsmittel ersetzt wurde durch die Bedingung, daß die Streumatrix für die Streuung am Relativ-Potential eines einzelnen Gitterplatzes im Mittel verschwindet. Die in dieser Näherung gitterplatz-diagonale Selbstenergie hat formal die Eigenschaften eines effektiven Potentials, das aber wieder translationsinvariant ist; daher nennt man dies auch *kohärentes Potential* und die oben beschriebene Näherung „*Coherent Potential Approximation (CPA)*“. Im Unterschied zu einem wirklichen translationsinvarianten Potential oder einem in einfacher „Mean-Field“-Näherung bestimmten effektiven Potential (was man hier für ungeordnete Systeme auch „Virtual Crystal Approximation“ nennt), ist die CPA-Selbstenergie aber komplex und abhängig von der (komplexen) Energie z. Wie in Abschnitt 7.8 schon einmal kurz erwähnt, findet der endliche Imaginärteil von $\Sigma_0(z)$ seine natürliche physikalische Interpretation als inverse Lebensdauer eines Elektrons im Zustand $|\vec{k}\rangle$, der ja kein Eigenzustand des ungeordneten Systems mehr ist.

Speziell für eine AB-Legierung lautet die CPA-Selbstkonsistenz-Gleichung explizit

$$\frac{x(v_B-\Sigma_0(z))}{1-(v_B-\Sigma_0(z))G_{n0}(z-\Sigma_0(z))}+\frac{(1-x)(v_A-\Sigma_0(z))}{1-(v_A-\Sigma_0(z))G_{n0}(z-\Sigma_0(z))}=0 \qquad (9.36)$$

wobei x die Konzentration der B-Komponente ist. Für ein einfach kubisches Gitter ist die resultierende konfigurationsgemittelte Zustandsdichte nebenstehend abgebildet für $v_A=0.,t=\frac{1}{6},v_B=1.2$, $x=0.1$. Offenbar hat sich ein Störstellen-Band mit Gesamtfläche $x(=0.1)$ um die Energie des gebundenen Zustands bei $E_0\approx 1.34$ entwickelt, der gemäß Abschnitt 9.2 bei einer einzelnen B-Störstelle im A-Wirtssystem außerhalb des A-Bandes existiert. Für diese Parameter (x und v_B) ist das Störband noch vom Hauptband getrennt. Das Hauptband hat noch die für ein 3-dimensionales einfach-kubisches Tight-Binding-System charakteristische Struktur, allerdings ohne echte Van-Hove-Singularitäten; diese sind aufgeweicht durch den endlichen Imaginärteil der Selbstenergie auch im Bereich des Hauptbandes. Das Gewicht des Hauptbandes (d.h. die integrierte Zustandsdichte) ist genau 0.9 entsprechend der Konzentration der A-Atome.

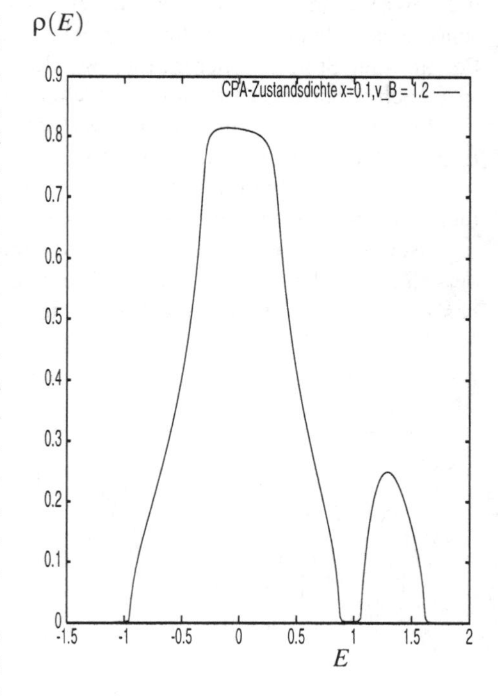

Bild 9.8 CPA-Zustandsdichte für ein einfach-kubisches Tight-Binding-Modell einer A-B-Legierung

Die CPA kann auch auf die Berechnung von Transportgrößen angewandt werden. Außerdem können darin auch realistischere Modelle als das Einband-Tight-Binding-Modell behandelt werden, also Mehrband-Systeme, realistischere Dispersionen für das ungestörte (translationsinvariante) System, etc.. Es existieren inzwischen auch Kombinationen von CPA mit Bandstruktur-Berechnungs-Verfahren, so daß „First-Principles" („Ab-Initio"-) Berechnungen der elektronischen Eigenschaften von substitutionellen Legierungen möglich sind. Schließlich ist die CPA auch auf die Untersuchung von anderen Elementaranregungen in ungeordneten Systemen anwendbar. Insbesondere können Phononenspektren berechnet werden, und auch hier können Effekte wie die Ausbildung von Impurity-Zweigen im Spektrum beobachtet und berechnet werden. Es hat sich aber als schwierig erwiesen, systematische Erweiterungen der CPA zu entwickeln, die über die Einzentren-Näherung hinausgehen; solche Näherungen führen vielfach zu Selbstenergien mit unphysikalischen Eigenschaften (z.B. negative Zustandsdichte o.ä.).

9.3.2 Lokalisierung

Die oben beschriebene CPA stellt eine recht gute Methode dar, das Energiespektrum, also die Zustandsdichte von ungeordneten Systemen zu berechnen und liefert –abgesehen von einigen quantitativen Details und Feinstrukturen– im wesentlichen korrekte Ergebnisse für Störstellenbänder, Bandbreiten und die Struktur der Zustandsdichte. Sie liefert aber nicht die Eigenzustände und kann keine Aussagen über die Natur der Eigenzustände in ungeordneten Systemen machen. Dabei ist nach den vorherigen Überlegungen schon klar, daß es in ungeordneten Systemen auch lokalisierte Zustände geben muß, also Eigenzustände des Hamilton-Operators, die nicht über den gesamten Festkörper ausgedehnt sind sondern nur in einem begrenzten Raum-Bereich merklich von 0 verschieden sind und außerhalb dieses Bereichs exponentiell abfallen. Gemäß Abschnitt 9.2 bewirken ja Störstellen bei hinreichender Stärke ihres Potentials relativ zum Wirtssystem schon Zustände außerhalb des Energiebandes des Wirtssystems, und diese Zustände sind um die Position der Störstelle herum räumlich lokalisiert. Im ungeordneten System kommen aber immer noch – mit einer bestimmten Wahrscheinlichkeit zumindest– einzelne isolierte Störstellen vor, in AB-Legierungen zumindest bei hinreichend kleiner Konzentration x, und die zugehörigen Eigenzustände sind ebenfalls lokalisiert.

Dies ist in Abbildung **??** links für ein kontinuierliches Zufallspotential und den dafür numerisch berechneten, daneben abgebildeten niedrigsten Eigenzustand demonstriert.

Bei dem hier dargestellten Zufallspotential ist das 8. Minimum bei $x \approx 4.8$ offenbar besonders tief, und der darunter dargestellte niedrigste Eigenzustand ist offenbar auf die Umgebung des Ortes $x = 4.8$ lokalisiert, fällt nach außen hin also exponentiell ab. Zumindest am Rand

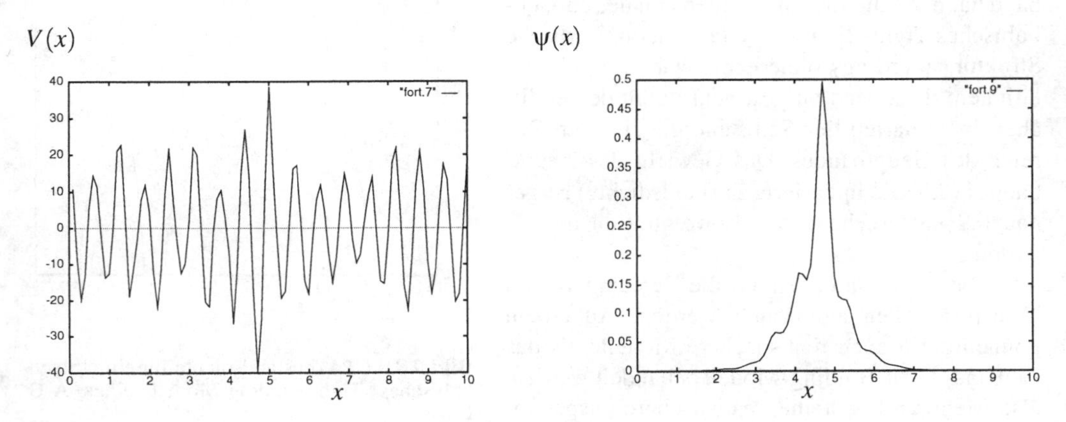

Bild 9.9 Eindimensionales Zufallspotential und im Raumbereich um $x = 4.8$ lokalisierter Eigenzustand in diesem Potential

des Spektrums, also nahe bei den Bandkanten oder in den Störstellen-Bändern, hat man bei ungeordneten Systemen also lokalisierte Zustände zu erwarten. Dies hat wichtige Konsequenzen vor allem für die Transporteigenschaften: Da bei einem lokalisierten Zustand die Aufenthaltswahrscheinlichkeit der Elektronen auf einen endlichen Raumbereich des Kristalls begrenzt ist, ist keine Gleichstrom-Leitfähigkeit mehr möglich. Damit ein Gleichstrom fließen kann, sind ja Übergänge von einem besetzten Zustand in unbesetzte Zustände ohne Energieabsorption nötig, und dies ist in einem Metall möglich, da die Zustände an der Fermikante dicht liegen. Es muß aber zusätzlich auch noch eine endliche Übergangswahrscheinlichkeit zwischen besetztem und unbesetztem Zustand existieren.

Fällt die Fermienergie aber in den Bereich von lokalisierten Zuständen, können diese energetisch zwar immer noch dicht liegen in einem makroskopischen System (bzw. energetische Abstände von der Größenordnung D/N haben, wobei D die Bandbreite und N die Zahl der Atome bzw. Gitterplätze ist.) Aller Wahrscheinlichkeit nach sind energetisch benachbarte Zustände dann aber in verschiedenen Raumbereichen lokalisiert, so daß die Übergangswahrscheinlichkeit verschwindet. Dieses Argument gilt nur für Temperatur T=0; bei endlicher Temperatur gibt es einerseits durch thermische Anregung die Möglichkeit zu Übergängen in im gleichen Raumbereich lokalisierte, energetisch aber etwas weiter entfernte unbesetzte Zustände, zum anderen können Phononen solche inelastischen Übergänge vermitteln. Als Funktion der Temperatur sollte die Gleichstrom-Leitfähigkeit aber verschwinden im Grenzfall $T \to 0$. Ungeordnete Systeme sind also Isolatoren, wenn die Fermienergie innerhalb eines Energiebandes im Bereich von lokalisierten Zuständen liegt.

Im allgemeinen wird man in der Bandmitte, etwa in dem Energiebereich des Bandes des geordneten, translationsinvarianten Systems aber auch ausgedehnte Zustände vorliegen haben und somit eine nicht-ver schwindende Gleichstrom-Leitfähigkeit, die allerdings stark reduziert ist gegenüber der des geordneten Systems wegen der Störstellenstreuung; man hat ja fast überall eine „Störstelle“ vorliegen. Bei fester Unordnungsstärke erwartet man also delokalisierte Zustände in der Bandmitte und lokalisierte Zustände an den Bandrändern. Es gibt dann Energien E_m die den Bereich der lokalisierten von dem der delokalisierten Zustände trennen; diese Energien innerhalb eines Bandes, also innerhalb einer Region nicht-verschwindender Zustandsdichte, nennt man auch *Mobilitätskanten*. Hinsichtlich der Leitfähigkeit spielen die E_m die gleiche Rolle wie die Bandkanten in normalen Metallen, hinsichtlich der Zustandsdichte aber nicht. Mit zunehmender Unordnung wird der Bereich der lokalisierten Zustände immer größer und der Bereich der ausgedehnten Zustände kleiner; bei einer kritischen Unordnungsstärke W_c werden schließlich alle Zustände lokalisiert.Bei festgehaltener Fermienergie etwa in der Bandmitte (und damit bei fester Gesamt-Elektronenzahl) hat man demnach einen Metall-Isolator-Übergang zu erwarten mit wachsender Unordnung bei diesem W_c. Dies bezeichnet man auch als *Anderson-Übergang*. Lokalisierte Zustände fallen außerhalb eines Zentrums x_0 exponentiell nach außen hin ab; zumindest ihre Einhüllende folgt also einem Gesetz $|\psi(x)| \sim e^{-|x-x_0|/\lambda}$. Dann bezeichnet man λ auch als *Lokalisierungslänge*. Interessant im Zusammenhang mit dem Anderson-Übergang sind nun beispielsweise die Frage nach der kritischen Unordnungsstärke W_c, bei der der Übergang stattfindet, und wie (d.h. mit welchem Exponenten)

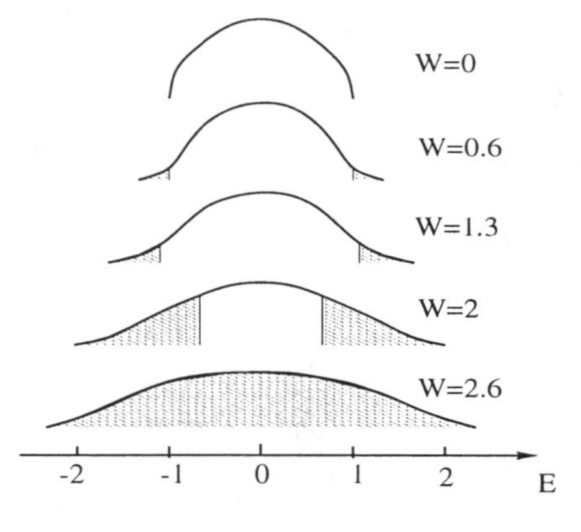

Bild 9.10 Schematische Darstellung der Entwicklung der Zustandsdichte und des Bereichs der lokalisierten Zustände (schraffiert) mit zunehmender Unordnung W

–von der lokalisierten Seite her kommend– die Lokalisierungslänge bei Annäherung an W_c bzw. E_m divergiert oder wie – von der delokalisierten Seite her kommend– die Leitfähigkeit gegen 0 geht.

Die heute anerkannten Vorstellungen dazu beruhen auf – in der Theorie der Phasenübergänge entwickelten– Renormierungsgruppen-Methoden und Skalentheorien sowie auf numerischen Untersuchungen. Da diese Methoden hier nicht vorausgesetzt werden sollen, können im folgenden nur die Ergebnisse genannt werden, ohne die Argumente dafür im Detail zu beschreiben. Es gilt als gesichert, daß für dreidimensionale ungeordnete Systeme ein solcher Anderson-Übergang existiert. Für das Anderson-Modell basierend auf einem dreidimensionalen einfach-kubischen Tight-Binding-Modell mit Hopping t und einer Rechteckverteilung der Breite W für die Diagonalelemente findet der Anderson-Übergang bei einer Unordnungs-Stärke $W_c/t \approx 16$ statt. In ein- und zweidimensionalen ungeordneten Systemen sind dagegen alle Zustände auch bei schwacher Unordnung schon lokalisiert, der Anderson-Übergang findet also schon bei $W_c = 0$ statt. Dabei kann es in zweidimensionalen Systemen aber noch einen Übergang von exponentieller Lokalisierung zu algebraischer Lokalisierung geben, d.h. daß die Zustände gemäß einem Potenzgesetz $\sim (x/\lambda)^{-\alpha}$ abfallen, und die Lokalisierungslänge kann bei kleiner Unordnung makroskopisch groß sein und die Systemgröße schon überschreiten, so daß die Zustände faktisch wie delokalisierte Zustände aussehen, obwohl sie im streng mathematischen Sinn (für das unendlich ausgedehnte System) lokalisiert sind. Ein numerisch für ein System von 1000 Gitterplätzen berechneter, offensichtlich *lokalisierter* Eigenzustand für das eindimensionale Anderson-Modell mit $W/t = 2.$ und eine Eigenenrgie in der Bandmitte ist unten dargestellt; zum Vergleich ist der entsprechende ausgedehnte Zustand für das reine System ($W/t = 0$) daneben abgebildet.

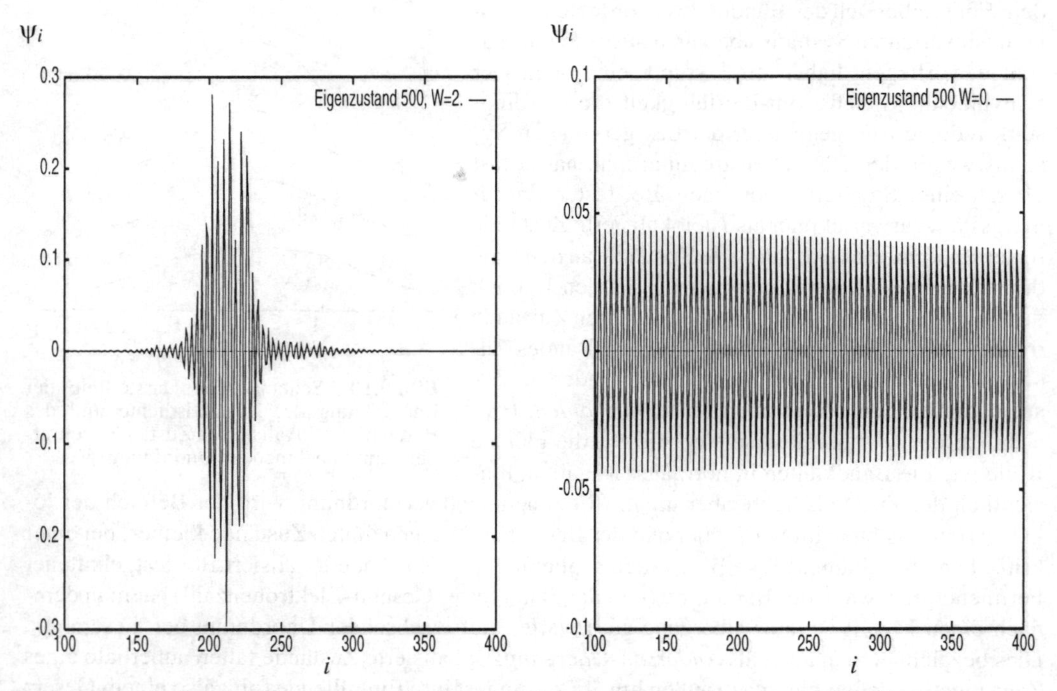

Bild 9.11 Lokalisierter Eigenzustand (für W=2.) und delokalisierter Eigenzustand (W=0.) zu Eigenenergien in der Bandmitte bei einem eindimensionalen System

9.4 Inhomogene Halbleitersysteme

In diesem Abschnitt sollen einige von der Anwendung her sehr wichtige und interessante Systeme kurz qualitativ diskutiert und beschrieben werden, bei denen die Translationsinvarianz in einer Richtung (hier o.E. z-Richtung) nicht mehr besteht, da man Materialien verschiedener Art oder Zusammensetzung aufeinander gebracht hat. Bezüglich der dazu senkrechten x- und y-Richtung, also parallel zu den Trennflächen, herrscht aber noch eine Gitterstruktur und im Idealfall Translationsinvarianz. Statt durch eine Oberfläche wird hier die Translationsinvarianz in z-Richtung durch eine Trennfläche gestört mit verschiedenartigen Systemen bzw. Materialien auf beiden Seiten dieser Trennfläche.

Mit die einfachsten Systeme, auf die dies zutrifft, sind *p-n-Gleichrichter-Dioden*, die bekanntlich auch Grundlage für den Transistor sind. Hierbei existiert im gleichen Halbleitermaterial (z.B. Si oder Ge) auf der einen Seite der Trennfläche (etwa $z < 0$) eine p-Dotierung mit Akzeptoren (z.B. B, Al, Ga, etc.) und auf der anderen Seite ($z > 0$) eine n-Dotierung (z.B. mit N, P, As, etc.). Im intrinsischen, undotierten Material wäre die Fermienergie in der Bandmitte, im p-dotierten Material liegt sie aber, wie in Kapitel 9.2 schon einmal ausgeführt, unterhalb der unbesetzten Akzeptorniveaus und damit dicht oberhalb der Valenzbandkante, und im n-dotierten Material liegt sie kurz oberhalb der besetzten Donatorniveaus also kurz unterhalb des Leitungsbandes. Bringt man beide Materialien zusammen, befindet sich ihr chemisches Potential somit auf verschiedenem Niveau, was im Gleichgewicht nicht möglich ist; es werden vielmehr in der Nähe der Trennschicht Elektronen aus dem n-leitenden Bereich in den p-leitenden Bereich übergehen und dort unbesetzte Akzeptorniveaus besetzen, während sich auf der anderen Seite der Trennschicht Donatorniveaus entleeren. Durch diesen Übergang von Elektronen in den p-leitenden Bereich wird dieser aber negativ aufgeladen, es bildet sich eine Potentialdifferenz zwischen p- und n-Leiter aus, die ein weiteres Übertreten von Elektronen in den p-leitenden Bereich schließlich verhindert. Es stellt sich durch dieses elektrostatische Potential eine Bandverbiegung zwischen p- und n-leitendem Bereich ein und zwar im Gleichgewicht genau so, daß das chemische Potential auf beiden Seiten wieder gleich ist.

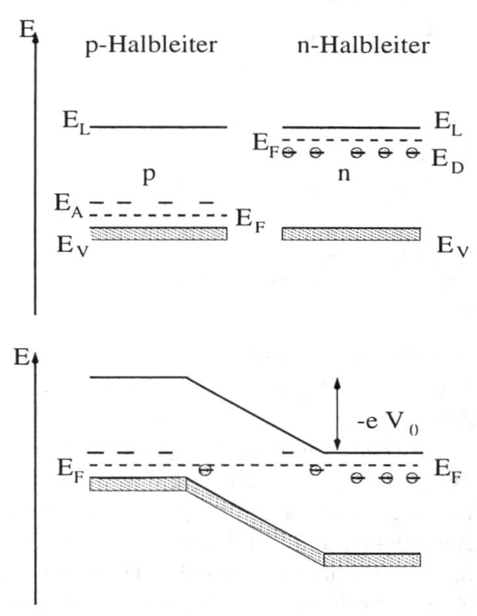

Bild 9.12 Schematische Darstellung der Energie-Niveaus an der Trennschicht zwischen p- und n-Halbleiter

Man kann abschätzen, daß die Bandverbiegung auf einer Längenskala der Größenordnung $10^2 - 10^3$ Ångstrom erfolgt, also auf einer Längenskala, die groß ist gegenüber atomaren Skalen (Gitterkonstanten). Dies ist auch die Größe der Sperrschicht oder Trennschicht, in der Akzeptorniveaus gefüllt und Donatorniveaus entleert sind, so daß nur eine schlechte Leitfähigkeit besteht. Durch Anlegen einer äußeren Spannung kann man die Bandverbiegung und die Länge der Sperrschicht verkleinern oder vergrößern, womit die Gleichrichterwirkung zwanglos zu erklären ist.

Andere interessante inhomogene Halbleiter werden in sogenannten *Halbleiter-Heterostrukturen* realisiert. Diese bestehen aus unterschiedlichen Halbleitern auf beiden Seiten der Trennschicht. Insbesondere Halbleiter mit gleicher Gitterstruktur und fast gleicher Gitterkonstanten lassen sich mit den Methoden der modernen Epitaxie kristallin aufeinander wachsen. Haben die beiden Materialien unterschiedliche elektronische Eigenschaften, insbesondere verschiedene Bandlücken, lassen sich so Bauelemente mit –auch für die Anwendung– interessanten Eigenschaften herstellen. Beispiele für Halbleiter, die wegen gleicher Gitterstruktur und Gitterkonstanten besonders gut zu Heterostrukturen kombinierbar sind, sind GaAs/Ge, GaAs/AlAs, CdTe/HgTe, $Ga_{1-x}Al_xAs$/GaAs, etc. Die Schärfe des Übergangs von einem zum anderen Halbleitermaterial kann im Bereich einer Atomlage liegen.

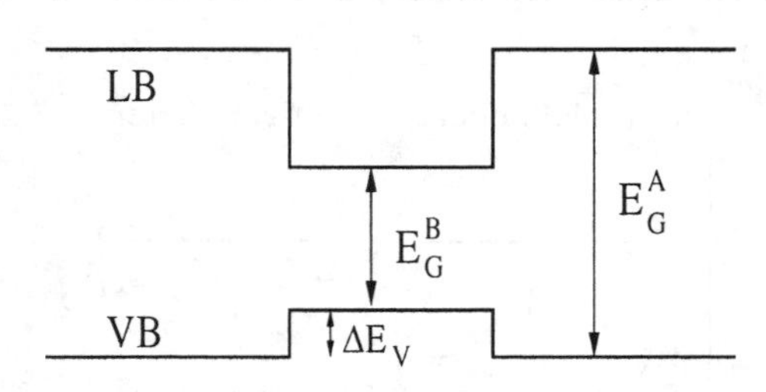

Bild 9.13 Quantentrog aus zwei Halbleitermaterialien A und B verschiedener Bandlücke E_G

In einer solchen Struktur gibt es an der Trennebene eine abrupte Änderung der Energielücke. In der Regel bedeutet dies einen Sprung sowohl im Leitungsband als auch im Valenzband. Man spricht in diesem Zusammenhang auch von Valenz- bzw. Leitungs-*Band-Versatz* bzw. -Diskontinuität ΔE_V bzw. ΔE_L. Eine mikroskopische Voraussage, wie sich der Sprung in der gesamten Bandlücke E_G auf Valenz- und Leitungs-Band-Versatz aufteilt, ist schwierig. Eine Vorstellung ist, daß sich die Energieskalen beider Halbleiter so anpassen müssen, daß die Vakuumenergien, also das niedrigste Energie-Niveau eines freien, nicht mehr an den Festkörper gebundenen Elektrons in beiden Teilsystemen übereinstimmen. Andere Modelle gehen davon aus, daß auch Grenzflächenzustände und Ladungstransfer an der Trennebene zu berücksichtigen sind, um die Bandversätze zu bestimmen.

Bringt man einige Lagen eines Halbleitermaterials B zwischen ein passendes Halbleitermaterial A mit größerer Bandlücke, so hat man einen sogenannten *Quanten-Trog* (engl.:„quantum well") erzeugt. Eine für einen solchen Quanten-Trog typische Situation hinsichtlich der Bandlücken und Band-Versätze ist in Abbildung 9.13 skizziert. Betrachtet man das Leitungsband von A als die Zustände eines freien Elektronengases, so sind im B-Bereich im Prinzip auch Zustände mit „negativer Energie" (von der A-Valenzband-Unterkante aus gesehen) möglich. Man hat damit in z-Richtung praktisch das –in der elementaren Quantenmechanik immer als Übungsaufgabe behandelte– Modell des endlich tiefen, eindimensionalen Potentialtopfs realisiert. Aus der Quantenmechanik ist bekannt, daß es dann einen oder mehrere gebundene Zustände in diesem Potentialtopf geben kann, also Zustände, die in ihrer Ausdehnung in z-Richtung auf diesen Potentialtopf (und damit auf den B-Bereich) beschränkt sind und nach außen hin (also im A-Bereich) exponentiell abfallen und die Eigenenergien haben, die „negativ" sind von der Leitungsbandkante des A-Systems aus gesehen, aber höher als die Tiefe des Potentialtopfs, also die Leitungsbandkante des B-Systems, liegen. Je nach Tiefe des „Potential-Topfs" kann es auch mehrere solcher Zustände geben; diese sind dann aber diskret, d.h. quantisiert. Parallel zur Trennschicht herrscht aber noch Translationsinvarianz, so daß sich insgesamt quasi-zweidimenionale Energie-Bänder formen. Das gleiche gilt –bei entsprechendem Band-Versatz– auch für das Valenzband; hier gibt es im Potentialtopf gebundene Loch-Zustände, die dann ebenfalls ein quasizweidimensionales Subband bilden können. Die genaue energetische Lage der gebundenen Niveaus kann man durch Variation der Breite des Troges einstellen. Entsprechend ergeben sich neue Absorptionslinien, d.h. Anregungsenergien in der optischen Spektroskopie, und die Berücksichtigung von Wechselwirkungsefffekten führt zu neuen Exzitonen-Niveaus in solchen Strukturen.

Auch Vielfach-Quantentröge sind zu erzeugen und finden Anwendungen für optische Wellenleiter, Leuchtdioden oder Halbleiter-Laserstrukturen. Eine periodische Anordnung von Quantentrögen ist ebenfals realisierbar; man hat dann praktisch in z-Richtung ein Übergitter aus Potentialtöpfen. Wenn die gebundenen Zustände des einzelnen Potentialtopfs überlappen, bilden sich aus diesen Zuständen wieder neue Energiebänder; man kann also artifizielle Kristalle mit größerer Gitterkonstanten erzeugen und daran eventuell Effekte zu finden versuchen, die in einem herkömmlichen Kristall nur schwer beobachtbar sind.

Schließlich können die eben beschriebenen Halbleiter-Heterostrukturen auch noch aus dotierten Halbleitern verschiedener Bandlücke erzeugt werden. Dann hat man eine Kombination der oben bei den p-n-Dioden diskutierten Effekte und der bei den Heterostrukturen diskutierten Effekte vorliegen. Auf größerer Längenskala bildet sich wieder eine Bandverbiegung aus, auf der kleineren atomaren Längenskala kommt es zusätzlich zu einer Diskontinuität in der Bandlücke, im allgemeinen in Form sowohl von Valenzband- als auch Leitungsband-Versatz.
Dies kann wieder sehr interessante Konsequenzen haben; konstruiert man z.B. eine Heterostruktur aus einem intrinsischen (undotierten) Halbleiter A mit kleiner Energielücke und einem n-dotierten Halbleiter B mit größerer Energielücke, so liegt im B-Volumensystem die Fermienergie kurz oberhalb der Donatorniveaus und unterhalb des Leitungsbandes und im A-Volumensystem etwa in der Bandmitte (siehe nebenstehende Skizze). Bei entsprechendem Leitungsband-Versatz kann dann in der Heterostruktur die Leitungsbandunterkante des A-Sytems niedriger liegen als die Donatorniveaus des B-Systems, weshalb es in der Nähe der Trennebene zu Übergängen von Elektronen aus den Donatorniveaus in unbesetzte Leitungsbandzustände auf der A-Seite kommt. Dadurch kommt es wieder zu einer elektrischen Polarisierung und Bandverbiegung bis keine weiteren Übergänge mehr möglich sind und das Ferminiveau auf beiden Seiten der Trennebene übereinstimmt. Jedenfalls kann es auf der Seite des A-Systems (mit der kleineren Energielücke) besetzte Leitungsbandzustände geben. Durch die Bandverbiegung und den Leitungs-Bandversatz an der A-B-Trennfläche bildet sich dort auf der A-Seite eine Art Dreieckspotential in z-Richtung für die Leitungsband-Elektronen; in diesem Dreieckspotential gibt es quantisierte Zustände, die räumlich in z-Richtung auf den Bereich dieses Potentials und damit auf eine dünne Schicht nahe der Trennfläche auf der A-Seite begrenzt sind. Diese Zustände liegen unterhalb der Fermi-Energie und werden daher besetzt. In x-y-Richtung herrscht Translationsinvarianz, so daß in dieser Schicht ein quasi-zweidimensionales Elektronensystem vorliegt. Analoge interessante Effekte kann man auch mit Heterostrukturen aus gleichdotierten (n-n-) und p- und n-dotierten Halbleitern verschiedener Energie-Lücke erreichen.

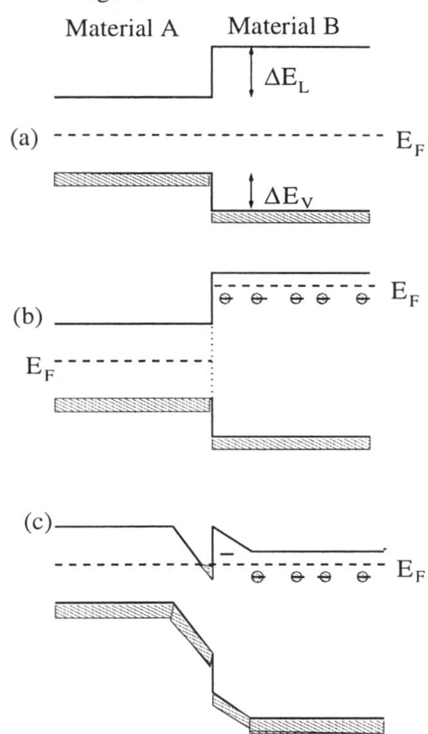

Bild 9.14 Realisierung eines 2-dimensionalen Elektronengases an der Trennfläche zweier Halbleiter mit verschiedener Bandlücke; (a) undotierter Fall, (b) Nichtgleichgewichtssituation bei n-Dotierung von Halbleiter B, (c) Gleichgewichtssituation nach Bandverbiegung bei n-Dotierung

Insgesamt scheinen den Möglichkeiten, neue interessante Strukturen auf der Basis von inhomogenen Halbleiter-Systemen zu erzeugen, kaum Grenzen gesetzt zu sein. Erwähnt werden sollen zum Abschluß noch sogenannte *n-i-p-i-Strukturen* auf der Basis von abwechselnd p- und n-dotiertem gleichen Halbleitermaterial, wobei „i" für die quasi-isolierenden Schichten um die Trennebene von p- und n-dotiertem Material steht, *Quanten-Drähte*, d.h. quasi-eindimensionale Systeme, die z.B. durch Kombination der oben beschriebenen Erzeugung von zweidimensionalen Elektronensystemen mit Ätztechniken erzeugt werden können, und neuerdings sogar „Quanten-Punkte" (englisch „quantum dots"), d.h. 0-dimensionale Systeme oder artifizielle Atome, mit denen man z.B. auch wieder die Grundmodelle der Quantenmechanik (Potentialtopf etc.) realisieren kann.

10 Festkörper im äußeren Magnetfeld

10.1 Ankopplung von Magnetfeldern, Dia- und Paramagnetismus

Ein magnetisches Feld koppelt – zumindest in der nicht-relativistischen Quantenmechanik– auf zwei verschiedene Arten an Materie und geladene Teilchen (Elektronen) in der Materie, nämlich einmal –wie jedes elektromagnetische Feld–über die Minimal-Ankopplung (Standard-Ersetzung)

$$\vec{p} \to \vec{p} - \frac{e}{c}\vec{A}(\vec{r})$$

wobei $\vec{A}$ das Vektorpotential ist, und zum anderen über den Spin, mit dem ja ein magnetisches Moment verbunden ist, über einen Zusatzterm zum Hamilton-Operator:

$$g\mu_B\vec{\sigma}\cdot\vec{B} = -\frac{e\hbar}{mc}\vec{S}\cdot\vec{B}$$

wobei

$$g = 2.002 \approx 2$$

der elektronische *g-Faktor* ist (für das freie Elektron) und

$$\mu_B = \frac{|e|\hbar}{2mc} > 0$$

das *Bohrsche Magneton*[1] (*e,m* freie Elektronen-Ladung bzw. -Masse). $\vec{\sigma}$ bezeichnet den (dimensionslosen) Spin des Elektrons, also den Vektor mit den drei Paulischen Spinmatrizen als Komponenten. Aus Gründen, die gleich unten klar werden, bezeichnet man in der Festkörperphysik die Ankopplung des Magnetfeldes über die Minimal-Kopplung auch manchmal als *diamagnetische Kopplung* und die Kopplung an den Spin als *Zeeman-Term*[2]. Der erste Beitrag liefert nämlich, wie gleich gezeigt werden soll, den Diamagnetismus. Der 2. Ankopplungs-Term ist hingegen für den Paramagnetismus verantwortlich. Der Hamilton-Operator für ein Elektron im Magnetfeld $\vec{B}$ lautet jetzt also:

$$H = \frac{(\vec{p}-\frac{e}{c}\vec{A})^2}{2m} - \frac{e\hbar}{2mc}\vec{\sigma}\cdot\vec{B} + \frac{e\hbar^2}{4m^2c^2}\frac{1}{r}\frac{dV}{dr}\vec{l}\cdot\vec{\sigma} + V(\vec{r}) \tag{10.1}$$

Hierbei ist der dritte Term auf der rechten Seite die *Spin-Bahn-Kopplung* und $V(\vec{r})$ ist das Potential, in dem sich das Elektron bewegt, z.B. ein atomares Potential oder auch das periodische Potential im Festkörper. Wir betrachten im folgenden nur ein homogenes statisches Magnetfeld in z-Richtung: $\vec{B} = (0,0,B)$. Dann ist in symmetrischer Eichung das Vektorpotential gegeben durch:

---

[1] N.Bohr, * 1885 in Kopenhagen, † 1962 ebd., seit 1916 Prof. in Kopenhagen, 1913 Bohrsches Atommodell, Erklärung des Periodensystems, 1927 mit Heisenberg Kopenhagener deutung der modernen Quantentheorie, ab 1935 Arbeiten zur Kernphysik, Nobelpreis 1922

[2] P.Zeeman, * 1865, † 1943, niederl. Physiker, Prof. in Amsterdam, entdeckte 1896 an Na, Cd, Zn die Aufspaltung der Spektrallinien im Magnetfeld, Nobelpreis 1902 (mit seinem Lehrer H.A.Lorentz)

$$\vec{A} = \frac{1}{2}(\vec{B} \times \vec{r}) = \frac{1}{2}(-By, Bx, 0) \tag{10.2}$$

Damit erhält man durch leichte Umrechnung:

$$(\vec{p} - \frac{e}{c}\vec{A})^2 = p^2 - \frac{e}{c}(\vec{p} \cdot \vec{A} + \vec{A} \cdot \vec{p}) + \frac{e^2}{c^2}\vec{A}^2 = \vec{p}^2 + \frac{eB}{2c}(p_x y + y p_x - p_y x - x p_y) + \frac{e^2 B^2}{4c^2}(x^2 + y^2)$$

$$H = \frac{p^2}{2m} + \mu_B(l_z + \sigma_z) \cdot B + \frac{e^2 B^2}{8mc^2}(x^2 + y^2) + \frac{e\hbar^2}{4m^2c^2}\frac{1}{r}\frac{dV}{dr}\vec{l} \cdot \vec{\sigma} + V(\vec{r}) \tag{10.3}$$

mit

$$\begin{aligned} L_z &= x p_y - y p_x = \frac{\hbar}{i}\left(x\frac{\partial}{\partial y} - y\frac{\partial}{\partial x}\right) = \hbar l_z \\ l_z &= \frac{1}{i}\left(x\frac{\partial}{\partial y} - y\frac{\partial}{\partial x}\right) \\ S_z &= \frac{\hbar}{2}\sigma_z = \frac{\hbar}{2}\begin{pmatrix} 1 & 0 \\ 0 & -1 \end{pmatrix} \end{aligned}$$

Somit koppelt also in linearer Ordnung der elektronische Drehimpuls, und zwar sowohl Bahndrehimpuls $\vec{L} = \hbar\vec{l}$ als auch der Spin $\vec{S} = \frac{\hbar}{2}\vec{\sigma}$, an das Magnetfeld. Es interessiert jetzt, wie das System auf dieses äußere Magnetfeld reagiert. Man erwartet, daß sich eine Magnetisierung einstellt. Zu berechnen ist daher der thermische Erwartungswert der Magnetisierung

$$\vec{M} = \langle\vec{\mu}\rangle = Sp(\rho\vec{\mu}) = -\frac{\partial}{\partial\vec{B}}F_s \tag{10.4}$$

wobei F_s die Dichte der freien Energie des magnetisierbaren Systems ist. Diese Beziehung folgt aus den Resultaten der Elektrodynamik und statistischen Thermodynamik. Betrachtet man nämlich das Differential der gesamten freien Energiedichte des Systems und des aufgebauten Magnetfelds, so gilt nach der Elektrodynamik (Energiedichte eines elektromagnetischen Feldes)

$$dF = -s dT + \frac{1}{4\pi}\vec{H}d\vec{B} = -s dT + \frac{1}{4\pi}\vec{B}d\vec{B} - \vec{M}d\vec{B} \tag{10.5}$$

wobei s die Entropiedichte ist und

$$\vec{H} = \vec{B} - 4\pi\vec{M}$$

benutzt wurde. Die Feldenergie des tatsächlich vorhandenen, von den äußeren Strömen und den inneren Strömen (magnetischen Momenten) im betrachteten System erzeugten $\vec{B}$-Feldes wird gerade durch den $\vec{B} \cdot d\vec{B}$-Term beschrieben, also gilt für die freie Energiedichte des Systems allein:

$$dF_s = -s dT - \vec{M}d\vec{B} \tag{10.6}$$

Betrachtet man also die gesamte freie Energie aus magnetisierbarem System plus Feld, dann sind $\vec{H}$ und $\vec{B}$ die thermodynamisch zueinander konjugierten Variablen (analog zu T,S oder p,V), nach denen z.B. eine Legendretransformation durchgeführt werden kann, um zu anderen thermodynamischen Potentialen zu gelangen. Betrachtet man aber nur das magnetisierbare System (ohne Feld), dann sind $\vec{M}$ und $\vec{B}$ zueinander konjugierte thermodynamische Variablen.

Die *statische magnetische Suszeptibilität* erhält man aus der Ableitung der Magnetisierung, also der 2. Ableitung der freien (oder inneren) Energie nach dem Magnetfeld:

$$\chi_{\alpha\beta} = \frac{\partial M_\alpha}{\partial B_\beta} = -\frac{\partial}{\partial B_\beta}\frac{\partial}{\partial B_\alpha} F_s \tag{10.7}$$

Dies ist – im Gegensatz zu den bei Linearen-Response-Behandlungen schon einmal eingeführten adiabatischen Suszeptibilitäten– eine *isotherme Suszeptibilität*. Man betrachtet hierbei den neu eingestellten Gleichgewichtszustand bei Anwesenheit des Feldes und berechnet die Magnetisierung als Gleichgewichtserwartungswert; das entspricht der physikalischen Vorstellung, daß die durch das Feld verursachte statische Störung lange genug gewirkt hat, um dem System die Relaxation in einen neuen Gleichgewichtszustand zu ermöglichen. Im Gegensatz dazu stellt man sich bei den adiabatischen Suszeptibilitäten eine durch das (dann in der Regel zeitabhängige) Feld verursachte Nichtgleichgewichts-Situation vor. Die statische magnetische Suszeptibilität kann also nach den Regeln der Gleichgewichts-Thermodynamik berechnet werden.

Für die freie Energie gilt wie üblich

$$F_s = -k_B T \ln \sum_n \exp[-\beta E_n]$$

wobei E_n die elektronischen Eigenwerte bei Anwesenheit des magnetischen Feldes sind. Dann folgt:

$$\vec{M} = -\frac{\partial F_s}{\partial \vec{B}} = \frac{-1}{\sum_n \exp[-\beta E_n]} \sum_n \frac{\partial E_n}{\partial \vec{B}} \exp[-\beta E_n] \tag{10.8}$$

was offenbar zu dem –physikalisch vernünftigen und zu erwartenden– Resultat führt

$$\vec{M} = \langle \vec{\mu} \rangle = -\mu_B \langle \vec{l} + \vec{\sigma} \rangle = \frac{e\hbar}{2mc} \langle \vec{l} + \vec{\sigma} \rangle = \frac{e}{2mc} \langle \vec{L} + 2\vec{S} \rangle \tag{10.9}$$

Die Magnetisierung ist also durch den thermodynamischen Mittelwert des magnetischen Momentes $\vec{\mu}$ bestimmt und dieses ist bis auf die Vorfaktoren durch Bahndrehimpuls und Spin gegeben. Man beachte, daß für Elektronen mit negativer Ladung ($e < 0$) das magnetische Moment entgegengesetzt orientiert ist wie der Drehimpuls (Spin und Bahndrehimpuls).

Für die Suszeptibilität erhält man dann speziell bei $\vec{B} = (0,0,B)$

$$\chi_{zz} = \frac{\partial}{\partial B} M_z = \frac{1}{Z} \sum_n \left(\frac{1}{k_B T} \left(\frac{\partial E_n}{\partial B} \right)^2 - \frac{\partial^2 E_n}{\partial B^2} \right) e^{-\beta E_n} - \frac{1}{Z^2 k_B T} \left(\sum_n \frac{\partial E_n}{\partial B} e^{-\beta E_n} \right)^2 \tag{10.10}$$

wobei

$$Z = \sum_n e^{-\beta E_n}$$

die kanonische Zustandssumme ist. In quantenmechanischer Störungsrechnung 2.Ordnung nach den explizit das Magnetfeld B enthaltenden Termen im Hamiltonoperator (10.3) ergibt sich für die Energieeigenwerte:

$$E_n = E_n^0 + \mu_B \langle n | l_z + \sigma_z | n \rangle B + \frac{e^2 B^2}{8mc^2} \langle n | (x^2 + y^2) | n \rangle + \mu_B^2 \sum_{m \neq n} \frac{|\langle n | l_z + \sigma_z | m \rangle|^2 B^2}{E_n^0 - E_m^0} \tag{10.11}$$

Im Grenzfall $B \to 0$ erhält man somit:

$$\frac{\partial E_n}{\partial B} = \mu_B \langle n | l_z + \sigma_z | n \rangle \quad , \quad \frac{\partial^2 E_n}{\partial B^2} = \frac{e^2}{4mc^2} \langle n | x^2 + y^2 | n \rangle + 2\mu_B^2 \sum_{m \neq n} \frac{|\langle n | l_z + \sigma_z | m \rangle|^2}{E_n^0 - E_m^0} \tag{10.12}$$

Bei Abwesenheit des –später zu besprechenden und auf Wechselwirkungseffekten beruhenden– kollektiven Magnetismus verschwindet der thermodynamische Erwartungswert der Magnetisierung bei Abwesenheit eines Magnetfeldes, weil die Zustände mit positivem und negativem magnetischen Moment mit gleicher Wahrscheinlichkeit angenommen werden und sich somit im Mittel kompensieren. Es gilt daher für $B \to 0$

$$M_z = -\frac{1}{Z} \sum_n \frac{\partial E_n}{\partial B} = -\frac{1}{Z} \sum_n \mu_B \langle n | l_z + \sigma_z | n \rangle = \langle \mu_z \rangle = 0 \tag{10.13}$$

Offenbar kann man die gesamte statische magnetische Suszeptibilität in drei Anteile zerlegen, also darstellen als:

$$\chi_{zz} = \chi_C + \chi_{vV} + \chi_{dia} \tag{10.14}$$

mit

$$\chi_C = \frac{\mu_B^2}{k_B T} \frac{\sum_n (\langle n | l_z + \sigma_z | n \rangle)^2 e^{-\beta E_n}}{\sum_n e^{-\beta E_n}} = \frac{\langle \mu_z^2 \rangle}{k_B T} > 0 \tag{10.15}$$

$$\chi_{vV} = -2 \sum_{m \neq n} \mu_B \frac{|\langle n | l_z + \sigma_z | m \rangle|^2}{E_n^0 - E_m^0} > 0 \tag{10.16}$$

und

$$\chi_{dia} = -2 \frac{e^2}{8mc^2} \langle x^2 + y^2 \rangle = -\frac{e^2}{6mc^2} \langle r^2 \rangle < 0 \tag{10.17}$$

Der erste Anteil zur Suszeptibilität χ_C ist positiv und temperaturabhängig; er folgt einem $1/T$-Gesetz, das auch als *Curie-Gesetz*[3]

$$\chi_C = \frac{C}{T} \tag{10.18}$$

bekannt ist. Offenbar gilt für die *Curie-Konstante*

$$C = \frac{\mu_B^2}{k_B} \frac{1}{Z} \sum_n \langle n | (l_z + \sigma_z) | n \rangle^2 \tag{10.19}$$

Sie enthält also den thermodynamischen Mittelwert über das Quadrat der Diagonalelemente des magnetischen Momentes; somit ist die Curie-Konstante positiv, wenn gilt

$$\langle n | l_z + \sigma_z | n \rangle \neq 0$$

[3] benannt nach Pierre Curie, französischer Physiker, * 1859 in Paris, † 1906 ebd., seit 1883 Professor an der Pariser Ecole de Physique et Chimie, ab 1904 an der Sorbonne, seit 1895 verheiratet mirt Marie Curie, Forschungsarbeiten über Radioaktivität und Kristallphysik, Nobelpreis 1903 (gemeinsam mit seiner Frau und H.Becquerel), entdeckte experimentell das Curiesche Gesetz

und dann ist $C \neq 0$ auch wenn der thermodynamische Mittelwert des magnetischen Moments selbst (unquadriert) verschwindet. Wenn die Suszeptibilität positiv ist, spricht man von *Paramagnetismus*; dann stellt sich bei kleinem Magnetfeld die Magnetisierung also parallel zum Feld ein. Es müssen dann aber offenbar schon magnetische Momente im System vorhanden sein, die Anlaß zu nicht-verschwindenden quantenmechanischen Diagonalelementen $\langle n|l_z + \sigma_z|n\rangle$ geben, auch wenn der thermodynamische Mittelwert darüber noch verschwindet.

Offenbar gibt es noch einen zweiten positiven Beitrag zur Suszeptibilität und damit einen zweiten Beitrag zum Paramagnetismus, den man als *van - Vleck - Paramagnetismus*[4] bezeichnet, nämlich χ_{vV} gemäß (10.16). Diese *van-Vleck-Suszeptibilität* ist für tiefe Temperaturen annähernd temperaturunabhängig, liefert also einen konstanten Beitrag zur paramagnetischen Suszeptibilität und sie ist positiv, da die Energieeigenwerte der angeregten Zustände $|m\rangle \neq |n\rangle$ größer als die Grundzustandsenergie sind. Tiefe Temperaturen bedeutet hier, daß die Anregungsenergie aus dem Grundzustand in energetisch höher liegende Zustände groß ist gegenüber thermischen Energien:

$$k_B T \ll E_m^0 - E_n^0$$

Im umgekehrten Grenzfall $k_B T \gg E_m^0 - E_n^0$ ergibt auch der van-Vleck-Beitrag ein $1/T$-Verhalten ähnlich wie der Curie-Beitrag.

Der dritte Beitrag χ_{dia}, die *diamagnetische Suszeptibilität*, ist dagegen stets negativ. Die entsprechende Magnetisierung bei kleinen Feldern ist also dem Magnetfeld entgegengerichtet. Elementar klassisch physikalisch erklärt man dies gewöhnlich damit, daß das Magnetfeld im System Kreisströme induziert, die gemäß der Lenzschen Regel ihrer Ursache entgegengerichtet sind, d.h. das magnetische Moment des induzierten Kreisstroms versucht das es verursachende Magnetfeld zu schwächen. Diese Vorstellung ist jedoch zu naiv. Man kann nämlich zeigen, daß es keinen klassischen Diamagnetismus gibt (Bohr-van-Leeuwen-Theorem). Ein mit der klassischen Zustandssumme berechneter thermodynamischer Erwartungswert der Magnetisierung (bei endlichem kleinen Magnetfeld) und die daraus durch Ableitung berechnete Suszeptibilität verschwinden. Dies liegt anschaulich daran, daß sich die oben erwähnten Kreisströme „benachbarter" Kreise gegenseitig kompensieren, so daß höchstens die – im thermodynamischen Limes, also bei makroskopischen Systemen keine Rolle mehr spielenden– Randströme von der klassischen Induktion übrig bleiben. Diamagnetismus ist also –genau wie Paramagnetismus – ein reiner Quanteneffekt und in der klassischen Physik nicht zu verstehen. Der diamagnetische Anteil der Suszeptibilität rührt offenbar allein von der Standard-Ersetzung $\vec{p} \to \vec{p} - \frac{e}{c}\vec{A}$ her, weshalb man dies auch, wie oben bereits erwähnt, als diamagnetische Ankopplung bezeichnet; allerdings rührt auch ein Beitrag zum Paramagnetismus daher, nämlich gerade das durch den Bahndrehimpuls erzeugte magnetische Moment. Im allgemeinen sind diamagnetische und paramagnetische Beiträge simultan vorhanden, und dann überwiegt meist der Paramagnetismus; wenn aber der Gesamt-Drehimpuls verschwindet, ergibt sich kein paramagnetischer Beitrag und somit reiner Diamagnetismus.

In diesem Abschnitt wurde konsequent nur ein einzelnes Elektron im Magnetfeld betrachtet. Alle Ergebnisse lassen sich aber unschwer auf ein System von N Elektronen übertragen, solange Wechselwirkungen nicht zu berücksichtigen sind. In den folgenden Abschnitten werden einige Modelle betrachtet, die jeweils nur einen Aspekt des bzw. Beitrag zum Magnetismus explizit berücksichtigen.

[4] J.H.van Vleck, amerikanischer Physiker, * 1899 in Middletown (Connecticut), † 1980 in Boston, Professor an der Harvard-University, formulierte die Quantentheorie des Magnetismus, Nobelpreis 1977

10.2 Paramagnetismus lokalisierter magnetischer Momente

Wir betrachten ein System von N Atomen oder Ionen, von denen jedes eine nicht vollständig gefüllte Elektronenschale haben soll. Nach den Regeln der Atomphysik gibt es dann an jedem Platz einen Gesamtdrehimpuls $\vec{J} = \vec{L} + \vec{S}$ aller Elektronen in der äußeren Schale, und mit diesem Drehimpuls ist ein magnetisches Moment $\vec{\mu} = -g\mu_B\vec{J}$ verbunden. Dabei gilt nach den Regeln der Atomphysik bzw. Quantenmechanik

$$g = 1 + \frac{J(J+1) + S(S+1) - L(L+1)}{2J(J+1)} \tag{10.20}$$

wobei J die Quantenzahl des Gesamtdrehimpulses, L die des Bahndrehimpulses und S die des Gesamt-Spins ist. In einem Magnetfeld $\vec{B}$ ist der vereinfachte Hamilton-Operator (ohne Berücksichtigung der diamagnetischen Anteile und der inneren Struktur der Atomhüllen) dann gegeben durch:

$$H = -\sum_i \vec{\mu} \cdot \vec{B}(\vec{R}_i) = \sum_i g\mu_B J_z B \tag{10.21}$$

wenn $\vec{R}_i$ der Ort des i-ten Atoms ist; im homogenen Magnetfeld in z-Richtung ist $\vec{B}(\vec{R}_i) = \vec{B} = (0,0,B)$ ortsunabhängig.

Es ist nun eine einfache Übungsaufgabe zur Statistischen Physik, für diesen Hamilton-Operator (10.21) die Zustandssumme und die gesamte Thermodynamik zu berechnen. Man erhält:

$$Z = \mathrm{Sp}\, e^{-\beta H} = \mathrm{Sp}\, e^{-\beta \sum_i \mu_B B J_z} = \prod_{i=1}^{N} \sum_{m_J=-J}^{+J} e^{-\beta\mu_B B m_J} \tag{10.22}$$

Die Summation läßt sich elementar durchführen mit dem Ergebnis

$$Z = \prod_{i=1}^{N} \frac{1 - e^{-g\mu_B B(2J+1)\beta}}{1 - e^{-g\mu_B B\beta}} = \prod_{i=1}^{N} \frac{e^{g\mu_B B(J+\frac{1}{2})\beta} - e^{-g\mu_B B(J+\frac{1}{2})\beta}}{e^{g\mu_B B\beta\frac{1}{2}} - e^{-g\mu_B B\beta\frac{1}{2}}} \tag{10.23}$$

Für die freie Energie erhält man

$$F = -k_B T \ln Z = -Nk_B T \ln \frac{e^{g\mu_B B(J+\frac{1}{2})\beta} - e^{-g\mu_B B(J+\frac{1}{2})\beta}}{e^{g\mu_B B\beta\frac{1}{2}} - e^{-g\mu_B B\beta\frac{1}{2}}} \tag{10.24}$$

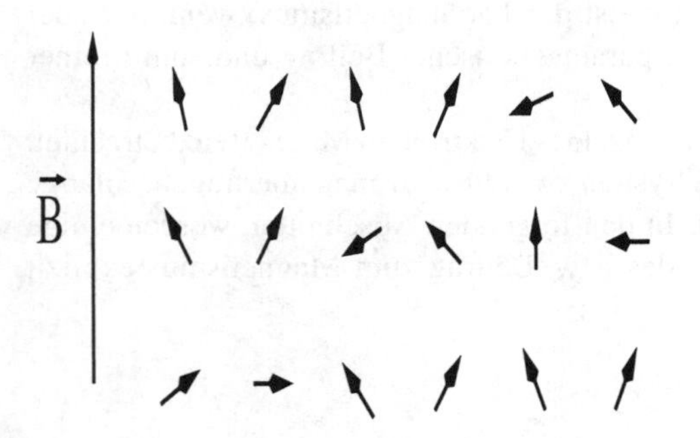

Bild 10.1 Freie „Spins" (magnetische Momente) im Magnetfeld

Die Gesamt-Magnetisierung ergibt sich dann zu

$$M = -\frac{\partial}{\partial B}F = Ng\mu_B\left((J+\frac{1}{2})\coth(\beta g\mu_B B(J+\frac{1}{2})) - \frac{1}{2}\coth(\frac{1}{2}\beta g\mu_B B)\right) = Ng\mu_B J B_J(gJ\mu_B B\beta) \tag{10.25}$$

mit der sogenannten *Brillouin-Funktion*

$$B_J(x) = \frac{2J+1}{2J}\coth(\frac{2J+1}{2J}x) - \frac{1}{2J}\coth(\frac{x}{2J}) \tag{10.26}$$

Diese ist nebenstehend für verschiedene J dargestellt; sie geht offenbar asymptotisch für große x gegen 1 und ist linear im Bereich kleiner $x \ll 1$. Die Magnetisierung geht daher für hohe Magnetfelder B oder sehr tiefe Temperaturen gegen den Wert der Sättigungsmagnetisierung

$$M \to Ng\mu_B J \tag{10.27}$$

Dann sind alle magnetischen Momente ausgerichtet und eine weitere Erhöhung der Magnetisierung ist nicht mehr möglich. Wegen

$$\coth(x) \approx \frac{1}{x} + \frac{x}{3} + \ldots$$

gilt asymptotisch im umgekehrten Grenzfall für kleine x:

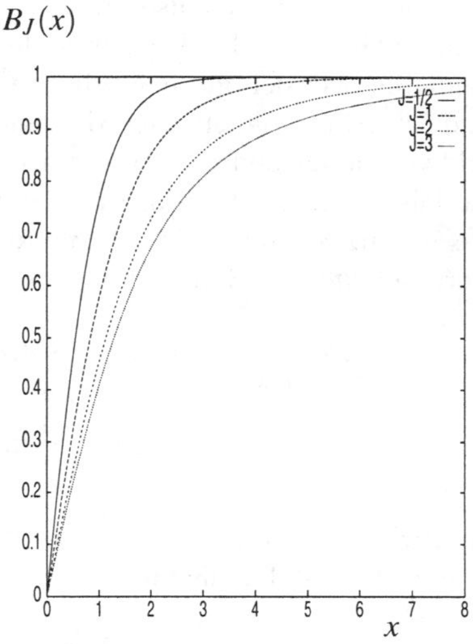

Bild 10.2 Brillouin-Funktion für verschiedene J

$$B_J(x) \approx \left(1 + \frac{1}{J}\right)\frac{x}{3} \tag{10.28}$$

Daraus folgt für die Magnetisierung im Grenzfall kleiner Magnetfelder B oder hoher Temperaturen T:

$$M \approx N\frac{J+1}{J}g\mu_B J\frac{g\mu_B JB\beta}{3} = N\frac{(g\mu_B)^2 J(J+1)}{3k_B T}B \tag{10.29}$$

Daraus erhält man für die Suszeptibilität im Grenzfall kleiner B:

$$\chi = \left.\frac{\partial M}{\partial B}\right|_{B\to 0} = N\frac{(g\mu_B)^2 J(J+1)}{3k_B T} \tag{10.30}$$

Für die paramagnetische Suszeptibilität ergibt sich also wieder ein Curie-Gesetz im Grenzfall kleiner Magnetfelder bzw. für hinreichend hohe Temperaturen T:

$$\chi = \frac{C}{T} \text{ mit der Curie-Konstanten: } C = N\frac{J(J+1)}{3k_B}(g\mu_B)^2 \tag{10.31}$$

Werden die magnetischen Momente speziell durch einen einfachen Spin $J = S = \frac{1}{2}$ verursacht, folgt mit $g = 2$ für die Curie-Konstante

$$C = N\frac{\mu_B^2}{k_B} \tag{10.32}$$

Die Brillouin-Funktion vereinfacht sich dann zum Tangens hyperbolicus:

$$B_{1/2}(x) = \tanh(x) \overset{(10.25)}{\to} M = N\mu_B\tanh\left(\frac{\mu_B B}{k_B T}\right) \tag{10.33}$$

10.3 Pauli-Paramagnetismus von Leitungselektronen

In der eben besprochenen Behandlung des Curie-Paramagnetismus ging man aus von lokalisierten magnetischen Momenten, die von den Rumpf-Elektronen in den –nicht vollständig gefüllten– Atomen oder Ionen des Festkörpers gebildet werden. Die magnetischen Momente sind dann also unbeweglich, bleiben also mit dem Atom an einem festen Ort. Man kann aber auch den umgekehrten Grenzfall delokalisierter, durch den ganzen Kristall beweglicher magnetischer Momente studieren. Mit den gut beweglichen Leitungselektronen in Metallen ist ja auch jeweils ein Spin und damit ein magnetisches Moment verbunden, und diese Momente sind auch ohne das Magnetfeld vorhanden und werden vom Magnetfeld eventuell ausgerichtet. Von den Leitungselektronen ist daher auch ein Beitrag zum Paramagnetismus zu erwarten. Wir betrachten dazu ein Modell, das nur die Kopplung des Magnetfelds an den Elektronenspin berücksichtigt. In zweiter Quantisierung lautet der Hamilton-Operator für freie Elektronen im Magnetfeld daher:

$$\begin{aligned} H &= \sum_{\vec{k},\sigma} \varepsilon_{\vec{k}} c^\dagger_{\vec{k}\sigma} c_{\vec{k}\sigma} + \mu_B B \sum_{\vec{k}} \left(c^\dagger_{\vec{k}\uparrow} c_{\vec{k}\uparrow} - c^\dagger_{\vec{k}\downarrow} c_{\vec{k}\downarrow} \right) \\ &= \sum_{\vec{k}} \left(\varepsilon_{\vec{k}} + \mu_B B \right) c^\dagger_{\vec{k}\uparrow} c_{\vec{k}\uparrow} + \sum_{\vec{k}} \left(\varepsilon_{\vec{k}} - \mu_B B \right) c^\dagger_{\vec{k}\downarrow} c_{\vec{k}\downarrow} \end{aligned} \tag{10.34}$$

Hierbei wurde berücksichtigt, daß die z-Komponente des Spins aller Elektronen in 2.Quantisierung sich darstellen läßt als

$$S_z = \frac{1}{2} \sum_{\vec{R}} \left(c^\dagger_{\vec{R}\uparrow} c_{\vec{R}\uparrow} - c^\dagger_{\vec{R}\downarrow} c_{\vec{R}\downarrow} \right) = \frac{1}{2} \sum_{\vec{k}} \left(c^\dagger_{\vec{k}\uparrow} c_{\vec{k}\uparrow} - c^\dagger_{\vec{k}\downarrow} c_{\vec{k}\downarrow} \right) \tag{10.35}$$

Daher gilt für die z-Komponente des magnetischen Moments

$$\mu_z = -g\mu_B S_z = -\mu_B \sum_{\vec{k}} \left(c^\dagger_{\vec{k}\uparrow} c_{\vec{k}\uparrow} - c^\dagger_{\vec{k}\downarrow} c_{\vec{k}\downarrow} \right) \tag{10.36}$$

und für den Anteil des Hamilton-Operators, der die Kopplung an das Magnetfeld (in z-Richtung) beschreibt

$$H' = -\vec{\mu}\vec{B} = -\mu_z \cdot B = \mu_B B \sum_{\vec{k}} \left(c^\dagger_{\vec{k}\uparrow} c_{\vec{k}\uparrow} - c^\dagger_{\vec{k}\downarrow} c_{\vec{k}\downarrow} \right) \tag{10.37}$$

Zu berechnen ist wieder die Magnetisierung, die sich als Folge des angelegten B-Feldes einstellt, und die z-Komponente der Magnetisierung ist durch den thermischen Erwartungswert des magnetischen Momentes gegeben.

Also ergibt sich

$$M = \langle \mu_z \rangle = -\mu_B \sum_{\vec{k}} \left(\langle c^\dagger_{\vec{k}\uparrow} c_{\vec{k}\uparrow} \rangle - \langle c^\dagger_{\vec{k}\downarrow} c_{\vec{k}\downarrow} \rangle \right) \tag{10.38}$$

Gemäß (10.34) sind sowohl die Spin-$\uparrow$- als auch die Spin-$\downarrow$-Elektronen auch im Magnetfeld weiterhin freie Elektronen nur mit leicht verschobenen Einteilchen-Eigenenergien $\varepsilon \pm \mu_B B$. Daher lassen sich die Teilchenzahlerwartungswerte weiterhin durch einfache Fermifunktionen ausdrücken und man erhält

$$\begin{aligned} M &= -\mu_B \int d\varepsilon \big(f(\varepsilon + \mu_B B) \rho_0(\varepsilon + \mu_B B) \\ &- f(\varepsilon - \mu_B B) \rho_0(\varepsilon - \mu_B B) \big) \end{aligned} \tag{10.39}$$

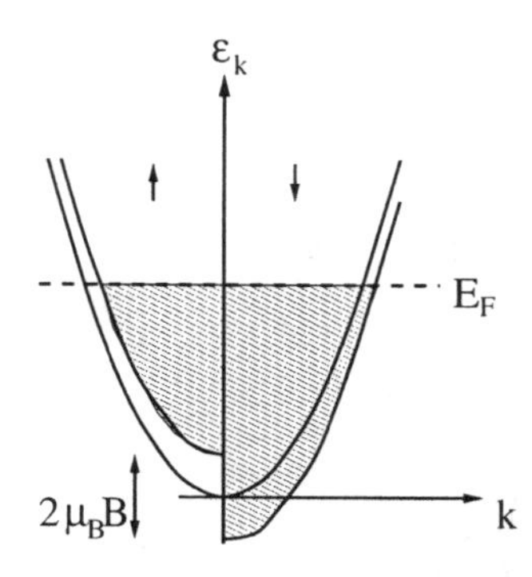

Bild 10.3 Energiedispersion freier Elektronen mit Zeeman-Kopplung an ein Magnetfeld

wobei $\rho_0(\varepsilon)$ die Zustandsdichte der freien Elektronen bezeichnet. Im Grenzfall kleiner B bleibt diese konstant über Energieintervalle $\pm\mu_B B$, dann folgt durch Entwickeln der Fermi-Funktion:

$$M = -2\mu_B^2 B \int d\varepsilon \rho_0(\varepsilon) \frac{df}{d\varepsilon} = 2\mu_B^2 B \int d\varepsilon \rho_0(\varepsilon) \left(-\frac{df}{d\varepsilon}\right) \tag{10.40}$$

Beschränkt man sich zusätzlich noch auf tiefe Temperaturen, dann geht die negative Ableitung der Fermifunktion bekanntlich in eine Delta-Funktion bei der Fermi-Energie ε_F über und es folgt:

$$M = 2\mu_B^2 B \rho_0(\varepsilon_F) \tag{10.41}$$

Damit erhält man für die *Pauli - Suszeptibilität*[5] (für tiefe Temperaturen)

$$\boxed{\chi_{Pauli} = 2\mu_B^2 \rho_0(\varepsilon_F)} \tag{10.42}$$

Also hat man in Metallen für $T \to 0$ einen konstanten, temperaturunabhängigen paramagnetischen (d.h. positiven) Beitrag zur Suszeptibilität zu erwarten. Dieser ist, analog zum linearen T-Koeffizienten (γ, vgl. Kapitel 4.8) der spezifischen Wärme, direkt proportional zur elektronischen Zustandsdichte an der Fermienergie und damit zur (effektiven) Masse der Leitungselektronen. Zusammen mit Messungen der spezifischen Wärme stellen Messungen der Suszeptibilität und ihrer Temperaturabhängigkeit daher ein konzeptionell relativ einfaches Mittel zur Untersuchung der elektronischen Struktur von Metallen dar.

10.4 Landau - Diamagnetismus freier Elektronen

Leitungselektronen koppeln allerdings nicht nur, wie im vorigen Abschnitt angenommen, über ihren Spin an das Magnetfeld; da es sich ja um geladene Teilchen handelt, koppeln sie vielmehr auch über die Standard-Ersetzung $\vec{p} \to \vec{p} - \frac{e}{c}\vec{A}$ an das Magnetfeld, also über die sogenannte diamagnetische Kopplung. Durch diese Kopplung ist auch ein diamagnetischer (negativer) Beitrag zur Suszeptibilität zu erwarten. Um diesen allein und getrennt von den paramagnetischen Beiträgen zu berechnen, berücksichtigen wir in diesem Abschnitt den Spin der Elektronen und seine Kopplung an das Magnetfeld nicht. Wir betrachten also das Modell spinloser Fermionen im Magnetfeld. Der Hamiilton-Operator ist dann in 1. Quantisierung gegeben durch:

[5] benannt nach Wolfgang Pauli, siehe Fußnote S. 106

$$H=\sum_{i=1}^{N}\frac{\left(\vec{p}_i-\frac{e}{c}\vec{A}(\vec{r}_i)\right)^2}{2m}=\sum_i\frac{1}{2m}\left(\vec{p}_i^2-2\frac{e}{c}\vec{p}_i\vec{A}(\vec{r}_i)+\frac{e^2}{c^2}\vec{A}^2(\vec{r}_i)\right) \tag{10.43}$$

Wir betrachten wieder ein Magnetfeld in z-Richtung und benutzen die Landau[6]-Eichung:

$$\vec{A}=(0,Bx,O)\rightarrow\vec{B}=(0,0,B)\,,\,\mathrm{div}\,\vec{A}=0\rightarrow\vec{p}\vec{A}=\vec{A}\vec{p}$$

Daraus ergibt sich für den Hamilton-Operator

$$H=\sum_i\left(\frac{p_{ix}^2}{2m}+\frac{p_{iy}^2}{2m}+\frac{p_{iz}^2}{2m}-\frac{eB}{mc}p_{iy}x_i+\frac{e^2B^2}{2mc^2}x_i^2\right) \tag{10.44}$$

Da keine Wechselwirkung zwischen den Elektronen berücksichtigt wird, genügt die Betrachtung eines einzelnen Elektrons:

$$H_i=\frac{p_x^2}{2m}+\frac{m}{2}\omega_0^2\left(x-\frac{p_y}{m\omega_0}\right)^2+\frac{p_z^2}{2m} \tag{10.45}$$

mit der *Zyklotron-Frequenz*

$$\omega_0=\frac{eB}{mc} \tag{10.46}$$

Diese entspricht der klassischen Umlauffrequenz für Teilchen im Magnetfeld; klassisch durchlaufen geladene Teilchen ja in einem Magnetfeld (0,0,B) wegen der Lorentzkraft eine Kreisbahn in der xy-Ebene bzw. Spiralbahnen, falls eine Geschwindigkeitskomponente in z-Richtung vorliegt.

Für die Einteilchen - Wellenfunktion kann man folgenden Ansatz machen:

$$\Psi(\vec{r})=c\varphi(x)e^{ik_yy}e^{ik_zz} \tag{10.47}$$

mit einer Normierungskonstanten c. Es ist nämlich plausibel, für die y- und z-Abhängigkeit ebene Wellen anzusetzen, weil der Hamilton-Operator eben nicht mehr explizit von y und z abhängt; von der x-Koordinate hängt er aber explizit ab, was vom Vektorpotential herrührt. Geht man mit diesem Ansatz für die Wellenfunktion in die Schrödinger-Gleichung ein, folgt:

$$H\Psi(\vec{r})=\left(\frac{p_x^2}{2m}+\frac{m}{2}\omega_0^2\left(x-\frac{\hbar k_y}{m\omega_0}\right)^2+\frac{\hbar^2k_z^2}{2m}\right)c\varphi(x)e^{ik_yy}e^{ik_zz}=Ec\varphi(x)e^{ik_yy}e^{ik_zz} \tag{10.48}$$

Kürzt man die auf beiden Seiten der Differential-(Eigenwert-) Gleichung als Faktoren stehenden ebenen Wellen, bleibt offenbar die Schrödinger-Gleichung für einen eindimensionalen verschobenen harmonischen Oszillator für die x - Komponente übrig. Daher können wir die Ergebnisse der elementaren Quantenmechanik für die Eigenwerte und Eigenfunktionen des eindimensionalen harmonischen Oszillators übernehmen und finden so:

$$\phi(x)=\phi_n\left(\frac{x-x_0}{\lambda}\right)\ \mathrm{mit}\ x_0=\frac{\hbar k_y}{m\omega_0}=\frac{\hbar ck_y}{eB},\lambda=\sqrt{\frac{\hbar}{m\omega_0}}=\sqrt{\frac{\hbar c}{eB}} \tag{10.49}$$

[6] benannt nach D.Landau, siehe Fußnote S. 171

Hierbei sind die ϕ_n ($n = 0,1,2,\ldots$ natürliche Zahl) die Oszillator - Eigenfunktionen, also die Hermite -Polynome und λ ist die magnetische Länge. Für die Energie - Eigenwerte erhält man:

$$E_{n,k_y,k_z} = \hbar\omega_0\left(n+\frac{1}{2}\right)+\frac{\hbar^2k_z^2}{2m} \tag{10.50}$$

wobei die *Landau-Quantenzahl n* der Oszillator-Quantenzahl entspricht. Bei Wahl obiger Eichung sind die Energie-Eigenwerte und Eigen-Funktionen also durch drei Quantenzahlen zu charakterisieren, nämlich die Landau-Quantenzahl n und die Wellenzahl-Komponenten in y- und z-RIchtung k_y,k_z. Die Eigenwerte hängen aber offenbar gar nicht von k_y ab, sind also bzgl. k_y entartet. Von k_y hängt nur der Mittelpunkt x_0 des effektiven harmonischen Oszillators für die x-Komponente ab, da aber die Energien eines Oszillators unabhängig von seinem Mittelpunkt (anschaulich dem Punkt, um den er schwingt,) sind, sind die Eigenenergien unabhängig von k_y. Den Entartungsgrad kann man bestimmen aus der Forderung, daß die Oszillator-Mittelpunkte x_0 im System sein müssen, also

$$x_0 = \frac{\hbar k_y}{m\omega_0} \leq L_x \tag{10.51}$$

Nimmt man periodische Randbedingungen in y - Richtung an, gilt

$$k_y = \frac{2\pi l_y}{L_y} \qquad \text{mit } l_y \varepsilon N$$

Also folgt:

$$\frac{2\pi\hbar l_y}{m\omega_0 L_y} \leq L_x \to l_y \leq \frac{m\omega_0 L_x L_y}{2\pi\hbar} \tag{10.52}$$

Der Entartungsgrad entspricht der Zahl der erlaubten k_y-Werte, d.h. der Zahl der l_y-Werte, also ist der Entartungsgrad eines *Landau-Niveaus*:

$$\frac{m\omega_0 L_x L_y}{2\pi\hbar} = \frac{|e|B}{c}\frac{L_x L_y}{2\pi\hbar} \tag{10.53}$$

Die Randbedingungen können hier in y- und z-Richtung wie üblich als periodisch angesehen werden, in x-Richtung gibt es aber Probleme. Da die Ergebnisse des eindimensionalen Oszillators übernommen werden, muß man streng genommen ein unendlich ausgedehntes System in x-Richtung annehmen. Zur Ermittlung des Entartungsgrades wurde aber wieder von einer endlichen Systemausdehnung L_x in x-Richtung ausgegangen. Da die Oszillator-Eigenfunktionen sehr schnell abfallen für genügend große Abstände vom Oszillatormittelpunkt, ist es zumindest plausibel, daß dies keine Rolle spielt, solange der Oszillatormittelpunkt nicht „zu dicht“ am Rand liegt. Ein harmonisches Oszillatorproblem mit (festen oder periodischen) Randbedingungen ist ungleich schwerer zu behandeln, und in der hier durchgeführten relativ elementaren Behandlung soll daher auf realistischere Randbedingungen etc. verzichtet werden.

Man kann nun wieder die gesamte Thermodynamik berechnen und aus der freien Energie die Magnetisierung und die Suszeptibilität durch Ableitung nach dem Magnetfeld bestimmen. Statt freier Elektronen mit Dispersion $\varepsilon_{\vec{k}} = \frac{\hbar^2k^2}{2m}$ liegen jetzt wechselwirkungsfreie Fermionen mit Einteilchenenergien E_{n,k_y,k_z} vor, also ein Satz von Einteilchenquantenzahlen $\alpha \equiv (n,k_y,k_z)$ statt $\vec{k}$. Die Gesetze und Ergebnisse der statistischen Thermodynamik für das Fermigas können aber übernommen werden. Für die freie Energie bzw. das großkanonisches Potential ergibt sich:

$$\begin{aligned} \phi &= -2k_BT\sum_\alpha \ln\left(1+e^{-\beta(\varepsilon_\alpha-\mu)}\right) = -2k_BT\frac{L_z}{2\pi\hbar}\int dk_z\frac{eB}{c}\frac{L_xL_y}{2\pi\hbar}\sum_{n=0}^{\infty}\ln\left(1+e^{-\beta(\varepsilon_\alpha-\mu)}\right) \\ &= -\frac{k_BTV}{2\pi^2\hbar^2}\frac{|e|B}{c}\sum_{n=0}^{\infty}\int dk_z \ln\left[1+e^{-\beta\left(\hbar\omega_0\left(n+\frac{1}{2}\right)+\frac{\hbar^2k_z^2}{2m}-\mu\right)}\right] \end{aligned} \tag{10.54}$$

bzw.

$$\phi = \frac{ek_BTV}{2\pi^2\hbar^2}\frac{B}{c}\sum_{n=0}^{\infty} g\left(\mu-\hbar\omega_0\left(n+\frac{1}{2}\right)\right) \tag{10.55}$$

mit

$$g(\mu-x) = \int dk_z \ln\left(1+e^{\beta\left(\mu-x-\frac{\hbar^2k_z^2}{2m}\right)}\right)$$

Zur Auswertung der diskreten Summe über die Landauquantenzahl n benutzen wir die Euler - McLaurinsche Summenformel

$$\sum_{n=0}^{\infty} F\left(n+\frac{1}{2}\right) = \int_0^{\infty} F(x)dx + \frac{1}{24}F'(0) \tag{10.56}$$

Damit ergibt sich:

$$\begin{aligned} \sum_{n=0}^{\infty} g\left(\mu-\hbar\omega_0\left(n+\frac{1}{2}\right)\right) &= \int_0^{\infty} g\left(\mu-\hbar\omega_0 x\right)dx + \frac{1}{24}\frac{d}{dx}g(x)\Big|_{x=0} \\ &= \frac{1}{\hbar\omega_0}\int_{-\infty}^{\mu} dy g(y) - \frac{\hbar\omega_0}{24}\frac{d}{dy}g(y)\Big|_{y=\mu} \end{aligned} \tag{10.57}$$

mit $y=\mu-\hbar\omega_0 x$. Für das großkanonische Potential erhält man

$$\phi = \frac{k_BTm}{2\pi^2\hbar^3}V\left[\int_{-\infty}^{\mu} dy g(y) - \frac{(\hbar\omega_0)^2}{24}\frac{d}{dy}g(y)\Big|_{\mu}\right] \tag{10.58}$$

In diesem Ausdruck ist der 1. Term B - unabhängig, also letztlich der gleiche wie ohne Magnetfeld; also gilt:

$$\phi = \phi_0(T,\mu) - \frac{\hbar^2e^2B^2}{24m^2c^2}\frac{\partial^2}{\partial\mu^2}\phi_0(T,\mu) \tag{10.59}$$

mit

$$\phi_0(T,\mu) = \int_{-\infty}^{\mu} dy g(y) = \int_{-\infty}^{\mu} dy \int dk_z \ln\left(1+e^{\beta\left(y-\frac{\hbar^2k_z^2}{2m}\right)}\right)$$

Für die Magnetisierung folgt:

$$M = -\frac{\partial\phi}{\partial B} = \frac{e^2\hbar^2}{12m^2c^2}B\frac{\partial^2\phi_0}{\partial\mu^2} \tag{10.60}$$

und für die Suszeptibilität:

$$\chi = \frac{\partial M}{\partial B} = \frac{e^2\hbar^2}{12m^2c^2}\frac{\partial^2\phi_0}{\partial\mu^2} \tag{10.61}$$

Also erhalten wir für die Landau-Suszeptibilität

$$\boxed{\chi_{Landau} = \frac{1}{3}\mu_b^2\frac{\partial^2\phi_0}{\partial\mu^2}} \tag{10.62}$$

Hierbei ist ϕ_0 das großkanonische Potential ohne Magnetfeld, das auch direkt für freie Elektronen berechnet werden kann:

$$\begin{aligned}
\phi_0 &= -2k_BT\sum_{\vec{k}}\ln\left(1+e^{-\beta(\varepsilon_{\vec{k}}-\mu)}\right) \\
\rightarrow \frac{\partial\phi_0}{\partial\mu} &= -2\sum_{\vec{k}}\frac{e^{-\beta(\varepsilon_{\vec{k}}-\mu)}}{1+e^{-\beta(\varepsilon_{\vec{k}}-\mu)}} = -2\sum_{\vec{k}}\frac{1}{e^{\beta(\varepsilon_{\vec{k}}-\mu)}+1} = -2\sum_{\vec{k}}f(\varepsilon_{\vec{k}}) \\
\rightarrow \frac{\partial^2\phi_0}{\partial\mu^2} &= 2\sum_{\vec{k}}\frac{df}{d\varepsilon_{\vec{k}}} \overset{T\to 0}{\rightarrow} -2\rho_0(\varepsilon_F)
\end{aligned}$$

Die Landau-Suszeptibilität ist also negativ, also diamagnetisch. Offenbar gilt:

$$\boxed{\chi_{Landau} = -\frac{1}{3}\chi_{Pauli}} \tag{10.63}$$

Freie Leitungselektronen tragen also mit einem paramagnetischen (Pauli-) Beitrag, letztlich verursacht durch das magnetische Moment des Spins und die Ankopplung des Magnetfelds daran, und mit einem diamagnetischen (Landau-) Beitrag zur magnetischen Suszeptibilität bei. Der paramagnetische Anteil überwiegt aber, so daß das freie Elektronengas paramagnetisch ist:

$$\boxed{\chi_{gesamt} = \frac{2}{3}\chi_{Pauli}} \tag{10.64}$$

10.5 Der De-Haas-van-Alphen-Effekt

Als *De-Haas-van-Alphen-Effekt*[7] bezeichnet man die periodische Variation der magnetischen Suszeptibilität als Funktion der inversen Magnetfeldstärke. Dies wird in vielen Metallen bei hinreichend tiefen Temperaturen beobachtet. Damit kann man die Fermifläche ausmessen und Größen wie die effektive Masse der Leitungselektronen bestimmen. Insbesondere kann man aus den vielfach mehreren beobachteten Oszillationsfrequenzen auf extremale Bahnen des Fermi-Körpers schließen. Der De-Haas-van-Alphen-Effekt beruht auf der im vorigen Abschnitt besprochenen Landau-Quantisierung der Elektronen im Magnetfeld. Er soll hier nur an dem oben eingeführten Modell freier Elektronen im Magnetfeld mit diamagnetischer Kopplung diskutiert und plausibel gemacht werden, obwohl er seine Anwendung ja in Systemen mit realistischer Gitterstruktur und daher realistischeren Fermi-Flächen findet.

[7] J.W.de Haas, niederl.Mathematiker und Physiker, * 1878 in Lisse (Holland), † 1960 in Bilthoven, Prof. in Delft, Groningen und Leiden, Arbeiten über Molekularströme, Leitfähigkeiten von Metallen in Magnetfeldern; beobachtete 1930 mit P.M.van Alphen Oszillationen in der Magnetisierung von reinen Metallen bei sehr tiefen Temperaturen (Kühlung mit flüssigem He) bei Variation des Magnetfeldes

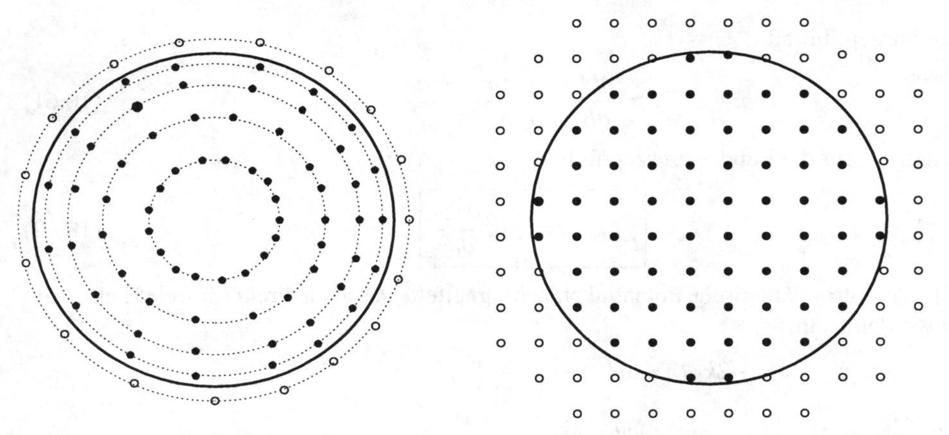

Bild 10.4 k-Raum-Zustände und Fermi-Fläche freier Elektronen ohne Magnetfeld und mit Magnetfeld und Landauquantisierung auf „Kreise" konstanter Energie

Wir beginnen mit einer qualitativen Diskussion und betrachten nur die x-y-Ebene senkrecht zum Magnetfeld, genauer die k_x-k_y-Ebene im $\vec{k}$-Raum. Ohne Magnetfeld sind k_x und k_y gute Quantenzahlen, d.h. die Zustände sind durch die Gitterpunkte in der k_x-k_y-Ebene charakterisiert. Die Flächen konstanter Energie sind Kugeln im $\vec{k}$-Raum und ihre Projektionen in die k_x-k_y-Ebene Kreise. Im Magnetfeld sind die Zustände durch die Landau-Quantenzahl n charakterisiert und entartet, d.h. es haben jeweils $\frac{|e|BL_xL_y}{2\pi\hbar c}$ Zustände die gleiche Energie $\hbar\omega_0(n+\frac{1}{2})$, und diese Zustände liegen auf einem Kreis in der k_x-k_y-Ebene. Der Entartungsgrad entspricht der Zahl der erlaubten Punkte auf einem Kreis und nimmt zusammen mit dem Kreisradius proportional zum Magnetfeld zu mit wachsendem B. In drei Dimensionen liegen die erlaubten Zustände folglich auf Zylindermänteln im $\vec{k}$-Raum. Vergrößert man das Magnetfeld, dann nimmt der Radius dieser „Landau-Zylinder" zu und bei einem bestimmten Magnetfeld „durchstößt" der Zylinder die Fermi-Fläche; dann müssen wegen der zunehmenden Entartung alle Elektronen auf den darunter liegenden Landau-Zylindern „unterzubringen" sein. Aus diesem anschaulichen Bild wird schon verständlich, daß die Gesamtenergie sich immer dann deutlich ändert, wenn ein quantisiertes Landau-Niveau genau die Fermienergie kreuzt mit zunehmendem Magnetfeld. Um dies ohne allzu komplizierte Rechnung etwas genauer zu verstehen, betrachten wir zunächst nur das zweidimensionale System, also ein zweidimensionales freies Elektronensystem in der x-y-Ebene in einem Magnetfeld in z-Richtung. Dann sind die Landau-Zustände exakt quantisiert, d.h. es gibt keinen kontinuierlichen Anteil von den dicht liegenden k_z-Beiträgen. Die Energie-Eigenwerte sind also

$$E_n = \hbar\omega_0\left(n+\frac{1}{2}\right) \tag{10.65}$$

und der Entartungsgrad jedes Niveaus ist

$$\frac{m\omega_0 L_x L_y}{2\pi\hbar} = \frac{|e|BL_xL_y}{2\pi\hbar c} = pB \tag{10.66}$$

mit

$$p = \frac{|e|BL_xL_y}{2\pi\hbar c}$$

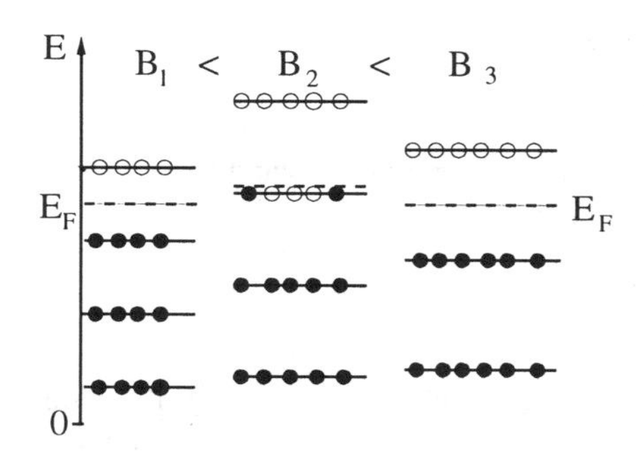

Bild 10.5 Variation der Energie-Niveaus und der Eermi-Energie mit Änderung des Magnetfeldes

Wenn N die Gesamtzahl der Elektronen ist, werden n_0 Landau-Niveaus ganz gefüllt und die restlichen $N - pBn_0$ Elektronen besetzen das $(n_0 + 1)$-te Niveau. Für die Gesamtenergie gilt dann

$$E_{\text{ges}} = \sum_{n=0}^{n_0-1} pB\hbar\omega_0 \left(n + \frac{1}{2}\right) + \hbar\omega_0(N - pBn_0) \tag{10.67}$$

Mit wachsendem B nimmt die Besetzung des $(n_0 + 1)$-ten Niveaus linear ab; wenn gilt

$$B = \frac{N}{pn_0} \text{ bzw. } \frac{1}{B} = \frac{pn_0}{N} \tag{10.68}$$

wird das $(n_0 + 1)$-te Niveau gerade nicht mehr gefüllt und die Fermienergie springt ins n_0-te Landau-Niveau. Es ist daher für die Gesamtenergie und die daraus ableitbare Magnetisierung ein in $1/B$ periodisches Verhalten zu erwarten.

In drei Dimensionen ist die Zustandsdichte (pro Volumen) spinloser freier Elektronen im Magnetfeld explizit gegeben durch

$$\rho(E) = \frac{m^{3/2}}{2^{5/2}\pi^2\hbar^2} \sum_n \frac{\omega_0}{\sqrt{E - \hbar\omega_0(n + \frac{1}{2})}} \theta\left(E - \hbar\omega_0(n + \frac{1}{2})\right) \tag{10.69}$$

Sie ist nebenstehend zusammen mit der einfachen wurzelförmigen Zustandsdichte freier Elektronen ohne Magnetfeld dargestellt. Im Magnetfeld besteht die Zustandsdichte also aus einer Überlagerung von gegeneinander um $\hbar\omega_0$ verschobenen eindimensionalen Zustandsdichten mit den für eine Dimension charakteristischen $1/\sqrt{E}$-Van-Hove-Singularitäten.

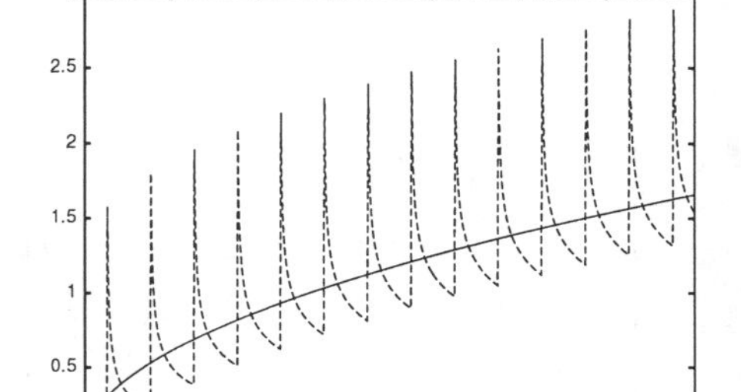

Bild 10.6 Zustandsdichte freier Elektronen in 3 Dimensionen im Magnetfeld mit Landau-Quantisierung

Wenn das Magnetfeld und damit ω_0 variieren, werden auch die von den eindimensionalen Van-Hove-Singularitäten herrührenden Spitzen gegeneinander verschoben. Und immer wenn eine solche „Spitze" durch die – für hinreichend kleine Magnetfelder annähernd konstant bleibende – Fermi-Energie E_F geschoben wird, ändert sich die Grundzustandsenergie drastisch. Also bei Magnetfeldern B, bei denen genau

$$E_F = \hbar\omega_0(n+\frac{1}{2}) = \frac{\hbar|e|B}{mc}\left(n+\frac{1}{2}\right)$$

erfüllt ist, ergibt sich eine drastische Änderung in der Gesamtenergie bzw. Magnetisierung, oder als Funktion von $1/B$ ergeben sich Oszillationen in Abständen

$$\Delta\left(\frac{1}{B}\right) = \frac{|e|\hbar}{mcE_F} \tag{10.70}$$

Die Gesamtenergie bzw. die Grundzustandsenergie ist daher als Funktion von $1/B$ oszillierend, und entsprechend ist die aus der Energie durch Ableitung nach dem Magnetfeld zu bestimmende Magnetisierung und die daraus ableitbare magnetische Suszeptibilität eine periodische Funktion in $1/B$. Aus der Periode kann man offenbar sofort auf die Elektronenmasse schließen, und bei realen Gitter-Elektronen entspricht dies der effektiven Masse.

Für die (bis zur Fermi-Energie E_F) integrierte Zustandsdichte erhält man aus (10.69)

$$N = N(E_F) = \frac{V\omega_0 m^{3/2}}{2^{5/2}\pi^2\hbar^2}\sum_n 2\sqrt{E_F - \hbar\omega_0(n+\frac{1}{2})}\theta\left(E_F - \hbar\omega_0(n+\frac{1}{2})\right) \tag{10.71}$$

Aus dieser Gleichung kann man bei vorgegebener Gesamt-Elektronenzahl N die Fermi-Energie E_F bestimmen, was analytisch nicht ganz so simpel ist, numerisch aber sehr einfach ist. Für die Grundzustandsenergie erhält man dann bei bekanntem E_F

$$U = \int dE E\rho(E) = \frac{V\omega_0 m^{3/2}}{2^{5/2}\pi^2\hbar^2}\sum_n\left(\frac{2}{3}E_F + \frac{4}{3}\hbar\omega_0(n+\frac{1}{2})\right)\sqrt{E_F - \hbar\omega_0(n+\frac{1}{2})} \tag{10.72}$$

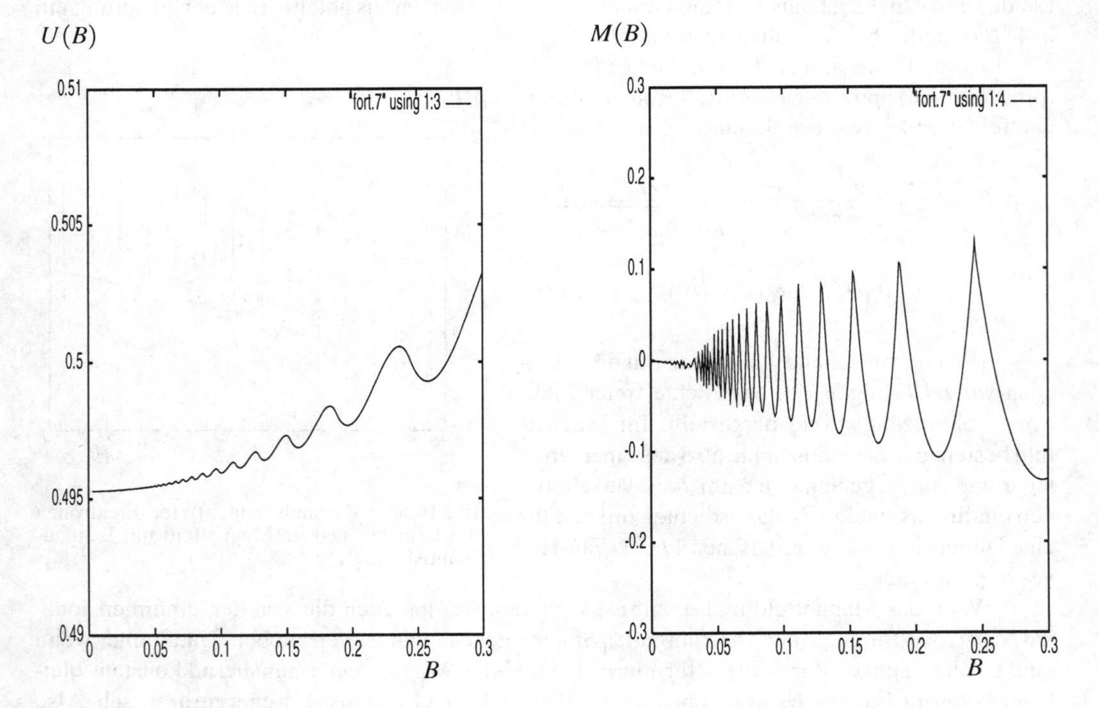

Bild 10.7 Innere Energie und Magnetisierung als Funktion des Magnetfeldes B

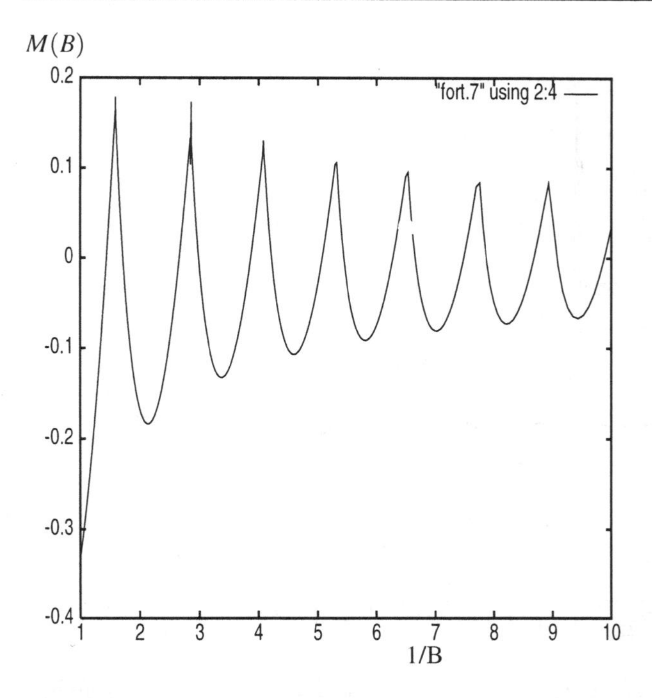

Bild 10.8 Magnetisierung freier Elektronen als Funktion von 1/B bei Landau-Quantisierung

Wenn man hier das aus Gleichung (10.71) für festes N bestimmte E_F einsetzt, erhält die Grundzustandsenergie $U(N,B)$ als Funktion der Gesamt-Elektronenzahl N und des Magnetfeldes. Die Ableitung nach dem Magnetfeld ergibt die Magnetisierung

$$M(B) = -\frac{\partial U}{\partial B}$$

Für vorgegebenes N ist die mittels (10.71) gemäß (10.72) berechnete Grundzustandsenergie $U(B)$ und die daraus durch numerisches differenzieren ermittelte Magnetisierung $M(B)$ als Funktion des Magnetfeldes B in den beiden Teil-Abbildungen 10.7 dargestellt. Man erkennt deutlich das oszillierende Verhalten mit mit wachsendem B steigenden Perioden. Die Magnetisierung verschwindet für $B \to 0$.

Als Funktion von $1/B$ ist die Magnetisierung noch einmal in Abbildung 10.8 dargestellt; offenbar ist M periodisch in $1/B$. Der De-Haas-van-Alphen-Effekt findet vielfältige Anwendung bei der experimentellen Untersuchung der elektronischen Eigenschaften von Metallen, insbesondere in der Bestimmung von effektiven Massen und von Extremalquerschnitten der Fermi-Fläche.

10.6 Der Quanten-Hall-Effekt

Nach der Diskussion im vorigen Abschnitt sollte sich die Landau-Quantisierung besonders stark bemerkbar machen in zweidimensionalen Systemen, da dann nur die diskreten, hochgradig entarteten Landau-Niveaus existieren. Die Zustandsdichte eines zweidimensionalen (spinlosen) wechselwirkungsfreien Elektronengases im starken Magnetfeld ist gegeben durch

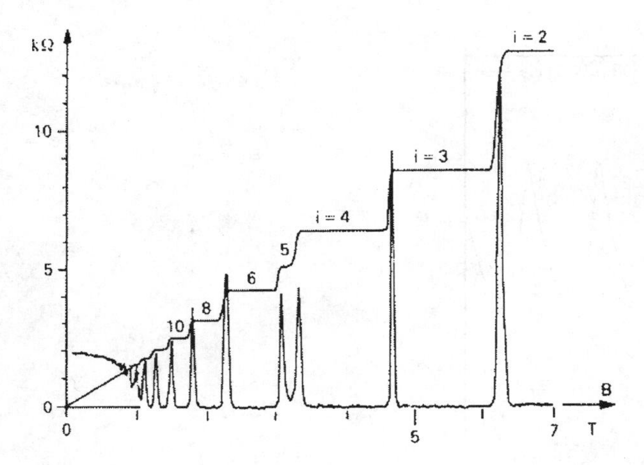

Bild 10.9 Experimentelles Ergebnis zum Quanten-Hall-Effekt

$$\rho_{2d}(E) = \frac{m\omega_0 L_x L_y}{2\pi\hbar} \sum_n \delta\left(E - \hbar\omega_0(n + \frac{1}{2})\right) \tag{10.73}$$

Sie besteht also aus lauter Delta-Zacken bei den diskreten Landau-Energien $\hbar\omega_0(n+\frac{1}{2})$ multipliziert mit dem Entartungsgrad; um Anregungen zwischen den Landau-Niveaus zu machen, ist die Energie $\hbar\omega_0 = \frac{|e|\hbar B}{mc}$ aufzubringen.

Nun lassen sich Systeme mit reduzierter Dimensionalität heutzutage realisieren mit für die moderne Halbleitertechnologie entwickelten Methoden, wie es in Kapitel 9.4 schon beschrieben wurde. Speziell ein zweidimensionales Elektronengas kann man unter anderem verwirklichen an einer Halbleiter-Heterostruktur aus (leicht p-dotiertem) GaAs und n-dotiertem $Ga_{1-x}Al_xAs$. Je nach den Materialparametern (Band-Versatz, Band-Lücke etc.) kann die Bandverbiegung so stark sein, daß direkt an der Trennfläche die Leitungsband-Unterkante im GaAs-Bereich unterhalb der Fermi-Energie liegt; dann entsteht dort eine Art Dreieckspotential für die Elektronen, in dem gebundene Zustände existieren, während in den dazu senkrechten Richtungen Translationsinvarianz besteht. Die elektronischen Zustände sind also in der Richtung senkrecht zur Trennfläche lokalisiert und es liegt in dieser Schicht ein zweidimensionales Elektronensystem vor. In einem hinreichend starken Magnetfeld in Wachstumsrichtung sollte sich in diesem 2-dimensionalen Elektronensystem die Landau-Quantisierung zeigen.

An solchen Systemen kann der 1980 durch von Klitzing[8] entdeckte Quanten-Hall-Effekt beobachtet werden (bei hinreichend tiefen Temperaturen und hinreichend hohen Magnetfeldern). Die Hall-Spannung U_H, die im Magnetfeld senkrecht zur Fließrichtung eines elektrischen Stromes I und zum Magnetfeld B entsteht, bzw. der Hall-Widerstand U_H/I sind nicht mehr direkt proportional zum Magnetfeld B, wie es gemäß Gleichungen (7.14) nach den elementaren klassischen Vorstellungen eigentlich sein sollte, sondern der Hall-Widerstand ρ_{xy} zeigt charakteristische Plateaus und Stufen bei quantisierten Werten h/ie^2 mit ganzzahligem i, wie es in Abbildung 10.9 zu sehen ist.[9] ρ_{xy} wächst also nicht mehr linear an mit B sondern bleibt über ein relativ großes Intervall trotz wachsendem B konstant bei h/ie^2 und springt dann bei einer bestimmten Stärke

[8] K.von Klitzing, * 1943 in Schroda (jetzt zu Polen gehörig), studierte Physik in Braunschweig und promovierte 1972 in Würzburg, entdeckte 1980 am Hochfeld-Magnetlabor in Grenoble den Quanten-Hall-Effekt, dafür Physik-Nobelpreis 1985, jetzt Direktor am Max-Planck-Institut für Festkörperforschung in Stuttgart

[9] Abbildung entnommen aus der Web-Seite des Nobelkommitees www.nobel.se/announcement-98/physics98.html

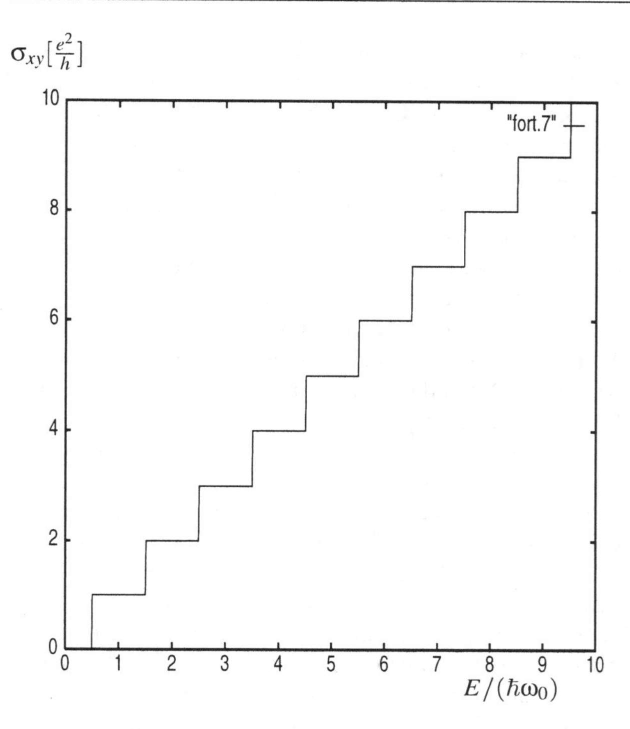

Bild 10.10 σ_{xy} als Funktion der Lage der Fermi-Energie im 2-d Elektronensystem ohne Unordnung

von B auf den nächst höheren quantisierten Wert $h/(i-1)e^2$. Während der Hall-Widerstand seine quantisierten Werte annimmt verschwindet der longitudinale Widerstand ρ_{xx} (und auch das Diagonalelement des Leitfähigkeits-Tensors σ_{xx}), es herrscht also kein Spannungsabfall in x-Richtung, d.h. der Richtung des aufgeprägten Stroms I. Man kann die Matrixelemente der Stromoperator-Komponenten bezüglich der Basis der Landau-Zustände relativ leicht bestimmen und findet explizit

$$\begin{aligned} \langle nk_y|j_x|lk_y'\rangle &= \frac{e}{mi}\sqrt{\frac{m\hbar\omega_0}{2}}\left(\sqrt{n+1}\delta_{n,l-1}-\sqrt{n}\delta_{n,l+1}\right)\delta_{k_yk_y'} \\ \langle nk_y|j_y|lk_y'\rangle &= -e\omega_0\sqrt{\frac{\hbar}{2m\omega_0}}\left(\sqrt{n+1}\delta_{n,l-1}+\sqrt{n}\delta_{n,l+1}\right)\delta_{k_yk_y'} \end{aligned} \tag{10.74}$$

Berechnet man damit das Nicht-Diagonalelement des Leitfähigkeitstensors nach der Kubo-Formel (7.182) für den Fall, daß die Fermi-Energie in der Energie-Lücke zwischen n-tem und (n+1)-tem Landau-Niveau liegt, so findet man

$$\sigma_{xy} = \frac{e^2}{2\pi\hbar}(n+1) = \frac{e^2}{h}(n+1) \tag{10.75}$$

Als Funktion der Fermi-Energie dargestellt hat die Hall-Leitfähigkeit eines zweidimensionalen Elektronensystems im Magnetfeld also den nebenstehend dargestellten Stufenverlauf, der schon an den gemessenen Quanten-Halleffekt erinnert. Die quantisierten Werte für die Hall-Leitfähigkeit entsprechen also gerade den Werten, die sich ergeben, wenn die Fermi-Energie in die Lücke zwischen zwei diskreten Landau-Niveaus fällt.

Damit ist der Quanten-Hall-Effekt aber noch nicht verstanden. Die Plateaus im Hall-Widerstand werden ja als Funktion des Magnetfeldes gemessen, und nur für bestimmte einzelne B fällt die Fermienergie genau in die Lücke zwischen zwei Landau-Niveaus. Erhöht man B etwas über diesen Wert hinaus, wird das darunter liegende Landau-Level nicht mehr ganz gefüllt und die Fermi-Energie liegt somit innerhalb dieses Landau-Niveaus und nicht mehr in der Energie-Lücke. Es muß also einen Mechanismus geben, daß die Fermienergie entweder in der Lücke zwischen zwei Landau-Leveln bleibt oder in einen Bereich von besetzten Zuständen fällt, die den stromtragenden Zustand nicht verändern bei Variation von B. Nun sind die zweidimensionalen Systeme niemals perfekt, sondern es gibt Störstellen und entsprechende Störstellenstreuung. Selbst wenn man Verunreinigungen weitgehend vermeiden könnte, gibt es gerade durch die Realisierung des zweidimensionalen Elektronensystems bedingt immer und unvermeidbar das Stör-Potential der Donatoren bzw. Akzeptoren. Durch diese Störstellenstreuung bzw. allgemeiner durch dieses Unordnungspotential wird die Entartung der Landau-Niveaus aufgehoben und die Landau-Niveaus werden zu Landau-Bändern verbreitert. Wenn die Unordnung aber nicht zu stark ist, bleiben noch Energielücken zwischen den Landau-Bändern zu verschiedener Landau-Quantenzahl n bestehen. Gemäß den im Kapitel 9.3.2 über Anderson-Lokalisierung qualitativ erklärten Vorstellungen gibt es nun in jedem Landau-Band delokalisierte Zustände in der Mitte des Bandes, also in etwa bei den ursprünglichen Landau-Eigenwerten $\hbar\omega_0(n+\frac{1}{2})$, und lokalisierte Zustände in den Rändern der Landau-Bänder. Die lokalisierten Zustände tragen nicht zum Strom-Transport bei, d.h. wenn die Fermi-Energie in den Bereich der lokalisierten Zustände fällt, verschwindet die diagonale Leitfähigkeit ,$\sigma_{xx} = 0$, und die nichtdiagonale Hall-Leitfähigkeit behält ihren für die Energie-Lücken zwischen zwei Landau-Niveaus charakteristischen Wert. Diese qualitative Vorstellung zur Erklärung des Quanten-Hall-Effekts (QHE) ist allgemein akzeptiert und vermutlich auch korrekt. Eine quantitative Bestätigung und damit ein wirklich befriedigendes Verständnis dieses Effektes steht jedoch noch aus. Insbesondere ist das Lokalisierungsproblem im Magnetfeld noch unvollständig verstanden. Es ist zwar relativ sicher, daß in zweidimensionalen ungeordneten Systemen alle Zustände –zumindest im mathematischen Sinn– lokalisiert sind. Es ist aber nicht klar, ob die Unordnung und die dadurch hervorgerufene Lokalisierung in den Realisierungen von zweidimensionalen Elektronensystemen so stark ist, daß trotz der endlichen (meist relativ kleinen) Systemgröße kein Stromtransport mehr möglich sein sollte. Akzeptiert man, daß alle Zustände in dem zweidimensionalen Elektronensystem ohne Magnetfeld lokalisiert sind, bleibt andererseits zu erklären, wieso im Magnetfeld wieder delokalisierte, den Strom tragende Zustände existieren, was ja offenbar zumindest in der Mitte jeden Landau-Bandes der Fall ist.

Die Ränder und Randzustände scheinen ebenfalls wichtig zu sein, um den QHE zu beschreiben. Die exakte Landau-Quantisierung gibt es ja nur bei periodischen Randbedingungen in einer Richtung und einem unendlich ausgedehntem System in der anderen Richtung. Berücksichtigt man realistischere Ränder und Randbedingungen, dann gibt es auf den Randbereich lokalisierte Zustände, also eine Art Oberflächenzustände für das zweidimensionale System im Magnetfeld, deren Eigenenergien im Bereich der Energielücken des Landauspektrums liegen. Es gibt experimentelle und theoretische Hinweise darauf, daß diese Randzustände den quantisierten Hall-Strom tragen.

Neben dem oben beschriebenen ganzzahligen Quanten-Hall-Effekt gibt es auch noch den fraktionierten Quanten-Hall-Effekt[10]; bei noch reineren Proben, noch tieferen Temperaturen und noch höheren Magnetfeldern werden auch Stufen und Plateaus im Hall-Widerstand bei

$$\rho_{xy} = \frac{h}{fe^2}$$

[10] Für dessen Entdeckung wurde der Physik-Nobelpreis 1998 verliehen an R.Laughlin, H.Störmer, und D.Tsui

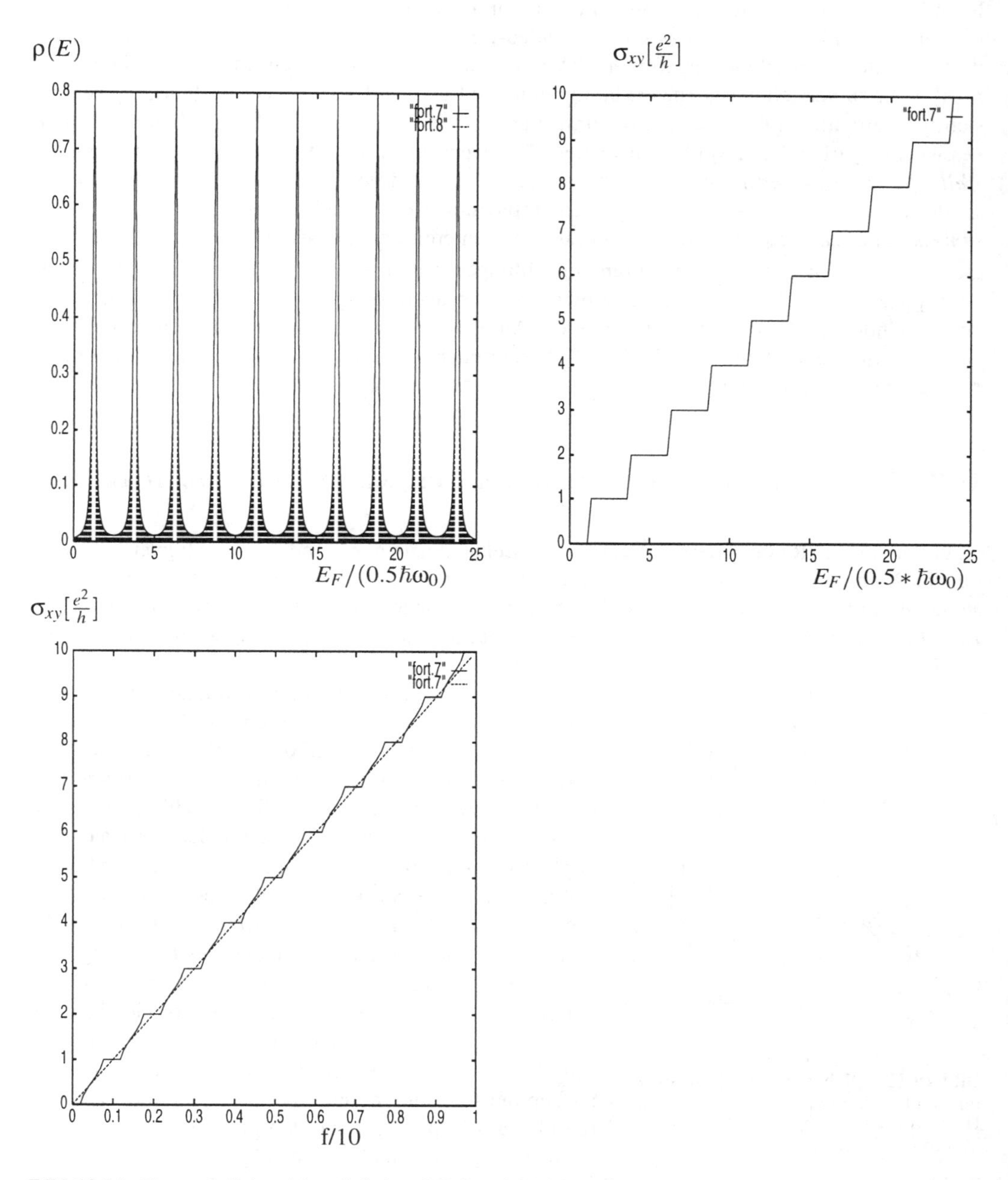

Bild 10.11 Zustandsdichte (oben links) und Hall-Leitfähigkeit σ_{xy} (oben rechts) als Funktion der Lage der Fermi-Energie E_F und σ_{xy} (unten) als Funktion der Landau-Band-Füllung f bei Verbreiterung der Landau-Niveaus durch Unordnung und lokalisierten Zuständen in den Band-„Schwänzen" (schraffiert) und nur wenigen delokalisierten Zuständen (weiß) in der Mitte jeden Landau-Bandes

mit einem Bruch $f = \frac{p}{q}$ (p,q ganz und q ungerade) gefunden, die also mit einem gebrochenzahligen Vielfachen der Naturkonstanten (Feistrukturkonstanten) $\frac{e^2}{h}$ zusammenhängen. Insbesondere gibt es ein Plateau, wenn das untere Landau-Level nur zu einem Drittel gefüllt ist, was mit dem Bild der wechselwirkungsfreien Elektronen in zwei Dimensionen im starken Magnetfeld nicht mehr zu verstehen ist. Zur Erklärung muß die Elektron-Elektron-Wechselwirkung berücksichtigt werden; es gibt einen relativ einfachen Ansatz für die Vielteilchen-Wellenfunktion eines wechselwirkenden, zweidimensionalen Elektronensystems im Magnetfeld. Diese *Laughlin-Wellenfunktion* ist verblüffend einfach und hängt gar nicht von der Wechselwirkungsstärke ab sondern nur von einer –wegen der totalen Antisymmetrie ungeraden– ganzen Zahl m; es stellt sich dann heraus, daß damit für eine Füllung des unteren Landau Niveaus von $f = \frac{1}{m}$ die Energie minimal wird, was die Strukturen bei Füllungen $f = \frac{1}{3}, \frac{1}{5}, \frac{1}{7}, \ldots$ verstehen läßt, aber – wie beim ganzzahligen QHE– noch lange nicht die Plateau-Bildung, die scheinbare Lokalisierung der Zustände, etc. Man kann zeigen, daß die Anregungen in einem solchen System durch Quasiteilchen mit gebrochenzahlier Ladung $\frac{e}{m}$ beschrieben werden können, worauf hier nicht näher eingegangen werden kann.

10.7 Überblick über weitere im starken Magnetfeld beobachtbare Effekte

Es gibt noch eine Reihe anderer interessanter Effekte, die im genügend starken Magnetfeld zu beobachten sind unter geeigneten Bedingungen (meist hinreichend tiefe Temperatur und reine Systeme mit großer freier Weglänge der Elektronen) und die letztlich auf die Landau-Quantisierung zurückzuführen sind. Diese können hier nicht mehr ausführlich besprochen werden, sollen aber wenigstens erwähnt werden.

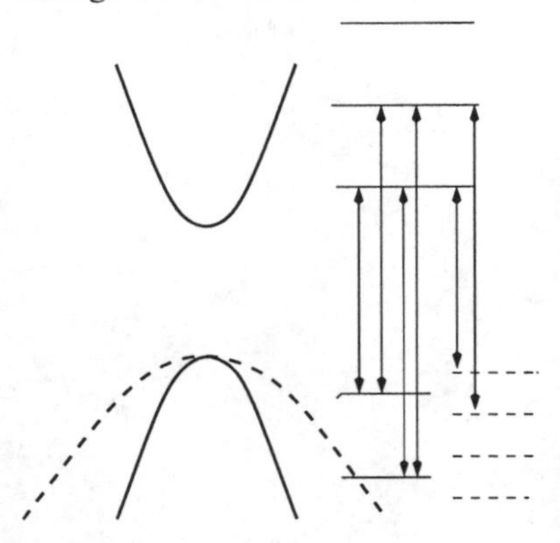

Bild 10.12 Schematische Bandstruktur und mögliche Anregungen von Halbleitern mit Landau-Niveaus in Valenz- und Leitungsband

Oszillationen als Funktion des Magnetfeldes B werden nicht nur in der Magnetisierung beobachtet sondern auch in Transportgrößen wie der Leitfähigkeit und dem Hall-Widerstand. Dies bezechnet man auch als *Shubnikov-de-Haas-Effekt*. Die Ursache für diese Oszillationen ist im Wesentlichen die gleiche wie die für den De-Haas-van-Alphen-Effekt, nämlich das „Durchschieben“ der Fermi-Energie durch die Strukturen und insbesondere die eindimensionalen Van-Hove-Singularitäten in der Zustandsdichte bei Vorhandensein der Landau-Quantisierung.

Letztlich suchte man bei der Entdeckung des Quanten-Hall-Effektes wohl auch nach Shubnikov-de-Haas-Oszillationen, die in zweidimensionalen Systemen wegen der scharfen, delta-förmigen Zustandsdichte-Peaks besonders ausgeprägt sein sollten; das Überraschende war, daß man die Plateaus in ρ_{xy} fand und den gleichzeitig verschwindenden longitudinalen Widerstand ρ_{xx} (was wegen (7.18, 7.19) auch verschwindende Leitfähigkeit σ_{xx} bedeutet).

Die Aufspaltung des Spektrums in diskrete Landau-Niveaus im Magnetfeld und die damit verbundene charakteristische Struktur in der Zustandsdichte in Form von eindimensionalen Van-Hove-Singularitäten im Abstand $\hbar\omega_0$ existiert natürlich auch in Halbleitern und zwar sowohl im Leitungsband als auch im Valenzband. Dabei können allerdings die Zyklotronfrequenzen ω_h für die positiven Löcher im Valenzband und ω_e für die Elektronen im Leitungsband verschieden sein wegen der verschiedenen effektiven Massen. Bemerkbar macht sich diese Landau-Quantisierung insbesondere in der *magnetooptischen Absorption*. Resonanzen in der Absorption sind zu erwarten, wenn die Frequenz der eingestrahlten elektromagnetischen Welle der Energiedifferenz zwischen Landau-Niveaus im Leitungs- und Valenzband entspricht, d.h. bei

$$\hbar\omega = \Delta + \left(n + \frac{1}{2}\right) \hbar(\omega_h + \omega_e) \tag{10.76}$$

Auf ähnliche Weise läßt sich auch die *Zyklotronresonanz* in Metallen verstehen; bei Einstrahlung elektromagnetischer Wellen auf Metalle findet man Resonanzen in der Absorption bei bestimmten charakteristischen Frequenzen; diese treten dann auf, wenn die eingestrahlte Frequenz gerade einem Übergang zwischen 2 Landau-Niveaus entspricht und damit (einem Vielfachen von) der Zyklotronfrequenz. Klassisch anschaulich dringt die elektromagnetische Welle in die Skinschicht ein und beschleunigt dort Elektronen, die im Magnetfeld auf eine Kreisbahn und so aus der Skinschicht heraus gelangen. Wenn sie nach einem Umlauf wieder in der Skinschicht sind und dann das elektromagnetische Feld wieder im Gleichtakt wie vorher auf das Elektron einwirkt, herrscht Resonanz und optimale Absorption. Resonanz in der Transmission einer elektromagnetischen Welle tritt bei einer dünnen Metallplatte auch dann auf, wenn der Radius der Kreisbahn gerade so groß ist, daß das Elektron wieder tangential in der Skinschicht auf der gegenüberliegenden Seite ankommt; dies ist der *Radiofrequenz-Größeneffekt* oder *Gantmakher-Effekt*.

11 Supraleitung

11.1 Zusammenstellung der wichtigsten experimentellen Befunde

Viele Metalle verlieren bei einer kritischen Temperatur T_c abrupt ihren elektrischen Widerstand. Dies wurde erstmals 1911 von K. Onnes[1] an Quecksilber (Hg) beobachtet, das bei $T_c = 4{,}15K$ supraleitend wird; die Original-Meßdaten sind in Abbildung 11.1) wiedergegeben.[2]

Während bei einem normalen, guten Metall (wie Cu, Ag, Na) der Widerstand bei Annäherung an den absoluten Nullpunkt $T = 0K$) ja bekanntlich gegen den –durch die unvermeidlichen Störstellen verursachten – endlichen Restwiderstand geht, wird der Widerstand bei einem Supraleiter exakt 0 unterhalb von T_c. Für normale Metalle erwartet man bekanntlich das Widerstandsverhaltens

$$R(T) = R_0 + aT^2 + bT^5 \tag{11.1}$$

wobei $R_0 \sim c$ der der Störstellenkonzentration c proportionale Restwiderstand ist (vgl. Kapitel 7.4.1), der T^5-Beitrag (d.h. der Koeffizient b) durch die Elektron-Phonon-Streuung verursacht wird (vgl.Kapitel 7.4.2) und analog der Koeffizient a bzw. der T^2-Beitrag auf die Elektron-Elektron-Wechselwirkung zurückgeführt werden kann (in Kapitel 7 nicht näher besprochen). Dagegen folgt in einem Supraleiter der Widerstand dem in der Abbildung 11.1 dargestellten Verlauf mit

$$R(T) = 0 \text{ für } T < T_c \tag{11.2}$$

Der Widerstand ist also trotz Störstellen, Phononen, etc. schon für endliche Temperatur exakt 0 (und nicht erst bei $T = 0$ wie bei einem –praktisch nicht realisierbaren– idealen Metall ohne Störstellen. Unmagnetische Störstellen beinflussen die Supraleitung nicht wesentlich. Mit einem Supraleiter kann man daher elektrischen Strom im Prinzip verlustfrei übertragen, weshalb ein technologisches Interesse an Supraleitern mit möglichst hoher Sprungtemperatur T_c besteht. Bis 1986 lag aber das höchste erreichbare T_c bei ca. 23 K (für Nb_3Ge), lag also bei sehr tiefen Temperaturen, so daß man als Kühlmittel immer noch das relativ teure flüssige Helium brauchte. Ein T_c von ca. 35 K, bei dem man mit dem viel günstigeren flüssigen Wasserstoff zur Kühlung auskommt, schien damals ein unrealisierbarer Traum zu sein. Dies wurde dann aber – für die Fachwelt völlig überraschend– 1986 durch Bednorz und Müller [3] an der Substanz $La_{2-x}Ba_xCuO_4$ entdeckt ($T_c \approx 35$ K). Schon gut ein Jahr später war bei $YBa_2Cu_3O_{7-x}$, der sogenannten „1-2-3-Substanz“, mit $T_c \approx 90K$ ein weiterer Rekord erreicht, der den noch günstigeren flüssigen Stickstoff als Kühlmittel zuließ; inzwischen liegt der Rekord bei $T_c \approx 133K$ und eventuell schon darüber, so daß Raum-Temperatur-Supraleitung keine Utopie mehr zu bleiben braucht.

[1] Kammerling Onnes, 1853 - 1926, niederländischer Physiker in Leiden, Pionier der Tieftemperaturphysik, ihm gelang 1908 die Verflüssigung von Helium und damit der Zugang zu einem neuen Tieftemperaturbereich, Physik-Nobelpreis 1913

[2] Einige Figuren in diesem Kapitel sind der Internet-Seite www.ornl.gov/reports/m/ornlm3063r1/contents.html entnommen

[3] K.A. Müller, geb. 1920, Physiker am IBM-Forschungszentrum Rüschlikon in Zürich, arbeitete insbesondere über Perovskite und den Jahn-Teller-Effekt, J.G.Bednorz, geb. 1950, Mineraloge und Mitarbeiter von K.A.Müller, gemeinsamer Nobelpreis für Physik 1987

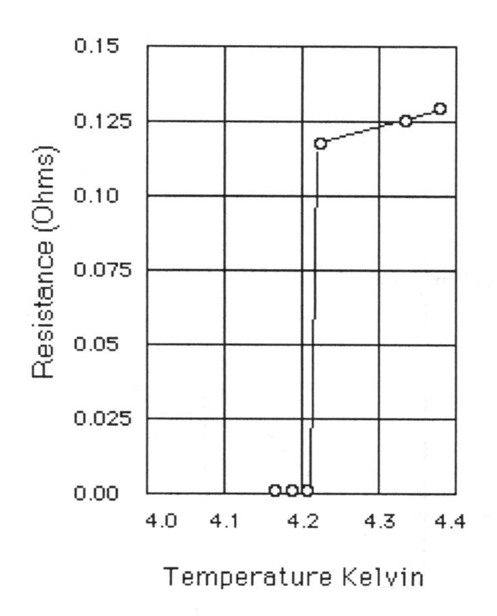

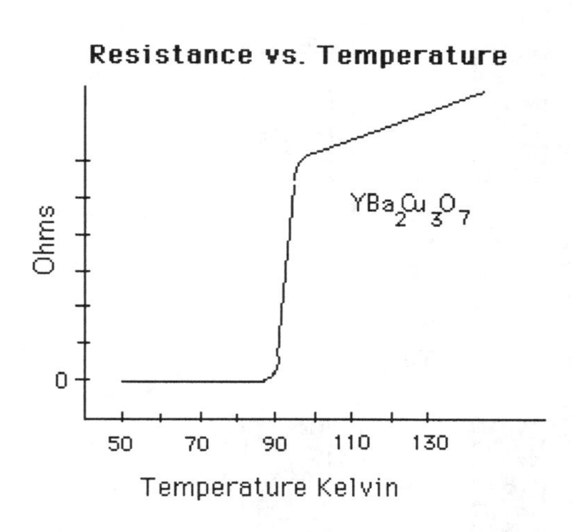

Bild 11.1 Widerstand von Quecksilber in der Nähe von $T_c = 4.2$ K und von $YBa_2Cu_3O_{7-x}$ bei $T_c \approx 90$K

Obwohl Supraleitung ihren Namen vom Verschwinden des Widerstandes her hat, daran auch entdeckt wurde und darin vielleicht auch ihr spektakulärstes Anwendungspotential hat, wird der supraleitende Zustand eigentlich durch eine Reihe anderer typischer Meßgrößen besser und eindeutiger charakterisiert, und diese sollen hier im Folgenden kurz aufgelistet werden.

Meißner-Effekt.[4] Ein angelegtes Magnetfeld wird aus einem Supraleiter vollständig verdrängt; ein Supraleiter ist also ein perfekter Diamagnet. Dies wurde 1933 durch Meißner und Ochsenfeld experimentell entdeckt. Auf den ersten Gedanken scheint dieses Ergebnis aus der perfekten Leitfähigkeit zu folgen: Legt man an einen Supraleiter ein Magnetfeld an, so werden Ringströme induziert, die ihrer Ursache entgegenwirken und damit das sie erzeugende Feld abschwächen, und wegen der unendlich guten Leitfähigkeit können Ströme beliebiger Stärke angeregt werden, so daß das Magnetfeld vollständig abgeschirmt wird. Tatsächlich beinhaltet der Meißner-Effekt aber mehr als nur perfekten Diamagnetismus. Legt man nämlich das Magnetfeld im normalleitenden Zustand an (also bei $T > T_c$), dringt ein Feld in das Metall ein, und kühlt man dann auf Werte unterhalb von T_c ab, dürften nach dem Induktionsgesetz keine Abschirmströme induziert werden, da sich die vom Magnetfeld durchsetzte Fläche nicht ändert. Es wird aber trotzdem das Magnetfeld aus dem Supraleiter verdrängt, der supraleitende Zustand ist also unabhängig davon, in welcher Reihenfolge man diesen erreicht (zuerst abkühlen und dann Magnetfeld einschalten oder umgekehrt erst Magnetfeld einschalten und dann abkühlen). Der supraleitende Zustand ist ein neuer thermodynamischer Zustand des Metalls, und innerhalb von idealen Supraleitern verschwindet die magnetische Induktion exakt, d.h.

$$B = H + 4\pi M = 0 \tag{11.3}$$

wobei H das äußere Magnetfeld ist.

[4] W.Meißner, * 1882 in Berlin, † 1974 in München, Pionier der deutschen Tieftemperaturphysik, ab 1908 an der Physikalisch-Technischen Reichsanstalt, ab 1934 Professor in München, entdeckte 1933 mit seinem Doktoranden W.Ochsenfeld den Meißner(-Ochsenfeld)-Effekt

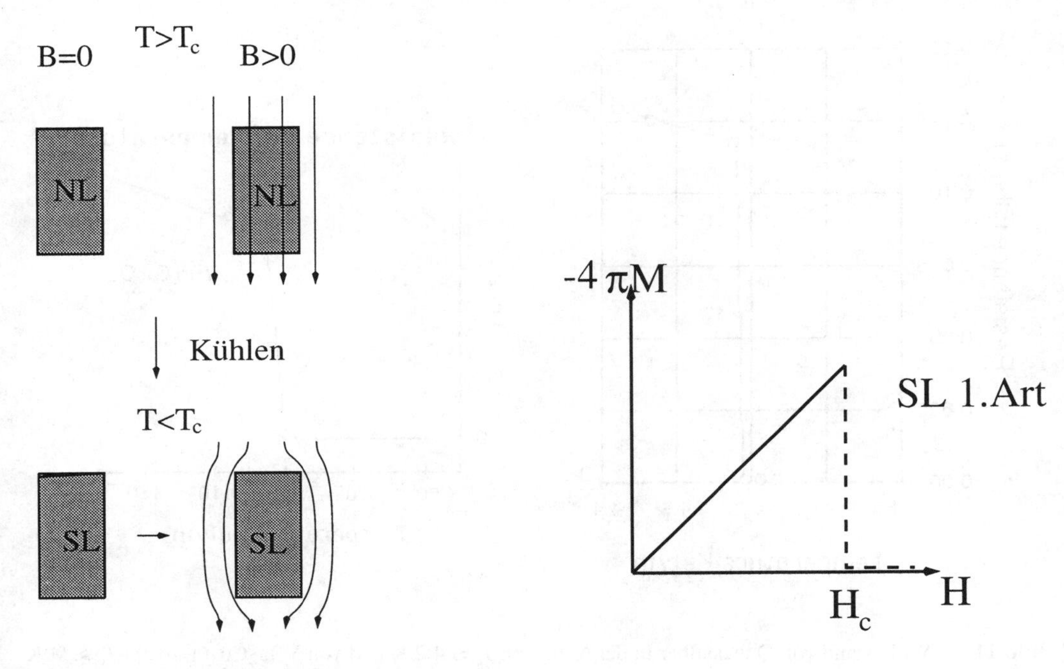

Bild 11.2 Illustration zum Meißner-Effekt

Kritisches Magnetfeld. Tatsächlich gild das oben Gesagte nicht für beliebig große Magnetfelder; ein zu großes Magnetfeld zerstört die Supraleitung vielmehr wieder. Für feste Temperatur $T < T_c$ existiert also Supraleitung nur für Magnetfelder unterhalb eines kritischen Magnetfeldes H_c. Es gibt einen Übergang von der supraleitenden in die normalleitende Phase also auch bei fester Temperatur $T < T_c$, wenn man das Magnetfeld über ein kritisches Magnetfeld hinaus steigert. In der $H-T$-Ebene existiert also eine Linie $H_c(T)$, die die supraleitende Phase begrenzt. Der Übergang in den supraleitenden Zustand ist ein echter thermodynamischer Phasenübergang. Bei festem $H \neq 0$ gibt es einen Übegang vom normalleitenden in den supraleitenden Zustand bei der Temperatur $T \leq T_c$, bei der $H_c(T) = H$ gilt, und bei jeder festen Temperatur T gibt es den Phasenübergang bei endlichem Magnetfeld $H_c(T)$. Für technische Anwendungen ist man meist auch an hohen H_c interessiert, da man insbesondere supraleitende Spulen zur Erzeugung von hohen Magnetfeldern einsetzen möchte. Die kritische Feldstärke folgt empirisch einem Gesetz

$$H_c(T) = H_c(0)[1 - \left(\frac{T}{T_c}\right)^2] \tag{11.4}$$

Typ-II-Supraleiter. Bei vielen Supraleitern, insbesondere den technologisch interessanten, gelten obige Aussagen über die perfekte Abschirmung eines Magnetfeldes nur bis zu einem unteren kritischen Magnetfeld H_{c1}; oberhalb von H_{c1} bleibt Supraleitung erhalten, es dringt aber magnetischer Fluß partiell in das System ein. Tatsächlich ist das System dann kein homogener Supraleiter mehr, sondern es gibt normalleitende Bereiche, in denen das Magnetfeld wieder endlich ist. Diese normalleitenden Bereiche sind vielfach zylinderförmige, sogenannte „Flußschläuche" und werden mit weiter zunehmendem äußeren Magnetfeld größer, bis bei dem *oberen kritischen Magnetfeld* H_{c2} schließlich das ganze System normalleitend geworden ist. Man

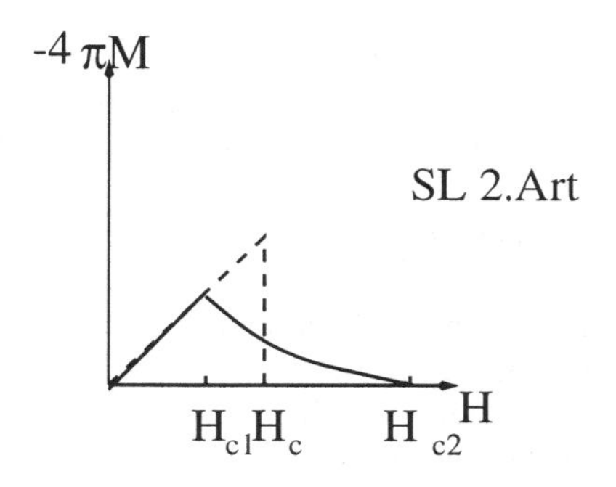

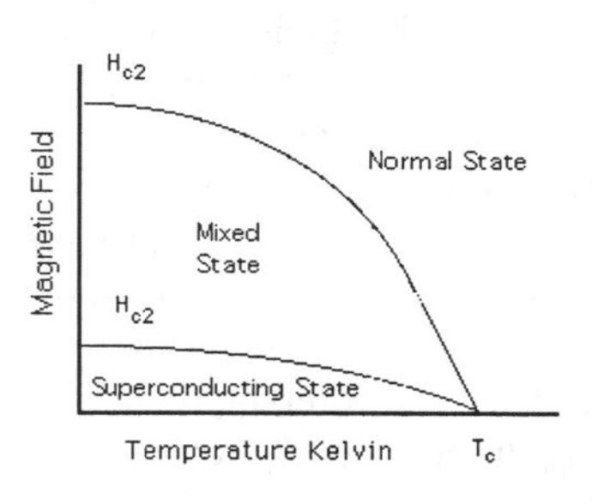

Bild 11.3 Magnetisierung und kritische Magnetfelder in Typ-II-Supraleitern

hat dann also drei Phasen: die *Meißner-Phase* eines homogenen Supraleiters mit vollständiger Abschirmung für $H < H_{c1}$, die gemischte Phase mit abwechselnd supraleitenden Bereichen und normalleitenden Flußschläuchen mit endlichem magnetichem Fluß für $H_{c1} < H < H_{c2}$, und die normalleitende Phase für $H > H_{c2}$. Die Magnetisierungskurve hat daher den in Abbildung 11.3 dargestellen Verlauf, die Temperaturabhängigkeit von H_{c1} und H_{c2} ist qualitativ daneben dargestellt.

Entropie und spezifische Wärme.
Während die spezifische Wärme eines normalen Metalls ja gemäß Kapitel 4.8 bekanntlich linear mit der Temperatur ansteigt für tiefe Temperaturen, findet man in Supraleitern experimentell in der Regel den nebenstehend in Abbildung 11.4 dargestellten Verlauf. Insbesondere ist die spezifische Wärme des Supraleiters in der Nähe von T_c größer als die des entsprechenden Normalleiters und es gibt daher einen Sprung bei T_c. Für tiefe Temperaturen folgt die spezifische Wärme aber einem Exponentialgesetz

$$c_V \sim \exp\left(-\frac{\Delta}{k_B T}\right) \qquad (11.5)$$

und dies ist nach den elementaren Überlegungen von Kapitel 4.9 ein eindeutiger Hinweis auf das Vorhandensein einer Energielücke Δ im Anregungsspektrum.

Aus der spezifischen Wärme kann man nach den Regeln der Thermodynamik die Entropie bestimmen gemäß

$$S(T) - S(0) = \int_0^T dT' \frac{c(T')}{T'} \qquad (11.6)$$

Daraus ergibt sich dann qualitativ das in der unteren nebenstehenden Abbildung 11.5 dargestellte Verhalten für die Entropie im normalleitenden und supraleitenden Bereich. Genau bei T_c werden die

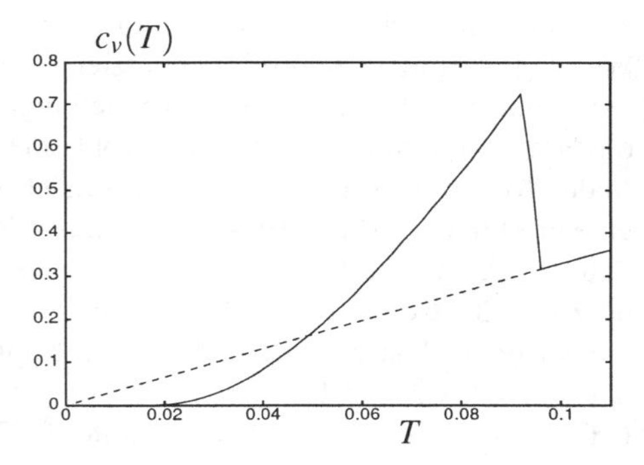

Bild 11.4 Temperaturabhängigkeit der spezifischen Wärme im Supraleiter und im normalen Metall

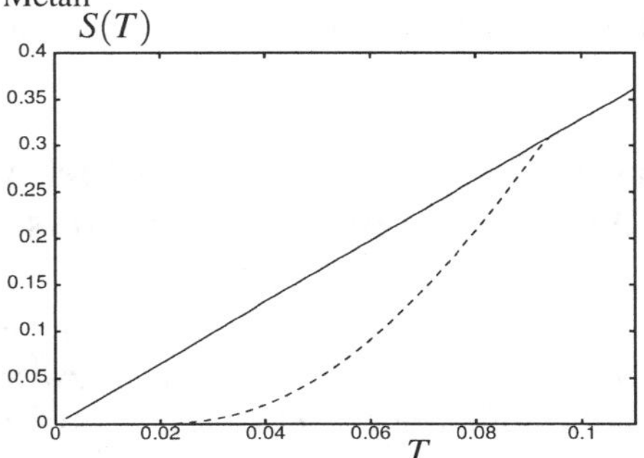

Bild 11.5 Temperaturabhängigkeit der Entropie des normalleitenden und supraleitenden Systems

Entropien also gleich: $S_n(T_c) = S_s(T_c)$. Bei T_c liegt daher ein *Phasenübergang 2. Art* vor, d.h. es gibt dort keine latente Wärme. Unterhalb von T_c ist die Entropie des supraleitenden Zustands kleiner als die des normalleitenden, weshalb der supraleitende Zustand der thermodynamisch günstigere (stabilere) ist.

Nach der gängigen Interpretation der Entropie ist der supraleitende Zustand der geordnetere Zustand im Vergleich zum normalleitenden Zustand. Aber welche Art und welche Ursache der Ordnungsparameter hat, war über 40 Jahre lang unklar und unverstanden und wurde erst während der 50-er-Jahre aufgeklärt und verstanden. Es ist inzwischen gesichert, daß Supraleitung durch eine effektive anziehende Wechselwirkung der Elektronen untereinander verursacht wird. Wegen der abstoßenden Coulomb-Wechselwirkung war diese Vorstellung wahrscheinlich so abwegig, daß man 40 Jahre lang nicht darauf gekommen ist. Bei einer effektiven anziehenden Wechselwirkung wird der Fermi-See instabil und ein neuer Grundzustand stellt sich als der energetisch günstigere heraus. In der einfachsten Vorstellung gehen je zwei Elektronen wegen ihrer anziehenden Wechselwirkung einen neuen gebundenen Zustand eines *Cooper-Paares* ein; es kommt also zu einer Art „chemischer Bindung" von Elektronen untereinander. Diese Vorstellung der effektiven anziehenden Wechselwirkung und des dadurch bedingten neuen Grundzustandes und der Cooper-Paare ist allgemein anerkannt und gesichert sowohl für die herkömmlichen Supraleiter mit $T_c \leq 23K$ als auch für die neuen Hochtemperatur-Supraleiter. Dagegen ist die Frage nach dem mikroskopischen Mechanismus für die effektive anziehende Wechselwirkung nicht so klar. Für die herkömmlichen Supraleiter ist es relativ sicher, daß durch die Elektron-Phonon-Wechselwirkung diese effektive anziehende Wechselwirkung vermitteklt wird; diese kann aber –zumindest nach den gängigen Vorstellungen– nur T_c-Werte von ca. 30 - 40 K ergeben, weshalb die Hochtemperatur-Supraleitung wohl eine andere, bis heute nicht geklärte Ursache haben muß. In den folgenden Kapiteln wird nun zunächst gezeigt, daß die Elektron-Phonon-Wechselwirkung eine effektive attraktive Elektron-Elektron-Wechselwirkung vermitteln kann. Dann wird gezeigt, daß der Fermi-See bei Vorhandensein einer solchen attraktiven Wechselwirkung instabil wird, da zwei Elektronen bei der Fermi-Energie einen energetisch günstigeren gebundenen Zustand eines Cooper-Paares bilden können. In Kapitel 11.4 wird dann die sogenannte BCS-Theorie für das Viel-Elektronen-Problem beschrieben und in Kapitel 11.5 gezeigt, daß damit der Meißner-Effekt verstanden werden kann. Kapitel 11.7 behandelt die schon vor der mikroskopischen BCS-Theorie entwickelte phänomenologische Ginzburg-Landau-Theorie, die zwar im Prinzip aus der BCS-Theorie abgeleitet werden kann, hier aber, wie ursprünglich, nur phänomenologisch besprochen wird, und Kapitel 11.8 behandelt –ebenfalls auf mehr phänomenologischen Niveau– Tunneleffekte mit Supraleitern, insbesondere den *Josephson-Effekt*.

11.2 Attraktive Elektron-Elektron-Wechselwirkung durch den Elektron-Phonon-Mechanismus

Anschaulich kann man sich eine durch die Elektron-Phonon-Wechselwirkung vermittelte effektive attraktive Wechselwirkung zwischen den Leitungselektronen mit folgendem Bild klarmachen. Ein negativ geladenes Elektron zieht bei seiner Bewegung durch das Gitter die positiv geladenen Ionenrümpfe an, lenkt sie aus ihren Ruhelagen heraus und bewirkt somit eine Gitterpolarisation. Die Ionen schwingen anschließend zurück (durch ihre Ruhelagen hindurch) und eine Gitterwelle ist angeregt worden; dies ist gerade die anschauliche Interpretation der Elektron-Phonon-Wechselwirkung. In Metallen ist die Ionenbewegung aber viel langsamer als die Elektronenbewegung; die Ionen sind daher noch aus ihrer Ruhelage ausgelenkt, wenn das diese Auslenkung verursachende Elektron sich bereits in andere Bereiche des Kristalls weiter bewegt hat. Ein zweites Elektron kann dann diese Auslenkung und Gitterpolarisation „sehen“ und wird von ihr angezogen, es ist also zu einer effektiven Anziehung zwischen den beiden Leitungselektronen gekommen.

Aus dieser qualitativ anschaulichen Überlegung wird schon klar, daß es sich bei der effektiven Elektron-Elektron-Wechselwirkung um eine stark *retardierte Wechselwirkung* handeln muß. Das erste Elektron hat den Raumbereich der Gitterpolarisation schon längst wieder verlassen, wenn das zweite Elektron davon beeinflußt wird, bzw. was das erste Elektron zur Zeit t_1 bewirkt, wird vom zweiten Elektron erst zu einem Zeitpunkt $t_2 > t_1$ „gespürt“. Daher kann mitunter auch die immer vorhandene Coulomb-Abstoßung zwischen den Elektronen von untergeordneter Bedeutung sein. Die Leitungselektronen bewegen sich mit Fermigeschwindigkeit, die von der Größenordnung $10^5 - 10^6 \frac{m}{s}$ ist, wie für quasi-freie Elektronen leicht abgeschätzt werden kann, wenn man von einer Fermi-Temperatur von ca. $10^4 K$ ausgeht. Die Ionen haben andererseits eine Frequenz von maximal der Debye-Frequenz und damit eine Schwingungsdauer, die bei $10^{-13} - 10^{-12} s$ oder noch darüber liegt. Während dieser für die Ionenbewegung charakteristischen Zeitskala haben sich die Elektronen also schon um ca. $10^{-7} - 10^{-6} m$ bzw. $10^3 - 10^4$ Åweiterbewegt, also um ein Vielfaches der Gitterkonstanten. Dies ist dann auch die Größenordnung für den Abstand zweier miteinander attraktiv wechselwirkender Elektronen und für die sogenannte *Kohärenzlänge*.

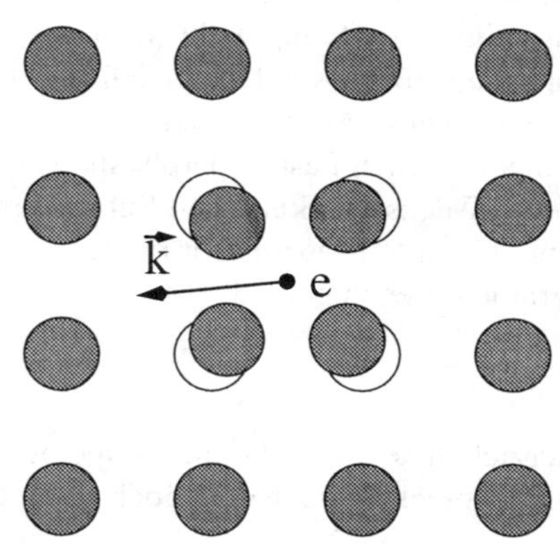

Bild 11.6 Anschauliche Vorstellung zur durch ein Leitungselektron bewirkten Gitterpolarisation und Phonon-Emission

Im Rest dieses Abschnitts soll die obige qualitative und heuristische Überlegung durch eine mikroskopische Rechnung bestätigt werden. Ausgangspunkt ist der in Abschnitt 6.1 hergeleitete Fröhlich-Hamilton-Operator für die Elektron-Phonon-Wechselwirkung:

$$H = \sum_{\vec{k},\sigma} \varepsilon_{\vec{k}} c^\dagger_{\vec{k},\sigma} c_{\vec{k},\sigma} + \sum_{\vec{k},\vec{q},\sigma} \left[M(\vec{q}) c^\dagger_{\vec{k}+\vec{q},\sigma} c_{\vec{k},\sigma} b_{\vec{q}} + M(-\vec{q}) c^\dagger_{\vec{k}-\vec{q},\sigma} c_{\vec{k},\sigma} b^\dagger_{\vec{q}} \right] + \sum_{\vec{q}} \hbar\omega_q b^\dagger_{\vec{q}} b_{\vec{q}} \tag{11.7}$$

wobei die Elektronen-Erzeuger und -Vernichter die übliche Antikommutator-Relationen

$$\{c_{\vec{k},\sigma}, c^\dagger_{\vec{k}',\sigma'}\} = \delta_{\vec{k},\vec{k}'} \delta_{\sigma,\sigma'}, \quad \{c^\dagger_{\vec{k},\sigma}, c^\dagger_{\vec{k}',\sigma'}\} = \{c_{\vec{k},\sigma}, c_{\vec{k}',\sigma'}\} = 0 \tag{11.8}$$

erfüllen und die Phononen-Erzeuger und -Vernichter die Kommutatorrelationen

$$[b_{\vec{q}}, b^\dagger_{\vec{q}'}] = \delta_{\vec{q},\vec{q}'}, \quad [b_{\vec{q}}, b_{\vec{q}'}] = [b^\dagger_{\vec{q}}, b^\dagger_{\vec{q}'}] = 0 \tag{11.9}$$

und Phonon (Bose-) und Elektronen (Fermi-) Operatoren untereinander kommutieren. Hierbei wurde nur die Kopplung an einen (longitudinalen) Phononenzweig und ein spinentartetes Leitungsband berücksichtigt und Umklapp-Prozesse wurden vernachlässigt.

Dieser Hamilton-Operator soll einer **kanonischen Transformation** unterzogen werden, die man nach den Regeln der Quantenmechanik mit einem beliebigen hermiteschen Operator S durchführen kann gemäß

$$H_T = e^{-iS} H e^{iS} \tag{11.10}$$

da $\exp[iS]$ unitär ist, wenn S hermitesch ist. Eine solche kanonische Transformation entspricht im Prinzip nur einer Basistransformation im Hilbert-Raum (analog zu einer Drehung in einem einfachen Vektorraum) und läßt die physikalische Bedeutung des Hamilton-Operators daher unverändert. Durch geeignete Wahl des hermiteschen Operators S kann man nun erreichen, daß in niedrigster Ordnung nicht mehr die Zwischenzustände mit einem intermediären (virtuellen) Phonon auftreten, sondern gleich die daraus resultierende Elektron-Elektron-Wechselwirkung erscheint. Diese Methode der kanonischen Transformation gehört zu einer Standard-Methode der theoretischen Festkörperphysik, spielt also nicht nur hier im Zusammenhang mit Elektron-Phonon-Wechselwirkung und Supraleitung eine Rolle, sondern kann auch auf viele andere Probleme (Hamilton-Operatoren) angewendet werden. Fast immer kann man nämlich den Hamilton-Operator zerlegen gemäß

$$H = H_0 + H_1 \tag{11.11}$$

Unterziehen wir den Hamilton-Operator nun einer kanonischen Transformation, so findet man durch Entwickeln nach dem noch geeignet zu bestimmenden Operator S:

$$\begin{aligned} e^{-iS}He^{iS} &\approx (1 - iS - \frac{1}{2}S^2)H(1 + iS - \frac{1}{2}S^2) = H + i[H,S] - \frac{1}{2}[[H,S],S] + O(S^3) \\ &= H_0 + H_1 + i[H_0,S] + i[H_1,S] - \frac{1}{2}[[H_0,S],S] + O(S^2, H_1^2) \end{aligned} \tag{11.12}$$

(wegen $[[H,S],S] = -2SHS + S^2H + HS^2$). Wähle S so, daß $i[H_0,S] = -H_1$, dann wird der Term linear in H_1 im kanonisch transformierten Hamilton-Operator gerade aufgehoben; S ist dann offenbar linear in H_1, $\to$ $[H_1,S]$ ist quadratisch in der „Störung“ H_1, und wenn man bis zur zweiten Ordnung in der Störung exakt bleiben will, gilt:

$$e^{-iS}He^{iS} \approx H_0 + i[H_1,S] + \frac{1}{2i}[H_1,S] = H_0 + \frac{i}{2}[H_1,S] \tag{11.13}$$

Man kann nun S durch explizite Angabe der relevanten Matrixelemente bzgl. der Eigenbasis $\{|n\rangle\}$ von H_0 konstruieren; es gilt nämlich

$$\langle m|i(H_0S - SH_0)|n\rangle = i(E_m - E_n)\langle m|S|n\rangle = -\langle m|H_1|n\rangle \tag{11.14}$$

woraus folgt:

$$\langle m|S|n\rangle = i\frac{\langle m|H_1|n\rangle}{E_m - E_n} \tag{11.15}$$

Somit folgt:

$$H_T = H_0 - \frac{1}{2}\sum_{n,\tilde{n}} |\tilde{n}\rangle\langle n| \sum_m \langle\tilde{n}|H_1|m\rangle\langle m|H_1|n\rangle \left(\frac{1}{E_m - E_n} - \frac{1}{E_{\tilde{n}} - E_m}\right) \tag{11.16}$$

Speziell hier im Fall der Elektron-Phonon-Wechselwirkung wählen wir:

$$H_0 = \sum_{\vec{k},\sigma} \varepsilon_{\vec{k}} c^\dagger_{\vec{k},\sigma} c_{\vec{k},\sigma} + \sum_{\vec{q}} \hbar\omega_q b^\dagger_{\vec{q}} b_{\vec{q}} \tag{11.17}$$

$$H_1 = \sum_{\vec{k},\vec{q},\sigma} \left[M(\vec{q}) c^\dagger_{\vec{k}+\vec{q},\sigma} c_{\vec{k},\sigma} b_{\vec{q}} + M(-\vec{q}) c^\dagger_{\vec{k}-\vec{q},\sigma} c_{\vec{k},\sigma} b^\dagger_{\vec{q}}\right] \tag{11.18}$$

Wenn im Anfangszustand $|n\rangle$ ein Elektron im Einteilchen-Zustand $|\vec{k}\sigma\rangle$ war und das zweite Elektron im Zustand $|\vec{k}'\sigma'\rangle$, dann ist im Zwischenzustand $|m\rangle$ entweder das erste Elektron in den Zustand $|\vec{k}+\vec{q}\sigma\rangle$ übergegangen unter Absorption eines Phonons mit Impuls $\vec{q}$ und im Endzustand $|\tilde{n}\rangle$ dann noch zusätzlich das Elektron aus dem Zustand $|\vec{k}'\sigma'\rangle$ unter Emission dieses Phonons in den Zustand $|\vec{k}'-\vec{q}\sigma'\rangle$ übergegangen oder der Prozeß hat in umgekehrter Reihenfolge unter Emission eines Phonons vom Impuls $\vec{q}$ im Zwischenzustand stattgefunden. Im ersten Fall gilt für die Energiedifferenzen:

$$E_m - E_n = \varepsilon_{\vec{k}+\vec{q}} - \varepsilon_{\vec{k}} - \hbar\omega_q \text{ und } E_{\tilde{n}} - E_m = \varepsilon_{\vec{k}'-\vec{q}} - \varepsilon_{\vec{k}'} + \hbar\omega_q \tag{11.19}$$

und im zweiten Fall:

$$E_m - E_n = \hbar\omega_q + \varepsilon_{\vec{k}-\vec{q}} - \varepsilon_{\vec{k}} \text{ und } E_{\tilde{n}} - E_m = \varepsilon_{\vec{k}'+\vec{q}} - \varepsilon_{\vec{k}'} - \hbar\omega_q \tag{11.20}$$

Damit folgt:

$$\begin{aligned} H_T &= H_0 + H_{1T} \\ H_{1T} &= -\frac{1}{2}\sum_{\vec{k}\vec{k}'\sigma\sigma'}\sum_{\vec{q}}\Bigg[|M(\vec{q})|^2 n_q \left(\frac{1}{\varepsilon_{\vec{k}+\vec{q}} - \hbar\omega_q - \varepsilon_{\vec{k}}} - \frac{1}{\varepsilon_{\vec{k}'-\vec{q}} - \varepsilon_{\vec{k}'} + \hbar\omega_q}\right) c^\dagger_{\vec{k}+\vec{q}\sigma} c_{\vec{k}\sigma} c^\dagger_{\vec{k}'-\vec{q}\sigma'} c_{\vec{k}'\sigma'} \\ &\quad + |M(\vec{q})|^2 (n_q+1)\left(\frac{1}{\varepsilon_{\vec{k}-\vec{q}} - \varepsilon_{\vec{k}} + \hbar\omega_q} - \frac{1}{\varepsilon_{\vec{k}'+\vec{q}} - \varepsilon_{\vec{k}'} - \hbar\omega_q}\right)\Bigg] c^\dagger_{\vec{k}-\vec{q}\sigma} c_{\vec{k}\sigma} c^\dagger_{\vec{k}'+\vec{q}\sigma'} c_{\vec{k}'\sigma'} \end{aligned} \tag{11.21}$$

wobei n_q die Phononen-Besetzungszahl im Zustand $\vec{q}$ ist und $b_{\vec{q}}|\ldots n_q \ldots\rangle = \sqrt{n_q}|\ldots n_q - 1\ldots\rangle$ und $b^\dagger_{\vec{q}}|\ldots n_q \ldots\rangle = \sqrt{n_q+1}|\ldots n_q + 1\ldots\rangle$ berücksichtigt wurde. Wegen Energieerhaltung gilt

$$\varepsilon_{\vec{k}-\vec{q}} - \varepsilon_{\vec{k}} = \varepsilon_{\vec{k}'+\vec{q}} - \varepsilon_{\vec{k}'} \tag{11.22}$$

Deshalb ergibt sich:

$$\begin{aligned} H_{1T} &= -\frac{1}{2}\sum_{\vec{k}\vec{k}'\sigma\sigma'}\sum_{\vec{q}}\Bigg[|M(\vec{q})|^2 n_q \frac{2\hbar\omega_q}{(\varepsilon_{\vec{k}+\vec{q}} - \varepsilon_{\vec{k}})^2 - \hbar^2\omega_q^2} c^\dagger_{\vec{k}+\vec{q}\sigma} c_{\vec{k}\sigma} c^\dagger_{\vec{k}'-\vec{q}\sigma'} c_{\vec{k}'\sigma'} \\ &\quad - |M(\vec{q})|^2 (n_q+1)(\frac{2\hbar\omega_q}{(\varepsilon_{\vec{k}-\vec{q}} - \varepsilon_{\vec{k}})^2 - \hbar^2\omega_q^2} c^\dagger_{\vec{k}-\vec{q}\sigma} c_{\vec{k}\sigma} c^\dagger_{\vec{k}'+\vec{q}\sigma'} c_{\vec{k}'\sigma'}\Bigg] \end{aligned} \tag{11.23}$$

Umbenennung der Summationsindizes und Berücksichtigung von $M(\vec{q}) = M(-\vec{q})$ und $n_q = n_{-q}$ führt zum Endergebnis

$$H_{1T} = \sum_{\vec{k}\vec{k}'\sigma\sigma'}\sum_{\vec{q}} |M(\vec{q})|^2 \frac{\hbar\omega_q}{(\varepsilon_{\vec{k}+\vec{q}} - \varepsilon_{\vec{k}})^2 - \hbar^2\omega_q^2} c^\dagger_{\vec{k}+\vec{q}\sigma} c_{\vec{k}\sigma} c^\dagger_{\vec{k}'-\vec{q}\sigma'} c_{\vec{k}'\sigma'} \tag{11.24}$$

Dieser Anteil des Hamiltonoperators beschreibt offensichtlich eine Elektron-Elektron-Wechselwirkung. Das Matrixelement wird negativ und damit die effektive Wechselwirkung attraktiv, wenn

$$|\varepsilon_{\vec{k}+\vec{q}} - \varepsilon_{\vec{k}}| < \hbar\omega_q \tag{11.25}$$

Somit ist also in einem kleinen Bereich der Brillouinzone bzw. einer dünnen Schale in der Umgebung der Fermifläche eine attraktive Elektron-Elektron-Wechselwirkung möglich, der durch den Austausch von (virtuellen) Phononen vermittelt wird.

Obwohl diese durch die Phononen vermittellte effektive anziehende Elektron-Elektron-Wechselwirkung offenbar explizit $\vec{q}$-abhängig ist, ersetzt man sie vielfach durch die folgende vereinfachende Modell-Wechselwirkung:

$$-\frac{V}{2}\sum_{\sigma,\sigma'}\sum_{\vec{k},\vec{k}',\vec{q}} c^{\dagger}_{\vec{k}-\vec{q},\sigma} c^{\dagger}_{\vec{k}'-\vec{q},\sigma'} c_{\vec{k}',\sigma'} c_{\vec{k},\sigma} \text{ falls } |\varepsilon_{\vec{k}} - \varepsilon_{\vec{k}-\vec{q}}| = |\varepsilon_{\vec{k}'+\vec{q}} - \varepsilon_{\vec{k}}| \leq \hbar\omega_{\vec{q}} \leq \hbar\omega_D \qquad (11.26)$$

Welche Konsequenzen eine solche attraktive Wechselwirkung haben kann, wird im folgenden Abschnitt über Cooper-Paare besprochen.

11.3 Cooper-Paare

In diesem Abschnitt wird die stark vereinfachende Annahme gemacht, daß die oben plausibel gemachte anziehende Wechselwirkung nur zwischen zwei Elektronen wirksam ist. Konkret wird ein bis zur Fermikante gefülltes System freier nicht-wechselwirkender Elektronen betrachtet, in das zusätzlich zwei weitere Elektronen gebracht werden, wobei nur diese beiden zusätzlichen Elektronen die attraktive Wechselwirkung untereinander spüren sollen. Ohne diese Wechselwirkung müßten diese beiden Elektronen Einteilchen-Zustände $|\vec{k}\sigma\rangle, |\vec{k}'\sigma'\rangle$ dicht oberhalb der Fermikante besetzen und es wäre die Energie $2E_F$ aufzubringen, um diese zwei zusätzlichen Elektronen ins System zu bringen. Durch die Wechselwirkung werden die Elektronen aus ihren Zuständen $\vec{k},\vec{k}'$ gestreut in Zustände $\vec{k}+\vec{q},\vec{k}'-\vec{q}$. Dabei bleibt aber offenbar der Gesamtimpuls $\vec{K} = \vec{k}+\vec{k}'$ erhalten. Für den Paar-Zustand bei Vorhandensein der attraktiven Wechselwirkung ist es daher plausibel, eine Linearkombination aus Zuständen zu festem Gesamtimpuls $\vec{K}$ anzusetzen:

$$|\Psi_{\vec{K},\sigma,\sigma'}\rangle = \sum_{\vec{k},\vec{k}',\vec{k}+\vec{k}'=\vec{K}} a_{\sigma,\sigma'}(\vec{k},\vec{k}') c^{\dagger}_{\vec{k},\sigma} c^{\dagger}_{\vec{k}',\sigma'} |\phi_0\rangle \qquad (11.27)$$

wobei

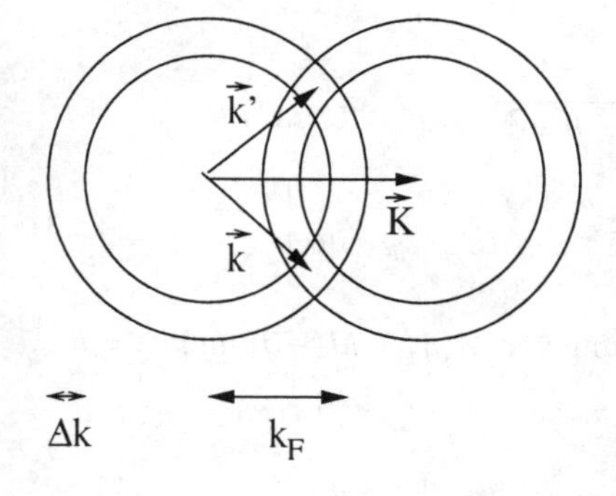

Bild 11.7 $\vec{k}$-Raumbereich der Elektronen, die bei festem Gesamtimpuls $\vec{K} = \vec{k}' + \vec{k}$ „paaren" können

$$|\phi_0\rangle = \prod_{\vec{k} \leq k_F,\sigma} c^{\dagger}_{\vec{k},\sigma} |0\rangle \qquad (11.28)$$

der gefüllte Fermi-See der übrigen wechselwirkungsfreien Elektronen ist. Dabei wird über Zustände summiert, die

$$E_F \leq \varepsilon_{\vec{k}}, \varepsilon_{\vec{k}'} \leq E_F + \hbar\omega_{\vec{q}}$$

erfüllen, weil dies der Bereich (die „Schale") um die Fermifläche ist, in der die attraktive Wechselwirkung möglich ist. Der Zweiteilchen-Zustand der sich anziehenden (bzw. „**paarenden**") Elektronen ist somit als Linearkombination von Zuständen angesetzt, die Eigenzustände für das Paar nicht wechselwirkender Elektronen wären. Wegen der Einschränkung, daß einerseits $\varepsilon_{\vec{k}}, \varepsilon_{\vec{k}'}$ aus der Schale der Dicke $\hbar\omega_q \leq \hbar\omega_D$ und andererseits $\vec{k}+\vec{k}' = \vec{K}$ sein soll, trägt allerding für allgemeine $\vec{K}$ nur ein relativ kleiner Teil von $\vec{k},\vec{k}'$-Zuständen zur Summe bei, vgl. nebenstehende Abbildung.

Speziell für $\vec{K} = 0$ trägt aber wieder die ganze Schale bei, weshalb jetzt nur noch dieser Fall, also $\vec{k}' = -\vec{k}$, d.h. die Wechselwirkung zwischen Elektronen mit entgegengesetztem Impuls, betrachtet werden soll. Das Modell für den Wechselwirkungsanteil des Hamiltonoperators ist also weiter eingeschränkt zu

$$H_{1T} = -\frac{V}{2}\sum_{\sigma,\sigma'}\sum_{\vec{k},\vec{q}} c^{\dagger}_{\vec{k}+\vec{q},\sigma} c^{\dagger}_{-\vec{k}-\vec{q},\sigma'} c_{-\vec{k},\sigma'} c_{\vec{k},\sigma} \text{ wobei } V \neq 0 \text{ , falls } |\varepsilon_{\vec{k}+\vec{q}} - \varepsilon_k| \leq \hbar\omega_D \tag{11.29}$$

Zu berechnen ist nun der Erwartungswert des Hamiltonoperators bezüglich des obigen Variationsansatzes für den Zweiteilchen-Zustand $|\Psi\rangle = |\Psi\rangle_{\vec{K},\sigma,\sigma'}$:

$$E = \langle\Psi|H|\Psi\rangle = \sum_{\vec{k}}(\varepsilon_{\vec{k}} + \varepsilon_{-\vec{k}})|a_{\sigma\sigma'}(\vec{k})|^2 - V\sum_{\vec{k},\vec{q}} a^*_{\sigma\sigma'}(\vec{k}+\vec{q})a_{\sigma\sigma'}(\vec{k}) \tag{11.30}$$

Die Koeffizienten $a_{\sigma,\sigma'}(\vec{k})$ sind ja noch zu bestimmende Parameter und durch Minimierung dieses Ausdrucks für die Energie zu bestimmen, um den optimalen Zustand (im Rahmen des Ansatzes) zu erhalten. Wenn der Zustand normiert sein soll, gilt die Nebenbedingung:

$$\sum_{\vec{k}} |a_{\sigma\sigma'}(\vec{k})|^2 = 1$$

Addiert man diese mit einem Lagrange-Parameter zu obigem Energie-Funktional und variiert nach $a^*_{\sigma,\sigma'}(\vec{k})$, folgt:

$$(2\varepsilon_{\vec{k}} - \lambda)a_{\sigma\sigma'}(\vec{k}) = V\sum_{\vec{k}'} a_{\sigma\sigma'}(\vec{k}') \equiv VC \tag{11.31}$$

$$\Rightarrow \quad a_{\sigma\sigma'}(\vec{k}) = \frac{VC}{2\varepsilon_{\vec{k}} - \lambda} \tag{11.32}$$

$$\Rightarrow \quad C = \sum_{\vec{k}} \frac{CV}{2\varepsilon_{\vec{k}} - \lambda} \Rightarrow 1 = \sum_{\vec{k}} \frac{V}{2\varepsilon_{\vec{k}} - \lambda} \tag{11.33}$$

wobei im letzten Schritt $C \neq 0$ vorausgesetzt wurde. Multipliziert man Gleichung (11.31) mit $a_{\sigma\sigma'}(\vec{k})$ und summiert über alle $\vec{k}$, so zeigt sich durch Vergleich mit (11.30) und wegen der Normierung, daß der Lagrangeparameter λ gerade mit der gesuchten Energie E übereinstimmen muß. Damit folgt:

$$1 = \sum_{\vec{k}} \frac{V}{2\varepsilon_{\vec{k}} - E} = V \int_{E_F}^{E_F+\hbar\omega_q} d\varepsilon \frac{\rho_0(\varepsilon)}{2\varepsilon - E} = V\rho_0 \frac{1}{2} \ln \frac{2E_F + 2\hbar\omega_q - E}{2E_F - E} \tag{11.34}$$

wobei $\rho_0(E)$ die Zustandsdichte des ungestörten (freien) Elektronensystems ist und angenommen wurde, daß diese über das –auf einer elektronischen Energieskala relativ kleine– Energieintervall der Größenordnung $\hbar\omega_q$ nahezu konstant ρ_0 (freie Elektronen-Zustandsdichte an der Fermikante) ist. Damit folgt:

$$\begin{aligned} e^{\frac{2}{V\rho_0}} &= \frac{2E_F + 2\hbar\omega_q - E}{2E_F - E} \\ E &= 2E_F + \frac{2\hbar\omega_q}{1 - e^{\frac{2}{V\rho_0}}} \approx 2E_F - 2\hbar\omega_q e^{-\frac{2}{V\rho_0}} \end{aligned} \tag{11.35}$$

Hierbei wurde berücksichtigt, daß $|V\rho_0| \ll 1$ gilt, da V das –relativ kleine– Elektron-Phonon-Kopplungs-Matrixelement ist und ρ_0 die elektronische Zustandsdichte (von der Größenordnung $(\mathrm{eV})^{-1}$). Da $2E_F$ die Energie des „freien Paares" bei Nicht-Vorhandensein der attraktiven Wechselwirkung ist, bewirkt die attraktive Elektron-Elektron-Wechselwirkung also eine Energieabsenkung um

$$\boxed{\Delta E = -2\hbar\omega_q e^{-\frac{1}{V\rho_0}}} \tag{11.36}$$

Man beachte hier die charakteristische nicht-analytische Abhängigkeit von der Kopplungskonstanten V; durch konventionelle Störungsrechnung, d.h. Entwicklung nach V, kann man diesen Effekt der Paarbildung und der Energieabsenkung daher nicht verstehen und erklären.

Bei obiger Rechnung wurde insbesondere $C = \sum_{\vec{k}'} a_{\sigma\sigma'}(\vec{k}') \neq 0$ benutzt. Man kann sich nun davon überzeugen, daß diese Voraussetzung nur dann erfüllt sein kann, wenn die beiden „paarenden" Elektronen verschiedenen Spin haben, wenn also $\sigma' = -\sigma$ gilt. Für die Paarwellenfunktion im Ortsraum findet man nämlich:

$$\Psi(\vec{r}_1 - \vec{r}_2) = \frac{1}{Vol} \sum_{\vec{k}} a(\vec{k}) e^{i\vec{k}\cdot\vec{r}_1} e^{-i\vec{k}\cdot\vec{r}_2} \tag{11.37}$$

Die Gesamtwellenfunktion ist das Produkt aus Orts- und Spinanteil der Zweiteilchenwellenfunktion:

$$\Psi_{\sigma\sigma'}(\vec{r}_1 - \vec{r}_2) = \Psi(\vec{r}_1 - \vec{r}_2)\chi(\sigma, \sigma') \tag{11.38}$$

Hierbei muß die gesamte Zweiteilchen-Wellenfunktion bekanntlich antisymmetrisch sein unter Teilchen-Vertauschung, da die Elektronen Fermionen sind. Der Gesamtspin kann aber nach den Regeln der Quantenmechanik 0 oder 1 sein; im ersten Fall (Spin-Singlett) ist der Spinanteil der Wellenfunktion antisymmetrisch, dann muß der Ortsanteil symmetrisch sein, im zweiten Fall (Spin 1, Triplett-Zustand) ist der Spinanteil symmetrisch und damit der Ortsanteil antisymmetrisch. Ein antisymmetrisches $\Psi(\vec{r}_1 - \vec{r}_2)$ erfüllt aber insbesondere $\Psi(\vec{r} = 0) = 0 \sim \sum_{\vec{k}} a(\vec{k}) = C$.

Also setzte obige Herleitung der Bindungsenergie eines Cooper-Paares *Singlett-Paarung* zwischen Leitungselektronen mit umgekehrtem Spin voraus. Triplett-Paarung zwischen Fermionen mit parallelem Spin ist zwar im Prinzip auch möglich, bislang aber nur für superfluides Helium-3 unumstritten nachgewiesen. Bei allen konventionellen Supraleitern und wohl auch den Hochtemperatur-Supraleitern liegt Singlett-Paarung vor; nur für wenige „exotische" Supraleiter, z.B. sogenannte „Schwer-Fermionen-Supraleiter", gibt es Hinweise auf eventuelle Triplett-Paarung, was aber auch dafür nicht unumstritten ist. Im weiteren Teil des Kapitels über Supraleitung wird nur noch Singlettpaarung betrachtet, eine anziehende Wechselwirkung der Art (11.29) nur noch zwischen zwei Elektronen mit umgekehrtem Impuls und Spin ($\vec{k}\sigma$ und $-\vec{k}, -\sigma$).

Wir haben oben eine Energieabsenkung eines attraktiv wechselwirkenden Elektronenpaares bei der Fermikante abgeleitet; dies bedeutet insbesondere, daß es einen neuen gebundenen Zustand gibt, der energetisch günstiger ist als der Zustand freier Elektronen. Dadurch wird aber der ganze Fermi-See instabil, denn es wechselwirken ja nicht nur die zwei zusätzlich ins System gebrachten Elektronen miteinander sondern alle Elektronen in einer Schale um die Fermikante. Anders ausgedrückt, je zwei Elektronen im Fermi-See unterhalb der Fermienergie können dadurch Energie gewinnen, daß sie in Zustände (oberhalb bzw. an der Fermikante) übergehen, für die die attraktive Wechselwirkung wirksam ist.

Auf der Grundlage dieses Modells der Cooper-Paare beruht die folgende weit verbreitete Vorstellung über den supraleitenden Zustand. Je zwei Elektronen in der Umgebung der Fermi-Kante mit umgekehrtem Spin und entgegengesetztem Impuls bilden ein Cooper-Paar, das dann

Gesamtspin 0 und Impuls 0 hat. Cooper-Paare sind somit Bosonen und diese können für hinreichend tiefe Temperaturen kondensieren. Supraleitung ist also eine Art Bose-Kondensation von Cooper-Paaren. Es besteht dann eine gewisse Analogie zum Helium-4, bei dem jedes Atom ja auch aus einer geraden Zahl von Fermionen (2 Neutronen, zwei Protonen und 2 Elektronen) zusammengesetzt ist, so daß Helium-4 ein Bose-System ist, das bei tiefen Temperaturen eine Art Bose-Kondensation in die superfluide Phase machen kann[5]. Allerdings gibt es doch einige gravierende Unterschiede zwischen Supraleitung und dem superfluiden Phasenübergang in Helium-4. Zum einen existieren nämlich bei der Supraleitung die Bosonen, also die Cooper-Paare, nicht oberhalb von T_c, es gibt also keine freien Bosonen sondern nur kondensierte Bosonen. Zum anderen haben Cooper-Paare eine große räumliche Ausdehnung, sind also nicht lokalisiert wie ein Atom. Der mittlere Abstand zweier Elektronen ist viel kleiner als der Radius eines Cooper-Paares. Im Bereich eines Cooper-Paares befinden sich daher schon viele andere Elektronen, die ebenfalls der attraktiven Wechselwirkung unterliegen, Cooper-Paare überlappen also stark und sind keine lokalen, nahezu punktförmigen Objekte. Die zwei ein Cooper-Paar bildenden Elektronen sind nicht nur untereinander korreliert sondern auch mit vielen anderen Elektronen im Bereich der Schale der Dicke $\hbar\omega_D$ um die Fermifläche. Man hat es also nicht mit einem wechselwirkenden Zweiteilchensystem zu tun, das in diesem Abschnitt nur behandelt wurde, sondern mit einem wechselwirkenden Vielteilchen-System. Wie man dieses im Fall der attraktiven Wechselwirkung behandeln kann, wird im nächsten Abschnitt besprochen.

11.4 BCS - Theorie

Im Jahr 1957 erschien eine Arbeit von Bardeen[6], Cooper[7] und Schrieffer[8] (BCS, Phys. Rev. **108**, 1175 (1957)), in der das im vorigen Abschnitt bereits plausibel gemachte, stark vereinfachte Modell einer attraktiven Elektron-Elektron-Wechselwirkung mit Variationsmethoden behandelt wurde und gezeigt wurde, daß darin tatsächlich schon alles Wesentliche der Supraleitung enthalten ist und verstanden werden kann. Dies ist ein schönes Beispiel für das Prinzip der Modell-Bildung in der Festkörpertheorie und der Theoretischen Physik überhaupt: Ausgehend von der Elektron-Phonon-Wechselwirkung kommt man zu einer effektiven attraktiven Elektron-Elektron-Wechselwirkung, diese wird wieder stark vereinfacht, die q-Abhängigkeit wird vernachlässigt und nur noch Wechselwirkung zwischen Elektronen mit entgegengesetztem Impuls und Spin betrachtet, und das resultierende reduzierte Modell kann auch nur approximativ behandelt werden; wenn dann trotzdem der beobachtete Effekt beschrieben werden kann, hat man verstanden, was wirklich das Wesentliche ist. Dies hätte man dagegen noch lange nicht verstanden, wenn man den vollen Festkörper-Hamilton-Operator lösen würde und dabei auch den Effekt finden oder sogar vorhersagen würde, obwohl letzteres trotz Computer noch praktisch unmöglich ist.

---

[5] Streng genommen ist der superfluide Phasenübergang von Helium-4 auch keine Bose-Kondensation, da die Wechselwirkung der Helium-Atome untereinander von Bedeutung ist.

[6] J.Bardeen, * 1908, † 1991, amerikanischer Physiker und Elektroingenieur, Professor an den Universities of Minnesota und Illinois und bei den Bell-Labs tätig, auch an der Entwicklung des Transistors beteiligt, 2 Nobelpreise für Physik (1956 für den Transistor und 1972 für die BCS-Theorie)

[7] L.N.Cooper, zeigte 1956 die Existenz der gebundenen Zustände bei attraktiver Elektron-Elektron-Wechselwirkung, seit 1958 Professor an der Brown University in Providence, Rhode Island, Nobelpreis 1972

[8] J.R.Schrieffer, Schüler von J.Bardeen, untersuchte in seiner Thesis den BCS-Hamiltonoperator, später Professor für Theoretische Physik in Philadelphia, an der Cornell-University und Santa Barbara, jetzt in Tallahassee (Florida) tätig und an Hochtemperatur-Supraleitung interessiert, Nobelpreis 1972

Der BCS-Hamilton-Operator ist explizit gegeben durch:

$$H = \sum_{\vec{k},\sigma} \varepsilon_{\vec{k}} c^{\dagger}_{\vec{k}\sigma} c_{\vec{k}\sigma} - V \sum_{\vec{k},\vec{k}'} c^{\dagger}_{\vec{k}'\uparrow} c^{\dagger}_{-\vec{k}'\downarrow} c_{-\vec{k}\downarrow} c_{\vec{k}\uparrow} \tag{11.39}$$

wobei der erste Term (spin-entartete) freie Elektronen bzw. ein wechselwirkungsfreies, s-artiges Leitungsband beschreibt und der zweite Term die – durch die Elektron-Phonon-Kopplung vermittelte – attraktive Wechselwirkung zwischen Elektronen von entgegengesetztem Spin und entgegengesetztem Impuls. Daß diese Wechselwirkung durch Phononen verursacht wird, geht dadurch ein, daß nur Elektronen mit $|\varepsilon_{\vec{k}}| < \hbar\omega_D$ diese spüren, wobei ω_D die Debye-Frequenz ist und hier und im folgenden Energien von der Fermi-Energie aus gemessen werden sollen, also $E_F = 0$ zum Nullpunkt der Energieskala gewählt wurde. In der ursprünglichen BCS-Arbeit wurde dieser Modell-Hamilton-Operator in Anlehnung an das oben bei den Cooper-Paaren kennengelernte Verfahren mittels eines Variationsansatzes behandelt. Hier soll eine alternative, aber äquivalente Methode besprochen werden, nämlich die der sogenannten *Bogoliubov-Transformation*[9], die auch wieder in ganz anderen Bereichen der (Festkörper-) Physik anwendbar ist.

Zunächst wird eine Art Molekularfeld- („mean-field"-)Entkopplung des Wechselwirkungsterms vorgenommen. Jedoch handelt es sich hier jetzt nicht um die früher besprochene Hartree-Fock-Entkopplung nach Teilchenzahl-Erwartungswerten sondern um eine Entkopplung nach **anomalen Paar-Erwartungswerten**. Die physikalische Motivation für diese anomale BCS-Entkopplung ist die – auf dem Cooper-Paar-Modell beruhende– Vorstellung, daß die Paarung zweier Elektronen mit entgegengesetztem Spin und Impuls durch die Wechselwirkung begünstigt ist und daher die Teilchen-Erzeuger bzw. Vernichter jeweils für ein Elektronen-Paar nicht zu entkoppeln sind, weil deren Dynamik aneinander gebunden bleibt. Mathematisch bedeutet dies die folgende Ersetzung des BCS-Hamilton-Operators durch einen effektiven Ersatz-Hamilton-Operator:

$$\begin{aligned} H \to H_{\text{eff}} \quad = \quad & \sum_{\vec{k},\sigma} \varepsilon_{\vec{k}} c^{\dagger}_{\vec{k}\sigma} c_{\vec{k}\sigma} - V \sum_{\vec{k},\vec{k}'} \langle c^{\dagger}_{\vec{k}'\uparrow} c^{\dagger}_{-\vec{k}'\downarrow} \rangle c_{-\vec{k}\downarrow} c_{\vec{k}\uparrow} - V \sum_{\vec{k},\vec{k}'} \langle c_{-\vec{k}\downarrow} c_{\vec{k}\uparrow} \rangle c^{\dagger}_{\vec{k}'\uparrow} c^{\dagger}_{-\vec{k}'\downarrow} \\ & + V \sum_{\vec{k},\vec{k}'} \langle c^{\dagger}_{\vec{k}'\uparrow} c^{\dagger}_{-\vec{k}'\downarrow} \rangle \langle c_{-\vec{k}\downarrow} c_{\vec{k}\uparrow} \rangle \end{aligned} \tag{11.40}$$

Hier wurde auf alle möglichen Arten nach anomalen Erwartungswerten entkoppelt und der letzte additive, nur Erwartungswerte enthaltende Term korrigiert Überzählungen. Dies läßt sich auch schreiben als:

$$H_{\text{eff}} = \sum_{\vec{k},\sigma} \varepsilon_{\vec{k}} c^{\dagger}_{\vec{k}\sigma} c_{\vec{k}\sigma} - \Delta^* \sum_{\vec{k}} c_{-\vec{k}\downarrow} c_{\vec{k}\uparrow} - \Delta \sum_{\vec{k}} c^{\dagger}_{\vec{k}'\uparrow} c^{\dagger}_{-\vec{k}'\downarrow} + \frac{|\Delta|^2}{V} \tag{11.41}$$

mit

$$\Delta = V \sum_{\vec{k}'} \langle c_{-\vec{k}'\downarrow} c_{\vec{k}'\uparrow} \rangle, \quad \Delta^* = V \sum_{\vec{k}'} \langle c^{\dagger}_{\vec{k}'\uparrow} c^{\dagger}_{-\vec{k}'\downarrow} \rangle \tag{11.42}$$

Diese Δ, Δ^* sind durch Summen über alle Paar-Erwartungswerte gegeben und werden sich später als der die supraleitende Phase charakterisierende Ordnungsparameter herausstellen. Offenbar

[9] N.N.Bogoliubov, * 1909 In Nishny Novgorod (Rußland), † 1992 in Dubna, russischer theoretischer Physiker, Selbststudium von Physik und Mathematik in Kiew, 1.Publikation mit 15 Jahren, Habilitation 1930, seit 1953 Mitglied der Akademie der Wissenschaften, Mitbegründer der nichtlinearen Mechanik, Arbeiten auf fast allen Gebieten der theoretischen und mathematischen Physik, insbesondere zur statistischen Physik und Vielteilchen-Physik, Superfluidität und zuletzt zum Polaron, seit 1956 Direktor am Kernforschungszentrum (JINR) in Dubna

enthält der effektive Ersatz-Hamiltonoperator trotz der mean-field-artigen Entkopplung immer noch ungewöhnliche Terme, nämlich zwei Erzeuger und zwei Vernichter hintereinander. Deswegen vertauscht H_{eff} auch nicht mit dem Gesamt-Teilchenzahl-Operator, die Teilchenzahl ist also nicht erhalten, was zunächst unphysikalisch zu sein scheint, bei großkanonischer Rechnung im Fock-Raum und im thermodynamischen Limes aber keine Rolle mehr spielt. Der effektive Hamilton-Operator ist aber noch nicht von der üblichen Einteilchen-Form, d.h. bilinear mit einem Erzeuger und einem Vernichter hintereinander, so daß wir die dafür – aus der statistischen Physik (vgl. Kapitel 4.8)– bekannten Relationen noch nicht ohne Weiteres anwenden können. Um ihn in eine solche Form zu bringen, muß die schon erwähnte Bogoliubov-Transformation durchgeführt werden. Dazu führt man neue Erzeuger und Vernichter $\{\alpha_{\vec{k}},\beta_{\vec{k}},\alpha^\dagger_{\vec{k}},\beta^\dagger_{\vec{k}}\}$ ein, für die zunächst angesetzt wird:

$$\begin{aligned} \alpha_{\vec{k}} &= u_{\vec{k}} c_{\vec{k}\uparrow} - v_{\vec{k}} c^\dagger_{-\vec{k}\downarrow} \quad \alpha^\dagger_{\vec{k}} = u^*_{\vec{k}} c^\dagger_{\vec{k}\uparrow} - v^*_{\vec{k}} c_{-\vec{k}\downarrow} \\ \beta_{\vec{k}} &= u_{\vec{k}} c_{-\vec{k}\downarrow} + v_{\vec{k}} c^\dagger_{\vec{k}\uparrow} \quad \beta^\dagger_{\vec{k}} = u^*_{\vec{k}} c^\dagger_{-\vec{k}\downarrow} + v^*_{\vec{k}} c_{\vec{k}\uparrow} \end{aligned} \tag{11.43}$$

Das neue und ungewöhnliche an dieser Bogoliubov-Transformation im Vergleich zu einer einfachen Koordinatentransformation (Drehung) ist, daß hier Linearkombinationen eines Erzeugers mit einem Vernichter der ursprünglichen Fermi-(Elektronen-)Operatoren gebildet werden, während bei einer einfachen Koordinatentransformation nur Linearkombinationen von Erzeugern bzw. Vernichtern untereinander aber nicht gemischt auftreten. Auch das Kombinieren von Fermi-Operatoren zu verschiedenen Spin-Richtungen ist bemerkenswert. Man rechnet nun leicht nach, daß die neuen Operatoren $\{\alpha_{\vec{k}},\beta_{\vec{k}},\alpha^\dagger_{\vec{k}},\beta^\dagger_{\vec{k}}\}$ die folgenden Antikommutator-Relationen erfüllen:

$$\begin{aligned} [\alpha_{\vec{k}},\beta_{\vec{k}'}]_+ &= [\alpha^\dagger_{\vec{k}},\beta^\dagger_{\vec{k}'}]_+ = 0 \\ \left[\alpha_{\vec{k}},\alpha^\dagger_{\vec{k}'}\right]_+ &= [\beta_{\vec{k}},\beta^\dagger_{\vec{k}'}]_+ = (|u_{\vec{k}}|^2 + |v_{\vec{k}}|^2)\delta_{\vec{k}\vec{k}'} \\ \left[\alpha_{\vec{k}},\beta^\dagger_{\vec{k}'}\right]_+ &= 0 \end{aligned}$$

Falls also

$$|u_{\vec{k}}|^2 + |v_{\vec{k}}|^2 = 1 \tag{11.44}$$

gilt, erfüllen die neuen Operatoren gerade wieder Fermi-Vertauschungsregeln. Ansonsten sollen die $u_{\vec{k}},v_{\vec{k}}$ so bestimmt werden, daß der Hamilton-Operator H_{eff} diagonal und bilinear mit einem Erzeuger und Vernichter hintereinander bezüglich dieser neuen Quasiteilchenoperatoren wird. Dies gelingt schon mit den folgenden reellen $u_{\vec{k}},v_{\vec{k}}$

$$u^2_{\vec{k}} = \frac{1}{2}\left(1 + \frac{\varepsilon_{\vec{k}}}{\sqrt{\varepsilon^2_{\vec{k}} + |\Delta|^2}}\right), \quad v^2_{\vec{k}} = \frac{1}{2}\left(1 - \frac{\varepsilon_{\vec{k}}}{\sqrt{\varepsilon^2_{\vec{k}} + |\Delta|^2}}\right) \tag{11.45}$$

die offenbar $u^2_{\vec{k}} + v^2_{\vec{k}} = 1$ erfüllen. Invertiert man die Beziehungen (11.43), drückt also die ursprünglichen Elektronen-Erzeuger und Vernichter als Linearkombination der $\{\alpha_{\vec{k}},\beta_{\vec{k}},\alpha^\dagger_{\vec{k}},\beta^\dagger_{\vec{k}}\}$ aus und setzt dies in (11.41) ein, so findet man nach etwas Rechnung:

$$H_{\text{eff}} = \sum_{\vec{k}} E_{\vec{k}}(\alpha^\dagger_{\vec{k}}\alpha_{\vec{k}} + \beta^\dagger_{\vec{k}}\beta_{\vec{k}}) + \sum_{\vec{k}}(\varepsilon_{\vec{k}} - E_{\vec{k}}) + \frac{|\Delta|^2}{V} \tag{11.46}$$

mit

$$E_{\vec{k}} = \sqrt{\varepsilon_{\vec{k}}^2 + |\Delta|^2} \tag{11.47}$$

Der effektive Hamilton-Operator ist also diagonal bezüglich der neuen Fermi-Operatoren, man hat also neue Quasiteilchen-Operatoren eingeführt, bezüglich denen der Hamilton-Operator formal die Gestalt eines wechselwirkungsfreien Fermi-Systems hat. Diese Quasiteilchen haben keine physikalisch-anschauliche Interpretation; insbesondere entsprechen sie *nicht* den Cooper-Paaren, die ja Bosonen sein müssen, während die hier eingeführten Quasiteilchen Fermionen sind.

Hier ist das in Gleichung (11.42) eingeführte und hier formal als Parameter erscheinende

$$\Delta = V \sum_{\vec{k}'} \langle c_{-\vec{k}'\downarrow} c_{\vec{k}'\uparrow} >_{H_{\text{eff}}} \tag{11.48}$$

noch selbstkonsistent zu bestimmen; Selbstkonsistenz bedeutet hier, daß der thermodynamische Erwartungswert bezüglich dem Hamiltonoperator H_{eff} zu berechnen ist, der das Δ selbst wieder als Parameter enthält. Mit Gl.(11.43, 11.45) folgt

$$\begin{aligned} \Delta &= V \sum_{\vec{k}} \langle (-v_{\vec{k}} \alpha_{\vec{k}}^\dagger + u_{\vec{k}} \beta_{\vec{k}})(u_{\vec{k}} \alpha_{\vec{k}} + v_{\vec{k}} \beta_{\vec{k}}^\dagger) \rangle_{H_{\text{eff}}} \\ &= V \sum_{\vec{k}} \Big(-v_{\vec{k}} u_{\vec{k}} \langle \alpha_{\vec{k}}^\dagger \alpha_{\vec{k}} \rangle_{H_{\text{eff}}} - u_{\vec{k}} v_{\vec{k}} \langle \beta_{\vec{k}}^\dagger \beta_{\vec{k}} \rangle_{H_{\text{eff}}} + u_{\vec{k}} v_{\vec{k}} + u_{\vec{k}}^2 \langle \beta_{\vec{k}} \alpha_{\vec{k}} \rangle_{H_{\text{eff}}} - v_{\vec{k}}^2 \langle \alpha_{\vec{k}}^\dagger \beta_{\vec{k}}^\dagger \rangle_{H_{\text{eff}}} \Big) \end{aligned} \tag{11.49}$$

Wegen

$$u_{\vec{k}} v_{\vec{k}} = \frac{1}{2} \sqrt{1 - \frac{\varepsilon_{\vec{k}}^2}{\varepsilon_{\vec{k}}^2 + |\Delta|^2}} = \frac{\Delta}{2\sqrt{\varepsilon_{\vec{k}}^2 + |\Delta|^2}}$$

ergibt sich

$$\Delta = V \sum_{\vec{k}} \frac{\Delta}{\sqrt{\varepsilon_{\vec{k}}^2 + |\Delta|^2}} \left(\frac{1}{2} - f(E_{\vec{k}}) \right) = \frac{V\Delta}{2} \sum_{\vec{k}} \frac{1}{E_{\vec{k}}} \tanh \frac{\beta E_{\vec{k}}}{2} \tag{11.50}$$

Diese Selbstkonsistenzgleichung hat immer die triviale Lösung $\Delta = 0$, was wieder dem normalen Metall entspricht. Eine nicht-triviale Lösung $\Delta \neq 0$ existiert, falls die Gleichung

$$\boxed{1 = \frac{V}{2} \sum_{\vec{k}} \frac{1}{\sqrt{\varepsilon_{\vec{k}}^2 + |\Delta|^2}} \tanh \frac{\beta \sqrt{\varepsilon_{\vec{k}}^2 + |\Delta|^2}}{2}} \tag{11.51}$$

erfüllt ist. Dies ist die

BCS-Selbstkonsistenzgleichung

für den supraleitenden Ordnungsparameter Δ. Ersetzt man die k-Summe in der üblichen Weise durch ein Integral über die ungestörte Zustandsdichte $\rho_0(E)$ (pro Spinrichtung) der freien, nichtwechselwirkenden Elektronen, läßt sich dies auch schreiben als

$$1 = \frac{V}{2} \int_{-\hbar\omega_D}^{\hbar\omega_D} d\varepsilon \rho_0(\varepsilon) \frac{1}{\sqrt{\varepsilon^2 + |\Delta|^2}} \tanh \frac{\beta\sqrt{\varepsilon^2 + |\Delta|^2}}{2} \tag{11.52}$$

wobei jetzt der charakteristische cut-off $\hbar\omega_D$ explizit hingeschrieben wurde, der zum Ausdruck bringt, daß die attraktive Wechselwirkung nur über Energien der Größenordnung Phononen-(Debye-) Energie wirksam ist. Diese Gleichung hat für hinreichend tiefe Temperaturen immer eine Lösung, denn für $T = 0$ ($\beta \to \infty$) gilt $\tanh \frac{\beta\sqrt{\varepsilon^2+|\Delta|^2}}{2} \to 1$ und man kann die Integration analytisch elementar ausführen, wenn man annimmt, daß die ungestörte Leitungsbandzustandsdichte ungefähr konstant ist über das Energieintervall $\hbar\omega_D$:

$$1 = V\rho_0 \int_0^{\hbar\omega_D} \frac{d\varepsilon}{\sqrt{\varepsilon^2 + \Delta_0^2}} = V\rho_0 \operatorname{arsinh} \frac{\varepsilon}{\Delta_0}\Big|_0^{\hbar\omega_D} = V\rho_0 \operatorname{arsinh} \frac{\hbar\omega_D}{\Delta_0} \tag{11.53}$$

Als Lösung für den $T = 0$-Ordnungsparameter erhält man daher:

$$\boxed{\Delta(T = 0) = \Delta_0 = \hbar\omega_D \frac{1}{\sinh \frac{1}{V\rho_0}} \approx 2\hbar\omega_D e^{-\frac{1}{V\rho_0}}} \tag{11.54}$$

Hier tritt offenbar wieder die nicht-analytische Abhängigkeit vom Ordnungsparameter auf, die uns schon bei der Besprechung der Bindungsenergie des Cooperpaares begegnet war.

Für hohe Temperaturen gilt dagagen $\tanh \frac{\beta\sqrt{\varepsilon^2+|\Delta|^2}}{2} \approx \frac{\beta\sqrt{\varepsilon^2+|\Delta|^2}}{2}$. Damit folgt

$$1 = V\rho_0 \int_0^{\hbar\omega_D} d\varepsilon \frac{\beta}{2} \frac{\sqrt{\varepsilon^2 + \Delta_0^2}}{\sqrt{\varepsilon^2 + \Delta_0^2}} = \beta V\rho_0 \frac{\hbar\omega_D}{2} \to 0 \text{ für } \beta \to 0$$

Für hohe Temperaturen gibt es also keine nicht-triviale Lösung für den BCS-Ordnungsparameter. Da es also nun für tiefe T eine Lösung gibt, für hohe T aber nicht, muß es eine *kritische Temperatur* T_c geben, unterhalb der ein $\Delta \neq 0$ existieren kann. Genau bei T_c verschwindet Δ; um T_c zu bestimmen suchen wir daher die Lösung von (11.52) speziell für $\Delta(T_c) = 0$

$$1 \quad = \quad V\rho_0 \int_0^{\hbar\omega_D} d\varepsilon \frac{\tanh \frac{\varepsilon}{2k_B T_c}}{\varepsilon} = V\rho_0 \int_0^{\frac{\hbar\omega_D}{2k_B T_c}} \frac{dx}{x} \tanh x \tag{11.55}$$

Hieraus ergibt sich unter Berücksichtigung von $\frac{\hbar\omega_D}{2kT_c} \gg 1$ (wegen $\hbar\omega_D \approx 300$ K, $T_c \approx 10$ K)

$$1 \approx V\rho_0 \left(\ln \frac{\hbar\omega_D}{2kT_c} - \int_0^\infty dx \ln x (1 - \ln \tanh^2 x) \right) = V\rho_0 \left(\ln \frac{\hbar\omega_D}{2kT_c} - \ln \frac{\pi}{4e^\gamma} \right) \tag{11.56}$$

da das letzte bestimmte Integral analytisch bekannt ist; hierbei ist $e = 2.7182$ die bekannte Eulersche Zahl, und es tritt eine weitere spezielle (mit Namen versehene) irrationale Zahl auf, die Eulersche Konstante $\gamma = 0.5772$. Nach T_c aufgelöst findet man

$$\boxed{k_B T_c = \frac{2e^\gamma}{\pi}\hbar\omega_D e^{-\frac{1}{V\rho_0}} = 1.136\hbar\omega_D e^{-\frac{1}{V\rho_0}}} \tag{11.57}$$

Dies ist das BCS-Ergebnis für die kritische Temperatur T_c, unterhalb der ein der effektiv anziehenden Elektron-Elektron-Wechselwirkung unterliegendes System supraleitend wird. Man beachte die direkte Proportionalität von T_c zur Debye-Frequenz, also zu typischen Phononen-Frequenzen bzw. der für das Phononen-Spektrum charakteristischen Energieskala. Phononenfrequenzen sind aber gemäß Kapitel 3 umgekehrt proportional zur Wurzel aus der Ionenmasse, was schon aus der klassischen Behandlung folgt. Also gilt:

$$\hbar\omega_D \sim M^{-1/2} \rightarrow T_c \sim \frac{1}{\sqrt{M}} \tag{11.58}$$

Diese $M^{-1/2}$-Abhängigkeit des supraleitenden T_c, die hier in der BCS-Behandlung ihre natürliche Erklärung findet, bezeichnet man auch als den **Isotopen-Effekt**. Er kann experimentell überprüft werden, wenn man Proben des gleichen Metalls aber zusammengesetzt aus verschiedenen Isotopen des gleichen chemischen Elements untersucht und ist häufig gut erfüllt. Wenn man den Isotopeneffekt findet, ist dies ein eindeutiger Hinweis auf den Elektron-Phonon-Mechanismus als Ursache der supraleitenden Paarung. Wenn er nicht oder nur in schwächerem Maß beobachtet wird, ist es allerdings noch kein überzeugender Hinweis auf einen anderen Paarungs-Mechanismus, da ja auch die anderen Parameter (z.B. die Kopplungskonstante V) von der Ionen-Masse abhängen können. Insgesamt sollte T_c danach um so größer sein je leichter das metallische Element ist. Daher sollte atomarer metallischer Wasserstoff ein besonders hohes T_c haben. Wie schon in Kapitel 4.6 erwähnt, existiert der aber leider nicht unter normalen Umständen (Drucken), sondern es gibt nur molekularen festen Wasserstoff H_2, welcher im festen Aggregatzustand ein Isolator ist. Neben der Ionenmasse hängt T_c noch (nicht-analytisch) von der Kopplungskonstanten V und der ungestörten elektronischen Zustandsdichte an der Fermikante ab. Je größer die Elektron-Phonon-Kopplungskonstante und damit die effektive anziehende Wechselwirkung V wird und je größer die Zustandsdichte ρ_0 ist desto größer wird auch T_c. Bei einigen der herkömmlichen Supraleiter mit relativ hohem T_c bis zu 23 K, nämlich den sogenannten „A-15-Substanzen“, wird tatsächlich vermutet, daß dies mit durch eine hohe elektronische Zustandsdichte an der Fermienergie bedingt ist. Die Abhängigkeit von V und damit der Elektron-Phonon-Wechselwirkungsstärke läßt unmittelbar verstehen, warum schlechte Metalle in der Regel gute Supraleiter sind und umgekehrt. Bei relativ starker Elektron-Phonon-Kopplung hat man ja bei normalen Metallen einen starken Streumechanismus (vgl. Kapitel 7.4.2) und damit einen großen elektrischen Widerstand aber andererseits auch eine starke attraktive Wechselwirkung und damit ein relativ hohes T_c. Umgekehrt werden viele normalleitend gute Metalle mit kleinem spezifischen Widerstand (wie Cu, Ag, Na) überhaupt nicht supraleitend, was wohl daran liegt, daß die Elektron-Phonon-Wechselwirkung zu klein ist in diesen Metallen.

Offenbar gilt

$$\frac{\Delta_0}{k_B T_c} = \frac{\pi}{e^\gamma} = 1.76 \tag{11.59}$$

Die BCS-Theorie sagt also für das Verhältnis von $T = 0$-Ordnungsparameter und kritischer Temperatur T_c eine universelle Konstante voraus.

Für beliebige Temperatur $0 < T < T_c$ muß die BCS-Selbstkonsistenzgleichung (11.52) numerisch gelöst werden und man findet den nebenstehend dargestellten Verlauf für die Temperaturabhängigkeit des Ordnungs-Parameters $\Delta(T)$. Das asymptotische Verhalten nahe bei $T = 0$ und nahe bei T_c kann man aber noch analytisch abschätzen zu

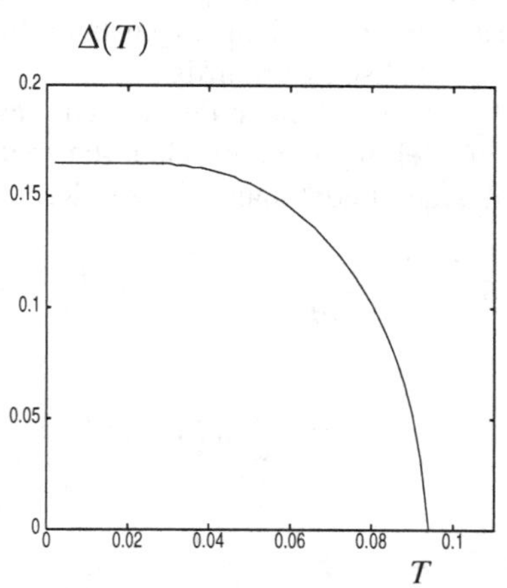

Bild 11.8 Temperaturabhängigkeit des supraleitenden Ordnungsparameters Δ in der BCS-Theorie

$$\begin{aligned} T \to 0: \quad \Delta(T) &= \Delta_0 - \sqrt{2\pi k_B T_c \Delta_0}\, e^{-\frac{\Delta_0}{k_B T}} \\ T \to T_c: \quad \Delta(T) &= k_B T_c \pi \sqrt{\frac{8}{7\xi(3)}} \sqrt{1 - \frac{T}{T_c}} \end{aligned} \qquad (11.60)$$

Insbesondere verschwindet der Ordnungsparameter also mit einer Wurzelsingularität bei T_c bzw. der kritische Index für den Ordnungsparameter ist $\frac{1}{2}$. Solch ein kritischer Index ist typisch für Molekularfeld-Behandlungen von Phasenübergängen und sogenannten „kritischen Phanomenen". Er ergibt sich auch bei ganz anderen Arten von Phasenübergängen, z.B. beim Van-der-Waals-Gas (Flüssigkeits-Gas-Übergang) oder bei den noch zu besprechenden magnetischen Phasenübergängen.

Bei letzteren ist die Magnetisierung der Ordnungsparameter und die Temperaturabhängigkeit der Magnetisierung eines Ferromagneten sieht qualitativ genauso aus wie oben dargestelltes $\Delta(T)$. Im Detail verschwindet allerdings die Magnetisierung mit einem anderen kritischen Index als $\frac{1}{2}$ bei T_c, während eine Molekularfeld-Näherung hierfür ebenfalls $\frac{1}{2}$ ergibt. Beim supraleitenden Phasenübergang ist dieser kritische Index $\frac{1}{2}$ aber auch experimentell exzellent bestätigt. Im Unterschied zu magnetischen Phasenübergängen ist beim supraleitenden Übergang die Molekularfeldnäherung, d.h. die BCS-Näherung, bereits ausgezeichnet.

Man kann nun noch die gesamte Thermodynamik berechnen; wir beschränken uns hier auf einige wenige charakteristische Größen und wollen insbesondere noch die spezifische Wärme explizit ausrechnen. Wir beginnen mit der Berechnung der freien Energie bzw. des großkanonischen Potentials

$$\begin{aligned} \Phi_s &= -\frac{1}{\beta}\ln Sp e^{-\beta H_{eff}} = -\frac{1}{\beta}\ln Sp \exp\left[-\beta\sum_{\vec{k}} E_{\vec{k}}(\alpha^\dagger_{\vec{k}}\alpha_{\vec{k}} + \beta^\dagger_{\vec{k}}\beta_{\vec{k}}) - \beta\sum_{\vec{k}}(\varepsilon_{\vec{k}} - E_{\vec{k}}) - \beta\frac{\Delta^2}{V}\right] \\ &= \frac{\Delta^2}{V} + \sum_{\vec{k}}(\varepsilon_{\vec{k}} - E_{\vec{k}}) - \frac{2}{\beta}\sum_{\vec{k}}\ln\left(1 + e^{-\beta E_{\vec{k}}}\right) \end{aligned} \qquad (11.61)$$

Dies entspricht bis auf die beiden ersten Summanden gerade der freien Energie wechselwirkungsfreier Fermionen mit Dispersion $E_{\vec{k}} = \sqrt{\varepsilon^2 + \Delta^2}$, was zu erwarten war, da der effektive Hamiltonoperator ja formal wechselwirkungsfreie Teilchen zu beschreiben scheint; der Faktor 2 rührt her von den beiden $\alpha_{\vec{k}}, \beta_{\vec{k}}$ Quasiteilchenarten, was den beiden Spinrichtungen bei wirklich freien Elektronen entspricht. Minimiert man Φ_s bezüglich Δ kommt man übrigens zurück zur BCS-Selbstkonsistenzgleichung für Δ; wie üblich bzw. physikalisch sinnvoll bei Molekularfeldbehandlungen liefert also die BCS-Lösung gerade den optimalen effektiven Hamilton-Operator

H_{eff}, für den das zugehörige thermodynamische Potential minimal wird. Aus dem großkanonischen Potential kann man nun die mittlere Teilchenzahl berechnen und findet, daß die Teilchenzahl im supraleitenden Zustand die gleiche ist wie im normalleitenden Zustand, was ebenfalls physikalisch vernünftig ist.

Hier soll noch die Berechnung der Entropie explizit durchgeführt werden, deren Temperaturableitung ja unmittelbar die spezifische Wärme ergibt. Für die Entropie S_s im supraleitenden Zustand findet man nach den Regeln der statistischen Physik:

$$\begin{aligned} S_s &= -\frac{\partial \Phi_s}{\partial T} = -\frac{\partial \Phi_s}{\partial \Delta}\frac{d\Delta}{dT} - \frac{\partial \Phi_s}{\partial \beta}\frac{d\beta}{dT} = \frac{1}{V}\frac{\partial}{\partial T}\Delta^2(T) - \sum_{\vec{k}} \frac{\Delta}{\sqrt{\varepsilon_{\vec{k}} + \Delta^2}}\frac{\partial \Delta}{\partial T} \\ &\quad -2k_B \sum_{\vec{k}} \ln\left(1 + e^{-\beta E_{\vec{k}}}\right) - 2k_B T \sum_{\vec{k}} \frac{e^{-\beta E_{\vec{k}}}\left(\frac{1}{k_B T^2}E_{\vec{k}} - \frac{1}{k_B T}\frac{\Delta}{E_{\vec{k}}}\frac{\partial \Delta}{\partial T}\right)}{1 + e^{-\beta E_{\vec{k}}}} \\ &= \underbrace{\left(2\frac{\Delta}{V} - \sum_{\vec{k}} \frac{\Delta}{\sqrt{\varepsilon_{\vec{k}} + \Delta^2}} + 2\frac{\Delta}{\sqrt{\varepsilon_{\vec{k}} + \Delta^2}} f(E_{\vec{k}})\right)\frac{\partial \Delta}{\partial T}}_{=0,\ \text{BCS-Selbstkonsistenzgleichung (11.50)}} - 2k_B \sum_{\vec{k}} \left[\ln\left(1 + e^{-\beta E_{\vec{k}}}\right) + \frac{\beta E_{\vec{k}}}{e^{\beta E_{\vec{k}}} + 1}\right] \end{aligned} \tag{11.62}$$

Somit erhält man

$$\begin{aligned} S_s &= -2k_B \sum_{\vec{k}} \left[\ln\left(1 + e^{-\beta E_{\vec{k}}}\right) + \frac{\beta E_{\vec{k}}}{e^{\beta E_{\vec{k}}} + 1}\right] \\ &= -2k_B \sum_{\vec{k}} \left[(1 - f(E_{\vec{k}}))\ln\left(1 - f(E_{\vec{k}})\right) + f(E_{\vec{k}})\ln\left(f(E_{\vec{k}})\right)\right] \end{aligned} \tag{11.63}$$

Dies entspricht gerade wieder der Entropie freier Fermionen mit Dispersion $E_{\vec{k}}$. Für die spezifische Wärme ergibt sich:

$$\begin{aligned} c_s &= T\frac{\partial S_s}{\partial T} = -2k_B T \sum_{\vec{k}} \left[\frac{\partial}{\partial(\beta E_{\vec{k}})}\ln\left(1 + e^{-\beta E_{\vec{k}}}\right) + \frac{1}{e^{\beta E_{\vec{k}}} + 1} - \frac{\beta E_{\vec{k}} e^{\beta E_{\vec{k}}}}{(e^{\beta E_{\vec{k}}} + 1)^2}\right]\frac{\partial}{\partial T}(\beta E_{\vec{k}}) \\ &= 2k_B T \sum_{\vec{k}} \frac{\beta E_{\vec{k}} e^{\beta E_{\vec{k}}}}{(e^{\beta E_{\vec{k}}} + 1)^2}\left(E_{\vec{k}}\frac{1}{k_B T^2} - \frac{1}{k_B}\frac{\Delta}{E_{\vec{k}}}\frac{\partial \Delta}{\partial T}\right) \\ &= 2\sum_{\vec{k}} \frac{\beta E_{\vec{k}} e^{\beta E_{\vec{k}}}}{(e^{\beta E_{\vec{k}}} + 1)^2}\left[\frac{E_{\vec{k}}^2}{T} - \frac{1}{2}\frac{\partial \Delta^2}{\partial T}\right] = -\frac{2}{T}\sum_{\vec{k}} \frac{\partial f(E_{\vec{k}})}{\partial E_{\vec{k}}}\left(E_{\vec{k}}^2 + \frac{\beta}{2}\frac{\partial \Delta^2}{\partial \beta}\right) \end{aligned} \tag{11.64}$$

Das ergibt die schon in Abbildung 11.4 gezeigte charakteristische Temperaturabhängigkeit der spezifischen Wärme. In den Grenzfällen $T \to 0$ und $T \to T_c$ kann man das Verhalten von c_s auch analytisch abschätzen; unter Benutzung von (11.60) ergibt sich

$$\left.\frac{\partial \Delta^2}{\partial T}\right|_{T_c} = \frac{\partial}{\partial T}\left[\pi^2 k_B^2 T_c^2 \frac{8}{7\xi(3)}\left(1 - \frac{T}{T_c}\right)\right] = -\frac{8\pi^2 k_B^2}{7\xi(3)} T_c \tag{11.65}$$

und daraus folgt:

$$\frac{c_s - c_n}{c_n} = \rho_0 \int d\varepsilon \frac{\beta E_{\vec{k}} e^{\beta E_{\vec{k}}}}{(e^{\beta E_{\vec{k}}}+1)^2} \frac{8\pi^2 k_B^2}{7\xi(3)} T_c \underbrace{\frac{1}{\frac{2\pi^2}{3}\rho_0 k_B^2 T_c}}_{=c_n(T_c)}$$

$$= \frac{12}{7\xi(3)} = 1.43 \tag{11.66}$$

wobei

$$\int d\varepsilon \frac{\beta E_{\vec{k}} e^{\beta E_{\vec{k}}}}{(e^{\beta E_{\vec{k}}}+1)^2} = \int d\varepsilon \left(-\frac{\partial f}{\partial \varepsilon}\right) = -f(\varepsilon)\Big|_{\infty}^{\infty} = 1$$

benutzt wurde. Die BCS-Theorie sagt also einen Sprung der spezifischen Wärme bei T_c voraus, also beim Übergang von der supraleitenden in die normalleitende Phase, und einen universellen Wert 1.43 für das Verhältnis dieses Sprungs zur normalen metallischen spezifischen Wärme. Die Existenz dieses Sprunges ist experimentell gut bestätigt und auch das Verhältnis ist für sehr viele Supraleiter zumindest von der Größenordnung, wie es die BCS-Theorie vorhersagt. Bei Supraleitern wie Zn, Al, Ga oder allgemein den sogenannten „weak-coupling"-Supraleitern ergeben sich Sprungverhältnisse von 1.3 - 1.4, bei anderen (sogenannten „strong-coupling"-) Supraleitern ergeben sich aber quantitativ auch Abweichungen vom BCS-Wert (z.B. 2.7 bei Pb). Im anderen Grenzfall $T \to 0$ ergibt sich aus (11.60):

$$c_s(T) = \sqrt{8\pi}\rho_0 \Delta_0 k_B \sqrt{\frac{\Delta_0}{k_B T}} e^{-\frac{\Delta_0}{k_B T}} \tag{11.67}$$

Die spezifische Wärme geht also insbesondere nicht-analytisch exponentiell mit $\exp[-\Delta_0/k_B T]$ gegen 0 für $T \to 0$. Gemäß den Regeln der Thermodynamik (bzw. statistischen Physik, vgl. auch Abschnitte 3.5, 4.8 und 4.9) ist dies ein eindeutiger Hinweis auf das Vorhandensein einer *Energie-Lücke* im Einteilchen-Anregungsspektrum.
Dieses Anregungsspektrum, d.h. die Einteilchen-Zustandsdichte, wollen wir zum Abschluß noch explizit angeben. Es gilt gemäß Definition:

$$\rho_s(\omega) = 2\sum_{\vec{k}} \delta(\omega - E_{\vec{k}}) = 2\rho_0 \int d\varepsilon \delta\left(\omega - \sqrt{\varepsilon^2+\Delta^2}\right)$$

$$= 2\rho_0 \int \frac{E dE}{\sqrt{E^2-\Delta^2}} \delta(\omega - E) = 2\rho_0 \frac{\omega}{\sqrt{\omega^2-\Delta^2}} \tag{11.68}$$

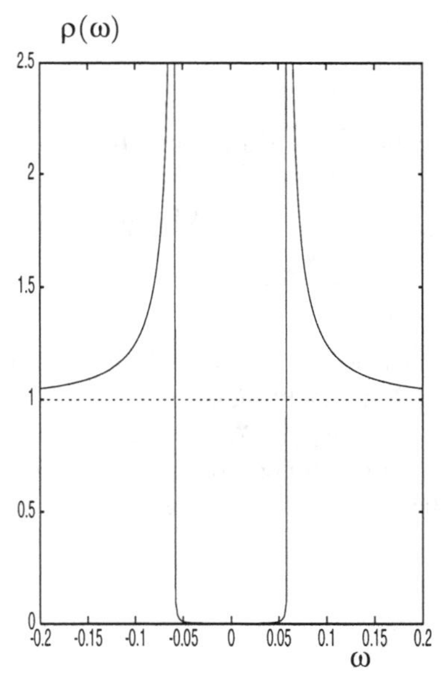

Bild 11.9 Einteilchen-Zustandsdichte des Supraleiters um $E_F = 0$

wobei ρ_0 die ungestörte Zustandsdichte pro Spinrichtung ist und

$$E = \sqrt{\varepsilon^2+\Delta^2}, \quad dE = \frac{\varepsilon d\varepsilon}{\sqrt{\varepsilon^2+\Delta^2}} \to d\varepsilon = \frac{E dE}{\sqrt{E^2-\Delta^2}}$$

benutzt wurde. Es existiert also eine Energie-Lücke 2Δ im Einteilchen-Anregungsspektrum, wie schon aus dem Verhalten der spezifischen Wärme für $T \to 0$ zu erwarten war. Deshalb nennt man den supraleitenden Ordnungsparameter auch *Energielücke* oder „gap" und die Selbstkonsistenzgleichung auch „BCS gap-equation".

Dies erlaubt auch eine einfache anschauliche Interpretation, warum die Gleichstrom-Leitfähigkeit (trotz Störstellen und Phononen) in Supraleitern unendlich gut ist, was Supraleitung ja ihren Namen gibt. Im normalleitenden Metall gibt es immer unbesetzte Zustände an der Fermikante, in die die Leitungselektronen gestreut werden können, so daß die Lebensdauer in einem $\vec{k}$-Zustand endlich wird; im Supraleiter ist dagegen eine endliche Energielücke 2Δ zu überwinden, um eine solche Streuung zu erreichen. Diese Vorstellung ist andererseits auch wieder etwas grob, denn wie bereits von Halbleitern her bekannt bedeutet eine Energielücke allein sicher nicht unbedingt unendliche Leitfähigkeit. Dieses Kapitel hat außerdem nur die Gleichgewichts-Thermodynamik von Supraleitern behandelt; um die unendlich gute Leitfähigkeit und den Meißner-Effekt zu verstehen, muß man das System bei Anwesenheit von elektromagnetischen Feldern untersuchen; dann spielen Cooper-Paare mit endlichem Gesamt-Impuls $\vec{K}$ eine Rolle, und man muß den stromtragenden Zustand im Rahmen einer BCS-Behandlung untersuchen, was im nächsten Abschnitt skizziert werden soll.

11.5 Stromtragender Zustand in der BCS-Theorie

Wir betrachten jetzt einen Supraleiter bei Anwesenheit von elektromagnetischen Feldern, deren Ankopplung wie immer durch den folgenden Stör - Hamiltonoperator beschrieben werde:

$$H' = -\frac{1}{c}\int d^3r \vec{J}(\vec{r},t)\vec{A}(\vec{r},t) \tag{11.69}$$

wobei $\vec{A}$ das Vektorpotential ist und $\vec{J}(\vec{r},t)$ der volle Stromoperator ist

$$\vec{J}(\vec{r},t) = \vec{j}(\vec{r},t) - \underbrace{\frac{e^2}{mc}\hat{n}(\vec{r})\vec{A}(\vec{r},t)}_{\text{diamagnetischer Anteil}} = \vec{j}(\vec{r}) + j_{Dia}(\vec{r}) \tag{11.70}$$

der also auch den zu $\vec{A}$ selbst proportionalen *diamagnetischen Anteil* enthält, und $\hat{n}(\vec{r})$ ist der Teilchendichte-Operator.

Unter der Annahme, daß sich die Metall-Elektronen durch freie Teilchen beschreiben lassen mit ebenen Wellen $\exp[i\vec{k}\vec{r}]/\sqrt{\mathrm{Vol}}$ als Einteilchen-Wellenfunktionen (Vol Systemvolumen), lassen sich die Fouriertransformierten von Strom und Dichte in 2.Quantisierung schreiben als:

$$\vec{j}_{\vec{q}} = \frac{e\hbar}{2m\mathrm{Vol}}\sum_{\vec{k},\sigma}(2\vec{k}-\vec{q})c^\dagger_{\vec{k}-\vec{q}\sigma}c_{\vec{k}\sigma} \tag{11.71}$$

$$\hat{n}_{\vec{q}} = \frac{1}{\mathrm{Vol}}\sum_{\vec{k},\sigma}c^\dagger_{\vec{k}-\vec{q}\sigma}c_{\vec{k}\sigma} \tag{11.72}$$

Damit erhält man für den Stör-Anteil H' des Hamilton-Operators in linearer Ordnung in $\vec{A}$:

$$H' = -\frac{\mathrm{Vol}}{i}\sum_{\vec{q}}\vec{J}_{-\vec{q}}\vec{A}_{\vec{q}}(t) = -\frac{e\hbar}{2mc}\sum_{\vec{k},\vec{q},\sigma}(2\vec{k}+\vec{q})\vec{A}_{\vec{q}}c^\dagger_{\vec{k}-\vec{q}\sigma}c_{\vec{k}\sigma} = -\frac{e\hbar}{2mc}\sum_{\vec{k},\vec{q},\sigma}(2\vec{k}-\vec{q})\vec{A}_{\vec{q}}c^\dagger_{\vec{k}\sigma}c_{\vec{k}-\vec{q}\sigma} \tag{11.73}$$

Ziel ist es wieder, den Erwartungswert des vollen Stromoperators unter dem Einfluß dieser Störung im supraleitenden BCS-Zustand zu berechnen. Dazu ersetzt man zweckmäßig die Elektronen-c - Operatoren durch die Quasiteilchen- α und β - Operatoren gemäß (11.43)

$$c^\dagger_{\vec{k}-\vec{q}\uparrow}c_{\vec{k}\uparrow} - c^\dagger_{-\vec{k}\downarrow}c_{-(\vec{k}-\vec{q})\downarrow} =$$

$$\left(u_{\vec{k}-\vec{q}}\alpha^\dagger_{\vec{k}-\vec{q}} + v_{\vec{k}-\vec{q}}\beta_{\vec{k}-\vec{q}}\right)\left(u_{\vec{k}}\alpha_{\vec{k}} + v_{\vec{k}}\beta^\dagger_{\vec{k}}\right) - \left(v_{\vec{k}}\alpha_{\vec{k}} + u_{\vec{k}}\beta^\dagger_{\vec{k}}\right)\left(-v_{\vec{k}-\vec{q}}\alpha^\dagger_{\vec{k}-\vec{q}} + u_{\vec{k}-\vec{q}}\beta_{\vec{k}-\vec{q}}\right)$$

$$= \left(u_{\vec{k}-\vec{q}}u_{\vec{k}} + v_{\vec{k}-\vec{q}}v_{\vec{k}}\right)\left(\alpha^\dagger_{\vec{k}-\vec{q}}\alpha_{\vec{k}} - \beta^\dagger_{\vec{k}}\beta_{\vec{k}-\vec{q}}\right) + \left(u_{\vec{k}-\vec{q}}v_{\vec{k}} - v_{\vec{k}-\vec{q}}u_{\vec{k}}\right)\left(\alpha^\dagger_{\vec{k}-\vec{q}}\beta^\dagger_{\vec{k}} - \alpha_{\vec{k}}\beta_{\vec{k}-\vec{q}}\right)$$

Daher folgt für kleine $\vec{q}$

$$\vec{j}_{\vec{q}} = \frac{e\hbar}{2mc}\sum_{\vec{k}}(2\vec{k}-\vec{q})\left(\alpha^\dagger_{\vec{k}-\vec{q}}\alpha_{\vec{k}} - \beta^\dagger_{\vec{k}}\beta_{\vec{k}-\vec{q}}\right) \tag{11.74}$$

wobei

$$u_{\vec{k}-\vec{q}}u_{\vec{k}} + v_{\vec{k}-\vec{q}}v_{\vec{k}} \overset{\vec{q}\to 0}{\longrightarrow} u^2_{\vec{k}} + v^2_{\vec{k}} = 1\,, \quad u_{\vec{k}-\vec{q}}v_{\vec{k}} - v_{\vec{k}-\vec{q}}u_{\vec{k}} \overset{\vec{q}\to 0}{\longrightarrow} u_{\vec{k}}v_{\vec{k}} - v_{\vec{k}}u_{\vec{k}} = 0$$

benutzt wurde. Analog folgt dann für den Störanteil des Hamilton-Operators:

$$H' = -\frac{e\hbar}{2mc}\sum_{\vec{k}}(2\vec{k}-\vec{q})\vec{A}_{\vec{q}}\left(\alpha^\dagger_{\vec{k}}\alpha_{\vec{k}-\vec{q}} - \beta^\dagger_{\vec{k}-\vec{q}}\beta_{\vec{k}}\right) \tag{11.75}$$

Der Erwartungswert des vollen Stromoperators soll wieder (wie in Kapitel 7 schon besprochen) in linearer Responsetheorie berechnet werden:

$$\begin{aligned}\langle\vec{j}_{\vec{q}}\rangle(t) &= -\frac{i}{\hbar}\int_{-\infty}^{t} dt'\langle[j_{\vec{q}}(t-t'),H'(t')]\rangle_{H_{\text{eff}}}\\ &= -\frac{i}{\hbar}\int_{-\infty}^{t} dt'\frac{1}{\sum_n e^{-\beta E_n}}\sum_{n,m}\left(e^{-\beta E_n} - e^{-\beta E_m}\right)e^{i(t-t')(E_n-E_m)/\hbar}\\ &\quad\cdot\langle n|\vec{j}_{\vec{q}}|m\rangle\langle m|H'|n\rangle e^{(t-t')\left(\frac{E_n-E_m}{\hbar}+\omega+i0^+\right)}e^{-it\omega}\end{aligned} \tag{11.76}$$

wobei $\{|n\rangle\}$ hier noch die vollen Vielteilchen-Eigenzustände des ungestörten Systems (d.h. ohne H') bezeichnet; im Rahmen der BCS-Theorie sind dies hier die Eigenzustände des effektiven BCS-Hamilton-Operators (11.46), der ja formal von der üblichen Einteilchenform (bzgl. der Quasiteilchen) ist. Dabei wurde auch noch die übliche einfache $\exp[-i(\omega+i0^+)t']$-Zeitabhängigkeit für das elektromagnetische Feld angenommen mit Berücksichtigung der Kausalität im infinitesimal kleinen Frequenzimaginärteil. Zeitliche Fouriertransformation führt zu

$$\begin{aligned}\langle\vec{j}_{\vec{q}}\rangle(\omega) &= \frac{i}{\hbar}\frac{1}{\sum_n e^{-\beta E_n}}\sum_{n,m}\frac{e^{-\beta E_n} - e^{-\beta E_m}}{i\left(\frac{E_n-E_m}{\hbar}+\omega+i0^+\right)}\langle n|\vec{j}_{\vec{q}}|m\rangle\langle m|H'|n\rangle\\ &= -\frac{1}{\sum_n e^{-\beta E_n}}\sum_{n,m}\frac{e^{-\beta E_n} - e^{-\beta E_m}}{E_n - E_m + \hbar\omega + i0^+}\frac{e^2\hbar^2}{4m^2c}\frac{V}{N^2}\\ &\quad\cdot\sum_{\vec{k},\vec{k}',\vec{q}'}(2\vec{k}-\vec{q})\langle n|\alpha^\dagger_{\vec{k}-\vec{q}}\alpha_{\vec{k}} - \beta^\dagger_{\vec{k}}\beta_{\vec{k}-\vec{q}}|m\rangle(2\vec{k}'-\vec{q}')\langle m|\alpha^\dagger_{\vec{k}}\alpha_{\vec{k}-\vec{q}} - \beta^\dagger_{\vec{k}-\vec{q}}\beta_{\vec{k}}|n\rangle\vec{A}_{\vec{q}}\end{aligned} \tag{11.77}$$

Benutzt man jetzt, daß der effektive Hamilton-Operator formal Einteilchengestalt hat, dann können die statistischen Faktoren durch Fermifunktionen und die Energiedifferenzen durch die Differenzen von Einteilchenenergien ausgedrückt werden und es folgt

$$\langle \vec{j}_{\vec{q}} \rangle(\omega) = \frac{e^2\hbar}{4m^2c}\frac{1}{V}\sum_{\vec{k}}(2\vec{k}-\vec{q})\left((2\vec{k}-\vec{q})\vec{A}_{\vec{q}}\right)\left(\frac{f(E_{\vec{k}})-f(E_{\vec{k}-\vec{q}})}{E_{\vec{k}-\vec{q}}-E_{\vec{k}}+\hbar\omega+i0^+}+\frac{f(E_{\vec{k}-\vec{q}})-f(E_{\vec{k}})}{E_{\vec{k}}-E_{\vec{k}-\vec{q}}+\hbar\omega+i0^+}\right) \tag{11.78}$$

Im statischen Grenzfall $q \to 0$, $\omega \to 0$ ergibt sich:

$$\langle \vec{j} \rangle = \frac{e^2\hbar}{2m^2c}\frac{1}{V}\sum_{\vec{k}} 2\vec{k}(2\vec{k}\vec{A}_0)\left(-\frac{df(E_{\vec{k}})}{dE_{\vec{k}}}\right) \tag{11.79}$$

bzw. für den Gesamtstrom

$$\begin{aligned}
\langle \vec{J} \rangle &= \frac{e^2\hbar}{2m^2c}\frac{1}{V}\sum_{\vec{k}} 2\vec{k}(2\vec{k}\vec{A}_0)\left(-\frac{df(E_{\vec{k}})}{dE_{\vec{k}}}\right) - \frac{ne^2}{me}\vec{A}_0 \\
&= \frac{e^2\hbar}{2m^2c}\frac{1}{(2\pi)^3}4\cdot 2\pi\frac{2}{3}\int dk k^2 k^2 \vec{A}_0\left(-\frac{df(E_{\vec{k}})}{dE_{\vec{k}}}\right) - \frac{ne^2}{me}\vec{A}_0 \\
&= \left(\frac{e^2\hbar}{m^2c}\frac{1}{3\pi^2}\int dk k^4\left(-\frac{df(E_{\vec{k}})}{dE_{\vec{k}}}\right) - \frac{ne^2}{me}\right)\cdot\vec{A}
\end{aligned}$$

Wenn es sich um einen Normalleiter handelt, dann gilt $E_{\vec{k}} = \varepsilon_{\vec{k}} = \frac{\hbar^2k^2}{2m}$ und die Ableitung der Fermifunktion wird für tiefe Temperaturen gerade eine Deltafunktion an der Fermienergie und es folgt mit den üblichen Beziehungen für freie Elektronen

$$\frac{V}{N}\frac{1}{3\pi^2}k_F^3 = 1 \qquad E_F = \frac{\hbar^2k_F^2}{2m}$$

$$\frac{2E_F}{k_F^5}\int dk k^4\left(-\frac{df(\varepsilon_{\vec{k}})}{d\varepsilon_{\vec{k}}}\right) = \frac{2m}{\hbar^2k_F^6}E_Fk_F^4 = 1$$

Daher heben sich die beiden Summanden gerade gegenseitig auf; dies entspricht der Kompensation des diamagnetischen Anteils zur Leitfähigkeit durch den Realteil der Strom-Strom-Suszeptibilität, was in Kapitel 7.7 schon einmal angesprochen wurde. Im BCS - Fall liegt aber eine Energielücke vor an der Fermikante; daher gilt für $T = 0$ $\frac{df}{dE_{\vec{k}}} = 0$ und es folgt

$$\langle \vec{J} \rangle = -\frac{ne^2}{mc}\vec{A} \tag{11.80}$$

Im supraleitenden Fall bleibt also gerade der rein diamagnetische Anteil der Stromdichte übrig im Unterschied zum Normalleiter, wo dieser kompensiert wird. Wir haben also eine Stromdichte direkt proportional zum Vektorpotential zu erwarten. Bei endlichen Temperaturen $0 < T < T_c$ ist $\frac{df}{dE_{\vec{k}}} \neq 0$, aber es bleibt doch ein Anteil proportional zum Vektorpotential wegen

$$\langle \vec{J} \rangle = -\frac{ne^2}{mc}\vec{A}\left[1 - \frac{2E_F}{k_F^5}\int dk k^4\left(-\frac{df(E_{\vec{k}})}{dE_{\vec{k}}}\right)\right] \tag{11.81}$$

11.6 Elektrodynamik der Supraleiter, London-Gleichungen

Bereits in den 30-er-Jahren wurde von den Brüdern Fritz und Heinz London[10] eine phänomenologische Theorie der Supraleitung entwickelt. Ausgangspunkt war der Ansatz, daß Suprasströme proportional zum Vektorpotential sein sollen, was man gemäß dem vorigen Abschnitt ja aus der mikroskopischen BCS-Theorie herleiten kann. Bei normalen Metallen gilt dagegen das Ohmsche Gesetz, also eine Proportionalität zwischen Stromdichte und Feldstärke. Wie man aus der klassischen Elektrodynamik weiß und auch hier noch einmal in Kapitel 8.1 kurz skizziert worden ist, kann man damit aus den Maxwellgleichungen die Telegrafengleichungen herleiten und z.B. den Skin-Effekt verstehen, daß elektromagnetische Wechselfelder nur in eine dünne Schicht an der Oberfläche eines Metalls eindringen und nach Innen hin exponentiell abklingen. Benutzt man statt des Ohmschen Gesetzes die erwähnte Proportionalität zwischen Strom und Vektorpotential, ergibt sich auf mathematisch ganz analoge Weise, daß statische magnetische Felder nur in eine dünne Schicht an der Oberfläche eines Supraleiters eindringen können. Das Innere eines Supraleiters bleibt also feldfrei, so daß der Meißner-Effekt seine natürliche Erklärung findet. Im folgenden soll diese Herleitung kurz skizziert werden.

Wir gehen aus von den mikroskopischen Maxwell-Gleichungen bei Anwesenheit von Strömen im Medium aber Ladungsneutralität (gleich viele positive wie negative Ladungen):

$$\begin{aligned} \operatorname{div} \vec{E} &= 0,, \quad \operatorname{div} \vec{B} = 0 \\ \operatorname{rot} \vec{E} &= -\frac{1}{c}\frac{\partial \vec{B}}{\partial t}, \quad \operatorname{rot} \vec{B} = \frac{1}{c}\frac{\partial \vec{E}}{\partial t} + \frac{4\pi}{c}\vec{j} \end{aligned} \tag{11.82}$$

In normalen Metallen liefert das Ohmsche Gesetz $\vec{j} = \sigma\vec{E}$ den Zusammenhang zwischen Stromdichte und elektrischer Feldstärke. Dies bedeutet aber, daß es Dissipation im Medium gibt, daß die Elektronen so etwas wie Reibung spüren, daß die Elektronen also gestreut werden. Tatsächlich zeigt ja die elementarste Transporttheorie, nämlich die in Abschnitt 7.1.1 besprochene Drude-Theorie, daß die Leitfähigkeit gerade durch die endliche Lebensdauer bzw. das Inverse des Reibungskoeffizienten begrenzt wird.

Eine " Drude " - Behandlung freier Elektronen ohne Reibung geht aus von der elementaren Bewegungsgleichung $m\dot{\vec{v}} = e\vec{E}$; daraus folgt für die Zeitableitung der Stromdichte $\vec{j} = ne\vec{v}$:

$$\dot{\vec{j}} = \frac{ne^2}{m}\vec{E} \tag{11.83}$$

Wegen $\vec{E} = -\frac{1}{c}\dot{\vec{A}} - \operatorname{grad}\phi$ ergibt sich, wenn man das Skalarpotential zu 0 wählt:

$$\vec{j} = -\frac{ne^2}{mc}\vec{A} \tag{11.84}$$

Der Londonsche Ansatz für die supraleitende Stromdichte ist daher

$$\boxed{\vec{j}_s = -\frac{n_s e^2}{mc}\vec{A}} \tag{11.85}$$

[10] Fritz London, * 1900 in Berlin, † 1954 in Durham (North Carolina, USA), entwickelte 1927 mit Heitler die „Heitler-London-Theorie" des H_2-Moleküls und 1935 mit seinem Bruder Heinz London die phänomenologische „London-Theorie" der Supraleitung, sagte 1950 die Flußquantisierung voraus, 1933-36 in Oxford, 1936-39 in Paris tätig, 1939 in die USA emigriert und dort Professor an der Duke University in Durham

wobei n_s die Dichte der supraleitenden Elektronen, die sich reibungsfrei bewegen können, ist. Daraus ergeben sich die **London-Gleichungen**

$$\boxed{\operatorname{rot}\vec{j}_s = -\frac{n_s e^2}{mc}\operatorname{rot}\vec{A} = -\frac{n_s e^2}{mc}\vec{B}, \quad \frac{\partial \vec{j}_s}{\partial t} = -\frac{n_s e^2}{mc}\dot{\vec{A}} = \frac{n_s e^2}{m}\vec{E}} \tag{11.86}$$

Für statische Felder und nur Supraströme folgt dann aus den Maxwell-Gleichungen

$$\begin{aligned} \operatorname{rot}\vec{B} &= \frac{4\pi}{c}\vec{j}_s \\ \to \operatorname{rot}\operatorname{rot}\vec{B} &= \frac{4\pi}{c}\operatorname{rot}\vec{j}_s = -\frac{4\pi n_s e^2}{mc^2}\vec{B}(\vec{r}) = -\Delta\vec{B}(\vec{r}) + \operatorname{grad}\operatorname{div}\vec{B}(\vec{r}) = -\Delta\vec{B}(\vec{r}) \end{aligned} \tag{11.87}$$

also

$$\boxed{\Delta\vec{B}(\vec{r}) = \frac{4\pi n_s e^2}{mc^2}\vec{B}(\vec{r}), \quad \Delta\vec{j}_s(\vec{r}) = \frac{4\pi n_s e^2}{mc^2}\vec{j}_s(\vec{r})} \tag{11.88}$$

Diese Gleichungen sollen nun für den einfachsten Spezialfall des supraleitenden Halbraums gelöst werden; es sei also ein Supraleiter im Bereich $z > 0$ und Vakuum im Bereich $z < 0$. Aus Symmetriegründen ist daher nur eine z-Abhängigkeit des Magnetfeldes zu erwarten und man hat im Supraleiter

$$\frac{\partial^2}{\partial z^2}\vec{B}(\vec{r}) = \frac{4\pi n_s e^2}{mc^2}\vec{B}(\vec{r}) \tag{11.89}$$

Dies wird offenbar gelöst durch

$$\boxed{\vec{B}(\vec{r}) = \vec{B}_0 e^{-z/\lambda_L}} \tag{11.90}$$

mit der *Londonschen Eindringtiefe*:

$$\boxed{\lambda_L = \sqrt{\frac{mc^2}{4\pi n_s e^2}}} \tag{11.91}$$

Das Magnetfeld fällt also exponentiell auf einer charakteristischen Längenskala λ_L ab ins Innere des Supraleiters hin, ein Magnetfeld ist also nur in einer dünnen Schicht an der Oberfläche des Supraleiters spürbar und verschwindet im Inneren des Supraleiters. Genauso fließt der Suprastrom nur in einer dünnen Schicht von der Größenordnung der Eindringtiefe. Der Meißner-Effekt, daß es im Inneren eines Supraleiters kein Magnetfeld gibt, wird also im Rahmen der phänomenologischen London-Theorie zwanglos erklärt. Die Größenordnung der Eindringtiefe ist bei herkömlichen Supraleitern

$$\lambda_L \approx 10^2 \text{Å}$$

Dabei ist λ_L aber temperaturabhängig und divergiert für $T \to T_c$. Gemäß dem vorigen Abschnitt gilt für die Eindringtiefe im Rahmen der mikroskopischen BCS-Theorie (*BCS - Eindringtiefe*):

$$\lambda = \frac{1}{\sqrt{1 - \frac{2E_F}{k_F^5}\int dk k^4 \left(-\frac{df(E_{\vec{k}})}{dE_{\vec{k}}}\right)}} \xrightarrow{T\to T_c} \infty \tag{11.92}$$

Um 1950 hat Fritz London seinen Ansatz für die supraleitende Stromdichte noch etwas verallgemeinert, indem er eine ortsabhängige Phase zugelassen hat. Wenn $\psi(\vec{r})$ die elementare quantenmechanische Wellenfunktion für „supraleitende Ladungsträger“ ist, dann gilt für die entsprechende Teilchendichte

$$n_s(\vec{r}) = |\Psi(\vec{r})|^2 \tag{11.93}$$

Die Wellenfunktion selbst ist aber i.a. komplex, hat also Betrag und Phase, und kann geschrieben werden als

$$\Psi(\vec{r}) = \sqrt{n_s(\vec{r})}e^{i\Theta(\vec{r})} \tag{11.94}$$

Für die Stromdichte gilt nach elementarer Quantenmechanik:

$$\vec{j} = \frac{e}{2m}\left[\left(\left(\frac{\hbar}{i}\nabla - \frac{e}{c}\vec{A}\right)\Psi\right)^*\Psi + \Psi^*\left(\frac{\hbar}{i}\nabla - \frac{e}{c}\vec{A}\right)\Psi\right] \tag{11.95}$$

Einsetzen für $\psi(\vec{r})$ liefert

$$\begin{aligned}
\left(\frac{\hbar}{i}\nabla - \frac{e}{c}\vec{A}\right)\sqrt{n_s(\vec{r})}e^{i\Theta(\vec{r})} &= \left(\frac{\hbar}{i}\nabla\sqrt{n_s(\vec{r})}\right)e^{i\Theta(\vec{r})} + \sqrt{n_s(\vec{r})}\,(\hbar\nabla\Theta(\vec{r}))\,e^{i\Theta(\vec{r})} - \frac{e}{c}\vec{A}\Psi(\vec{r}) \\
\left(\left(\frac{\hbar}{i}\nabla - \frac{e}{c}\vec{A}\right)\Psi(\vec{r})\right)^* &= \left(-\frac{\hbar}{i}\nabla\sqrt{n_s(\vec{r})}\right)e^{-i\Theta(\vec{r})} + \sqrt{n_s(\vec{r})}\,(\hbar\nabla\Theta(\vec{r}))\,e^{-i\Theta(\vec{r})} - \frac{e}{c}\vec{A}\Psi^*(\vec{r})
\end{aligned}$$

$$\begin{aligned}
\rightarrow \vec{j} = \frac{e}{2m}\Big[& - \frac{\hbar}{i}(\nabla\sqrt{n_s(\vec{r})})\sqrt{n_s(\vec{r})} + n_s(\vec{r})\hbar\nabla\Theta - \frac{e}{c}n_s(\vec{r})\vec{A} \\
& + \frac{\hbar}{i}(\nabla\sqrt{n_s(\vec{r})})\sqrt{n_s(\vec{r})} + n_s(\vec{r})\hbar\nabla\Theta - \frac{e}{c}n_s(\vec{r})\vec{A}\Big]
\end{aligned}$$

Damit erhält man zusammengefaßt für die supraleitende Stromdichte

$$\boxed{\vec{j}_s = \frac{e}{m}n_s(\vec{r})\left[\hbar\nabla\Theta(\vec{r}) - \frac{e}{c}\vec{A}(\vec{r})\right]} \tag{11.96}$$

Bei ortsunabhängiger Phase gilt $\Theta(\vec{r}) = \Theta = const$ und somit $\vec{j}_s = -\frac{e^2}{mc}n_s(\vec{r})\vec{A}(\vec{r})$ und damit wieder der alte Ansatz (11.85). Im allgmeineren Fall, daß die Phase der Wellenfunktion der supraleitenden Teilchen ortsabhängig ist, gilt aber stattdessen der Ansatz (11.96), der alte Ansatz (11.85) ist darin als Spezialfall enthalten. Betrachte nun einen supraleitenden Ring, dessen Dicke groß gegenüber der Eindringtiefe λ_L ist, und lege einen geschlossenen Weg C weit ins Innere des Rings. Dann ist die Stromdichte längs des Weges C 0, so daß folgt:

$$\oint_C d\vec{l}\cdot\vec{j}_s = 0 = \frac{e}{m}n_s\oint d\vec{l}\left(\hbar\nabla\Theta(\vec{r}) - \frac{e}{c}\vec{A}(\vec{r})\right)$$

Demnach ergibt sich

$$\oint d\vec{l}\nabla\Theta(\vec{r}) = \frac{e}{\hbar c}\oint_C d\vec{l}\vec{A}(\vec{r}) = \frac{e}{\hbar c}\int_F d\vec{f}\,\mathrm{rot}\,\vec{A}(\vec{r}) == \frac{e}{\hbar c}\int_F d\vec{f}\vec{B}(\vec{r}) = \frac{e}{\hbar c}\phi \tag{11.97}$$

wobei ϕ der magnetische Fluß durch die vom supraleitenden Ring umschlossene Fläche ist. Wegen der Eindeutigkeit von $\Psi(\vec{r}) = \sqrt{n_s(\vec{r})}e^{i\Theta(\vec{r})}$ kann sich Θ bei Umlauf längs eines geschlossenen Weges nur um ganzzahlige Veilfache von 2π ändern.

$$\Delta\Theta = 2\pi n = \frac{e}{\hbar c}\phi \rightarrow \boxed{\phi = \frac{2q\pi\hbar nc}{e} = n\frac{hc}{e}} \tag{11.98}$$

Demnach ist der von einem supraleitenden Ring umschlossene, " eingefrorene" magnetische Fluß gequantelt in ganzzahligen Vielfachen von $\frac{hc}{e}$. Dies wurde ca. 1950 von F.London vorhergesagt, aber erst gut 10 Jahre später experimentell bestätigt[11]. Danach ist aber e in (11.98) nicht die freie Elektronenladung $e_0 = 1.6 \cdot 10^{-19}\,C$ sondern $e = 2e_0$. Die „supraleitenden Ladungsträger" tragen also zwei Elementarladungen. Damit war dieser experimentelle Nachweis der Flußquantisierung nicht nur eine eindrucksvolle Bestätigung der Londonschen Vorhersage sondern zugleich eine Bestätigung des Cooper-Paar-Modells, daß Paare von Elektronen die supraleitenden Einheiten (Ladungsträger) sind. Der von einem Supraleiter umschlossene magnetische Fluß ist also gequantelt in ganzzahligen Vielfachen des *Flußquantums*

$$\phi_0 = \frac{hc}{2e_0} = 2.068 \cdot 10^{-7}\text{Gauss cm} \tag{11.99}$$

11.7 Ginzburg-Landau-Theorie

Um 1950 herum entwickelten die russischen Physiker Ginzburg[12] und Landau[13] eine andere phänomenologische Theorie der Supraleitung[14]. Diese kann ebenfalls aus der mikroskopischen BCS-Theorie hergeleitet werden, wozu aber die – hier nicht vorausgesetzten – Methoden der Vielteilchen-Theorie (Greenfunktionen etc.) notwendig sind. Hier soll daher die ursprüngliche phänomenologische Theorie kurz skizziert werden, die über die Supraleitung hinaus von großer Bedeutung ist für die Beschreibung von Phasenübergängen und kritischer Phänomene. Die Ginzburg-Landau-Theorie ist gültig nur in einem kleinen Temperaturbereich nahe bei (unterhalb von) der supraleitenden Sprungtemperatur T_c; sie ist insbesondere von fundamentaler Bedeutung für die Beschreibung von räumlichen Fluktuationen und Variationen im Ordnungsparameter und erlaubt es, den Unterschied und die Existenz von Supraleitern 1. und 2. Art zu verstehen.

Ginzburg und Landau postulierten die Existenz eines Ordnungsparameters bzw. einer die supraleitenden Einheiten charakterisierenden, i.a. komplexen quantenmechanischen Wellenfunktion

$$\Psi(\vec{r}) = \sqrt{n_s(\vec{r})}e^{i\Theta(\vec{r})}, \quad |\Psi(\vec{r})|^2 = n_s(\vec{r}) \tag{11.100}$$

wie wir sie auch im vorigen Kapitel bei der verallgemeinerten London-Theorie zur Vorhersage der Flußquantisierung schon einmal eingeführt haben. Dabei ist $n_s(\vec{r})$ die Dichte der supraleitenden Teilchen; es können daneben auch noch normalleitende Elektronen existieren (Zwei-Flüssigkeits-Modell). In der ursprünglichen Ginzburg-Landau-Theorie wird die mikroskopische

[11] fast gleichzeitig durch 2 unabhängige Gruppen, Doll und Näbauer aus München und Deaver und Fairbank von der Stanford-University

[12] V.L.Ginzburg, * 1916 in Moskau, arbeitete über Supraleitung und Astrophysik (kosmische Strahlung, Radioastronomie etc.) am Moskauer Lebedev-Institut, der Gorky-Universität und am Moskauer Technischen Physik-Institut

[13] siehe Fußnote Seite 171

[14] Diese wurde im Westen zunächst kaum beachtet bzw. blieb unbekannt, unter anderem weil im Kalten Krieg und während der McCarthy-Ära in den USA auch wissenschaftliche Kontakte zur damaligen Sowjetunion kaum vorhanden waren und auch sowjetische wissenschaftliche Zeitschriften boykottiert wurden

Natur des Ordnungsparameters und damit von $\Psi(\vec{r})$ nicht näher spezifiziert; erst heute bzw. nach Entwicklung der BCS-Theorie ist klar, daß es sich hierbei um den anomalen Paarerwartungswert Δ (im homogenen Fall $\vec{r}$-unabhängig) bzw. die Wellenfunktion der Cooper-Paare handelt.

Da der supraleitende Zustand unterhalb von T_c der themodynamisch stabilere Zustand und damit energetisch günstigere sein muß, muß das entsprechende thermodynamische Potential im supraleitenden Zustand sich von dem im normalleitenden Zustand unterscheiden. Da es sich um einen Phasenübergang zweiter Art bei T_c handelt, verschwindet der Ordnungsparameter genau bei T_c und dicht unterhalb von T_c ist $|\Psi(\vec{r})| \ll 1$; daher kann man entwickeln und der folgende Ansatz für die Gibbssche freie Energiedichte (ohne Magnetfeld) ist plausibel:

$$g_s = g_n + \alpha|\Psi|^2 + \frac{\beta}{2}|\Psi|^4 \qquad (11.101)$$

Der thermodynamisch stabilste bzw. optimale Zustand ist der, für den g_s ein Minimum hat, und man findet durch Minimierung bzgl. Ψ:

$$\begin{aligned} \frac{dg_s}{d|\Psi|} &= 2\alpha|\Psi| + 2\beta|\Psi|^3 = 0 \\ \rightarrow |\Psi| &= 0 \quad \text{oder} \quad |\Psi| = \sqrt{-\frac{\alpha}{\beta}} \end{aligned} \qquad (11.102)$$

Die triviale Lösung $\Psi = 0$ entspricht wieder dem normalleitenden Zustand, die nicht-triviale Lösung liefert nur für $\alpha < 0$ wirklich ein Minimum, denn dann ist

$$\left.\frac{d^2 g_s}{d|\Psi|^2}\right|_{\sqrt{\frac{\alpha}{\beta}}} = 2\alpha + 6\beta\left(-\frac{\alpha}{\beta}\right) = -4\alpha \overset{\alpha\langle 0}{>} 0$$

Für die freie Enthalpiedichte im Gleichgewicht findet man daher durch Einsetzen des optimalen Ordnungsparameters

$$g_s = g_n - \frac{\alpha^2}{\beta} + \frac{\beta}{2}\frac{\alpha^2}{\beta^2} = g_n - \frac{\alpha^2}{2\beta} \qquad (11.103)$$

Hierbei muß der phänomenologische Parameter $\alpha < 0$ temperaturabhängig sein und bei T_c verschwinden; daher ist der Ansatz

$$\begin{aligned} \alpha &= \alpha_0(T - T_c) \\ \beta = const. > 0 & \quad \text{temperaturunabhängig} \end{aligned} \qquad (11.104)$$

naheliegend.

So weit wurde noch keine räumliche Variation des Ordnungsparameters und kein Magnetfeld berücksichtigt; der optimale Ordnungsparameter gemäß (11.102) ist räumlich konstant, wie es auch der BCS-Ordnungsparameter in Kapitel 11.4 für den dort nur besprochenen Fall des unendlich ausgedehnten, homogenen Supraleiters war. Läßt man räumliche Variationen zu, so ist es plausibel anzunehmen, daß diese die freie Energiedichte erhöhen, so daß ohne Felder, Oberflächen o.ä. wieder obige homogene Lösung die optimale wird. Man addiert daher einen Beitrag proportional zu $|\nabla\Psi(\vec{r})|^2$ zu g_s, um eventuelle räumliche Fluktuationen in Ψ mit zu berücksichtigen, so daß man jetzt insgesamt hat:

$$g_s = g_n + \alpha|\Psi|^2 + \frac{\beta}{2}|\Psi|^4 + \gamma|\nabla\Psi(\vec{r})|^2$$

Die Interpretation von $\Psi(\vec{r})$ als quantenmechanischer Wellenfunktion legt es nahe, den letzten Term als kinetische Energiedichte aufzufassen; Ginzburg und Landau schreiben daher statt $\gamma|\nabla\Psi(\vec{r})|^2 \to \frac{1}{2m^*}\left|\frac{\hbar}{i}\nabla\Psi\right|^2$. Hierbei ist m^* die Masse der supraleitenden Einheiten, also mikroskopisch gesehen der Cooper-Paare, so daß $m^* = 2m_0$ gilt, wenn m_0 die Ruhemasse der Elektronen ist. Es verbleibt jetzt noch, den Einfluß von eventuell vorhandenen magnetischen Feldern in dem Ansatz für das freie Enthalpie-Funktional angemessen zu berücksichtigen. Die Interpretation des gerade besprochenen Terms als kinetischer Energie macht es plausibel, hier einmal das Magnetfeld gemäß der – in dieser Abhandlung schon des öfteren durchgeführten– Standard- (Minimal-) Ankopplung $\vec{p} \to \vec{p} - \frac{e^*}{c}\vec{A}(\vec{r})$ durchzuführen, wobei $\vec{A}$ das Vektorpotential und $e^* = 2e_0$ die (Zweifach-) Ladung der Cooper-Paare ist. Außerdem kommt bei Anwesenheit eines Magnetfeldes noch die Feldenergie hinzu, und nach den Regeln der Elektrodynamik hat ein B-Feld eine Energie-Dichte $B^2/8\pi$; da wir hier zur Beschreibung von Phasenübergängen zweckmäßig mit der *Gibbsschen freien Energie* oder *freien Enthalpie* als thermodynamischem Potential arbeiten, so daß die Temperatur und das äußere Magnetfeld $\vec{H}$ die natürlichen Variablen sind, muß noch die Legendere-Transformation durchgeführt werden, also $\vec{B}\cdot\vec{H}/4\pi$ abgezogen werden gemäß den Regeln der Thermodynamik. Damit lautet dann insgesamt der von Ginzburg und Landau phänomenologisch postulierte Ansatz für die

Dichte der freien Enthalpie im supraleitenden Zustand:

$$\boxed{g_s(T,H) = g_n(T,0) + \alpha|\Psi|^2 + \frac{\beta}{2}|\Psi|^4 + \frac{1}{2m^*}\left|\left(\frac{\hbar}{i}\nabla - \frac{e^*}{c}\vec{A}(\vec{r})\right)\Psi(\vec{r})\right|^2 + \frac{B^2}{8\pi} - \frac{\vec{B}\cdot\vec{H}}{4\pi}} \tag{11.105}$$

Die bisher bereits angesprochenen Grenzfälle sind weiterhin in diesem allgemeinen Ansatz enthalten, so z.B. der Gleichgewichtszustand des Bulk-Supraleiters mit $|\Psi|^2 = -\frac{\alpha}{\beta}$ (vgl. (11.102)). Dabei ist Ψ räumlich homogen und $B = 0$ (gemäß dem Meissner-Effekt). Dann gilt

$$g_s(T,H) = g_n(T,0) - \frac{\alpha^2}{2\beta}$$

Im Normalzustand hat man $\Psi = 0$ und $B = H$ und somit

$$g_n(T,H) = g_n(T,0) - \frac{H^2}{8\pi}$$

Längs der Phasenkoexistenzlinie, d.h. längs der Linie $H_c(T)$ müssen g_n und g_s übereinstimmen:

$$g_n(T,H_c) = g_n(T,0) - \frac{H_c^2}{8\pi} = g_s(T,H_c) = g_n(T,0) - \frac{\alpha^2}{2\beta}$$

woraus sofort folgt:

$$\frac{H_c^2}{8\pi} = \frac{\alpha^2}{2\beta} = \frac{\alpha_0^2(T-T_c)^2}{2\beta} \tag{11.106}$$

Die Ginzburg-Landau-Parameter α_0,β bestimmen also unmittelbar das (thermodynamische) kritische Feld H_c; dieses verschwindet demnach linear bei T_c in Übereinstimmung mit experimentellen Befunden. Man kann hiermit auch den – experimentell leicht zugänglichen– Sprung der spezifischen Wärme bei T_c in Verbindung bringen, da für die Differenz der Entropie-Dichten gilt:

$$s_s(T) - s_n(T) = -\left(\frac{\partial g_s}{\partial T} - \frac{\partial g_n}{\partial T}\right) = \frac{\partial}{\partial T}\frac{\alpha_0^2(T-T_c)^2}{2\beta} = \frac{\alpha_0^2(T-T_c)}{\beta} < 0 \tag{11.107}$$

Die Entropie des supraleitenden Zustands ist also niedriger als die des normalleitenden Zustands für $T < T_c$, der supraleitende Zustand ist also der geordnetere und thermodynamisch günstigere. Somit folgt für die Differenz der spezifischen Wärmen:

$$(c_s - c_n)|_{T_c} = T\frac{\partial}{\partial T}(s_s(T) - s_n(T))|_{T=T_c} = T_c\frac{\alpha_0^2}{\beta} > 0 \tag{11.108}$$

Der Vorteil des Ginzburg-Landau-Ansatzes besteht aber insbesondere darin, daß auch inhomogene (ortsabhängige) Ordnungsparameter zugelassen sind, so daß auch der Einfluß z.B. von Oberflächen beschrieben werden kann. Es wird also nun im Folgenden vorausgesetzt, daß der obige Ansatz (11.105) für die freie Enthalpie-Dichte richtig ist und die daraus resultierenden Konsequenzen bei vorgegebenen Randbedingungen etc. sind zu bestimmen. Bei vorgegebenen äußeren Bedingungen (insbesondere Geometrie und äußeres Magnetfeld $\vec{H}$) werden sich im System (Supraleiter) der Ordnungsparameter $\Psi(\vec{r})$ und das Magnetfeld $\vec{B}(\vec{r})$ so einstellen, daß die gesamte freie Enthalpie minimal wird. Man hat es also mit einem Variationsproblem zu tun.

Die gesamte Gibbsśche freie Energie ist gegeben durch

$$\mathcal{G} = \int_{SL} d^3x g_s(T,H)$$

Im Gleichgewicht sollte $\mathcal{G}$ minimal sein bzgl. Variationen von $\Psi(\vec{r})$ und $\vec{A}(\vec{r})$. Variation nach $\Psi^*(\vec{r})$ liefert

$$\boxed{\frac{1}{2m^*}\left(\frac{\hbar}{i}\nabla - \frac{e^*}{c}\vec{A}\right)^2\Psi(\vec{r}) + \alpha\Psi(\vec{r}) + \beta|\Psi|^2\Psi(\vec{r}) = 0} \tag{11.109}$$

Hierbei wurde benutzt:

$$\int d^3r\left[\left(-\frac{\hbar}{i}\nabla - \frac{e^*}{c}\vec{A}\right)\Psi^*\right]\left[\left(\frac{\hbar}{i}\nabla - \frac{e^*}{c}\vec{A}\right)\Psi\right] =$$
$$-\frac{\hbar}{i}\oint d\vec{f}\Psi^*\left(\frac{\hbar}{i}\nabla - \frac{e^*}{c}\vec{A}\right)\Psi + \int d^3r\Psi^*\left(\frac{\hbar}{i}\nabla - \frac{e^*}{c}\vec{A}\right)^2\Psi$$

Falls die *Randbedingung* gilt:

$$\vec{n}\left(\frac{\hbar}{i}\nabla - \frac{e^*}{c}\vec{A}\right)\Psi(\vec{r}) = 0 \tag{11.110}$$

mit $\vec{n}$ dem Normaleneinheitsvektor auf der Oberfläche des Supraleiters, verschwindet das Oberflächenintegral und die Variation nach Ψ^* liefert gerade (11.109).

Die Bedingung, daß $\mathcal{G}$ minimal minimal sein soll bzgl. Variation von $\vec{A}$, führt auf

$$\boxed{\vec{j}_s = \frac{e^*\hbar}{2m^*i}(\Psi^*\nabla\Psi - \Psi\nabla\Psi^*) - \frac{e^{*2}}{m^*c}|\Psi|^2\vec{A}} \tag{11.111}$$

Dabei wurde benutzt:

$$\frac{\delta}{\delta \vec{A}}\left[\left(-\frac{\hbar}{i}\nabla - \frac{e^*}{c}\vec{A}\right)\Psi^*\right]\left[\left(\frac{\hbar}{i}\nabla - \frac{e^*}{c}\vec{A}\right)\Psi\right] =$$

$$-\frac{e^*}{c}\Psi^*\left(\frac{\hbar}{i}\nabla - \frac{e^*}{c}\vec{A}\right)\Psi - \frac{e^*}{c}\Psi\left(-\frac{\hbar}{i}\nabla - \frac{e^*}{c}\vec{A}\right)\Psi^* = \frac{e^*\hbar}{ic}(\Psi\nabla\Psi^* - \Psi^*\nabla\Psi) + 2\frac{e^{*2}}{c^2}\vec{A}|\Psi|^2$$

$$\int d^3r(\text{rot}\vec{A})\cdot\vec{H} = \int d^3r\text{div}(\vec{A}\times\vec{H}) + \int d^3r\vec{A}\text{rot}\vec{H} = \int d\vec{f}(\vec{A}\times\vec{H}) + \int d^3r\vec{A}\text{rot}\vec{H}$$

und daher

$$\frac{\delta}{\delta\vec{A}}\left(\int d^3r(\text{rot}\vec{A})\cdot\vec{H}\right) = \text{rot}\vec{H}$$

$$\frac{\delta}{\delta\vec{A}}\int d^3r(\text{rot}\vec{A})^2 = 2\text{rot}\vec{B}$$

Insgesamt liefert daher die Bedingung, daß das Funktional bei Variation nach $\vec{A}$ stationär sein soll:

$$\frac{e^*\hbar}{2m^*ic}(\Psi\nabla\Psi^* - \Psi^*\nabla\Psi)\,\frac{e^{*2}}{m^*c^2}\vec{A}|\Psi|^2 + \frac{1}{4\pi}\text{rot}\vec{B} - \frac{1}{4\pi}\text{rot}\vec{H} = 0$$

Nun gilt

$$\text{rot}\vec{B} = \frac{4\pi}{c}\vec{j}_s \neq 0 \quad \text{rot}\vec{H} = \frac{4\pi}{c}\vec{j}_{extern} = 0$$

da das $\vec{B}$-Feld durch eventuell in der supraleitenden Probe vorhandene Supraströme mit verursacht wird bzw. solche Ströme ja die alleinige Ursache für den Unterschied zwischen $\vec{H}$ und $\vec{B}$ sein können, während das $\vec{H}$-Feld von außen angelegt wird, also durch Ströme (in externen Spulen o. ä.) erzeugt wird, die jedenfalls nicht in der zu beschreibenden supraleitenden Probe sind. Damit ist (11.111) bewiesen. Offenbar muß (wegen des Verschwindens der Oberflächenintegrale in obiger Herleitung) die folgende Randbedingung erfüllt sein:

$$\vec{n}\times(\vec{B}-\vec{H}) = 0 \tag{11.112}$$

auf der Oberfläche des Supraleiters; dies bedeutet gerade, daß die Tangentialkomponente des Magnetfeldes stetig sein muß. Die hier aus dem Ginzburg-Landau-Ansatz abgeleitete Gleichung (11.111) für die supraleitende Stromdichte entspricht gerade wieder (11.95), also der Beziehung für den Supra-Strom aus der verallgemeinerten London-Theorie aus Abschnitt 11.6. Damit ist klar, daß der Meißner-Effekt und auch die Flußquantisierung in der Ginzburg-Landau-Theorie enthalten sind. Die zweite Ginzburg-Landau-Gleichung (11.109) ist formal von der Gestalt einer nicht-linearen Schrödinger-Gleichung für $\Psi(\vec{r})$. Als Spezialfall enthält sie die oben schon besprochene räumlich homogene Lösung $|\Psi|^2 = -\frac{\alpha}{\beta} = \frac{\alpha_0}{\beta}(T_c - T)$ Demnach erhält man für die *Eindringtiefe* gemäß der Ginzburg-Landau-Theorie bei räumlich konstanten Ψ und Gleichgewicht (vgl. (11.91))

$$\lambda = \sqrt{\frac{m^*c^2}{4\pi|\Psi|^2e^{*2}}} == \sqrt{\frac{m^*c^2\beta}{-4\pi\alpha e^{*2}}} = \sqrt{\frac{m^*c^2\beta}{4\pi\alpha_0e^{*2}(T_c-T)}} = \sqrt{\frac{m_0c^2\beta}{8\pi\alpha_0e_0^2(T_c-T)}} \tag{11.113}$$

Um ein Gefühl für die ebenfalls in der Ginzburg-Landau-Theorie enthaltene bzw. mögliche räumliche Variation des Ordnungsparameters zu bekommen, betrachten wir wieder den supraleitenden Halbraum, d.h. Supraleiter für $x > 0$, Normalleiter (oder Vakuum) für $x < 0$, dieses Mal aber ohne Magnetfeld. Aus Symmetriegründen ist dann nur eine x-Abhängigkeit zu erwarten und aus (11.109) folgt

$$-\frac{\hbar^2}{2m^*}\frac{d^2}{dx^2}\Psi(x)+\alpha\Psi(x)+\beta\Psi^3(x)=0 \qquad (11.114)$$

Für große x erwartet man den Gleichgewichtsordnungsparameter

$$|\Psi_\infty|=\sqrt{\frac{\alpha_0(T_c-T)}{\beta}}$$

Setzt man daher

$$f(x)=\frac{\Psi(x)}{|\Psi_\infty|}=\frac{\beta}{\alpha_0(T_c-T)}\Psi(x)$$

so erhält man

$$-\frac{\hbar^2}{2m^*\alpha_0(T_c-T)}f''(x)-f(x)+f^3(x)=0 \qquad (11.115)$$

Also ist eine Ortsvariation des Ordnungsparameters auf der charakteristischen Längenskala

$$\boxed{\xi(T)=\frac{\hbar}{\sqrt{2m^*\alpha_0(T_c-T)}}} \qquad (11.116)$$

zu erwarten; dies ist die *Ginzburg-Landau-Kohärenzlänge*. Gleichung (11.115) wird gelöst durch

$$f(x)=\tanh\frac{x}{\sqrt{2}\xi} \qquad (11.117)$$

Auf der Längenskala Kohärenzlänge ξ wächst der Ordnungsparameter also von der Oberfläche aus gesehen von 0 auf seinen Gleichgewichts- („Bulk"-)Wert an, vgl. Skizze. Es gibt also zwei charakteristische Längenskalen in Supraleitern, die Eindringtiefe (eines Magnetfeldes) und die Kohärenzlänge (des Ordnungsparameters). Das (dimensionslose) Verhältnis dieser beiden Längen bezeichnet man auch als *Ginzburg-Landau-Parameter*:

$$\kappa=\frac{\lambda(T)}{\xi(T)}=\sqrt{\frac{m^*c^2\beta 2m^*\alpha_0(T_c-T)}{4\pi\alpha_0 e^{*2}(T_c-T)}}\frac{1}{\hbar}=\frac{m^*c}{e^*\hbar}\sqrt{\frac{\beta}{2\pi}}$$

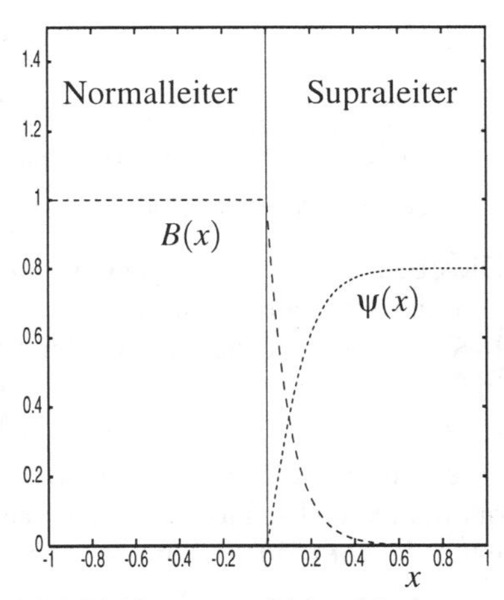

Bild 11.10 Magnetfeld und Ordnungsparameter an der Trennfläche Normal-Supraleiter

Die möglichen Konsequenzen dieser Existenz von zwei verschiedenen für den Supraleiter charakteristischen Längen soll nun zum Abschluß qualitativ diskutiert werden. Wir untersuchen insbesondere die Konsequenz von Oberflächen zwischen der supraleitenden Phase und einem normalleitenden Bereich bzw. Vakuum. Wenn es eine solche Trennfläche der Größe F gibt und ein endliches Magnetfeld H anliegt, dann wird es in einer Schicht der Größenordnung ξ längs F im Wesentlichen noch keinen supraleitenden Ordnungsparameter geben, und das bedeutet eine Erhöhung der gesamten freien Enthalpie um

$$F \cdot \xi \cdot \frac{\alpha^2}{\beta} \overset{(11.106)}{=} F \cdot \xi \cdot \frac{H_c^2}{8\pi}$$

Andererseits dringt das endlichem Magnetfeld H in den Bereich der Dicke λ an der Oberfläche ein, weshalb es eine Absenkung der freien Enthalpie um

$$-F \cdot \lambda \cdot \frac{H^2}{8\pi}$$

gibt. Durch die Ausbildung einer Oberfläche bzw. Trennfläche zwischen Normal- und Supraleiter kommt es also zu einer Enthalpieänderung pro Flächeneinheit von

$$\sigma_{ns} \approx \frac{1}{8\pi}\left(\xi \cdot H_c^2 - \lambda \cdot H^2\right) \tag{11.118}$$

Also gibt es entweder eine Erhöhung oder eine Erniedrigung der freien Enthalpie durch die Ausbildung einer Oberfläche je nach der Größe des äußeren Magnetfeldes H und je nachdem ob ξ größer oder kleiner als λ ist. Zwei Grenzfälle können leicht diskutiert werden, nämlich:

- $\xi \gg \lambda,\ \kappa = \lambda/\xi \ll 1 \to \sigma_{ns} > 0$
  Es wird sich so wenig wie möglich Oberfläche bilden, d.h. nur die natürliche Oberfläche des Supraleiters wird vorhanden sein und das ganze System wird en bloc supraleitend; dies ist *Supraleitung 1. Art* (Typ - I - Supraleiter)

- $\xi \ll \lambda,\ \kappa = \lambda/\xi \gg 1$
  Dann kann es bei endlichem H energetisch günstiger sein, möglichst viel Oberfläche zu bilden. Dann sind abwechselnd supraleitende und normalleitende Bereiche zu erwarten. Obige grobe Abschätzung zeigt, daß es von einem Magnetfeld

  $$H_{c1} = \sqrt{\frac{\xi}{\lambda}} H_c = \frac{1}{\sqrt{\kappa}} H_c \tag{11.119}$$

  an günstiger ist, weitere Oberfläche zwischen Supra- und Normalleiter zu bilden, und in den normalleitenden Bereich dringt magnetischer Fluß ein und man hat einen *Supraleiter 2.Art* (Typ-II-Supraleiter) vorliegen.

Die oben skizzierte Überlegung stellt nur eine grobe qualitative Abschätzung dar und sollte zeigen, daß und wie im Rahmen der Ginzburg-Landau-Theorie die Existenz von Typ-I- und Typ-II-Supraleitern verstanden werden kann. Man kann die Oberflächenenthalpie genauer berechnen, indem man die Ortsabhängigkeit von ξ und H berücksichtigt und integriert. Diese genauere Betrachtung zeigt, daß für $\kappa > \frac{1}{\sqrt{2}}$ ein Typ - II - Supraleiter und für $\kappa < \frac{1}{\sqrt{2}}$ ein Typ - I - Supraleiter zu erwarten ist. Solche genaueren Rechnungen ergeben im Unterschied zu dem oben aus der qualitativen Abschätzung gewonnenen Resultat (11.119) für das obere und untere kritische Magnetfeld eines Typ-II-Supraleiters:

$$H_{c1} = \frac{1}{\kappa} H_c \quad H_{c2} = \kappa H_c \tag{11.120}$$

H_c nennt man dann auch das thermodynamische kritische Magnetfeld, der Zwischenbereich für $H_{c1} < H < H_{c2}$, in dem es also abwechselnd normalleitende und supraleitende Bereiche nebeneinander gibt mit möglichst viel Oberfläche zwischen beiden Phasen, heißt auch *Shubnikov-Phase*.

Man kann sich weiterhin davon überzeugen, daß die normalleitenden Bereiche in der Shubnikov-Phase von Typ-II-Supraleitern bevorzugt in Form von dünnen Schläuchen (Zylindern) auftreten, von denen jeder Schlauch ein Flußquant trägt. Im supraleitenden Bereich gibt es um den normalleitenden Schlauch (mit Magnetfeld und magnetischem Fluß) herum – im Bereich der Eindringtiefe– die abschirmenden Suprasträme, um einen Flußschlauch herum fließen also Ringströme; man spricht deshalb auch von *Flußwirbeln* oder „Vortices". Mit zunehmendem Magnetfeld wird der supraleitende Zwischenbereich zwischen den Vortices immer kleiner bis beim oberen kritischen Magnetfeld H_{c2} das Gesamtsystem normalleitend wird. Von Abrikosov wurde 1957 vorhergesagt, daß eine periodische Anordnung der Flußschläuche zur geringsten Enthalpie führt, und zwar bilden die Flußquanten gerade ein Dreiecksgitter. Dies wurde um 1964 herum experimentell bestätigt.

11.8 Tunneleffekte mit Supraleitern

Den quantenmechanischen Tunnel-Effekt kann man beobachten und anwenden, wenn man zwei Materialien (Metalle) so dicht zusammenbringt, daß sie nur noch durch eine dünne Vakuumschicht oder isolierende Oxidschicht voneinander getrennt sind. Diese Trennschicht wirkt dann wie eine Potentialbarriere für die Ladungsträger in den beiden Materialien, die aber durchtunnelt werden kann, so daß Ladungsträger von dem einen ins andere Material gelangen können. Die Tunnelwahrscheinlichkeit oder Tunnelamplitude nimmt dabei exponentiell mit der Dicke der Trennschicht ab, was man mit der elementaren Quantenmechanik (eindimensionaler Potentialwall) schon verstehen kann. Im Zusammenhang mit Supraleitern sind zwei Arten von Tunneleffekten besonders interessant, nämlich das Tunneln zwischen einem Normalleiter und einem Supraleiter und das Tunneln zwischen zwei Supraleitern, und diese beiden Fälle werden jetzt kurz qualitativ phänomenologisch diskutiert.

11.8.1 Ein-Elektronen-Tunneln

Legt man an einen Tunnelkontakt zwischen zwei Materialien 1 und 2 eine Spannung, so daß die beiden Materialen 1 und 2 auf unterschiedlichem Potential ϕ_1 und ϕ_2 sind, so sind die elektronischen Energieniveaus bei $E_{\vec{k}} + e\Phi_i$ ($i = 1,2$), wenn $E_{\vec{k}}$ die Niveaus ohne elektrisches Potential bezeichnet, und die (elektro-)chemischen Potentiale sind entsprechend verschoben bei $\mu + e\phi_i$. Sind die Materialien nun bis auf die Tunnelbarriere in Kontakt, gibt es die Möglichkeit von Übergängen von Elektronen von 1 nach 2 und umgekehrt. Daher kann ein Strom durch den Tunnelkontakt von 1 nach 2 fließen, für den die folgende Relation intuitiv physikalisch sofort einleuchtend ist:

$$\begin{aligned} I &= \frac{2\pi e}{\hbar}|V|^2 \int dE \rho_2(E+e\phi_2)\rho_1(E+e\phi_2) \cdot \\ &\quad \cdot (f(E+e\phi_2)(1-f(E+e\phi_1)) - f(E+e\phi_1)(1-f(E+e\phi_2))) \\ &= \frac{2\pi e}{\hbar}|V|^2 \int dE \rho_2(E+e\phi_2)\rho_1(E+e\phi_1)(f(E+e\phi_2)-f(E+e\phi_1)) \end{aligned} \quad (11.121)$$

V ist das quantenmechanische Übergangs-Matrixelement zwischen 1 und 2, also das Überlapp-Matrixelement zwischen einem elektronischen Eigenzustand des Materials 1 und einem des Materials 2. Streng genommen wird V sicher auch noch von der Energie abhängen, da das

Überlapp-Matrixelement um so größer wird je delokalisierter die Zustände sind und dies nimmt mit zunehmender Energie in der Regel zu. Diese Energieabhängigkeit von V wurde hier aber vernachlässigt, indem wir den Faktor $|V|^2$ vor das Integral gezogen haben, weil letztlich ohnehin nur Zustände in der Nähe der Fermikante eine Rolle spielen werden und für diese mit annähernd gleicher Energie auch ein gleicher Überlapp plausibel ist.

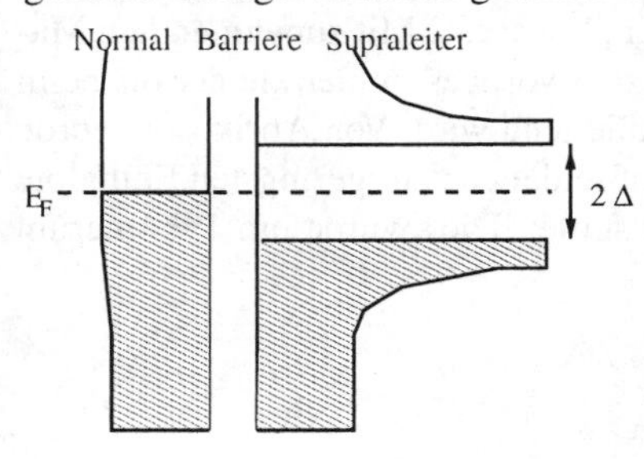

Bild 11.11 Tunnelkontakt zwischen Normal- und Supraleiter

Des weiteren geht ein die Zustandsdichte multipliziert mit der Besetzungswahrscheinlichkeit der Zustände, aus denen Übergänge stattfinden, und die Zustandsdichte multipliziert mit der Wahrscheinlichkeit, daß sie unbesetzt sind, der Zustände, in die Übergänge stattfinden. Ferner gibt es Übergänge von 1 nach 2 und umgekehrt, die sich gegenseitig kompensieren, was die Differenz in obiger Formel bewirkt.

Sind nun beide Materialien 1 und 2 normale Metalle, dann werden die Zustandsdichten an der Fermikante annähernd konstant sein und man findet für kleine Potentialdifferenzen $U = \phi_1 - \phi_2$:

$$I = \frac{2\pi e^2}{\hbar}|V|^2\rho_1(E_F)\rho_2(E_F)U \tag{11.122}$$

Es ist also eine lineare Strom-Spannungs-Kennlinie, d.h. Ohmsches Verhalten zu erwarten.

Wenn aber eins der beiden Materialien, z.B. 1 ein Supraleiter ist, dann hat die Einteilchen-Zustandsdichte gemäß der BCS-Theorie eine Lücke an der Fermikante; dann sind Übergänge für zu kleine Spannungen bei $T = 0$ zunächst nicht möglich, weil es keine Zustände auf der supraleitenden Seite der Tunneldiode gibt, in die bzw. aus denen Elektronen tunneln können (vgl. Abbildung 11.11). Es fließt daher für $T = 0$ kein Strom trotz angelegter Spannung, bis zu einer Spannung U mit $|eU| = \Delta$. Für endliche T fließt wieder ein Strom, da Tunneln von thermisch angeregten Elektronen möglich ist; außerdem ist Δ temperaturabhängig und wird mit zunehmendem T kleiner. Die Strom-Spannungs-Kennlinie für $T = 0$ kann man auch leicht analytisch berechnen. Setzt man $\phi_1 = 0, \phi_2 = -U$, dann folgt aus (11.121)

$$I = \frac{2\pi e}{\hbar}|V|^2 \int dE\rho_{sl}(E)\rho_{nl}(E-eU)\left(f(E-eU)-f(E)\right) \overset{T=0}{=} \frac{2\pi e}{\hbar}|V|^2\rho_{nl}(0)\int_0^{eU} dE\rho_{sl}(E) \tag{11.123}$$

wobei die Fermienergie zu 0 gewählt wurde und angenommen wurde, daß die Zustandsdichte im normalen Metall über Energieintervalle der Größe $|eU|$ konstant ist. Offenbar gilt:

$$\frac{dI}{dU} = \frac{2\pi e^2|V|^2}{\hbar}\rho_{nl}(0)\rho_{sl}(eU) \tag{11.124}$$

Das Ausmessen der Strom-Spannungs-Kennlinie $I(U)$ eines Tunnelkontaktes zwischen Normal- und Supraleiter liefert somit unmittelbar die elektronische Zustandsdichte des Supraleiters. Insbesondere kann man so direkt die Energielücke, also den supraleitenden Ordnungsparameter messen. Solche Tunnelmessungen wurden erstmals ca. 1960 durch Giaever[15] durchgeführt. Damit wird die BCS-Theorie voll bestätigt. Solche Tunnelmessungen können mit großer Präzision

[15] I.Giaever,* 1929 in Bergen (Norwegen), 1952 Studienabschluß als Ingenieur, als solcher bei General Electric tätig (ab 1956 in den USA), seit 1958 an Physik interessiert, Studium in Abendkursen, Ph.D. in Physik erst 1964 am Rensselaer Polytechnikum in New York, führte als erster Tunnelmessungen zwischen Supraleitern und Normalleitern durch, dafür Nobelpreis 1973, später Studium der Biophysik in Cambridge und als Biophysiker weiterhin bei General Electric tätig, außerdem Professor am Rensselaer Polytechnikum und an der Universität Oslo und Präsident der Firma „Applied Biophysics“

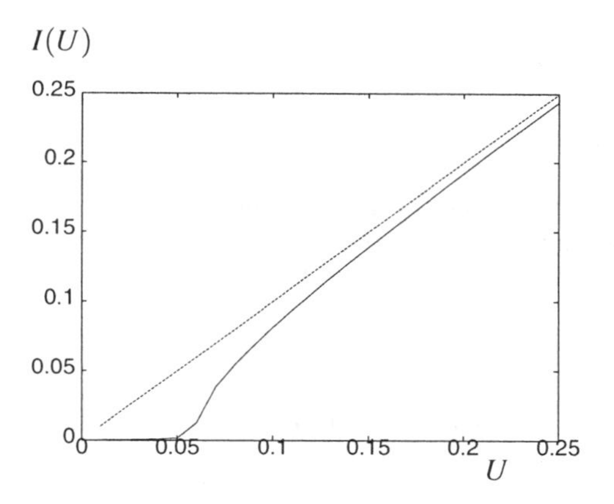

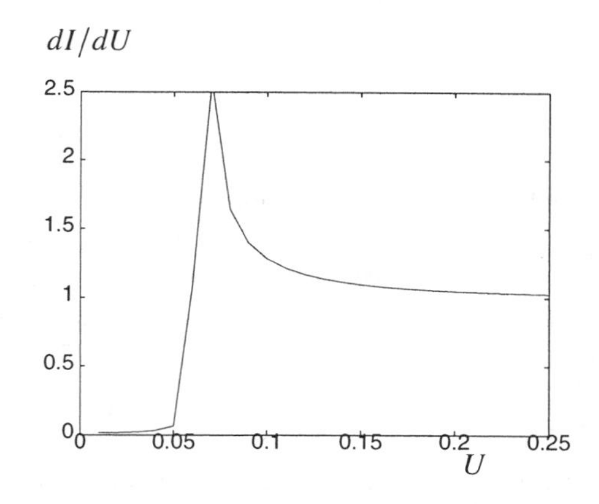

Bild 11.12 Strom-Spannungskennlinie und ihre Ableitung beim Tunnelkontakt Normal-Supraleiter

durchgeführt werden. Dabei kann auch eine Feinstruktur (in der Energie-Lücke) ausgemessen werden, aus der man auf das Phononen-Spektrum, das ja letztlich die attraktive Wechselwirkung und damit Δ bewirkt, rückschließen kann. Man kann also Supraleitung und Tunnelmessungen jetzt benutzen, um Aussagen über die Phononen zu machen, womit der Phononen-Mechanismus als mikroskopischer Ursache für herkömmliche Supraleitung nochmals bekräftigt wird.

11.8.2 Tunneln von Cooper-Paaren, Josephson-Effekt

Tunnelmessungen können auch zwischen zwei Supraleitern studiert werden, und tatsächlich gibt es dabei auch das oben besprochene Einelektronen-Tunneln, und die skizzierte Theorie und Gleichung (11.121) bleiben gültig, nur daß eben ρ_1 und ρ_2 beides supraleitende Einelektronen-Zustandsdichten sind (eventuell mit verschiedenen Bandlücken). Gemäß den obigen Ausführungen mißt man mit der Strom-Spannungs-Kennlinie dann im Wesentlichen die Faltung der beiden Zustandsdichten der Supraleiter. Darüberhinaus ist aber zwischen zwei Supraleitern auch noch das kohärente Tunneln von Cooper-Paaren möglich. Dieses Paartunneln, das von Josephson[16] theoretisch vorhergesagt wurde, führt zu einer Fülle von interessanten und unerwarteten Phänomenen, die heute *Josephson-Effekte* genannt werden und von denen die beiden wichtigsten hier kurz phänomenologisch besprochen werden sollen.

Wie schon in den Kapiteln über die London- und die Ginzburg-Landau-Theorie, führen wir für jeden der beiden durch einen Tunnelkontakt getrennten Supraleiter 1 und 2 eine quantenmechanische Wellenfunktion

$$\psi_i = \sqrt{n_i}e^{i\varphi_i} \tag{11.125}$$

($i = 1,2$) ein, wobei n_i die Dichte der supraleitenden „Teilchen“ (Cooper-Paare) im Supraleiter i ist und φ_i die Phase der supraleitenden Wellenfunktion. Wenn die Supraleiter gekoppelt sind, also Übergänge von 1 nach 2 und umgekehrt erlaubt sind, ergibt sich aus der zeitabhängigen Schrödinger-Gleichung:

[16] B.Josephson, * 1940 in Cardiff (Wales), sagte 1962 als 22-jähriger Student in Cambridge das Tunneln von Cooper-Paaren voraus, Ph.D. 1964, Nobelpreis 1973 (mit Giaever und Esaki), seit 1974 Professor in Cambridge, inzwischen mehr an esotherischen Fragen interessiert (transzendentaler Meditation, indischen Mythologien und ihrem Einfluß auf die naturwissenschaftliche Erkenntnis, Zusammenhang von Physik und Gehirn und höheren Zuständen des Bewußtseins u.ä.)

$$
\begin{aligned}
i\hbar\frac{\partial}{\partial t}\psi_1 &= E_1\psi_1 + K\psi_2 \\
i\hbar\frac{\partial}{\partial t}\psi_2 &= E_2\psi_2 + K\psi_1
\end{aligned}
\tag{11.126}
$$

wobei K gerade die Kopplung zwischen den beiden Supraleitern beschreibt. Die Dichte der supraleitenden Teilchen auf der einen Seite (1) der Tunnelbarriere ändert sich, wenn es Übergänge von 1 nach 2, also einen Strom von 1 nach 2 gibt. Für diesen gilt:

$$
\begin{aligned}
I_{1\to 2} &= e\frac{\partial}{\partial t}|\psi_1|^2 = \psi_1^*\frac{\partial\psi_1}{\partial t} + \frac{\partial\psi_1^*}{\partial t}\psi_1 \\
&= \frac{1}{i\hbar}\left(E_1|\psi_1|^2 + K\psi_1^*\psi_2 - E_1|\psi_1|^2 - K\psi_2^*\psi_1\right) = \frac{K}{i\hbar}(\psi_1^*\psi_2 - \psi_2^*\psi_1)
\end{aligned}
\tag{11.127}
$$

Daraus ergibt sich für den Strom von 1 nach 2:

$$
I_{1\to 2} = \frac{eK}{i\hbar}|\psi_1||\psi_2|\left(e^{i(\varphi_2-\varphi_1)} - e^{i(\varphi_1-\varphi_2)}\right) = \frac{2eK}{\hbar}|\psi_1||\psi_2|\sin(\varphi_2-\varphi_1) \tag{11.128}
$$

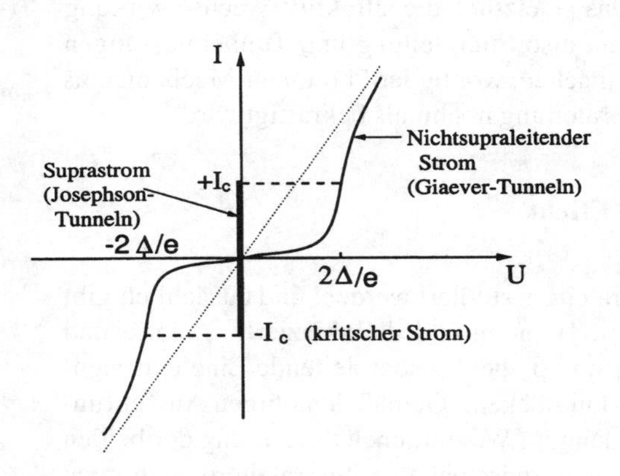

Bild 11.13 Strom-Spannungskennlinie am Josephson-Kontakt

Danach kann man unter geeigneten experimentellen Gegebenheiten einen Gleichstrom durch den Tunnelkontakt erwarten, auch wenn keine Spannung (Potentialdifferenz) zwischen den beiden Seiten 1 und 2 der Barriere anliegt. Dieser *Josephson-Gleichstrom* ist also ein echter Suprastrom, der von den Cooper-Paaren getragen wird und immer dann vorliegt, wenn eine Phasendifferenz zwischen den Cooperpaar-Systemen in den Supraleitern 1 und 2 vorliegt. In der Strom-Spannungskennline eines solchen Tunnelkontakts zweier Supraleiter hat man also neben den oben besprochenen, erst von einer Spannung $|eU| = \Delta$ an existierenden und durch Ein-Elektronen-(Giaever-)Tunneln hervorgerufenen Zweigen noch einen vom Tunneln von Cooper-Paaren herrührenden Suprastrom bei Spannung 0; wird in diesem Suprastrom eine kritische Stromstärke überschritten, „schaltet" der Tunnelkontakt in einen Zustand mit endlicher Stromstärke und endlicher Spannungsdifferenz U zwischen den beiden Teilen der Barriere, d.h. auf einen Punkt der $I-U-$Kennlinie für das Einteilchentunneln. Darauf beruht eine der vielen Anwendungsmöglichkeiten des Josephson-Effektes, nämlich als (schnelles) Schaltelement.

Geht man mit dem Ansatz (11.125) in die Schrödingergleichung (11.126) ein, erhält man auch:

$$
\begin{aligned}
i\hbar|\dot{\psi_1}| - \hbar|\psi_1|\dot{\varphi}_1 &= E_1|\psi_1| + K|\psi_2|e^{i(\varphi_2-\varphi_1)} \\
i\hbar|\dot{\psi_2}| - \hbar|\psi_2|\dot{\varphi}_2 &= E_2|\psi_2| + K|\psi_1|e^{i(\varphi_1-\varphi_2)}
\end{aligned}
\tag{11.129}
$$

Bildet man von diesen komplexen Gleichungen die Realteile, folgt:

$$
\begin{aligned}
\dot{\varphi}_1 &= -\frac{E_1}{\hbar} - \frac{K}{\hbar}\frac{|\psi_2|}{|\psi_1|}\cos(\varphi_2-\varphi_1) \\
\dot{\varphi}_2 &= -\frac{E_2}{\hbar} - \frac{K}{\hbar}\frac{|\psi_1|}{|\psi_2|}\cos(\varphi_1-\varphi_2)
\end{aligned}
\tag{11.130}
$$

Wenn die supraleitende Teilchendichte in beiden Supraleitern die gleiche ist, folgt

$$\dot{\varphi}_1 - \dot{\varphi}_2 = \frac{E_2 - E_1}{\hbar} \tag{11.131}$$

Legt man nun eine Spannung U an mit $|eU| < \Delta$, so daß noch kein Einelektronen-Tunneln möglich ist, dann bringt man die beiden Supraleiter ja gerade auf unterschiedliches Potential und damit unterschiedliche Energie. Dann folgt also:

$$\dot{\varphi}_1 - \dot{\varphi}_2 = \frac{eU}{\hbar} \quad \rightarrow \quad \varphi_1 - \varphi_2 = \frac{eU}{\hbar}t \tag{11.132}$$

Setzt man dies in (11.128) ein, so folgt:

$$I = 2\frac{eK}{\hbar}n_{1(2)}\sin\left(\frac{eU}{\hbar}t\right) \tag{11.133}$$

Dies heißt, daß ein (hochfrequenter) Wechselstrom, also ein zeitlich oszillierender Suprastrom, im Josephson-Kontakt zu erwarten ist bei angelegter Gleichspannung; dies ist der

Wechselstrom-(AC-)Josephson-Effekt.

Es gibt noch eine Reihe weiterer interessanter Phänomene im Zusammenhang mit dem Josephson-Effekt, die hier nur erwähnt und nicht mehr besprochen werden sollen. Bei Anwesenheit eines Magnetfeldes geht noch das Linienintegral über das Vektorpotential zwischen den beiden Supraleitern in die Phasendifferenz ein. Schaltet man dann zwei Josephson-Kontakte parallel, kann man einerseits eine Art „Beugungsmessung am Doppelspalt" durchführen, nur jetzt für „Cooper-Paar-Wellen" statt Lichtwellen. Solche Experimente zeigen, daß die Wellenfunktion der Cooper-Paare über makroskopische Distanzen kohärent ist. Aus der Phasendifferenz kann man bei geeigneter Geometrie das Linienintegral des Vektorpotentials längs eines geschlossenen Weges messen; damit kann man einerseits die physikalische Realität des Vektorpotentials nachweisen, zum anderen gestattet dies auch die Bestimmung des umschlossenen magnetischen Flusses. Dies ermöglicht sehr genaue Präzisionsmessungen von Magnetfeldern und Magnetisierungen etc. und ist Grundlage für das anwendungsrelevante „*S*uperconducting *QU*antum *I*nterference *D*evice" (SQUID). Die schon erwähnte mögliche Funktion eines Josephson-Kontaktes als (schnelles und leistungsarmes) Schaltelement ist Grundlage für eine mögliche Anwendung in der Josephson-Computer-Technologie; nach intensiven Forschungs- und Entwicklungsarbeiten in den Forschungslabors der namhaften Computer-Hersteller zu Beginn der 80-er-Jahre ist es allerdings wieder etwas stiller in diesem Bereich geworden, vermutlich weil man glaubte, mit der sich nach wie vor rasant entwickelnden Halbleiter-Technologie doch nicht Schritt halten zu können; mit Josephson-Kontakten aus den neuen Hochtemperatur-Supraleitern könnten sich die Perspektiven für eine solche neue Computer-Technologie auf der Basis des Josephson-Effektes aber wieder verbessern.

11.9 Überblick über weitergehende Aspekte der Supraleitungs-Theorie

In diesem abschließenden Abschnitt sollen –ohne Anspruch auf Vollständigkeit– einige interessante Punkte kurz erwähnt werden, die in einem wirklichen Überblick über die Supraleitung eigentlich noch besprechen müßte.

Den BCS-Hamilton-Operator (11.39) kann man auch mit Hilfe der Methode der Green-Funktionen behandeln, die in dieser Abhandlung nicht eingeführt wurden. Die Bewegungs-Gleichung für die Einteilchen-Greenfunktion führt dann – wie immer bei Hamilton-Operatoren mit Wechselwirkungsterm– auf Green-Funktionen höherer Ordnung, die man nach anomalen Paar-Erwartungswerten entkoppeln kann. Dies wurde kurz nach der Entwicklung der BCS-Theorie 1958 von Gorkov durchgeführt und die entsprechende Gleichungen für die Green-Funktion heißen daher auch **Gorkov-Gleichungen**. Mit den Gorkov-Gleichungen hat man – neben dem Variationsansatz aus der BCS-Originalarbeit und der hier in Kapitel 9.3 vorgeführten Bogoliubov-Transformation– einen dritten, noch schnelleren Weg zur Herleitung der BCS-Selbstkonsistenzgleichung (11.50), der elektronischen Zustandsdichte (11.68) im supraleitenden Zustand, etc. Die Gorkov-Gleichungen sind aber vor allem wichtig und nützlich, da sie auch die Behandlung eines räumlich inhomogenen Ordnungsparameters, die Einbeziehung des Einflusses elektromagnetischer Felder und von Störstellen erlauben. Insbesondere kann man damit eine echte Transporttheorie für Supraleiter entwickeln unter Berücksichtigung von Störstellenstreuung, also eine Theorie für den stromtragenden Zustand des Supraleiters. Es stellt sich dabei heraus, daß die Streuung an normalen Störstellen die Supraleitung nicht behindert sondern den stromtragenden Zustand sogar stabilisiert. Intuitiv anschaulich kann man verstehen, daß bei einfacher Potential-Streuung an einer unmagnetischen Störstelle das Cooper-Paar als ganzes gestreut wird. Für ein am Transport beteiligtes Cooper-Paar mit Gesamtimpuls $\vec{q}$ wird das Elektron $\vec{k}+\vec{q}\uparrow$ durch die Störstelle in den Zustand $\vec{k}'+\vec{q}\uparrow$ und das paarende Elektron von der gleichen Störstelle von $-\vec{k}\downarrow$ nach $-\vec{k}'\downarrow$ gestreut, das Cooper-Paar als Einheit bleibt aber erhalten, normale Störstellen wirken nicht paarbrechend. Der Formalismus der Gorkov-Gleichungen und Green-Funktionen gestattet es auch, die Ginzburg-Landau-Gleichungen für den mikroskopischem BCS-Hamilton-Operator herzuleiten.

Man kann auch von einem realistischeren Modell als dem BCS-Modell ausgehen, nämlich vom Fröhlich-Modell, das die Elektron-Phonon-Wechselwirkung noch explizit enthält. Dies ist insbesondere dann notwendig, wenn die Elektron-Phonon-Wechselwirkung nicht mehr als schwach angesehen werden kann; man spricht daher auch von Supraleitern und Supraleitungstheorien „starker Kopplung“ („strong-coupling superconductors“, „strong-coupling theory“). Diese Theorie wurde von den russischen Physikern Migdal und Eliashberg 1958 - 1960 entwickelt. Tatsächlich war das Fröhlich-Modell ja 1950 von Fröhlich vorgeschlagen worden, um Supraleitung zu verstehen, aber in den Behandlungen des Modells fand man damals keine Hinweise auf Supraleitung, vermutlich weil die entscheidende Idee noch fehlte, nämlich die Paarung (Cooper-Paar-Bildung). Mit Benutzung dieser Idee konnte dann kurz nach der Entwicklung der BCS-Theorie Supraleitung auch direkt am Fröhlich-Modell hergeleitet und verstanden werden. Man braucht aber wieder den mathematischen Apparat der Vielteilchen-Theorie, d.h. Green-Funktionen, Störungstheorie mit Feynman-Diagrammen, etc. Migdal konnte insbesondere zeigen, daß nur wenige der Elektron-Phonon-Diagramme zu berücksichtigen sind, da wegen des Verhältnisses $\frac{m}{M}$ aus Elektronen- und Ionenmasse oder $\frac{\Theta_D}{T_F}$ (Debye- zu Fermi-Temperatur) die weggelassenen Diagramme als klein gegenüber den mitgenommenen klassifiziert werden können (*Migdal-Theorem*). Ansonsten wird in der Eliashberg-Theorie im Unterschied zur BCS-Theorie der Tatsache Rechnung getragen, daß die durch die Phononen vermittelte effektive Wechselwirkung retardiert ist. Man kann auch die zusätzlich immer existierende abstoßende Coulomb-Wechselwirkung mit berücksichtigen; diese muß auch in einer geeigneten Vielteilchen-Näherung behandelt werden, so daß auch die Abschirmung durch die anderen Elektronen und die Ionen und damit die effektive Kurzreichweitigkeit der abgeschirmten Coulomb-Abstoßung korrekt berücksichtigt wird. Insgesamt kommt man damit zu den **Eliashberg-Gleichungen** als Selbstkonsistenzgleichung zur Bestimmung des supraleitenden Ordnungsparameters. In diese geht explizit eine Funktion ein, die in der Regel mit $\alpha^2 F(\Omega)$ bezeichnet wird, wobei $F(\Omega)$ das Phononen-Spektrum beschreibt, also im Wesentlichen die Zustandsdichte der Phononen, und $\alpha(\Omega)$ (einen geeigneten Mittelwert über) das Elektron-Phonon-Kopplungs-Matrixelement. Mit der Eliashberg-Theorie gelingt es, bessere Übereinstimmung mit dem Experiment zu erzielen als mit der BCS-Theorie zumindest für manche („strong-coupling-") Supraleiter (wie z.B. Blei), für die quantitative Vorhersagen der BCS-Theorie (z.B. bezüglich des Sprungs der spezifischen Wärme bei T_c) nicht zutreffen. Eine wirkliche „first-principles" Berechnung der supraleitenden Eigenschaften eines Materials ist aber wohl auch mit der Eliashberg-Theorie bis heute nicht möglich. Problematisch ist insbesondere die Bestimmung der Funktion $\alpha^2 F(\Omega)$, insbesondere weil die Elektron-Phonon-Kopplung und somit α nicht ohne Weiteres zugänglich ist. Halbempirische Verfahren versuchen, das zur Lösung der Eliashberg-Gleichungen notwendige $\alpha^2 F(\Omega)$ durch Anpassung an Tunnel-Messungen zu bestimmen. Die aus numerischen Lösungen der Eliashberg-Gleichungen gewonnenen Ergebnisse für T_c können durch die folgende empirische *McMillan-Formel*

$$T_c = \frac{\Theta_D}{1.45} \exp\left[-\frac{1.04(1+\lambda)}{\lambda - \mu^*(1+0.62\lambda)}\right] \tag{11.134}$$

gefittet werden, wobei

$$\lambda = 2\int \frac{d\Omega}{\Omega} \alpha^2 F(\Omega) \tag{11.135}$$

direkt mit der Elektron-Phonon-Kopplung bzw. der Funktion $\alpha^2 F(\Omega)$ zusammenhängt und

$$\mu^* \sim \frac{U\rho_0}{1 + U\rho_0 \ln E_F/\omega_D} \tag{11.136}$$

ein geeigneter Mittelwert der Coulomb-Wechselwirkung ($\sim U$) über die Fermifläche ist.

Supraleitung und Magnetismus scheinen sich auszuschließen; ferromagnetische Metalle wie Fe, Co, Ni werden daher nicht supraleitend. Dies kann einmal daran liegen, daß die intrinsischen Magnetfelder höher sind als das obere kritische Magnetfeld. Außerdem vollzieht sich ja zumindest die übliche Singlett-Paarung zwischen Elektronen mit umgekehrtem Spin, und in einem Band-Magneten gibt es eine Spinpolarisation, d.h. einen Überschuß von Elektronen der einen Spin-Sorte, so daß eine supraleitende Paarung zumindest dadurch erschwert wird, daß nicht genug „Paarungs-Partner" vorhanden sind. Ferner wirken magnetische Ionen paarbrechend; neben der einfachen Potentialstreuung gibt es an magnetischen Ionen nämlich noch die *Spin-Flip-Streuung*, bei der sich der Spin des Elektrons umdreht bei gleichzeitiger Änderung des magnetischen Momentes des Ions. Wenn aber eins der zu einem Cooper-Paar gebundenen Elektronen seinen Spin „flippt", das andere aber nur die einfache Potentialstreuung erfährt, ist das Paar zerstört, da nach der Streuung zwei Elektronen mit gleichem Spin vorhanden sind. Bringt man daher magnetische Störstellen in ein supraleitendes Metall, z.B. Fe-, Mn- oder Gd-Ionen in eine Blei-Matrix, wird die Supraleitung empfindlich gestört. Mit zunehmender Konzentration x der magnetischen Ionen nimmt die supraleitende Sprungtemperatur T_c rapide ab, und ab einer kritischen Konzentration x_c (meist in der Größenordnung von wenigen Atomprozent) der magnetischen Ionen wird das System nicht mehr supraleitend. Eine erste Theorie dazu wurde schon 1960 von Abrikosov und Gorkov entwickelt. Insgesamt stellt die Untersuchung des Wechselspiels zwischen Magnetismus und Supraleitung ein außerordentlich interessantes Feld der Festkörperphysik dar. Hier gibt es unter anderem auch die Möglichkeit, daß ein System sogenanntes „Re-Entry"-Verhalten zeigt, d.h. es wird bei einer bestimmten Temperatur T_{c1} supraleitend und bei einer niedrigeren Temperatur $T_{c2} < T_{c1}$ wieder normalleitend. Solches Re-Entry-Verhalten wird bei manchen Systemen mit magnetischen Verunreinigungen beobachtet. Es existiert aber auch z.B. in dem System $HoMo_6S_8$, das durch die Mo_6S_8-Cluster eine spezielle, *Chevrel-Phase* genannte Struktur hat; Die Seltenen-Erd-Ho-Ionen sind dabei magnetisch, und nahe bei der unteren kritischen Temperatur T_{c2} stellt sich Ferromagnetismus ein. Bei diesen Systemen gibt es also offenbar ein Wechselspiel bzw. eine Konkurrenz zwischen der Tendenz zum Magnetismus und der Tendenz zur Supraleitung; zunächst scheint Supraleitung zu gewinnen, bei noch tieferer Temperatur setzt sich dann doch der Ferromagnetismus durch. In anderen „magnetischen Supraleitern" kann es eine räumliche Separation von supraleitenden und magnetischen Bereichen geben. In manchen Antiferromagneten ist die Bildung von Cooper-Paaren wieder möglich, wenn die paarenden Elektronen (mit umgekehrtem Spin) vorzugsweise sich auf verschiedenen Untergittern befinden.

Die Entdeckung der **Schwer-Fermionen-Supraleitung** am System $CeCu_2Si_2$ 1979 kam auch völlig überraschend.[17] Diese Systeme enthalten nämlich eine periodische Anordnung von Seltenen-Erd-(Ce-) Ionen, also 100 % magnetische „Störstellen". Das – auch im vergleich zu den oben diskutierten magnetischen Supraleitern– besondere ist aber, daß offenbar Leitungselektronen mit extrem hoher effektiver Masse an der Fermi-Kante vorliegen, was insbesondere aus Messungen der spezifischen Wärme folgt, wo sich ein extrem hoher linearer-T-Koeffizient γ ergibt vom 1000-fachen des für freie Elektronen und damit normale Leitungselektronen typischen Wertes. Man nimmt an, daß dies durch eine Hybridisierung der 4f-Elektronen, die normalerweise innere Rumpf-Elektronen sind, mit den Leitungsband-Zuständen und durch Korrelationseffekte zustande kommt. Die f-Elektronen werden durch die Hybridisierung beweglich und es bildet sich ein schmales Band mit überwiegend f-Charakter an der Fermikante aus, und durch Korrelationseffekte, d.h. Effekte der Elektron-Elektron-Wechselwirkung, haben die Elektronen in diesem Band eine sehr hohe effektive Masse. Der Sprung der spezifischen Wärme beim supraleitenden Übergang T_c ($\sim 1K$) ist von der gleichen Größenordnung wie die spezifische Wärme selbst, was zeigt, daß die „schweren" Elektronen die Cooper-Paare bilden. Wegen der Schmalheit des effektiven Bandes gilt hier insbesondere nicht mehr die bei herkömmlichen Supraleitern übliche Relation $T_c \ll \Theta \ll T_F$ zwischen supraleitender Sprungtemperatur T_c, der für das die effektive Wechselwirkung vermittelnde System charakteristischen Temperatur Θ (Debye-Temperatur beim üblichen Phononen-Mechanismus) und der charakteristischen elektronischen Energie-(Temperatur-) Skala T_F (Fermi-Temperatur bei quasifreien Elektronen). Insbesondere würde das Analogon zum Migdal-Theorem nicht mehr gelten, wenn man denn den mikroskopischen Paarungs-Mechanismus kennen würde. Dieser ist bis heute nicht eindeutig geklärt; es gibt Vermutungen, daß in diesen Systemen die – sonst bisher nur beim suprafluiden He-3 bekannte– Triplett-Paarung vorliegen könnte, also Paarung zwischen Elektronen mit parallelem Spin, was dann im Ortsraum eine antisymmetrische Paar-Wellenfunktion (mit p-Wellen-Symmetrie) erfordert. Außerdem sind dies Kandidaten für einen nicht-phononischen Mechanismus, d.h. daß eventuell eine magnetische Wechselwirkung („Paramagnonen") für die effektive attraktive Elektron-Elektron-Wechselwirkung verantwortlich sein könnte. Aber ein wirkliches Verständnis der Schwer-Fermionen-Supraleitung steht noch aus.

Ähnlich verhält es sich mit dem Verständnis der neueren, aktuelleren und für technische Anwendungen wichtigeren **Hochtemperatur-Supraleitung**. Hier gibt es Abschätzungen basierend auf der Eliashberg-Theorie, daß der Elektron-Phonon-Mechanismus solch hohe T_c-Werte (von 90 K und darüber) nicht ermöglicht, Außerdem herrscht weitgehende Einigkeit darüber, das sich die wesentliche Physik dieser Systeme in quasi-zweidimensionalen Cu-O-Ebenen abspielt, die in allen Hochtemperatur-Supraleitern vorhanden sind.

[17] und wurde darum zunächst angezweifelt bis 1983 das gleiche an einem anderen Material UBe_{13} gefunden wurde

Der einfachste Hoch-T_c-Supraleiter ist das ursprünglich von Bednorz und Müller untersuchte $La_{2-x}Ba_xCuO_4$, welches allerdings „nur“ $T_c \sim 35K$ hat.

In Abbildung 11.14 ist die tetragonale Kristallstruktur (Einheitszelle) des bekanntesten Hochtemperatur-Supraleiters $YbBa_2Cu_3O_{7-x}$ dargestellt; offenbar bilden sich CuO_2-Ebenen mit quadratischer Einheitszelle aus, die durch Y, Ba- und O-Ionen voneinander getrennt sind. Wie bei allen Hoch-T_c-Systemen gibt es eine „Mutter“-Substanz, nämlich hier $YBa_2Cu_3O_6$, welche nicht supraleitend ist sondern ein antiferromagnetischer Isolator; die Fermienergie muß dann also in einer Lücke liegen. Da LDA-Bandstrukturrechnungen ein gutes Metall ergeben, muß diese Energielücke (und auch der Antiferromagnetismus) auf einem Korrelationseffekt der Elektronen untereinander beruhen. Erhöht man die Zahl der O-Ionen pro Elementarzelle, entzieht man den CuO_2-Ebenen Elektronen bzw. dotiert das System mit „Löchern“. Die Fermi-Energie wandert also mit zunehmendem x in den Bereich eines Bandes, der Antiferromagnetismus verschwindet und es tritt schließlich Supraleitung bei hinreichend großem x auf. Dies zeigt Abbildung 11.15, wo die supraleitende Sprungtemperatur als Funktion des Sauerstoffgehaltes x dargestellt ist. Es gibt bislang keine überzeugende Theorie, die dieses Verhalten erklärt. Die meisten theoretischen Ansätze starten zur Zeit von rein elektronischen Modellen in zwei Dimensionen unter Einbeziehung der (effektiv kurzreichweitigen) Coulomb-Korrelation, etwa dem in Kapitel 5.2 angegebenen Hubbard-Modell oder – bei Berücksichtigung eines d-Zustandes für das Kupfer- und eines p-Zustands für jedes der beiden Sauerstoff-Ionen pro Spinrichtung und Einheitszelle– von einer Art Dreiband-Hubbard-Modell; es gibt Hinweise darauf, daß diese Modelle allein, also ohne Zusatzmechanismen, schon einen rein elektronischen die Supraleitung ermöglichenden Mechanismus enthalten.

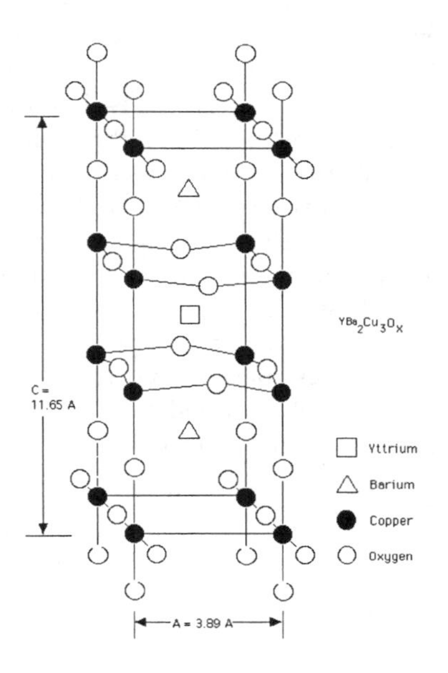

Bild 11.14 Struktur der Einheitszelle beim Hochtemperatur-Supraleiter $YBa_2Cu_3O_{7-x}$

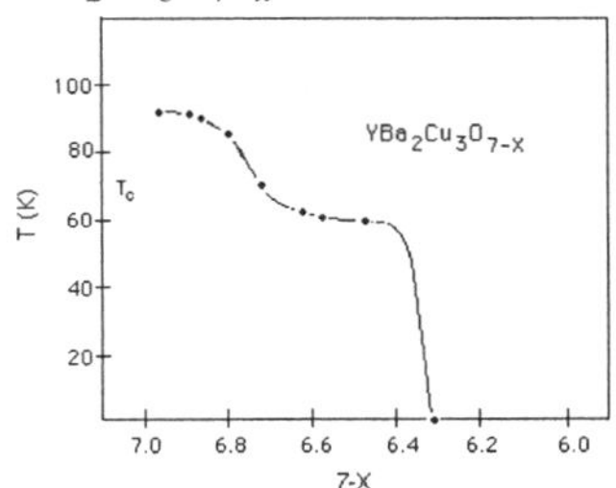

Bild 11.15 Abhängigkeit der Sprungtemperatur T_c vom Sauerstoffgehalt x beim Hochtemperatur-Supraleiter $YBa_2Cu_3O_{7-x}$

Danach könnten z.B. Spinfluktuationen zu einer effektiven Paarung führen. Allerdings sind diese Ergebnisse noch keineswegs gesichert und nicht allgemein akzeptiert; es ist einerseits noch unklar, ob solche Hubbard-Modelle überhaupt schon Supraleitung ohne Zusatzmechanismus enthalten, zum anderen ist noch nicht sicher, ob die in manchen Näherungen gefundene Supraleitung noch stabil bleibt bei Einbeziehung der vernachlässigten Nächste-Nachbar-Wechselwirkungen etc. Es scheint allerdings inzwischen allgemein akzeptiert zu werden und es gibt deutliche experimentelle Hinweise darauf, daß es sich bei Hochtemperatur-Supraleitung nicht um isotrope s-Wellen-Paarung handelt sondern um d-Wellen-Paarung, d.h. der Ordnungsparameter ist explizit $\vec{k}$-abhängig mit d-Wellensymmetrie; es scheint auch sicher zu sein, daß Singlett-Paarung zwischen Elektronen mit umgekehrtem Spin vorliegt.

Manche der erwähnten, auf dem Hubbard-Modell beruhenden Theorien ergeben tatsächlich eine solche d-Wellenpaarung; dann liegt eventuell keine echte Lücke im Einteilchen-Anregungsspektrum vor. Die Hochtemperatur-Supraleiter weisen außerdem auch Anomalien in ihren normalleitenden Eigenschaften auf. Insbesondere folgt der elektrische Widerstand – auch bei Systemen mit kleinem T_c– bis hin zu den tiefsten Temperaturen im normalleitenden Zustand einem linearen Temperatur-Gesetz, was mit Elektron-Phonon- oder Elektron-Elektron-Wechselwirkung nicht zu verstehen ist; die Elektron-Elektron-Wechselwirkung sollte bei üblichen *Fermi-Flüssigkeiten* vielmehr ein T^2-Verhalten im Widerstand zumindest bei hinreichend tiefen T ergeben.

Viele Theoretiker glauben daher, daß die Hoch-T_c-Systeme ein Nicht-Fermiflüssigkeitsverhalten aufweisen bzw. das Verhalten einer *marginalen Fermiflüssigkeit*. Andererseits gibt es auch Näherungsbehandlungen z.B. des Hubbard-Modells, die eine Fermiflüssigkeit beschreiben, das T^2-Verhalten aber nur bei extrem tiefen Temperaturen, die eventuell experimentell noch nicht erreicht wurden, und bei etwas höheren T einen in T linearen Widerstand ergeben; dann wäre das beobachtete lineare T-Gesetz doch wieder in Einklang mit üblichem Fermi-Flüssigkeitsverhalten. Diese Bemerkungen sollen zeigen, daß die Theorie der Hochtemperatur-Supraleiter noch völlig im Fluß ist und noch fast nichts abschließend geklärt ist; dies zeigt aber auch, daß hier noch ein faszinierender aktueller Forschungsgegenstand existiert.

12 Kollektiver Magnetismus

12.1 Die Austausch-Wechselwirkung

In Kapitel 10.2 ist das Modell unabhängiger magnetischer Momente oder Spins betrachtet worden. Tatsächlich werden magnetische Momente sich aber gegenseitig beeinflussen, und diese Wechselwirkung zwischen den Momenten kann Anlaß zu Phasenübergängen geben, d.h. zu verschiedenen Typen von magnetischer Ordnung bei hinreichend tiefen Temperaturen. Besonders wichtig ist der Ferromagnetismus z.B. von Eisen, der im Alltag vielfältige Anwendung findet. Naiv könnte man sich vorstellen, daß die gegenseitige Beeinflussung zwischen den magnetischen Momenten über die Dipol-Dipol-Wechselwirkung zustande kommt: Ein magnetisches Moment spürt das von dem anderen Moment erzeugte Magnetfeld (Dipol-Feld) und die Momente richten sich dann z.B. parallel aus, wie es etwa in Demonstrationsmodellen aus Magnetnadeln der Fall ist. Man kann jedoch leicht abschätzen, daß die Dipol-Dipol-Wechselwirkung zwischen atomaren magnetischen Momenten viel zu schwach ist, um Effekte wie magnetische Ordnung mit den richtigen Größenordnungen z.B. für die kritische Temperatur erklären zu können. Es muß daher ein anderer Mechanismus existieren, eine effektive Wechselwirkung zwischen atomaren magnetischen Momenten zu vermitteln. Ein möglicher Mechanismus soll hier besprochen werden, nämlich die Austauschwechselwirkung, die ja letztlich auf das quantenmechanische Prinzip der Ununterscheidbarkeit identischer Teilchen zurückführbar ist und somit ein reiner Quanteneffekt ist, der kein klassisches Analogon hat.

Wir betrachten zwei quantenmechanische Einteilchen-Zustände beschrieben durch die Ortsraum-Wellenfunktionen $\varphi_a(\vec{r})$ und $\varphi_b(\vec{r})$; jeder dieser Zustände kann mit einem Elektron mit zwei verschiedenen Spineinstellungen gefüllt werden. Gemäß den elementaren Gesetzen der Quantenmechanik von Vielteilchen-Systemen (bzw. dem Pauli-Prinzip) ist der Zweiteilchenzustand in Hartree-Fock-Näherung durch das antisymmetrisierte Produkt der Einteilchen-Zustände gegeben, und diese Einteilchen-Zustände setzen sich zusammen aus dem Bahnanteil, also der Ortsraum-Wellenfunktion $\varphi_{a,b}(\vec{r})$ und dem Spin-Anteil. Damit der gesamte Zweiteilchen-Zustand antisymmetrisch ist, muß der Ortsanteil gerade sein, wenn der Spin-Anteil ungerade ist und umgekehrt. Wir werden zeigen bzw. plausibel machen, daß wegen der Coulomb-Abstoßung der beiden Elektronen sich verschiedene Energien ergeben für eine symmetrische oder eine antisymmetrische Zweiteilchen-Wellenfunktion im Ortsraum, und da mit diesen Zuständen parallele oder antiparallele Spins verbunden sind, entspricht dies einer effektiven Spin-Spin-Wechselwirkung. Die beiden Einteilchenwellenfunktionen $\varphi_a(\vec{r})$ und $\varphi_b(\vec{r})$ können atomare Orbitale verschiedener Atome sein und sind daher nicht unbedingt orthogonal. φ_a und φ_b können aber auch zwei Orbitale (z.B. zu verschiedener Bahnquantenzahl) des gleichen Atoms sein.

Für die Zweiteilchen-Wellenfunktion gibt es also die zwei Möglichkeiten

$$\varphi_S(\vec{r}_1,\vec{r}_2) = \frac{1}{\sqrt{2(1+|S|^2)}}\Big(\varphi_a(\vec{r}_1)\varphi_b(\vec{r}_2)+\varphi_b(\vec{r}_1)\varphi_a(\vec{r}_2)\Big) \tag{12.1}$$

$$\varphi_A(\vec{r}_1,\vec{r}_2) = \frac{1}{\sqrt{2(1-|S|^2)}}\Big(\varphi_a(\vec{r}_1)\varphi_b(\vec{r}_2)-\varphi_b(\vec{r}_1)\varphi_a(\vec{r}_2)\Big) \tag{12.2}$$

Dabei ist $\varphi_S(\vec{r}_1,\vec{r}_2)$ symmetrisch in $\vec{r}_1$ und $\vec{r}_2$ und daher muß der zugehörige Spinzustand antisymmetrisch sein, also ein Spin- Singlett $\frac{1}{\sqrt{2}}(|\uparrow\downarrow\rangle - |\downarrow\uparrow\rangle)$.

Dagegen ist $\varphi_A(\vec{r}_1,\vec{r}_2)$ antisymmetrisch in $\vec{r}_1$ und $\vec{r}_2$, daher muß der Spinzustand symmetrisch sein, also ein Triplett-Zustand $|\uparrow\uparrow\rangle$, $\frac{1}{\sqrt{2}}(|\uparrow\downarrow\rangle + |\downarrow\uparrow\rangle)$ oder $|\downarrow\downarrow\rangle$.

Der Faktor S sorgt für die Normierung:

$$S = \int d^3r\, \varphi_a^*(\vec{r})\varphi_b(\vec{r}) \tag{12.3}$$

Die beiden Elektronen spüren nun zusätzlich zum Einteilchenpotential insbesondere noch ihre gegenseitige Coulombabstoßung. Um deren Einfluß störungstheoretisch abzuschätzen, berechnen wir den Erwartungswert der Coulombenergie in den Zuständen φ_S und φ_A.

$$\begin{aligned}
U_{S,A} &= \int d^3r_1 \int d^3r_2\, \varphi_{S,A}^*(\vec{r}_1,\vec{r}_2)\frac{e^2}{|\vec{r}_2-\vec{r}_1|}\varphi_{S,A}(\vec{r}_1,\vec{r}_2) \\
&= \frac{1}{2(1\pm|S|^2)}\int d^3r_1 \int d^3r_2 \Big(\big(\varphi_a^*(\vec{r}_1)\varphi_b^*(\vec{r}_2) \pm \varphi_b^*(\vec{r}_1)\varphi_a^*(\vec{r}_2)\big)\cdot \\
&\qquad \cdot \frac{e^2}{|\vec{r}_2-\vec{r}_1|}\big(\varphi_a(\vec{r}_1)\varphi_b(\vec{r}_2) \pm \varphi_b(\vec{r}_1)\varphi_a(\vec{r}_2)\big)\Big) \\
&= \frac{1}{1\pm|S|^2}\int d^3r_1 \int d^3r_2 \Big(\varphi_a^*(\vec{r}_1)\varphi_b^*(\vec{r}_2)\frac{e^2}{|\vec{r}_2-\vec{r}_1|}\varphi_a(\vec{r}_1)\varphi_b(\vec{r}_2) \pm \\
&\qquad \pm\varphi_b^*(\vec{r}_1)\varphi_a^*(\vec{r}_2)\frac{e^2}{|\vec{r}_2-\vec{r}_1|}\varphi_a(\vec{r}_1)\varphi_b(\vec{r}_2)\Big) \\
&= \frac{1}{1\pm|S|^2}\big(C \pm A\big)
\end{aligned} \tag{12.4}$$

Hierbei ist

$$C = \int d^3r_1 \int d^3r_2\, |\varphi_a(\vec{r}_1)|^2|\varphi_b(\vec{r}_2)|^2\frac{e^2}{|\vec{r}_2-\vec{r}_1|} \tag{12.5}$$

der Dichte-Dichte-Anteil der Coulomb-Wechselwirkung, also der Hartree-Anteil,und

$$A = \int d^3r_1 \int d^3r_2\, \varphi_b^*(\vec{r}_1)\varphi_a(\vec{r}_1)\varphi_a^*(\vec{r}_2)\varphi_b(\vec{r}_2)\frac{e^2}{|\vec{r}_2-\vec{r}_1|} \tag{12.6}$$

ist gerade der Austausch-Anteil. Offenbar existiert eine Energiedifferenz zwischen dem räumlich symmetrischen (Triplett-)Zustand und dem räumlich antisymmetrischen (Singulett-)Zustand:

$$2J = U_S - U_A = 2\frac{A - C|S|^2}{1-|S|^4} \tag{12.7}$$

Dabei gilt:

$$C > n0 \qquad A \geq 0 \tag{12.8}$$

Die letzte Relation $A \geq 0$ ist plausibel, da nur Raumbereiche mit starkem Überlapp zwischen φ_a und φ_b wesentlich zum Integral beitragen. Diese tragen aber zum Doppelintegral über $\varphi_b^*(\vec{r}_1)$ $\varphi_a^*(\vec{r}_2)$ und $\varphi_a^*(\vec{r}_1)\varphi_b(\vec{r}_2)$ quadratisch bei. Die Integrationsbereiche mit $|\varphi_a^*\varphi_b|^2 > 0$ sind aber besonders wichtig, da kleine Abstände $|\vec{r}_1 - \vec{r}_2|$ den größten Beitrag zum Integral leisten. Daher ist es plausibel, daß die entscheidenen Beiträge im Integranden positiv sind, womit auch das Doppel-Integral positiv wird. Dies soll in untenstehender Abbildung für zwei verschiedene p-artige („keulenförmige") Orbitale φ_a,φ_b noch einmal veranschaulicht werden: nur in dem schraffierten Raumbereich ist $\varphi_a^*(\vec{r}_2)\varphi_b(\vec{r}_1)$ merklich von 0 verschieden, diese Bereiche kommen aber doppelt vor im gesamten Zweifach-Integral.

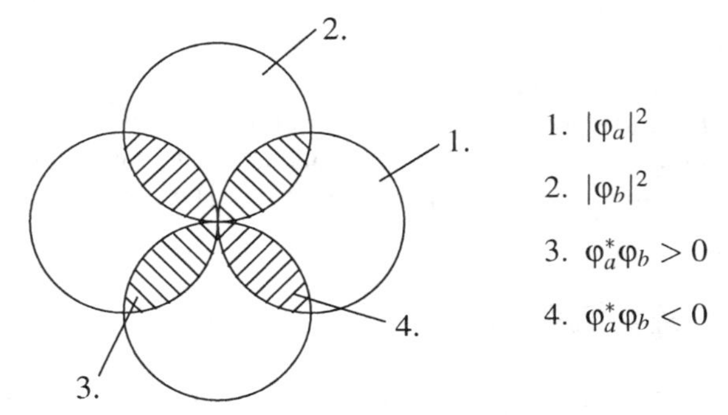

Wir können nun die folgenden Fälle unterscheiden:

1. Wenn die atomaren Orbitale gleich sind, also $a = b$, dann existiert nur $\varphi_S(\vec{r}_1,\vec{r}_2)$. Daher müssen die Spins antiparallel sein, um das Pauli-Prinzip zu erfüllen. U_S entspricht der Coulomb-wechselwirkung zweier Elektronen mit verschiedenem Spin im gleichen atomaren Orbital. U_S ist daher im Wesentlichen das in Kapitel 5.2 schon einmal diskutierte Hubbard-U.

2. $\varphi_a(\vec{r})$ und $\varphi_b(\vec{r})$ sind verschiedene atomare Eigenzustände desselben Atoms. Dann sind sie insbesondere zueinander orthogonal. Daraus folgt für $a \neq b \quad S = \int d^3r\, \varphi_a^*(\vec{r})\varphi_b(\vec{r}) = 0$ und

$$J > 0 \tag{12.9}$$

Also hat die Coulombenergie für den räumlich antisymmetrischen Zustand φ_A die geringere Energie, die Spins bilden daher einen (symmetrischen) Triplett-Zustand, stellen sich also bevorzugt parallel ein. Dies kann als Spezialfall der **Hundschen Regel**[1] aufgefaßt werden, die besagt: Das Multiplett mit der höchsten Multiplizität (im 2-Teilchenproblem also das Triplett) und dem maximal damit verträglichen Gesamt-Bahndrehimpuls ist der energetisch günstigste Zustand.

Die Hundsche Regel erklärt z.B. den Paramagnetismus und die hohen magnetischen Momente vieler Atome (z.B. der Übergangsmetalle).

Betrachtet man z.B. atomaren Sauerstoff O mit der Elektonenkonfiguration $1s^2 2s^2 2p^4$, so sagt einem die Hundsche Regel, daß die folgende– in der selbsterklärenden, in der Chemie üblichen Notation angegebene– Konfiguration

[1] F. Hund, * 1896 in Karlsruhe, † 1997 in Göttingen, Mitbegründer der Quantenmechanik, Habilitation 1925 bei Born in Göttingen, Arbeiten zur Molekül- und Festkörpertheorie, Einführung der Molekülorbitale und Aufstellen der Hundschen Regeln zwischen 1925 und 1929, ab 1930 in Leipzig und auch Arbeiten zur Kernphysik, 1951 Prof. in Frankfurt and ab 1957 wieder in Göttingen

[↑↓] [↑↓] [↑↓][↑][↑]

mit Elektronen mit parallelem Spin in verschiedenen 2p-Orbitalen energetisch günstiger ist als die nach einem rein wasserstoffartigen Modell auch möglichen Konfigurationen

[↑↓] [↑↓] [↑↓][↑↓][ ]

oder

[↑↓] [↑↓] [↑↓][↑][↓]

Dies erklärt den Paramagnetismus von Sauerstoff-Atomen

3. Im allgemeinen wenn $|a\rangle$ und $|b\rangle$ z.B. zu verschiedenen Atomen gehören und daher nicht notwendigerweise orthogonal sind, kann J positiv oder negativ sein. Entsprechend ist entweder der räumlich symmetrische oder der räumlich antisymmetrische Zustand energetisch günstiger, d.h. aber gerade einer der beider Zustände ist bevorzugt. Dies kann durch einen effektiven Spin-Spin-Wechselwirkungsanteil des Hamiltonoperators ausgedrückt werden. Wegen

$$\vec{S}^2 = (\vec{S}_a + \vec{S}_b)^2 = \vec{S}_a^2 + \vec{S}_b^2 + 2\vec{S}_a\vec{S}_b = \hbar^2 \left(\frac{3}{4} + \frac{3}{4} + \frac{1}{2}\vec{\sigma}_a\vec{\sigma}_b \right) = \hbar^2 S(S+1) \tag{12.10}$$

wobei für das Triplett $S = 1$ und für das Singulett $S = 0$ gilt, folgt:

$$\vec{\sigma}_a\vec{\sigma}_b = -3 + 2S(S+1) = \begin{array}{ll} -3 & \text{für } S = 0 \\ 1 & \text{für } S = 1 \end{array} \tag{12.11}$$

Definiert man dann einen effektiven Spin-Spin-Hamilton-Operator:

$$H_{ab} = \frac{1}{4}\Big(U_S + 3U_A - 2J\vec{\sigma}_a\vec{\sigma}_b \Big) \tag{12.12}$$

und wenden diesen auf einen Spin-Triplett- und einen Spin-Singulett-Zustand an, so ergibt sich

$$\begin{aligned} H_{ab}|\uparrow\uparrow\rangle &= \frac{1}{4}\Big(U_A + 3U_S - 2J\cdot(-1) \Big)|\uparrow\uparrow\rangle = \frac{1}{4}\Big(U_A + 3U_S + U_S - U_A \Big)|\uparrow\uparrow\rangle = U_S|\uparrow\uparrow\rangle \quad (12.13) \\ H_{ab}|\uparrow\downarrow\rangle &= \frac{1}{4}\Big(U_A + 3U_S - 2J\cdot 3(-1) \Big)|\uparrow\downarrow\rangle = \frac{1}{4}\Big(U_A + 3U_S - 3U_S + 3U_A \Big)|\uparrow\downarrow\rangle = U_A|\uparrow\uparrow\rangle \end{aligned}$$

H_{ab} hat also gerade die Energiewerte U_S und U_A und beinhaltet daher die Energiedifferenz zwischen räumlich symmetrischem und räumlich antisymmetrischem Zustand, d.h. zwischen Spin-Singulett und Spin-Triplett.

Also lautet die effektive Wechselwirkung zwischen zwei Spins:

$$H_{\text{eff}} = -\frac{J}{2}\vec{\sigma}_a\vec{\sigma}_b + \text{const} \tag{12.14}$$

Die magnetische Dipol-Dipol-Wechselwirkung ist formal von der gleichen Gestalt. Da sie jedoch für atomare Elementarmagneten und atomaren Skalen nur von der Größenordnung 10^{-3} bis 10^{-4} eV ist, die Austausch-Kopplung J hingegen von der Größenordnung eV (auf atomaren Skalen, Abstände von wenigen Å), kann nur die Austausch-Kopplung physikalische Erscheinungen wie z.B. die Höhe der Curietemperatur quantitativ erklären.

Abschließend soll noch festgehalten werden, daß die oben skizzierte Überlegung nicht den Anspruch einer mathematischen Herleitung für eine effektive Spin-Spin-Wechselwirkung vom Typ (12.14) hat, sondern eher den einer Plausibilitätsbetrachtung dafür, daß aufgrund der Coulomb-Wechselwirkung zwischen den Elektronen und des Pauli-Prinzips eine solche Wechselwirkung existiert, die um Größenordnungen wichtiger als die magnetische Dipol-Dipol-Wechselwirkung sein kann. Insbesondere basieren obige Überlegungen auf einer Hartree-Fock-Betrachtung, und es wurde überhaupt nicht untersucht, ob die Linearkombinationen (12.1,12.2) auch gute Eigenzustände des zweiatomigen „Moleküls" sind. Erwähnt werden soll auch noch, daß diese Art der direkten Austauschwechselwirkung nur bei direktem Überlapp der atomaren Orbitale existieren kann. Insbesondere bei den Seltenen Erden (Lanthaniden) wird das magnetische Moment aber durch eine unvollständig gefüllte atomare f-Schale gebildet, und f-Schalen sind normalerweise so gut am Atom lokalisiert, daß es keinen direkten Überlapp zwischen den atomaren Wellenfunktionen mehr gibt. Trotzdem ordnen solche Systeme magnetisch. es muß daher auch noch andere Mechanismen für eine effektive Wechselwirkung zwischen den magnetischen Momenten geben als die hier nur skizzierte direkte Austauschwechselwirkung. Erwähnt werden sollen daher noch die *indirekte Austausch-Wechselwirkung* über andere (unmagnetische) Atome in der Elementarzelle und die bei Metallen wichtige *RKKY-Wechselwirkung*[2]. Die RKKY-Wechselwirkung zwischen lokalisierten Spins bzw. magnetischen Momenten wird von den Leitungselektronen vermittelt; die lokalisierten Spins koppeln zunächst an den Spin der Leitungselektronen, und der zweite Spin „sieht" die dadurch induzierte Spin-Polarisation der Leitungselektronen.

12.2 Das Heisenberg-Modell und verwandte Gitter-Modelle für kollektivem Magnetismus

Wir betrachten ein (Bravais-) Gitter beschrieben durch die Gittervektoren $\{\vec{R}_i\}$, und an jedem Gitterplatz soll sich ein lokaler Spin $\vec{S}_i$ bzw. ein damit verbundenes magnetisches Moment befinden. Ein solches Modell beschreibt Systeme, bei denen die magnetischen Momente an den Gitterplätzen lokalisiert sind. Dies ist in der Regel der Fall, wenn die Momente bzw. der lokale Spin oder atomare Gesamtdrehimpuls $\vec{J} = \vec{L} + \vec{S}$ durch nicht vollständig gefüllte f-Schalen zustande kommt, also in vielen Seltenen-Erd-Systemen wie Gd, EuO, etc., und auch in magnetischen Isolatoren und Halbleitern, bei denen die magnetischen Momente durch nicht abgeschlossene d-Schalen erzeugt werden, wie bei MnO etc.. Gerade bei den bekanntesten magnetischen Materialien wie Fe, Co, Ni ist diese Vorstellung jedoch nicht anwendbar, da dort die 3d-Elektronen nicht lokalisiert sind sondern die 3d-Bänder bilden; man muß daher zwischen lokalisiertem Magnetismus, der hier und in den folgenden beiden Abschnitten besprochen wird, und dem in Abschnitt 12.5 kurz diskutierten Band-Magnetismus unterscheiden.

Gemäß den Überlegungen des vorigen Abschnitts ist nun eine Wechselwirkung der Art (12.14) zwischen den „Spins" an verschiedenen Gitterplätzen zu erwarten, die im einfachsten Fall auf die eben besprochene direkte Austauschwechselwirkung, aber eventuell auch auf die RKKY-Wechselwirkung oder die indirekte oder Super-Austausch-Wechselwirkung zurückzuführen ist. Zusätzlich koppelt ein Magnetfeld $\vec{B}$ auf die in Abschnitt 10.2 (Gleichung (10.21)) beschriebene Art an diese lokalen Momente. Der Hamilton-Operator lautet daher:

[2] benannt nach den 2 amerikanischen theoretischen Physikern Rudermann und C.Kittel (dem Autor der Festkörperbücher 7. und 9. der Literaturliste), dem japanischen Experimentalphysiker T.Kasuya und dem japanischen Theoretiker K.Yosida

$$H = -\sum_{i,j} J_{ij}\vec{S}_i\vec{S}_j + g\mu_B \sum_i \vec{B}\vec{S}_i \tag{12.15}$$

Hierbei soll $\vec{S}_i$ ein dimensionsloser Spin sein, d.h. der wirkliche Spin (oder besser lokale Drehimpuls) ist $\hbar\vec{S}_i$. Dies ist das

Heisenberg-Modell[3]

zur Beschreibung von Magnetismus. Im einfachsten Fall betrachtet man nur einen Spin-$\frac{1}{2}$ an jedem Gitterplatz. Das Heisenberg-Modell ist ein quantenmechanisches Modell, weil die in ihm vorkommenden Operatoren nicht miteinander kommutieren. Vielmehr erfüllen die $\vec{S}_i$-Operatoren die üblichen Drehimpuls- bzw. Spin - Kommutatorregeln

$$\begin{aligned} [S_{l\alpha}, S_{j\beta}] &= i\delta_{lj}\varepsilon_{\alpha\beta\gamma}\cdot S_{l\gamma} \\ \text{d.h. } [S_{lx}, S_{jy}] &= i\delta_{lj}S_{lz} \quad \text{usw. zyklisch} \end{aligned} \tag{12.16}$$

Das J_{ij} beschreibt die Austausch-Kopplung zwischen dem Spin am Gitterplatz $\vec{R}_i$ und dem Spin am Gitterplatz $\vec{R}_j$. Für das Gittersystem nimmt man gewöhnlich an $J_{ij} = J(|\vec{R}_i - \vec{R}_j|)$, d.h. daß die Kopplung im Kristall wegen Translationsinvarianz nur vom Abstand $|\vec{R}_i - \vec{R}_j|$ abhängig sein sollte. Dann gilt auch $J_{ij} = J_{ji}$. Vielfach beschränkt man sich auf nächste Nachbarn, macht also eine Art „Tight-Binding"- Annahme

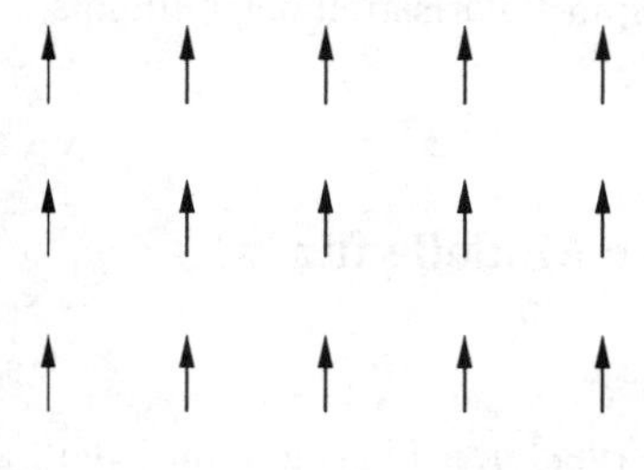

Bild 12.1 Ferromagnetische Anordnung von Spins

$$J_{ij} = \begin{cases} J & \text{für } \vec{R}_i, \vec{R}_j \text{ nächste Nachbarn} \\ 0 & \text{sonst} \end{cases} \tag{12.17}$$

Ist $J > 0$, werden sich die Spins bevorzugt parallel einstellen, da dann $\vec{S}_i\vec{S}_j$ positiv ist und die Grundzustandsenergie negativ und minimal wird. Man nennt daher positive J auch *ferromagnetische Kopplungen*. Ist dagegen $J < 0$, ist es energetisch günstiger, wenn sich je zwei benachbarte Spins antiparallel einstellen, und man spricht daher von *antiferromagnetischer Kopplung*.

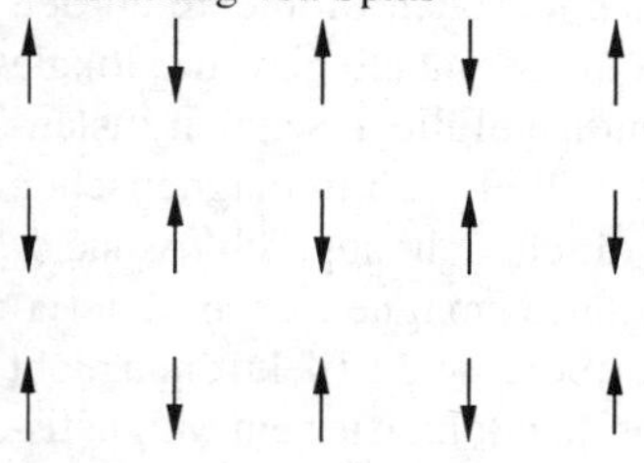

Bild 12.2 Antiferromagnetische Anordnung der Spins auf einem Quadratgitter

In einem Nächste-Nachbar Heisenberg-Modell mit negativem J hat man also einen Grundzustand zu erwarten, bei dem die Spins auf je zwei benachbarten Gitterplätzen antiparallel zueinander stehen, so daß sich eine Überstruktur (nicht äquivalente A- und B-Untergitter) bildet (siehe Abbildung 12.2). Dies ist nicht für alle Gittertypen ohne Weiteres möglich; auf einem Dreiecksgitter z.B. sind von drei ein gleichseitiges Dreieck bildenden Gitterpunkten je zwei nächste Nachbarn; wenn man dafür eine antiferromagnetische Kopplung zwischen nächsten Nachbarn hat, können die Spins nicht auf je zwei der drei Plätze antiparallel zueinander sein; man spricht dann auch von *Frustration*.

Man betrachtet derartige Spin-Gittermodelle auch für Zufallsverteilungen der Kopplungsparameter J; diese Systeme nennt man auch *Spin-Gläser*; so etwas ist

[3] W.Heisenberg, * 1901 in Würzburg, † 1976 in München, einer der bedeutendsten Physiker des 20. Jh., Promotion 1923 bei Sommerfeld in München, Habilitation 1924 bei Born in Göttingen, schuf 1925 die Grundlagen der modernen Quantenmechanik (Matrizenmechanik), ab 1927 Prof. in Leipzig, 1927 Unschärferelation, entdeckte 1928 die Austauschwechselwirkung und entwickelte 1928/29 eine Theorie des Ferromagnetismus (Heisenberg-Modell), ab 1932 Arbeiten zur Kernphysik, ab 1940 Konzeption von Kernreaktoren, ab 1946 Direktor des Max-Planck-Instituts in Göttingen, das 1956 nach München verlegt wurde, Versuch der Entwicklung einer einheitlichen Feldtheorie, Nobelpreis 1932

z.B. realisiert in Legierungen aus magnetischen mit nicht-magnetischen Systemen; da die magnetischen Ionen dann zufällig die Gitterplätze besetzen, ergeben sich verschiedene Kopplungen J_{ij} zwischen ihnen je nach dem Abstand $|\vec{R}_i - \vec{R}_j|$; dabei kann auch das Vorzeichen von J_{ij} variieren, z.B. wenn die Kopplung durch die RKKY-Wechselwirkung vermittelt wird.

Man kann auch das *klassische Heisenberg-Modell* betrachten; dann sind die „Spins" keine Operatoren mehr sondern klassische Variable, d.h. Vektoren fester Länge, die aber verschieden orientiert sein können. Bezüglich einer vorgegebenen z-Achse kann man diese Orientierung dann z.B. durch Angabe der Winkel θ_i, φ_i in Kugelkoordinaten beschreiben. Für ein solches Modell hätte man die klassische Zustandssumme zu berechnen. Man kann auch anisotrope Versionen des Heisenberg-Modells betrachten. Dabei muß man Anisotropie im Ortsraum und Anisotropie im Spinraum unterscheiden. Anisotropie im Ortsraum liegt z.B. bei anisotropen Gittern vor, etwa einem tetragonalen oder hexagonalen Gitter, für das die Kopplung J_{ij} in z-Richtung kleiner als die Kopplung in der xy-Ebene ist. Bei Anisotropie im Spin-Raum koppeln dagegen die verschiedenen Komponenten der Spin-Operatoren verschieden miteinander. Dann sieht eine Verallgemeinerung des Heisenberg-Modells so aus:

$$H = -\sum_{i,j} J_{ij} \left(\alpha (S_i^x S_j^x + S_i^y S_j^y) + \beta S_i^z S_j^z \right) + g\mu_B \sum_i B S_i^z \tag{12.18}$$

wobei noch die z-Richtung für das Magnetfeld angenommen wurde. Speziell für $\alpha = \beta = 1$ erhält man das übliche Heisenberg-Modell zurück. Hiervon werden gerne die Grenzfälle $\alpha = 0, \beta = 1$ und $\alpha = 1, \beta = 0$ betrachtet. Im ersten Fall erhält man das

Ising-Modell

$$H = -\sum_{i,j} J_{ij} S_i^z S_j^z + g\mu_B B \sum_i S_i^z \tag{12.19}$$

Dies ist eins der am häufigsten untersuchten Modelle in der Statistischen Physik. Es ist kein quantenmechanisches Modell mehr, da die in ihm nur noch vorkommenden Spin-z-Komponenten kommutieren. Es ist trotzdem sehr interessant und reichhaltig. In einer und zwei Dimensionen ist es exakt lösbar; dabei existiert kein magnetischer Phasenübergang bei endlicher Temperatur in einer Dimension, während in zwei Dimensionen ein Phasenübergang existiert. In drei Dimensionen ist eine exakte Lösung bisher nicht gelungen. Man kann aber die Existenz eines Phasenübergangs beweisen, und aus numerischen Simulationen ist sehr viel über die Eigenschaften (kritische Temperatur, bei der der Ordnungsparameter verschwindet, kritische Indizes für das Verhalten bei Annäherung an T_c) bekannt.

In dem anderen Grenzfall $\alpha = 1, \beta = 0$ kommt man zum sogenannten

XY-Modell

$$H = -\sum_{i,j} J_{ij} (S_i^x S_j^x + S_i^y S_j^y) + g\mu_B \vec{B} \sum_i \vec{S}_i \tag{12.20}$$

Dies ist ebenfalls ein in der aktuellen Statistischen Physik weit verbreitetes und untersuchtes Modell, von dem es noch einmal verschiedene Varianten gibt, je nach der Richtung des Magnetfeldes (z.B. XY-Modell im transversalen Feld etc.)

Wie gesagt ist die Behandlung solcher Spin-Gitter-Modelle inzwischen zu einem eigenständigen, von Festkörperphysik und Magnetismus weitgehend unabhängigen Teilgebiet der aktuellen statistischen Physik geworden, nämlich der Theorie der Phasenübergänge und kritischen Phänomene. Auf diese interessanten, aber auch schwierigen Fragen soll hier nicht eingegangen werden, sondern wir werden in den folgenden beiden Kapiteln nur zwei einfache approximative Behandlungen des Heisenberg-Modells besprechen.

12.3 Molekularfeld - Näherung für das Heisenberg-Modell

Wir betrachten in diesem Abschnitt das ferromagnetische Heisenberg-Modell und schreiben den Hamilton-Operator zunächst um in der Form

$$H = \sum_i \left(- \sum_j J_{ij}\vec{S}_j + g\mu_B\vec{B} \right) \cdot \vec{S}_i \tag{12.21}$$

Dies sieht fomal schon sehr ähnlich aus wie das Problem unabhängiger, nicht wechselwirkender Spins, das in Abschnitt 10.2 mit dem Hamilton-Operator (10.21) behandelt wurde, wenn man das äußere Magnetfeld durch $\vec{B} - \sum_j J_{ij}\vec{S}_j$ ersetzt, nur daß dieser Ausdruck eben noch ein Operator ist. Ersetzt man hier aber den Operator durch seinen thermodynamischen Erwartungswert, erhält man

$$H_{\text{eff}} = \sum_i \left(- \sum_j J_{ij}\langle\vec{S}_j\rangle + g\mu_B\vec{B} \right) \cdot \vec{S}_i = \sum_i g\mu_B\vec{B}_{\text{eff}} \cdot \vec{S}_i \tag{12.22}$$

mit dem effektiven Magnetfeld

$$\vec{B}_{\text{eff}} = \vec{B} - \sum_j \frac{J_{ij}}{g\mu_B}\langle\vec{S}_j\rangle \tag{12.23}$$

Die physikalische Motivation für diese Näherung ist die Vorstellung, daß für einen bestimmten Spin alle anderen Spins bzw. magnetischen Momente ein effektives Magnetfeld bewirken. Im Englischen spricht man daher auch von „Mean-Field-Appproximation“. Die Grundidee ist dabei die gleiche wie bei der Hartree-Fock-Näherung für wechselwirkende Elektronen; statt des komplizierten Problems hier der wechselwirkenden Spins wird das leicht lösbare Problem von wechselwirkungsfreien Spins in einem Magnetfeld betrachtet, wobei dieses effektive Magnetfeld oder mittlere Feld („mean field“) aber noch selbstkonsistent zu bestimmmen ist. Hier geht in das effektive Feld insbesondere noch der Erwartungswert der Spins selbst wieder ein. Zu berechnen ist die Magnetisierung:

$$\vec{M} = N\langle\vec{\mu}\rangle = -Ng\mu_B\langle\vec{S}_i\rangle \tag{12.24}$$

die auch wieder diesen Spin-Erwartungswert enthält. Wie beim äußeren Magnetfeld wählen wir die Quantisierungs (z-) Achse wieder parallel $\vec{B}_{\text{eff}}$. Dann gilt speziell für Spin $\frac{1}{2}$ gemäß (10.25,10.33)

$$\begin{aligned} M &= N\mu_B \tanh(\beta\mu_B B_{\text{eff}}) = N\mu_B \tanh\left[\beta\mu_B\left(B - \sum_j \frac{J_{ij}}{g\mu_B}\langle S_{jz}\rangle\right)\right] \\ &= N\mu_B \tanh\left[\beta\mu_B\left(B + \frac{ZJ}{N(g\mu_B)^2}M\right)\right] \end{aligned} \tag{12.25}$$

wobei die Annahme der Kopplung nur zu nächsten Nachbarn gemacht wurde und Z die Zahl der nächsten Nachbarn ist. Für die Magnetisierung pro Gitterplatz erhält man also

$$\boxed{m = \frac{M}{N} = \mu_B \tanh\left[\frac{\mu_B}{k_B T}(B + W \cdot m)\right]} \tag{12.26}$$

mit

$$W = \frac{ZJ}{g^2\mu_B^2}$$

Speziell ohne äußeres Magnetfeld, d. h. für $B = 0$ folgt:

$$m = \mu_B \tanh\left(\frac{\mu_B W}{k_B T} m\right) \tag{12.27}$$

Dies ist eine implizite Gleichung für die Magnetisierung, die z.B. graphisch wie nebenstehend gelöst werden kann; es existiert eine nicht - triviale Lösung $m \neq 0$, obwohl $B = 0$ ist, wenn der Anstieg von

$$f(x) = \tanh \frac{\mu_B^2 W}{k_B T} x$$

bei $x = 0$ größer 1 ist, also wenn gilt

$$1 < f'(0) = \frac{\mu_B^2 W}{k_B T} \frac{1}{\cosh^2 \frac{\mu_B^2 W}{k_B T} x|_{x=0}} = \frac{\mu_B^2 W}{k_B T} \tag{12.28}$$

Es gibt also eine kritische Temperatur

$$\boxed{k_B T_c = \mu_B^2 W = \frac{ZJ}{g^2}} \tag{12.29}$$

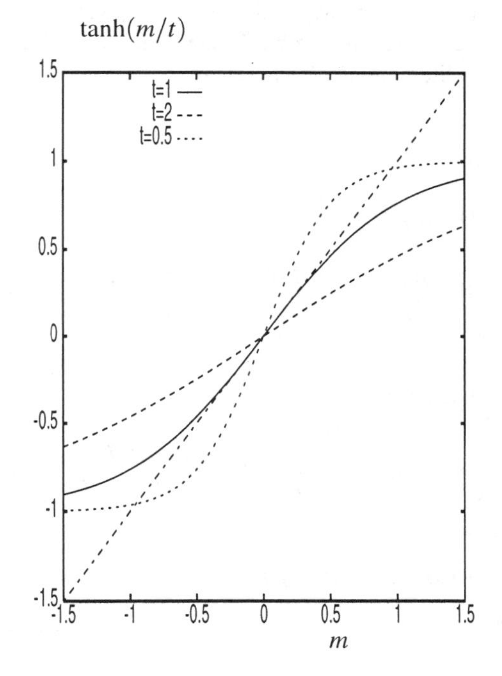

Bild 12.3 Illustration der Bedingungsgleichung m = tanh(m/t); für t> 1 existiert nur die Lösung m=0, für t < 1 existieren 3 Lösungen

so daß für $T < T_c$ eine Lösung mit nichtverschwindender Magnetisierung m trotz verschwindenden Magnetfeldes existiert. Diese kritische Temperatur heißt auch *Curie-Temperatur*. Man hat demnach eine *spontane Magnetisierung* des Systems für $T < T_c$. Dies entspricht einer *spontanen Symmetriebrechung*; das ursprüngliche Heisenberg-Modell war rotationssymmetrisch, für die gefundene Lösung ist jetzt aber eine Richtung ausgezeichnet, nämlich die –hier ohne Einschränkung als z-Achse gewählte– Richtung der spontanen Magnetisierung. Diese Magnetisierung ist der *Ordnungsparameter* für den ferromagnetischen Phasenübergang. Klassisch anschaulich sind dann bei $T = 0$ alle Spins parallel in z-Richtung eingestellt; mit zunehmendem T werden einige Spins nicht mehr optimal eingestellt sein und die spontane Magnetisierung nimmt allmählich ab bis sie bei T_c verschwindet. Für beliebige Spins S findet man als Abschätzung von T_c in Molekularfeld - Näherung

$$\boxed{k_B T_c = \frac{1}{3} ZJS(S+1)} \tag{12.30}$$

Dies kann man durch analoge elementare Rechnungen wie oben erhalten, wenn man den tanh durch die Brillouin-Funktion ersetzt. Die Temperaturabhängigkeit der Magnetisierung folgt dem nebenstehenden Verlauf, der qualitativ ganz analog aussieht wie die Temperaturabhängigkeit des BCS-Ordnungsparameters in der Supraleitung. Das Verhalten nahe bei T_c kann man analytisch abschätzen durch Entwickeln in Gleichung (12.27) gemäß $\tanh x = x - 1/3x^3 + \ldots$, was vernünftig ist, da die Magnetisierung m klein sein sollte nahe bei T_c. So ergibt sich:

$$m = \frac{\mu_B^2 W}{k_B T} m - \frac{1}{3} \frac{\mu_B^4 W^3}{(k_B T)^3} m^3 + \ldots \qquad (12.31)$$

Da $m \neq 0$ gilt für $T < T_c$ folgt

$$1 = \frac{\mu_B^2 W}{k_B T} - \frac{1}{3} \frac{\mu_B^4 W^3}{(k_B T)^3} m^2 = \frac{T_c}{T} - \frac{1}{3} \left(\frac{T_c}{T}\right)^3 \frac{m^2}{\mu_B^2} + \ldots \qquad (12.32)$$

Dies ergibt

$$m^2 = 3\mu_B^2 \frac{T^3}{T_c^3} \left(\frac{T_c}{T} - 1\right) \approx 3\mu_B^2 \left(\frac{T}{T_c}\right)^2 \left(1 - \frac{T}{T_c}\right) \qquad (12.33)$$

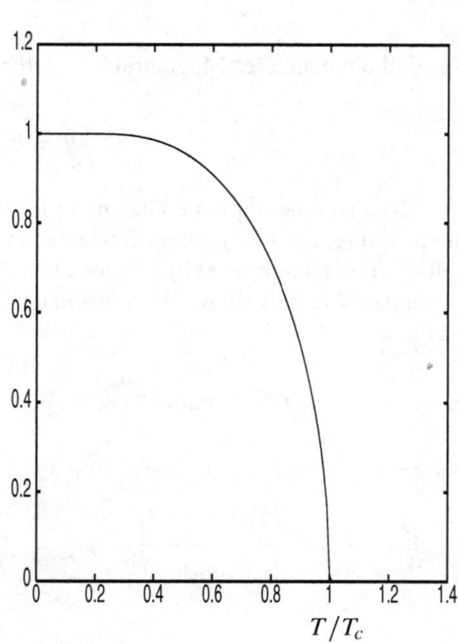

Bild 12.4 Temperaturabhängigkeit der spontanen Magnetisierung

Also ergibt sich nahe bei T_c

$$\boxed{\rightarrow m \approx \sqrt{\frac{3\mu_B^2}{T_c}} \sqrt{T_c - T}} \qquad (12.34)$$

Die Magnetisierung, also der Ordnungsparameter, verschwindet mit einer Wurzelsingularität bei T_c. Wenn eine kritische Temperatur existiert, bei der der Ordnungsparameter verschwindet gemäß einem $(T_c - T)^\beta$-Verhalten, ist dieses β einer der *kritischen Indizes*. Für den magnetischen Phasenübergang haben wir somit $\beta = \frac{1}{2}$ gefunden. Dies ist typisch für Molekularfeld-Näherungen und ergab sich auch für den supraleitenden (BCS-) Ordnungsparameter nahe bei T_c. Bei der Supraleitung ist dies aber auch ein guter, mit dem Experiment übereinstimmender Wert für den kritischen Index β, d.h. für die Supraleitung wird die Molekularfeld-(BCS-)Theorie gut, für magnetische Phasenübergänge ist sie aber nicht so gut; hier wäre ein kritischer Index $\beta \approx \frac{1}{3}$ realistischer.

Im umgekehrten Grenzfall sehr kleiner Temperatur kann man die Temperaturabhängigkeit der Magnetisierung in Molekularfeld-Näherung ebenfalls analytisch abschätzen gemäß (12.27):

$$\begin{aligned} \frac{m}{\mu_B} = \tanh\left(\frac{T_c}{T}\frac{m}{\mu_B}\right) &= \frac{1 - e^{-2\frac{T_c}{T}\frac{m}{\mu_B}}}{1 + e^{-2\frac{T_c}{T}\frac{m}{\mu_B}}} \\ &\approx 1 - e^{-2\frac{T_c}{T}\frac{m}{\mu_B}} \approx 1 - e^{-2\frac{T_c}{T}} \end{aligned} \qquad (12.35)$$

Auch dieses Verhalten stimmt nicht so gut mit dem wirklichen Verhalten überein, wie im nächsten Abschnitt noch näher diskutiert wird. Das Molekularfeld-Verhalten für $M(T)$ stimmt also nur im groben qualitativen Verlauf, für das quantitative und analytisch abschätzbare Verhalten ergeben sich deutliche Abweichungen zwischen Molekularfeld-Näherung und Wirklichkeit.

Man kann auch die Suszeptibilität in Molekularfeld-Näherung berechnen und findet:

$$\chi = \frac{\partial M}{\partial B} = \frac{\partial M}{\partial B_{\text{eff}}}\frac{\partial B_{\text{eff}}}{\partial B} = N\mu_B^2\beta\frac{1}{\cosh^2\beta\mu_B B_{\text{eff}}}\left(1 + \frac{ZJ}{N(g\mu_B)^2}\frac{\partial M}{\partial B}\right) \tag{12.36}$$

Oberhalb von T_c gilt $M \to 0$ für $B \to 0$ und damit auch $B_{\text{eff}} \to 0$ für $B \to 0$. Somit folgt

$$\chi = \frac{N\mu_B^2}{k_B T}\left(1 + \frac{k_B T_c}{N\mu_B^2}\chi\right)$$

oder

$$\left(1 - \frac{T_c}{T}\right)\chi = \frac{N\mu_B^2}{k_B T}$$

oder

$$\boxed{\chi(B=0) = \frac{C}{T - T_c}} \tag{12.37}$$

Dies ist das *Curie - Weiss - Gesetz*, was recht gut erfüllt ist, mit der schon bekannten *Curie-Konstanten*

$$C = \frac{N\mu_B^2}{k_B}$$

(vgl. (10.32)). Die magnetische Suszeptibilität divergiert also bei der Curie-Temperatur T_c, was experimentell bestätigt und physikalisch vernünftig ist, da unterhalb von T_c ja schon ein beliebig kleines Feld eine endliche (nämlich die spontane) Magnetisierung macht.

Man kann auch den *Heisenberg-Antiferromagneten* in Molekularfeld-Näherung behandeln, d.h. den Fall $J < 0$. Die Gesamtmagnetisierung verschwindet dafür aber. Stattdessen muß man die *Untergitter-Magnetisierung*

$$\vec{M} \sim \sum_i \cos\vec{q}\cdot\vec{R}_i\langle\vec{S}_i\rangle \tag{12.38}$$

als Ordnungsparameter betrachten. Die Molekularfeld-Behandlung ist ein wenig aufwendiger aber vom Prinzip her analog wie beim Ferromagneten. Es existiert ein antiferromagnetischer Phasenübergang unterhalb einer kritischen Temperatur, die man hier *Neel - Temperatur* nennt und für die sich ergibt

$$k_B T_N = -\frac{1}{4}(ZJ - Z'J') \tag{12.39}$$

wobei Z die Zahl der nächsten Nachbarn, Z' die der übernächsten Nachbarn, J die Nächste-Nachbar- Kopplung und J' die Übernächste-Nachbar-Kopplung ist. Für die Suszeptibilität erhält man beim Antiferromagneten

$$\chi = \frac{C}{T + \Theta} \quad \text{für } T > T_N \tag{12.40}$$

mit

$$\Theta = -\frac{1}{4}(ZJ + Z'J')$$

Abschließend sollen noch einmal die Vor- und Nachteile der Molekularfeld-Behandlung aufgelistet werden.

Vorteile:

1. Sie ergibt überhaupt einen Phasenübergang und eine kritische Temperatur.
2. Sie sagt die möglichen Ordnungstypen qualitativ korrekt voraus.
3. Es ergeben sich kritische Temperaturen in der richtigen Größenordnung.
4. Das qualitative Verhalten vieler Größen wird korrekt wieder gegeben; es ergeben sich insbesondere überhaupt kritische Indizes und ein kritisches (singuläres) Verhalten für die Suszeptibilität χ und den Ordnungsparameter m

Nachteile:

1. Die kritischen Temperaturen T_c in Molekularfeld-Näherung sind zu groß.
2. Die kritischen Exponenten sind nicht korrekt.
3. Die Molekularfeldnäherung ergibt unabhängig von der Dimension des Systems einen Phasenübergang und einen Ordnungsparameter bei Temperaturen $T \neq 0$. Dagegen läßt sich exakt beweisen, daß das Heisenberg-Modell für ein- und zweidimensionale Gitter keine magnetische Ordnung bei endlichen Temperaturen ergibt, daß der Ordnungsparameter also exakt verschwindet für niedrige Dimension (*Mermin-Wagner-Theorem*).
4. Das analytische Verhalten der Magnetisierung bei tiefen Temperaturen (und auch das der hier nicht berechneten spezifischen Wärme) wird in Molekularfeld-Näherung nicht korrekt wiedergegeben.

Trotzdem wird und sollte eine Molekularfeld-Behandlung immer der erste Schritt sein, um ein Modell zu untersuchen und die eventuell möglichen Phasenübergänge und Ordnungstypen zu verstehen.

12.4 Spinwellen (Magnonen), Holstein-Primakoff-Transformation

In diesem Abschnitt soll eine Behandlung des Heisenberg-Modells beschrieben werden, die die bei tiefen Temperaturen nur möglichen niedrig liegenden Anregungen korrekt berücksichtigt und daher für die Tief-Temperatur-Eigenschaften zu wesentlich besseren Ergebnissen als die Molekularfeld-Näherung führt. Dies betrifft insbesondere das Verhalten von Magnetisierung und spezifischer Wärme bei tiefen Temperaturen. Wir betrachten das ferromagnetisches Heisenberg - Modell mit Nächster-Nachbar-Kopplung:

$$H = -J \sum_i \sum_{\substack{\delta \\ n.N.}} \vec{S}_i \cdot \vec{S}_{i+\delta} + g\mu_B \sum_i \vec{B} \cdot \vec{S}_i \qquad (12.41)$$

mit $J > 0$. Ein N - Spin - Zustand ist eindeutig charakterisiert durch

$$|\Psi\rangle = |S_1, \dots, S_i, \dots, S_N\rangle \tag{12.42}$$

mit

$$S_i = -S, -S+1, \dots, +S$$

der Spin (z)- Quantenzahl am i- ten Gitterplatz. Im Grundzustand bei $B = 0$ sind alle Spins parallel ausgerichtet, d.h. er ist gegeben durch

$$|\Psi_0\rangle = |S, S, \dots, S, \dots, S\rangle = |\uparrow, \uparrow, \dots, \uparrow\rangle \tag{12.43}$$

wobei letztere Notation speziell für Spin $S = \frac{1}{2}$ gilt. Für die Grundzustandsenergie findet man

$$E_0 = -NZJS^2 \tag{12.44}$$

(Z Zahl der nächsten Nachbarn). Für einen angeregten Zustand wäre nun der folgende Ansatz naheliegend:

$$\begin{array}{rcl} |\Psi_j\rangle & = & |S, \quad S, \quad \dots \quad, S, \quad S-1, \quad S, \quad \dots \quad, S\rangle \\ & = & |\uparrow, \quad \uparrow, \quad \dots \quad, \uparrow, \quad \underset{j}{\downarrow}, \quad \uparrow, \quad \dots \quad, \uparrow\rangle \end{array} \tag{12.45}$$

Dieser Zustand geht offenbar aus dem Grundzustand hervor, indem an dem Gitterplatz j der Spin nicht mehr seinen optimalen (maximalen) Wert S annimmt sondern den nächst niedrigeren Wert $S-1$; speziell im Fall von Spin $\frac{1}{2}$ wäre der Spin am Gitterplatz j also gearde umgedreht („geflippt“). Naiv könnte man annehmen, daß dieser angeregte Zustand die Energie

$$E_{aj} = -NJZS^2 + 2JZS^2 - 2JZS(S-1) = -E_0 + 2JZS \tag{12.46}$$

hätte. Tatsächlich aber ist $|\Psi_j\rangle$ gar kein Eigenzustand des Heisenberg-Hamilton-Operators. Es wäre ein Eigenzustand, wenn nur die z - Komponenten der Spins koppeln würden, d.h. die $|\Psi_j\rangle$ sind Eigenzustände für das Ising - Modell. Um den Heisenberg-Hamilton-Operator möglichst einfach auf derartige angeregte Zustände anwenden zu können, schreiben wir die Spin-x- und y-Komponenten um auf Spin- Auf- und Absteigeoperatoren; diese sind definiert durch

$$S^\dagger = S_x + iS_y, \quad S^- = S_x - iS_y$$

$$\begin{array}{rcl} S^-|Sm\rangle & = & \sqrt{S(S+1) - m(m-1)}|Sm-1\rangle \\ S^\dagger|Sm\rangle & = & \sqrt{S(S+1) - m(m+1)}|Sm+1\rangle \end{array}$$

Einsetzen in (12.41) mit $B = 0$ liefert

$$H = -J \sum_i \sum_{\delta n.N.} \left[\frac{1}{2} \left(S_i^\dagger S_{i+\delta}^- + S_i^- S_{i+\delta}^\dagger \right) + S_i^z S_{i+\delta}^z \right] \tag{12.47}$$

Zu berechnen ist $H|\Psi_j\rangle$; für die z-Komponenten erhält man

$$\sum_i S_i^z S_{i+\delta}^z \quad |S, \quad S, \quad \dots \quad, S, \quad \underset{j}{S-1}, \quad S, \quad \dots \quad, S\rangle$$

$$= \left[(N-Z-1)ZS^2 - Z(Z-1)S^2 - 2ZS(S-1) \right] |\Psi_j\rangle = (NZS^2 - 2ZS)|\Psi_j\rangle \tag{12.48}$$

Die Anwendung der Auf- und Absteigeoperatoren liefert dagegen

$$\begin{aligned}
&\textstyle\sum_{i,\delta} S_i^\dagger S_{i+\delta}^- \quad + S_i^- S_{i+\delta}^\dagger \quad |S, \quad S, \quad \dots \quad , \underset{j}{S}, \quad S-1, \quad S, \quad \dots \quad , S\rangle \\
&= [S(S+1) - S(S-1)] \sum_\delta |\Psi_{j-\delta}\rangle + [S(S+1) - S(S-1)] \sum_\delta |\Psi_{j-\delta}\rangle \\
&= 4S \sum_\delta |\Psi_{j+\delta}\rangle
\end{aligned} \tag{12.49}$$

Also erhält man insgesamt

$$H|\Psi_j\rangle = -J[(NZS^2 - 2ZS)|\Psi_j\rangle + 2S\sum_\delta |\Psi_{j+\delta}\rangle] \tag{12.50}$$

Eine Anregung am Gitterplatz j bleibt also nicht an diesem lokalisiert, sondern durch die Wirkung der vollen Spin-Operatoren im Heisenberg-Modell, also auch der Spin-Aufsteige- und Absteige-Operatoren, wird die Spin-Komponente am Platz j wieder um 1 erhöht von $S-1$ auf S aber dafür die Komponente an einem der nächsten Nachbarplätzen um 1 erniedrigt von S auf $S-1$. Die Anregung bleibt also nicht lokalisiert sondern „wandert" durch das Gitter, es wird eine *Spin-Welle* angeregt. Halb-klassisch stellt man sich dabei auch gerne vor, daß die Anregung eines einzelnen Spins aus seiner optimalen Ausrichtung in z-Richtung einer Präzession des klassischen Drehimpulses um die ursprüngliche z-Richtung entspricht, Weil der eine Drehimpuls dann nicht mehr optimal ausgerichtet ist, werden auch die benachbarten, an diesen gekoppelten angeregt, diese Präzessions-Bewegung mitzumachen und die Anregung pflanzt sich als Spin-Welle durch das Gitter fort.

Die oben eingeführten Zustände $|\Psi_j\rangle$ sind jedenfalls keine Eigenzustände zum Hamiltonoperator H, aber man kann daraus Eigenzustände konstruieren durch den Ansatz:

$$|\Psi_q\rangle = \frac{1}{\sqrt{N}} \sum_j e^{i\vec{q}\vec{R}_j} |\Psi_j\rangle \tag{12.51}$$

also durch Übergang zur $\vec{q}$-Darstellung, was für Gittersysteme ja durchaus naheliegend ist. Dann gilt nämlich

$$\begin{aligned}
H|\Psi_q\rangle &= \frac{1}{\sqrt{N}} \sum_j e^{i\vec{q}\vec{R}_j} [-J(NZS^2 - 2ZS)|\Psi_j\rangle - 2SJ\sum_\delta |\Psi_{j+\delta}\rangle] \\
&= -J(NZS^2 - 2ZS)|\Psi_q\rangle - 2SJ\frac{1}{\sqrt{N}} \sum_{j,\delta} e^{i\vec{q}(\vec{R}_j + \vec{\delta})} |\Psi_{j+\delta}\rangle e^{-i\vec{q}\vec{\delta}} \\
&= [-J(NZS^2 - 2ZS) - 2SZ\sum_\delta e^{-i\vec{q}\vec{\delta}}]|\Psi_q\rangle
\end{aligned} \tag{12.52}$$

Die $|\Psi_q\rangle$ sind also Eigenzustände von H:

$$H|\Psi_{\vec{q}}\rangle = (E_0 + E_{\vec{q}})|\Psi_{\vec{q}}\rangle \tag{12.53}$$

wobei

$$E_{\vec{q}} = 2S(ZJ - J\sum_{\vec{\delta}} e^{-i\vec{q}\vec{\delta}}) \tag{12.54}$$

die Energie der Spinanregungen ist. Speziell z.B. für ein einfach kubisches Gitter erhält man wieder das vom elektronischen Tight-Binding-Modell her vertraute Ergebnis:

$$E_{\vec{q}} = 4SJ(3 - \cos q_x a - \cos q_y a - \cos q_x a) \quad (12.55)$$

Insbesondere gibt es also im Gitter keine Energielücke zwischen der Grundzustandsenergie und den angeregten Zuständen, sondern beliebig kleine Energien reichen schon aus für eine Spin-Wellen-Anregung, das Anregungsspektrum ist kontinuierlich.

Man kann die Spinanregungen formal auch durch Bose-Operatoren beschreiben. Was das Heisenberg-Modell nicht trivial und schwierig macht, sind ja insbesondere die Spin-Vertauschungsrelationen. Die bekannten und vertrauten Bose- oder Fermi-Kommutator- bzw. Antikommutatorrelationen sind insofern einfacher als daß der Kommutator 1 ergibt und keinen neuen Operator aus der Algebra. Es ist möglich die Spinoperatoren durch Bose-Auf-und Absteigeoperatoren (Boson-Erzeuger und -Vernichter) auszudrücken, so daß das Heisenberg-Modell formal durch den Hamilton-Operator eines (wechselwirkenden) Bose-Systems beschrieben werden kann. Dabei hat man den Grundzustand mit dem Vakuum des Bosesystems, also dem Zustand, in dem kein Boson angeregt ist, zu identifizieren.

Den Spinzustand an einem einzelnen Gitterplatz kann man auch durch die Besetzungszahl $n = 0, \ldots, 2S$ angeben statt durch die Spin-z-Quantenzahl $m = -S, \ldots, +S$, wobei $m = +S$ $n = 0$ entspricht u.s.w., allgemein also $n = S - m$. Für die Wirkung der Spin-Auf- und Absteige-Operatoren gilt dann

$$\begin{aligned} S^{\dagger}|n\rangle &= S^{\dagger}|S,m\rangle = \sqrt{S(S+1) - m(m+1)}|S,m+1\rangle \\ &= \sqrt{S^2 + S - n^2 + 2Sn - S^2 + n - S}|S,m+1\rangle = \sqrt{2S+1-n}\sqrt{n}|n-1\rangle \end{aligned} \quad (12.56)$$

und entprechend

$$S^{-}|n\rangle = \sqrt{2S-n}\sqrt{n+1}|n+1\rangle \quad , S^{z}|n\rangle = m|S,m\rangle = (S-n)|S,m\rangle = S|n\rangle - n|n\rangle \quad (12.57)$$

Dann kann man Bose-Erzeuger und -Vernichter einführen durch die übliche Definition

$$a|n\rangle = \sqrt{n}|n-1\rangle \quad , a^{\dagger}|n\rangle = \sqrt{n+1}|n+1\rangle \quad , a^{\dagger}a|n\rangle = n|n\rangle \quad (12.58)$$

mit

$$[a,a^{\dagger}] = 1 \quad (12.59)$$

Dann gilt nach (12.57) offenbar

$$S^{\dagger} = \sqrt{2S}\sqrt{1 - \frac{a^{\dagger}a}{2S}}a \quad , S^{-} = \sqrt{2S}a^{\dagger}\sqrt{1 - \frac{a^{\dagger}a}{2S}} \quad , S^{z} = S - a^{\dagger}a \quad (12.60)$$

Damit folgt aus (12.47)

$$\begin{aligned} H = -J\sum_i\sum_{\delta_i} & \Big[S\Big(\sqrt{1 - \frac{a_i^{\dagger}a_i}{2S}}a_i a_{i+\delta}^{\dagger}\sqrt{1 - \frac{a_{i+\delta}^{\dagger}a_{i+\delta}}{2S}} + a_i^{\dagger}\sqrt{1 - \frac{a_i^{\dagger}a_i}{2S}}\sqrt{1 - \frac{a_{i+\delta}^{\dagger}a_{i+\delta}}{2S}}a_{i+\delta}\Big) \\ & + (S - a_i^{\dagger}a_i)(S - a_{i+\delta}^{\dagger}a_{i+\delta})\Big] \end{aligned} \quad (12.61)$$

Diese Transformation des Heisenberg-Hamiltonoperators von der gewöhnlichen Darstellung mit Spinoperatoren auf eine äquivalente Darstellung mit Bose-Operatoren heißt

Holstein[4]-Primakoff[5]-Transformation.

Die Bose-Operatoren beschreiben Spinwellenanregungen, und die quantisierten Spinwellen nennt man auch *Magnonen*. Der Grundzustand ist in der Besetzungszahldarstellung für die Magnonen der Zustand, in dem noch kein Magnon angeregt ist, also der Zustand $|0,0,\ldots,0\rangle$

Die zugehörige Eigenenergie, also die Grundzustandsenergie, ist offenbar wieder

$$\rightarrow \quad E_0 = -JNZS^2$$

ensprechend Gleichung (12.44). Die Magnonen-Operatoren erfüllen die üblichen Bose-Vertauschungsregeln

$$[a_i, a_j^\dagger] = \delta_{ij}, \quad [a_i, a_j] = [a_i^\dagger, a_j^\dagger] = 0 \tag{12.62}$$

Magnonen sind, ähnlich wie Phononen, Quasi-Teilchen, für die keine Teilchenzahl-Erhaltung gilt, sondern die Magnonen beschreiben Anregungen des Spin-Systems. Das Heisenberg-Modell ist in der Magnonendarstellung (12.61) keineswegs einfacher als in der ursprünglichen Darstellung mit Spinoperatoren (12.41) oder (12.47) wegen der Magnon-Magnon-Wechselwirkungsterme und insbesondere weil Wurzelfunktionen aus Magnonen-Teilchenzahl-Operatoren vorkommen. Es bietet sich in dieser Darstellung jedoch eine einfache Näherung an, nämlich die Vernachlässigung aller Terme, die quadratisch und höher in den „Teilchen"-Zahl-Operatoren sind. Damit erhält man für den linearisierten Magnonen-Hamilton-Operator

$$\boxed{H \approx -J \sum_i \sum_\delta S(a_i^\dagger a_{i+\delta} + a_{i+\delta}^\dagger a_i - a_{i+\delta}^\dagger a_{i+\delta} - a_i^\dagger a_i) - JNZS^2} \tag{12.63}$$

Dieser Hamilton-Operator beschreibt wechselwirkungsfreie Bosonen. Durch die Näherung wird allerdings auch der Hilbert-Raum der zugelassenen Zustände verändert; während im Spin-Hamilton-Operator pro Gitterplatz ja nur $2S+1$ Zustände $-S,\ldots,+S$ möglich sind, sind in dem Hilbertraum, auf dem der linearisierte Magnonen-Hamilton-Operator operiert, beliebig viele Magnonen pro Gitterplatz anregbar ($n = 0,\ldots,\infty$). Die Linearisierung ist daher nur für tiefe Temperaturen eine brauchbare Näherung, wenn die unphysikalischen, höheren Magnonen- Zustände thermisch nicht besetzt werden können.

Der Einteilchen-Magnon-Hamilton-Operator kann leicht diagonalisiert werden durch Fourier-Transformation (Übergang zur q-Darstellung):

$$\begin{aligned} a_i &= \frac{1}{\sqrt{N}} \sum_q e^{i\vec{q}\vec{R}_i} a_q \\ a_i^\dagger &= \frac{1}{\sqrt{N}} \sum_q e^{-i\vec{q}\vec{R}_i} a_q^\dagger \end{aligned} \tag{12.64}$$

Damit ergibt sich

$$\begin{aligned} H - E_0 &= -J \sum_i \sum_{\vec{\delta}} S \frac{1}{N} \sum_{\vec{q},\vec{q}'} \left(e^{-i\vec{q}\vec{R}_i} e^{i\vec{q}'(\vec{R}_i+\vec{\delta})} + e^{i\vec{q}'\vec{R}_i} e^{-i\vec{q}(\vec{R}_i+\vec{\delta})} - e^{i(\vec{q}'-\vec{q})(\vec{R}_i+\vec{\delta})} - e^{i(\vec{q}'-\vec{q})\vec{R}_i} \right) a_q^\dagger a_{q'} \\ &= -JS \sum_{\vec{q}} \sum_{\vec{\delta}} \left(e^{i\vec{q}\vec{\delta}} + e^{-i\vec{q}\vec{\delta}} - 2 \right) a_{\vec{q}}^\dagger a_{\vec{q}} = \sum_{\vec{q}} E_{\vec{q}} a_{\vec{q}}^\dagger a_{\vec{q}} \end{aligned}$$

[4] T.D.Holstein, * 1915 in New York, † 1985 in Los Angeles, ca. 1939 Arbeiten mit Primakoff zur Kernphysik und zu Spinwellen, auch über Atomphysik, Polaronen, Transporttheorie in Metallen tätig, ab 1965 Prof. in Los Angeles

[5] H.Primakoff, * 1914 in Odessa (Rußland), † 1983 in Philadelphia, ab 1923 in den USA, Studium in New York und Princeton, außer der berühmten Arbeit zur Spinwellen-Theorie Arbeiten über kosmische Strahlung, neutrale Mesonen (Primakoff-Effekt), festes He^3, schwache Wechselwirkung, u.a., seit 1960 Professor an der University of Pennsylvania

mit

$$E_{\vec{q}} = 2JS(Z - \sum_{\vec{\delta}} \cos \vec{q} \cdot \vec{\delta}) \tag{12.65}$$

Der diagonalisierte Magnonen-Hamilton-Operator sieht formal sehr ähnlich aus wie ein Phononen-Hamilton-Operator in Diagonalgestalt mit dem Hauptunterschied, daß die Dispersion für Magnonen nicht wie die Phononen-Dispersion linear in q ist für kleine q sondern quadratisch:

$$\begin{aligned} \cos(\vec{q} \cdot \vec{\delta}) &\approx 1 - \frac{(\vec{q} \cdot \vec{\delta})^2}{2} \\ \rightarrow E_{\vec{q}} &\approx JS \sum_{\vec{\delta}} (\vec{q} \cdot \vec{\delta})^2 = 2JSa^2q^2 \end{aligned} \tag{12.66}$$

Bei den Magnonen handelt es sich also um Bosonen mit einer Dispersionsrelation wie der von Tight-Binding-Elektronen auf dem Gitter. Für derartige Bosonen lassen sich nun wie bei freien Elektronen (Fermi-Gas) und bei Phononen (Bose-Gas mit linearer Dispersion) die thermodynamischen Größen gemäß den Gesetzen der statistischen Thermodynamik (Quanten-Statistik) berechnen. Für die innere Energie (Anregungsenergie) und spezifische Wärme für tiefe T findet man:

$$U = \sum_{\vec{q}} \frac{E_{\vec{q}}}{e^{E_{\vec{q}}/k_BT} - 1} \approx \frac{V}{(2\pi\hbar)^3} \int d^3q \frac{2JSa^2q^2}{e^{2JSa^2q^2/k_BT} - 1} \tag{12.67}$$

Also erhält man als charakteristisch für Magnonen die folgenden Temperaturabhängigkeiten für innere Energie U und spezifische Wärme C für tiefe Temperaturen:

$$\boxed{U \sim T^{5/2}, \quad C \sim T^{3/2}} \tag{12.68}$$

Entsprechend läßt sich die T-Abhängigkeit der Magnetisierung berechnen zu

$$\begin{aligned} M &= -g\mu_B \sum_i \langle S_i^z \rangle = -g\mu_B \sum_i (\langle a_i^\dagger a_i \rangle - S) \\ &= g\mu_B (S - \sum_i \langle a_i^\dagger a_i \rangle) = g\mu_B (NS - \sum_{\vec{q}} \langle a_{\vec{q}}^\dagger a_{\vec{q}} \rangle) \end{aligned} \tag{12.69}$$

Wegen

$$\sum_{\vec{q}} \langle a_{\vec{q}}^\dagger a_{\vec{q}} \rangle \sim \int dq \frac{q^2}{e^{E_{\vec{q}}/k_BT} - 1} \sim T^{3/2} \tag{12.70}$$

ergibt sich

$$\frac{m}{\mu_B} = \frac{M}{N\mu_B} = gS - \widetilde{C}T^{3/2} = 1 - \widetilde{C}T^{3/2} \tag{12.71}$$

Dieses Ergebnis für die Temperaturabhängigkeit der Magnetisierung bei tiefen Temperaturen stimmt recht gut mit den experimentellen Beobachtungen überein. Die Magnonen-Behandlung des Heisenberg-Modells liefert hier im Tieftemperaturbereich ein wesentlich besseres Ergebnis als die Molekularfeld-Näherung des vorigen Abschnitts. Während man nach der Molekularfeld-Behandlung auf eine Energie-Lücke im Anregungsspektrum schließen würde, werden in der Magnonen-Theorie zumindest die energetisch niedrig liegenden Anregungen mit einem kontinuierlichen (dicht liegenden) Anregungsspektrum (ohne Energie-Lücke) korrekt berücksichtigt.

12.5 Band-Magnetismus

Beim Heisenberg-Modell ist die Grundvorstellung, daß es an den Gitterplätzen lokalisierte Spins bzw. magnetische Momente gibt, und dies ist, wie früher schon erwähnt, gut erfüllt in magnetischen Isolatoren oder magnetischen Halbleitern oder in ferromagnetischen Systemen, bei denen das magnetische Moment von inneren, am Atomrumpf lokalisierten f-Schalen gebildet wird. Es gibt jedoch Systeme, nämlich die 3d-Metalle mit den bekanntesten ferromagnetischen Elementen Fe, Co, Ni, bei denen die 3d-Schalen für den Magnetismus verantwortlich sind. Die 3d-Elektronen sind aber nicht am Atomrumpf lokalisiert sondern sie bilden 3d-Bänder, die 3d-Zustände sind also ausgedehnte Blochzustände. Die magnetischen Momente, die letztlich Anlaß zu magnetischer Ordnung geben, sind also gebildet durch die beweglichen Bandelektronen. Zur Beschreibung solcher magnetischer Systeme ist das Heisenberg-Modell offenbar nicht geeignet.

Die Wechselwirkung zwischen magnetischen Momenten und damit die Möglichkeit der Ausbildung von magnetischer Ordnung ist nach den Plausibilitäts-Überlegungen im Abschnitt 12.1 über die Austauschwechselwirkung letztlich zurückzuführen auf die Coulomb-Wechselwirkung zwischen den Elektronen und das Pauliprinzip. Ein Modell für Bandelektronen mit Berücksichtigung der Coulomb-Korrelation hat andererseits diese wichtigsten Ingredienzen automatisch berücksichtigt und sollte daher im Prinzip auch in der Lage sein, magnetische Ordnung zu beschreiben. Das einfachste Modell, das dies erfüllt, ist das *Hubbard - Modell*:

$$\begin{aligned} H &= \sum_{\vec{k},\sigma} \varepsilon_{\vec{k}} c^{\dagger}_{\vec{k}\sigma} c_{\vec{k}\sigma} + U \sum_i c^{\dagger}_{i\uparrow} c_{i\uparrow} c^{\dagger}_{i\downarrow} c_{i\downarrow} \\ &= \sum_{i,\sigma} \sum_{\delta n.N.} t c^{\dagger}_{i\sigma} c^{\dagger}_{i+\delta\sigma} + U \sum_i c^{\dagger}_{i\uparrow} c_{i\uparrow} c^{\dagger}_{i\downarrow} c_{i\downarrow} \end{aligned} \tag{12.72}$$

mit

$$c_{i\sigma} = \frac{1}{\sqrt{N}} \sum_{\vec{k}} e^{i\vec{k}\vec{R}_i} c_{\vec{k}\sigma} , c^{\dagger}_{\vec{k}\sigma} = \frac{1}{\sqrt{N}} \sum_{\vec{k}} e^{i\vec{k}\vec{R}_i} c^{\dagger}_{i\sigma} \tag{12.73}$$

und

$$\varepsilon_{\vec{k}} = t \sum_{\delta n.N.} e^{i\vec{k}\vec{\delta}} = 2t(\cos k_x a + \cos k_y a + \cos k_z a) \tag{12.74}$$

für ein einfach-kubisches Gitter in Tight-Binding-Näherung. Bei Anwesenheit eines Magnetfeldes und Berücksichtigung nur der paramagnetischen (Zeeman-) Ankopplung desselben (vgl. Abschnitt 10.3) ist das Hubbard-Modell gegeben durch:

$$H = \sum_{\vec{k},\sigma} (\varepsilon_{\vec{k}} + g\mu_B B\sigma)\, c^{\dagger}_{\vec{k}\sigma} c_{\vec{k}\sigma} + U \sum_i c^{\dagger}_{i\uparrow} c_{i\uparrow} c^{\dagger}_{i\downarrow} c_{i\downarrow} \tag{12.75}$$

mit $\sigma\varepsilon\{\uparrow,\downarrow\} = \{+\frac{1}{2}. -\frac{1}{2}\}$. Die einfachste Näherung zur Behandlung dieses Modells ist wieder die Hartree - Fock (mean-field-) Näherung, in der das Hubbard-Modell übergeht in

$$H_{\text{eff}} = \sum_{\vec{k}} (\varepsilon_{\vec{k}} - \mu_B B + U \langle c^{\dagger}_{i\uparrow} c_{i\uparrow} \rangle) c^{\dagger}_{\vec{k}\downarrow} c_{\vec{k}\downarrow} + \sum_{\vec{k}} (\varepsilon_{\vec{k}} + \mu_B B + U \langle c^{\dagger}_{i\downarrow} c_{i\downarrow} \rangle) c^{\dagger}_{\vec{k}\uparrow} c_{\vec{k}\uparrow} - U \sum_i \langle c^{\dagger}_{i\uparrow} c_{i\uparrow} \rangle \langle c^{\dagger}_{i\downarrow} c_{i\downarrow} \rangle \tag{12.76}$$

Im weiteren Verlauf sei angenommen, daß $\langle c^{\dagger}_{i\sigma} c_{i\sigma} \rangle$ $i-$ unabhängig ist; dann hat die gesuchte Lösung also die Translationsinvarianz des ursprünglichen Gitters und Phänomene wie Antiferromagnetismus sind ausgeschlossen. Für die Magnetisierung pro Gitterplatz findet man

$$\begin{aligned} m &= -\mu_B(\langle c_{i\uparrow}^\dagger c_{i\uparrow}\rangle - \langle c_{i\downarrow}^\dagger c_{i\downarrow}\rangle) = -\frac{\mu_B}{N}\sum_{\vec{k}}(\langle c_{\vec{k}\uparrow}^\dagger c_{\vec{k}\uparrow}\rangle - \langle c_{\vec{k}\downarrow}^\dagger c_{\vec{k}\downarrow}\rangle) \\ &= -\frac{\mu_B}{N}\sum_{\vec{k}}\left[f(\varepsilon_{\vec{k}} + \mu_B B + U\langle c_{i\downarrow}^\dagger c_{i\downarrow}\rangle) - f(\varepsilon_{\vec{k}} - \mu_B B + U\langle c_{i\uparrow}^\dagger c_{i\uparrow}\rangle)\right] \end{aligned} \tag{12.77}$$

Und für die magnetische Suszeptibilität bei $B = 0$ (pro Gitterplatz) folgt:

$$\begin{aligned} \chi(T,B=0) &= \frac{\partial m}{\partial B} = -\frac{\mu_B}{N}\sum_{\vec{k}}\left[\frac{\partial f}{\partial\varepsilon_{\vec{k}}}(\mu_B + U\frac{\partial}{\partial B}\langle c_{i\downarrow}^\dagger c_{i\downarrow}\rangle) - \frac{\partial f}{\partial\varepsilon_{\vec{k}}}(-\mu_B + U\frac{\partial}{\partial B}\langle c_{i\uparrow}^\dagger c_{i\uparrow}\rangle\right] \\ &= \frac{\mu_B}{N}\sum_{\vec{k}}\left[2\mu_B\left(-\frac{\partial f}{\partial\varepsilon_{\vec{k}}}\right) - U\frac{\partial}{\partial B}(\langle c_{i\downarrow}^\dagger c_{i\downarrow}\rangle - \langle c_{i\uparrow}^\dagger c_{i\uparrow}\rangle)\frac{\partial f}{\partial\varepsilon_{\vec{k}}}\right] \\ &= \frac{\mu_B}{N}\sum_{\vec{k}}2\mu_B\left(-\frac{\partial f}{\partial\varepsilon_{\vec{k}}}\right) + \frac{U}{N}\sum_{\vec{k}}\frac{\partial}{\partial B}\mu_B(\langle c_{i\uparrow}^\dagger c_{i\uparrow}\rangle - \langle c_{i\downarrow}^\dagger c_{i\downarrow}\rangle)\frac{\partial f}{\partial\varepsilon_{\vec{k}}} \\ &= \frac{\mu_B}{N}\sum_{\vec{k}}2\mu_B\left(-\frac{\partial f}{\partial\varepsilon_{\vec{k}}}\right) + \frac{U}{N}\sum_{\vec{k}}\chi(T,B=0)\left(-\frac{\partial f}{\partial\varepsilon_{\vec{k}}}\right) \end{aligned} \tag{12.78}$$

Der erste Summand ist offenbar gerade wieder die Pauli-Suszeptibilität von wechselwirkungsfreien Band-Elektronen im Magnetfeld; der 2. Summand kommt nur durch die Wechselwirkung zustande, wie aus dem Vorfaktor U schon hervorgeht, und er enthält die gesuchte Suszeptibilität selbst wieder. Für diese ergibt sich somit:

$$\boxed{\chi(T,B=0) = \frac{\chi_0}{1 - \frac{U}{2\mu_B^2}\chi_0}} \tag{12.79}$$

mit

$$\chi_0 = 2\mu_B^2\frac{1}{N}\sum_{\vec{k}}\left(-\frac{\partial f}{\partial\varepsilon_{\vec{k}}}\right) \stackrel{T\to 0}{=} 2\mu_B^2\rho_0(\varepsilon_F)$$

der Pauli-Suszeptibilität und ρ_0 der Zustandsdichte pro Spinrichtung der wechselwirkungsfreien Bandelektronen. Offenbar ergibt sich auf jeden Fall eine starke Vergrößerung der Suszeptibilität infolge der Coulomb-Korrelation U. Dies bezeichnet man auch als *Stoner-Verstärkung* („Stoner enhancement"). Dies erklärt qualitativ die in einigen Übergangsmetallen, z.B. Pd, zu beobachtende Verstärkung der magnetischen Suszeptibilität gegenüber der einfachen Pauli-Suszeptibilität. Darüber hinaus kann obige *Stoner-Suszeptibilität* offenbar divergieren. Dann ist eine Magnetisierung auch ohne äußeres Magnetfeld zu erwarten, also eine spontane Magnetisierung und somit Ferromagnetismus. Diese ferromagnetische Instabilität liegt vor, falls gilt

$$\frac{U}{2\mu_B^2}\chi_0 \geq 1 \to \boxed{U_c\rho_0(\varepsilon_F) \geq 1} \tag{12.80}$$

Dies ist das *Stoner-Kriterium* für die Existenz von Ferromagnetismus im Band-Elektronen-Modell. Es liegt dann eine *Austausch - Aufspaltung* (Exchange - Splitting) der beiden sonst entarteten Bänder für die beiden möglichen Spin-Richtungen der Elektronen vor. In der geordneten Phase hat man $m(B=0) \neq 0$; für die Spin- auf und Spin- ab- Bänder gilt

$$\begin{aligned} \langle c_{i\uparrow}^\dagger c_{i\uparrow}\rangle + \langle c_{i\downarrow}^\dagger c_{i\downarrow}\rangle &= n_\uparrow + n_\downarrow = n \quad \text{Zahl der Elektronen pro Platz} \\ \langle c_{i\uparrow}^\dagger c_{i\uparrow}\rangle - \langle c_{i\downarrow}^\dagger c_{i\downarrow}\rangle &= n_\uparrow - n_\downarrow = -\frac{m}{\mu_B} \end{aligned} \tag{12.81}$$

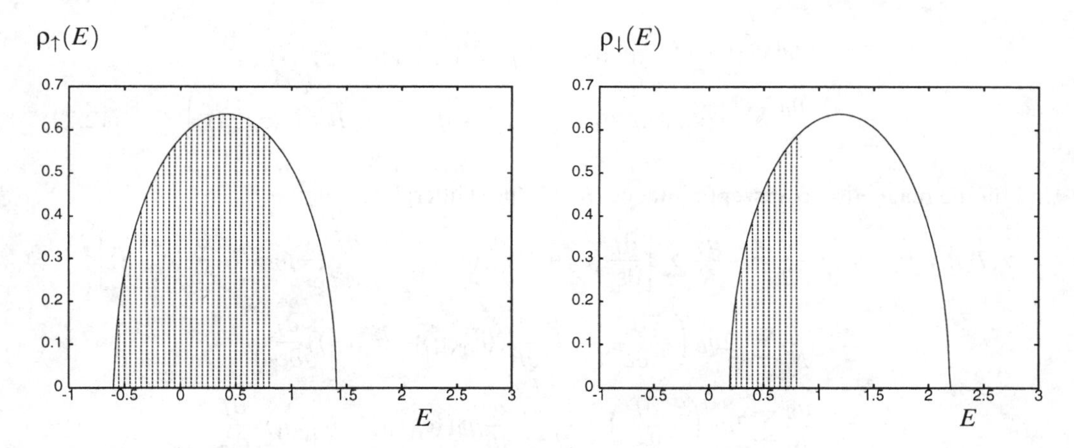

Bild 12.5 Spinpolarisierte Zustandsdichten für Spin-auf- und Spin-ab-Elektronen mit spontaner Magnetisierung für U=1.6, E_F = U/2 = 0.8, $n_\uparrow \approx 0.75$, $n_\downarrow \approx 0.25$, n = $n_\uparrow + n_\downarrow = 1.$ und $|m| = n_\uparrow - n_\downarrow \approx 0.5$

oder

$$\begin{aligned} \langle c^\dagger_{i\uparrow} c_{i\uparrow} \rangle &= \frac{1}{2}(n - \frac{m}{\mu_B}) \\ \langle c^\dagger_{i\downarrow} c_{i\downarrow} \rangle &= \frac{1}{2}(n + \frac{m}{\mu_B}) \end{aligned}$$

Dann sind die Bänder für Spin-auf- und Spin-ab-Elektronen gegeneinander verschoben, es ergeben sich die effektiven Dispersionen

$$\begin{aligned} \to \varepsilon_{\vec{k}\downarrow} &= \varepsilon_{\vec{k}} + \frac{U}{2}\left(n - \frac{m}{\mu_B}\right) \\ \varepsilon_{\vec{k}\uparrow} &= \varepsilon_{\vec{k}} + \frac{U}{2}\left(n + \frac{m}{\mu_B}\right) \end{aligned} \tag{12.82}$$

Dies führt zu gegeneinander verschobenen (spinpolarisierten) Bändern (Zustandsdichten), wie es für eine halbelliptische Modellzustandsdichte $\rho_0(\varepsilon) = 2\sqrt{1-\varepsilon^2}/\pi$ in Abbildung 12.5 dargestellt ist. Offenbar ist dann $n_\uparrow \rangle n_\downarrow$ und somit $m < 0$.

Die eben skizzierte Theorie des Band-Magnetismus geht auf Stoner und Wohlfarth zurück; in den ursprünglichen Arbeiten ging man allerdings wohl nicht vom Hubbard-Modell aus sondern gleich von einem Hamilton-Operator, der ein effektives Magnetfeld enthält; man kann dies aber aus einer Molekularfeldbehandlung des Hubbard-Modells herleiten, wie oben beschrieben. Allerdings werden solche Molekularfeld-Behandlungen nur im Grenzfall kleiner U korrekt, so daß nicht gewährleistet ist, daß die Näherung bei dem kritischen, eventuell relativ großen U_c überhaupt noch anwendbar ist.

Das Hubbard-Modell ist zwar ursprünglich für Elektronen in schmalen Bändern vorgeschlagen worden, und Hubbard wollte damit wohl tatsächlich insbesondere 3d-Bänder beschreiben. Es war allerdings lange nicht untersucht, ob dieses Modell überhaupt zu Band-Ferromagnetismus führt. Erst in jüngster Zeit ist einigermaßen überzeugend nachgewiesen worden, daß es dies zumindest in bestimmten Parameterbereichen (Bandfüllungen, U-Werte) tut. Unsymmetrische Zustandsdichten (z.B. die Tight-Binding-Zustandsdichte für fcc-Gitter) begünstigen offenbar die Existenz von ferromagnetischen Lösungen. Außerdem scheinen auch andere Arten von Wechselwirkung als nur die on-site Hubbard-Wechselwirkung günstig und wichtig für die Stabilisierung einer ferromagnetischen Lösung zu sein, insbesondere die Nächste-Nachbar-Wechselwirkung und – bei Berücksichtigung des realistischeren Entartungsgrades von 3d-Bändern– die Interband-Wechselwirkung, also die direkte und Austausch-Wechselwirkung zwischen zwei Elektronen in 3d-Zuständen mit verschiedener Quantenzahl m der z-Komponente des Drehimpulses am gleichen Gitterplatz. Dies sind gerade Terme, die im einfachen Hubbard-Modell nicht vorkommen, da dort ja nur ein spinentartetes, also ein s-artiges Band angenommen wird.

12.6 Hubbard-Modell und antiferromagnetisches Heisenberg-Modell

Wie im vorigen Abschnitt erwähnt wurde, ist es noch nicht abschließend geklärt, in welchen Parameterbereichen und für welche Gittertypen und ungestörten Bandzustandsdichten das Hubbard-Modell tatsächlich zu ferromagnetischen Lösungen führt. Dagegen ist es sicher, daß das Hubbard-Modell bei halber Bandfüllung (d.h. ein Elektron pro Gitterplatz) antiferromagnetische Lösungen hat. Für hinreichend große U ist eine Abbildung des Hubbard-Modells auf das antiferromagnetische Heisenberg-Modell möglich, und dies soll hier kurz gezeigt werden.

Wir betrachten also wieder das Hubbard-Modell

$$H = H_0 + H_1 = \sum_{\vec{R}} \left(\sum_{\sigma} E_0 c^{\dagger}_{\vec{R}\sigma} c_{\vec{R}\sigma} + U c^{\dagger}_{\vec{R}\uparrow} c_{\vec{R}\uparrow} c^{\dagger}_{\vec{R}\downarrow} c_{\vec{R}\downarrow} \right) + \sum_{\vec{R}\sigma} \sum_{\vec{\Delta} n.N.} t c^{\dagger}_{\vec{R}+\vec{\Delta}\sigma} c_{\vec{R}\sigma} \tag{12.83}$$

das schon in einer Form hingeschrieben wurde, die andeuten soll, daß wir diesmal den –zur Delokalisierung bzw. Bandbildung wichtigen– Hopping-Term als Störung behandeln wollen. Es ist physikalisch klar, daß für große Werte der Coulomb-Korrelation U und halbe Bandfüllung, d.h. ein Elektron pro Gitterplatz im Grundzustand auch genau ein Elektron pro Gitterplatz realisiert ist, also keine Doppelbesetzung der Gitterplätze vorliegt. Für eine Doppelbesetzung ist ja die Energie U zusätzlich aufzubringen, was bei dieser Füllung aber vermieden werden kann, wenn sich die Elektronen gleichmäßig über das Gitter verteilen. Da jeder Gitterplatz aber entweder von einem Spin-auf- oder von einem Spin-ab-Elektron besetzt werden kann, gibt es aber noch viele verschiedene, als Eigenzustände von H_0 entartete Zustände mit nur einem Elektron pro Gitterplatz, also ohne Doppelbesetzung und mit der Gesamtenergie NE_0. Von diesen –bzgl. H_0 entarteten– Zuständen ist aber bezüglich des vollen $H = H_0 + H_1$ der Zustand energetisch am günstigsten, der eine antiferromagnetische Anordnung der Elektronenspins hat. Wenn also der Gitterplatz $\vec{R}$ von einem Spin-auf-Elektron besetzt ist, sind die nächsten Nachbarplätze $\vec{R} + \vec{\Delta}$ bevorzugt mit Spin-ab-Elektronen besetzt. Dann sind nämlich– zumindest virtuelle– Hüpfprozesse möglich, die zu Zwischenzuständen mit einer Doppelbesetzung eines Gitterplatzes führen, aber dennoch eine Absenkung der Gesamtenergie bewirken. Dies ist schematisch in nachfolgender Graphik dargestellt.

$$\begin{array}{lcccccccc}
2E_0 + U & --- & --- & & --- & -\uparrow\downarrow- & & --- & --- \\
 & & & \rightarrow & & & \rightarrow & & \\
E_0 & -\uparrow- & -\downarrow- & & --- & --- & & -\downarrow- & -\uparrow- \\
 & \vec{R} & \vec{R}+\vec{\Delta} & & \vec{R} & \vec{R}+\vec{\Delta} & & \vec{R} & \vec{R}+\vec{\Delta}
\end{array}$$

Wenn bei $\vec{R}$ also ein Spin-auf-Elektron ist und am Gitterplatz $\vec{R} + \vec{\Delta}$ ein Spin-ab-Elektron, besteht die Möglichkeit des virtuellen Hüpfens von $\vec{R}$ nach $\vec{R} + \vec{\Delta}$. Im Zwischenzustand ist dann

$\vec{R}+\vec{\Delta}$ doppelt besetzt, so daß die Energiedifferenz zwischen Ausgangs- und Zwischenzustand gerade U beträgt. Es kann nun beim nächsten Prozeß entweder das Spin-auf-Elektron wieder in den unbesetzten Platz $\vec{R}$ zurück hüpfen oder es kann auch das andere Spin-ab-Elektron auf den unbesetzten Platz $\vec{R}$ hüpfen; im letzteren Fall sind der Anfangs- und Endzustand nicht identisch. In jedem Fall wird aber eine Energieabsenkung bewirkt, wie sich schon in elementarer quantenmechanischer Störungsrechnung 2.Ordnung ergibt. Da 2 Hüpfprozesse mit Matrixelement t involviert sind und die Energiedifferenz zwischen dem doppelt besetzten Zwischenzustand und dem Anfangs- bzw. Endzustand genau U beträgt, ist eine Energieabsenkung um $-t^2/U$ zu erwarten. Wären dagegen die beiden Spins im Anfangszustand bei $\vec{R}$ und $\vec{R}+\vec{\Delta}$ gleich, die Spins an den beiden Plätzen also ferromagnetisch angeordnet, wäre ein Hüpfen zwischen diesen Gitterplätzen nicht möglich, da ja das Pauli-Prinzip zwei Elektronen mit gleichem Spin am gleichen Gitterplatz verbietet. Somit sind antiparallele Spins an den beiden Gitterplätzen also energetisch günstiger als parallele Spins. Auf das ganze Gitter übertragen bedeutet dies, daß eine antiferromagnetische Ordnung im Grundzustand energetisch begünstigt sein sollte.

Um dies etwas genauer und formaler zu verstehen, muß die effektive Wechselwirkung zwischen den beiden Elektronen bzw. Spins an den benachbarten Gitterplätzen bestimmt werden. Dies kann man erreichen, indem man den Hubbard-Hamilton-Operator einer kanonischen Transformation unterzieht, die nach Möglichkeit so bestimmt wird, daß die virtuellen Zwischenzustände eliminiert werden. Diese Methode wurde schon bei der Herleitung der durch die Elektron-Phonon-Wechselwirkung vermittelten effektiven Elektron-Elektron-Wechselwirkung in Kapitel 11.2 benutzt. Dort wurde insbesondere hergeleitet, wie der kanonisch transformierte Hamilton-Operator allgemein auszusehen hat, wenn H_0 der ungestörte Hamilton-Operator ist und H_1 die Störung, die selbst noch zu den zu eliminierenden Zwischenzuständen führt; nach Gleichung (11.16) gilt explizit:

$$H_T = H_0 - \frac{1}{2}\sum_{n,\tilde{n}} |\tilde{n}\rangle\langle n| \sum_m \langle\tilde{n}|H_1|m\rangle\langle m|H_1|n\rangle \left(\frac{1}{E_m - E_n} - \frac{1}{E_{\tilde{n}} - E_m}\right) \tag{12.84}$$

wobei $\{|n\rangle, |\tilde{n}\rangle\}$ (Vielteilchen-) Eigenzustände von H_0 bezeichnet und $|m\rangle$ gerade die (virtuellen) Zwischenzustände. Speziell hier gilt, wie oben schon mehrfach erwähnt

$$E_m - E_n = U \quad , E_m - E_{\tilde{n}} = U$$

Dann folgt insgesamt bei Einsetzen des Hopping-Terms für H_1

$$H_T = H_0 - \frac{t^2}{U} \sum_{\vec{R}\vec{\Delta}\sigma\sigma'} c^\dagger_{\vec{R}\sigma} c_{\vec{R}+\vec{\Delta}\sigma} c^\dagger_{\vec{R}+\vec{\Delta}\sigma'} c_{\vec{R}\sigma'} \tag{12.85}$$

Unter Benutzung von elementaren Kommutatorrelationen läßt sich dies auch umschreiben in

$$H_T = H_0 + \frac{t^2}{U} \sum_{\vec{R}\vec{\Delta}\sigma\sigma'} \left(c^\dagger_{\vec{R}\sigma} c_{\vec{R}\sigma'} c^\dagger_{\vec{R}+\vec{\Delta}\sigma'} c_{\vec{R}+\vec{\Delta}\sigma} - n_{\vec{R}\sigma}\delta_{\sigma\sigma'}\right) \tag{12.86}$$

Dimensionslose Spin-Auf- und Absteigeoperatoren sind zu definieren über

$$S^+ = c^\dagger_\uparrow c_\downarrow \quad , S^- = c^\dagger_\downarrow c_\uparrow \quad , S^z = \frac{1}{2}\left(c^\dagger_\uparrow c_\uparrow - c^\dagger_\downarrow c_\downarrow\right) \tag{12.87}$$

Dann ergibt sich

$$H_T = H_0 - J \sum_{\vec{R}\vec{\Delta}} \left(\vec{S}_{\vec{R}} \vec{S}_{\vec{R}+\vec{\Delta}} + \frac{1}{4} n_{\vec{R}} n_{\vec{R}+\vec{\Delta}} - n_{\vec{R}} \right) \tag{12.88}$$

mit dem Teilchenzahloperator pro Gitterplatz

$$n_{\vec{R}} = n_{\vec{R}\uparrow} + n_{\vec{R}\downarrow} = c^\dagger_{\vec{R}\uparrow} c_{\vec{R}\uparrow} + c^\dagger_{\vec{R}\downarrow} c_{\vec{R}\downarrow}$$

und der effektiven Spin-Spin-Wechselwirkung zwischen nächsten Nachbarn

$$J = -\frac{2t^2}{U} \langle 0 \tag{12.89}$$

Also gibt es eine negative, d.h. antiferromagnetische effektive Kopplung zwischen den –effektiv lokalisierten– Spins an benachbarten Gitterplätzen. Genau bei halber Füllung werden die Besetzungszahlen konstant (gleich 1) und der einzig verbleibende dynamische Anteil ist gerade ein effektives antiferromagnetisches Heisenberg-Modell

$$H' = -J \sum_{\vec{R}\vec{\Delta}} \left(\vec{S}_{\vec{R}} \vec{S}_{\vec{R}+\vec{\Delta}} \right) \tag{12.90}$$

Genau bei halber Füllung und für große U kann das Hubbard-Modell also exakt auf ein Heisenberg-Modell mit antiferromagnetischer Kopplung abgebildet werden.

Zum Abschluß dieses Abschnitts über das für die Beschreibung von Magnetismus sicher wichtige Hubbard-Modell sollen –ohne Anspruch auf Vollständigkeit– noch ein paar der wichtigsten Eigenschaften dieses Modells zusammengestellt werden. Das Hubbard-Modell hat zwei exakt lösbare Grenzfälle, nämlich den verschwindender Coulomb-Korrelation $U \to 0$, wo es in den Fall eines wechselwirkungsfreien Gitter-Elektronensystems übergeht und ein spinentartetes Tight-Binding-Band beschrieben wird, und den Grenzfall verschwindender Bandbreite oder verschwindenden Hüpfmatrixelements $t \to 0$, wo N voneinander unabhängige atomare Systeme existieren. An jedem Gitterplatz sind dann 4 verschiedene Zustände möglich: $|\rangle, |\uparrow\rangle, |\downarrow\rangle, |\uparrow\downarrow\rangle$ mit Eigenenergien $0, E_0, E_0, 2E_0 + U$. Die Spektralfunktion, die das Einteilchen-Anregungsspektrum beschreibt und für ein Fermi-System definiert ist durch

$$\rho_\uparrow(E) = \frac{1}{Z} \sum_{n,m} \left(e^{-\beta E_n} + e^{-\beta E_m} \right) \delta(E - E_n + E_m) \langle n | c_\uparrow | m \rangle \langle m | c^\dagger_\uparrow | n \rangle \tag{12.91}$$

mit der Zustandssumme $Z = \sum_n e^{-\beta E_n}$ und den (Vielteilchen-)Eigenenergien E_n, besteht im atomaren Limes des Hubbard-Modells einfach aus zwei Deltafunktionen bei E_0 und $E_0 + U$. Man kann sich nun vorstellen, daß für kleine Werte des Hopping-Parameters t, also für $t/U \ll 1$, diese Struktur zunächst erhalten bleibt und sich um E_0 und $E_0 + U$ herum schmale Bänder bilden, die aber noch von einer Lücke der Größenornung U voneinander getrennt sind. Diese beiden Bänder bezeichnet man auch als *unteres und oberes Hubbard-Band.* Bei halber Füllung, also 1 Elektron pro Gitterplatz, muß das untere Hubbard-Band gerade ganz gefüllt werden und das obere bleibt unbesetzt und die Fermi-Energie fällt für genügend große U (bzw. kleine t/U) in die Lücke zwischen unterem und oberem Hubbard-Band, das System ist also ein Isolator. Im umgekehrten Grenzfall kleiner U ($U/t \ll 1$ bzw. $t/U \gg 1$) wird dagegen die Zustandsdichte nur unwesentlich verändert sein gegenüber der einfachen Tight-Binding-Zustandsdichte des wechselwirkungsfreien Systems, die Fermi-Energie liegt also bei Füllung von einem Elektron pro Platz in der Bandmitte und das System ist ein Metall. Man hat also bei halber Füllung als Funktion von U/t einen Metall-Isolator-Übergang zu erwarten, den man auch als *Mott-Übergang* oder *Mott-Hubbard-Übergang* bezeichnet. Andererseits hat man für halbe Füllung und genügend große U/t gemäß den obigen Ausführungen wegen der Abbildung auf das antiferromagnetische Heisenberg-Modell auch einen Antiferromagneten zu erwarten. Abseits von halber Füllung, wenn also z.B. für die Zahl der Elektronen pro Gitterplatz $n < 1$ gilt, und im Grenzfall $t/U \ll 1$ (Grenzfall starker Wechselwirkung) kann die oben skizzierte kanonische Transformation ebenfalls durchgeführt werden; zu eliminieren sind dann aber nur die $|m\rangle$-Zustände, die doppelt besetzten Plätzen entsprechen, da solche Doppelbesetzungen höchstens als virtuelle Zwischenzustände auftreten können, weil das obere Hubbard-Band unbesetzt bleibt für $t/U \ll 1$ und $n < 1$. Da es aber für $n < 1$ auch noch unbesetzte Plätze gibt, in die ein Hüpfen möglich bleibt, wird der Hüpfterm jetzt – im Unterschied zu oben vorgeführter Rechnung für $n = 1$ – nicht vollständig elminiert durch die kanonische Transformation. Die kanonische Transformation des Hubbard-Modells führt dann zum

t-J-Modell

$$\begin{aligned} H_{tJ} &= \sum_{\vec{R}\vec{\Delta}} \left(tPc^{\dagger}_{\vec{R}\sigma} c_{\vec{R}+\vec{\Delta}\sigma} P + \frac{t^2}{U} \vec{S}_{\vec{R}} \vec{S}_{\vec{R}+\vec{\Delta}} \right) \qquad (12.92) \\ \text{mit } P &= \prod_{\vec{R}} \left(1 - c^{\dagger}_{\vec{R}\uparrow} c_{\vec{R}\uparrow} c^{\dagger}_{\vec{R}\downarrow} c_{\vec{R}\downarrow} \right) \end{aligned}$$

dem Projektor auf den Unterraum des Hilbertraumes, in dem keine Doppelbesetzungen mehr vorkommen. Im umgekehrten Grenzfall $U/t \ll 1$ ist sicher eine U-Störungstheorie anwendbar, in der sich ergibt, daß die Anregungen durch (wechselwirkungs-)freie Quasiteilchen mit renormierter (erhöhter) effektiver Masse zu beschreiben sind. Das Hubbard-Modell ist also insgesamt sehr reichhaltig, da es je nach Wahl der Parameter so verschiedenartige und interessante Phänomene wie freie Quasiteilchen mit metallischem Verhalten, einen Isolator, einen Metall-Isolator-Übergang, einen Antiferromagneten und (zumindest für geeignete Gitter bzw. Zustandsdichten des unkorrelierten Systems) wohl auch einen Ferromagneten beschreiben kann. Leider ist aber der besonders interessante Parameterbereich mittlerer U/t noch nicht befriedigend zugänglich und verstanden, da in diesem Bereich weder die Störungsrechnung nach U/t, die übrigens keinen Metall-Isolator-Übergang ergibt, noch die Störungsrechnung um den atomaren Limes, also nach t/U anwendbar ist.

Das Hubbard-Modell ist auch mit Sicherheit von Relevanz für ein Verständnis der Hochtemperatur-Supraleiter, vergleiche hierzu auch Kapitel 11.9. Die „Mutter-Substanz" des ersten Hochtemperatur-Supraleiters La_2CuO_4 ist nämlich ein antiferromagnetischer Isolator, während Bandstrukturrechnungen unter Benutzung der Dichtefunktional-Methode (LDA) ein gutes Metall ergeben. Das hat schon frühzeitig Anlaß zu der Vermutung gegeben, daß hier der Mott-Isolator und der Antiferromagnetismus des Hubbard-Modells bei halber Füllung realisiert ist. Mit dem Ersetzen des 3-wertigen La durch 2-wertiges Ba verliert das System $La_{2-x}Ba_xCuO_4$ mit zunehmendem x schnell seinen Antiferromagnetismus, wird metallisch und supraleitend mit hohemT_c. In dem Hubbard-Modell-Bild wird bei dem Dotieren mit Ba die Zahl der Elektronen pro Gitterplatz verkleinert, die Fermi-Energie wandert also raus aus der Lücke in den Bereich des unteren Hubbard-Bandes, der Antiferromagnetisms verschwindet und das System wird metallisch. Wird es auch supraleitend? Dies ist eine der seit ca. 10 Jahren untersuchten, aber noch nicht überzeugend beantworteten, aktuellen Fragestellungen, nämlich ob das Hubbard-Modell in 2 Dimensionen alleine (d.h. ohne Zusatzmechanismen wie Elektron-Phonon-Kopplung) schon supraleitende Lösungen (vermutlich dann mit d-Wellensymmetrie) hat. Hierzu gibt es Hinweise sowohl auf der Basis von Untersuchungen des t-J-Modells (also im „strong-coupling"-Grenzfall

$t/U \ll 1$) als auch auf der Basis von (aufsummierten) U-Störungs-Behandlungen (also im „weak-coupling"-Grenzfall $U/t \ll 1$); es ist aber noch unklar, inwieweit die Resultate wirklich intrinsische Eigenschaften des Hubbard-Modells sind oder eventuell auch Artefakte der angewendeten Näherungsbehandlung sein können. Aktuell ist auch die Frage, ob die ungewöhnlichen normalleitenden Eigenschaften (z.B. die lineare Temperaturabhängigkeit des elektrischen Widerstands und andere vielfach als Abweichungen vom normalen Verhalten einer Fermi-Flüssigkeit interpretierte Anomalien) im Rahmen des 2-dimensionalen Hubbard-Modells (d.h. seiner normalleitenden Lösung) zu beschreiben sind.

Offenbar treten also im Zusammenhang mit einer Einführung in die bekannten und vermuteten Eigenschaften des Hubbard-Modells noch einmal sehr viele der Begriffe auf, die in der Festkörpertheorie interessant und wichtig sind, nämlich „Metall, Isolator, wechselwirkungsfreie Band-Elektronen, Bandstrukturberechnungen, Dichte-Funktional-Theorie und Lokale-Dichte-Approximation (LDA), wechselwirkende Elektronensysteme, 2.Quantisierung, Modell für korrelierte Elektronensysteme, Antiferromagnetismus, Ferromagnetismus, Temperaturabhängigkeit des Widerstandes, Energie-Lücken, Supraleitung". Daher bildet dieser Exkurs in ein aktuelles Forschungsthema vielleicht auch einen idealen Abschluß der vorliegenden „Einführung in die Theoretische Festkörperphysik".

Empfehlenswerte Literatur zur Festkörpertheorie

1. J.Callaway: Quantum Theory of the Solid State, Student Edition, Academic Press, London 1974 (ISBN 0-12-155256)

2. N.W.Ashcroft, N.D.Mermin: Solid State Physics, Saunders College HRW International Edition (ISBN 0-03-049346-3)

3. O.Madelung: Introduction to Solid-State Theory, Springer Series in Solid-State Sciences 2, Heidelberg 1978 (ISBN 3-540-08516-5)

   (deutsch: O.Madelung: Festkörpertheorie I - III, Heidelberger Taschenbücher 1972, nicht mehr im Druck)

4. H.Haken: Quantenfeldtheorie des Festkörpers, B.G.Teubner, Stuttgart, (ISBN 3-519-03025-X)

5. W.A.Harrison: Solid State Theory, Dover Publications, New York 1980 (ISBN 0-486-63948-7)

6. W.Jones, N.H.March: Theoretical Solid State Physics, Vol.1,2, Dover Publications 1985 (ISBN 0-486-65015-4, -65016-2)

7. C.Kittel, C.Y.Fong: Quantentheorie der Festkörper, Oldenbourg-Verlag München 1989 (ISBN 3-486-21420-9)

8. J.M.Ziman: Principles of the Theory of Solids, Cambridge University Press 1979 (ISBN 0-521-29733-8)

9. L. Valenta, J.Jäger: Festkörpertheorie. Eine Einführung, J.A.Barth Verlag, Heidelberg Leipzig 1997 (ISBN 3-335-00501-5)

An allgemeinen Festkörperphysik-Lehrbüchern sind ferner noch empfehlenswert:

10. C.Kittel: Einführung in die Festkörperphysik, Oldenbourg-Verlag München 1991 (ISBN 3-486-22018-7)

11. H.Ibach, H.Lüth: Festkörperphysik, Springer-Verlag Berlin-Heidelberg (ISBN 3-540-52193-3)

Für spezielle Kapitel sind nützlich:

12. H.Haug, S.W.Koch: Quantum Theory of the Optical and Electronic Properties of Semiconductors, World Scientific Singapore 1993 (ISBN 981-02-1347-6)

13. W.Brauer, H.W.Streitwolf: Theoretische Grundlagen der Halbleiterphysik, WTB Akademie-Verlag Berlin 1977 (wohl nicht mehr im Druck)

Sachwortverzeichnis